新工科建设之路·计算机类系列教材

WPS Office 高级应用与设计

配套视频课程

唐永华　编著

電子工業出版社
Publishing House of Electronics Industry
北京·BEIJING

内 容 简 介

本书以 WPS Office 2019 为基础，主要分为四篇，内容包括初识 WPS Office、利用 WPS 创建电子文档、通过WPS创建并处理电子表格、使用WPS制作演示文稿，涵盖了《全国计算机等级考试二级WPS Office高级应用与设计考试大纲（2021 年版）》中要求的核心内容。本书注重 WPS Office 基础知识的系统性，更强调实用性和应用性，既有丰富的理论知识，又有大量难易适中、涉及广泛、贴近实际生活和工作的实例，突出“应用”、强化“技能”。本书提供的教学微课视频，覆盖课程的全部内容，方便读者反复观看和学习课程相关内容。

本书可以作为高等院校 WPS Office 高级应用课程的教材，也可以作为全国计算机等级考试一、二级 WPS Office 高级应用与设计的复习用书，还可以作为各类计算机培训机构的培训用书和计算机爱好者的自学用书。

图书在版编目（CIP）数据

WPS Office 高级应用与设计：配套视频课程 / 唐永华编著. —北京：电子工业出版社，2022.6

ISBN 978-7-121-43662-8

Ⅰ. ①W… Ⅱ. ①唐… Ⅲ. ①办公自动化－应用软件－教材 Ⅳ. ①TP317.1

中国版本图书馆 CIP 数据核字（2022）第 093417 号

责任编辑：刘 瑀　　　特约编辑：田学清
印　　刷：北京捷迅佳彩印刷有限公司
装　　订：北京捷迅佳彩印刷有限公司
出版发行：电子工业出版社
　　　　　北京市海淀区万寿路 173 信箱　　　邮编：100036
开　　本：787×1092　1/16　印张：23.75　字数：670 千字
版　　次：2022 年 6 月第 1 版
印　　次：2025 年 2 月第 3 次印刷
定　　价：79.00 元

凡所购买电子工业出版社图书有缺损问题，请向购买书店调换。若书店售缺，请与本社发行部联系，联系及邮购电话：（010）88254888，88258888。

质量投诉请发邮件至 zlts@phei.com.cn，盗版侵权举报请发邮件至 dbqq@phei.com.cn。

本书咨询联系方式：liuy01@phei.com.cn。

前 言

本书根据教育部考试中心制定的《全国计算机等级考试二级 WPS Office 高级应用与设计考试大纲（2021 年版）》中对 WPS Office 高级应用的要求编写。本书既注重 WPS Office 基础知识的系统性，更强调实用性和应用性。在介绍 WPS Office 办公软件基本应用和云办公协作的基础上，侧重于对 WPS 文字、WPS 表格、WPS 演示 3 个模块的高级功能进行详细、深入的解析。通过对本书的学习，读者能掌握 WPS Office 的操作，提高在实际工作中使用办公软件的综合应用能力，达到学以致用的目的，从而实现高效办公。

本书包括四部分内容：初识 WPS Office 、利用 WPS 创建电子文档、通过 WPS 创建并处理电子表格、使用 WPS 制作演示文稿。每章包含多个实例，WPS 文字、WPS 表格、WPS 演示的知识点分布在各个实例中，每个实例均以“操作步骤+知识讲解+图形演示+效果图展示”的方式进行浅显易懂的讲解，有利于读者对相关知识点的掌握和使用，切实提高读者的实际操作水平和解决问题的能力。

本书编写与教学资源建设同步，提供的教学视频覆盖课程的全部内容，方便读者反复观看和学习课程相关内容，扫描书中的二维码，即可在线观看视频讲解。本书配套教学课件、实例素材、效果文件，可从华信教育资源网（www.hxedu.com.cn）免费下载。

本书主要有以下特色。

（1）内容重点突出。按照全国计算机等级考试的要求由浅入深地安排章节次序，注重理论知识和实践操作的紧密结合，书中知识点涵盖了 WPS Office 等级考试（Windows 环境）的核心内容。

（2）实例资源丰富。本书突出“应用”、强化“技能”，既有丰富的理论知识，又有大量难易适中、涉及广泛、贴近生活和工作的实例，覆盖 WPS Office 重要知识点，达到理论与实践融会贯通。

（3）图文并茂。操作部分配有文字讲解和操作示例图，叙述清晰，形象生动，使读者一学即会，即学即用。

（4）提供视频课程和教学资源。视频同步导学，优质教学资源助力教学和学习。

由于编著者水平有限，书中难免有疏漏之处，敬请广大读者批评指正。

编著者

目录

第一篇 初识 WPS Office

第二篇 利用 WPS 创建电子文档

第三篇　通过 WPS 创建并处理电子表格

第四篇 使用 WPS 制作演示文稿

第一篇

初识 WPS Office

WPS Office是由北京金山办公软件股份有限公司自主研发的一款办公软件，具有办公软件最常用的文字、表格、演示、PDF阅读等多种功能，并集成一系列适应办公需要的云文档、云服务，以“融合”的方式，创建了一个更先进、更便利、全方位的办公环境，是WPS系列产品中一个具有划时代性的产品。

WPS Office功能强大，支持电脑、手机、平板随时随地高效办公。它所集成的云文档服务，实现了不同设备的文档同步和备份功能，用户可以在电脑和各类移动终端上获得完全相同的文档处理体验。

WPS Office包含WPS文字、WPS表格、WPS演示，其与Microsoft Office的Word、Excel、PowerPoint一一对应并可互相兼容使用，同时覆盖了Windows、Mac、Linux、Android、iOS等多个操作系统。多端覆盖、免费下载、跨设备多系统的一站式融合办公等完美功能使WPS Office已经成为主流的国产办公软件，深受用户的喜爱。

本篇主要以WPS Office 2019为蓝本，介绍以下知识。

WPS Office一站式办公——WPS首页。

- 在WPS中新建、访问和管理文档。
- WPS的文档标签和工作窗口。
- WPS云办公云服务。
- 云共享与协作。

第 1 章

体验全新的 WPS Office

WPS Office 2019 拥有全新的交互界面、支持多种文档格式、 云端自动同步文档、安全高效云办公、与他人共享工作资料、轻松完成协作任务、不同终端设备/系统拥有相同的文档处理能力、“融合办公”环境，强大而完美的功能极大地提升了办公效率。

WPS Office 2019 针对不同的用户和应用设备提供了不同的版本，方便用户随时随地开始高效协同办公。

- 面向普通用户，WPS Office 2019 PC 版和 WPS Office Mac 版，以及支持主流 Linux 操作系统的 WPS Office 2019 for Linux。
- 面向校园师生群体，WPS Office 校园版。
- 面向使用移动设备的普通用户，WPS Office Android 版和 iOS 版。
- 面向企业用户，WPS Office 2019 专业版和移动专业版。

为了让用户尽快掌握 WPS Office 2019 的应用技巧，本章从 WPS Office 一站式办公——WPS 首页开始介绍。

1.1 WPS Office 一站式办公——WPS 首页

WPS 首页是用户工作的起始位置，如图 1-1 所示，它主要分为 6 个区域，分别是导航栏、应用栏及应用中心、全局搜索框、文档列表、设置和账号、信息中心。

1. 导航栏

视频课程

主要包括“新建”“从模板新建”“打开”“文档”“日历”等按钮，各按钮含义如下。

- 新建：单击“新建”按钮，打开新建界面，从界面中选择要新建的项目。
- 从模板新建：单击“从模板新建”按钮，在打开的窗口中，从稻壳众多模板中选择所需的模板新建文档。
- 打开：单击“打开”按钮，在弹出的对话框中选择要打开的文档，单击“打开”按钮，即可打开选定的文档。
- 文档：默认选定状态，在首页中部显示文档列表。
- 日历：单击“日历”按钮，在其右侧打开日历列表，可添加日程、设置待办等。

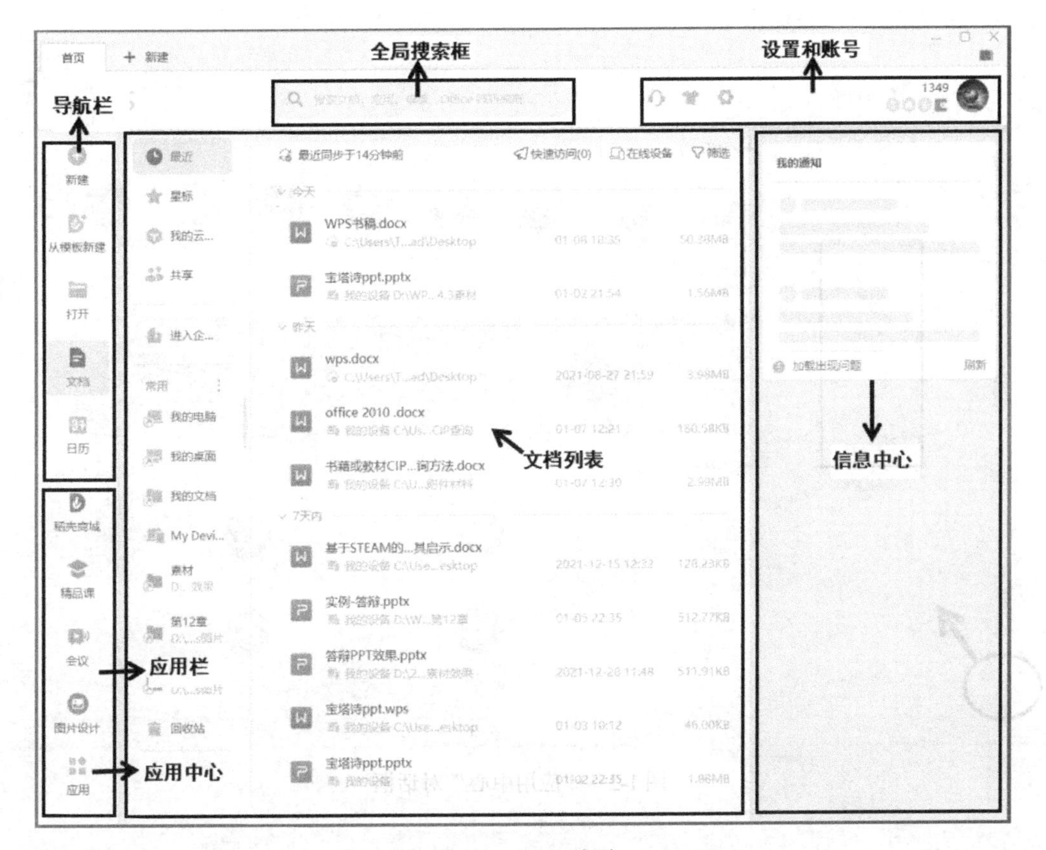

图 1-1　WPS 首页

2．应用栏及应用中心

视频课程

应用栏位于 WPS 首页的左下方，在该栏中预置了一些应用，如稻壳商城、精品课、会议、图片设计，利用这些应用，可以高效完成特定任务。

应用中心位于应用栏的最底部，单击“应用”按钮，弹出“应用中心”对话框，如图 1-2 所示。在该对话框提供了多种工具软件和服务。

- 输出转换：可进行多种格式的转换，如 PDF 转 Word、图片转文字、图片转 PDF、拆分合并器等。
- 文档助手：进行全文翻译、论文查重、文档比对等。
- 安全备份：进行文档备份、数据恢复、文档修复等。
- 分享协作：提供在线协同办公服务，如 WPS 会议、金山文档、统计表单、WPS+企业、乐播投屏等。
- 资源中心：提供多种办公资源，如稻壳商城、简历编辑器、WPS 学院、精品课等。
- 便捷工具：提供多种快捷工具，如办公助手、屏幕录制、流程图、思维导图、手机扫码打印、计算工具、词霸翻译等。

为了方便使用，可将“应用中心”对话框的某个应用添加到应用栏，如图 1-3 所示。方法：在“应用中心”对话框中，单击某个应用右上方的星号☆，即可将该应用添加到应用栏中。此时，已添加的应用右上方的星号变为灰色，再次单击星号可从应用栏中移除此应用。

也可以在应用栏中右击应用图标，在弹出的快捷菜单中选择“移除”命令，将应用从应用栏移除，如图 1-4 所示。

图 1-2 “应用中心”对话框

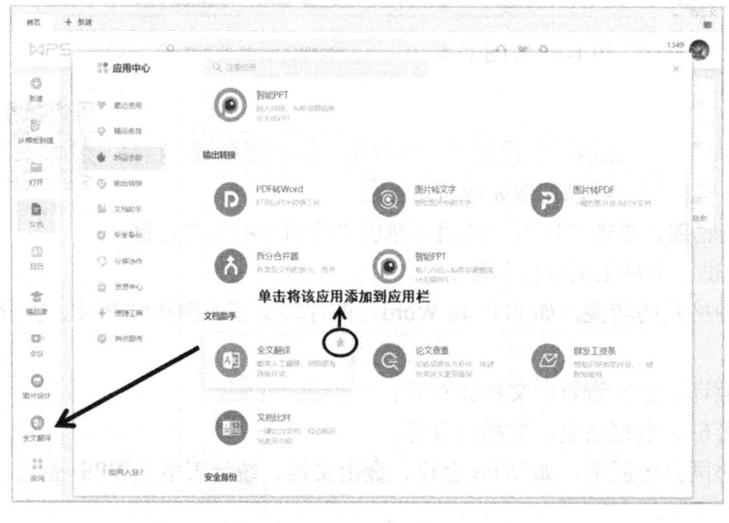

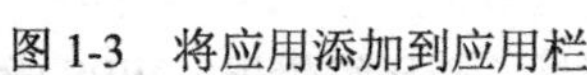
图 1-3 将应用添加到应用栏

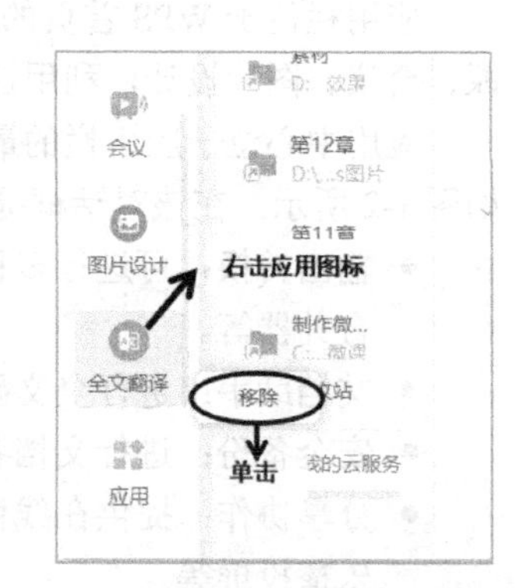

图 1-4 将应用从应用栏移除

3. 全局搜索框

位于 WPS 首页顶部，在该搜索框中可以搜索文档、应用、模板、办公技巧或直接访问网址。

1）搜索文档

在全局搜索框中输入要搜索文档的名称或关键字，如输入“成绩”，自动展开搜索结果面板，如图 1-5 所示，默认显示 WPS 云文档的搜索结果和相关模板。将鼠标指针指向某项搜索结果，在该项的右侧显示“历史版本”，单击该按钮，弹出“历史版本”对话框，可查看云文档的历史版本详情。

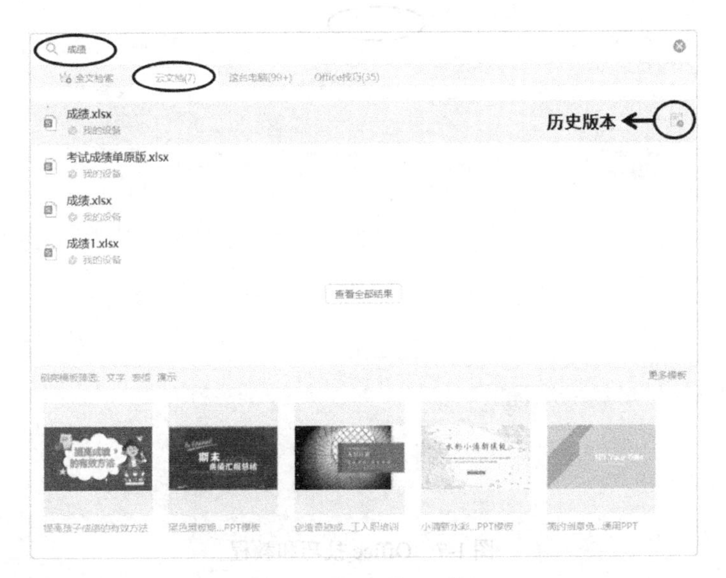

图 1-5　搜索结果面板

2）全文检索

打开搜索结果面板中的“全文检索”选项卡，切换到“全文检索”界面，按照关键字在 WPS 云文档中进行搜索，搜索的关键字在结果项中高亮显示。

3）搜索这台电脑上的文档

打开搜索结果面板中的“这台电脑”选项卡，切换到“这台电脑”界面，按照关键字搜索当前电脑中的文档，如图 1-6 所示。

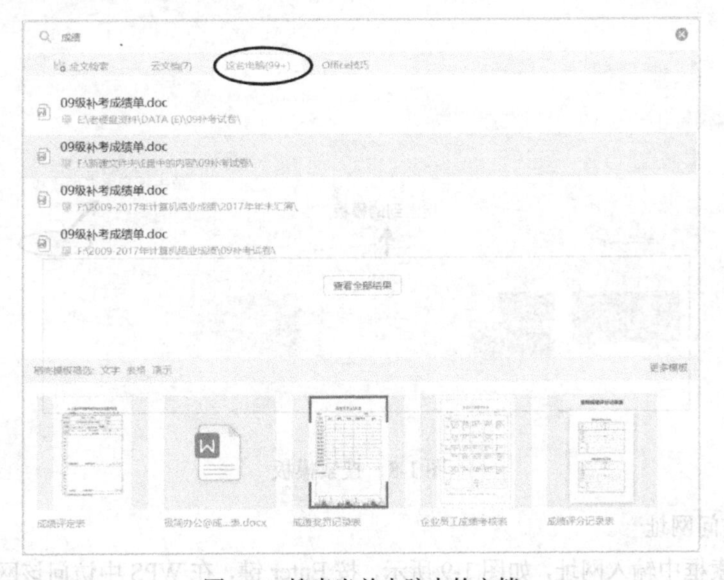

图 1-6　搜索当前电脑中的文档

4）搜索办公技巧和帮助

打开搜索结果面板中的“Office 技巧”选项卡，切换到“Office 技巧”界面，显示各类使用的 Office 技巧和教程，如图 1-7 所示，单击某个教程进入 WPS 学堂，播放视频进行学习。

图 1-7　Office 技巧和教程

5）搜索模板

在全局搜索框中输入要搜索的模板名称或关键字，在搜索结果面板的最下方显示匹配到的文字、表格、演示模板。搜索模板如图 1-8 所示，单击某个模板创建文档，或者单击“更多模板”，打开“稻壳商城”窗口，该窗口内置了更多模板以供选择。

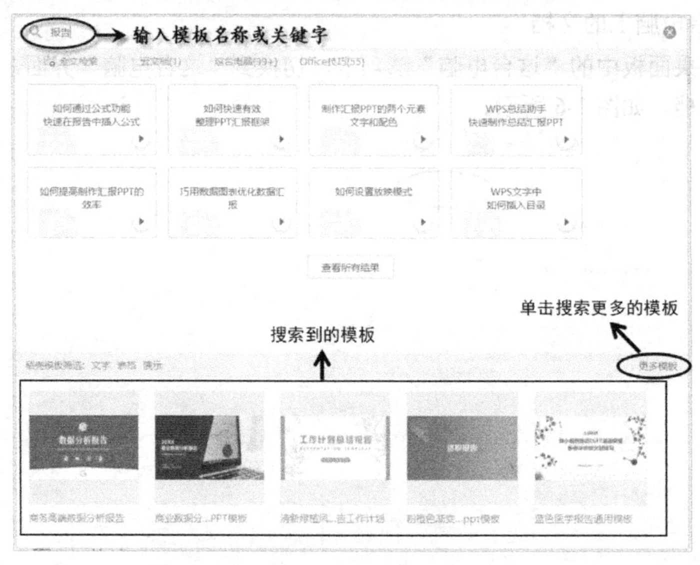

图 1-8　搜索模板

6）直接访问网址

在全局搜索框中输入网址，如图 1-9 所示，按 Enter 键，在 WPS 中访问该网址链接的内容。

图 1-9　输入网址

若在全局搜索框中粘贴网址，则会在搜索框上方显示“粘贴并打开”提示，如图 1-10 所示，单击即可快速访问该网址。

4. 文档列表

位于 WPS 首页中部位置，在该位置列出了最近打开的文档，此位置可以快速打开文档，右击某一文档，在弹出的快捷菜单中可以选择对文档进行重命名、分享、移除等操作命令。

5. 设置和账号

登录账号后，该区域包含 4 个按钮，分别是“意见反馈”“稻壳皮肤”“全局设置”“账号头像”。设置和账号（登录后）如图 1-11 所示。

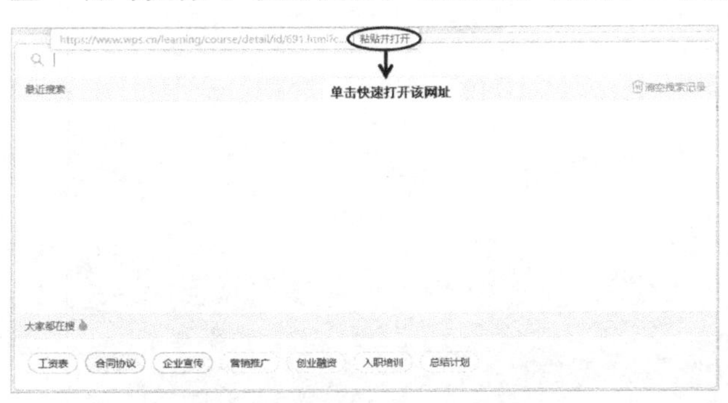

图 1-10 “粘贴并打开”提示

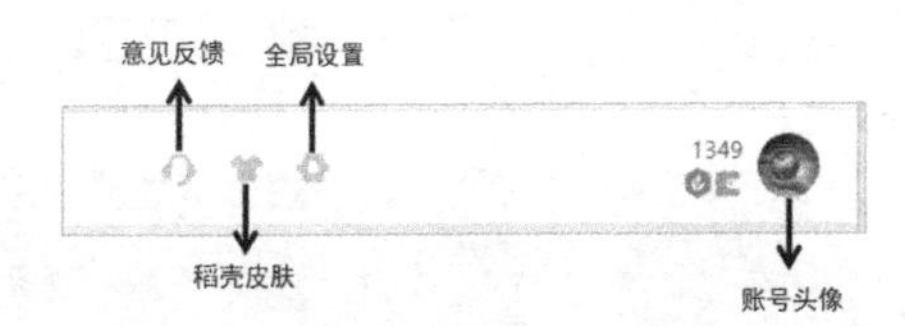

图 1-11 设置和账号（登录后）

- 意见反馈：单击该按钮，打开“WPS 服务中心”窗口，帮助查找和解决使用中遇到的问题。
- 稻壳皮肤：单击该按钮，弹出“皮肤中心”对话框，在该对话框中可设置 WPS 的界面皮肤。
- 全局设置：单击该按钮，可以进入“设置”窗口，启动配置和修复工具、查看 WPS 新功能和版本号、登录 WPS 官方网站。
- 账号头像：未登录账号时，单击该按钮，会弹出“WPS 账号登录”对话框。登录账号后，显示用户的账号、头像、会员状态，单击该按钮，可打开“个人中心”窗口，在该窗口中进行账号管理。

6. 信息中心

用于显示账号相关状态、办公相关的技巧和资讯，以及更改信息和协作信息。单击“信息中心”顶部右侧的设置，刷新信息列表和设置要接收的信息类型；单击每个卡片右上角的设置，选择是否接收此类卡片推送。

1.2 在 WPS 中新建、访问和管理文档

1.2.1 新建文档

在 WPS 首页，单击顶部标签栏中的“＋”按钮或者导航栏中的“新建”按钮（新建入口如图 1-12 所示）即可打开“新建”窗口，如图 1-13 所示。在该窗口中可以创建多种类型的文档，如文字、表格、演示、PDF 等。

- 文档类型选择区域：选择要创建的文档类型，如“文字”，创建 WPS 文字文档。

- 新建空白文档：单击该按钮，创建所选文档类型的空白文档。
- 模板资源：若在该区域中选择某一模板，则会按照该模板的格式创建文档。
- 模板搜索框：在搜索框中输入模板的名称或关键字搜索所需的模板。
- 模板分类：在该区域中将模板分为多种类型，按类别浏览、查找所需的模板。
- 个人资料：显示用户名、ID、会员信息等。

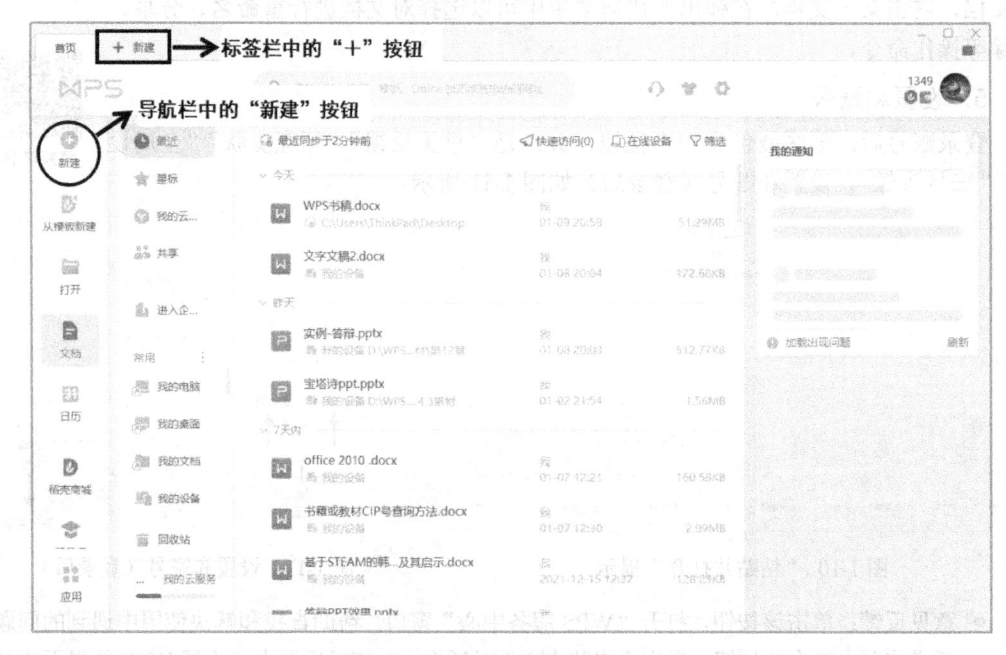

图 1-12　新建入口

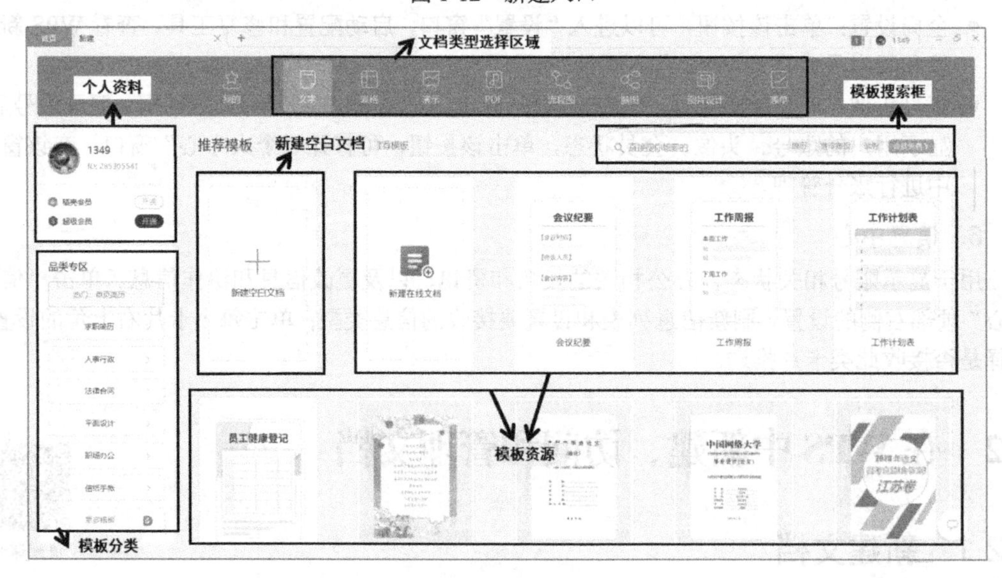

图 1-13　“新建”窗口

1.2.2　访问文档

WPS 首页提供了多个文档访问入口。文档列表如图 1-14 所示，在文档导航栏中可以访问最近使用过的文档、星标文档、我的云文档、共享文档，以及在我的电脑、我的桌面等位置所包含的文档。

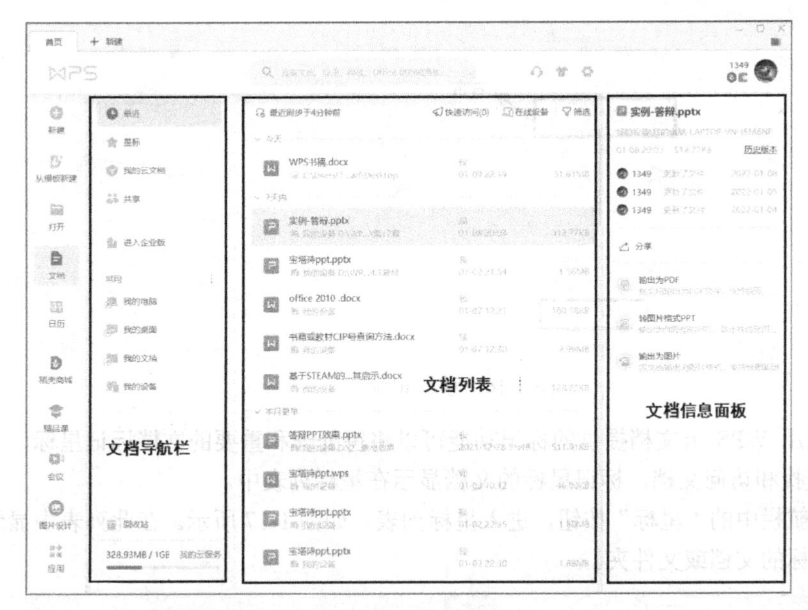

图 1-14　文档列表

- 最近：在文档导航栏中单击“最近”按钮，最近访问过的文档按照访问时间由远及近的顺序显示在文档列表中，并按日期分组。用户可以在文档列表中找到需要打开的文档双击将其打开，或者开启云文档同步后，可以在多个设备登录的同一账号上同步访问或处理同一个文档。在各个设备访问过的文档会实时更新和同步到文档列表中，也可以按照多种筛选方式检索文档。最近访问的文档如图 1-15 所示。

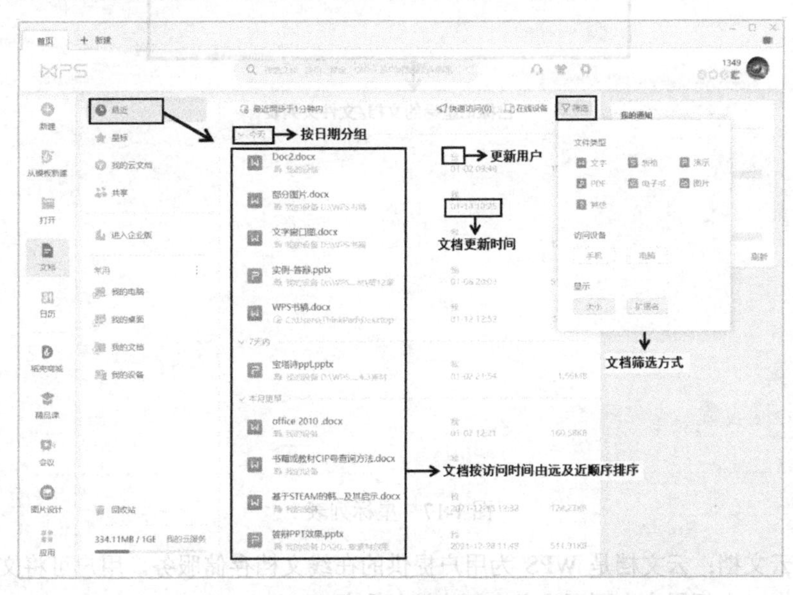

图 1-15　最近访问的文档

最近访问的文档会显示访问的用户信息，若不希望他人看到访问的用户信息，则可将访问的文档删除。方法：在文档列表中的某个被访问的文档上右击，在弹出的快捷菜单中选择“移除记录”命令，即可删除该文档确保个人隐私不被泄露。移除记录如图 1-16 所示。

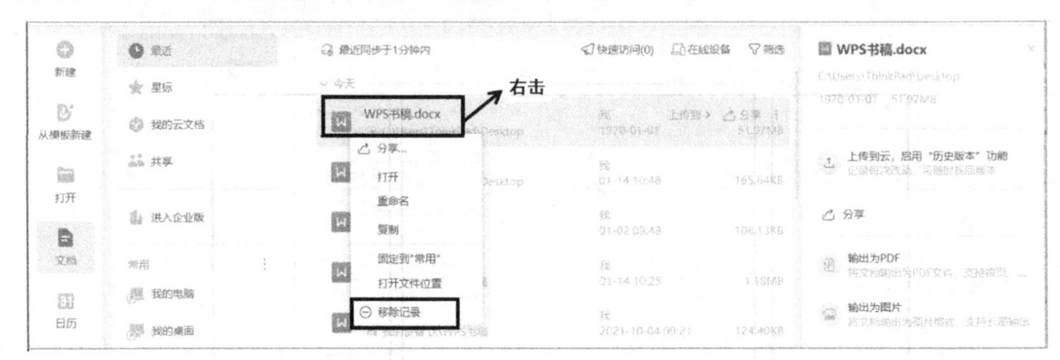

图 1-16　移除记录

- 星标：利用 WPS 云文档提供的标记功能可以将待处理和重要的文档标记星标，方便用户快速查找和访问文档，标记星标的文档显示在星标列表中。

单击文档导航栏中的“星标”按钮，进入星标列表，如图 1-17 所示。在此列表中显示云文档中所有标记星标的文档或文件夹。

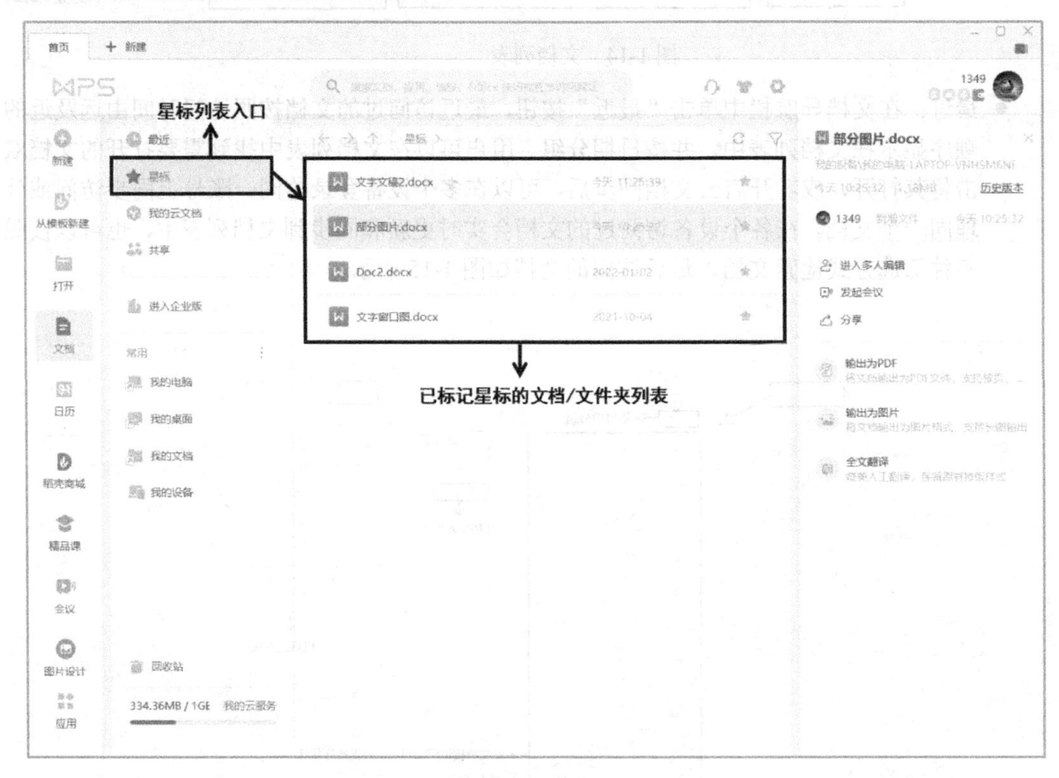

图 1-17　星标列表

- 我的云文档：云文档是 WPS 为用户提供的在线文档存储服务，用户可将文档保存在云文档中，方便用户在不同设备中同步访问和处理。

单击文档导航栏中的“我的云文档”按钮，进入我的云文档列表，如图 1-18 所示。在此列表中显示云文档中所有文档或文件夹，还可以查询选定文档的历史版本。

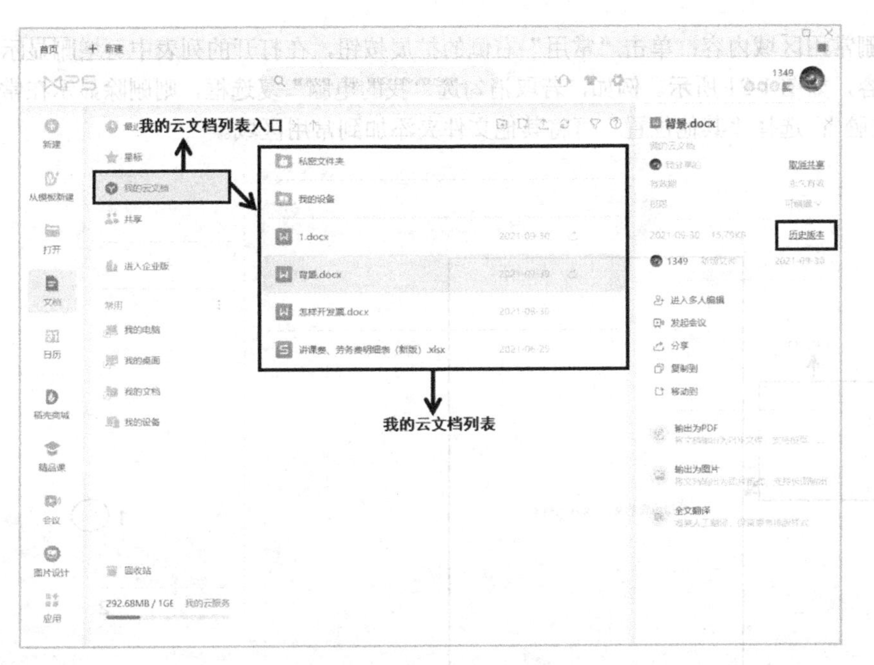

图 1-18 我的云文档列表

- 共享：共享是指别人通过 WPS 云文档分享给你，或者你分享给别人的云文档。共享文档显示在共享列表中，方便查找和管理。

单击文档导航栏中的“共享”按钮，进入共享列表，如图 1-19 所示。在此列表中显示别人分享给你和你分享给别人的文档/文件夹列表，以及共享的全部文档/文件夹列表。

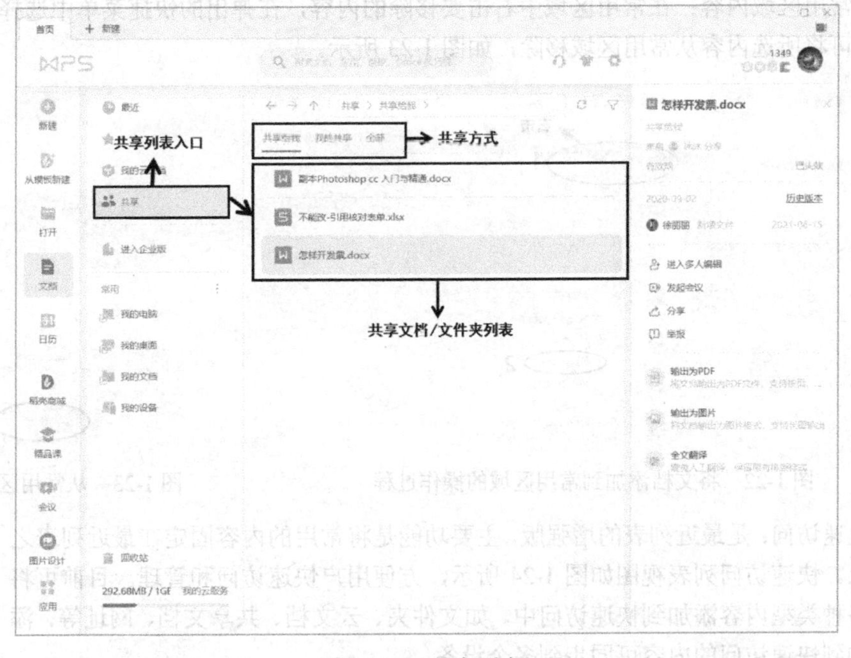

图 1-19 共享列表

- 常用：常用区域是存放常用文档的位置，如图 1-20 所示，用户可将常用的文档或文件夹固定到该区域，便于快速访问常用的文档或文件夹。

增删常用区域内容：单击“常用”右侧的扩展按钮，在打开的列表中可增删显示在常用区域的内容，如图 1-21 所示。例如，若取消勾选“我的电脑”复选框，则删除显示在常用区域的“我的电脑”；选择“其他位置”可将其他文件夹添加到常用区域。

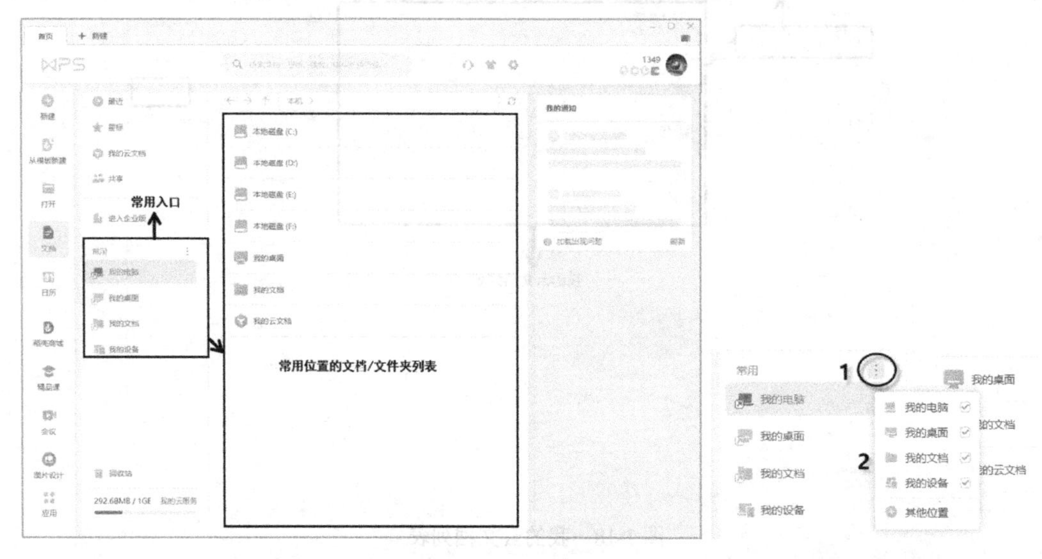

图 1-20　常用区域　　　　图 1-21　增删显示在常用区域的内容

文档添加到常用区域：若将 WPS 首页文档列表中的文档或云文档中的文档添加到常用区域，则只需右击要添加到常用区域的文档，在弹出的快捷菜单中选择“固定到‘常用’”命令即可。将文档添加到常用区域的操作过程如图 1-22 所示。

移除常用区域内容：在常用区域中右击要移除的内容，在弹出的快捷菜单中选择“移除”命令，即可将所选内容从常用区域移除，如图 1-23 所示。

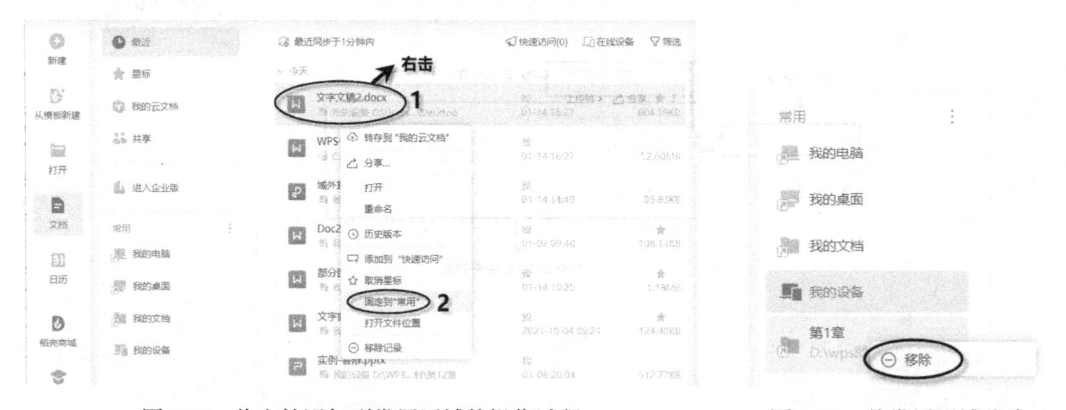

图 1-22　将文档添加到常用区域的操作过程　　　　图 1-23　从常用区域移除

- 快速访问：是最近列表的增强版，主要功能是将常用的内容固定在最近列表之上。快速访问列表视图如图 1-24 所示，方便用户快速访问和管理。目前可将多种类型内容添加到快速访问中，如文件夹、云文档、共享文档、网址等，添加到快速访问的内容可同步到多个设备。

视频课程

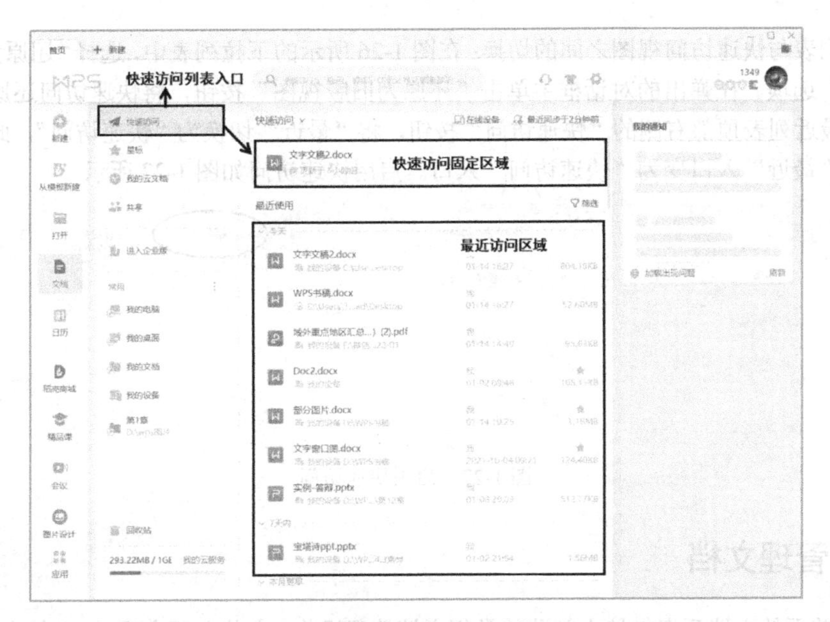

图 1-24　快速访问列表

添加内容到快速访问：在 WPS 首页文档列表中，右击要添加到快速访问中的文档或文件夹，在弹出的快捷菜单中选择“添加到‘快速访问’”命令，即可将所选文档或文件夹添加到快速访问，如图 1-25 所示。

图 1-25　添加到快速访问

添加网址：单击“快速访问”右侧的下拉按钮，在打开下拉列表中选择“添加网址或云文档链接”选项。在弹出的对话框中输入网址或云文档链接、名称，单击“添加”按钮即可。添加网址或云文档链接到快速访问如图 1-26 所示。

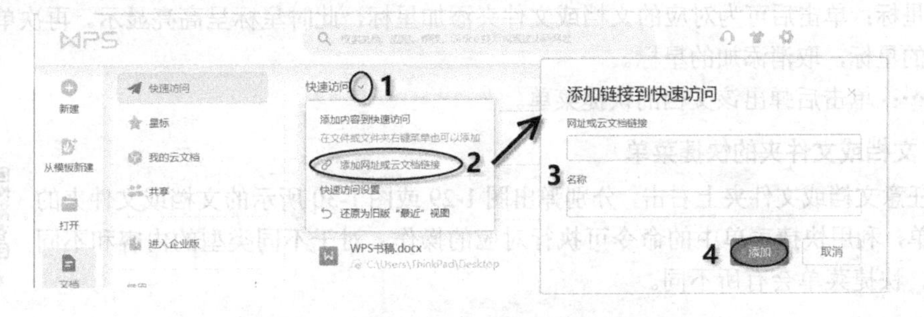

图 1-26　添加网址或云文档链接到快速访问

最近列表与快速访问视图之间的切换：在图 1-26 所示的下拉列表中，选择“还原为旧版‘最近’视图”选项。在弹出的对话框中单击“还原为旧版视图”按钮，将快速访问还原为最近列表。单击最近列表顶部右侧的“快速访问”按钮，将“最近”切换为“快速访问”，此时左侧导航栏中的“最近”入口变为“快速访问”入口。启用快速访问如图 1-27 所示。

图 1-27　启用快速访问

1.2.3　管理文档

WPS 首页的文档列表支持大部分的常规文档管理操作，本节主要介绍 WPS 特有的一些功能入口和操作。

视频课程

1. 快捷操作按钮

在文档列表中，将鼠标指针指向文档/文件夹时，在该文档/文件夹的右侧会出现图 1-28 所示的快捷操作按钮。

图 1-28　快捷操作按钮

- 上传到：单击后，在打开的列表中单击“我的云文档”按钮，弹出“上传到我的云文档”对话框，在相应位置中输入名称，单击“确认保存”按钮，将文档保存到 WPS 云端。
- 分享：单击后弹出“分享”对话框，可以快速发起文档共享。
- 星标：单击后可为对应的文档或文件夹添加星标，此时星标呈高亮显示。再次单击高亮的星标，取消添加的星标。
- …：单击后弹出该文档的快捷菜单。

2. 文档或文件夹的快捷菜单

在任意文档或文件夹上右击，分别弹出图 1-29 或图 1-30 所示的文档或文件夹的快捷菜单，利用快捷菜单中的命令可执行对应的操作。对于不同类型的内容和不同的列表，快捷菜单会有所不同。

视频课程

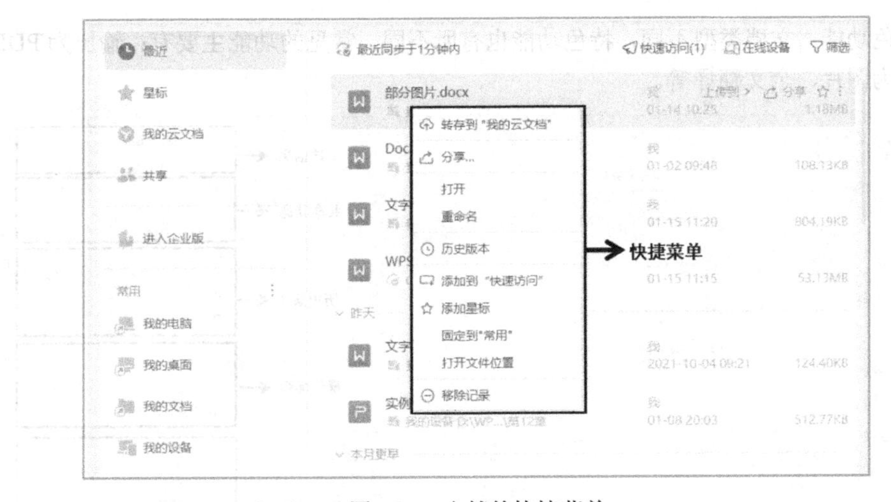

图 1-29　文档的快捷菜单

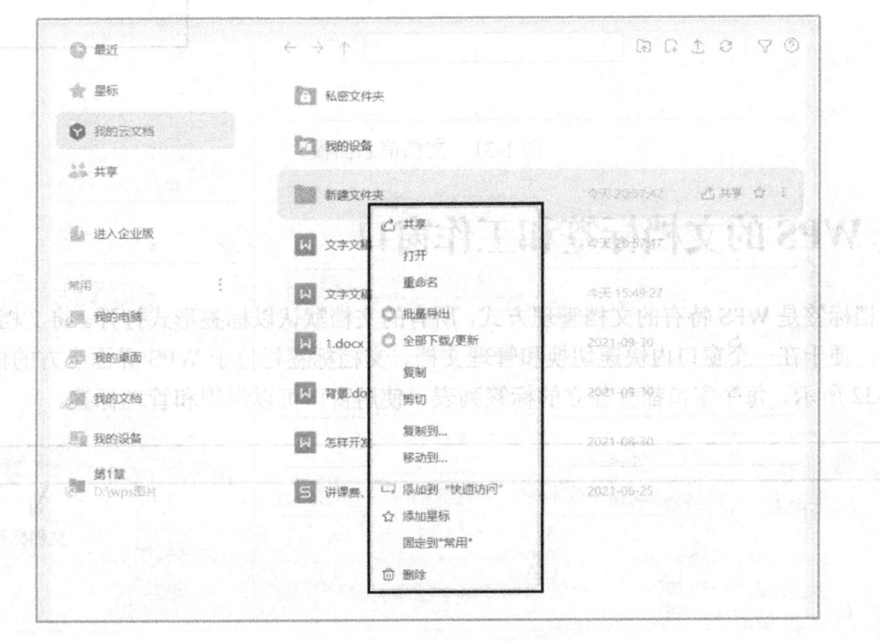

图 1-30　文件夹的快捷菜单

3. 文档信息面板

在文档列表中选定文档或文件夹，窗口的最右侧区域将显示其对应的信息面板。此面板包含文档信息、共享状态、历史版本（仅限云文档）、操作命令、特色功能等。文档信息面板如图 1-31 所示。

- 文档信息：包括文档名称和文档所在位置的路径。
- 共享状态：当文档为共享时才会显示其共享状态，单击“取消共享”按钮，结束共享，他人将无法访问。
- 历史版本：当文档上传到云文档时，开启历史版本功能，记录最新和每次修改的版本信息。单击“历史版本”按钮，在弹出的对话框中可以查看更多版本或对历史版本进行预览、导出、恢复等操作。
- 操作命令：包括多人编辑、发起会议、分享等常用命令。

● 特色功能：文档类型不同，特色功能也有所不同，常见的功能主要有：输出为 PDF、输出为图片、全文翻译等。

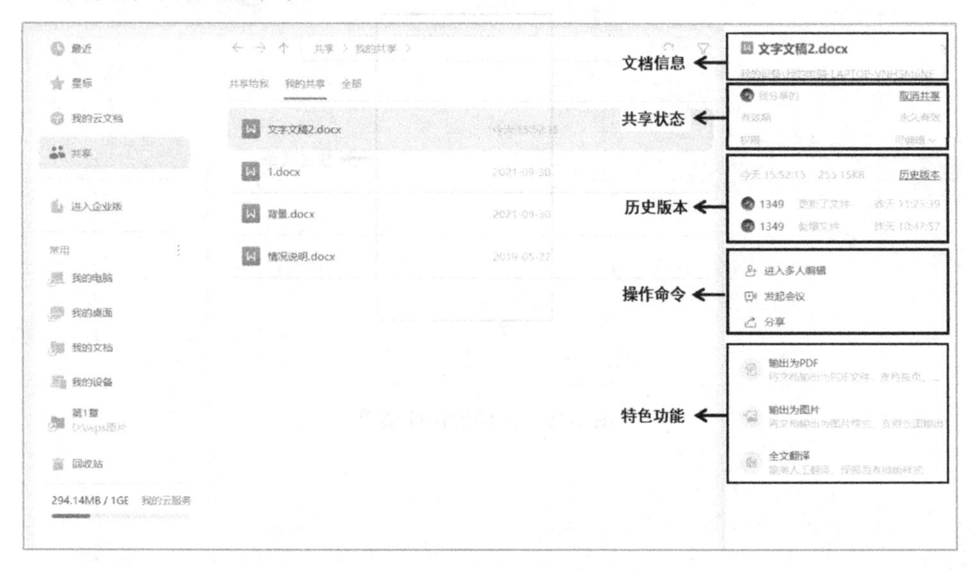

图 1-31　文档信息面板

1.3　WPS 的文档标签和工作窗口

文档标签是 WPS 特有的文档管理方式，所有的文档默认以标签形式打开。将文档以标签形式打开，便于在一个窗口内快速切换和管理文档。文档标签栏位于 WPS 界面上方的标签栏中，如图 1-32 所示。每个窗口都有独立的标签列表，使用窗口可以组织和管理标签。

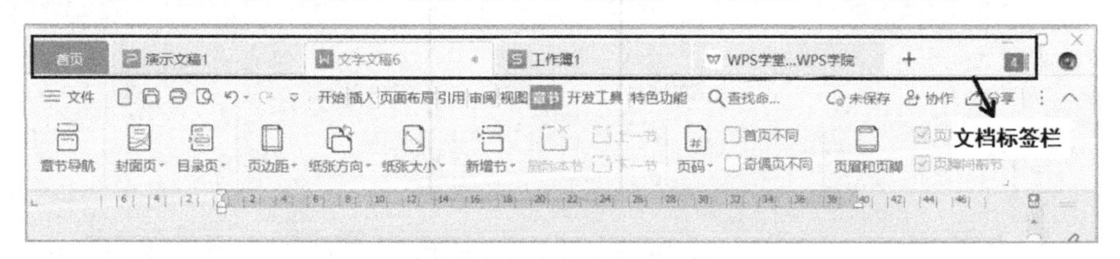

图 1-32　文档标签栏

1.3.1　文档标签

利用文档标签可以对打开的文档进行管理，如利用标签切换文档、关闭文档、移动文档、固定文档、保存文档、分享文档等。

1．利用标签切换文档

视频课程

方法 1：单击 WPS 标签栏中的标签可以切换到对应的文档。

方法 2：按 Ctrl+Tab 组合键，可在最近的两个标签间切换。连续按该组合键可在当前窗口的所有标签间依次顺序切换。

方法 3：鼠标指针指向任务栏窗口按钮，弹出文档缩略图。单击缩略图可切换到对应的文档。利用任务栏切换文档标签的过程如图 1-33 所示。

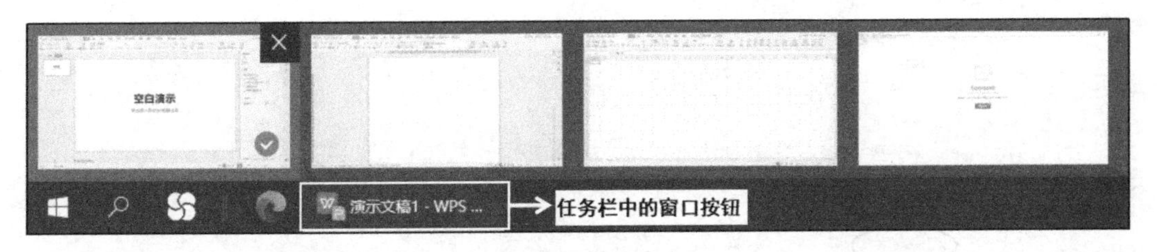

图 1-33　利用任务栏切换文档标签的过程

2. 利用标签关闭文档

视频课程

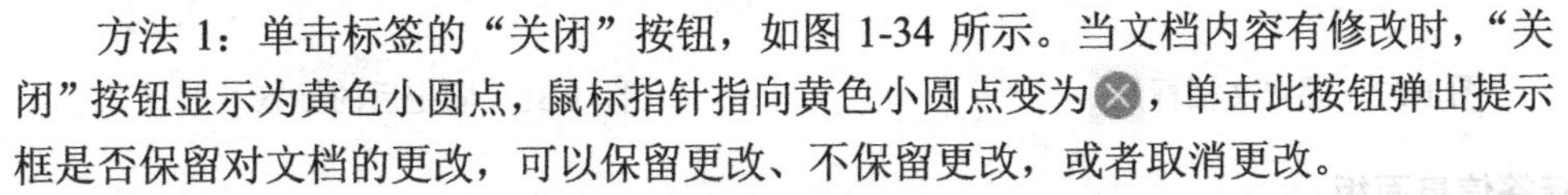

方法 1：单击标签的“关闭”按钮，如图 1-34 所示。当文档内容有修改时，“关闭”按钮显示为黄色小圆点，鼠标指针指向黄色小圆点变为⊗，单击此按钮弹出提示框是否保留对文档的更改，可以保留更改、不保留更改，或者取消更改。

方法 2：在标签栏中右击标签，在弹出的快捷菜单中选择“关闭”命令，关闭当前文档，标签快捷菜单的“关闭”命令如图 1-35 所示。若选择“关闭其他”“右侧”“全部”命令，则对标签进行批量关闭。

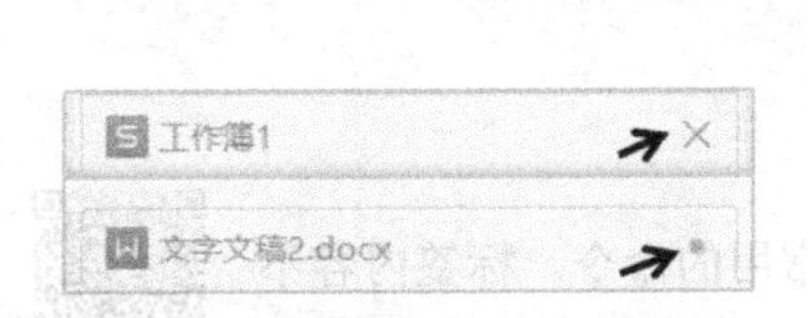

图 1-34　标签的“关闭”按钮

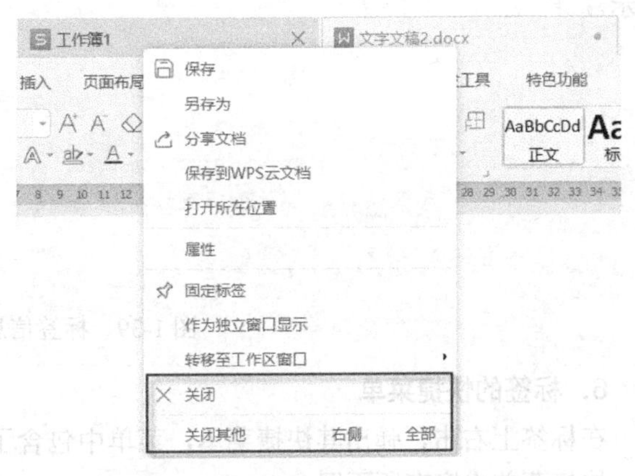

图 1-35　标签快捷菜单的“关闭”命令

3. 利用标签移动文档

视频课程

将鼠标指针指向标签并按住鼠标左键左右拖动，可移动文档标签从而改变文档的位置，如图 1-36 所示。

图 1-36　改变文档的位置

4. 利用标签固定文档

视频课程

利用固定标签功能可以将重要的文档固定在标签栏左侧，便于查找和操作。方法：在标签栏中右击要固定的标签，在弹出的快捷菜单中选择“固定标签”命令，将当前标签固定在标签栏的左侧。固定文档标签如图 1-37 所示。

固定后的标签不显示“关闭”按钮，如图 1-38 所示，以免误操作而关闭。

图 1-37 固定文档标签

图 1-38 固定后的标签

5. 标签信息面板

视频课程

将鼠标指针指向文档标签并停留片刻，会弹出该标签的信息面板。标签信息面板中主要包括文档名称、存放路径、更新时间、分享文档、检查更新等，如图 1-39 所示。

图 1-39 标签信息面板

6. 标签的快捷菜单

视频课程

在标签上右击，弹出其快捷菜单，菜单中包含了一些常用的命令。标签内容不同，快捷菜单内容有所不同。

- 文档标签的快捷菜单（见图 1-40）主要包括“保存”“另存为”“分享文档”“打开所在位置”等与文档相关的命令，底部是所有标签通用的关闭标签命令。
- 网页标签的快捷菜单（见图 1-41）主要包括“新建网页标签”“重新加载”“使用默认浏览器打开此网页”等与网页相关的命令，底部是所有标签通用的关闭标签命令。

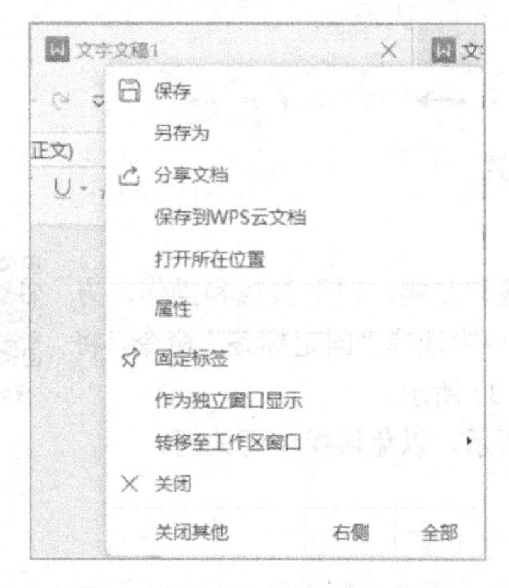

图 1-40 文档标签的快捷菜单

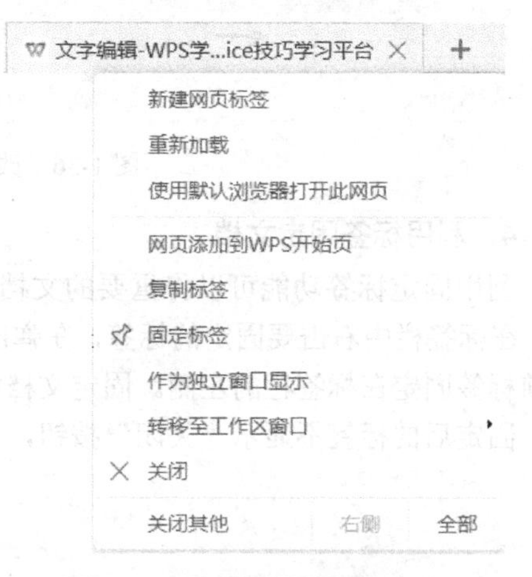

图 1-41 网页标签的快捷菜单

1.3.2　标签和独立窗口的切换

在 WPS 中可将一个标签切换为一个独立窗口的形式显示，以适应一些场合的需求。

1．标签切换为独立窗口

在要切换为独立窗口的标签上右击，在弹出的快捷菜单中选择"作为独立窗口显示"命令，即可将标签切换为独立窗口显示，如图 1-42 所示。

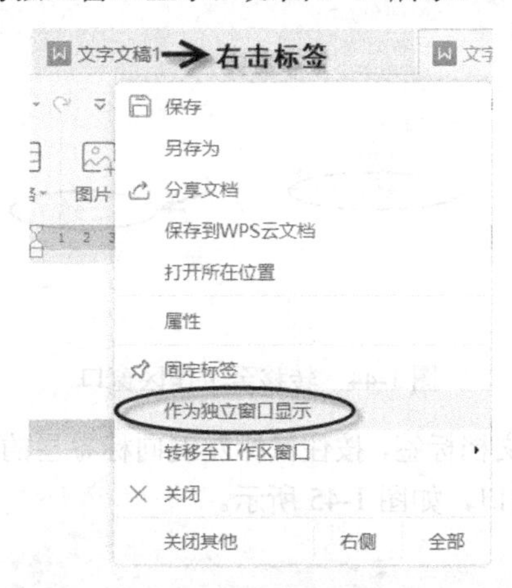

图 1-42　标签切换为独立窗口显示

2．独立窗口

在独立窗口中，通过右上角的 3 个按钮可对独立窗口进行操作，如图 1-43 所示。

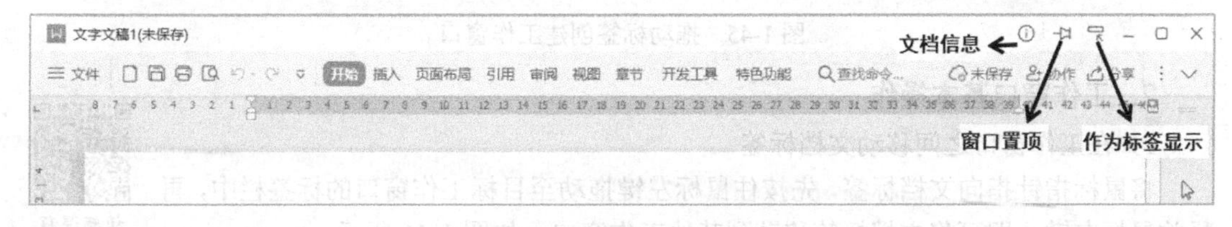

图 1-43　对独立窗口进行操作

- 文档信息：包括文档名称、保存状态、分享文档等与文档相关的操作。
- 窗口置顶：单击此按钮将独立窗口固定在所有窗口之前。
- 作为标签显示：单击此按钮将独立窗口切换回标签显示。

1.3.3　利用窗口管理标签

如果标签栏中有众多不同类型的标签，那么可以按照标签类型或者任务需求进行分类，将同一类型或同一任务的标签放在一个窗口中，便于对同一类型或同一任务标签的管理。

使用窗口管理标签，可以将窗口中的标签列表以工作区的形式进行保存，当打开文档时，工作区中的所有标签同时打开，可以快速查找所有相关文档。

1．创建工作窗口

启动 WPS 后，自动创建一个默认的工作窗口。此外，通过以下方法，可以创建更多的工作窗口。

方法 1：在某一文档标签上右击，在弹出的快捷菜单中选择“转移至工作区窗口”命令，在其子菜单中选择“新工作区窗口”命令或者任意一个已有的工作窗口，即可创建新的工作窗口，如图 1-44 所示。

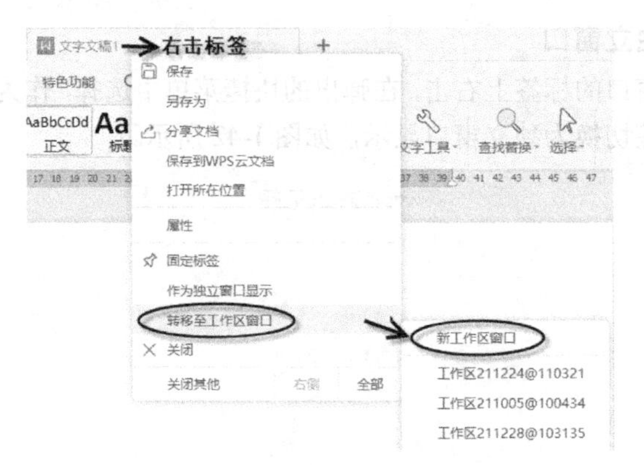

图 1-44　转移至工作区窗口

方法 2：将鼠标指针指向文档标签，按住鼠标左键向标签栏的下方拖动，将该标签脱离原工作窗口，创建一个新的工作窗口，如图 1-45 所示。

图 1-45　拖动标签创建工作窗口

2. 工作窗口基本操作

1）在工作窗口之间移动文档标签

视频课程

将鼠标指针指向文档标签，先按住鼠标左键拖动至目标工作窗口的标签栏中，再释放鼠标左键，即可将文档标签移动到其他工作窗口，如图 1-46 所示。

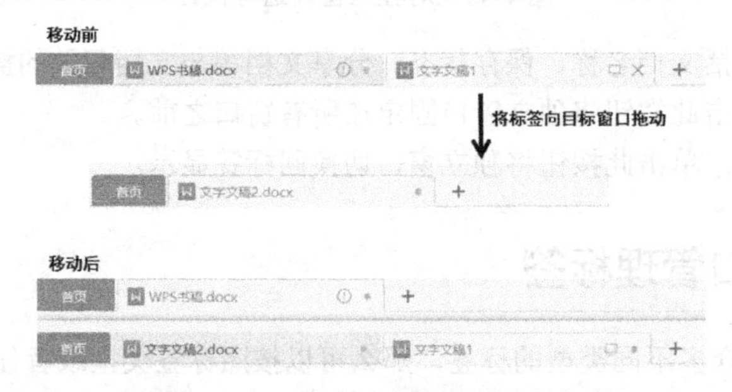

图 1-46　在工作窗口之间移动文档标签

2）工作窗口的切换

方法 1：单击桌面下方任务栏中的窗口按钮，即可切换工作窗口，如图 1-47 所示。

图 1-47　切换工作窗口

方法 2：单击标签栏右侧的“工作区”按钮，在打开的工作区和标签列表面板（见图 1-48）中切换工作窗口。面板的左侧是工作区列表，单击列表中的某项即可切换到对应的工作区。如果某工作区窗口已经打开，那么单击列表中该项会自动激活对应的工作窗口；如果该工作区未以窗口形式打开，那么单击列表中该项会切换到对应的工作区，显示对应的标签列表，单击标签列表中的缩略图，即可打开对应的窗口。

3）新建工作区

单击工作区列表顶端的“新建”按钮，在工作区列表中生成一个新的工作区，如图 1-49 所示。在新的工作区上右击，在弹出的快捷菜单中选择“在新窗口中打开”命令，以窗口形式显示新建的工作区。

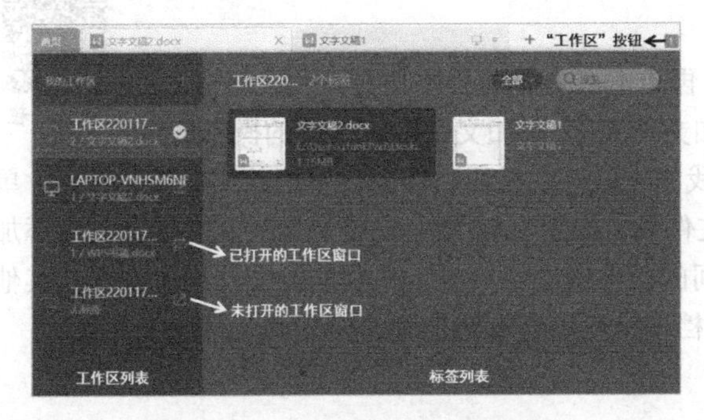

图 1-48　工作区和标签列表面板

图 1-49　新建工作区

4）工作区的操作

在工作区列表区域右击某项，可在弹出的快捷菜单中对该项进行重命名、删除等操作，如图 1-50 所示。在删除工作区时，会关闭该工作区内的所有标签。每个设备默认的工作区不可删除。

在工作区列表区域单击某项左侧圆圈，在打开的列表中可更改图标颜色，如图 1-51 所示。

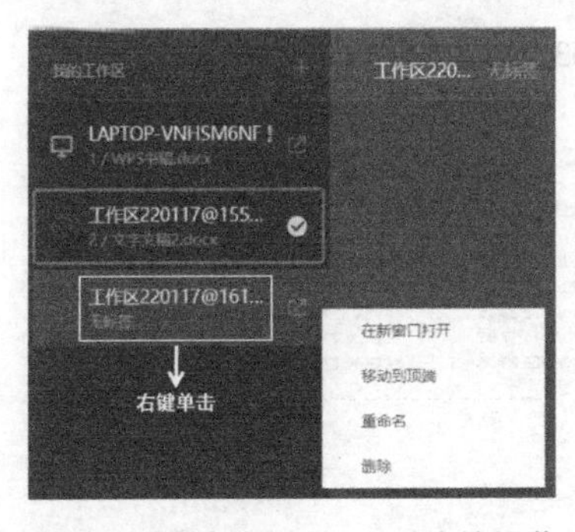

图 1-50　进行重命名、删除等操作

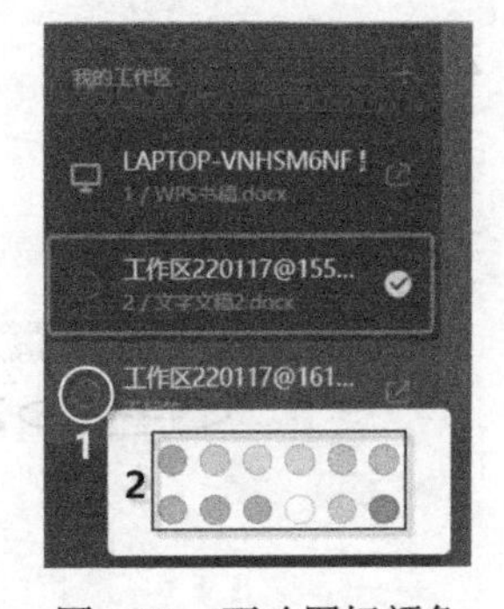

图 1-51　更改图标颜色

1.4　WPS 云办公云服务

WPS 提供了强大的云办公云服务功能，用户只要登录 WPS 账号，就能享受到各种云服务，多人协作编辑、团队共享文件、文件多设备同步、一键分享文件。

1.4.1 WPS 云空间

用户注册 WPS 账号后，自动获得个人专属的云空间，根据用户所享有的特权类型为用户配置相应容量的云空间，以使用户能进行文档上传、保存、下载等操作。普通用户可以免费使用 1G 云空间，会员可以免费使用 100G 云空间，超级会员可以免费使用 365G 云空间。登录 WPS 账号后，在 WPS 首页文档导航栏的底端可以查看当前账号个人云空间使用情况，如图 1-52 所示。

单击“我的云文档”按钮，可以访问当前账号下存储在 WPS 云空间的所有文件。当用户在其他设备（手机、电脑等）登录相同的 WPS 账号后，也可以访问存储在云空间的文件。云空间的文件只有在登录 WPS 账号后才能访问，保证了账号下存储文件的安全。

1．将电脑中的文件添加到云空间

视频课程

方法 1：先单击“我的云文档”按钮，再单击右上方的“添加文件到云”按钮，在打开的列表中选择“添加文件”或“添加文件夹”。添加文件或文件夹的操作过程如图 1-53 所示，在弹出的对话框中选择“我的电脑”中需要添加到云空间的文件或文件夹，单击“打开”按钮，选择需要添加的文件或文件夹，如图 1-54 所示，将选定的文件或文件夹添加到“我的云文档”中。此时，添加到云空间的文件或文件夹显示在我的云文档列表中。在其他设备登录相同的 WPS 账号，在“我的云文档”中可以查看添加到云空间的文件或文件夹。

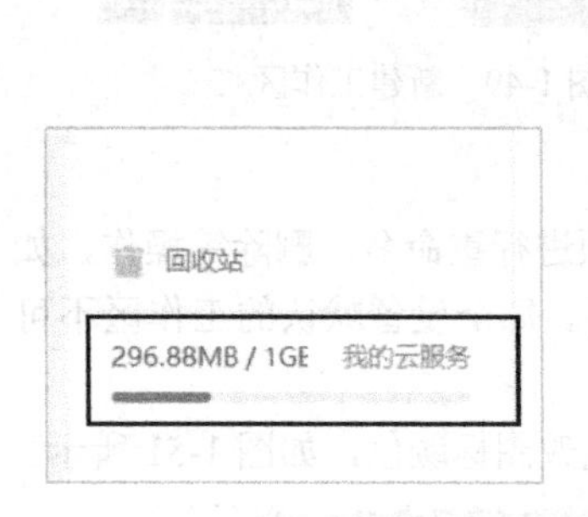

图 1-52　云空间使用情况

图 1-53　添加文件或文件夹的操作过程

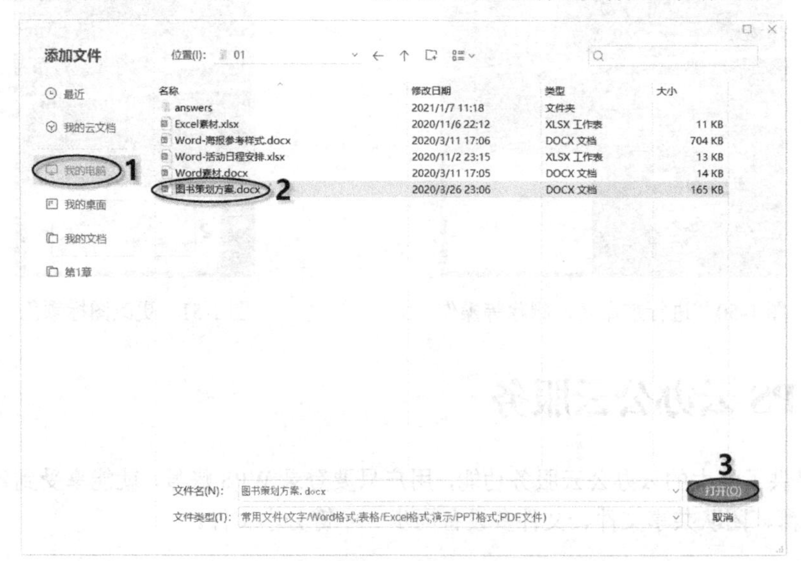

图 1-54　选择需要添加的文件或文件夹

方法 2：单击“我的云文档”按钮，按住鼠标左键将电脑中的文件或文件夹拖动到我的云文档列表中，出现“复制文件到我的云文档”的字样，释放鼠标左键，即将拖动的文件或文件夹添加到当前云文档列表中，这是将文件添加到云空间最便捷的方法。

视频课程

2．新建文件到云空间

方法 1：先单击“我的云文档”按钮，再单击右上方的“新建”按钮，在打开的列表中可选择新建文件夹/文字/表格/演示到云空间。新建文件到云空间的操作过程如图 1-55 所示。

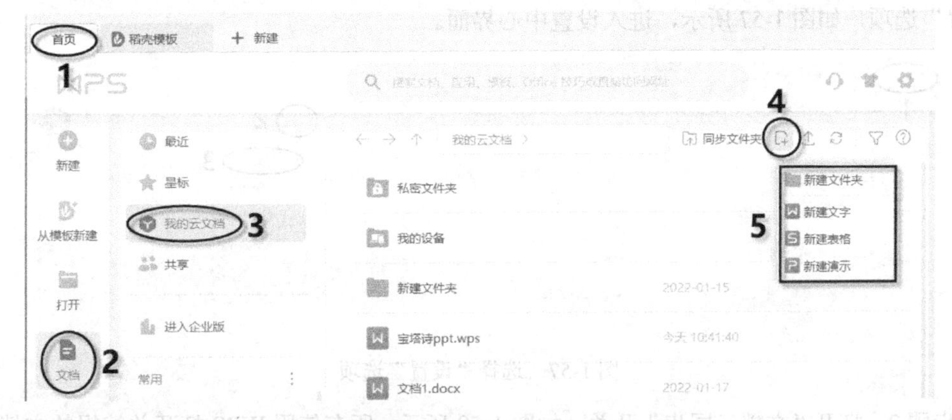

图 1-55　新建文件到云空间的操作过程

方法 2：打开文件，选择“文件”→“保存”（首次保存新文件）或“文件”→“另存为”命令，在弹出的对话框中选择“我的云文档”，输入文件名、选择文件类型，单击“保存”按钮，可将当前文件保存到云空间中。选择保存位置的操作过程如图 1-56 所示。

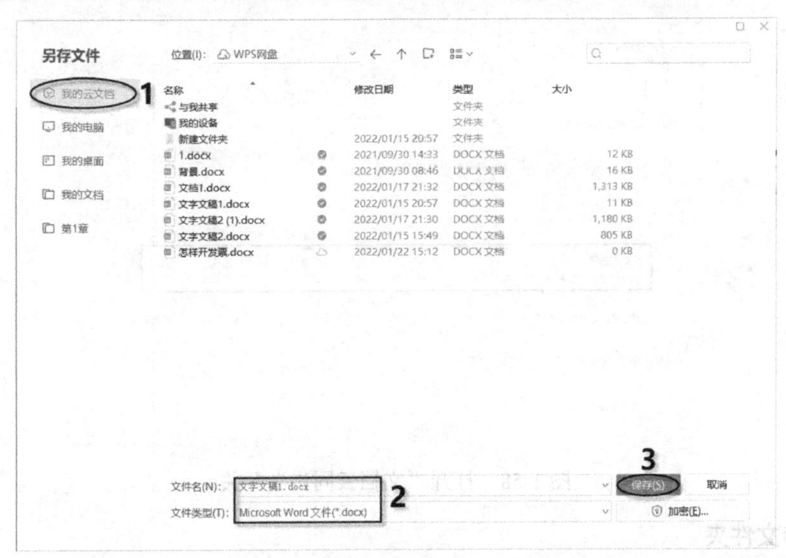

图 1-56　选择保存位置的操作过程

1.4.2　云同步

云同步就是保持云端数据和终端数据完全一致，包括上传和下载。使用云同步的方法：首先是把文件上传到云空间，然后通过网络可以随时随地将文件下载到本地终端（电脑、手机或者平板电脑等），更新了本地文件后，又会将更新上传到云端保存。

1. 文档云同步

视频课程

开启文档云同步，可以将文档自动保存到云端，用户可以邀请好友进入自己的云端文档，实现多人同时编辑一个文档，同时还可以查看文档内的成员编辑记录，恢复文档历史版本，随时选择时间预览或直接恢复所需的版本。文档云同步的设置步骤如下。

步骤 1：登录 WPS 账号，在 WPS 首页单击右上角的“设置”按钮，在打开的列表中选择“设置”选项，如图 1-57 所示，进入设置中心界面。

图 1-57　选择“设置”选项

步骤 2：打开“文档云同步”开关，如图 1-58 所示，所有使用 WPS 打开并编辑的文档会自动存储到当前使用的 WPS 账户的云空间中。当在其他设备登录相同的 WPS 账号后，也可对云同步文档进行访问、编辑、保存、下载等操作。用户在其他设备上对云同步文档所进行的操作立即同步到云空间，用户在云空间看到的内容与电脑中看到的内容完全一致。

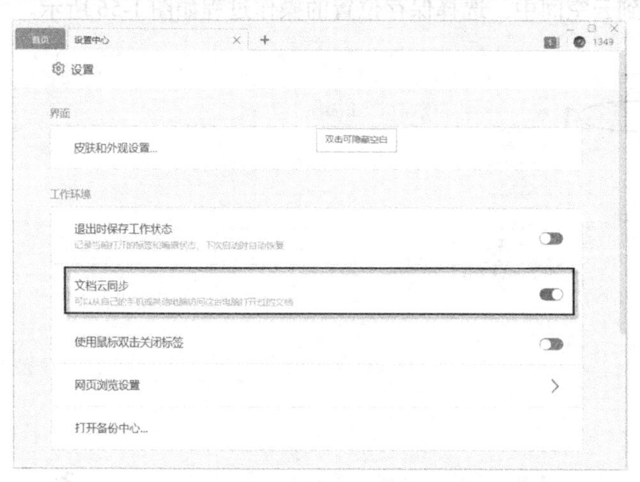

图 1-58　打开“文档云同步”开关

2. 同步文件夹

视频课程

利用 WPS 云文档能够将电脑中的文件夹同步到 WPS 云空间，同步后在其他设备（电脑、手机或者平板电脑等）上登录相同的 WPS 账号，也可从中查看电脑中的文件夹里存储的所有内容。

将电脑中的文件夹同步到 WPS 云文档，该文件夹中的所有文件改动、文件增加/删减，或者新增文件夹，将会实时同步到云空间。同时，用户在其他设备上对同步文件夹所进行的编辑、修改，将同步更新到电脑上的文件夹，为远程办公、跨设备办公提供了便利。设置同步文件夹的方法如下。

方法 1：在电脑中找到需要同步的文件夹，在文件夹上右击，在弹出的快捷菜单中选择“自动同步文件夹到‘WPS 云文档’”命令，如图 1-59 所示，此文件夹与 WPS 云空间中的文件夹是一样的。

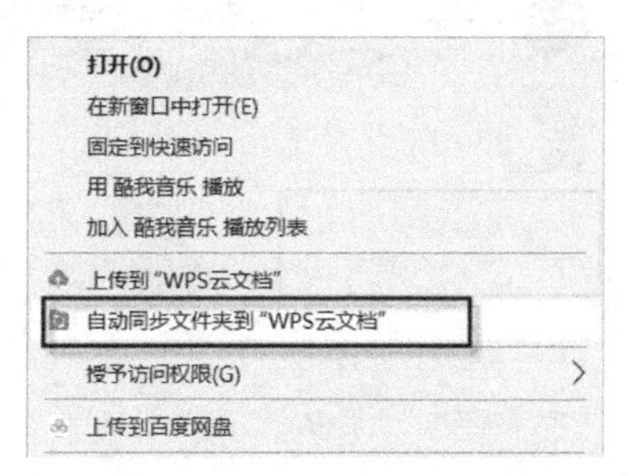

图 1-59　选择“自动同步文件夹到 WPS 云文档”命令

方法 2：启动 WPS，在 WPS 首页选择“文档”→“我的云文档”命令，在打开的界面中单击右上角的“同步文件夹”按钮，弹出“让本地文件夹自动同步到云”对话框，单击“选择文件夹”按钮。“我的云文档”中同步文件夹的操作过程如图 1-60 所示。在打开的窗口中选择需要同步到云的文件夹，依次单击“选择文件夹”和“立即同步”按钮，所选择的文件夹自动同步到云。

图 1-60　“我的云文档”中同步文件夹的操作过程

3．桌面云同步

若要使多台电脑的桌面保持一致，方便用户随时随地在不同电脑上工作，可以利用 WPS 云服务提供的桌面云同步功能，将多台电脑的桌面文件保持完全一致，设置步骤如下。

视频课程

步骤 1：在任务栏右侧区域中单击“显示隐藏的图标”按钮，在打开的列表中单击“WPS 办公助手”图标，如图 1-61 所示，弹出“WPS 办公助手”对话框。

步骤 2：单击“桌面云同步”按钮，如图 1-62 所示，弹出“WPS-桌面云同步”对话框，单击“开启桌面云同步”按钮，如图 1-63 所示，将当前设备的桌面同步到 WPS 云空间。

图 1-61 “WPS 办公助手”图标　　　　图 1-62 “桌面云同步”按钮

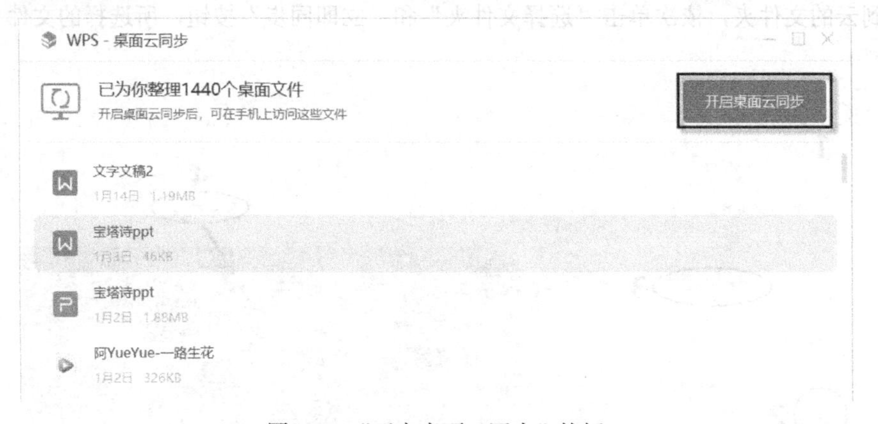

图 1-63 “开启桌面云同步”按钮

步骤 3：在其他设备登录相同账号，可以在云空间中的“桌面”文件夹中找到云同步桌面的文件，文件更新后自动同步到电脑桌面。

若在登录相同账号的多台设备中都开启桌面云同步，则在任一设备的桌面上增删、更改文件，将自动同步到其他设备的桌面，达到多设备桌面文件一致的效果。

1.4.3 WPS 网盘

WPS 网盘是 WPS 云服务在 Windows 系统上提供的用于文件管理的云盘工具。WPS 网盘中的文件默认存储在云空间中，不占用电脑的磁盘空间，用户利用 WPS 网盘可以使用和管理存储在 WPS 云空间中的文件。

1. 打开 WPS 网盘

WPS 网盘入口如图 1-64 所示，双击 WPS 网盘图标，进入 WPS 网盘，双击网盘中的文件，文件将自动从云空间中下载到本设备后打开。

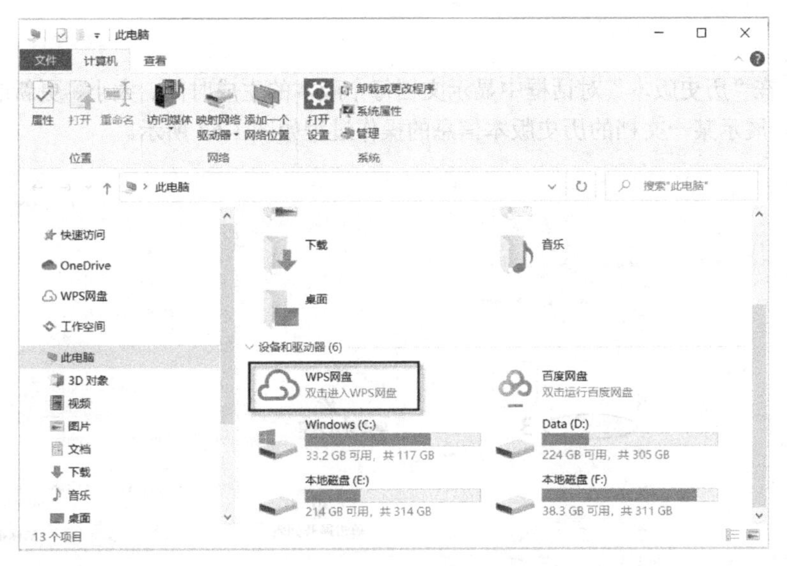

图 1-64　WPS 网盘入口

2. 删除 WPS 网盘

视频课程

单击任务栏右侧区域的“显示隐藏的图标”按钮，在打开列表的“WPS 办公助手”图标上右击，在弹出的快捷菜单中选择“同步与设置”命令，进入云服务设置入口，如图 1-65 所示，弹出“云服务设置”对话框，关闭“在我的电脑显示‘WPS 网盘’”开关，如图 1-66 所示。

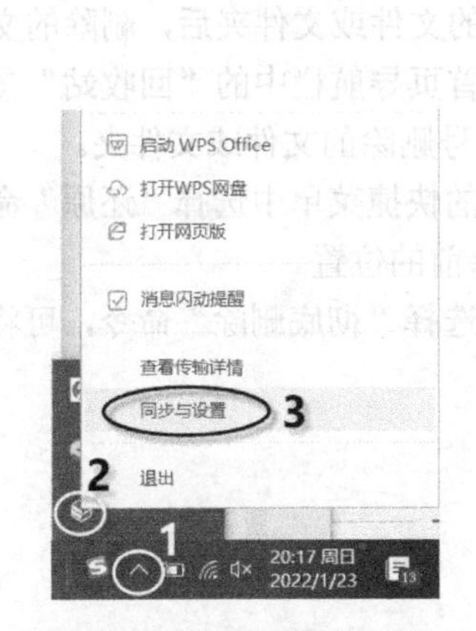

图 1-65　进入云服务设置入口

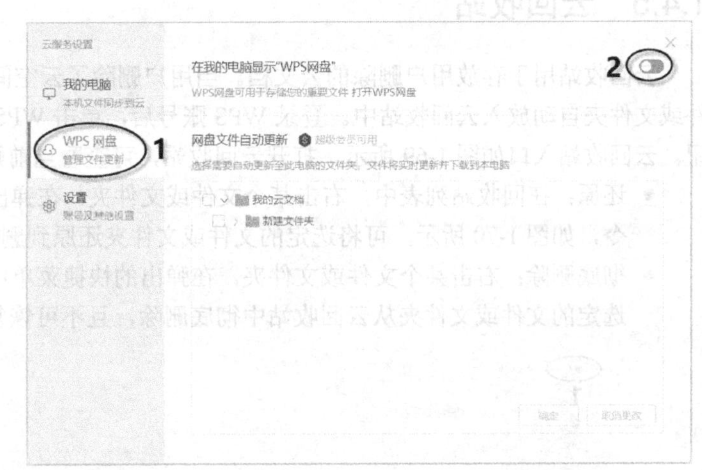

图 1-66　关闭“在我的电脑显示‘WPS 网盘’”开关

1.4.4　历史版本管理与恢复

视频课程

历史版本是 WPS 云保护文档数据的一个功能。用户编辑过的文档版本都会按时间顺序自动保存在历史版本中，方便用户随时恢复之前编辑过的版本。使用历史版本预览或恢复所需版本的步骤如下。

步骤 1：在 WPS 首页文档列表中，右击某个文档，在弹出的快捷菜单中选择“历史版本”命令，如图 1-67 所示，弹出“历史版本”对话框。

步骤 2：在“历史版本”对话框中显示文档每个版本的生成时间、大小、更新的用户名、可进行的操作。展示某一文档的历史版本信息的操作过程如图 1-68 所示。

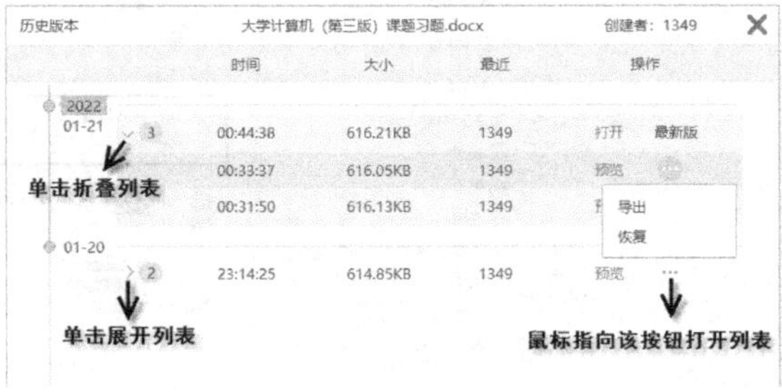

图 1-67 查看文档的历史版本信息　　图 1-68 展示某一文档的历史版本信息的操作过程

步骤 3：单击“预览”按钮，打开所选的版本进行查看。

步骤 4：若恢复某一版本，则将鼠标指针指向页面右侧的扩展按钮，在打开的列表中选择“恢复”选项，将文档恢复到当前所选的版本。

1.4.5 云回收站

视频课程

云回收站用于存放用户删除的云文档。当用户删除了云空间的文件或文件夹后，删除的文件或文件夹自动放入云回收站中。登录 WPS 账号后，单击 WPS 首页导航栏中的“回收站”按钮。云回收站入口如图 1-69 所示，打开云回收站，可查看当前账号删除的文件或文件夹。

- 还原：在回收站列表中，右击某个文件或文件夹，在弹出的快捷菜单中选择“还原”命令，如图 1-70 所示，可将选定的文件或文件夹还原到删除前的位置。
- 彻底删除：右击某个文件或文件夹，在弹出的快捷菜单中选择“彻底删除”命令，可将选定的文件或文件夹从云回收站中彻底删除，且不可恢复。

图 1-69 云回收站入口　　图 1-70 “还原”命令

1.5　云共享与协作

视频课程

1.5.1　与他人分享文档

在 WPS 云办公服务中与他人分享文档是以链接的形式实现的，且操作方式简单。具体的操作步骤如下。

步骤 1：在文档列表中单击“分享”按钮，如图 1-71 所示；或者在要分享的文档上右击，在弹出的快捷菜单中选择“分享”命令，如图 1-72 所示；或者在文档窗口中单击右上角“分享”按钮，如图 1-73 所示，进入分享的流程。

图 1-71　单击“分享”按钮

图 1-72　“分享”命令

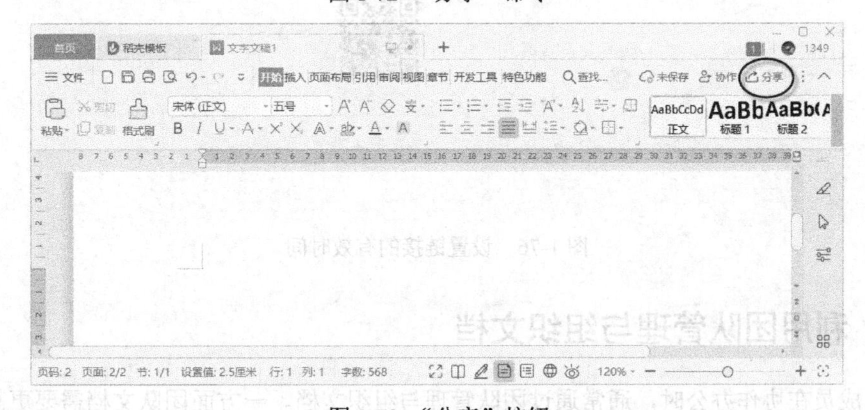

图 1-73　“分享”按钮

步骤 2：单击“创建并分享”按钮，如图 1-74 所示。如果是首次分享，那么需要先设置分享权限和创建分享链接。

步骤 3：在弹出的对话框中设置分享权限和复制链接。单击“任何人可编辑”，在打开的下拉列表中选择分享的权限。设置编辑权限的操作过程如图 1-75 所示。若选择“任何人可查看”选项，获得分享文档的人只能阅读；若选择“任何人可编辑”选项，可赋予获得分享文档的人编辑权限。

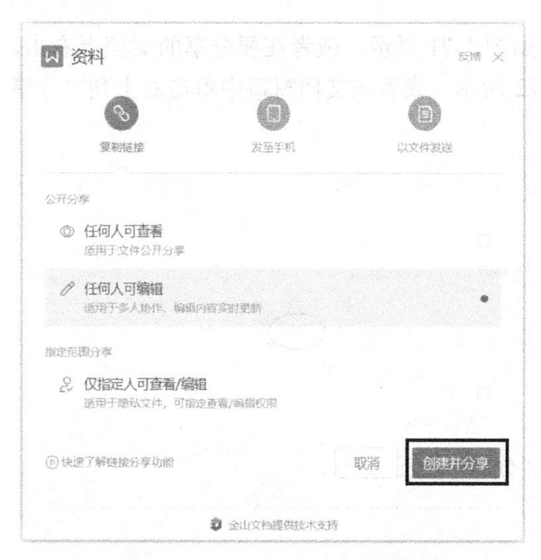

图 1-74 “创建并分享”按钮

图 1-75 设置编辑权限的操作过程

步骤 4：单击“永久有效”，在打开的下拉列表中设置链接的有效时间，如图 1-76 所示。单击“复制链接”按钮并发给其他人，即可实现文档的共享，或者将鼠标指针指向“二维码”，打开二维码，扫码发给其他人也可以实现文档的共享。

图 1-76 设置链接的有效时间

1.5.2 利用团队管理与组织文档

团队成员在协作办公时，通常通过团队管理与组织文档。一方面团队文档需要更高级别的安全和权限管控能力，另一方面，需要更好的组织管理能力支持团队协作办公场景下文档的使用。

1．创建企业和团队

在创建团队之前，首先要创建一个企业。创建企业和团队的操作步骤如下。

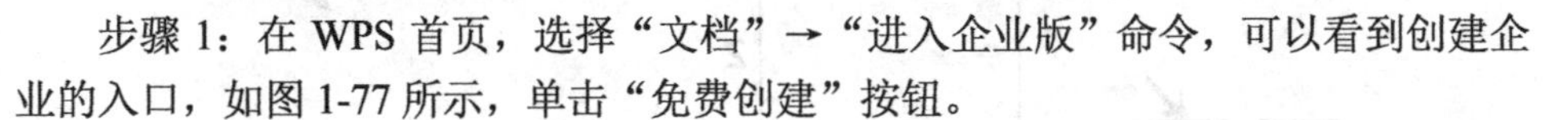

步骤 1：在 WPS 首页，选择“文档”→“进入企业版”命令，可以看到创建企业的入口，如图 1-77 所示，单击“免费创建”按钮。

图 1-77　创建企业的入口

步骤 2：在弹出的窗口中输入企业名称和个人姓名，勾选“我已阅读并同意《WPS+云办公服务使用协议》”复选框，单击“下一步”按钮。在打开的窗口中输入相关信息，单击“创建”按钮，即可完成企业的创建。

步骤 3：在企业中创建团队，如图 1-78 所示，输入团队的名称，单击“下一步”按钮，在弹出的窗口中单击“进入企业”，单击窗口右上角的⊕按钮，或者在团队的名称上右击，在弹出的快捷菜单中选择“添加成员”命令，弹出“团队成员”对话框，如图 1-79 所示。

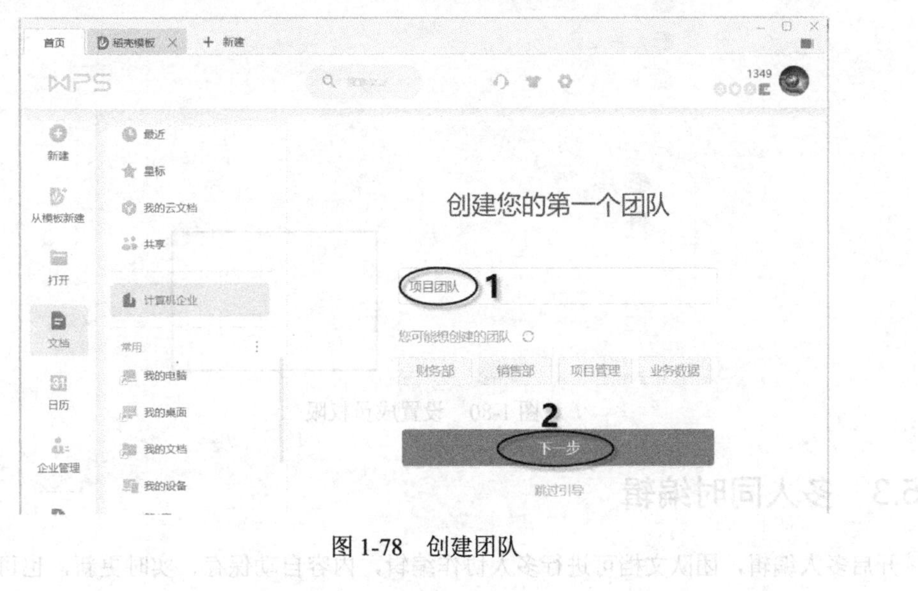

图 1-78　创建团队

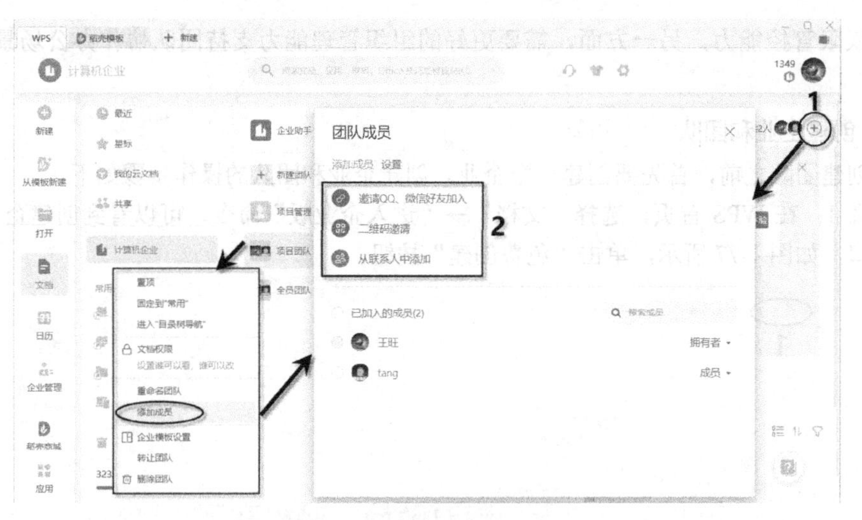

图 1-79　添加团队成员

步骤 4：在“团队成员”对话框，添加成员有 3 种方式：一是邀请 QQ、微信好友加入，将邀请链接发送给 QQ、微信好友，单击即可加入团队；二是二维码邀请，将二维码发送给要加入团队的成员，扫描二维码即可加入团队；三是从联系人中添加，在联系人列表中选择要加入团队的成员，添加到团队即可。

团队成员添加后，成员之间拥有一个共同的云办公空间，团队成员可以在云办公空间上传、下载和使用团队内的文档，使在线协作办公更加便捷与高效。

2. 设置成员权限

视频课程

团队的创建者拥有最大的权限，既可以增删团队成员，又可以设置文档权限。成员可以访问团队中有权限的文档。设置成员权限如图 1-80 所示。

图 1-80　设置成员权限

1.5.3　多人同时编辑

开启多人编辑，团队文档可进行多人协作编辑，内容自动保存、实时更新，也可以发起或参与远程会议。

1．开启多人协作编辑

视频课程

步骤 1：在需要协作编辑的文档名称上右击，在弹出的快捷菜单中选择“进入多人编辑”命令，如图 1-81 所示，打开文档并进入多人协作编辑模式。

步骤 2：其他成员可通过相同的方式，同时编辑同一份文档。

图 1-81 “进入多人编辑”命令

2．查看协作人员和协作记录

视频课程

（1）查看协作人员。

在协作编辑文档的右上角显示该文档的在线协作人员，当鼠标指针指向协作人员的头像时，即可显示协作人员姓名和文档的协作状态，如图 1-82 所示。

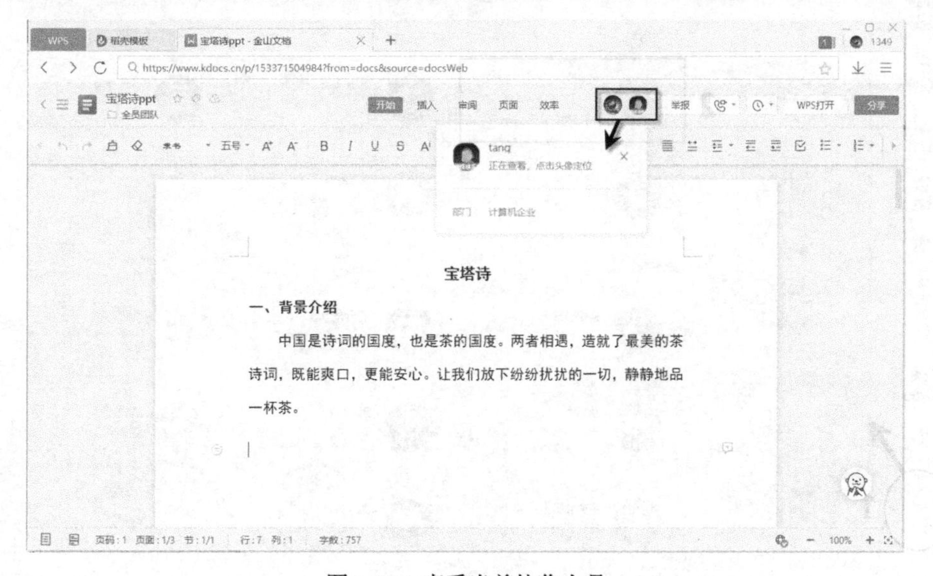

图 1-82　查看当前协作人员

（2）查看协作记录。

单击文档右上角的“历史记录”按钮，在打开的下拉列表中选择“协作记录”选项，可查看文档的协作记录，如图 1-83 所示。

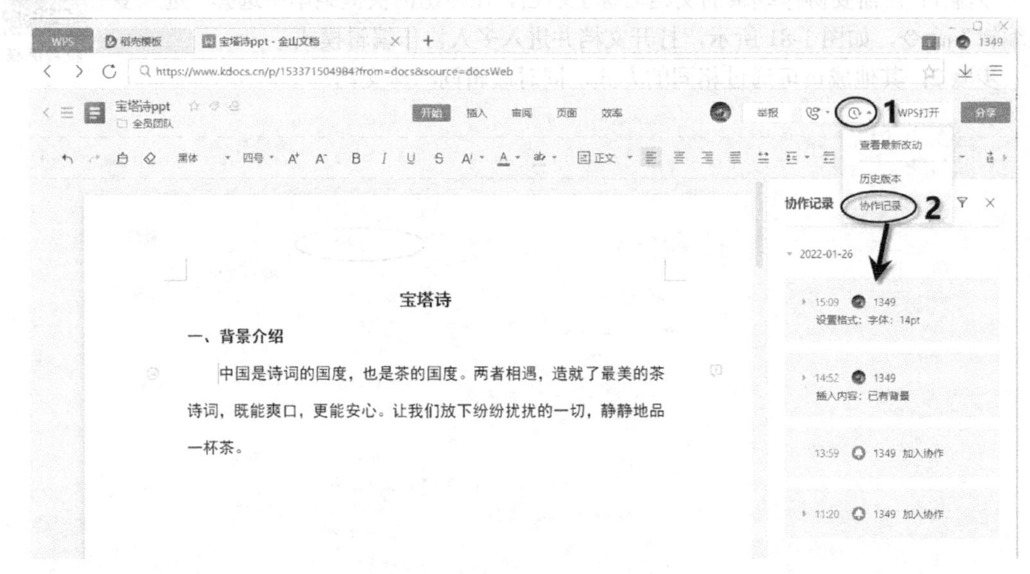

图 1-83　查看文档的协作记录

3. 远程会议

在 WPS 首页，找到会议入口，如图 1-84 所示，单击进入金山会议。若是会议发起人，则单击“新会议”按钮，预定新会议的主题、邀请参会人、预定会议时间等，如图 1-85 所示。

视频课程

图 1-84　会议入口

图 1-85　预定新会议

在远程会议中，如果要演示文档，那么需单击会议界面右下角的“共享文档”按钮，如图 1-86 所示。在弹出的对话框中可以从云文档中选择共享文档，或者扫码共享其他账号的云文档，即可在会议中进行演示。

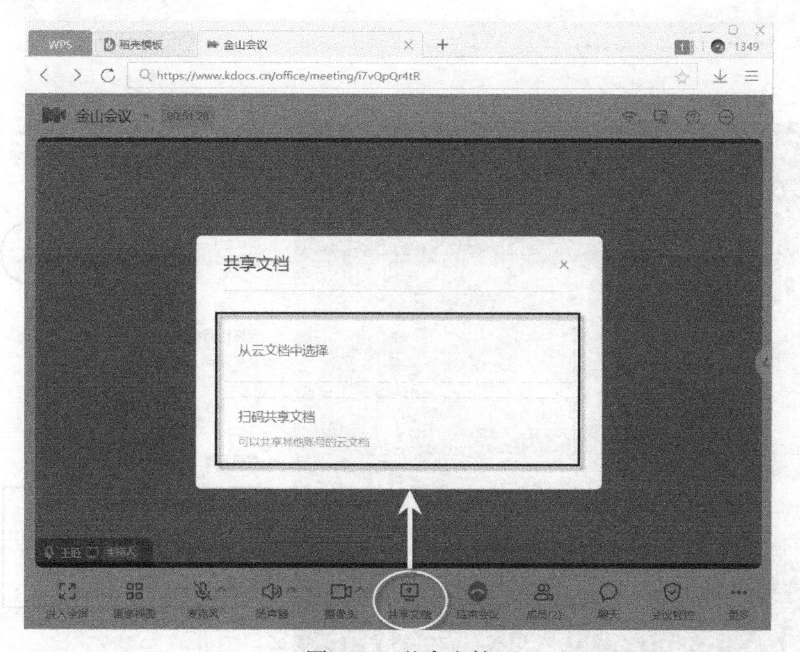

图 1-86　共享文档

在远程会议时，如果要进行指定演示者、移交主持人、将成员移出会议等管控，那么会议发起人可单击会议界面右下角的“成员”按钮。在打开的任务窗格中单击成员右侧的扩展按钮，根据需要设置成员会议权限，如图 1-87 所示。或者单击会议界面右下角的“会议管控”按钮，在打开的任务窗格中进行设置，如图 1-88 所示，在该任务窗格中若打开“锁定会议”开关，则禁止其他人加入会议，适用于参会人已经到齐，不再允许其他人进入会议的情况。

图 1-87　设置成员会议权限

图 1-88　会议管控

第二篇

利用 WPS 创建电子文档

文字文档是人们日常学习和工作中最常见、最常用的文档类型。利用文字软件创建、编辑、美化、排版电子文档已成为当前人们必备的技能之一。WPS 文字提供了出色的功能，利用其强大的文字排版引擎，可以更快捷、高效、智能地创建具有专业水准的文档，更轻松地与他人协同工作并可以在任何位置访问和共享文档。

本篇以 WPS Office 2019 为蓝本，主要学习 WPS 文字的以下重要功能及应用。

- 创建与编辑文档。
- WPS 文档排版。
- 长文档的编辑。
- 通过邮件合并批量处理文档。

第 2 章

创建与编辑文档

2.1 创建文档

文档是文本、表格、图片等对象的载体。用户在编辑或处理文字之前，首先要启动 WPS 文档进入工作窗口。WPS 文档的工作窗口如图 2-1 所示。该窗口主要包括文档标签、快速访问工具栏、选项卡标签、选项卡功能区、对话框启动按钮、滚动条、任务窗格、文档窗格、定位快捷按钮、审阅快捷按钮、视图快捷按钮、显示比例按钮等。

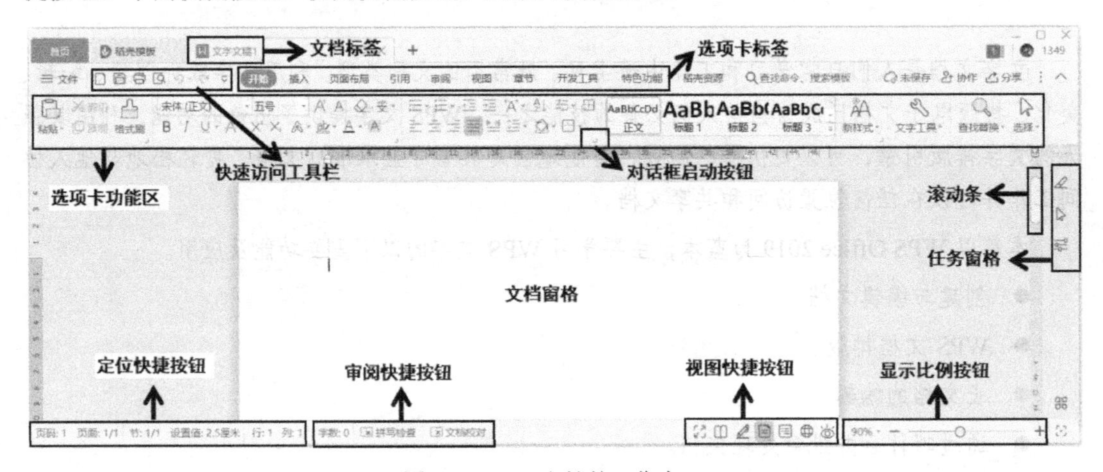

图 2-1 WPS 文档的工作窗口

2.1.1 创建空白文档

视频课程

1. 利用启动程序

方法 1：双击桌面上的 WPS Office 图标，启动 WPS Office 程序，单击标签栏中的“新建”按钮或者导航栏中的“新建”按钮，如图 2-2 所示。在打开的窗口中选择“文字”组件，单击“新建空白文档”按钮，如图 2-3 所示，即可创建一个名为“文字文稿 1”的空白文档，默认扩展名为.docx。

方法 2：单击“开始”按钮，在打开的程序列表中选择“WPS Office”，弹出“首页”窗口。单击标签栏中的“新建”按钮或者导航栏中的“新建”按钮，如图 2-2 所示，在打开的窗口中选择“文字”组件，单击“新建空白文档”按钮也可以创建一个空白文档。

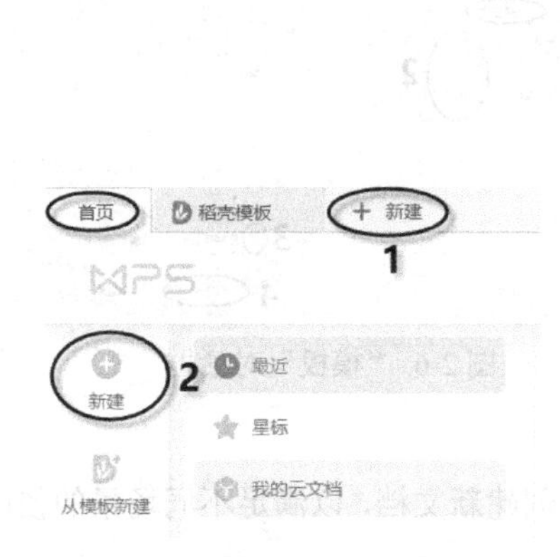

图 2-2 “新建”按钮

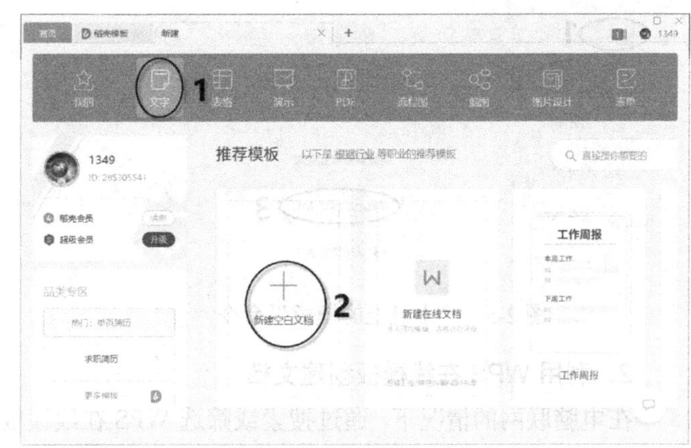

图 2-3 “新建空白文档”按钮

2．利用标签栏

启动 WPS 后，单击标签栏中的“新建”按钮，在打开的窗口中选择“文字”组件，单击“新建空白文档”按钮，即可创建一个空白文档。

3．利用选项卡

在 WPS 文档中，选择“文件”→“新建”命令，在打开的窗口中选择“文字”组件，单击“新建空白文档”按钮，即可创建一个空白文档。

4．利用快速访问工具栏

在 WPS 文档中，单击快速访问工具栏中的“新建”按钮，如图 2-4 所示，即可创建一个空白文档。

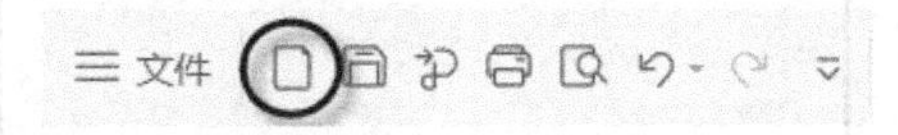

图 2-4　快速访问工具栏中的“新建”按钮

5．利用组合键

按 Ctrl+N 组合键也可创建一个空白文档。

2.1.2　利用模板创建文档

视频课程

模板是 WPS Office 中预先定义好内容格式的文档，它决定了文档的基本结构和设置，包括字体格式、段落格式、页面格式、样式等。WPS Office 提供了多种模板，用户可根据需要选择模板创建文档。

1．利用本机上的模板创建文档

选择“文件”→“新建”→“本机上的模板”命令，如图 2-5 所示，弹出“模板”对话框，如图 2-6 所示，根据需要选择所需的模板。例如，选择“日常生活”选项卡中的“笔记”模板，单击“确定”按钮，即可创建所选模板的文档。

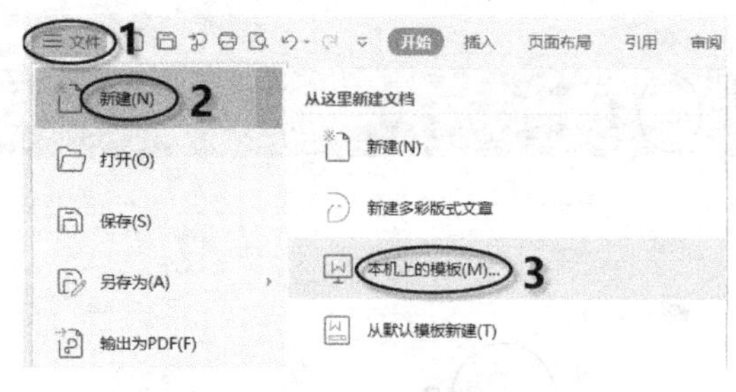

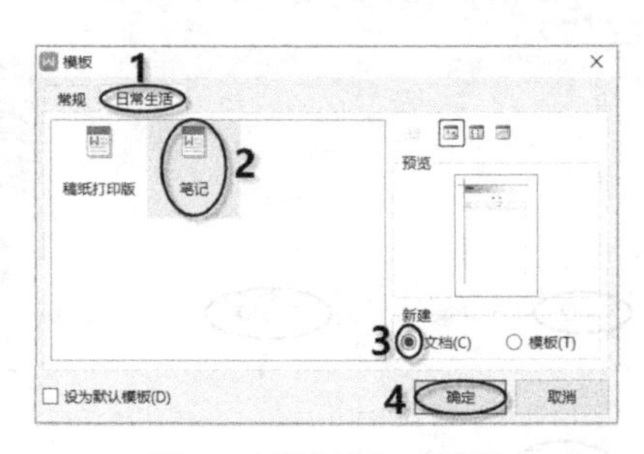

图 2-5 “本机上的模板”命令　　　　图 2-6 “模板”对话框

2. 利用 WPS 在线模板创建文档

在电脑联网的情况下，通过搜索或筛选 WPS 在线模板创建新文档，以满足不同场景的使用需要。利用 WPS 在线模板创建文档的操作步骤如下。

步骤 1：单击标签栏中的“新建”按钮，在打开的窗口中选择“文字”组件，拖动窗口右侧的垂直滚动条或者滚动鼠标滑轮浏览文档模板。

步骤 2：在窗口左侧“品类专区”选区按照文档类型搜索和筛选模板。WPS 在线模板如图 2-7 所示，在窗口的上方“根据行业”中按照行业搜索模板，在窗口右上方的搜索框中输入要搜索的模板名称，按 Enter 键，系统自动在联机模板中搜索该模板。

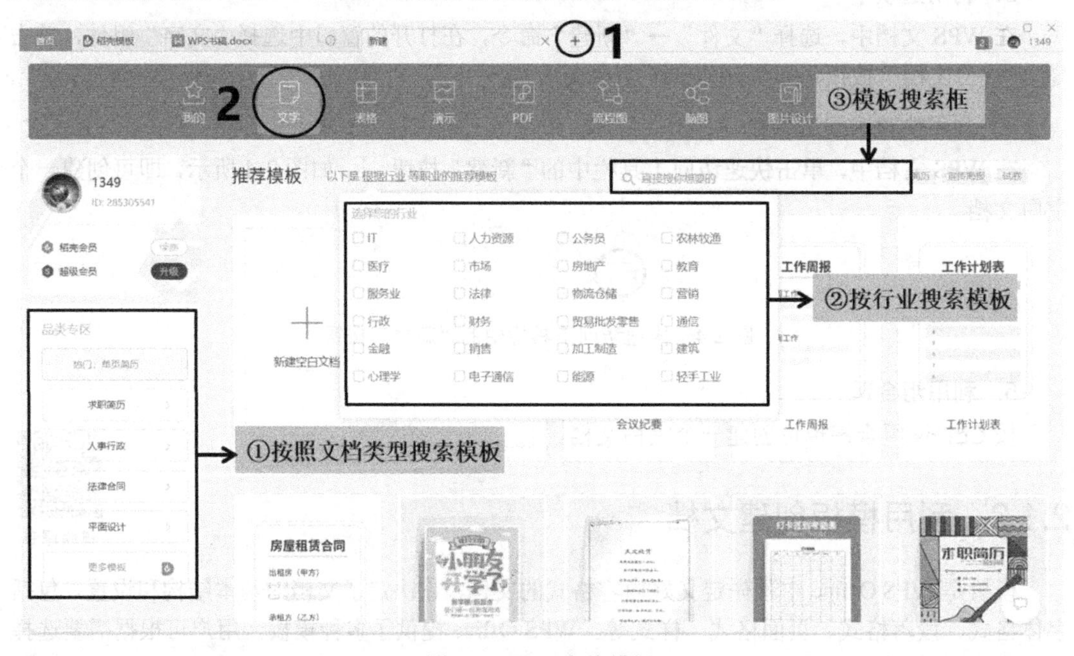

图 2-7 WPS 在线模板

步骤 3：选择需要的模板。例如，选择“员工考勤表”模板，如图 2-8 所示，在“品类专区”选区，选择“人事行政”→“考勤表格”命令，在打开的窗口中将鼠标指针指向所需的模板，出现“使用模板”按钮，单击该按钮，即可应用该模板创建“员工考勤表”新文档，如图 2-9 所示。

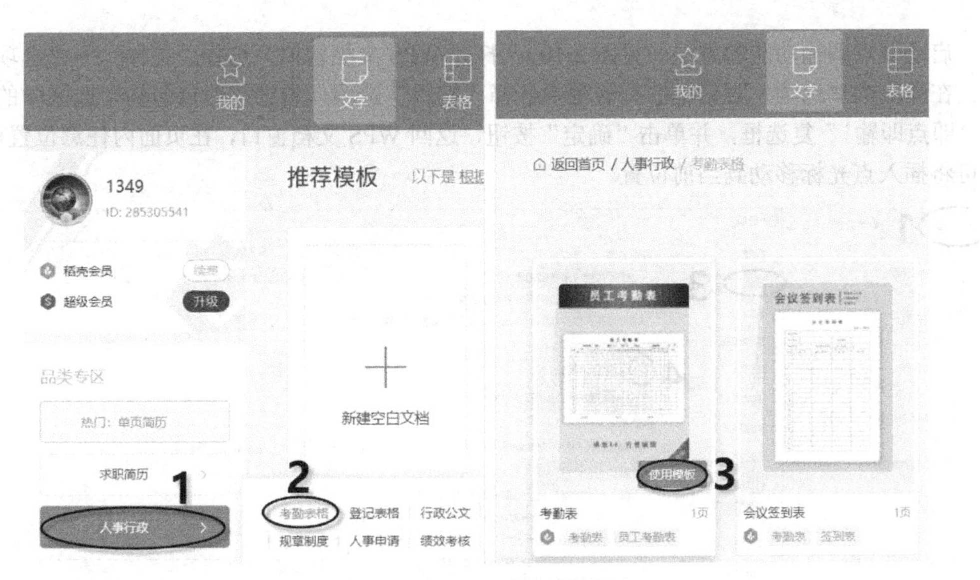

图 2-8 “员工考勤表”模板

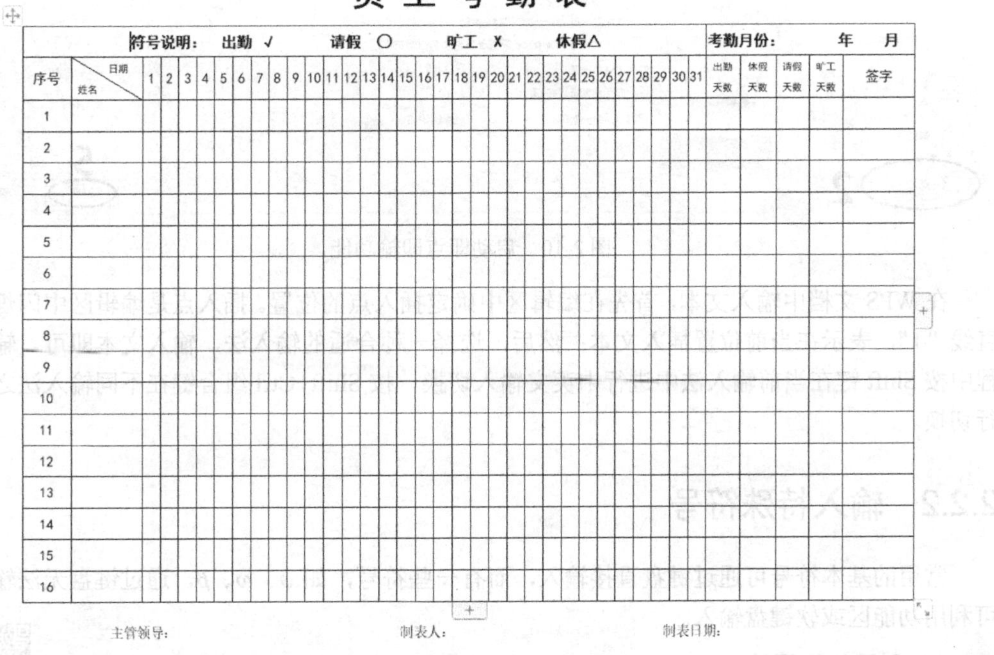

员　工　考　勤　表

符号说明：　出勤 √　　请假 ○　　旷工 X　　休假△																																	考勤月份：　　年　月				
序号	日期 姓名	1	2	3	4	5	6	7	8	9	10	11	12	13	14	15	16	17	18	19	20	21	22	23	24	25	26	27	28	29	30	31	出勤天数	休假天数	请假天数	旷工天数	签字
1																																					
2																																					
3																																					
4																																					
5																																					
6																																					
7																																					
8																																					
9																																					
10																																					
11																																					
12																																					
13																																					
14																																					
15																																					
16																																					

主管领导：　　　　制表人：　　　　制表日期：

图 2-9　创建“员工考勤表”文档

2.2　输入与编辑文本

视频课程

2.2.1　输入文本

通常使用即点即输的功能输入文本。即点即输是 WPS Office 中的一项功能，是指鼠标指针指向需编辑的文字位置，单击即可进行文字输入。若在空白处，则要双击鼠标才有效。

启动即点即输功能的方法（见图 2-10）：打开 WPS 文档窗口，选择“文件”→“选项”命令。在弹出的“选项”对话框的列表框中选择“编辑”选项，勾选“即点即输”选区中的“启用‘即点即输’”复选框，并单击“确定”按钮，返回 WPS 文档窗口，在页面内任意位置双击，即可将插入点光标移动到当前位置。

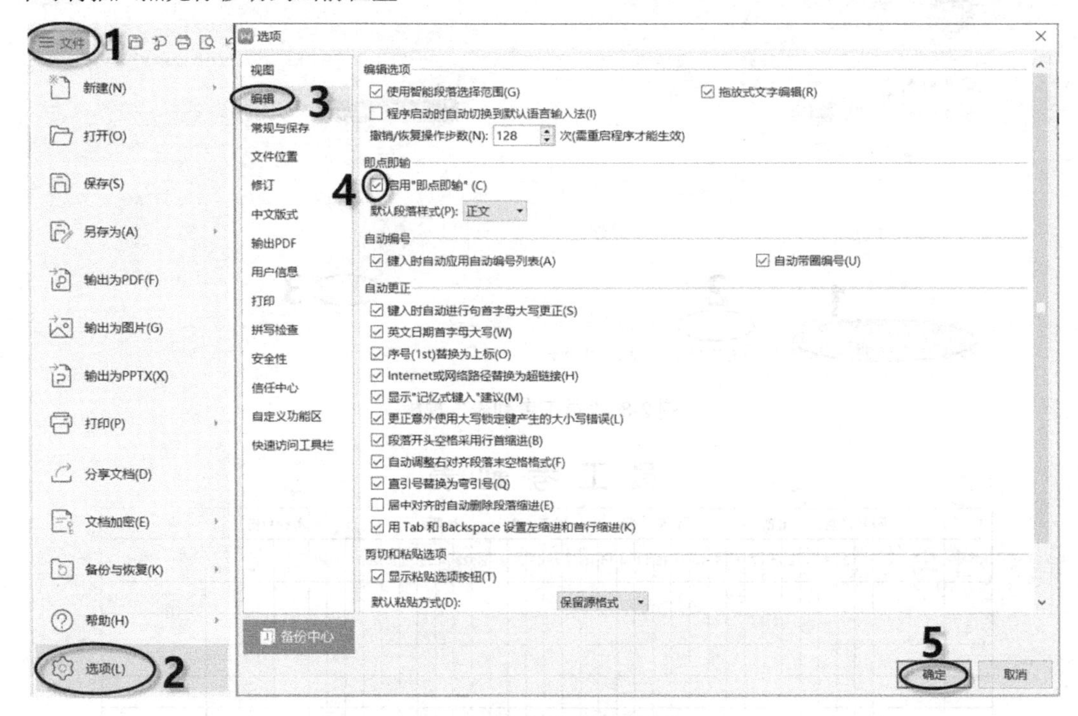

图 2-10　启动即点即输功能

在 WPS 文档中输入文本，首先在编辑区中确定插入点的位置。插入点是编辑区中闪烁的垂直线“|”，表示在当前位置插入文本；然后，选择一种合适的输入法，输入文本即可。输入过程中按 Shift 键在当前输入法中进行中英文输入切换，按 Shift+Ctrl 组合键在不同输入法之间进行切换。

2.2.2　输入特殊符号

常用的基本符号可通过键盘直接输入，而有一些符号，如 φ、ω、β，通过键盘无法输入，可利用功能区或软键盘输入。

1. 利用功能区输入

视频课程

1）特殊符号

步骤 1：将鼠标光标定位在插入符号的位置，打开“插入”选项卡，单击“符号”下拉按钮，在打开的“符号”下拉列表（见图 2-11）中主要包括“近期使用的符号”“自定义符号”“符号大全”3 个部分，从下拉列表中选择需要的符号。

步骤 2：如果所需的符号不在下拉列表中，那么选择下拉列表中的“其他符号”选项或者单击“符号”按钮，弹出“符号”对话框，如图 2-12 所示。

步骤 3：打开“符号”选项卡，选择不同的“字体”和“子集”，在中间的列表框中选中需要插入的符号，单击“插入”按钮，如图 2-12 所示，即在文档插入点的位置插入所选符号。打开“特殊字符”选项卡，可输入版权所有、注册、商标等符号。打开“符号栏”选项卡，可输入自定义符号。

图 2-11 “符号”下拉列表

图 2-12 “符号”对话框

2）自定义符号

用户可将常用的符号、字母、图标、文字等设置成自定义符号，方便后期使用。设置自定义符号的操作步骤如下。

视频课程

步骤 1：打开“插入”选项卡，单击“符号”按钮，弹出“符号”对话框。

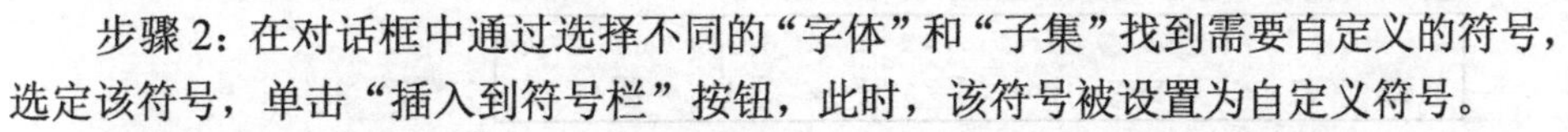

步骤 2：在对话框中通过选择不同的“字体”和“子集”找到需要自定义的符号，选定该符号，单击“插入到符号栏”按钮，此时，该符号被设置为自定义符号。

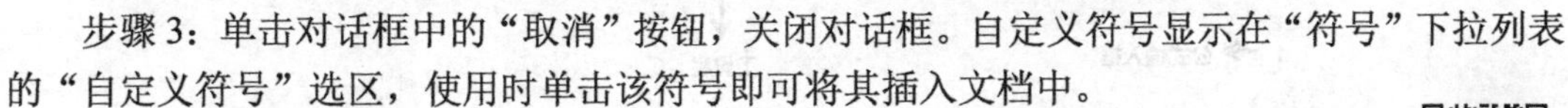

步骤 3：单击对话框中的“取消”按钮，关闭对话框。自定义符号显示在“符号”下拉列表的“自定义符号”选区，使用时单击该符号即可将其插入文档中。

2. 利用软键盘输入

视频课程

利用软键盘也可以输入特殊符号，如希腊字母、俄文字母等。首先切换到“搜狗拼音输入法”，右击语言工具栏的“软键盘”按钮，打开“输入方式”列表。软键盘及特殊符号列表如图 2-13 所示。单击其中的某项，如“数学符号”，键盘上的按键就转换成相应的数学符号。“数学符号”软键盘如图 2-14 所示，单击软键盘中的某一符号，即可将该符号插入文档中。单击软键盘的“关闭”按钮，关闭软键盘。

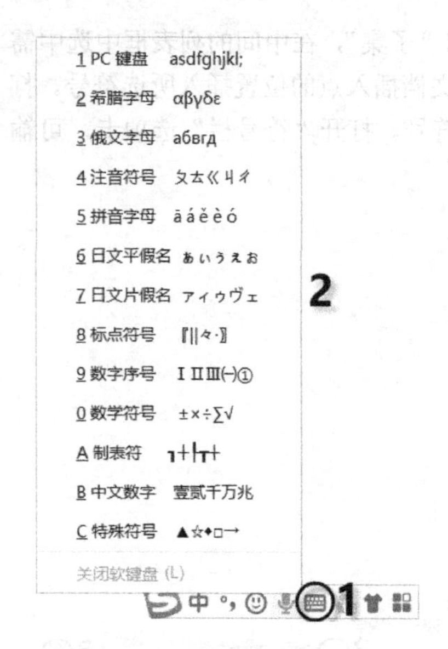

图 2-13 软键盘及特殊符号列表

图 2-14 “数学符号”软键盘

2.2.3 输入公式

利用 WPS 提供的公式编辑器，可输入各种具有专业水准的数学公式。这些数学公式可以按照用户需求进行编辑操作。

【例 2-1】 输入以下公式。

$$3\times\sqrt{5-x^2}$$

操作步骤如下。

步骤 1：打开“插入”选项卡，单击“公式”按钮，弹出“公式编辑器”对话框，如图 2-15 所示。在“公式输入框”中输入 3。

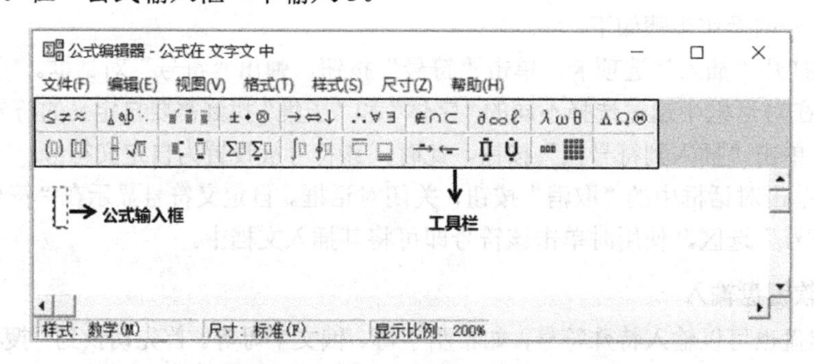

图 2-15 “公式编辑器”对话框

步骤 2：单击工具栏中的运算符号按钮，如图 2-16 所示，在打开的列表中单击“×”符号，输入该符号。

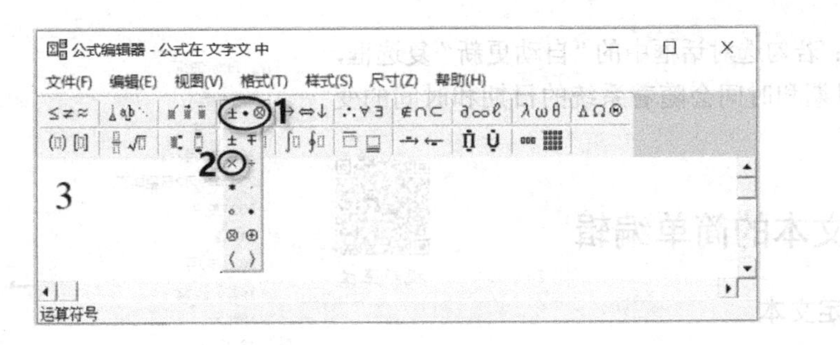

图 2-16　选择运算符号

步骤 3：单击工具栏中的“分式和根式模板”按钮，如图 2-17 所示，在打开的列表中单击根式符号 $\sqrt{\square}$，输入根式符号。

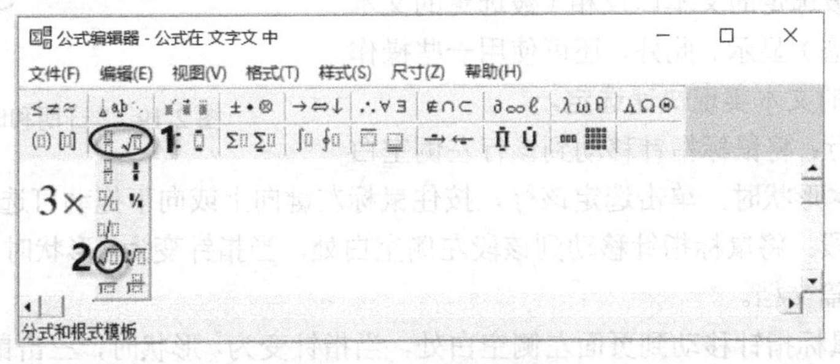

图 2-17　选择根式符号

步骤 4：在根式下的虚线框中输入“5-x”，将鼠标光标定位在“x”后，单击工具栏中的“下标和上标模板”按钮，在打开的列表中单击上标符号 ，如图 2-18 所示，在虚线框中输入 2。

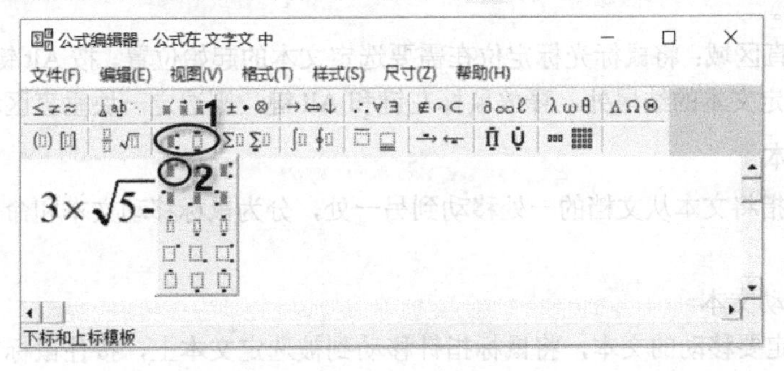

图 2-18　选择上标符号

步骤 5：公式输入结束后，单击“公式编辑器”对话框中的“关闭”按钮，结束公式的输入，输入的公式显示在文档中。

2.2.4　输入日期和时间

视频课程

输入日期和时间除了用键盘直接输入，也可使用插入功能来完成，操作步骤如下。

步骤 1：打开“插入”选项卡，单击“日期”按钮，弹出“日期和时间”对话框，如图 2-19 所示。

步骤 2：选择一种日期和时间格式，单击“确定”按钮即可。

步骤 3：若勾选对话框中的“自动更新”复选框，则插入的日期和时间会随着系统的日期和时间的变化而变化。

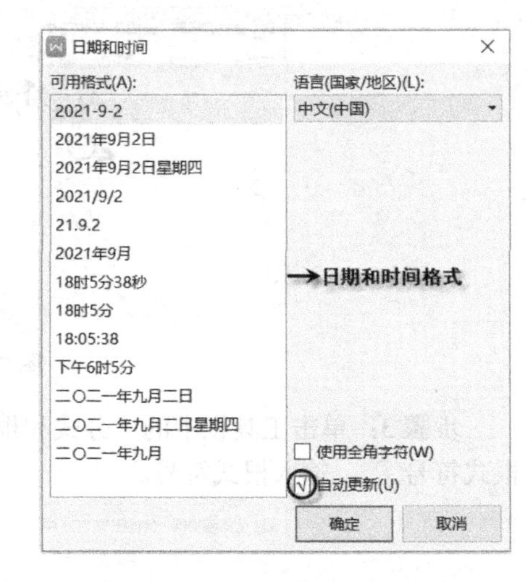

图 2-19 “日期和时间”对话框

2.2.5 文本的简单编辑

视频课程

1．选定文本

对文本进行编辑前，需要先选定文本。选定文本一般通过拖动鼠标来实现，即将鼠标光标定位在文本的开始处，按住鼠标左键进行拖动，在文本的结尾处释放鼠标左键，被选定的文本以反相（被选定的文本呈现灰色阴影状态）显示。此外，还可使用一些操作技巧对某些特定的文本实现快速选定。

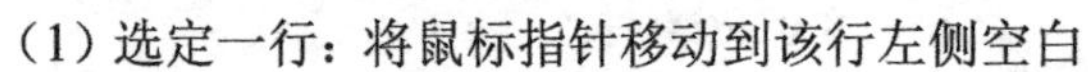

（1）选定一行：将鼠标指针移动到该行左侧空白处，当指针变为↗形状时，单击选定该行，按住鼠标左键向上或向下拖动可选定连续的多行。

（2）选定一段：将鼠标指针移动到该段左侧空白处，当指针变为↗形状时，双击选定该段。

（3）选定整篇文档。

方法 1：将鼠标指针移动到页面左侧空白处，当指针变为↗形状时，三击鼠标左键，或者按住 Ctrl 键，并单击。

方法 2：使用 Ctrl+A 组合键。

（4）选定不连续的文本：先选定第一个文本后，按 Ctrl 键，再分别选定其他需选定的文本，最后释放 Ctrl 键。

（5）选定垂直区域：将鼠标光标定位在需要选定文本的起始位置，按 Alt 键，同时按鼠标左键拖动到需要选定文本的结尾处，释放鼠标左键和 Alt 键，则选定一块垂直区域。

2．移动文本

视频课程

移动文本是指将文本从文档的一处移动到另一处，分为鼠标移动文本和命令移动文本。

（1）鼠标移动文本。

步骤 1：选定要移动的文本，将鼠标指针移动到被选定文本上，按住鼠标左键拖动。

步骤 2：在目标位置释放鼠标左键，所选定的文本就会从原来的位置移动到目标位置。

（2）命令移动文本。

主要通过“剪切”和“粘贴”命令来实现，操作步骤如下。

步骤 1：选定要移动的文本，打开“开始”选项卡，单击“剪切”按钮，或者右击，选择快捷菜单中的“剪切”命令，将所选定的文本从当前位置剪切掉。

步骤 2：将鼠标光标定位在目标位置，打开“开始”选项卡，单击“粘贴”按钮，所选定的文本被移动到目标位置。

另外，剪切、粘贴操作也可以分别通过按 Ctrl+X、Ctrl+V 组合键来实现。

3．复制文本

在文档中若要重复使用某些相同的内容，则可使用复制操作，以简化数据的重复输入。与移动文本相同，复制文本也分为鼠标复制文本和命令复制文本。

（1）鼠标复制文本。

视频课程

步骤 1：选定要复制的文本，将鼠标指针移动到被选定文本上，并按 Ctrl 键，同时按住鼠标左键进行拖动。

步骤 2：在目标位置释放鼠标左键和 Ctrl 键，所选定的文本被复制到目标位置。

（2）命令复制文本。

主要通过“复制”和“粘贴”命令来实现，操作步骤如下。

步骤 1：选定要复制的文本，打开“开始”选项卡，单击“复制”按钮，或者按 Ctrl+C 组合键。

步骤 2：将鼠标光标定位在目标位置，打开“开始”选项卡，单击“粘贴”按钮，或者按 Ctrl+V 组合键，所选定的文本被复制到目标位置。

（3）粘贴选项。

视频课程

粘贴选项主要是对粘贴文本的格式进行设置的。执行粘贴操作时，在粘贴文本的右下角出现“粘贴选项”按钮，单击该按钮打开“粘贴选项”下拉列表，如图 2-20（a）所示，或者打开“开始”选项卡，单击“粘贴”下拉按钮，打开图 2-20（b）所示的下拉列表，该下拉列表可以对粘贴文本进行“带格式粘贴”“匹配当前格式”“只粘贴文本”“选择性粘贴”“设置默认粘贴”的格式设置。

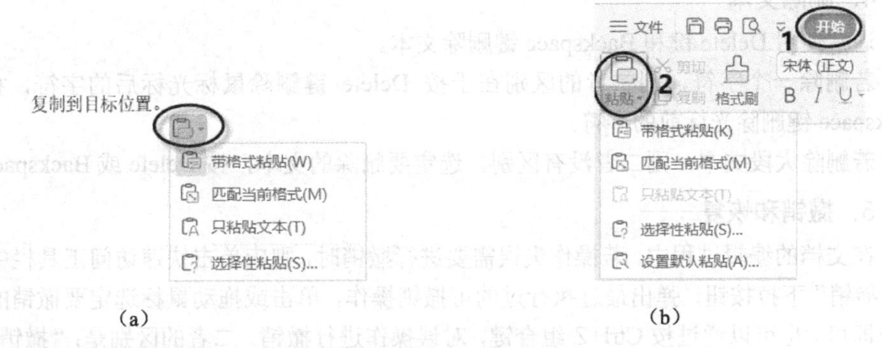

（a）　　（b）

图 2-20 “粘贴”下拉列表

① 带格式粘贴：粘贴文本的格式不变，将内容和格式一起粘贴。

② 匹配当前格式：粘贴文本的格式将与当前目标格式一致。

③ 只粘贴文本：若原始文本中有图片或表格，粘贴文本时，图片被忽略，表格转化为一系列段落，只保留文本。

④ 选择性粘贴：若选择此选项，则弹出图 2-21 所示的“选择性粘贴”对话框，在“作为”列表框中选择作为粘贴对象的格式，此列表框中的内容随复制、剪切对象的变化而变化。例如，复制网页上的内容时，在通常情况下要取消网页中的格式，此时需要用到选择性粘贴。

⑤ 设置默认粘贴：将经常使用的粘贴选项设置为默认粘贴，避免每次粘贴时都使用粘贴选项。选择此选项，弹出“选项”对话框，在此对话框中可修改默认设置。

（4）复制格式。

视频课程

复制格式是将某一文本的字体、段落等格式复制到其他文本中，使不同的文本具有相同的格式，使用“格式刷”按钮可以快速复制格式，操作步骤如下。

步骤 1：选定已设置好格式的内容，打开“开始”选项卡，单击“格式刷”按钮，此时鼠标指针变成了带有小刷子的形状。

步骤 2：选定要应用该格式的文本，即完成格式的复制。

图 2-21 “选择性粘贴”对话框

单击“格式刷”按钮可以进行一次复制，双击“格式刷”按钮可以进行多次复制。

4. 删除文本

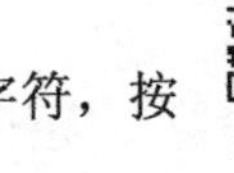

视频课程

通常使用 Delete 键和 Backspace 键删除文本。

若删除一个字符，则二者的区别在于按 Delete 键删除鼠标光标后的字符，按 Backspace 键删除光标前的字符。

若删除大段文本，则二者没有区别。选定要删除的文本，按 Delete 或 Backspace 键即可。

5. 撤销和恢复

视频课程

在文档的编辑过程中，若操作失误需要进行撤销时，则应单击快速访问工具栏中的“撤销”下拉按钮，弹出最近执行过的可撤销操作，单击或拖动鼠标选定要撤销的操作即可。也可以通过按 Ctrl+Z 组合键，对误操作进行撤销。二者的区别是：“撤销”按钮可以同时撤销多步操作，而 Ctrl+Z 组合键，每按一次只能撤销最近的一次操作。若撤销的不是一步，而是多步，则需重复按 Ctrl+Z 组合键。

若对被撤销的操作进行恢复，则可单击快速访问工具栏中的“恢复”按钮，或者按 Ctrl+Y 组合键进行恢复操作。

2.3 查找和替换文本

查找和替换在文字处理中是经常使用的编辑命令。查找是指系统根据输入的关键字，在文档规定的范围或全文内找到相匹配的字符串，以便进行查看或修改。替换是指用新字符串代替文档中查找到的旧字符串或其他操作。

2.3.1 查找文本

视频课程

打开“开始”选项卡，单击“查找替换”按钮，弹出“查找和替换”对话框，如图 2-22 所示。

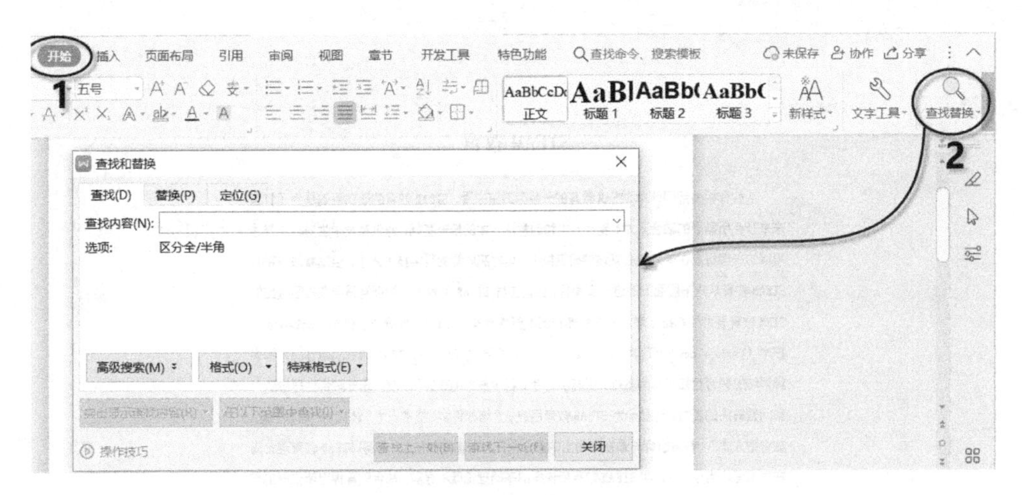

图 2-22　“查找和替换”对话框

在“查找”选项卡的“查找内容”文本框中输入要查找的文本，如“撤销”，单击“在以下范围中查找”下拉按钮，在打开的下拉列表中选择查找的范围为“主文档”，此时可以看到“撤销”在主文档中出现了 7 次，如图 2-23 所示。

若将查找到的“撤销”进行标注，则单击“突出显示查找内容”下拉按钮，在打开的下拉列表中选择“全部突出显示”选项，如图 2-23 所示，此时，文档中所有“撤销”词语都以黄色底纹突出显示。

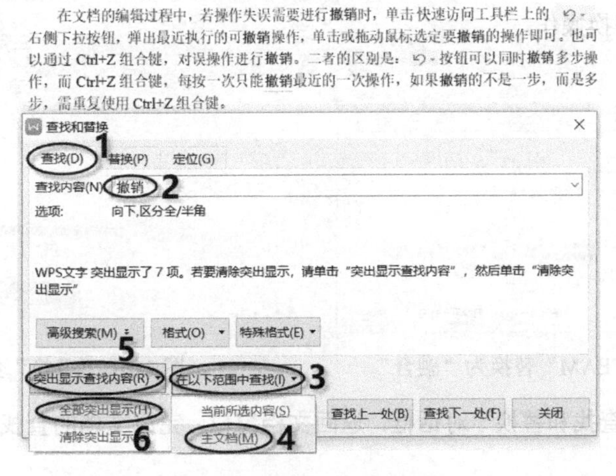

图 2-23　查找“撤销”词语

2.3.2　替换文本

利用替换功能，可将在文档中查找到的内容或格式进行替换或删除。

1. 替换内容

【例 2-2】 打开“STEAM 教育”文档，如图 2-24 所示，将词语“STEAM”替换为“融合”。操作步骤如下。

步骤 1：打开“STEAM 教育”文档，单击“开始”选项卡中的“查找替换”按钮，弹出“查找和替换”对话框。

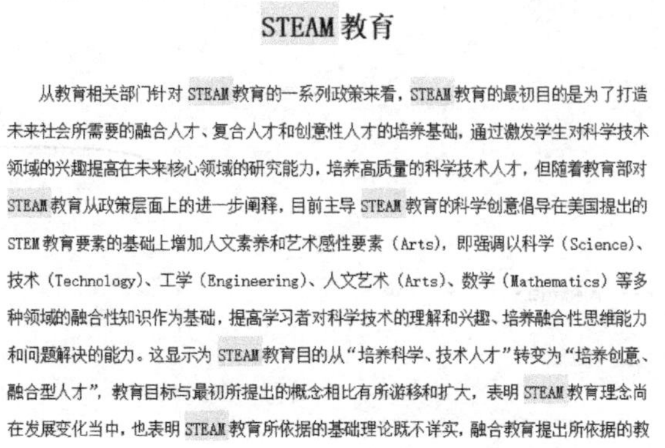

STEAM 教育

从教育相关部门针对 STEAM 教育的一系列政策来看，STEAM 教育的最初目的是为了打造未来社会所需要的融合人才、复合人才和创意性人才的培养基础，通过激发学生对科学技术领域的兴趣提高在未来核心领域的研究能力，培养高质量的科学技术人才，但随着教育部对 STEAM 教育从政策层面上的进一步阐释，目前主导 STEAM 教育的科学创意倡导在美国提出的 STEM 教育要素的基础上增加人文素养和艺术感性要素（Arts），即强调以科学（Science）、技术（Technology）、工学（Engineering）、人文艺术（Arts）、数学（Mathematics）等多种领域的融合性知识作为基础，提高学习者对科学技术的理解和兴趣、培养融合性思维能力和问题解决的能力。这显示为 STEAM 教育目的从“培养科学、技术人才”转变为“培养创意、融合型人才”，教育目标与最初所提出的概念相比有所游移和扩大，表明 STEAM 教育理念尚在发展变化当中，也表明 STEAM 教育所依据的基础理论既不详实，融合教育提出所依据的教

图 2-24 “STEAM 教育”文档

步骤 2：打开“替换”选项卡，在“查找内容”文本框中输入“STEAM”；在“替换为”文本框中输入“融合”，将“STEAM”替换为“融合”，如图 2-25 所示。

步骤 3：单击“全部替换”按钮，所有符合条件的内容全部被替换。若要有选择性地替换，则单击“查找下一处”按钮，找到需要替换的内容后，单击“替换”按钮，不需要替换的，继续单击“查找下一处”按钮，重复执行，直至查找和替换结束。

步骤 4：当替换到文档的末尾时，弹出图 2-26 所示的“替换”结束提示框，单击“确定”按钮，结束查找和替换操作。

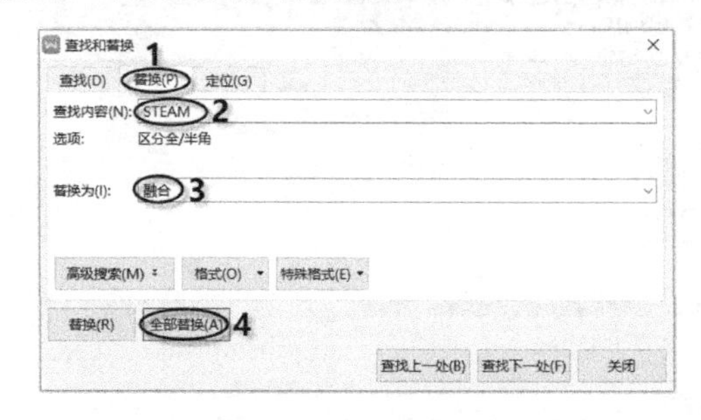

图 2-25 将“STEAM”替换为“融合”

图 2-26 “替换”结束提示框

步骤 5：关闭“查找和替换”对话框，返回文档窗口，完成文档的查找和替换。替换后的效果如图 2-27 所示。

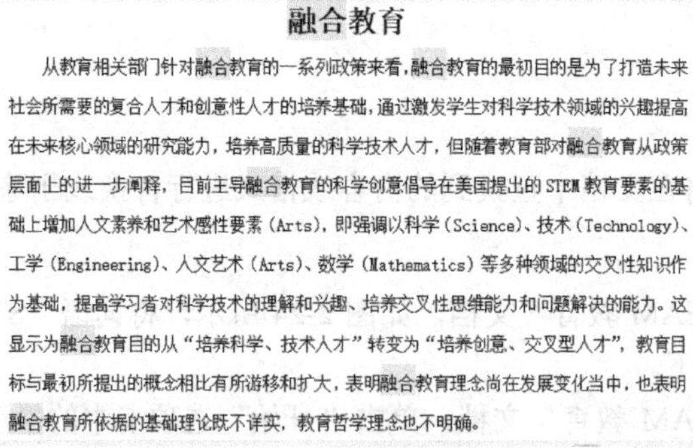

融合教育

从教育相关部门针对融合教育的一系列政策来看，融合教育的最初目的是为了打造未来社会所需要的复合人才和创意性人才的培养基础，通过激发学生对科学技术领域的兴趣提高在未来核心领域的研究能力，培养高质量的科学技术人才，但随着教育部对融合教育从政策层面上的进一步阐释，目前主导融合教育的科学创意倡导在美国提出的 STEM 教育要素的基础上增加人文素养和艺术感性要素（Arts），即强调以科学（Science）、技术（Technology）、工学（Engineering）、人文艺术（Arts）、数学（Mathematics）等多种领域的交叉性知识作为基础，提高学习者对科学技术的理解和兴趣、培养交叉性思维能力和问题解决的能力。这显示为融合教育目的从“培养科学、技术人才”转变为“培养创意、交叉型人才”，教育目标与最初所提出的概念相比有所游移和扩大，表明融合教育理念尚在发展变化当中，也表明融合教育所依据的基础理论既不详实，教育哲学理念也不明确。

图 2-27 替换后的效果

除了将查找到的内容替换为新内容，也可将其删除，操作步骤：在图 2-25 中的“查找内容”文本框中输入要查找的内容，“替换为”文本框中不输入内容，单击“全部替换”按钮，查找到的内容全部删除。

2．替换格式

视频课程

【例 2-3】在图 2-27 所示的文档中查找“融合”一词，并将其格式替换为加粗、倾斜、字体为红色。

步骤 1：查找和替换格式设置如图 2-28 所示。打开“开始”选项卡，单击“查找替换”按钮，弹出“查找和替换”对话框，打开“替换”选项卡，在“查找内容”和“替换为”文本框中分别输入“融合”，单击“格式”下拉按钮，在打开的下拉列表中选择“字体”选项，如图 2-28（a）所示。

步骤 2：在“查找字体”对话框中设定替换内容的格式为加粗、倾斜、字体颜色为红色，如图 2-28（b）所示，单击“确定”按钮，返回“查找和替换”对话框。

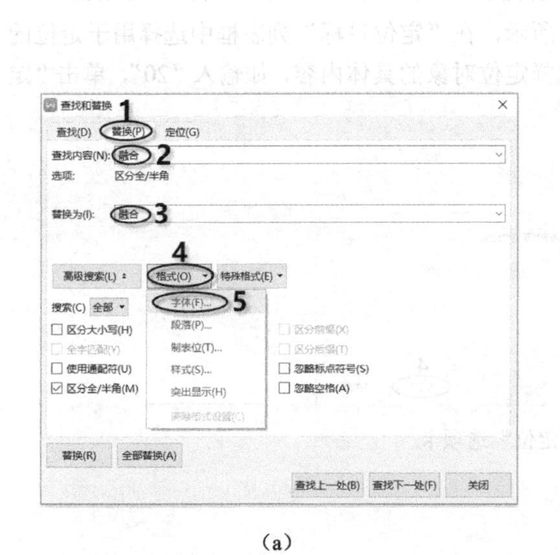

（a）

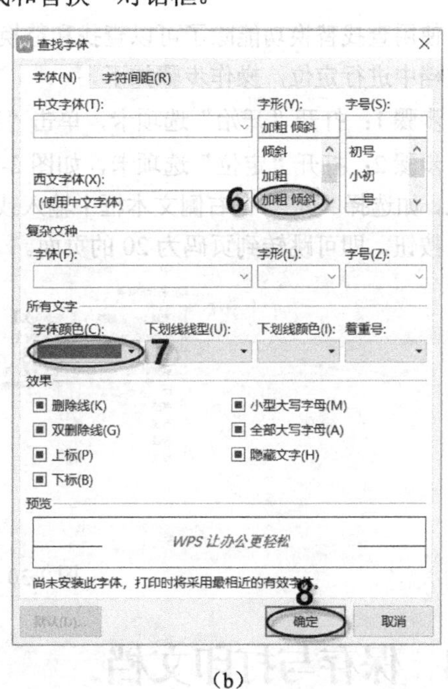

（b）

图 2-28　查找和替换格式设置

步骤 3：若单击“替换”按钮，则需逐个查找并替换；若无须替换，则单击“查找下一处”按钮。本例是全文替换，单击“全部替换”按钮，替换完毕，弹出一个提示性对话框，显示已完成的替换次数，单击“确定”按钮，所有“融合”一词被替换为设定的格式。替换格式后的效果如图 2-29 所示。

步骤 4：若要取消设定的格式，则在图 2-28（a）中，将鼠标光标定位在“替换为”文本框中，单击“格式”下拉按钮，在打开的下拉列表中选择“清除格式设置”选项即可。

在图 2-28（a）中，可通过单击“高级搜索”按钮和“特殊格式”下拉按钮，对文档进行特殊字符替换、通配符替换等操作，如使用通配符替换段落标记（如回车符，以^p 表示）等。高级搜索和特殊格式功能使文本的查找和替换更加方便快捷、实用性更强。

融合教育

从教育相关部门针对融合教育的一系列政策来看，融合教育的最初目的是为了打造未来社会所需要的复合人才和创意性人才的培养基础，通过激发学生对科学技术领域的兴趣提高在未来核心领域的研究能力，培养高质量的科学技术人才，但随着教育部对融合教育从政策层面上的进一步阐释，目前主导融合教育的科学创意倡导在美国提出的STEM教育要素的基础上增加人文素养和艺术感性要素（Arts），即强调以科学（Science）、技术（Technology）、工学（Engineering）、人文艺术（Arts）、数学（Mathematics）等多种领域的交叉性知识作为基础，提高学习者对科学技术的理解和兴趣、培养交叉性思维能力和问题解决的能力。这显示为融合教育目的从“培养科学、技术人才”转变为“培养创意、交叉型人才”，教育目标与最初所提出的概念相比有所游移和扩大，表明融合教育理念尚在发展变化当中，也表明融合教育所依据的基础理论既不详实，教育哲学理念也不明确。

图 2-29　替换格式后的效果

2.3.3　定位文本

视频课程

使用查找替换功能除了可以查找和替换内容、格式外，还可以通过查找特殊对象在文档中进行定位，操作步骤如下。

步骤 1：打开“开始”选项卡，单击“查找替换”按钮，弹出“查找和替换”对话框。

步骤 2：打开“定位”选项卡，如图 2-30 所示，在“定位目标”列表框中选择用于定位的对象，如选择“页”，在右侧文本框中输入或选择定位对象的具体内容，如输入“20”，单击“定位”按钮，即可跳转到页码为 20 的页面。

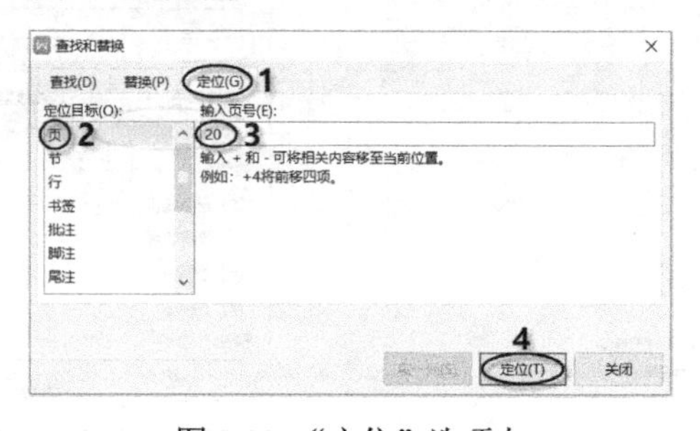

图 2-30　“定位”选项卡

2.4　保存与打印文档

对文档进行编辑时，为了防止文件丢失，需要随时对文档进行保存，以保留编辑的内容。编辑结束后，有时需要将其打印出来进行传递、阅读或存档。

2.4.1　保存文档

视频课程

1．保存新文档

步骤 1：选择“文件”→“保存”命令，或者单击快速访问工具栏中的“保存”按钮，弹出“另存文件”对话框。

步骤 2：在对话框中设置文档保存位置、文件名、文档类型。保存文档如图 2-31 所示，单击“保存”按钮，即可完成新文档的保存工作。由 WPS 文字创建的文档保存时默认以.docx 为扩展名。

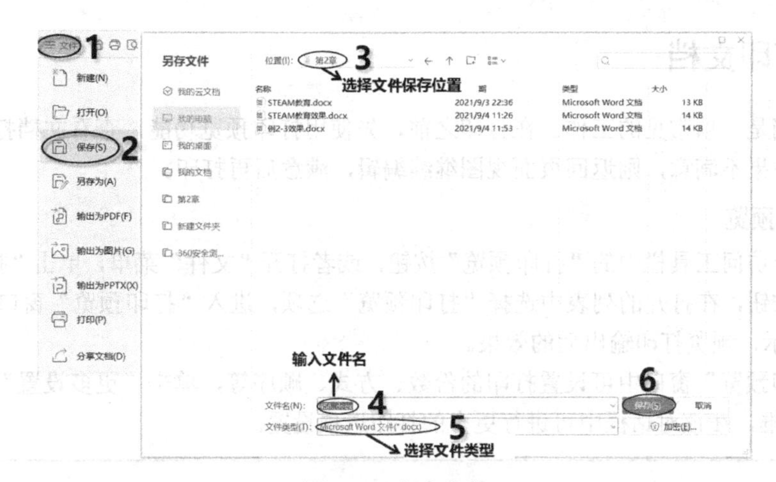

图 2-31　保存文档

2．保存已有文档

将已有文档保存在原始位置，可按以下 3 种方法进行保存。

方法 1：选择“文件”→“保存”命令。

方法 2：单击快速访问工具栏中的“保存”按钮。

方法 3：按 Ctrl+S 组合键。

将已有文档保存到其他位置，或者改变文档的保存类型，选择“文件”→“另存为”命令，在弹出的“另存文件”对话框中按照需要重新设置保存位置、文件名和文档类型。

3．自动保存文档

为尽可能地减少突发事件（如死机、断电等）造成的文档丢失，可设定 WPS 自动保存功能，让 WPS 按照指定的时间自动保存文档，操作步骤如下。

步骤 1：选择“文件”→“备份与恢复”→“备份中心”命令，打开“备份中心”，如图 2-32 所示，弹出“备份中心”对话框。

步骤 2：单击对话框左下角的“设置”按钮，设置自动保存文档的时间，如图 2-33 所示，在右侧窗格中选中“定时备份，时间间隔 0 小时 1 分钟”单选按钮，并输入一个时间间隔（默认 1 分钟，时间间隔可以缩短或延长），一般设置为 5～15 分钟较为适合，如输入“5”。

步骤 3：单击“关闭”按钮，关闭“备份中心”对话框，系统按照设定的时间间隔自动保存文档。

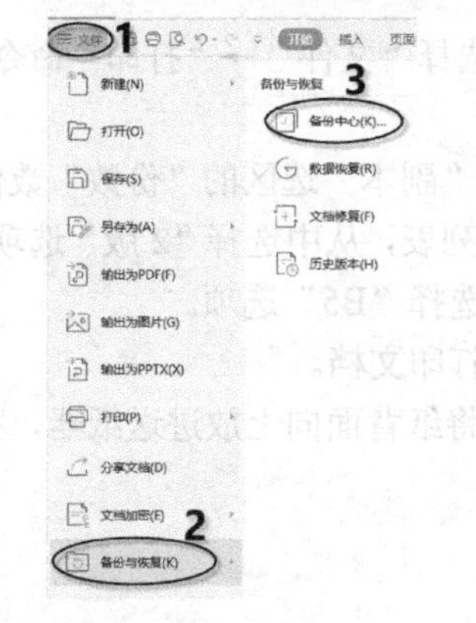

图 2-32　打开“备份中心”

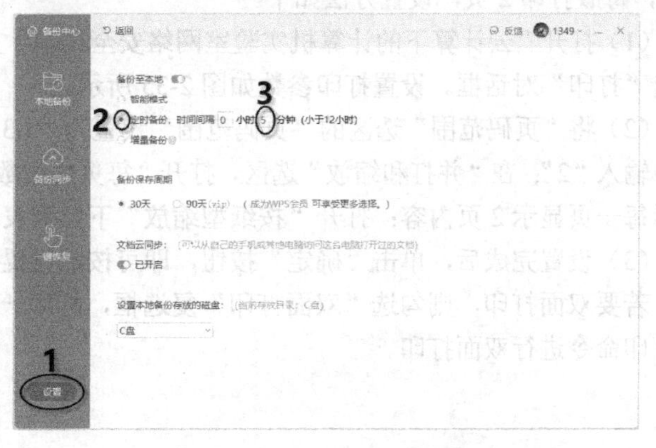

图 2-33　设置自动保存文档的时间

2.4.2 打印文档

打印文档是一项常见的工作。在打印之前，先使用打印预览功能，查看文档打印输出后的效果。若对效果不满意，则返回页面视图继续编辑，满意后再打印。

1. 打印预览

单击快速访问工具栏中的“打印预览”按钮，或者打开“文件”菜单，单击“打印”右侧的按钮，在打开的列表中选择“打印预览”选项，进入“打印预览”窗口，如图 2-34 所示，预览打印输出后的效果。

在“打印预览”窗口中可设置打印的份数、方式、顺序等，单击“更多设置”按钮，弹出“打印”对话框，在该对话框中可进行更多的打印选项设置。

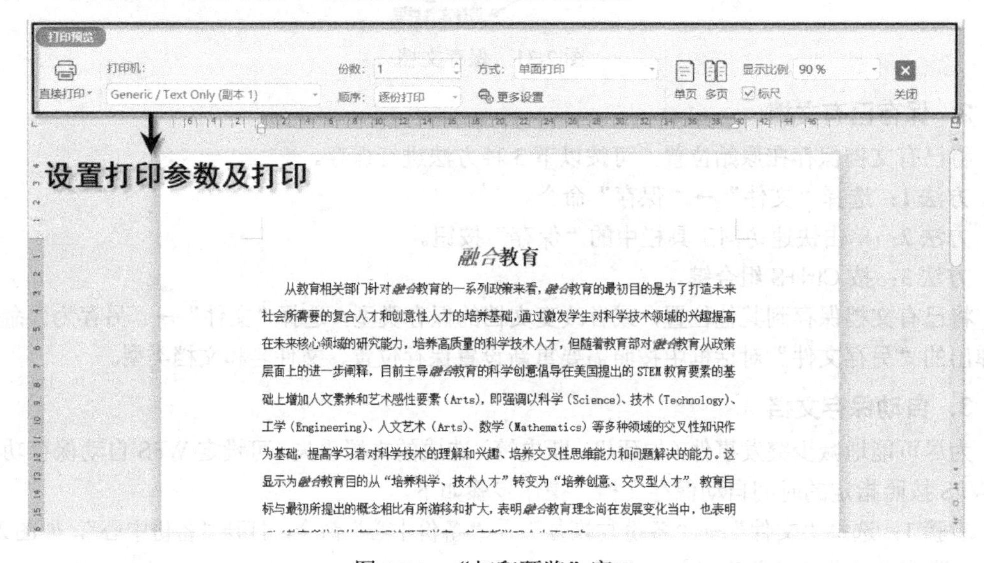

图 2-34 “打印预览”窗口

2. 打印文档

单击图 2-34 中的“直接打印”按钮进行打印。也可以设置打印参数，进行个性化打印。

例如，打印“云计算下的计算机实验室网络安全技术”文档的 1、3、4 页，纸张 B5，打印 2 份，每版打印 2 页，设置方法如下。

（1）打开“云计算下的计算机实验室网络安全技术”文档，选择“文件”→“打印”命令，弹出“打印”对话框。设置打印参数如图 2-35 所示。

（2）将“页码范围”选区的“页码范围”设置为“1,3,4”；在“副本”选区的“份数”数值框中输入“2”；在“并打和缩放”选区，打开“每页的版数”下拉列表，从中选择“2 版”选项，表示每一页显示 2 页内容；打开“按纸型缩放”下拉列表，从中选择“B5”选项。

（3）设置完成后，单击“确定”按钮，即可按照设置的参数打印文档。

若要双面打印，则勾选“双面打印”复选框，打印一面后，将纸背面向上放进送纸器，执行打印命令进行双面打印。

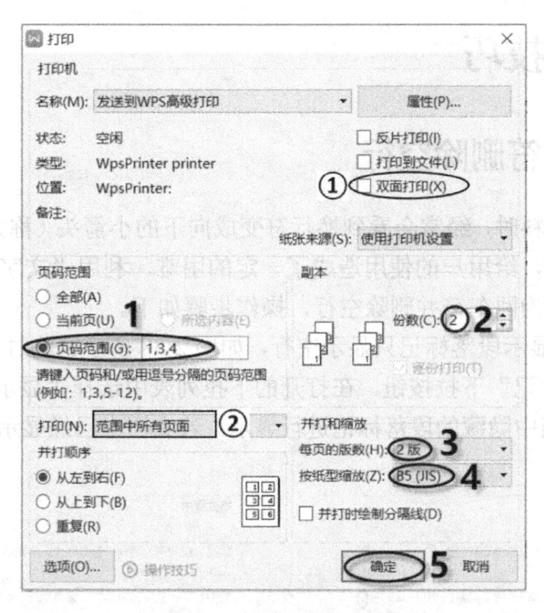

图 2-35　设置打印参数

“反片打印”是 WPS Office 特有的一种打印输出方式，它以“镜像”方式显示文档，通常用于印刷行业。例如，学校先将试卷反片打印在蜡纸上，再通过油印方式印刷出多份试卷。

“打印到文件”是指文件不需要打印为纸质的，以电脑文件形式保存，以防修改。

3. 打印文档页面背景色

视频课程

在默认情况下，WPS Office 并不打印页面背景色，在预览中也无法看到。若要打印页面背景色，则需要进行设置。设置方法的操作步骤如下。

步骤 1：单击快速访问工具栏中的“打印”按钮，弹出“打印”对话框，单击左下角的“选项”按钮，弹出“选项”对话框。

步骤 2：在“打印文档的附加信息”选区勾选“打印背景色和图像”复选框。设置“打印背景色和图像”如图 2-36 所示，单击“确定”按钮，即可预览或打印页面背景色。

图 2-36　设置“打印背景色和图像”

2.5 实用操作技巧

视频课程

2.5.1 更改换行符删除空行

在网上下载文字资料时，经常会看到换行符变成向下的小箭头（称为软回车符），如图 2-37 所示，并有多余的空行，给用户的使用造成了一定的困难。利用“文字工具”下拉按钮，可以将文档中的换行符更改为回车符并删除空行，操作步骤如下。

步骤 1：文档中未显示段落标记只显示空行，如图 2-38 所示。此时，打开“开始”选项卡，单击“显示/隐藏编辑标记”下拉按钮，在打开的下拉列表中选择“显示/隐藏段落标记”选项，如图 2-39 所示，将文档中隐藏的段落标记进行显示。若文档中已经显示段落标记，则此步骤可省略。

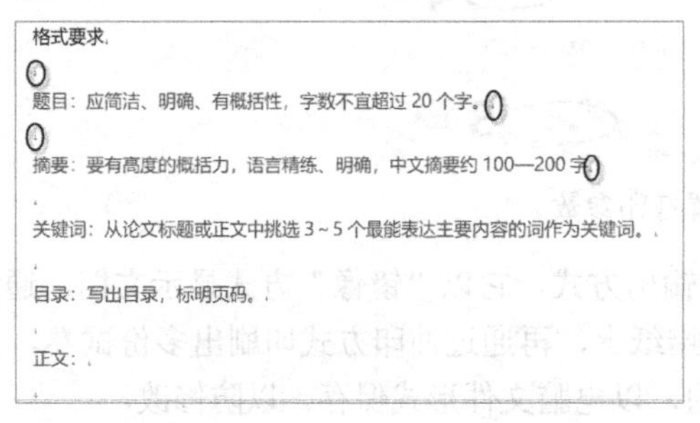

格式要求

题目：应简洁、明确、有概括性，字数不宜超过 20 个字。

摘要：要有高度的概括力，语言精练、明确，中文摘要约 100—200 字

关键词：从论文标题或正文中挑选 3～5 个最能表达主要内容的词作为关键词。

目录：写出目录，标明页码。

正文：

图 2-37　换行符变成向下的小箭头

格式要求

题目：应简洁、明确、有概括性，字数不宜超过 20 个字。

摘要：要有高度的概括力，语言精练、明确，中文摘要约 100—200 字

关键词：从论文标题或正文中挑选 3～5 个最能表达主要内容的词作为关键词。

目录：写出目录，标明页码。

正文：

图 2-38　未显示段落标记只显示空行

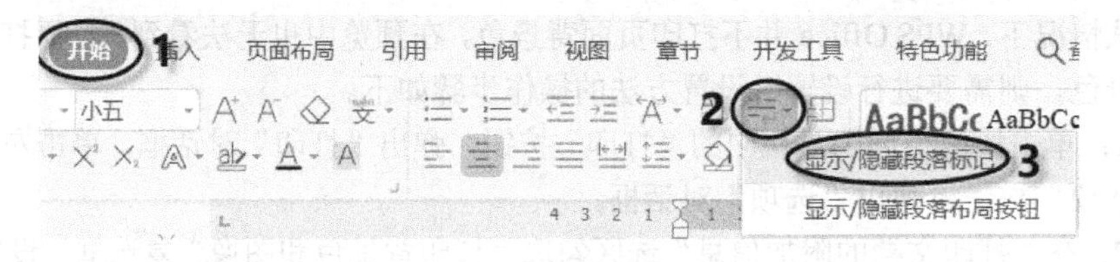

图 2-39　选择“显示/隐藏段落标记”选项

步骤 2：打开“开始”选项卡，单击“文字工具”下拉按钮，在打开的下拉列表中选择“换行符转为回车”选项，即可将换行符转为回车符，如图 2-40 所示。

步骤 3：在图 2-40 所示的下拉列表中选择“删除”选项，打开下一级列表，选择“删除空段”选项，如图 2-41 所示，将文档中多余的空行删除。

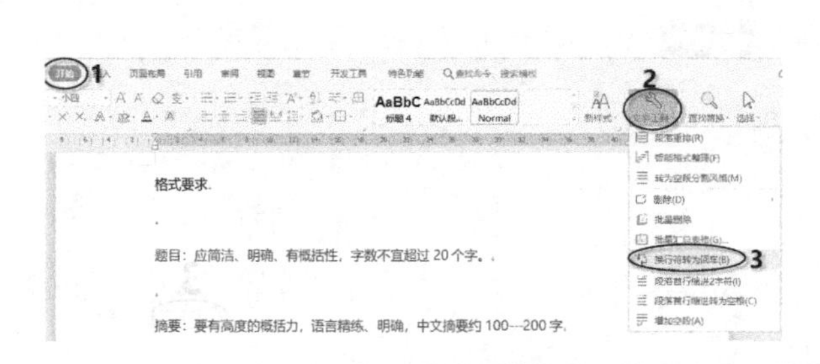

图 2-40　换行符转为回车符

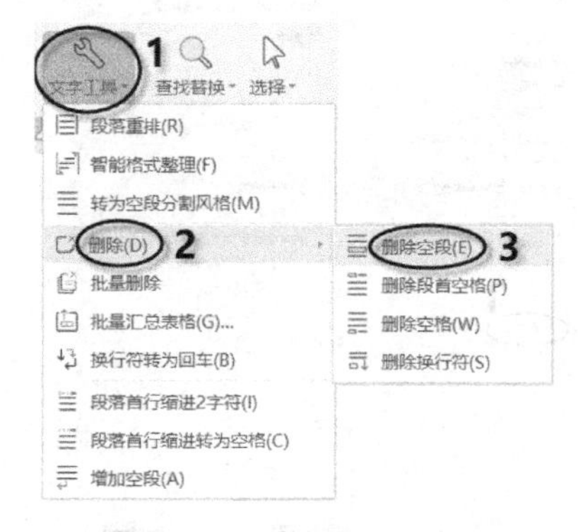

图 2-41　“删除空段”选项

2.5.2 删除空白页

视频课程

当 WPS 文字文档中出现一个或多个多余的空白页时，通常需要删除这些多余的空白页。删除空白页的方法有很多种，除了在空白页首行按 Delete 或 Backspace 键删除空白页外，也可以使用以下方法进行删除。

1．删除“段落标记”

如果因“段落标记”导致的多余空白页，那么删除“段落标记”就可以删除空白页，操作步骤如下。

步骤 1：选定空白页中所有的段落标记。

步骤 2：打开“开始”选项卡，单击“文字工具”下拉按钮，在打开的下拉列表中选择“删除”→“删除空段”选项，由“段落标记”导致的空白页被删除。

2．删除“分节符”

如果因“分节符”导致的多余空白页，那么删除“分节符”就可以删除空白页，操作步骤如下。

步骤 1：打开“开始”选项卡，单击“显示/隐藏编辑标记”下拉按钮，在打开的下拉列表中选择“显示/隐藏段落标记”选项，文档中会显示“分节符”标记，如图 2-42 所示。

步骤 2：将鼠标光标定位在“分节符”虚线前，按 Delete 键，删除“分节符”标记，同一节的空白页被删除。

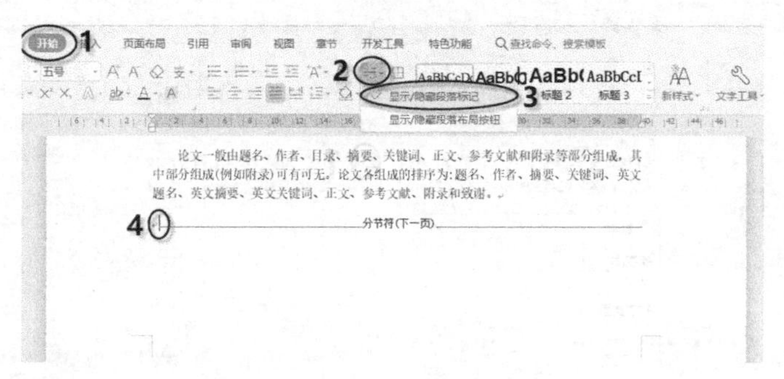

图 2-42 显示“分节符”标记

导致文档中出现空白页的情况有很多种，根据其原因选择一种或将多种删除方法组合使用，就可以删除多余空白页。

视频课程

2.5.3 删除空格

从网上下载文字资料时，经常会出现多余的空格。空格标记如图 2-43 所示，其中小圆点代表空格，删除多余空格的操作步骤如下。

论文格式······就是指进行论文写作时的······样式要求，以及写作标准。

直观地说，论文格式就是论文达到可······公之于众的标准····样式和内容······

要求。论文常用来····进行科学研究和描述科研······成果文章。

小圆点代表空格

图 2-43 空格标记

步骤 1：打开“开始”选项卡，单击“显示/隐藏编辑标记”下拉按钮，在打开的下拉列表中选择“显示/隐藏段落标记”选项，将内容中的空格标记进行显示。

步骤 2：单击“文字工具”下拉按钮，在打开的下拉列表中选择“删除”→“删除空格”选项。文档中的空格被删除。删除空格的操作过程如图 2-44 所示。

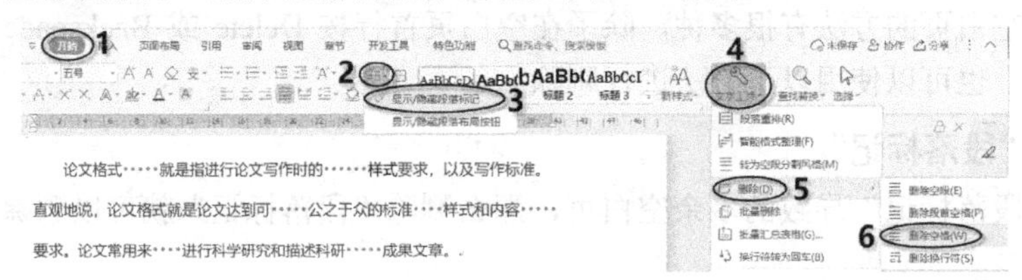

图 2-44　删除空格的操作过程

2.5.4　小写数字转换为大写数字

视频课程

在 WPS 文字文档中可以将小写数字转换为大写数字，减少输入大写数字的麻烦，操作步骤如下。

步骤 1：选定文档中的小写数字，如“234”，打开“插入”选项卡，单击“编号”按钮，弹出“数字”对话框。

步骤 2：在“数字类型”列表框中选择“壹，贰，叁...”选项，单击“确定”按钮，数字“234”转换为“贰佰叁拾肆”。将小写数字转换为大写数字的操作过程如图 2-45 所示。

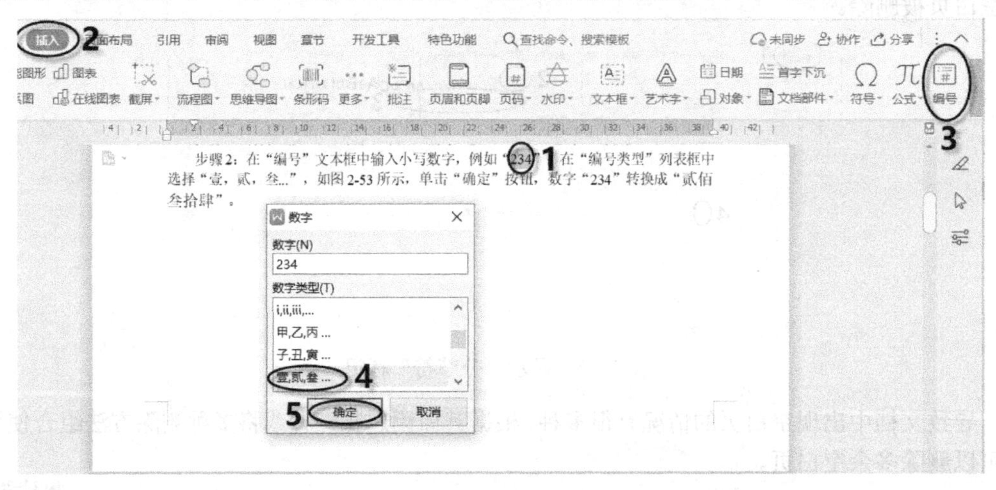

图 2-45　将小写数字转换为大写数字的操作过程

2.5.5　高频词的输入

视频课程

高频词是指出现次数多、使用较频繁的词。例如，在一篇文档中多次使用“区块链人才培养”这一高频词，为了简化高频词的重复输入，可以使用替换或自动图文集的功能快速输入高频词。

1. 利用替换功能输入高频词

首先使用一个简单的字符代替高频词，如以“q”代替“区块链人才培养”。输入结束后，打开“开始”选项卡，单击“查找替换”按钮，弹出“查找和替换”对话框，打开“替换”选项卡，在“查找内容”文本框中输入“q”，在“替换为”文本框中输入“区块链人才培养”。利用替换功能输入高频词的操作过程如图 2-46 所示，单击“全部替换”按钮，完成高频词的输入。

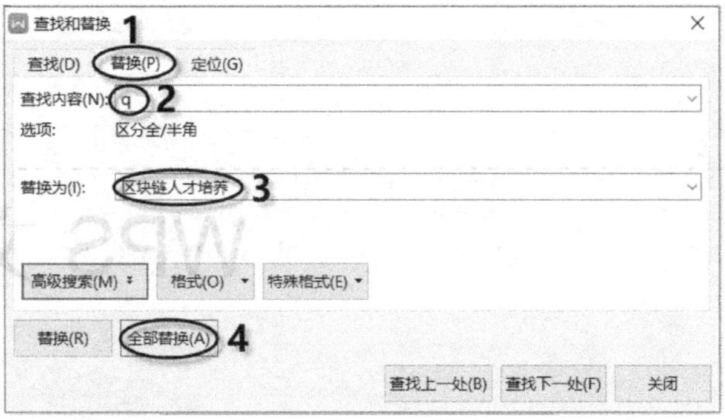

图 2-46　利用替换功能输入高频词的操作过程

2．利用自动图文集功能输入高频词

（1）将高频词保存到自动图文集库。

选定高频词，打开“插入”选项卡，单击“文档部件”下拉按钮，在打开的下拉列表中选择“自动图文集”→“将所选内容保存到自动图文集库”选项，即可将所选内容保存到自动图文集库，如图 2-47 所示，弹出“新建构建基块”对话框。在“名称”文本框中输入替换高频词的字符，本例输入“q”，单击“确定”按钮。输入替换高频词的字符“q”的操作过程如图 2-48 所示。

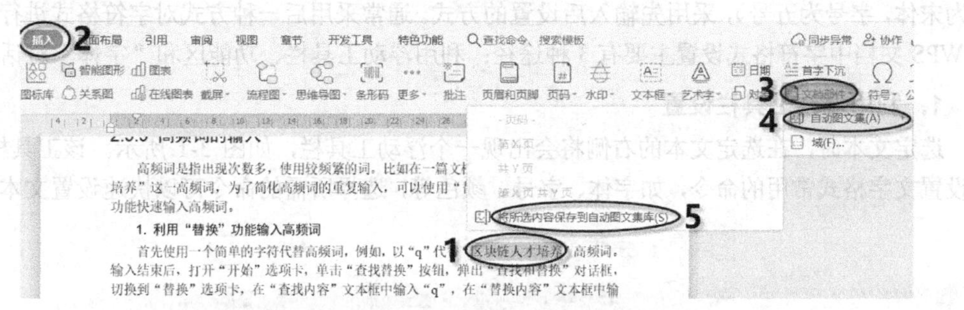

图 2-47　将所选内容保存到自动图文集库

（2）在文档中使用替换符输入高频词。

在每次输入高频词时，只要单击“文档部件”下拉按钮，在打开的下拉列表中选择“自动图文集”选项，在其下一级列表中选择“q”，即可在文档中输入高频词“区块链人才培养”。利用替换符输入高频词的操作过程如图 2-49 所示。

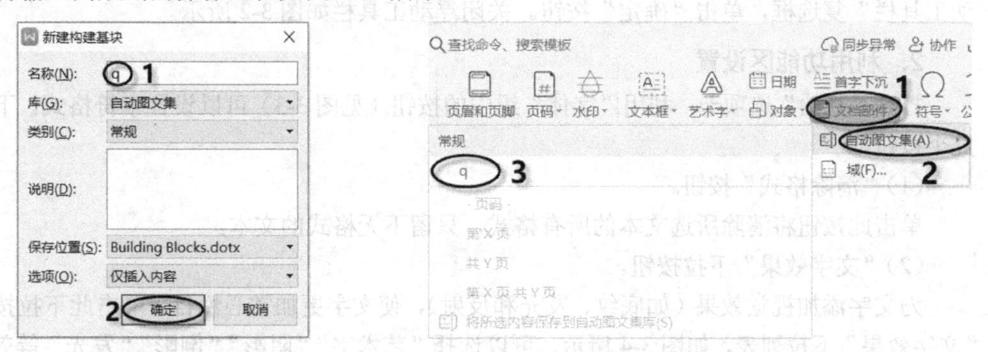

图 2-48　输入替换高频词的字符“q”的操作过程　　图 2-49　利用替换符输入高频词的操作过程

第 3 章

WPS 文档排版

3.1　设置 WPS 文档的格式

视频课程

3.1.1　设置字符格式

字符格式也称字符格式化，主要设置字符的字体、字号、颜色、间距、文字效果等，以达到美观的效果。

字符格式的设置可在创建文档时采用先设置后输入的方式，也可以引用系统的默认格式（字体为宋体，字号为五号），采用先输入后设置的方式。通常采用后一种方式对字符格式进行设置。在 WPS 文档中字符格式设置主要有 3 种途径：利用浮动工具栏、功能区和“字体”对话框。

1. 利用浮动工具栏设置

选定文本时，在选定文本的右侧将会出现一个浮动工具栏，如图 3-1 所示。该工具栏包含了设置文字格式常用的命令，如字体、字号、颜色等，选择所需的命令可以快速设置文本格式。

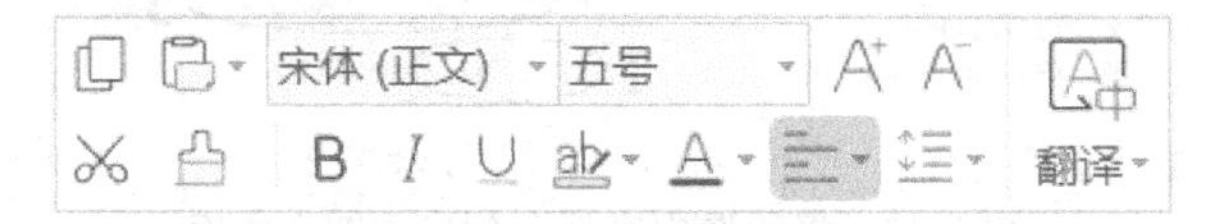

图 3-1　浮动工具栏

如果不希望在文档窗口中显示浮动工具栏，那么可将其关闭，操作步骤如下。

步骤 1：打开 WPS 文档窗口，选择“文件”→“选项”命令。

步骤 2：弹出“选项”对话框，在列表框中选择“视图”选项，并取消勾选“选择时显示浮动工具栏”复选框，单击“确定”按钮。关闭浮动工具栏如图 3-2 所示。

2. 利用功能区设置

打开“开始”选项卡，利用“字体”组中的按钮（见图 3-3）可以设置字符格式。下面介绍几个按钮。

（1）“清除格式”按钮。

单击此按钮将清除所选文本的所有格式，只留下无格式的文本。

（2）“文字效果”下拉按钮。

为文字添加视觉效果（如底纹、发光和反射），使文字更加赏心悦目。单击此下拉按钮打开“文字效果”下拉列表，如图 3-4 所示，可以选择“艺术字”“阴影”“倒影”“发光”等效果，或者选择“更多设置”，打开“属性”任务窗格。可在任务窗格中设置具体参数，选择所需的效果。

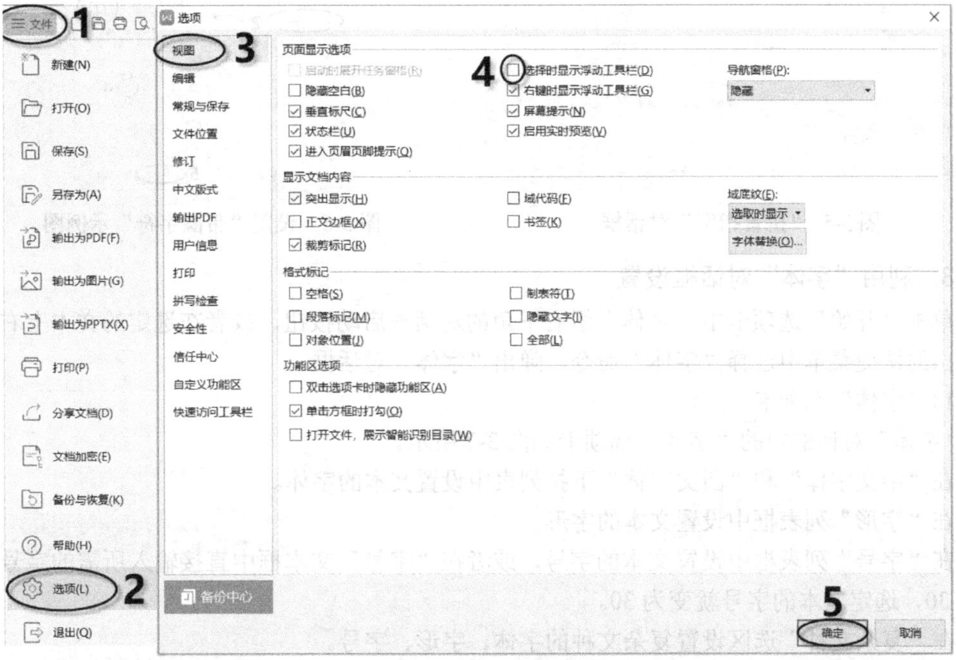

图 3-2 关闭浮动工具栏

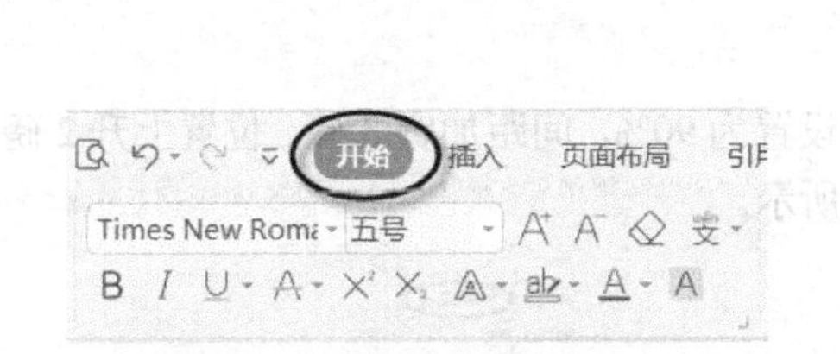

图 3-3 “字体”组中的按钮

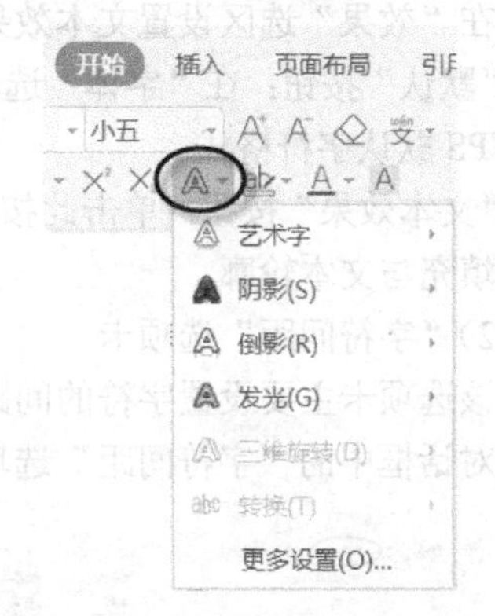

图 3-4 “文字效果”下拉列表

（3）“拼音指南”按钮。

在所选文字上方添加拼写字符以明确文字发音。选定要添加拼音的文字，如“中国速度”，单击“拼音指南”按钮，弹出“拼音指南”对话框，如图 3-5 所示。设置对齐方式、偏移量、字体、字号相关参数，单击“确定”按钮即可。

（4）“带圈字符”按钮。

为所选文字添加圈号，或者取消所选文字的圈号。选定要添加圈号的文字，如“学”，单击“拼音指南”下拉按钮，在打开的下拉列表中选择“带圈字符”选项，设置“带圈字符”示例图如图 3-6 所示，弹出“带圈字符”对话框。在“样式”选区选择一种样式，如“增大圈号”；在“圈号”列表框中选择一种圈号，如“○”，单击“确定”按钮，所选文字最终呈现的效果为㊫。

若要删除圈号，则选定带圈文字，先单击“带圈字符”对话框“样式”选区的“无”按钮，再单击“确定”按钮。

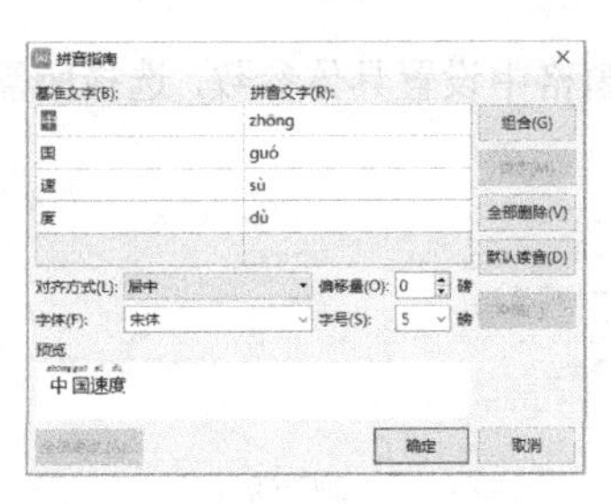

图 3-5 “拼音指南”对话框

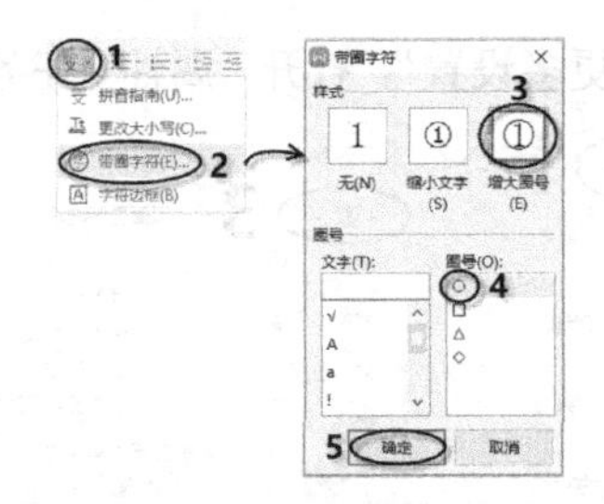

图 3-6 设置“带圈字符”示例图

3. 利用“字体”对话框设置

单击“开始”选项卡中“字体”组右下角的对话框启动按钮，或者在选定的文本上右击，在弹出的快捷菜单中选择“字体”命令，弹出“字体”对话框。

1）“字体”选项卡

“字体”对话框中的“字体”选项卡如图 3-7 所示。

在“中文字体”和“西文字体”下拉列表中设置文本的字体。

在“字形”列表框中设置文本的字形。

在“字号”列表框中设置文本的字号，或者在“字号”文本框中直接输入所需的字号，如输入 30，选定文本的字号就变为 30。

在“复杂文种”选区设置复杂文种的字体、字形、字号。

在“所有文字”选区设置字体颜色、下画线线型、下画线颜色及着重号。

在“效果”选区设置文本效果，如为文本添加“删除线”“上标”“下标”等。

“默认”按钮：在“字体”选项卡中完成字体格式的设置后，单击此按钮，所进行的设置作为 WPS 默认字符格式。

“文本效果”按钮：单击此按钮，弹出“设置文本效果格式”对话框。在此对话框中可设置文本填充与文本轮廓。

2）“字符间距”选项卡

该选项卡主要设置字符的间距，如将缩放设置为 90%，间距加宽 3 磅，位置上升 2 磅。“字体”对话框中的“字符间距”选项卡如图 3-8 所示。

图 3-7 “字体”对话框中的“字体”选项卡①

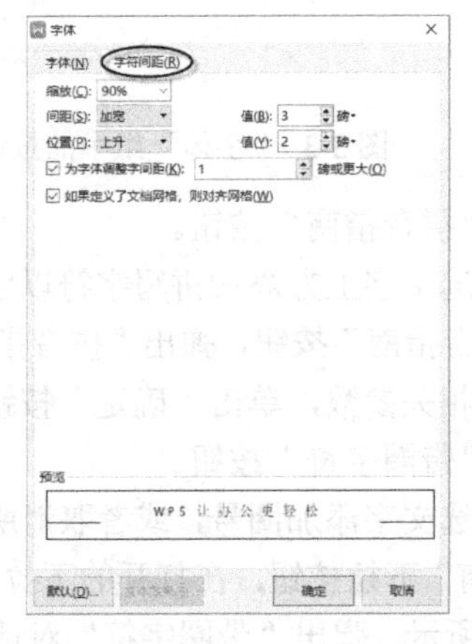

图 3-8 “字体”对话框中的“字符间距”选项卡

① 软件图中的“下划线”的正确写法为“下画线”。

3.1.2　设置段落格式

视频课程

段落格式也称段落格式化，主要设置段落的对齐、缩进、段落间距和行间距等。设置方法有 2 种。

1．利用功能区设置

打开“开始”选项卡，单击“段落”组中各个按钮可以实现对段落格式的设置。“段落”组中的按钮如图 3-9 所示。

2．利用“段落”对话框设置

单击“段落”组右下角的对话框启动按钮，或者在选定的段落上右击，在弹出的快捷菜单中选择“段落”命令，弹出“段落”对话框，如图 3-10 所示。在“缩进和间距”选项卡中可设置段落对齐方式、缩进和间距等格式。

图 3-9　“段落”组中的按钮

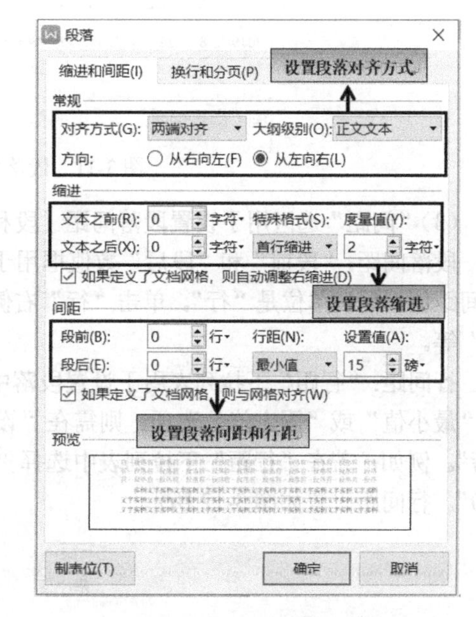

图 3-10　“段落”对话框

（1）“常规”选区用于设置段落的对齐方式。打开“对齐方式”下拉列表，从中选择所需的对齐方式。

（2）“缩进”选区用于设置整段向左缩进/向右缩进、首行缩进和悬挂缩进。

整段缩进：选定欲缩进的段落，在“文本之前”“文本之后”数值框中输入数值，默认单位为字符，单击“字符”右侧的下拉按钮▾，在打开的下拉列表中可以选择其他单位，如“磅”“厘米”等。例如，在“文本之前”“文本之后”数值框分别输入“5”，单位为“字符”，表示选定段落将向左和向右各缩进 5 个字符的位置。

首行缩进：是指段落的第一行缩进，其他行不缩进。选定需首行缩进的段落，在“特殊格式”下拉列表中选择“首行缩进”选项，在“度量值”数值框中自动显示默认值“2”，单位为“字符”，单击“确定”按钮，所选段落的首行缩进 2 个字符。也可以直接在“度量值”数值框中输入所需数值，或者单击“度量值”数值框右侧的数值调节按钮，设定为其他数值，选定的段落首行将按设定的度量值进行缩进。单击“字符”右侧的下拉按钮，可以更换其他单位，如“磅”“英寸”“厘米”等。

悬挂缩进：是指首行不缩进，其他行缩进。选定需缩进的段落，先在“特殊格式”下拉列表中选择“悬挂缩进”选项，然后在“度量值”数值框中输入缩进的数值，默认值是 2 字符，选定段落除首行外，其他行将按度量值进行缩进。段落各种缩进设置效果如图 3-11 所示。

网络问答社区

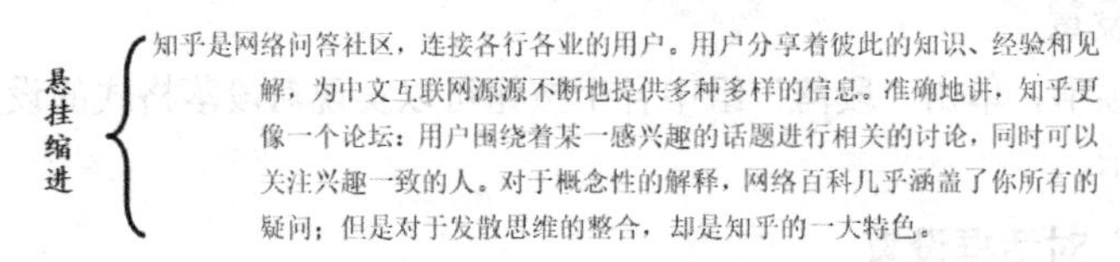
悬挂缩进

知乎是网络问答社区，连接各行各业的用户。用户分享着彼此的知识、经验和见解，为中文互联网源源不断地提供多种多样的信息。准确地讲，知乎更像一个论坛：用户围绕着某一感兴趣的话题进行相关的讨论，同时可以关注兴趣一致的人。对于概念性的解释，网络百科几乎涵盖了你所有的疑问；但是对于发散思维的整合，却是知乎的一大特色。

首行缩进

2017 年 11 月 8 日，知乎入选时代影响力·中国商业案例 TOP30。2019 年 10 月 21 日，胡润研究院发布《2019 胡润全球独角兽榜》，知乎排名第 138 位。

文本之前缩进

2018 年 3 月 2 日，北京网信办发布紧急通知，“知乎”平台因管理不严，传播违法违规信息，根据相关法律法规，要求各应用商店下架“知乎”App 七天。7 月，知乎完成新一轮融资，融资额接近 3 亿美元。

2019 年 8 月 12 日，知乎宣布完成 F 轮融资，总额 4.34 亿美元。10 月，知乎直播功能正式上线。11 月 19 日下午，“知乎百科”正式启动公共编辑计划，邀请用户共同参与百科的内容公共创作，进一步完善结构化的内容展示机制。

文本之后缩进

图 3-11　段落各种缩进设置效果

（3）“间距”选区用于设置段落间距（段和段之间的距离）和行间距（行和行之间的距离）。

段落间距：“段前”和“段后”数值框用于设置段落的前、后间距，可在其中输入所需的段落间距值，默认单位是“行”。单击“行”右侧的下拉按钮，可将单位更改为“磅”“英寸”“厘米”等。

行间距：“行距”下拉列表用于设置段落中行和行之间的距离。若在“行距”下拉列表中选择“最小值”或“固定值”选项，则需在“设置值”数值框中输入或选择间距值，默认单位是“磅”。例如，若在“行距”下拉列表中选择“最小值”选项，则需在“设置值”数值框中输入“20”。行间距设置如图 3-12 所示。

行距(N):　设置值(A):
最小值　20　磅

图 3-12　行间距设置

3．换行和分页设置

视频课程

打开“段落”对话框中的“换行和分页”选项卡，如图 3-13 所示，可对段落进行特殊格式的设置。

孤行控制：孤行是指在页面顶端只显示段落的最后一行，或者在页面的底部只显示段落的第一行。勾选该复选框，可避免在文档中出现孤行。在文档排版中，这一功能非常有用。

与下段同页：即上下两段保持在同一页中。例如，如果希望表注和表格、图片和图注在同一页，那么勾选该复选框可实现这一效果。

段中不分页：即一个段落的内容保持在同一页，不会被分开显示在两页。

段前分页：即从当前段落开始自动显示在下一页，相当于在当前段落的前面插入了一个分页符。

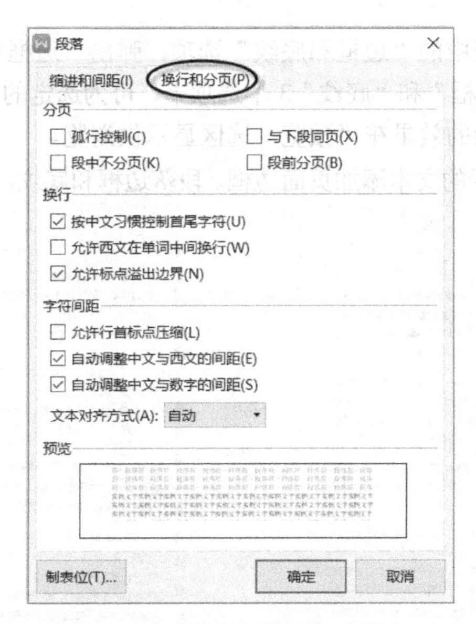

图 3-13 “换行和分页”选项卡

3.1.3 设置边框和底纹

为了增加文档的生动性和美观性，在进行文档编辑时，可为文档添加边框和底纹。

1. 设置字符边框和底纹

选定需设置的字符，打开“开始”选项卡，单击“字体”组中的“拼音指南”下拉按钮，在打开的下拉列表中选择“字符边框”选项，如图 3-14 所示，为选定的字符添加边框。单击“字符底纹”按钮，如图 3-15 所示，为选定的字符添加底纹。

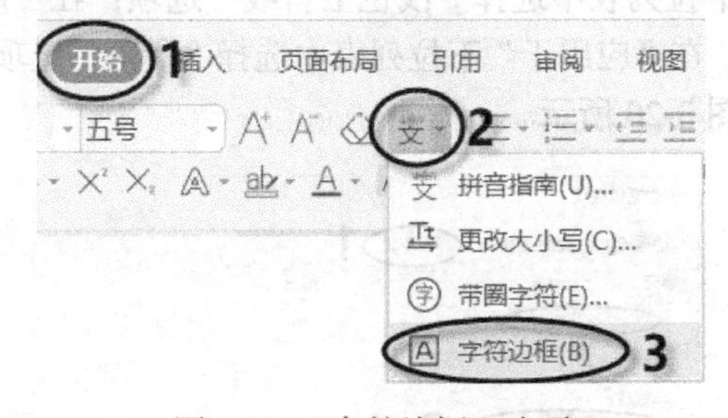

图 3-14 “字符边框”选项

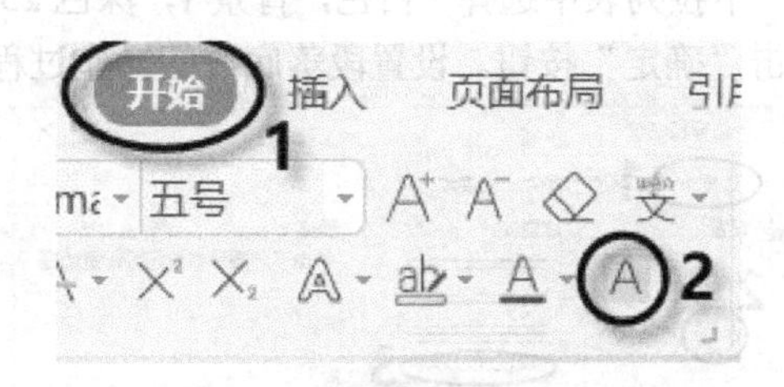

图 3-15 “字符底纹”按钮

2. 设置段落边框和底纹

选定需设置的段落，打开“开始”选项卡，单击“段落”组中“边框”下拉按钮（此名称随选取的框线的变化而变化），如图 3-16 所示，在打开的下拉列表中选择需要添加的边框即可。

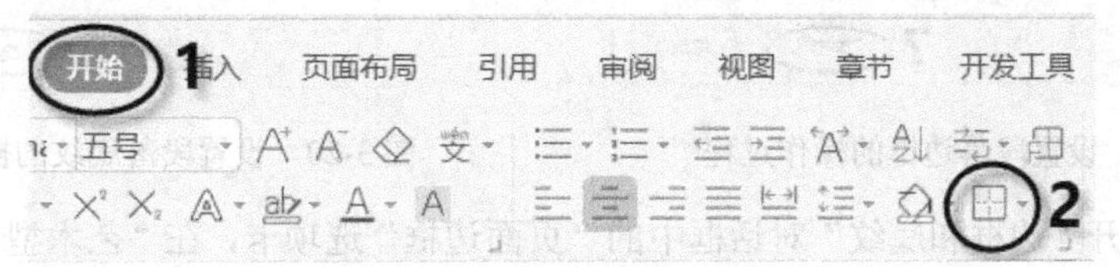

图 3-16 “边框”下拉按钮

选择“边框”下拉列表中的“边框和底纹”选项，弹出“边框和底纹”对话框。利用此对话框中的“边框”、“页面边框”和“底纹”3 个选项卡，可为选定的内容添加边框、底纹，或者为整个页面添加边框，添加的效果在“预览”选区显示供浏览。

【例 3-1】将图 3-17 所示的文本添加页面边框、段落边框和底纹，设置成图 3-18 所示的格式。

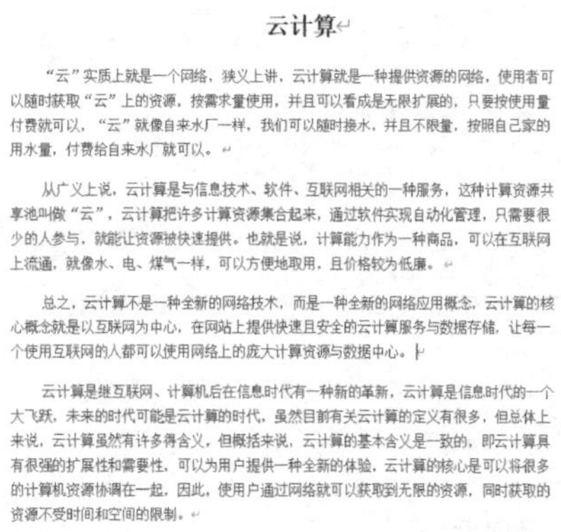

云计算

“云”实质上就是一个网络，狭义上讲，云计算就是一种提供资源的网络，使用者可以随时获取“云”上的资源，按需求量使用，并且可以看成是无限扩展的，只要按使用量付费就可以，“云”就像自来水厂一样，我们可以随时接水，并且不限量，按照自己家的用水量，付费给自来水厂就可以。

从广义上说，云计算是与信息技术、软件、互联网相关的一种服务，这种计算资源共享池叫做“云”，云计算把许多计算资源集合起来，通过软件实现自动化管理，只需要很少的人参与，就能让资源被快速提供。也就是说，计算能力作为一种商品，可以在互联网上流通，就像水、电、煤气一样，可以方便地取用，且价格较为低廉。

总之，云计算不是一种全新的网络技术，而是一种全新的网络应用概念，云计算的核心概念就是以互联网为中心，在网站上提供快速且安全的云计算服务与数据存储，让每一个使用互联网的人都可以使用网络上的庞大计算资源与数据中心。

云计算是继互联网、计算机后在信息时代有一种新的革新，云计算是信息时代的一个大飞跃，未来的时代可能是云计算的时代，虽然目前有关云计算的定义有很多，但总体上来说，云计算虽然有许多得含义，但概括来说，云计算的基本含义是一致的，即云计算具有很强的扩展性和需要性，可以为用户提供一种全新的体验，云计算的核心是可以将很多的计算机资源协调在一起，因此，使用户通过网络就可以获取到无限的资源，同时获取的资源不受时间和空间的限制。

图 3-17　设置前的文本

云计算

“云”实质上就是一个网络，狭义上讲，云计算就是一种提供资源的网络，使用者可以随时获取“云”上的资源，按需求量使用，并且可以看成是无限扩展的，只要按使用量付费就可以，“云”就像自来水厂一样，我们可以随时接水，并且不限量，按照自己家的用水量，付费给自来水厂就可以。

从广义上说，云计算是与信息技术、软件、互联网相关的一种服务，这种计算资源共享池叫做“云”，云计算把许多计算资源集合起来，通过软件实现自动化管理，只需要很少的人参与，就能让资源被快速提供。也就是说，计算能力作为一种商品，可以在互联网上流通，就像水、电、煤气一样，可以方便地取用，且价格较为低廉。

总之，云计算不是一种全新的网络技术，而是一种全新的网络应用概念，云计算的核心概念就是以互联网为中心，在网站上提供快速且安全的云计算服务与数据存储，让每一个使用互联网的人都可以使用网络上的庞大计算资源与数据中心。

云计算是继互联网、计算机后在信息时代有一种新的革新，云计算是信息时代的一个大飞跃，未来的时代可能是云计算的时代，虽然目前有关云计算的定义有很多，但总体上来说，云计算虽然有许多得含义，但概括来说，云计算的基本含义是一致的，即云计算具有很强的扩展性和需要性，可以为用户提供一种全新的体验，云计算的核心是可以将很多的计算机资源协调在一起，因此，使用户通过网络就可以获取到无限的资源，同时获取的资源不受时间和空间的限制。

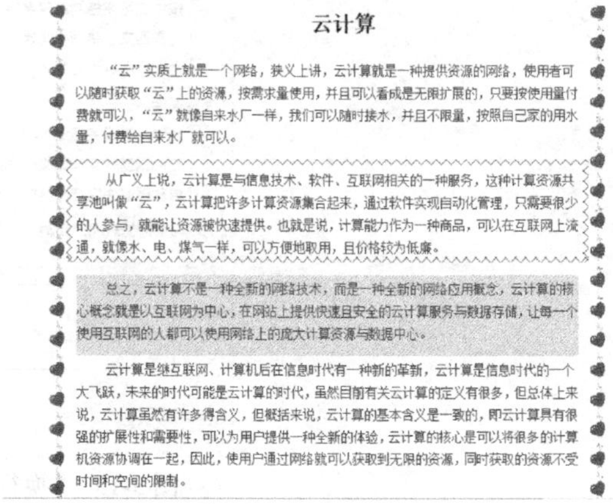

图 3-18　设置后的文本

步骤 1：打开“云计算”文档，选定第二段文本，单击“开始”选项卡中“段落”组的“边框”下拉按钮，在打开的下拉列表中选择“边框和底纹”选项，弹出“边框和底纹”对话框。

步骤 2：在“边框”选项卡的“设置”选区单击“方框”按钮；在“线型”列表框中选择单波浪线；在“颜色”下拉列表中选择颜色为蓝色；在“宽度”下拉列表中选择 1.5 磅；在“应用于”下拉列表中选择“段落”选项，单击“确定”按钮。设置段落边框的操作过程如图 3-19 所示。

步骤 3：选定第三段文本，打开“边框和底纹”对话框中的“底纹”选项卡，在“填充”选区选择颜色为黄色，在“图案”选区的“样式”下拉列表中选择“浅色上斜线”选项；在“颜色”下拉列表中选择“白色，背景 1，深色 25%”；在“应用于”下拉列表中选择“段落”选项，单击“确定”按钮。设置段落底纹的操作过程如图 3-20 所示。

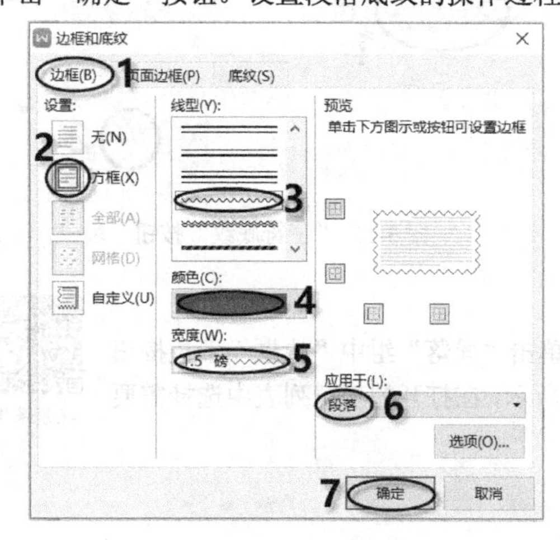

图 3-19　设置段落边框的操作过程

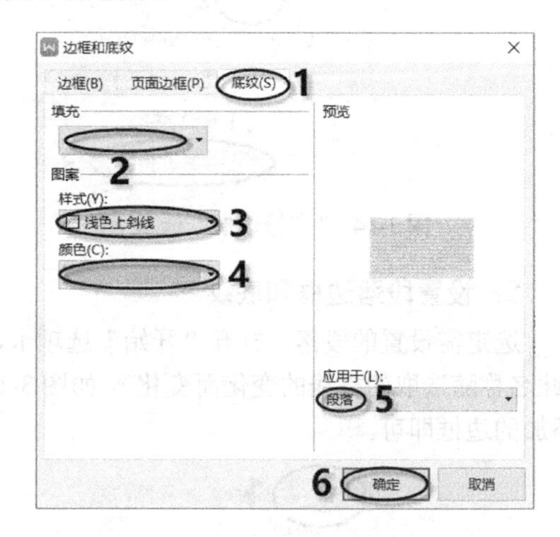

图 3-20　设置段落底纹的操作过程

步骤 4：打开“边框和底纹”对话框中的“页面边框”选项卡，在“艺术型”下拉列表中选择一种艺术样式；在“宽度”数值框中输入“24”，分别单击“预览”选区的上、下框线按钮，取消上、下框线的显示，单击“确定”按钮，最终效果如图 3-18 所示。

设置页面边框的操作过程如图 3-21 所示。

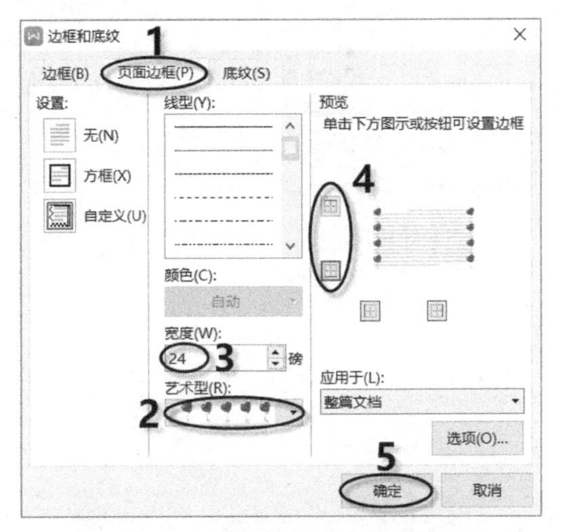

图 3-21　设置页面边框的操作过程

添加段落边框时，默认是对所选定文本的 4 个边缘添加了边框。若只对某些边缘添加边框，而其他边缘不添加边框，则可通过单击图 3-19“预览”选区中的边框，取消已添加的边框，或者单击其中的“上”“下”“左”“右”4 个按钮对指定边缘应用边框。

删除所添加的段落边框，只需选定已添加边框的段落，在图 3-19 所示的“边框和底纹”对话框的“设置”选区先单击“无”按钮，再单击“确定”按钮即可。

若要取消段落底纹，则需选定已添加底纹的段落，在图 3-20 所示的“填充”选区选择“没有颜色”选项，在“样式”下拉列表中选择“清除”选项即可。

3.1.4　设置项目符号和编号

视频课程

设置项目符号和编号的主要目的是使相关的内容醒目且有序。项目符号和编号可以在已有的文本上添加，也可以先添加项目符号和编号，再编辑内容，按 Enter 键，项目符号和编号自动出现在下一行。

1. 设置项目符号

1）自动添加项目符号

打开“开始”选项卡，单击“段落”组中的“项目符号”按钮，自动在当前段的前面添加项目符号，或者单击“项目符号”下拉按钮，打开图 3-22 所示的“项目符号”下拉列表，从中选择所需的项目符号。

2）自定义项目符号

选择“项目符号”下拉列表中的“自定义项目符号”选项，弹出“项目符号和编号”对话框，如图 3-23 所示，选择任意一种项目符号，单击“自定义”按钮，弹出“自定义项目符号列表”对话框，如图 3-24 所示。单击“项目符号字符”选区中的“字符”按钮选择所需的项目符号；单击“字体”按钮设置项目符号的格式；单击“高级”按钮，可在打开的下拉列表中设置项目符号的缩进位置；在“预览”选区查看设置的效果。

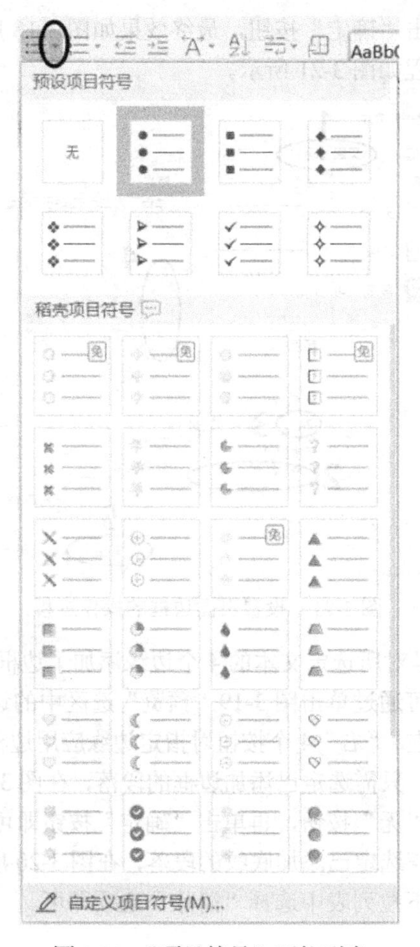

图 3-22 “项目符号”下拉列表

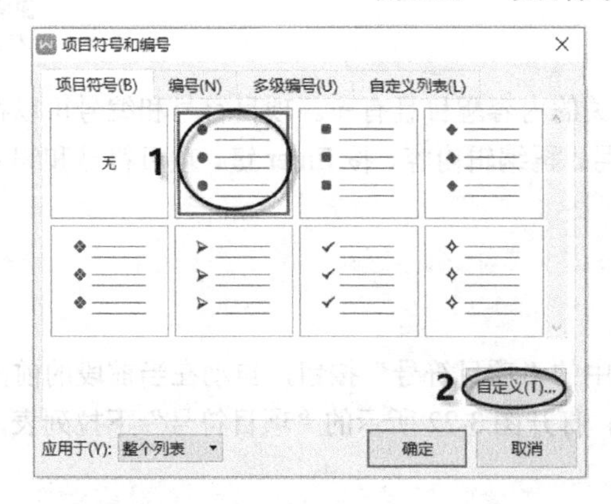

图 3-23 “项目符号和编号”对话框

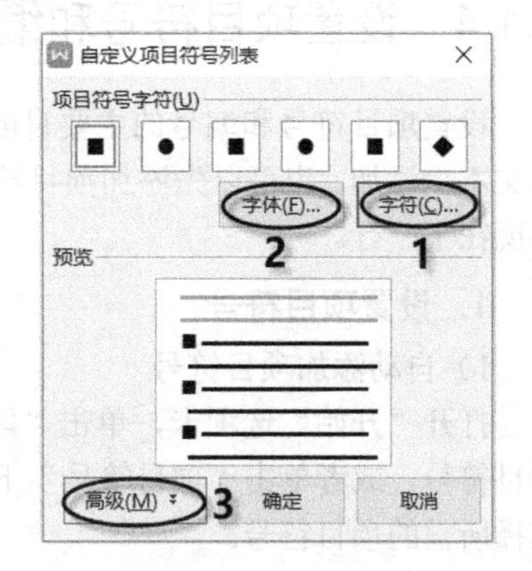

图 3-24 “自定义项目符号列表”对话框

2. 设置编号

1）自动添加编号

打开“开始”选项卡，单击“段落”组中的“编号”按钮，自动在当前段的前面添加编号，或者单击“编号”下拉按钮，打开图 3-25 所示的“编号”下拉列表，从列表中选择所需的编号。

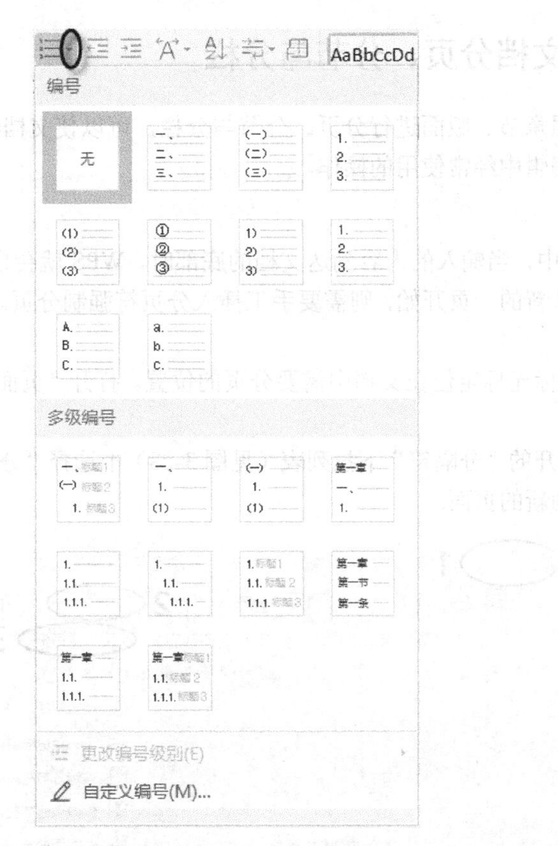

图 3-25 “编号”下拉列表

2）自定义编号

选择“编号”下拉列表中的“自定义编号”选项，弹出“项目符号和编号”对话框，如图 3-26 所示。选择任意一种编号，单击“自定义”按钮，弹出“自定义编号列表”对话框，如图 3-27 所示。在“编号格式”选区设置编号的格式、样式，“字体”按钮用于设置编号的字体格式，单击“高级”按钮，可在打开的下拉列表中设置编号的缩进位置，在“预览”选区查看设置的效果。

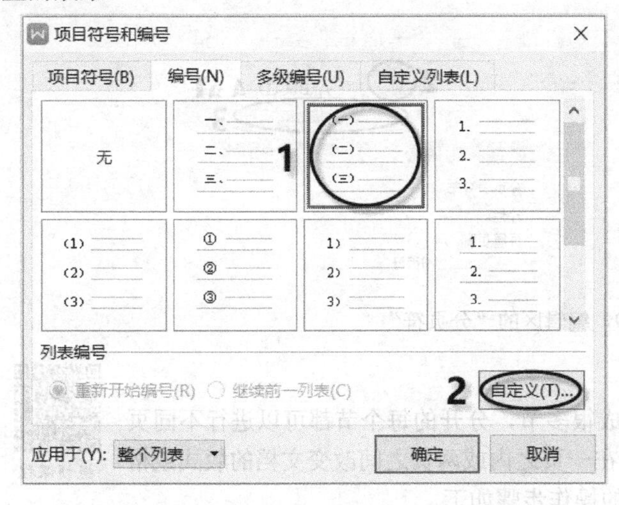

图 3-26 “项目符号和编号”对话框

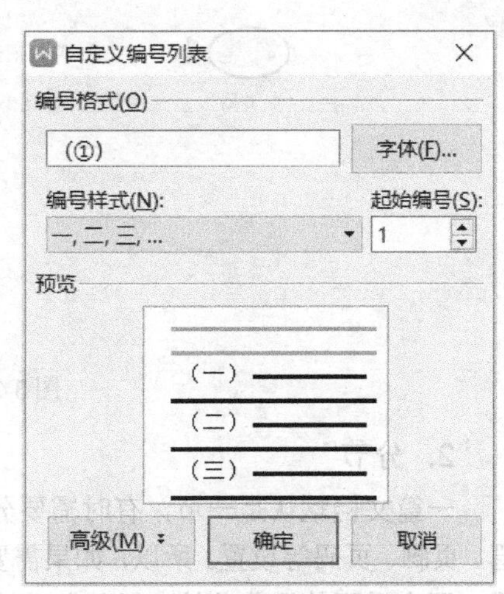

图 3-27 “自定义编号列表”对话框

3.1.5 设置文档分页、分节与分栏

将长文档按照章节、版面进行分页、分节与分栏，可以使文档结构清晰、版面美观、布局合理，是长文档编辑中经常使用的操作。

1．分页

视频课程

在 WPS 文档中，当输入的内容到达文档的底部时，WPS 就会自动分页。若在一页未完成时希望从新的一页开始，则需要手工插入分页符强制分页。插入分页符的操作步骤如下。

步骤 1：将鼠标光标定位在文档中需要分页的位置。打开“页面布局”选项卡，单击“分隔符”下拉按钮。

步骤 2：在打开的“分隔符”下拉列表（见图 3-28）中选择“分页符”选项，即可将鼠标光标后的内容分布到新的页面。

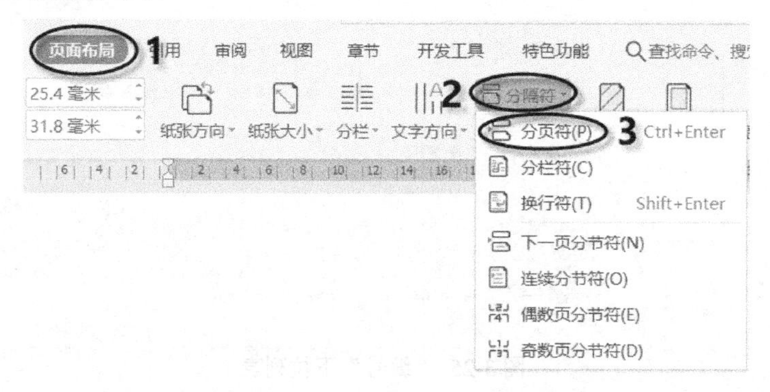

图 3-28 “分隔符”下拉列表

使用 Ctrl+Enter 组合键也可以插入分页符。方法如下：将鼠标光标定位在需要分页的位置，按 Ctrl+Enter 组合键，此时，鼠标光标之后的内容被放在新的一页。

文档插入分页符后，选择“开始”选项卡中的“显示/隐藏编辑标记”→“显示/隐藏段落标记”选项，在编辑区可以看到分页符是一条带有“分页符”3 个字的水平虚线，如图 3-29 所示。如果要删除分页符，那么单击分页符水平虚线最左侧，按 Delete 键即可。

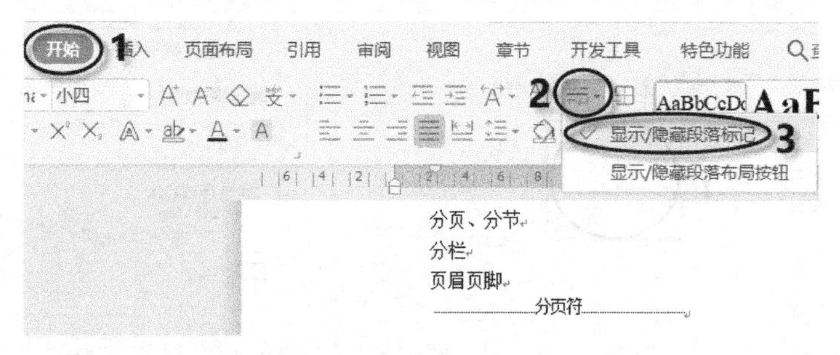

图 3-29 编辑区的“分页符”

2．分节

视频课程

一篇文档默认是一节，有时需要分成很多节，分开的每个节都可以进行不同页眉、页脚、页码等设置。所以，如果需要在一页之内或两页之间改变文档的版式或格式，那么需要使用分节符。插入分节符的操作步骤如下。

步骤 1：将鼠标光标定位于文档中需要分节的位置。

步骤2：打开“页面布局”选项卡，单击“分隔符”下拉按钮，在打开的“分隔符”下拉列表中，根据需要选择所需的分节符选项即可。各分节符的含义如图3-30所示。

- 下一页分节符：插入一个分节符，新节从下一页开始，分节的同时又分页，如图3-30（a）所示。
- 连续分节符：插入一个分节符，新节从同一页开始，分节不分页，如图3-30（b）所示。
- 偶数页/奇数页分节符：插入一个分节符，新节从下一个偶数页/奇数页开始，如图3-30（c）所示。

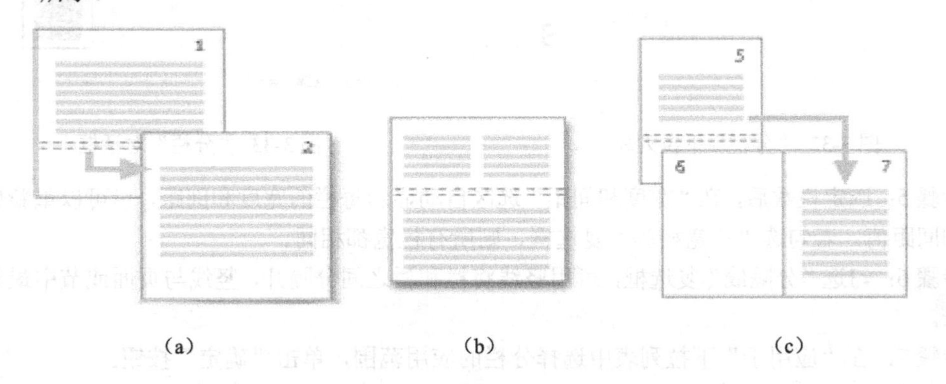

图3-30 各分节符的含义

插入分节符后，打开“开始”选项卡，单击“显示/隐藏编辑标记”下拉按钮，在打开的下拉列表中选择“显示/隐藏段落标记”选项，在编辑区看到分节符是一条带有“分节符”3个字的水平虚线，如图3-31所示。若要删除分节符，则在编辑区单击分节符的水平虚线，按Delete键即可。

图3-31 编辑区的“分节符”

3. 分栏

WPS空白文档默认的栏是一栏，为了增加文档版面的生动性，通常将文档的一栏分成多栏。设置分栏的操作步骤如下。

步骤1：选定要设置分栏的文本（若该文本是文档最后一段，则不能选定段落标记，否则选定段落标记）。

步骤2：打开“页面布局”选项卡，单击“分栏”下拉按钮，在打开的“分栏”下拉列表（见图3-32）中选择所需的栏数即可。

步骤3：选择“分栏”下拉列表中的“更多分栏”选项，弹出图3-33所示的“分栏”对话框，在此对话框中可以对分栏进行更多设定。

步骤4：在“预设”选区选择需要的栏数，或者在“栏数”数值框中直接输入所需的栏数，但不能超过11栏，因为WPS中最多可分11栏。

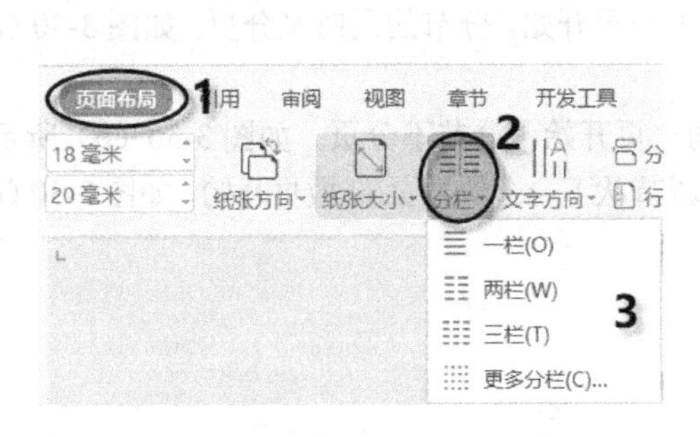

图 3-32 “分栏”下拉列表

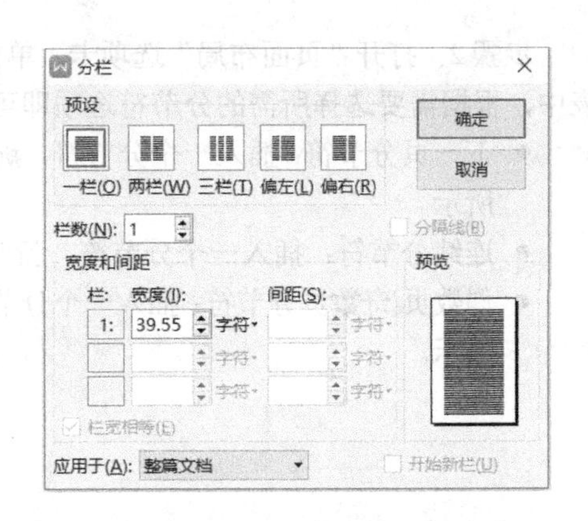

图 3-33 “分栏”对话框

步骤 5：选定栏数后，在“宽度和间距”选区自动显示每栏的宽度和间距，也可以重新修改栏宽和间距值，若勾选“栏宽相等”复选框，则所有栏宽都相同。

步骤 6：勾选“分隔线”复选框，可用竖线将栏和栏之间分隔开，竖线与页面或节中最长的栏等长。

步骤 7：在“应用于”下拉列表中选择分栏的应用范围，单击“确定”按钮。

若取消分栏，则先选定已分栏的文本，然后选择“分栏”下拉列表中的“一栏”选项即可，或者先单击“分栏”对话框中“预设”选区的“一栏”按钮，再单击“确定”按钮。

3.1.6 设置页眉、页脚与页码

页眉和页脚位于文档中每个页面页边距的顶部或底部区域。在这些区域中可以添加文档的一些标志性信息，如文档名称、单位名、单位徽标、日期、页码和标题等，以对文档进行说明。

1. 插入页眉和页脚

视频课程

打开“插入”选项卡，单击“页眉和页脚”按钮，如图 3-34 所示，进入页眉或页脚的编辑状态，输入页眉或页脚的内容即可。若要退出页眉或页脚的编辑状态，则双击文档的空白处，返回文档的编辑状态。此时，正文文档被激活，而页眉和页脚内容显示灰色禁用。

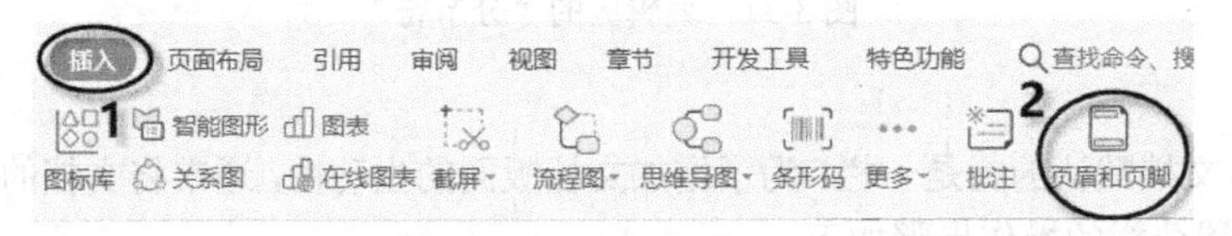

图 3-34 “页眉和页脚”按钮

进入页眉和页脚的编辑状态后，会自动出现“页眉和页脚”选项卡，如图 3-35 所示。在该选项卡中可以设置页眉、页脚、页码的样式或编辑格式，插入日期和时间、图片、域，页眉页脚切换等，以及退出页眉或页脚的编辑状态，返回正文文档。

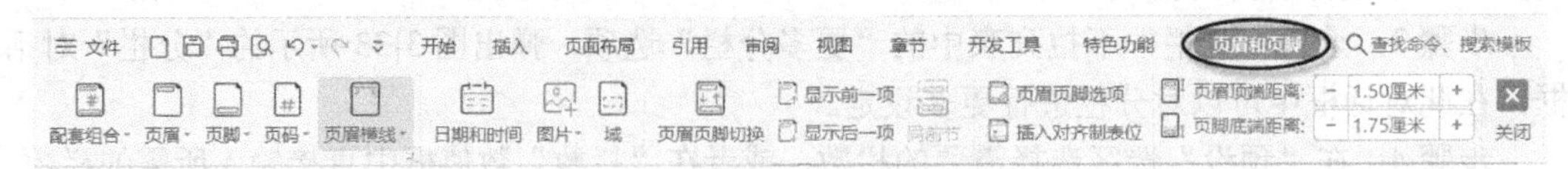

图 3-35 “页眉和页脚”选项卡

2．创建首页页眉页脚不同

首页页眉页脚不同是指文档首页的页眉页脚不同于其他页的页眉页脚，操作步骤如下。

步骤 1：打开“插入”选项卡，单击“页眉和页脚”按钮，进入页眉页脚的编辑状态，会自动出现“页眉和页脚”选项卡（若已经插入页眉或页脚，则双击页眉或页脚区域，进入页眉页脚的编辑状态）。

步骤 2：单击“页眉页脚选项”按钮，弹出“页眉/页脚设置”对话框，如图 3-36 所示，勾选“首页不同”复选框，单击“确定”按钮，返回文档中，输入首页页眉的内容。单击“页眉页脚切换”按钮，切换到页脚，输入首页页脚内容。

步骤 3：单击“页眉和页脚”选项卡中的“关闭”按钮，完成设置。

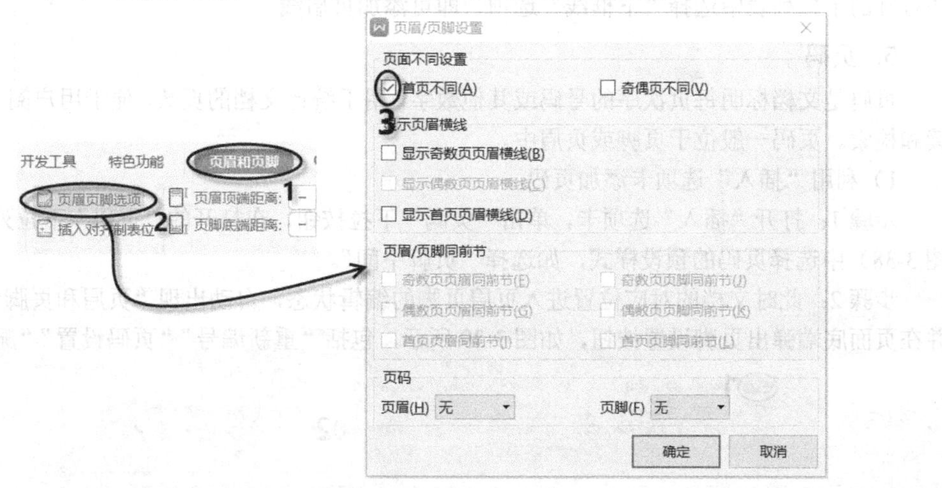

图 3-36　“页眉/页脚设置”对话框

3．创建奇偶页页眉页脚不同

在长文档中，为了使文档富有个性，常创建奇偶页页眉页脚不同。打开“插入”选项卡，单击“页眉页脚切换”按钮，弹出“页眉/页脚设置”对话框，如图 3-36 所示，勾选“奇偶页不同”复选框，分别设置奇数页、偶数页的页眉和页脚。单击“显示前一项”或“显示后一项”按钮，可在奇数页和偶数页间进行切换。

4．删除页眉和页脚

步骤 1：双击页眉或页脚区域，进入页眉页脚的编辑状态，会自动出现“页眉和页脚”选项卡。

步骤 2：单击“页眉”或“页脚”下拉按钮，在打开的下拉列表中选择“删除页眉”或“删除页脚”选项，即可删除当前页眉或页脚（或单击“配套组合”下拉按钮，在打开的下拉列表中选择“删除页眉和页脚”选项，将页眉和页脚同时删除）。

步骤 3：双击正文的任何位置，退出页眉页脚的编辑状态。

插入页眉后，在页眉的位置有一条直线，称为页眉线。页眉线根据需要可删除或添加。

删除页眉线：将鼠标光标定位在页眉区域，打开“开始”选项卡，单击“边框”下拉按钮，在打开的下拉列表中选择“无框线”选项，即可删除页眉线，如图 3-37 所示。

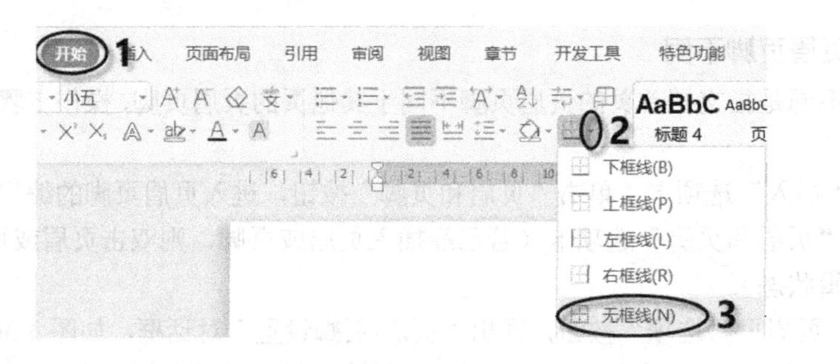

图 3-37　删除页眉线

添加页眉线：将鼠标光标定位在页眉区域，打开“开始”选项卡，单击“边框”下拉按钮，在打开的下拉列表中选择“下框线”选项，即可添加页眉线。

5．页码

页码是文档标明每页次序的号码或其他数字，用于统计文档的页数，便于用户阅读和检索。页码一般位于页脚或页眉中。

1）利用“插入”选项卡添加页码

步骤 1：打开“插入”选项卡，单击“页码”下拉按钮，在打开的“页码”下拉列表框（见图 3-38）中选择页码的预设样式，如选择“页脚中间”。

步骤 2：此时文档的对应位置进入页眉页脚的编辑状态，自动出现“页眉和页脚”选项卡，并在页面底端弹出页脚设置按钮，如图 3-39 所示，包括“重新编号”“页码设置”“删除页码”。

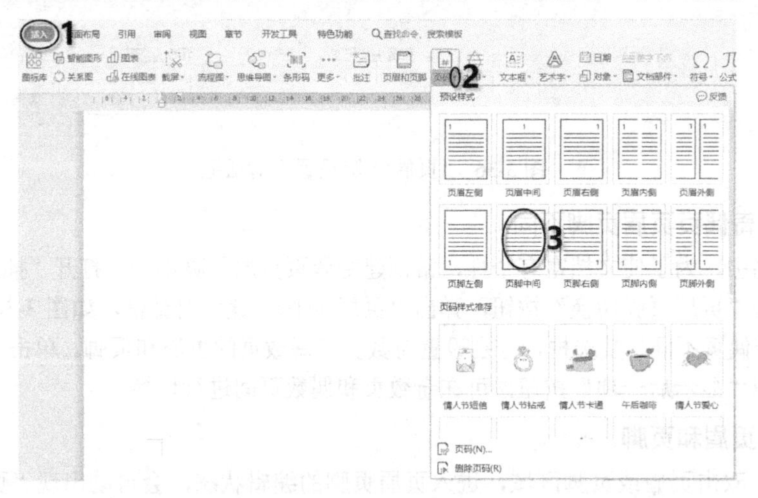

图 3-38　“页码”下拉列表框

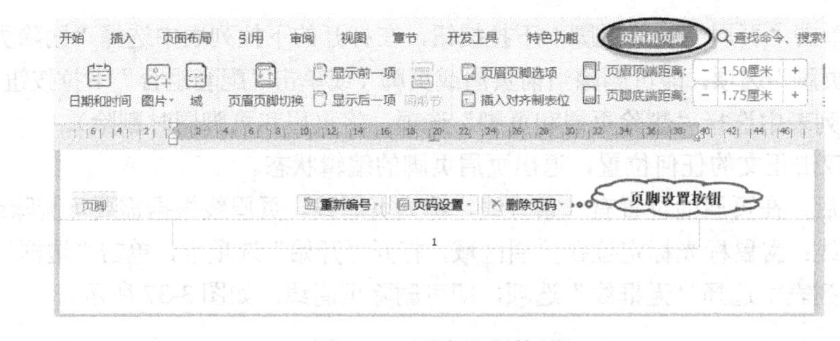

图 3-39　页脚设置按钮

步骤 3：单击“页码设置”下拉按钮，设置页码的样式、位置及应用范围，如图 3-40 所示。

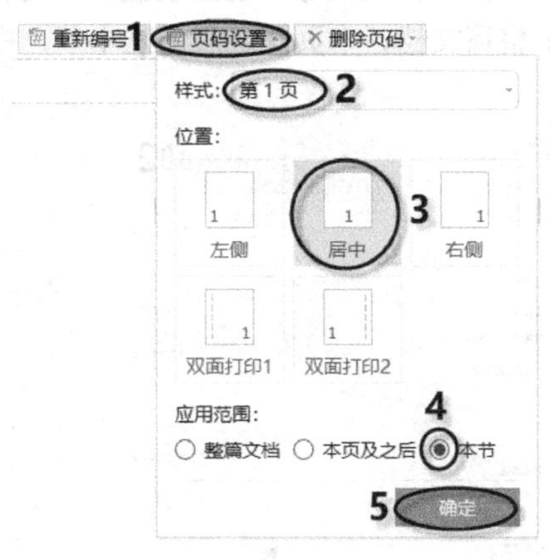

图 3-40　设置页码

步骤 4：单击“重新编号”下拉按钮，设置页码的起始页码，如图 3-41 所示。单击“删除页码”下拉按钮，在打开的下拉列表中选择删除页码的范围，如图 3-42 所示。

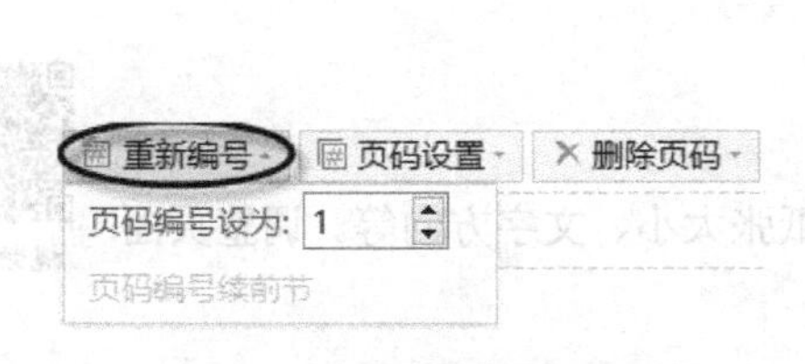

图 3-41　设置页码的起始页码

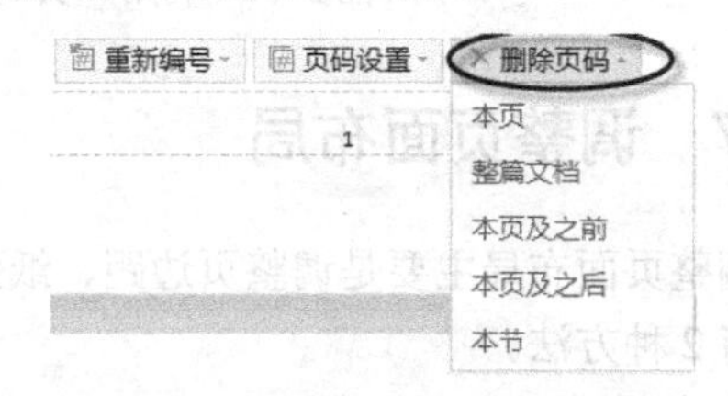

图 3-42　选择删除页码的范围

2）利用“页眉和页脚”选项卡添加页码

单击“页眉和页脚”选项卡中的“页码”按钮，自动跳转到页脚的位置，并弹出页脚设置按钮，单击“页码设置”下拉按钮，设置页码的样式、位置、应用范围。利用“页眉和页脚”选项卡添加页码的操作过程如图 3-43 所示。

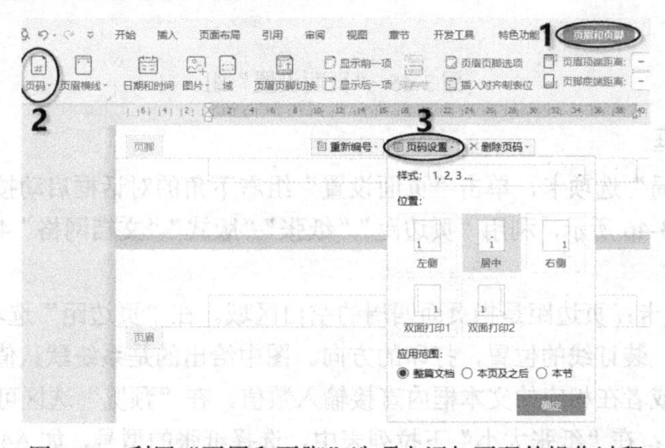

图 3-43　利用“页眉和页脚”选项卡添加页码的操作过程

3）自定义页码

利用“页码”对话框自定义页码的操作过程如图 3-44 所示。单击“插入”选项卡中的“页码”下拉按钮，在打开的下拉列表框中选择“页码”选项，弹出“页码”对话框。在“样式”

下拉列表中选择页码的格式；在“位置”下拉列表中设置页码的位置；若勾选“包含章节号”复选框，页码中将出现章节号。在“页码编号”选区设置页码是否续前节及起始页码；在“应用范围”选区设置页码应用于整篇文档、本页及之后还是本节，根据需要设置即可。

图 3-44　利用“页码”对话框自定义页码的操作过程

3.1.7　调整页面布局

视频课程

调整页面布局主要是调整页边距、纸张方向、纸张大小、文字方向等。调整页面布局有 2 种方法。

1．利用功能区

打开“页面布局”选项卡，在“页面设置”组中利用“页边距”“纸张方向”“纸张大小”等按钮进行设置。“页面设置”组如图 3-45 所示。

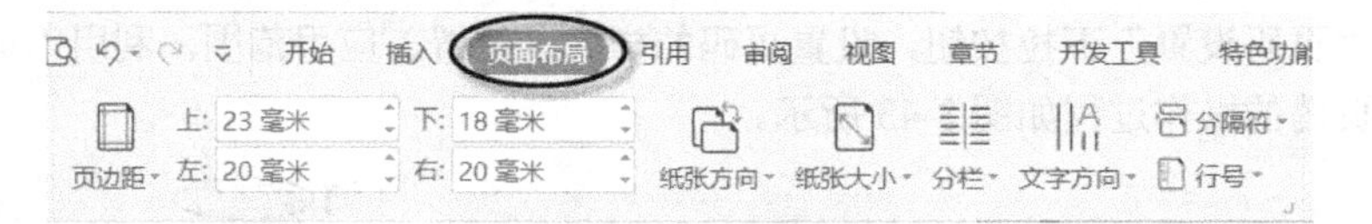

图 3-45　“页面设置”组

2．利用对话框

打开“页面布局”选项卡，单击“页面设置”组右下角的对话框启动按钮，弹出“页面设置”对话框，如图 3-46 所示，利用“页边距”“纸张”“版式”“文档网格”4 个选项卡可以调整页面布局。

“页边距”选项卡：页边距是指页面四周的空白区域。在“页边距”选项卡中可以设置上、下、左、右页边距，装订线的位置，打印的方向。图中给出的是系统默认值，可通过数值调节按钮改变默认值，或者在相应的文本框内直接输入数值。在“预览”选区可浏览设置的效果。

“纸张”选项卡：在“纸张大小”下拉列表中，选择纸张的型号，如 A4、B5、16 开等。也可以自定义纸张的大小，在“宽度”和“高度”数值框中输入自定义的纸张宽度值和高度值。

“版式”选项卡：主要设置页眉和页脚的显示方式、距边界的位置、节的起始位置、应用范围等。

“文档网格”选项卡：设置文档中文字排列方向、网格的方式、每行的字符数、每页的行数等。

图 3-46 “页面设置”对话框

3.1.8 设置页面背景与页面水印

WPS 文档默认的背景是白色，用户可通过 WPS 提供的强大的背景功能，重新设置背景颜色。

1. 设置页面背景

视频课程

1）使用已有颜色

WPS 可提供多种颜色作为页面背景色。打开“页面布局”选项卡，单击“背景”下拉按钮，打开图 3-47 所示的“背景”下拉列表，单击“主题颜色”“标准色”“渐变填充”“渐变色推荐”中的任意一种颜色即可将该颜色作为页面背景色。

2）自定义颜色

若图 3-47 所示的下拉列表中的颜色不能满足用户的需求，可选择列表中的“其他填充颜色”选项，弹出“颜色”对话框。打开“自定义”选项卡，如图 3-48 所示，通过拖动滑块自定义背景颜色。

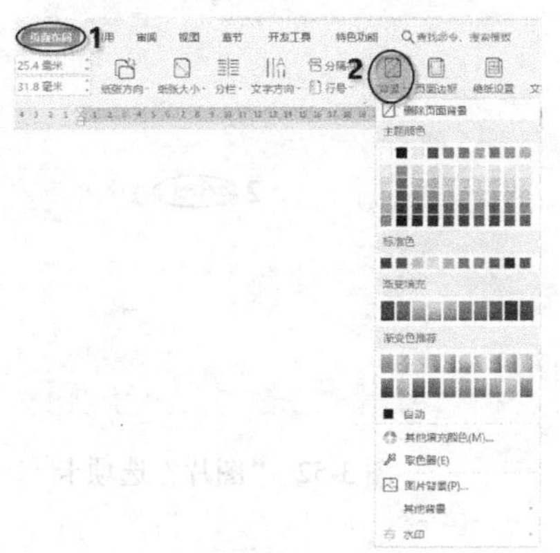

图 3-47 “背景”下拉列表

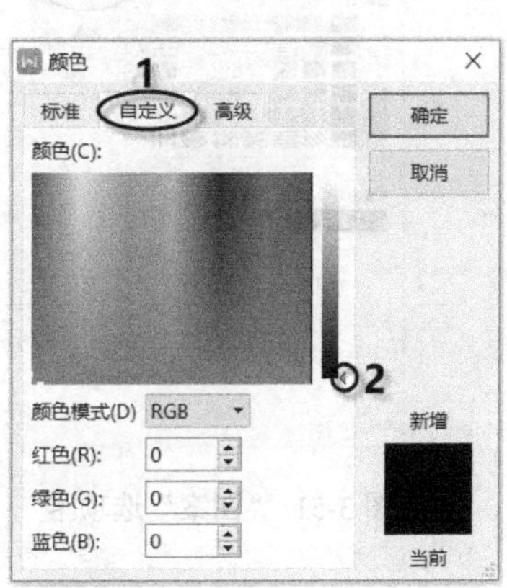

图 3-48 “自定义”选项卡

3）提取页面颜色作为背景色

在“背景”下拉列表中选择“取色器”选项，鼠标变成“小试管”图标，将鼠标指针移动到需要提取颜色的位置，此时鼠标右上方的预览框下方显示当前位置的颜色和 RGB 值，单击鼠标，即可将当前位置的颜色作为页面的背景色。

4）填充背景

WPS 提供了多种填充方式作为背景效果，如渐变填充、纹理填充、图案填充及图片填充，使页面背景丰富多变，更具有吸引力。在“背景”下拉列表中选择“图片背景”选项，弹出“填充效果”对话框。

“渐变”选项卡：通过选中“颜色”选区的各单选按钮创建不同的渐变效果；在“透明度”选区设置渐变的透明效果；在“底纹样式”选区选择渐变的方式，单击“确定”按钮即可，如图 3-49 所示。

“纹理”选项卡：在“纹理”列表框中选择一种纹理作为页面的填充背景，也可以单击“其他纹理”按钮，选择其他纹理作为页面背景，如图 3-50 所示。

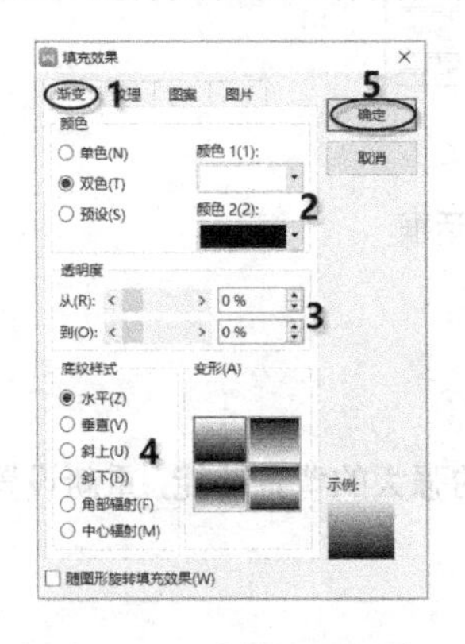

图 3-49 “渐变”选项卡

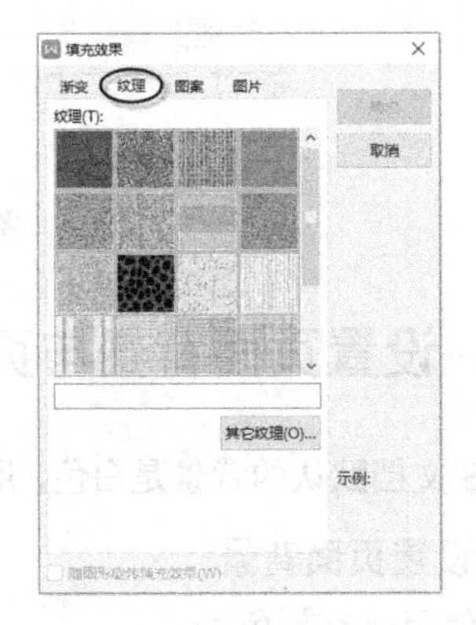

图 3-50 “纹理”选项卡①

“图案”选项卡：在“图案”选区选择一种背景图案，在“前景”和“背景”下拉列表中设置所选图案的前景色和背景色，单击“确定”按钮即可，如图 3-51 所示。

“图片”选项卡：单击“选择图片”按钮，如图 3-52 所示，在弹出的对话框中选择作为背景的图片，单击“打开”和“确定”按钮即可。

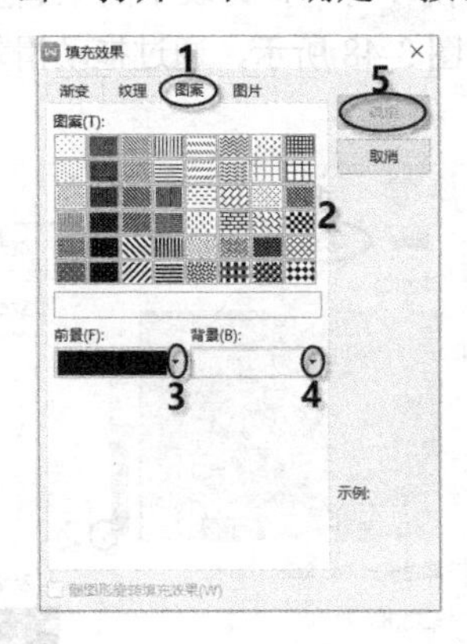

图 3-51 “图案”选项卡

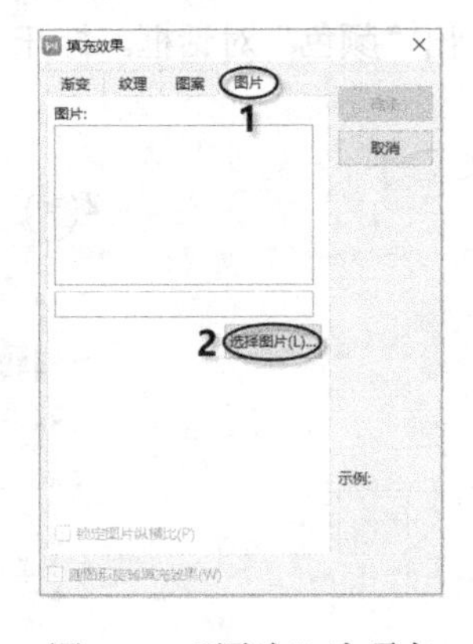

图 3-52 “图片”选项卡

① 软件图中“其它”的正确写法应为“其他”。

若要删除页面的填充背景，则打开“页面布局”选项卡，单击“背景”下拉按钮，在打开的下拉列表中选择“删除页面背景”（见图 3-53）即可。

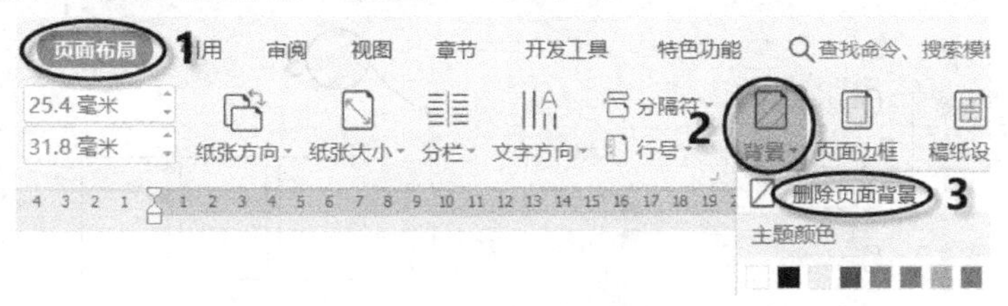

图 3-53　选择“删除页面背景”

2. 设置页面水印

水印是指位于文档背景中一种透明的花纹，这种花纹可以是文字，也可以是图片，主要用来标识文档的状态或美化文档。水印作为文档的背景，在页面中是以灰色显示的。用户可以在页面视图、阅读视图或在打印的文档中看到水印效果。

1）系统预设的水印

WPS 系统预设多种水印样式，用户可根据文档的特点设置不同的水印效果，方法如下。

方法 1：打开“插入”选项卡，单击“水印”下拉按钮，打开图 3-54 所示的“水印”下拉列表框（部分）。在此列表框中系统提供了“预设水印”“Preset”2 种类型共 12 种水印样式，从中选择所需的水印样式即可。

图 3-54　“水印”下拉列表框（部分）

方法 2：打开“页面布局”选项卡，单击“背景”下拉按钮，在打开的下拉列表中选择“水印”选项，打开下一级列表，在此列表中系统提供了“预设水印”“Preset”2 种类型共 12 种水印样式，从中选择所需的水印样式即可。

2）自定义水印

除了使用系统预设的水印样式，还可以自定义水印样式。单击“水印”下拉列表框中的“自定义水印”中的“点击添加”按钮，或者选择下拉列表框中的“插入水印”选项，弹出图 3-55 所示的“水印”对话框。在此对话框中可以设置“图片水印”和“文字水印”两种水印效果。

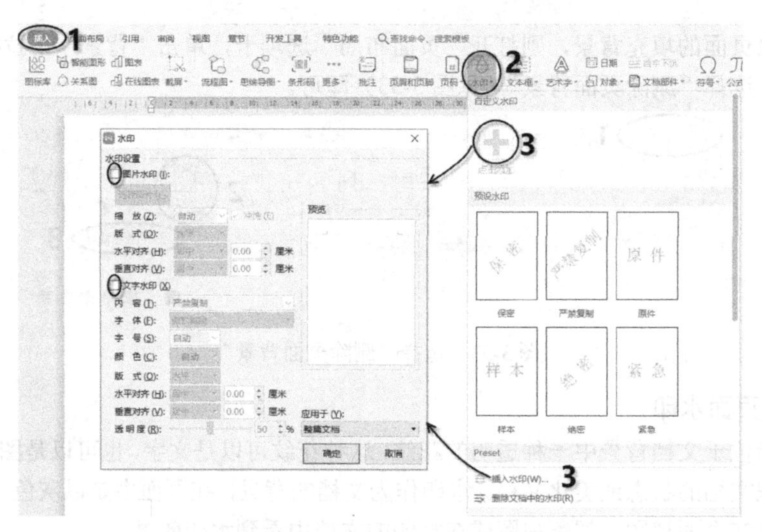

图 3-55 “水印”对话框

图片水印：勾选“图片水印”复选框，单击“选择图片”按钮，在弹出的对话框中选择作为水印的图片，单击“打开”按钮，返回“水印”对话框。在“缩放”下拉列表中选择图片的缩放比例，勾选“冲蚀”复选框，保持图片水印的不透明度，单击“确定”按钮。

文字水印：勾选“文字水印”复选框，可设置水印的内容、字体、字号、颜色、版式及对齐方式。例如，将“内容”设置为“大学电脑”，“字体”设置为“隶书”，“颜色”设置为“红色”，“版式”设置为“倾斜”。“文字水印”的设置示例图和效果图如图 3-56 所示。

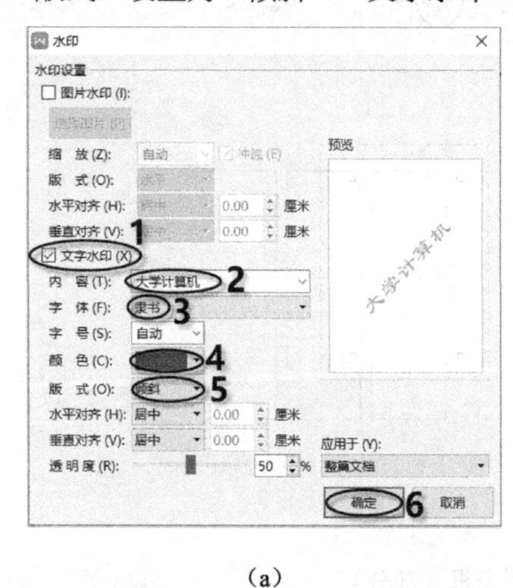

（a）

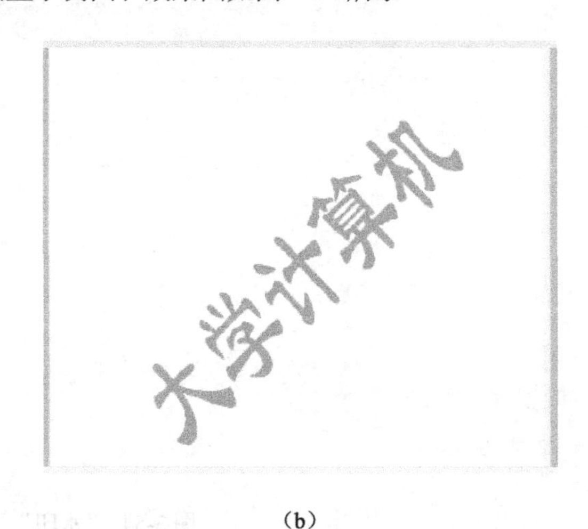

（b）

图 3-56 “文字水印”的设置示例图和效果图

若要删除文档中的水印效果，则打开“插入”选项卡，单击“水印”下拉按钮，在打开的下拉列表框中选择“删除文档中的水印”选项，即可删除文档中的水印效果。

3.1.9 实例练习

视频课程

打开“大数据技术创新世界”文档，按照下列要求进行排版。

1. 文档页面设置为 A4 幅面，上、下、左、右边距分别为 3.5、2.5、2.8 和 2.8 厘米，装订线在左侧 0.3 厘米，页脚距边界 1.5 厘米，设置“只指定行网格”，且每页 33 行。

2．文档第 1 行“大数据技术创新世界”设置如下格式。

字符间距：加宽，6 磅，段前 1 行，段后 1.5 行。

3．将正文部分内容（除 2 级标题外）设置为四号字，每个段落设置为 1.2 倍行距且首行缩进 2 字符。

4．对正文中第八自然段（大数据时代已经来临……大数据产业未来发展前景十分广阔）进行以下操作。

① 将字体设置为“仿宋”，字体颜色设置为标准颜色“蓝色”。

② 将内容分为栏宽相等的两栏，“栏间距”为 1.5 个字符，且加分隔线。

5．为文档第 1 页中的红色文本，添加“自定义项目符号”🕮（提示：特殊符号“🕮”包含在符号字体“Wingdings”中）。

6．为文档设置页眉和页脚，具体要求如下。

① 奇数页页眉为“大数据技术”，对齐方式为“居中对齐”，“页眉横线”为单细线。

② 偶数页页眉为“创新世界”，对齐方式为“居中对齐”，“页眉横线”为单细线。

③ 在页脚插入页码，奇数页与偶数页的页码对齐方式均为“居中对齐”，页码格式为“第 1 页”。

7．插入“文字水印”，水印内容为“大数据时代”、字体为“楷体”、版式为“倾斜”、透明度为 60%，其余参数取默认值。

8．文档中多处出现了括号中有一位数字或两位数字的内容，如（3）、（15）等，共计 10 处，请将文档中的这类内容全部删除。（提示：使用替换功能实现）

9．对参考文献列表应用自定义的自动编号以代替原先的手动编号，编号用半角阿拉伯数字置于一对半角方括号“[ ]”中，如“[1]、[2]、…”，编号位置设为顶格左对齐（对齐位置为 0 厘米）。

10．请先保存“大数据技术创新世界.docx”文字文档，然后使用输出为 PDF 功能，在源文件目录下将其输出为带权限设置的 PDF 格式文件，权限设置为“禁止更改”和“禁止复制”，权限密码设置为三位数字“139”（无须设置文件打开密码），其余参数取默认值。

解题步骤如下。

第 1 题

步骤 1：打开“页面布局”选项卡，单击“纸张大小”下拉按钮，在打开的下拉列表中选择 A4。

步骤 2：打开“页面布局”选项卡，单击“页面设置”组右下角的对话框启动按钮，弹出“页面设置”对话框，在“页边距”选项卡中，设置上、下、左、右边距分别为 3.5、2.5、2.8 和 2.8 厘米，设置装订线位置为左，装订线宽 0.3 厘米。设置页边距的操作过程如图 3-57 所示。

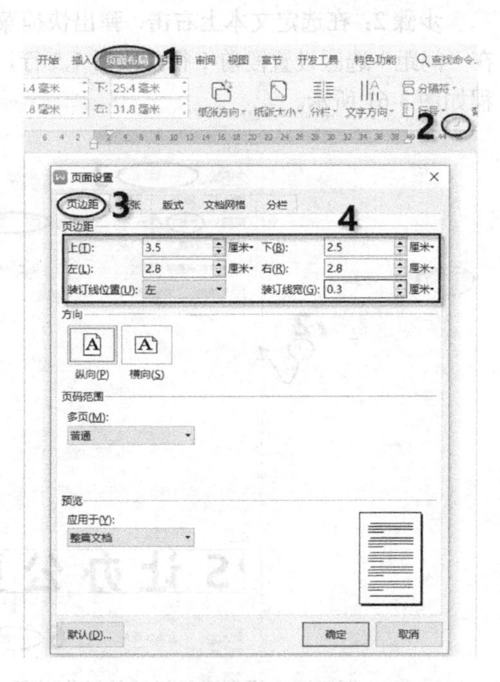

图 3-57　设置页边距的操作过程

步骤 3：切换到“版式”选项卡，设置页脚距边界为 1.5 厘米，其操作过程如图 3-58 所示；切换到“文档网格”选项卡，选中“只指定行网格”单选按钮，设置每页的行数为 33，单击“确定”按钮。设置文档网格的操作过程如图 3-59 所示。

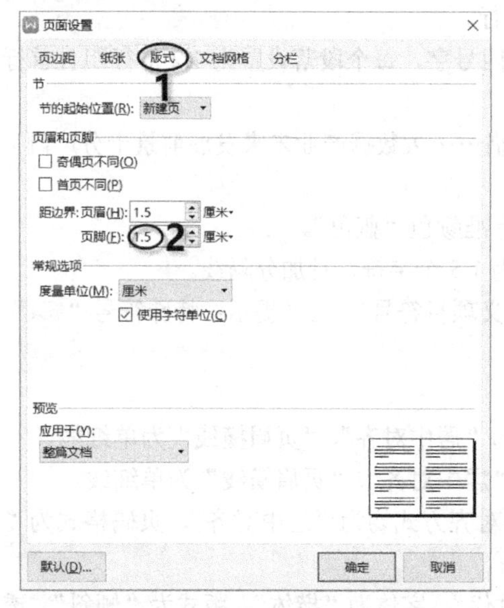

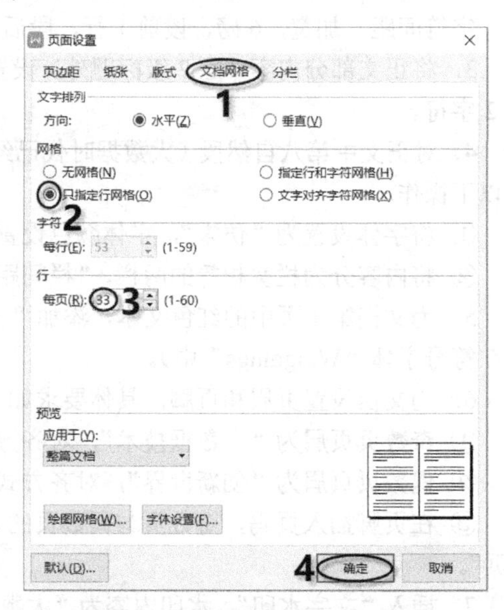

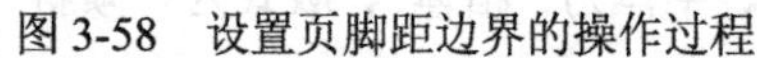

图 3-58　设置页脚距边界的操作过程　　图 3-59　设置文档网格的操作过程

第 2 题

步骤 1：选定文档第 1 行“大数据技术创新世界”，打开“开始”选项卡，单击“字体”组右下角的对话框启动按钮，在弹出的对话框中打开“字符间距”选项卡，在“间距”下拉列表中选择“加宽”选项，在“值”数值框中输入“6”，单位为“磅”，单击“确定”按钮。设置字符间距的操作过程如图 3-60 所示。

步骤 2：在选定文本上右击，弹出快捷菜单，从中选择“段落”命令，弹出“段落”对话框。在“间距”选区设置段前 1 行，段后 1.5 行，单击“确定”按钮。设置段前、段后间距的操作过程如图 3-61 所示。

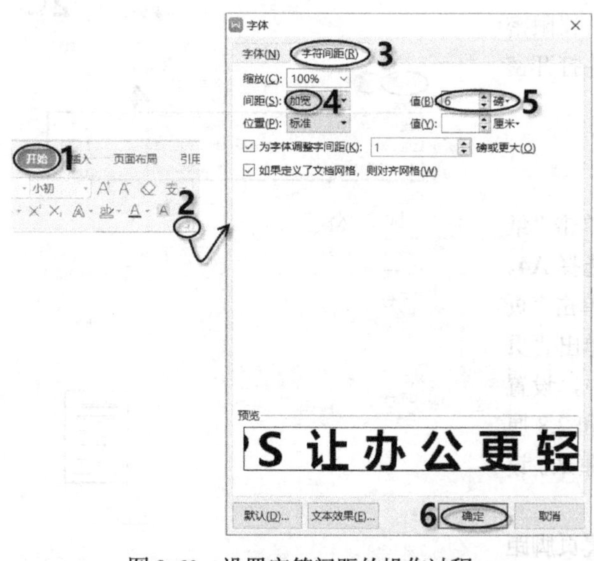

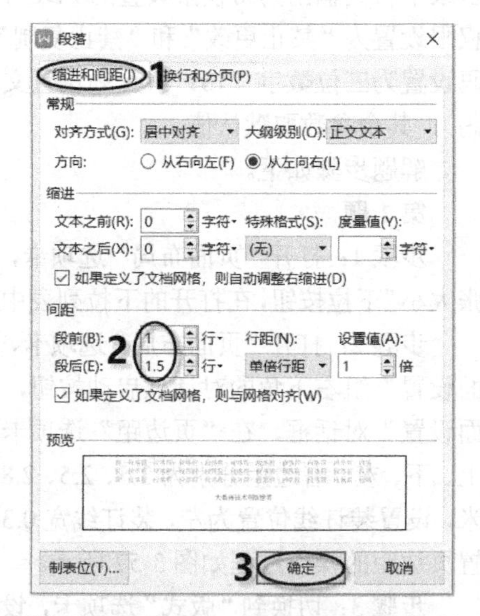

图 3-60　设置字符间距的操作过程　　图 3-61　设置段前、段后间距的操作过程

第 3 题

步骤：选定正文部分内容（除 2 级标题外），打开“开始”选项卡，在“字体”组中将字号设置为四号。单击“段落”组右下角的对话框启动按钮，弹出“段落”对话框。在“缩进和间距”选项卡中，展开“特殊格式”下拉列表，从中选择“首行缩进”选项。在“度量值”数值框中输入“2”，单位为“字符”。在“行距”下拉列表中选择“多倍行距”选项。在“设置值”数值框中输入“1.2”，单击“确定”按钮。设置首行缩进和行距的操作过程如图 3-62 所示。

第 4 题

步骤 1：选定第八自然段的文字，在“开始”选项卡中，设置字体为仿宋，字体颜色为蓝色。设置字体和颜色的操作过程如图 3-63 所示。

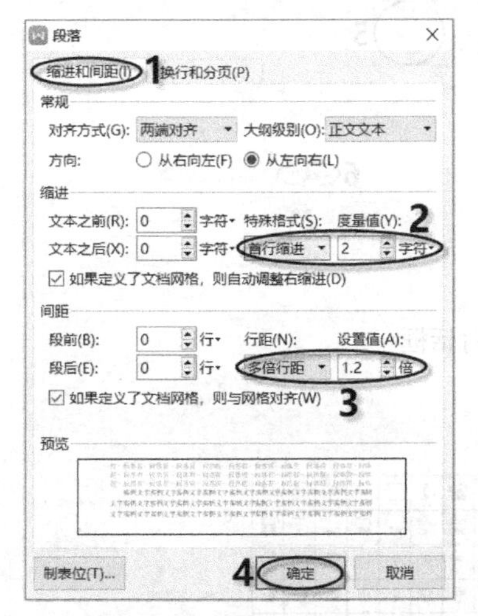

图 3-62　设置首行缩进和行距的操作过程

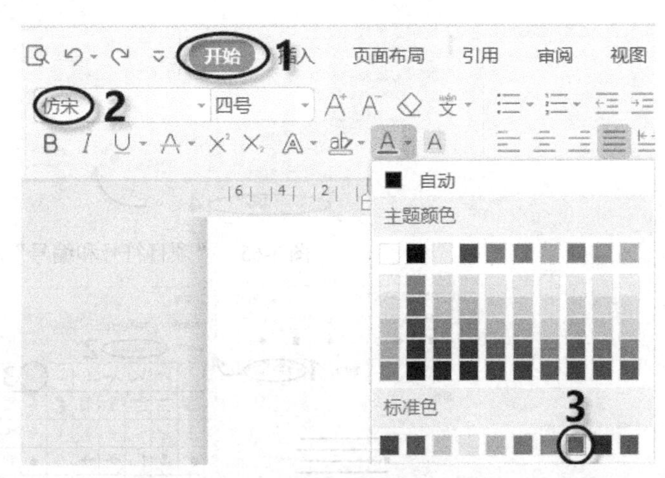

图 3-63　设置字体和颜色的操作过程

步骤 2：打开“页面布局”选项卡，单击“分栏”下拉按钮，在打开的下拉列表中选择“更多分栏”选项，弹出“分栏”对话框，单击“两栏”按钮，勾选“分隔线”和“栏宽相等”复选框，间距设置为 1.5 字符，单击“确定”按钮。设置分栏的操作过程如图 3-64 所示。

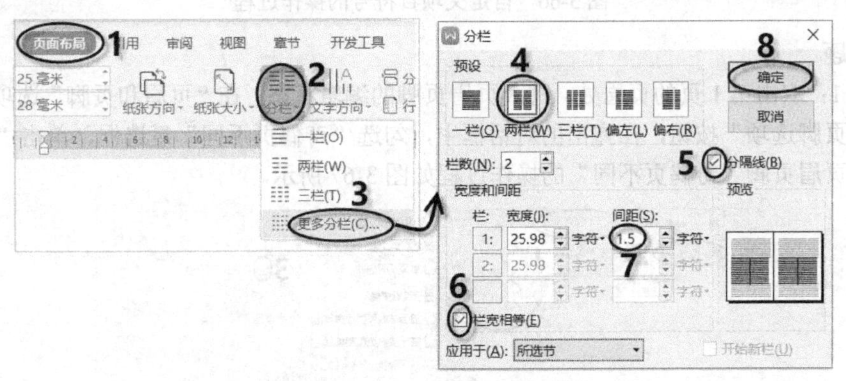

图 3-64　设置分栏的操作过程

第 5 题

步骤 1：选定红色文本，打开“开始”选项卡，单击“项目符号”下拉按钮，在打开的下拉列表中选择“自定义项目符号”选项，弹出“项目符号和编号”对话框，如图 3-65 所示。在该对话框中选择任意一种项目符号，单击“自定义”按钮。

步骤 2：在弹出的对话框中单击“字符”按钮，弹出“符号”对话框。在“字体”下拉列表中选择“Wingdings”选项，符号选择 🕮（字符代码为 38），先单击“插入”按钮，再单击“确定”按钮。自定义项目符号的操作过程如图 3-66 所示。

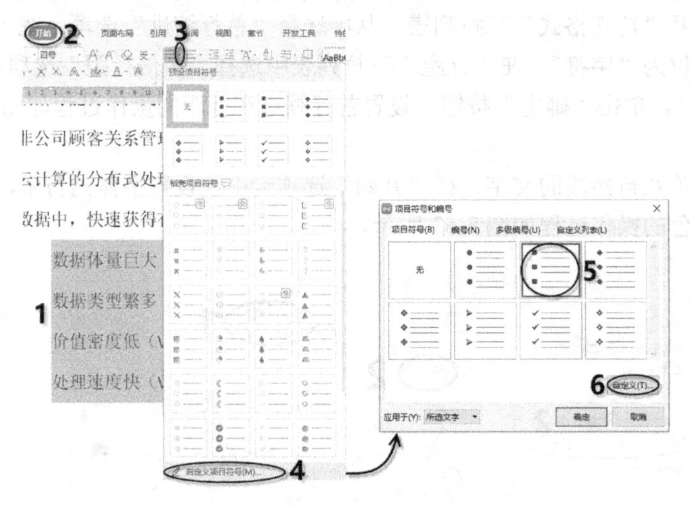

图 3-65　“项目符号和编号”对话框

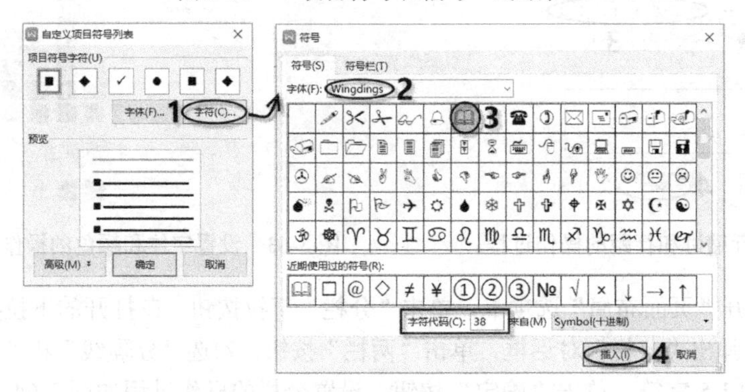

图 3-66　自定义项目符号的操作过程

第 6 题

步骤 1：双击第 1 页的页眉处，进入页眉页脚的编辑状态。在“页眉和页脚”选项卡中，单击“页眉页脚选项”按钮，在弹出的对话框中，勾选“奇偶页不同”复选框，单击“确定”按钮。设置页眉页脚“奇偶页不同”的操作过程如图 3-67 所示。

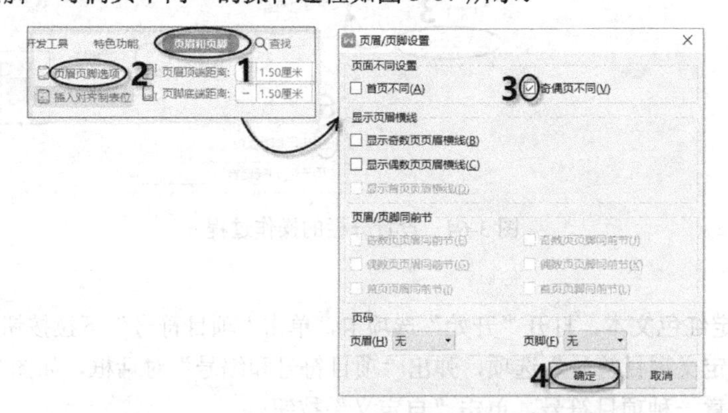

图 3-67　设置页眉页脚“奇偶页不同”的操作过程

步骤 2：将鼠标光标定位在第 1 页奇数页页眉处，单击“页眉横线”下拉按钮，选择单细线。设置页眉横线的操作过程如图 3-68 所示，输入文字“大数据技术”，此时已是居中对齐，无须重新设置。

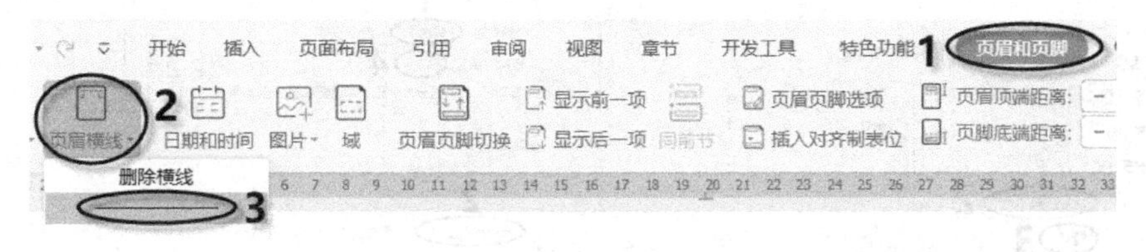

图 3-68　设置页眉横线的操作过程

步骤 3：将鼠标光标定位在第 2 页偶数页页眉处，单击“页眉横线”下拉按钮，选择单细线，输入文字“创新世界”，此时已是居中对齐，无须重新设置。

步骤 4：将鼠标光标定位在第 1 页奇数页页脚处，单击页脚上方的“插入页码”下拉按钮，在“样式”下拉列表中选择“第 1 页”选项。在“位置”选区单击“居中”按钮。在“应用范围”选区选中“整篇文档”单选按钮，单击“确定”按钮。插入页码的操作过程如图 3-69 所示。

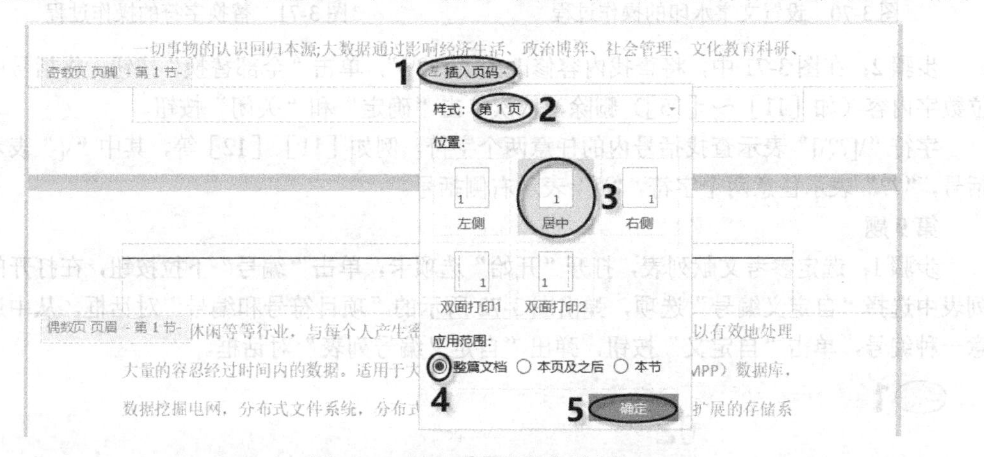

图 3-69　插入页码的操作过程

步骤 5：单击“页眉和页脚”选项卡中的“关闭”按钮，完成页眉页脚的编辑。

第 7 题

步骤：打开“插入”选项卡，单击“水印”下拉按钮，在打开的下拉列表框中选择“插入水印”选项，弹出“水印”对话框，勾选“文字水印”复选框，输入文字：大数据时代，设置字体为楷体，版式为倾斜，透明度为 60%，单击“确定”按钮。设置文字水印的操作过程如图 3-70 所示。

第 8 题

步骤 1：将鼠标光标定位在正文中，打开“开始”选项卡，单击“查找替换”下拉按钮，在打开的下拉列表中选择“替换”选项，弹出“查找和替换”对话框。单击“高级搜索”按钮，勾选“使用通配符”复选框。在“查找内容”文本框中输入“\(?\)”，字符均为英文状态，单击“全部替换”按钮，将括号中有一位数字的内容，如（1）、（2）等删除，单击“确定”按钮。替换字符的操作过程如图 3-71 所示。

字符“\（?\）”表示查找括号内的任意一个字符，如（1）、（2）等。其中“\（”表示左侧括号，“？”表示任意一个字符，“\)”表示右侧括号。

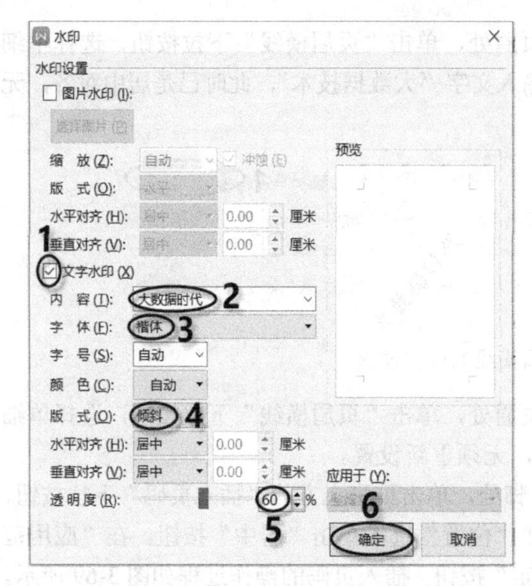

图 3-70 设置文字水印的操作过程

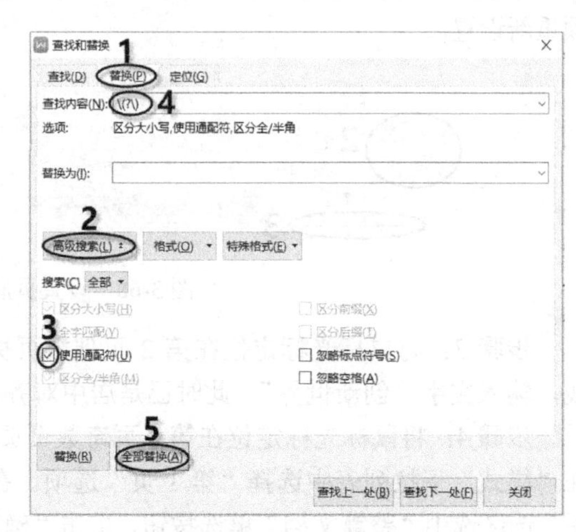

图 3-71 替换字符的操作过程

步骤 2：在图 3-71 中，将查找内容修改为“\[??\]”，单击“全部替换”按钮，将括号中有两位数字内容（如［11］～［15］）删除，依次单击“确定”和“关闭”按钮。

字符“\[??\]”表示查找括号内的任意两个字符，例如［11］、［12］等，其中“\[”表示左侧括号，“??”表示任意两个字符，“\]”表示右侧括号。

第 9 题

步骤 1：选定参考文献列表，打开“开始”选项卡，单击“编号”下拉按钮，在打开的下拉列表中选择“自定义编号”选项，弹出图 3-72 所示的“项目符号和编号”对话框，从中选择任意一种编号，单击“自定义”按钮，弹出“自定义编号列表”对话框。

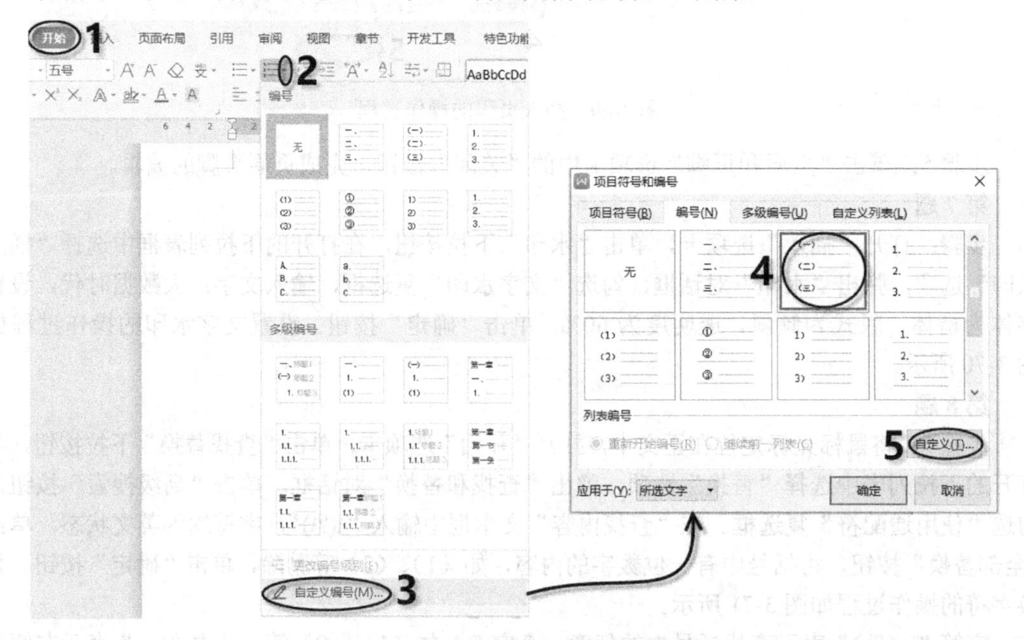

图 3-72 “项目符号和编号”对话框

步骤 2：在“编号样式”下拉列表中选择“1,2,3,...”选项，在“编号格式”文本框中输入

“[①]”。单击“高级”按钮，在“编号位置”选区的下拉列表中选择“左对齐”选项，在“对齐位置”数值框中输入“0”，单位为“厘米”，单击“确定”按钮。自定义编号格式及位置的操作过程如图 3-73 所示。

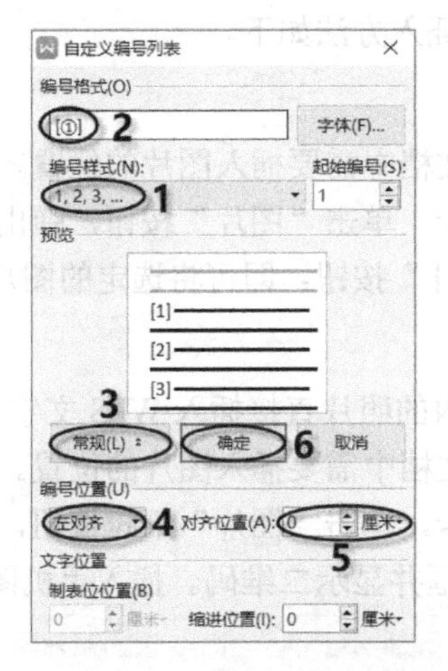

图 3-73　自定义编号格式及位置的操作过程

第 10 题

步骤：选择“文件”→“输出为 PDF”命令，在弹出的对话框中单击“高级设置”按钮，弹出“高级设置”对话框。输出为 PDF 格式及权限设置的操作过程如图 3-74 所示，勾选“(使以下权限设置生效)”复选框，在“密码”和“确认”文本框中输入“139”，取消勾选“允许修改”和“允许复制”复选框，单击“确认”按钮。在“保存目录”下拉列表中选择“源文件目录”选项，单击“开始输出”按钮，输出成功后，关闭对话框，关闭文档。

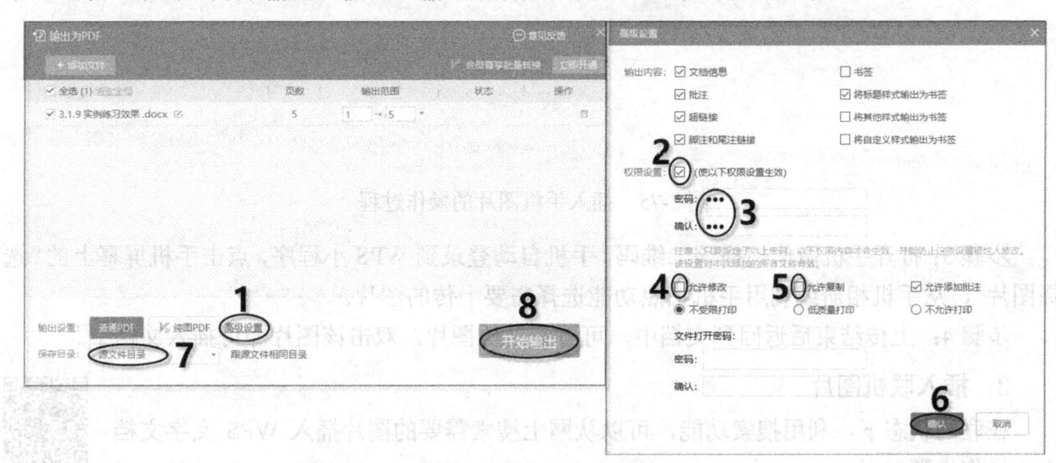

图 3-74　输出为 PDF 格式及权限设置的操作过程

3.2　WPS 文档的图文混排

图文混排是指文字与图片的一种分布方式，是 WPS 所具有的一种重要的排版功能，它可以实现一种特殊的排版效果。

3.2.1 插入图片

插入的图片分为 5 种类型，分别是来自我的电脑中的图片、手机传入的图片、联机图片、图标、截屏图片。各类型图片的插入方法如下。

1. 插入我的电脑中的图片

视频课程

步骤 1：将鼠标光标定位在文档中需要插入图片的位置。

步骤 2：打开“插入”选项卡，单击“图片”按钮，弹出“插入图片”对话框，选择需要插入的图片，单击“打开”按钮，即可将选定的图片插入文档中。

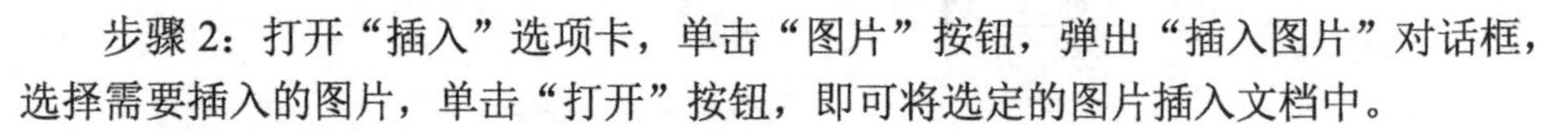

2. 插入手机传入的图片

视频课程

在联网状态下，可以将手机内的照片直接插入 WPS 文字文档中，操作步骤如下。

步骤 1：将鼠标光标定位在文档中需要插入图片的位置。

步骤 2：打开“插入”选项卡，单击“图片”下拉按钮，在打开的下拉列表中选择“手机传图”选项，弹出对话框并显示二维码。插入手机图片的操作过程如图 3-75 所示。

图 3-75　插入手机图片的操作过程

步骤 3：打开手机微信扫描该二维码，手机自动登录到 WPS 小程序，点击手机屏幕上的“选择图片”，从手机相册或利用手机拍照功能选择需要上传的图片。

步骤 4：上传结束后返回到文档中，可看到上传图片，双击该图片即可插入文档中。

3. 插入联机图片

视频课程

在联网状态下，利用搜索功能，可以从网上搜索需要的图片插入 WPS 文字文档中，操作步骤如下。

步骤 1：将鼠标光标定位在文档中需要插入图片的位置。

步骤 2：打开“插入”选项卡，单击“图片”下拉按钮，在打开的下拉列表中，在“搜索您想要的图片”中输入搜索的图片类型，如输入“动画”，单击“搜索”按钮或按 Enter 键，在窗口右侧弹出“图片库”任务窗格。搜索并出现所需的图片如图 3-76 所示。在任务窗格中搜索出很多动画类图片，拖动垂直滚动条在这些动画类图片中选择需要的图片，单击该图片即可将其插入文档中。

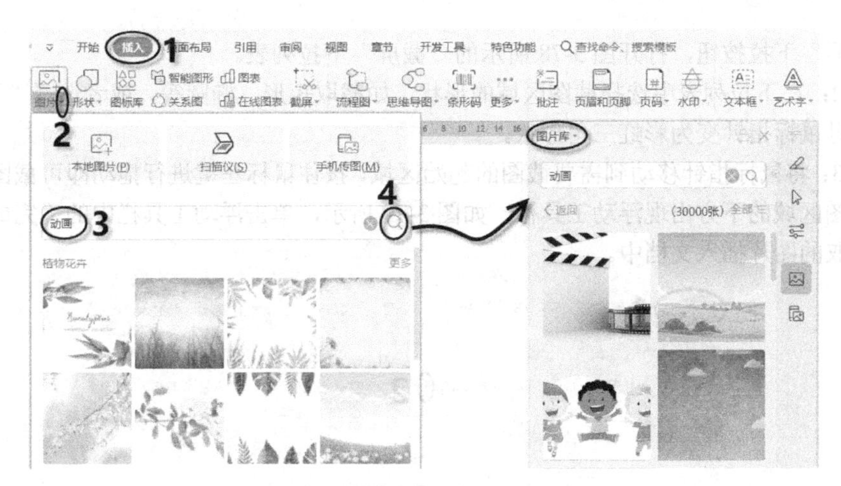

图 3-76　搜索并出现所需的图片

4．插入图标

视频课程

WPS 文字中内置了许多功能强大且内容丰富的图标，用户根据需要可直接插入使用，操作步骤如下。

步骤 1：将鼠标光标定位在文档中需要插入图片的位置。

步骤 2：打开“插入”选项卡，单击“图标库”按钮，弹出图 3-77 所示的“稻壳素材”对话框。在该对话框中，图标按照行业和用途进行分类，根据需要选择所需的图标，或者在“搜索图标”中输入名称搜索所需的图标。

图 3-77　“稻壳素材”对话框

步骤 3：单击所需的图标即可查看该图标内的每个图标样式，单击某一图标样式即可插入该图标。

5．插入截屏图片

视频课程

利用 WPS 文字截屏功能，可将需要的内容截取为图片并插入文档中，操作步骤如下。

步骤 1：将鼠标光标定位在文档中需要插入图片的位置，打开“插入”选项卡，单击“截屏”下拉按钮，打开图 3-78 所示的“截屏”下拉列表。

步骤 2：在下拉列表中选择截图区域的形状，如截取矩形、椭圆等，或者选择“屏幕截图”选项，此时鼠标指针变为彩虹三角形状。

步骤 3：将鼠标指针移动到需要截图的起始区域，按住鼠标左键进行拖动即可截图，截图完成后，截图区域的下方出现浮动工具栏，如图 3-79 所示，单击浮动工具栏中的“完成”按钮，即可将截取的图片插入文档中。

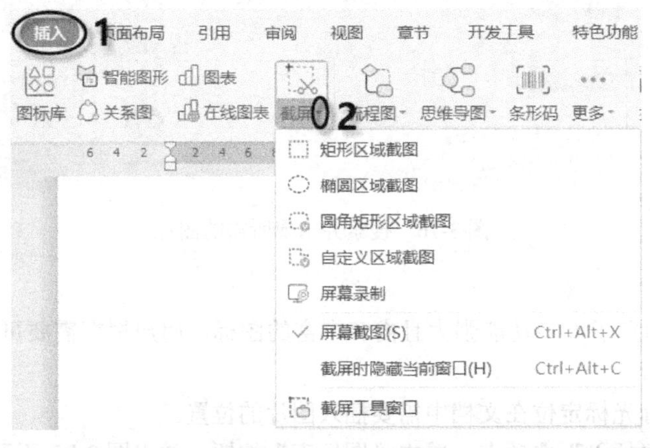

图 3-78 “截屏”下拉列表

图 3-79 浮动工具栏

在浮动工具栏中可将截取的图片进行文档转长图、存为 PDF、翻译文字、提取文字的编辑操作。

若要录制屏幕中的某个区域，则选择“截屏”下拉列表中的“屏幕录制”选项，可以对屏幕中某个区域画面进行录制。

6. 编辑图片

插入或选定图片后，会自动出现选择“截屏”和“图片工具”选项卡，如图 3-80 所示，同时，在插入或选定图片的右侧出现纵向排列的快捷按钮，如图 3-81 所示。利用“图片工具”选项卡或快捷按钮可对图片大小、格式、效果等进行设置，使图片更加美观。

图 3-80 “图片工具”选项卡

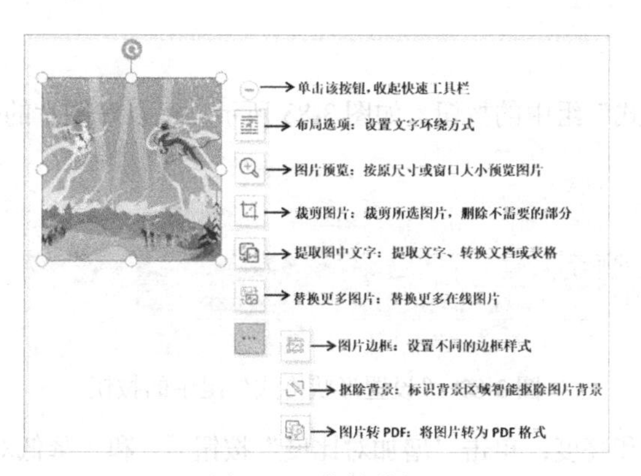

图 3-81　快捷按钮

1）大小调整

粗略调整：选定图片，图片的四周出现 8 个控制点，将鼠标指针指向任意一个控制点，当鼠标指针变成←→形状时，按住鼠标左键进行拖动，可粗略地调整图片的大小。

精确调整：选定图片，打开“图片工具”选项卡，在“高度”和“宽度”数值框中输入高度值和宽度值，对图片大小进行高度、宽度的定量调整。

2）移动图片

选定图片，将鼠标指针移动到图片上，当鼠标指针变成✥形状时，按住鼠标左键进行拖动，在目标位置释放即可。

3）裁剪图片

利用裁剪功能，可以在不改变图片形状的前提下，裁剪掉图片的部分内容，操作步骤如下。

步骤 1：选定图片，打开“图片工具”选项卡，单击“裁剪”按钮，图片四周出现裁剪标记，将鼠标指针移动到图片的任意一个裁剪标记上，按住鼠标左键向图片内拖动，在适当的位置释放鼠标左键即可。

步骤 2：裁剪完成后，单击图片外的任意一个位置或者按 Esc 键结束裁剪操作，文档中只保留裁剪后的图片。

步骤 3：如果将图片按形状或按比例裁剪，那么需先选定要裁剪的图片，然后单击“裁剪”下拉按钮，在打开的下拉列表中选择“按形状裁剪”或“按比例裁剪”选项后再对图片进行裁剪。按形状裁剪图片的操作过程如图 3-82 所示。

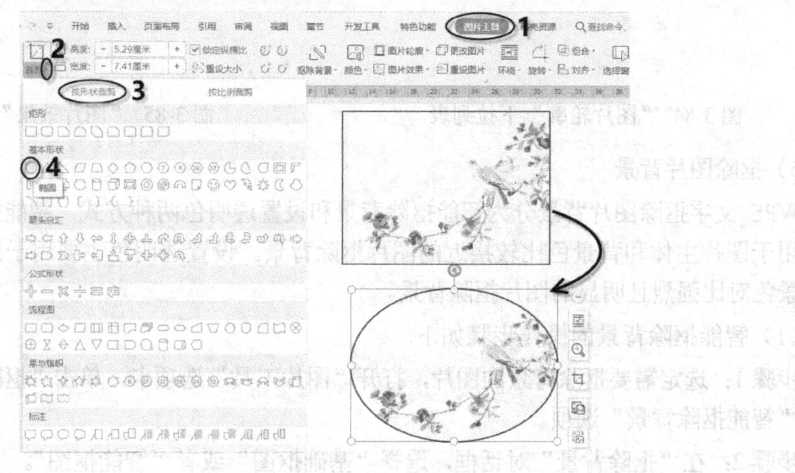

图 3-82　按形状裁剪图片的操作过程

4）设置图片格式

使用“设置形状格式”组中的按钮，如图 3-83 所示，可以对图片的外观效果进行调整。

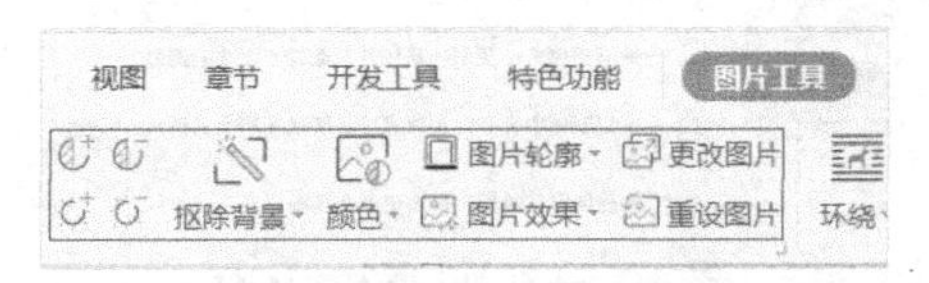

图 3-83 “设置形状格式”组中的按钮

调整图片的对比度和亮度：单击“增加对比度”按钮 和“降低对比度”按钮 可以增加或降低图片对比度，单击“增加亮度”按钮 和“降低亮度”按钮 可以增加或降低亮度。

调整图片颜色：单击“颜色”下拉按钮，在打开的下拉列表有能将图片颜色调整为灰度、黑白、冲蚀效果的选项。

设置图片轮廓：单击“图片轮廓”下拉按钮，可通过打开下拉列表的选项对图片轮廓的颜色、线型、虚线线型、图片边框等进行设置。“图片轮廓”下拉列表如图 3-84 所示。

设置图片效果：单击“图片效果”下拉按钮，在打开的下拉列表中有能设置图片的阴影、倒影、发光、柔化边缘和三维旋转等的选项。“图片效果”下拉列表如图 3-85 所示。

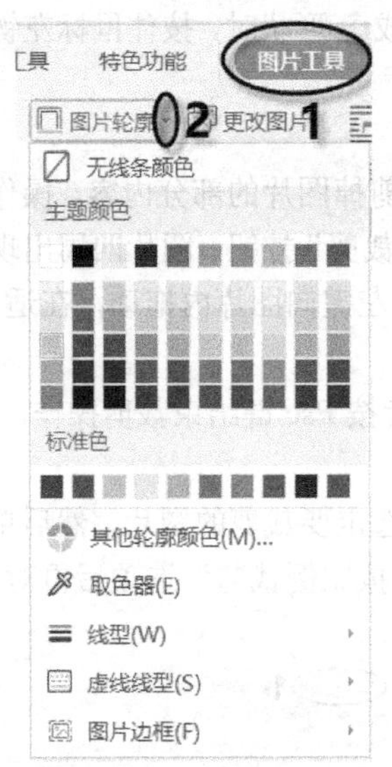

图 3-84 “图片轮廓”下拉列表

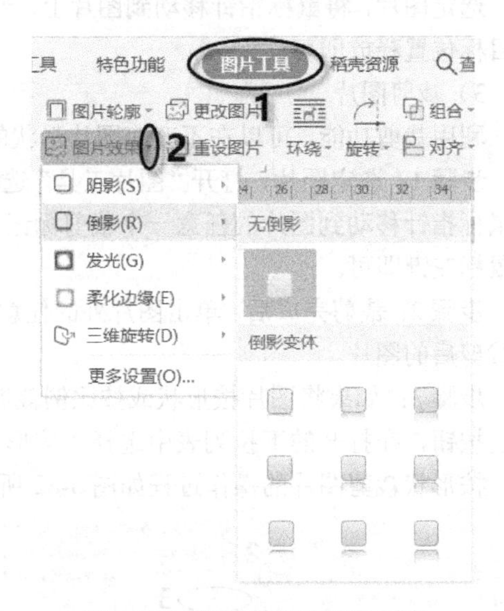

图 3-85 “图片效果”下拉列表

5）抠除图片背景

WPS 文字抠除图片背景分为智能抠除背景和设置透明色两种方式。智能抠除背景主要用于图片主体和背景色比较接近的图片抠除背景。设置透明色主要用于图片主体和背景色对比强烈且明显的图片抠除背景。

（1）智能抠除背景的操作步骤如下。

步骤 1：选定需要抠除背景的图片，打开“图片工具”选项卡，单击“抠除背景”下拉按钮，选择“智能抠除背景”选项。

步骤 2：在“抠除背景”对话框，选择“基础抠图”或者“智能抠图”。

步骤 3：若选择“基础抠图”，则单击需要抠除的部分；若选择“智能抠图”，则利用“保留”和“抠除”对图片背景进行抠除。“智能抠除”图片背景的操作过程如图 3-86 所示。

步骤 4：抠除背景完成后，单击“完成抠图”按钮，抠除背景后的图片自动插入文档中。

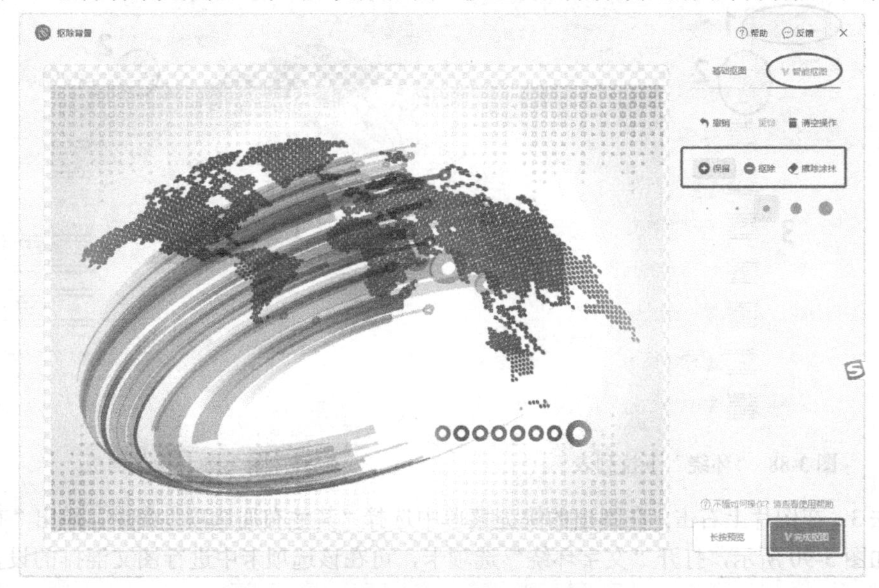

图 3-86　“智能抠除”图片背景的操作过程

（2）设置透明色。

选定需要抠除背景的图片，打开“图片工具”选项卡，单击“抠除背景”下拉按钮，选择“设置透明色”选项，单击图片上需要抠除的背景即可。“设置透明色”抠除图片背景的操作过程如图 3-87 所示。

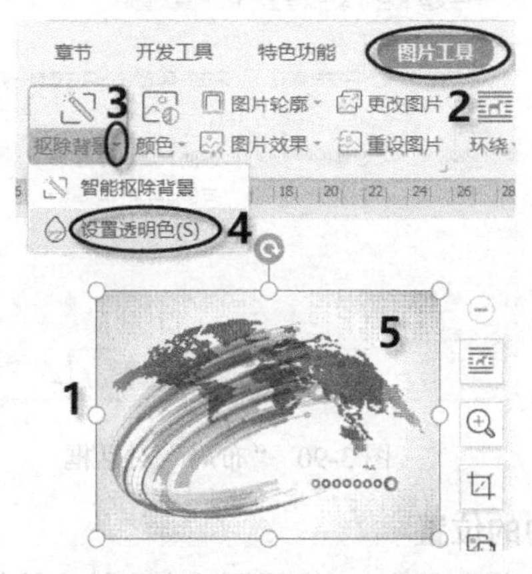

图 3-87　“设置透明色”抠除图片背景的操作过程

7. 图文混排

图文混排主要是对文档中图片周围的文字设置环绕方式，以达到图片和文字交互的美观效果，设置方法如下。

视频课程

方法 1：选定需要设置混排的图片，打开“图片工具”选项卡，单击“环绕”下拉按钮，打开“环绕”下拉列表，如图 3-88 所示，从该下拉列表中选择所需的环绕方式即可。

方法 2：选定需要设置混排的图片，单击图片右侧的“布局选项”按钮，在打开的操作面板（见图 3-89）中选择所需的环绕方式即可。

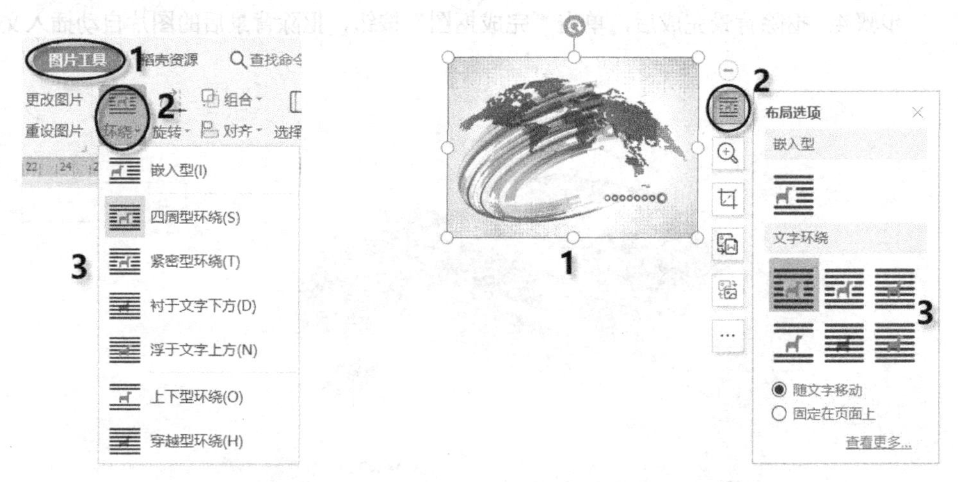

图 3-88 “环绕”下拉列表　　　　图 3-89 操作面板

方法 3：在图片上右击，在弹出的快捷菜单中选择“其他布局选项”命令，弹出“布局”对话框，如图 3-90 所示，打开“文字环绕”选项卡，可在该选项卡中进行图文混排的设置。

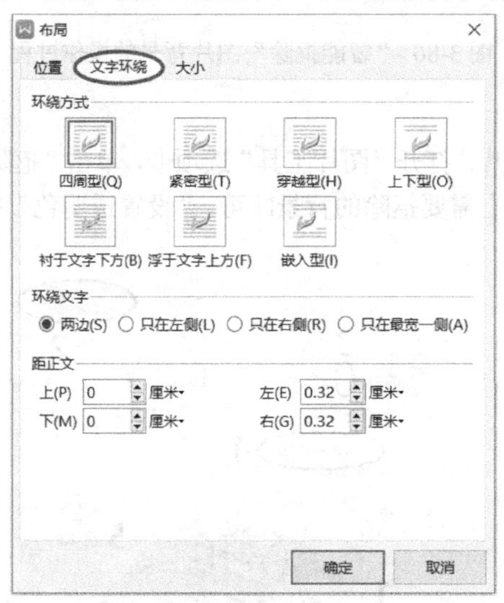

图 3-90 “布局”对话框

8. 设置图片在页面中的位置

当图片的环绕方式为非嵌入型时，可设置图片在文档中的相对位置，实现图文的合理布局，操作步骤如下。

步骤 1：在文档中插入图片时，在图片的右上方会出现“布局选项”按钮，单击该按钮，在打开的操作面板中选择一种非嵌入型的环绕方式，如单击“紧密型环绕”按钮，设置图片在页面中的位置为“随文字移动”，或者选择“查看更多”选项。设置图片在页面中位置的操作过程如图 3-91 所示。

步骤 2：弹出“布局”对话框，在“位置”选项卡中，根据需要设置“水平”“垂直”“选项”

选区的内容，如图 3-91 所示。其中，“选项”选区的各项含义如下。

对象随文字移动：若选中该项，则图片会随段落的移动而移动，图片与段落始终保持在一个页面上。

允许重叠：若选中该项，则允许图形对象相互覆盖。

锁定标记：若选中该项，则将图片锁定在文档的当前位置。

表格单元格中的版式：若选中该项，则允许使用表格在页面安排图片的位置。

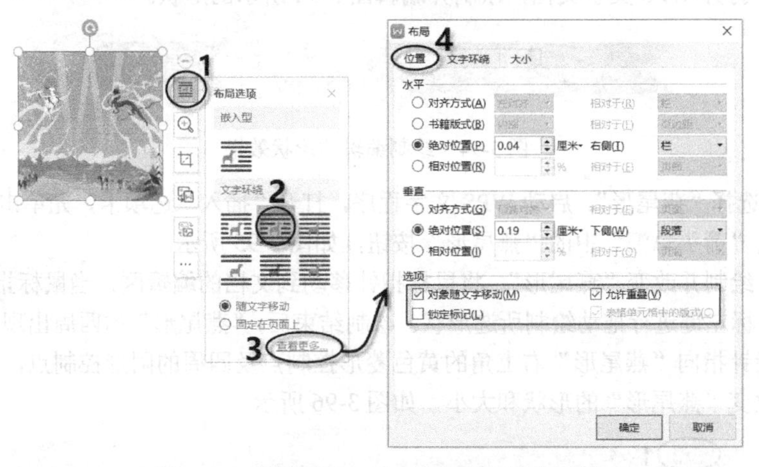

图 3-91　设置图片在页面中位置的操作过程

3.2.2　插入形状

视频课程

WPS 文字提供了一套现成的形状，如线条、矩形、基本形状、箭头等，用户可以在文档中绘制这些形状，使文档的内容更加丰富生动。

1. 绘制形状

打开“插入”选项卡，单击“形状”下拉按钮，在打开的下拉列表中选择要绘制的形状，将鼠标指针移动到文档的编辑区，当鼠标指针变为十 形状时，按住鼠标左键进行拖动绘制所选的形状，释放鼠标左键停止绘制形状。绘制形状的操作过程如图 3-92 所示。

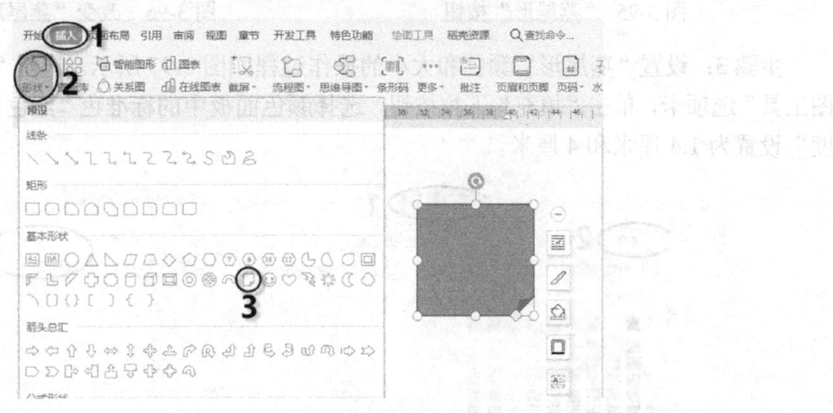

图 3-92　绘制形状的操作过程

2. 编辑形状

形状绘制结束后，会自动出现“绘图工具”选项卡，如图 3-93 所示。通过该选项卡可改变形状的大小、对齐和形状样式等。

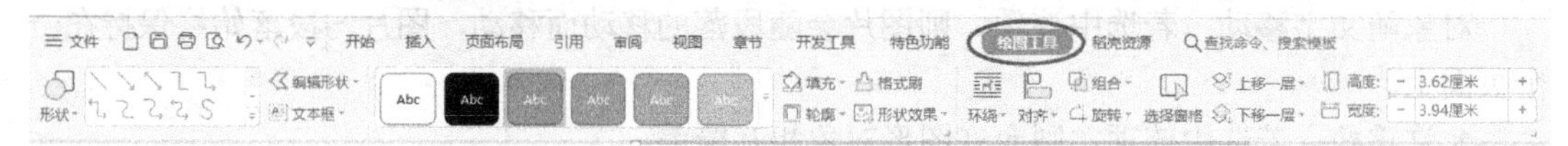

图 3-93 “绘图工具”选项卡

【例 3-2】打开 WPS 文字文档，绘制并编辑图 3-94 所示的形状。

图 3-94 绘制编辑的形状效果

步骤 1：选择“燕尾形”。启动 WPS 文字程序，打开“插入”选项卡，先单击“形状”下拉按钮，再单击“箭头总汇”中的“燕尾形”按钮，如图 3-95 所示。

步骤 2：绘制并改变“燕尾形”。将鼠标指针移动到文档的编辑区，当鼠标指针变为十 形状时，按住鼠标左键进行拖动绘制所选形状。绘制结束后，“燕尾形”的四周出现 3 种类型的控制点，鼠标指针指向“燕尾形”右上角的黄色菱形控制点及四周的圆形控制点，按住鼠标左键进行拖动，改变“燕尾形”的形状和大小，如图 3-96 所示。

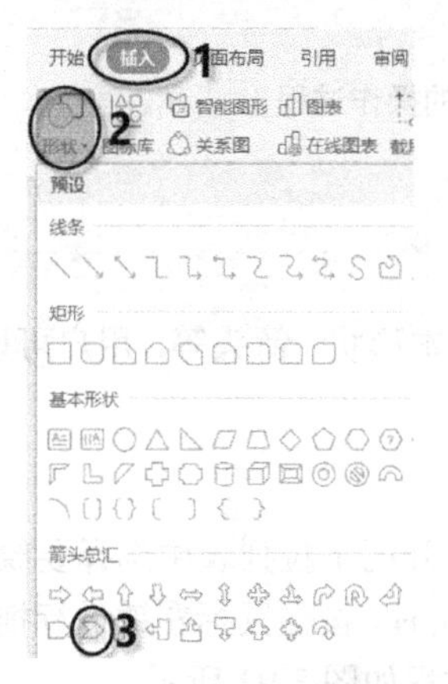

图 3-95 “燕尾形”按钮

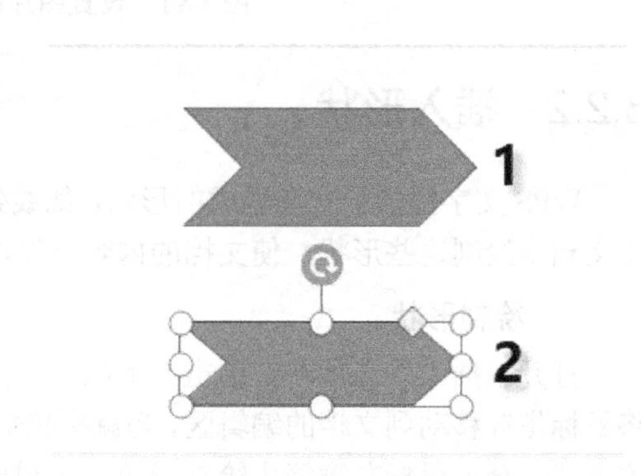

图 3-96 改变“燕尾形”的形状和大小

步骤 3：设置“燕尾形”颜色和大小的操作过程如图 3-97 所示。选定“燕尾形”，打开“绘图工具”选项卡，单击“填充”下拉按钮，选择颜色面板中的标准色“红色”，将“高度”和“宽度”设置为 1.4 厘米和 4 厘米。

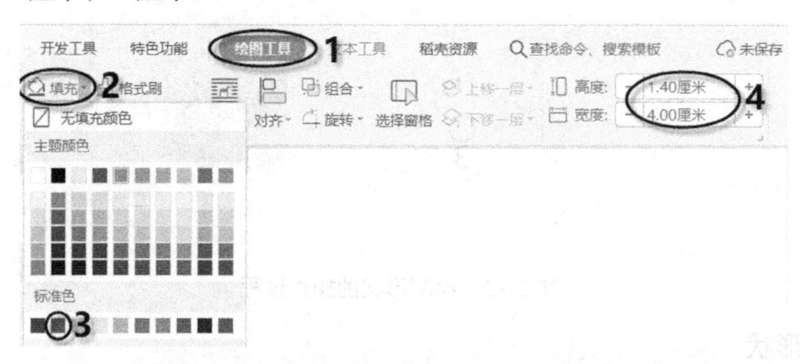

图 3-97 设置“燕尾形”颜色和大小的操作过程

步骤 4：设置“燕尾形”轮廓和效果。单击“轮廓”下拉按钮，在打开的下拉列表中选择“无线条颜色”。设置“燕尾形”轮廓的操作过程如图 3-98 所示。单击“形状效果”下拉按钮，在打开的下拉列表中选择“倒影”，在其打开的下一级列表中选择“紧密倒影，接触”。设置“燕尾形”效果的操作过程如图 3-99 所示。

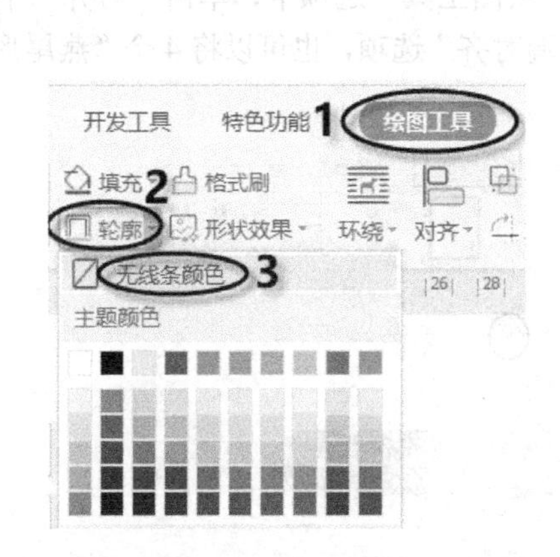

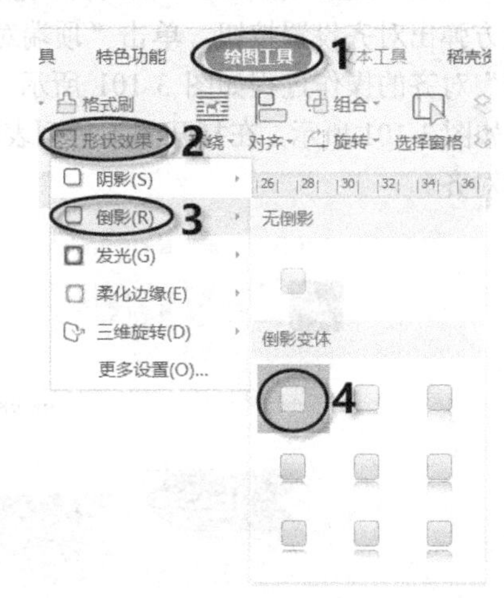

图 3-98　设置“燕尾形”轮廓的操作过程　　　　图 3-99　设置“燕尾形”效果的操作过程

步骤 5：向“燕尾形”中添加文字并设置格式。在“燕尾形”上右击，在弹出的快捷菜单中选择“添加文字”命令，输入文字“Step 1”，并设置字体颜色为“白色，背景 1”，字体为“微软雅黑”，字号为“四号”，居中对齐。

步骤 6：设置框线和文字的距离。在“燕尾形”上右击，在弹出的快捷菜单中选择“设置对象格式”命令，或者打开“绘图工具”选项卡，单击“设置形状格式”组右下角的对话框启动按钮，打开“属性”任务窗格。在“文本选项”中单击“文本框”，在“左边距”“右边距”“上边距”“下边距”数值框中输入的值均为 0。设置文本框线和文字边距的操作过程如图 3-100 所示。

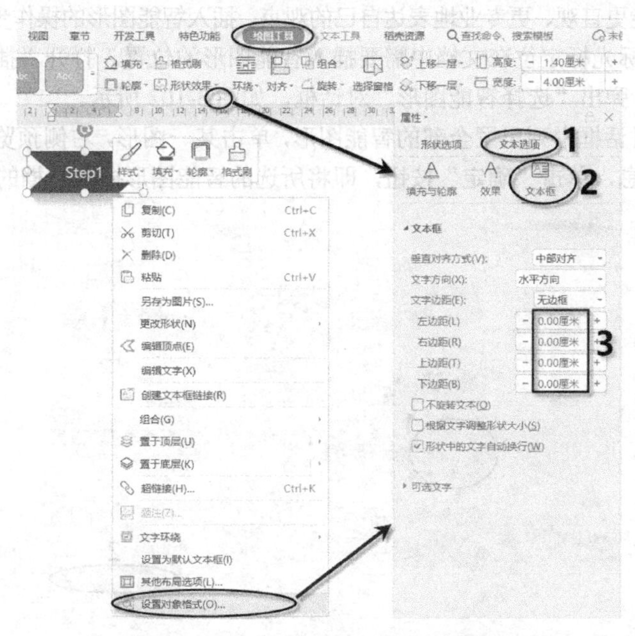

图 3-100　设置文本框线和文字边距的操作过程

步骤 7：创建其他“燕尾形”。选定“燕尾形”，按 Ctrl+C 组合键，再按三次 Ctrl+V 组合键，复制 3 个“燕尾形”，将复制的“燕尾形”拖动到图 3-94 所示的位置，并分别设置它们颜色为标准色“绿色”“橙色”“紫色”，分别输入“Step 2”“Step 3”“Step 4”。

步骤 8：设置“燕尾形”的对齐。按住 Ctrl 键分别单击 4 个“燕尾形”，此时在“燕尾形”的上方弹出对齐设置按钮，单击“顶端对齐”按钮，将 4 个“燕尾形”的顶端对齐。设置“燕尾形”对齐的操作过程如图 3-101 所示。或者打开“绘图工具”选项卡，单击“对齐”下拉按钮，如图 3-101 所示，在打开的下拉列表中选择“顶端对齐”选项，也可以将 4 个“燕尾形”的顶端对齐。

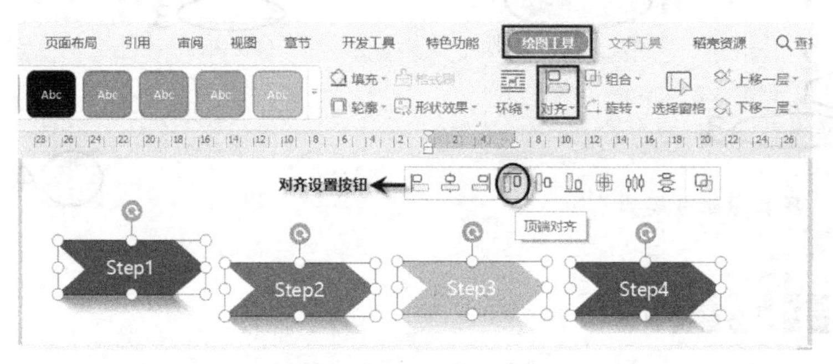

图 3-101 设置“燕尾形”对齐的操作过程

步骤 9：设置“燕尾形”的组合。选定 4 个“燕尾形”，打开“绘图工具”选项卡，单击“组合”下拉按钮，在打开的下拉列表中选择“组合”选项，将 4 个图形组合为一个形状。

步骤 10：单击文档的任意位置，结束“燕尾形”的编辑，最终的效果如图 3-94 所示。

3.2.3 插入智能图形

视频课程

智能图形是信息和观点的视觉表示形式，可以通过选择适合信息的版式进行创建。使用智能图形能更直观、更专业地表达自己的观点。插入智能图形的操作步骤如下。

步骤 1：将鼠标光标定位在文档中需要插入智能图形的位置。打开“插入”选项卡，单击“智能图形”按钮，弹出“选择智能图形”对话框，如图 3-102 所示。

步骤 2：在该对话框中列出了全部的智能图形，单击某一图形，右侧预览框会显示所选图形预览效果及说明信息，单击“确定”按钮，即将所选的智能图形插入文档的指定位置。

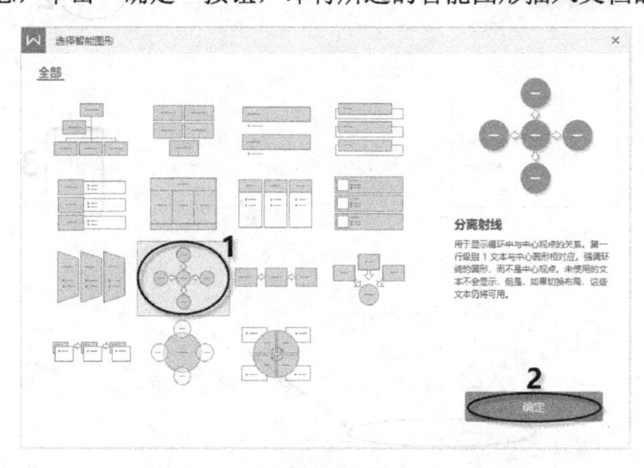

图 3-102 “选择智能图形”对话框

步骤 3：在文档中出现智能图形占位符文本框架，如图 3-103 所示，单击某一图形的[文本]框架，在其编辑区中输入所需内容。

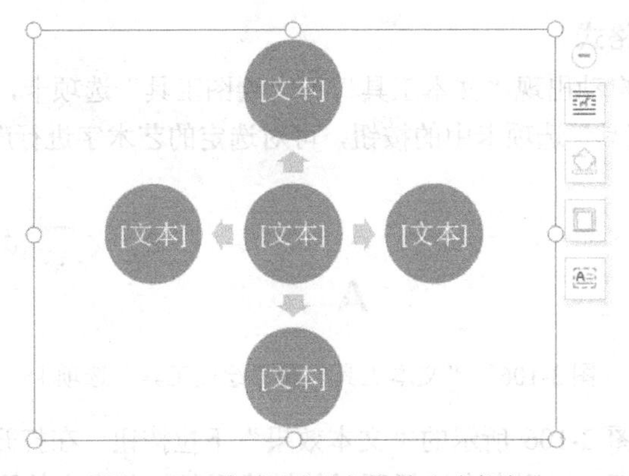

图 3-103 智能图形占位符文本框架

步骤 4：插入智能图形后，会自动出现“设计”和“格式”选项卡，如图 3-104 所示。

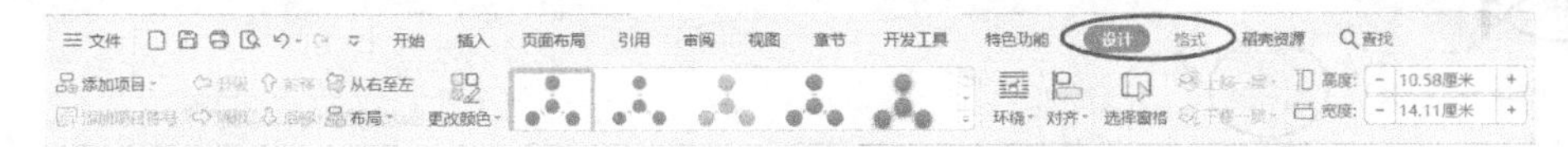

图 3-104 “设计”和“格式”选项卡

步骤 5：利用“设计”选项卡可以对插入的智能图形进行布局、样式、颜色、排列等设置，或调整智能图形中各形状的位置。

步骤 6：利用“格式”选项卡可以设置形状的样式、字体、对齐方式等。

视频课程

3.2.4 插入艺术字

在文档的编辑中，常常将一些文字以艺术字的形式来表示，以增强文字的视觉效果。

1. 插入艺术字

方法 1：将鼠标光标定位在文档中需要插入艺术字的位置，打开“插入”选项卡，单击“艺术字”下拉按钮，在打开的下拉列表框中选择所需的艺术字样式，在文档的编辑区出现图 3-105 所示的艺术字文本框，在其中输入文字即可。

图 3-105 艺术字文本框

方法 2：选定需要设置为艺术字的文本。打开“插入”选项卡，单击“艺术字”下拉按钮，在打开的下拉列表框中选择所需的艺术字样式，即可将选定的文本添加艺术字效果。

2．设置艺术字的格式

插入艺术字后，会自动出现“文本工具”和“绘图工具”选项卡，如图 3-106 所示。利用“文本工具”和“绘图工具”选项卡中的按钮，可对选定的艺术字进行颜色、形状样式、大小等格式设置。

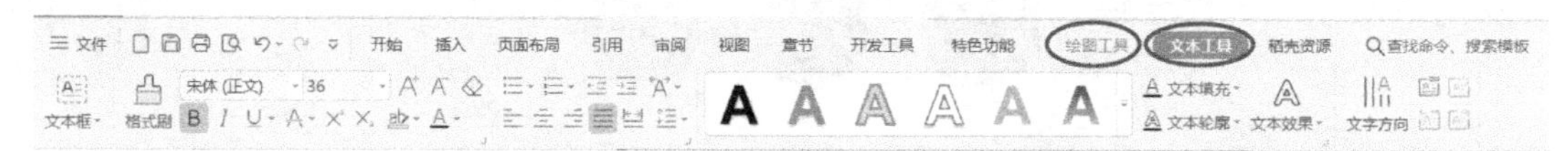

图 3-106　“文本工具”和“绘图工具”选项卡

选定艺术字，单击图 3-106 所示的“文本效果”下拉按钮，在打开的下拉列表中选择“转换”选项，在其打开的下一级列表中选择所需的转换形状，艺术字的四周出现 3 种类型的控制点，各控制点的含义如图 3-107 所示。

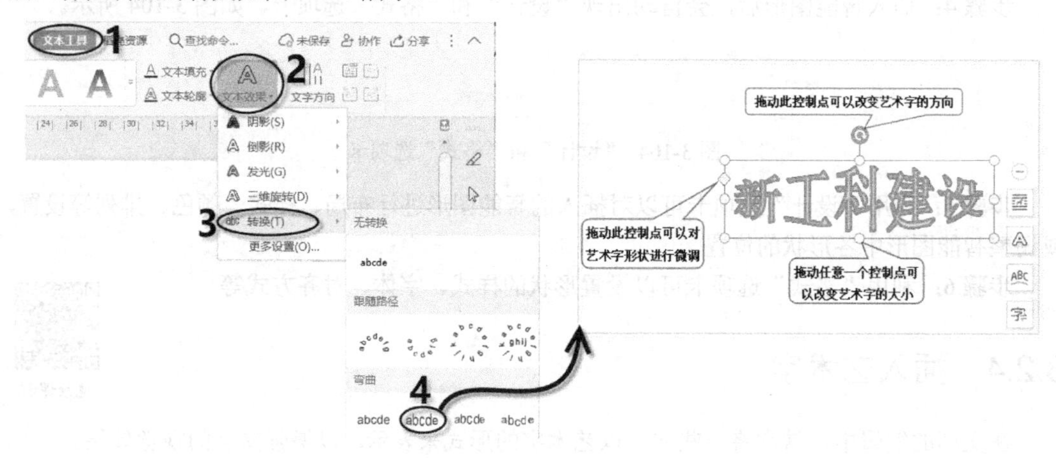

图 3-107　艺术字各控制点的含义

3.2.5　插入文本框

文本框是一种包含文字、表格等的图形对象。利用文本框可以将文字、表格等放置在文档中的任意位置，从而实现灵活的版面设置。

1．绘制文本框

步骤 1：打开“插入”选项卡，单击“文本框”按钮，鼠标指针变为十 形状。

步骤 2：将鼠标指针移动到文档中需要插入文本框的位置，按住鼠标左键进行拖动即可在文档中插入文本框。默认情况下，插入的是横向文本框。

步骤 3：在文本框中直接输入内容并进行编辑。

步骤 4：若要插入竖向或多行文字文本框，则单击“插入”选项卡中的“文本框”下拉按钮，在打开的下拉列表中选择“竖向”或“多行文字”选项，鼠标指针变为十 形状，在文档中按住鼠标左键进行拖动即可绘制竖向或多行文字文本框，如图 3-108 所示。

图 3-108　绘制竖向或多行文字文本框

2．设置文本框

绘制文本框后，会自动出现“绘图工具”和“文本工具”选项卡，同时在文本框右侧出现快速工具栏，利用这两个选项卡和快速工具栏中的相关按钮可对文本框及其内容进行设置、编辑、美化等。设置文本框需要用到的选项卡和快速工具栏如图 3-109 所示。

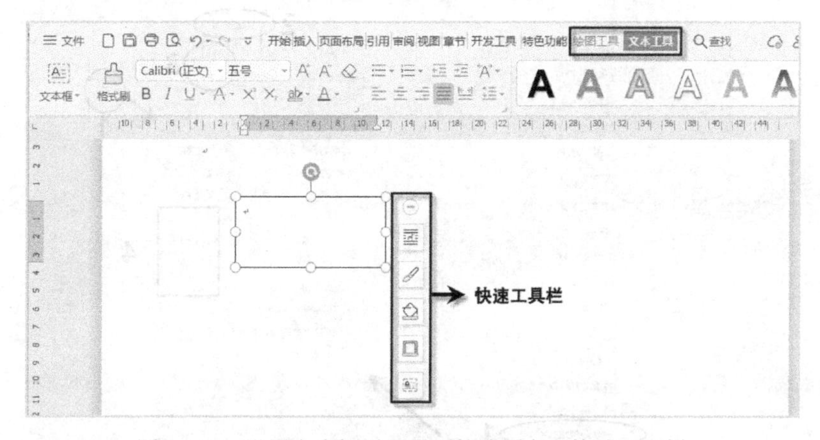

图 3-109　设置文本框需要用到的选项卡和快速工具栏

3.2.6　实例练习

打开“3.2.6 实例练习”文档，按照下列要求进行操作。

1．在页面顶端插入多行文字文本框，将第一段文字：“超级电脑……重要标志。”移入文本框，设置字体为宋体、五号；文本框内部上、下、左、右边距均为 0 厘米，文本框大小设置为高度 3 厘米和宽度 14 厘米，在该文本的最前面插入域名为“插入文本”、名称为“基本介绍”域。（注意：通过文件插入文本，文件的保存路径为"D:\\基本介绍.docx"）

2．将第二段文字：“超级电脑的未来”的字体设置为宋体，字号设置为小二，对齐方式设置为居中对齐，段前、段后距离为 0.5 行，孤行控制。

3．在第三段：文字“随着……保证”中插入图片“超级电脑.jpg”，按如下要求进行设置。

① 将图片的文字环绕方式由默认的“嵌入型”修改为“四周型”。

② 将图片的高度和宽度分别设置为 4 厘米、5 厘米。

③ 将图片固定在页面上的特定位置，要求水平向相对于页边距右对齐，垂直向相对于页边距下对齐。

④ 为图片添加“右下斜偏移”的阴影效果。

4．将文档中绿色文本转换成为“垂直块列表”智能图形，设置字体为宋体，字号为小四，调整图形的高度和宽度使其适合内容大小，适当改变其颜色和样式。

5．为文中红色标出的文字“超级电脑”添加超链接。

6．将完成排版的文档先以原 Word 格式及名称“高性能电脑.docx”进行保存，再另行生成一份同名的 PDF 文档进行保存。

解题步骤如下。

第 1 题

步骤 1：选定第一段文字：“超级电脑……重要标志。”，打开“插入”选项卡，单击“文本框”下拉按钮，在打开的下拉列表中选择“多行文字”选项，为第一段文字插入文本框。

步骤 2：在文本框上右击，在弹出的快捷菜单中选择“设置对象格式”命令，或者单击窗口右侧任务窗格中的“属性”按钮，打开“属性”任务窗格，将文本框的左、右、上、下边距均设置为 0 厘米。设置文本框与文字边距的操作过程如图 3-110 所示。

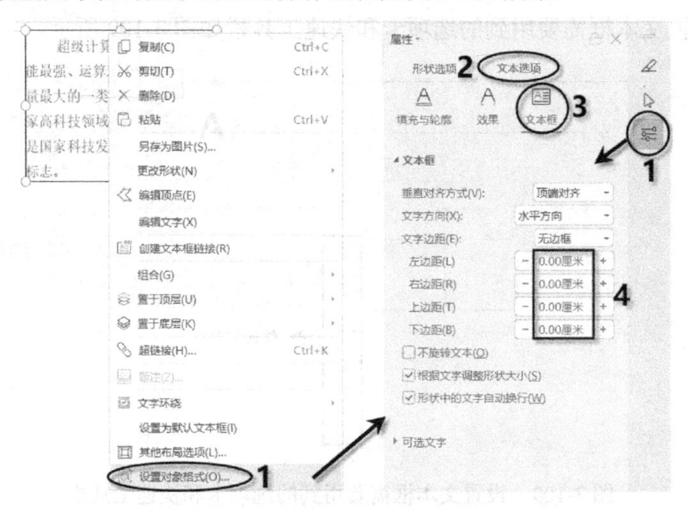

图 3-110 设置文本框与文字边距的操作过程

步骤 3：在“绘图工具”选项卡中，将高度设置为 3 厘米，宽度设置为 14 厘米。设置文本框大小的操作过程如图 3-111 所示。

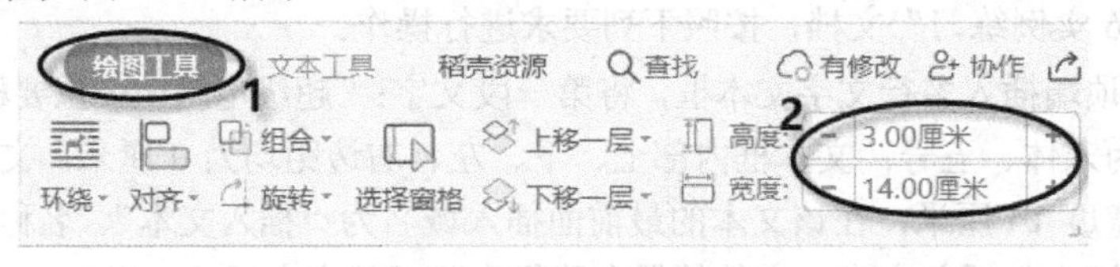

图 3-111 设置文本框大小的操作过程

步骤 4：将鼠标光标置于文本框中第 1 行文字“超级电脑……”的前面，打开“插入”选项卡，单击“文档部件”下拉按钮，在打开的下拉列表中选择“域”选项，如图 3-112 所示。弹出“域”对话框。

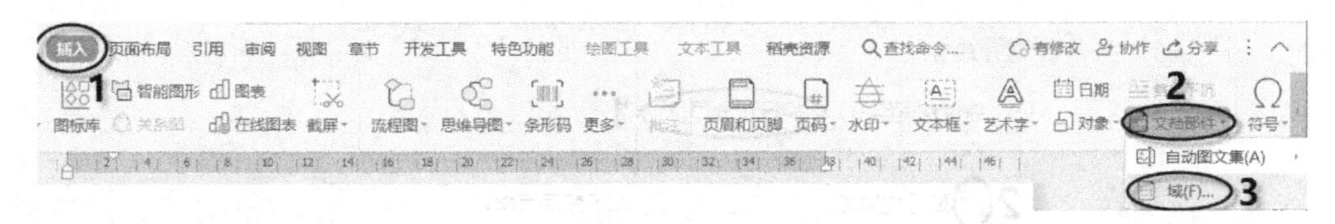

图 3-112　“域”选项

步骤 5：在“域名”列表框中选择“插入文本”选项，在“域代码”文本框的输入内容 INCLUDETEXT　"D:\\基本介绍.docx"，表示通过 D 盘中“基本介绍”文件插入文本。设置“域”的域名、域代码的操作过程如图 3-113 所示。单击“确定”按钮，在文本框中插入域代码为“基本介绍”的域。插入域的效果如图 3-114 所示。

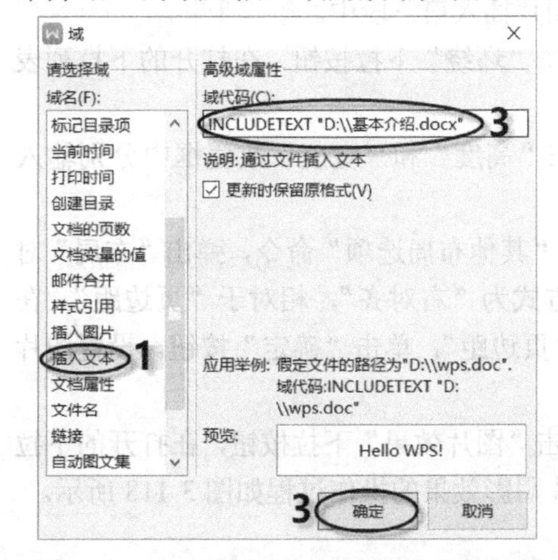

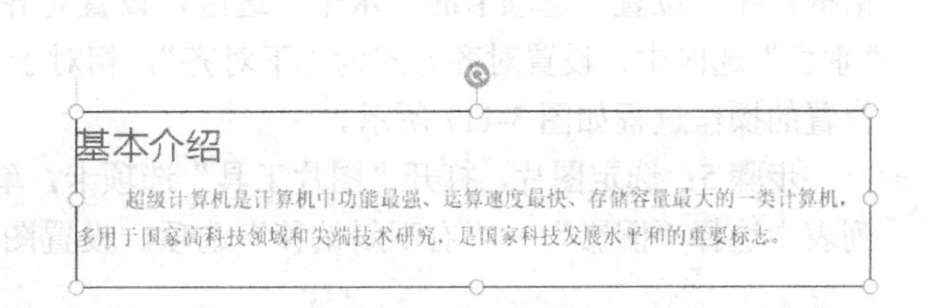

图 3-113　设置“域”的域名、域代码的操作过程　　　　图 3-114　插入域的效果

步骤 6：选定文本框，打开“绘图工具”选项卡，单击“轮廓”下拉按钮，在打开的下拉列表中选择“无线条颜色”，取消文本框的轮廓线条，如图 3-115 所示。

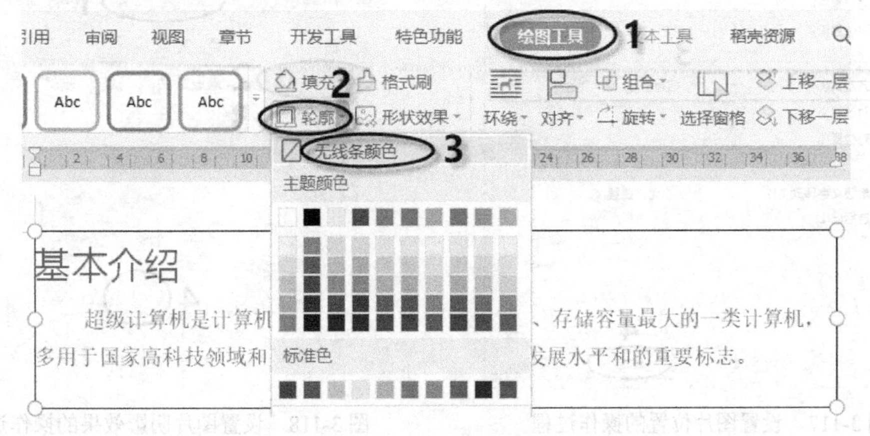

图 3-115　取消文本框的轮廓线条

第 2 题

选定第二段文字“超级电脑的未来”，将字体设置为宋体，字号设置为小二，对齐方式设置为居中对齐。在文本上右击，在弹出的快捷菜单中选择“段落”命令，弹出“段落”对话框。在“缩进和间距”选项卡中，设置段前、段后距离为 0.5 行。切换到“换行和分页”选项卡，勾选“孤行控制”复选框，设置段落“孤行控制”，如图 3-116 所示，单击“确定”按钮。

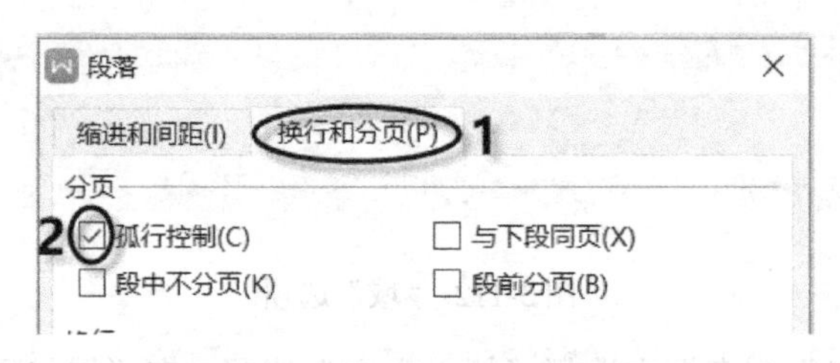

图 3-116　设置段落“孤行控制”

第 3 题

步骤 1：将鼠标光标定位在第三段中，打开“插入”选项卡，单击“图片”按钮，在弹出的对话框中选定要插入的图片，单击“打开”按钮，将图片插入第三段中。

步骤 2：选定图片，打开“图片工具”选项卡，单击“环绕”下拉按钮，在打开的下拉列表中选择“四周型环绕”。

步骤 3：选定图片，打开“图片工具”选项卡，在“高度”和“宽度”数值框中分别输入 4、5。

步骤 4：在图片上右击，在弹出的快捷菜单中选择“其他布局选项”命令，弹出“布局”对话框。在“位置”选项卡的“水平”选区，设置对齐方式为“右对齐”，相对于“页边距”。在“垂直”选区中，设置对齐方式为“下对齐”，相对于“页边距”，单击“确定”按钮。设置图片位置的操作过程如图 3-117 所示。

步骤 5：选定图片，打开“图片工具”选项卡，单击“图片效果”下拉按钮，在打开的下拉列表中选择“阴影”→“右下斜偏移”选项。设置图片阴影效果的操作过程如图 3-118 所示。

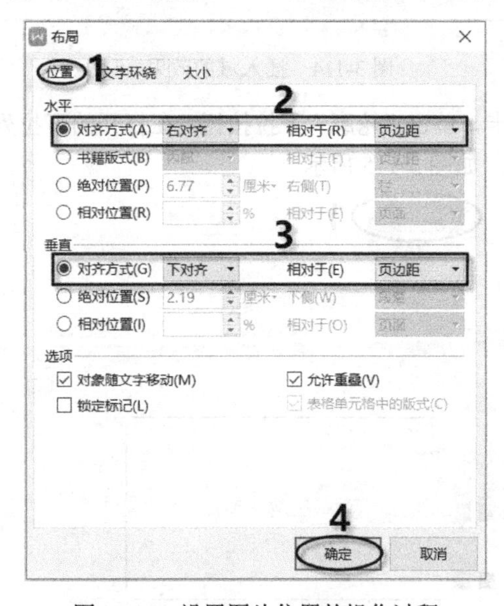

图 3-117　设置图片位置的操作过程

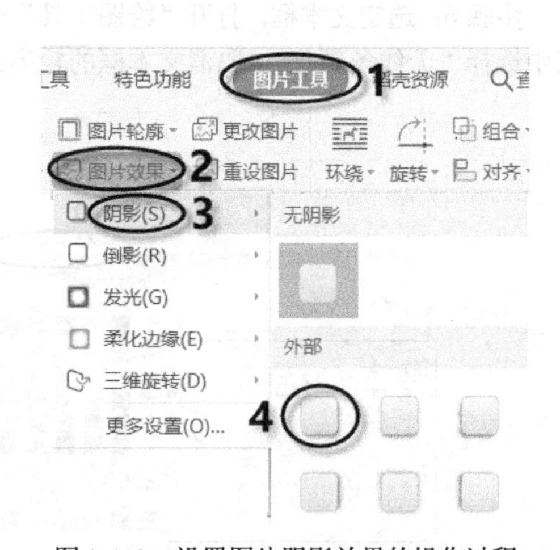

图 3-118　设置图片阴影效果的操作过程

第 4 题

步骤 1：将鼠标光标定位到绿色文本首行左侧，按 Enter 键，打开“插入”选项卡，单击“智能图形”按钮，在弹出的对话框中先单击“垂直块列表”按钮，再单击“确定”按钮。插入智能图形的操作过程如图 3-119 所示。

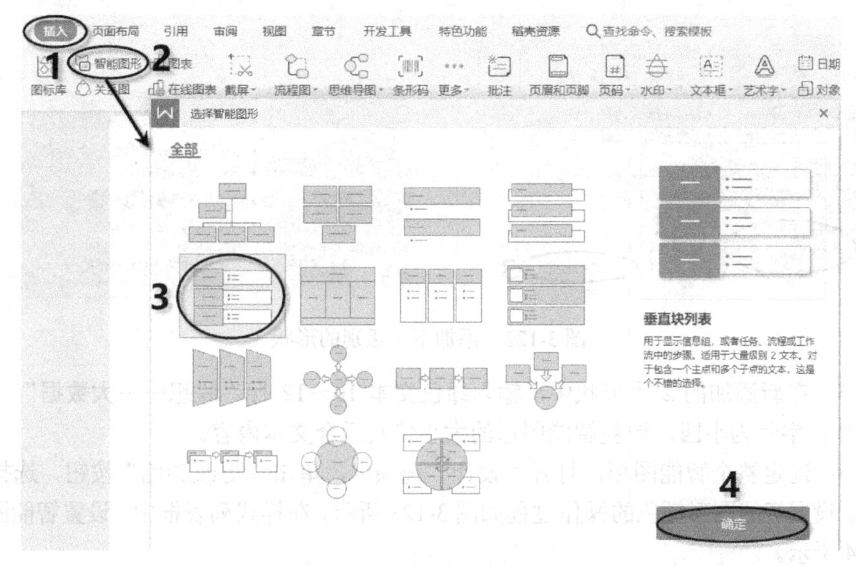

图 3-119　插入智能图形的操作过程

步骤 2：将第 1 行文本“国防科大”输入智能图形的第一个形状中，在其后的形状中输入第 2、3 行文本“天河二号……超算中心”，将两个形状中的字体设置为宋体，字号设置为小四。按照相同的方法，将第 4～9 行的文本“DELL……超算中心”输入对应的形状中，并适当调整智能图形的大小，如图 3-120 所示。

图 3-120　适当调整智能图形的大小

步骤 3：选定“清华同方”，单击其右侧的“添加项目”按钮，在打开的操作面板中选择“在后面添加项目”，在其后添加一个同级别的形状，如图 3-121 所示。

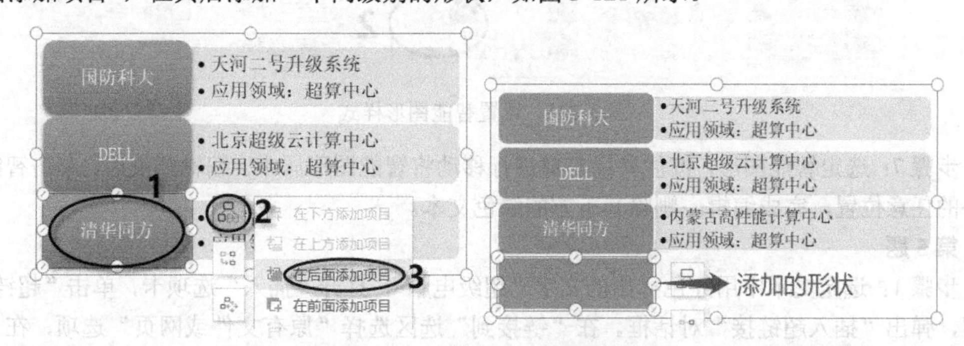

图 3-121　添加一个同级别的形状

步骤 4：选定新添加的形状，单击其右侧的“添加项目”按钮，在打开的操作面板中选择“在上方添加项目”，在其右侧添加下一级别的形状，如图 3-122 所示。

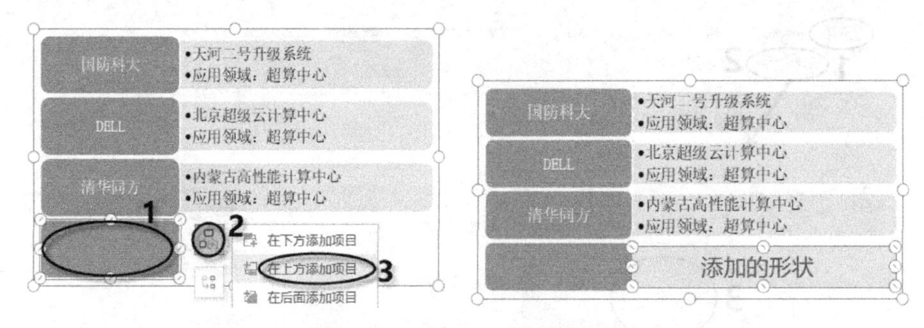

图 3-122　添加下一级别的形状

步骤 5：在新添加的 2 个形状中，输入绿色文本 10～12 行“联想……大数据”，设置文本字体为宋体，字号为小四，调整智能图形的大小使其适合文本内容。

步骤 6：选定整个智能图形，打开“设计”选项卡，单击“更改颜色”按钮，选择“彩色”中的颜色。设置智能图形颜色的操作过程如图 3-123 所示。在样式列表框中，设置智能图形样式，如图 3-124 所示。

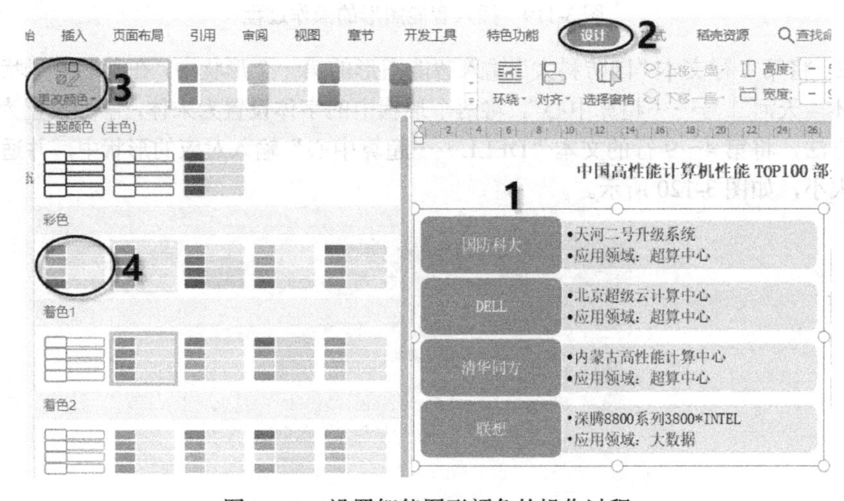

图 3-123　设置智能图形颜色的操作过程

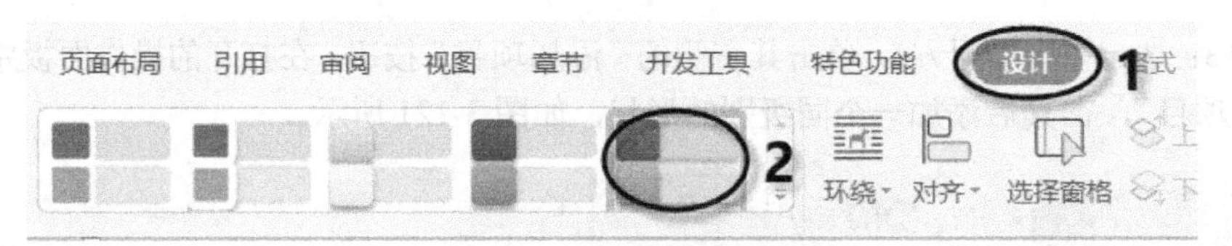

图 3-124　设置智能图形样式

步骤 7：选定智能图形，按住鼠标左键进行移动将智能图形居中。编辑结束后，单击智能图形外的任意位置，完成编辑。删除其下方的绿色文本。

第 5 题

步骤 1：选定文本中用红色标出的文字“超级电脑”，打开“插入”选项卡，单击“超链接”按钮，弹出“插入超链接”对话框。在“链接到”选区选择“原有文件或网页”选项，在“地址”文本框中输入链接的地址“https://baike.so.com/doc/2972614-3135706.html”，即可设置链接，如图 3-125 所示，单击“确定”按钮。

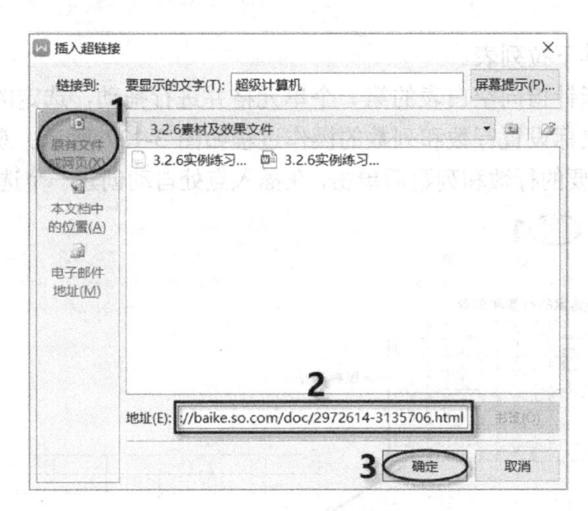

图 3-125　设置链接

第 6 题

步骤 1：单击快速访问工具栏中的“保存”按钮，以文件名“高性能电脑.docx”进行保存。

步骤 2：打开“文件”选项卡，选择“输出为 PDF”，在弹出的对话框中选择输出为 PDF 的文件、输出格式、保存目录，单击“开始输出”按钮，即可将选定文件输出为 PDF 类型，如图 3-126 所示。

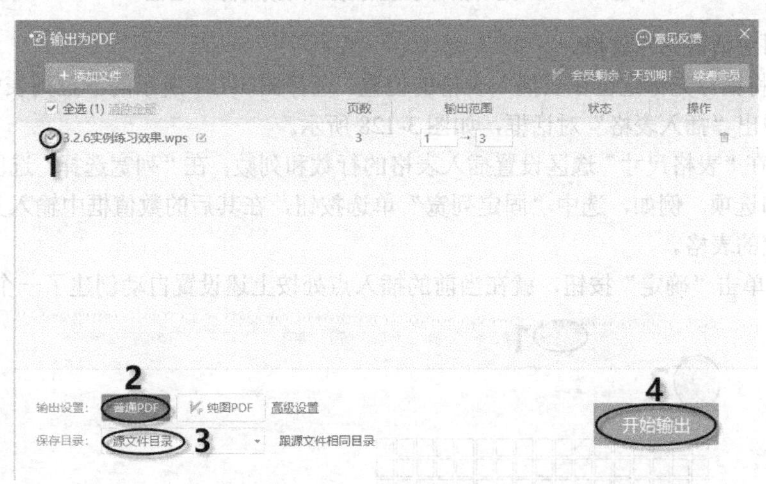

图 3-126　将选定文件输出为 PDF 类型

3.3　在文档中编辑表格

3.3.1　创建表格

表格分为规则表格和不规则表格，其创建方法有所不同。

1．创建规则表格

（1）利用功能区的按钮创建表格。

步骤 1：将鼠标光标定位在要插入表格的位置。打开“插入”选项卡，单击“表格”下拉按钮，打开其下拉列表。

步骤 2：将鼠标指针指向空白表的第一个单元格并进行拖动，选定的行数和列数显示在空白表格的顶部。拖动鼠标设置行数和列数的操作过程如图 3-127 所示。观察空白表格顶部显示的行数和列数，达到需要的行数和列数后单击，在插入点处自动创建一个选定行数和列数的表格。

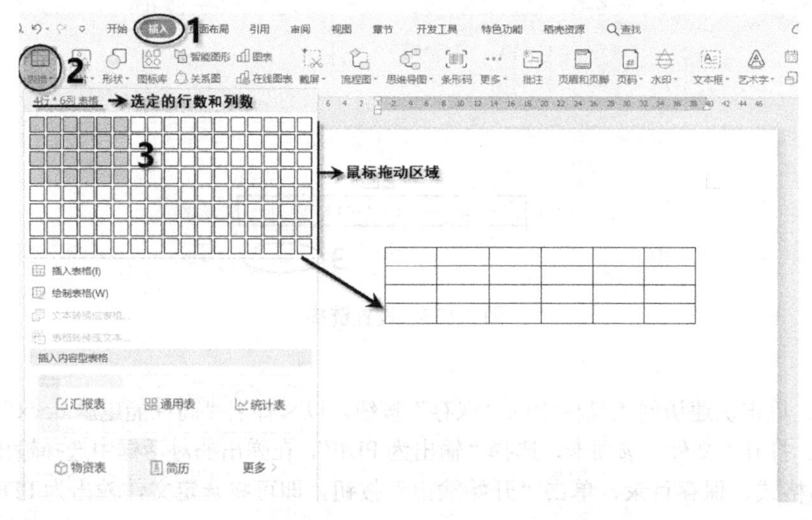

图 3-127　拖动鼠标设置行数和列数的操作过程

（2）利用对话框创建表格。

步骤 1：将鼠标光标定位在要插入表格的位置。选择图 3-127 所示的下拉列表中的“插入表格”选项，弹出“插入表格”对话框，如图 3-128 所示。

步骤 2：在“表格尺寸”选区设置插入表格的行数和列数；在“列宽选择”选区选择一个调整表格大小的选项。例如，选中“固定列宽”单选按钮，在其后的数值框中输入具体的数值，创建指定列宽的表格。

步骤 3：单击“确定”按钮，就在当前的插入点处按上述设置自动创建了一个表格。

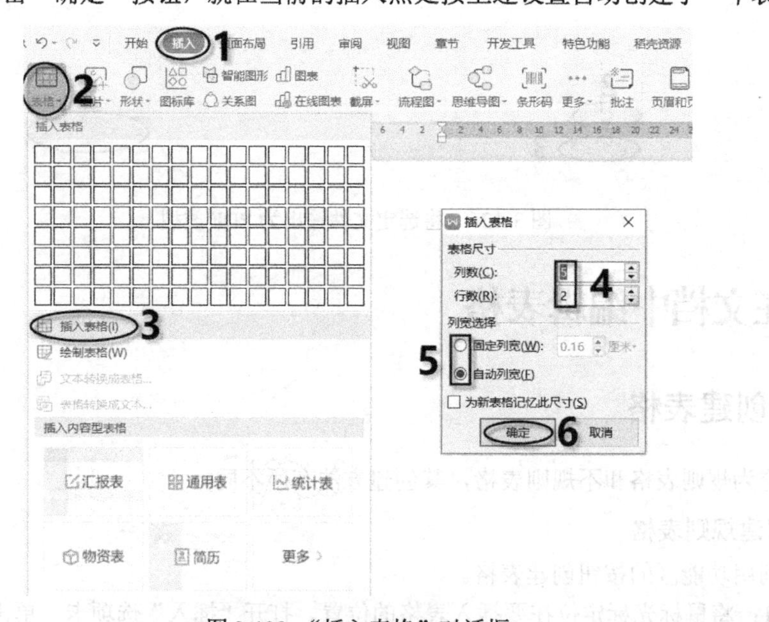

图 3-128　“插入表格”对话框

（3）插入内容型表格。

WPS 内置了一些内容型表格，利用内容型表格可以快速创建带有一定内容的表格。打开“插入”选项卡，单击“表格”下拉按钮，在打开的下拉列表的“插入内容型表格”中选择所需的模板。利用“插入内容型表格”创建表格的操作过程如图 3-129 所示，在弹出的对话框中选择要插入的表格，单击“插入”按钮，即可快速创建带有一定内容的表格。

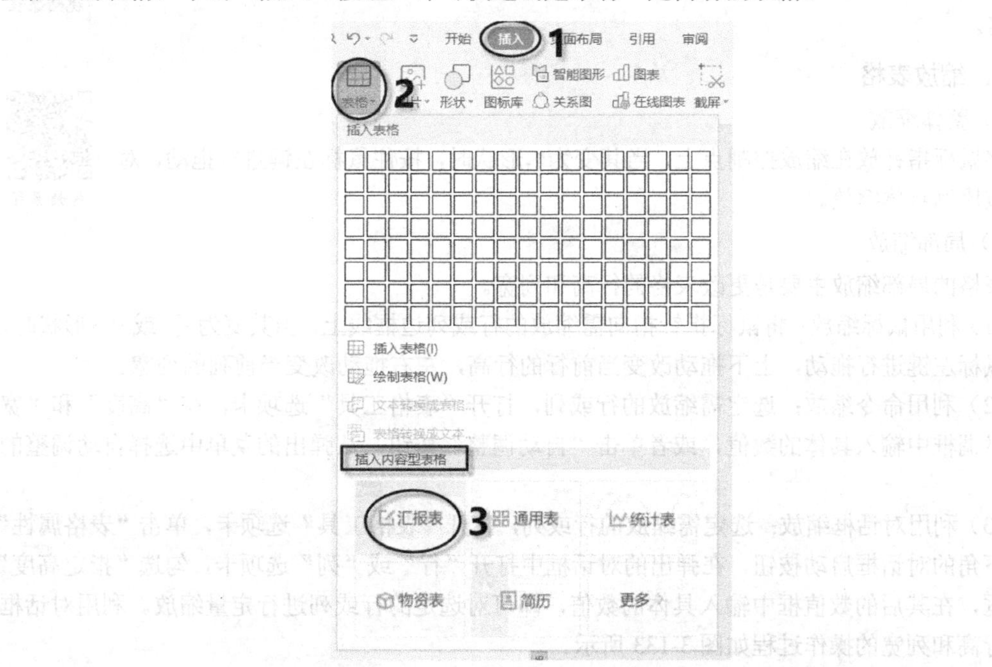

图 3-129　利用“插入内容型表格”创建表格的操作过程

2. 创建不规则表格

创建不规则表格，使用“绘制表格”按钮直接进行绘制，操作步骤如下。

步骤 1：打开“插入”选项卡，单击“表格”下拉按钮，在打开的下拉列表中选择“绘制表格”选项。

步骤 2：当鼠标指针变成铅笔形状时，按住鼠标左键进行拖动，绘制表格的边框和表格内的垂直、水平、斜线等线条。

步骤 3：若要删除线条，则打开“表格样式”选项卡，单击“擦除”按钮，如图 3-130 所示，单击要删除的线条，或者在要删除的表格线上拖动擦除。

步骤 4：绘制结束后，打开“表格样式”选项卡，单击“绘制表格”按钮，或者按 Esc 键，退出绘制状态。

绘制的不规则表格如图 3-131 所示。

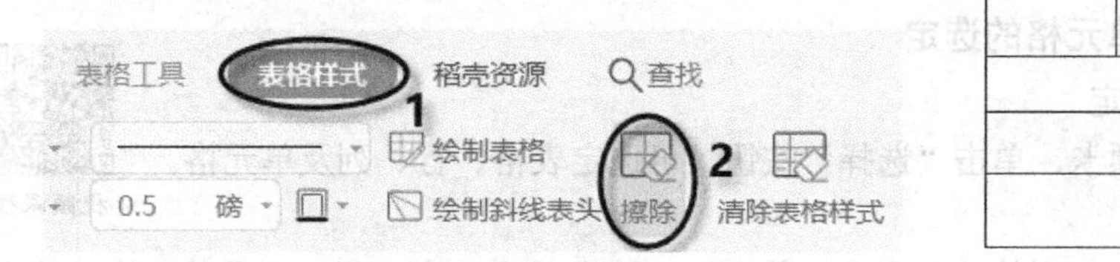

图 3-130　“擦除”按钮

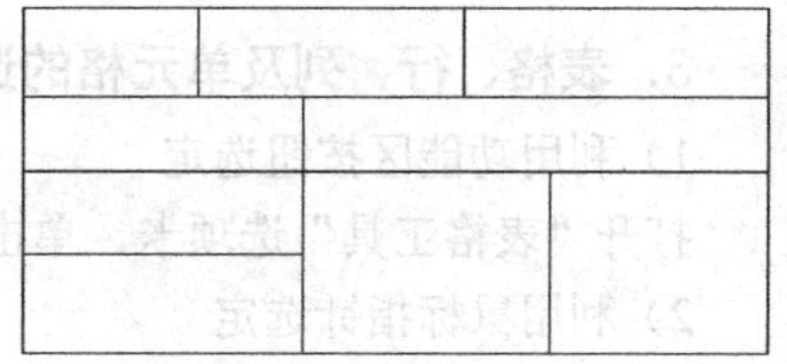

图 3-131　绘制的不规则表格

3.3.2 编辑表格

1. 移动表格

创建表格后，在表格的左上角和右下角各出现一个符号和，此即表格控制点，如图 3-132 所示。为移动控制点，为缩放控制点。拖动移动控制点可移动整个表格。

2. 缩放表格

1）整体缩放

将鼠标指针放在缩放控制点上，当其变为形状时，按住鼠标左键进行拖动，对表格按比例整体缩放。

2）局部缩放

表格的局部缩放主要是更改表格的行高和列宽。

（1）利用鼠标缩放：将鼠标指针指向需缩放的行或列边框线上，当其变为或形状时，按住鼠标左键进行拖动，上下拖动改变当前行的行高，左右拖动改变当前列的列宽。

（2）利用命令缩放：选定需缩放的行或列，打开“表格工具”选项卡，在“高度”和“宽度”微调框中输入具体的数值，或者单击“自动调整”按钮，从弹出的菜单中选择自动调整的方式。

（3）利用对话框缩放：选定需缩放的行或列，打开“表格工具”选项卡，单击“表格属性”组右下角的对话框启动按钮，在弹出的对话框中打开“行”或“列”选项卡，勾选“指定高度”复选框，在其后的数值框中输入具体的数值，即可对选定的行或列进行定量缩放。利用对话框调整行高和列宽的操作过程如图 3-133 所示。

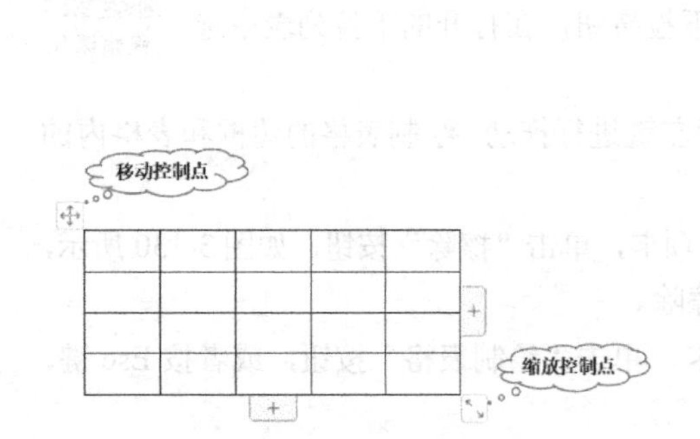

图 3-132　表格控制点

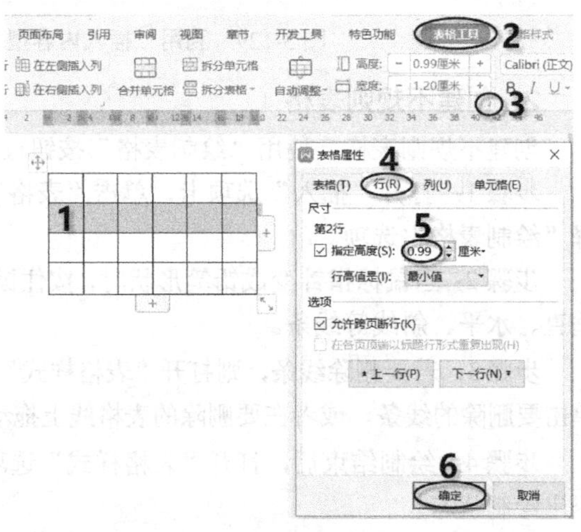

图 3-133　利用对话框调整行高和列宽的操作过程

3. 表格、行、列及单元格的选定

1）利用功能区按钮选定

打开“表格工具”选项卡，单击“选择”按钮，可选定表格、行、列及单元格。

2）利用鼠标指针选定

将鼠标指针置于各对应元素的选定区中，单击即可选定对应元素。行、列及单元格的选定区如图 3-134 所示。

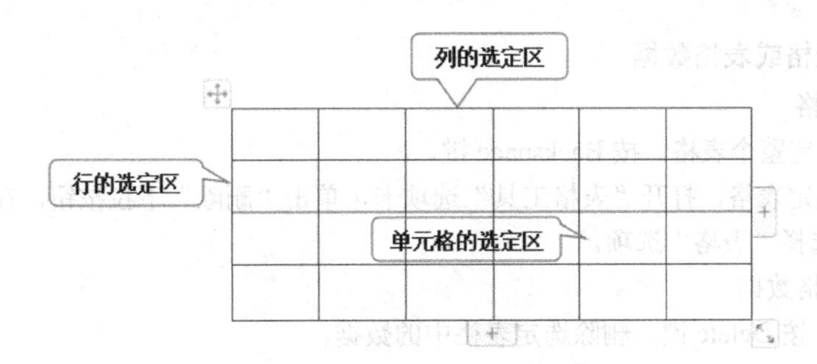

图 3-134　行、列及单元格的选定区

（1）选定表格：单击表格左上角的移动控制点，可选定整个表格，或者选定首行/列，按住鼠标左键向下/右拖动，也可以选定整个表格。

（2）选定行：将鼠标指针移至该行的选定区（行的左侧），当其变为↗形状时，单击选定该行。按住鼠标左键向下/上拖动，选定多行。

（3）选定列：将鼠标指针指向该列的选定区（列顶端边框线），当其变为↓形状时，单击选定该列。按住鼠标左键向左/右拖动，选定多列。

（4）选定单元格：将鼠标指针指向该单元格的选定区（单元格的左侧），当其变为↗形状时，单击选定该单元格。按住鼠标左键拖动，选定连续的多个单元格。

（5）选定不相邻行、列及单元格：先选定第一个需选定的行、列及单元格，然后按住 Ctrl 键，分别单击要选定的行、列及单元格。

4. 删除行或列

1）利用功能区的按钮

选定需删除的行或列，打开“表格工具”选项卡，单击“删除”下拉按钮，在打开的下拉列表中选择删除的方式，即按所选定的方式进行删除。

2）利用快捷菜单

选定需删除的行或列，在选定的行或列上右击，在弹出的快捷菜单中对选择相应的删除命令进行删除。

3）利用符号

将鼠标指针指向表格左侧边框线，出现带有⊖符号的直线。删除行的符号如图 3-135 所示。单击该符号，删除该符号上方一行。

将鼠标指针指向行列相交点的最上端，出现带有⊖号的直线。删除列的符号如图 3-136 所示。单击该符号，删除该符号左侧一列。

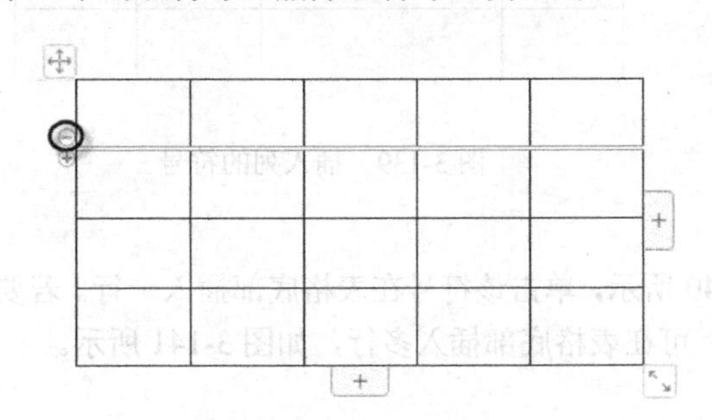

图 3-135　删除行的符号

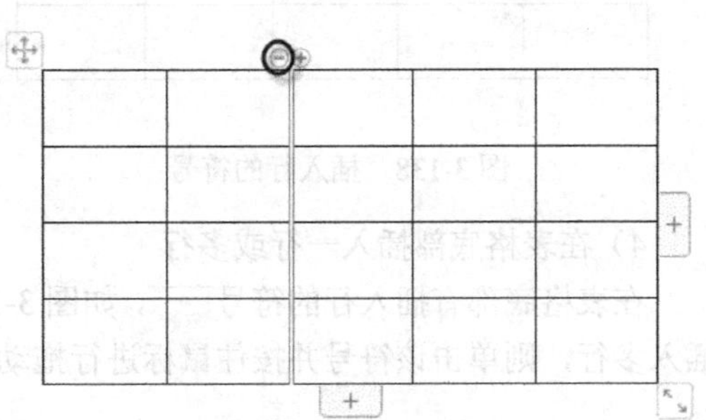

图 3-136　删除列的符号

5．删除表格或表格数据

视频课程

1）删除表格

方法 1：选定整个表格，按 Backspace 键。

方法 2：选定表格，打开“表格工具”选项卡，单击“删除”下拉按钮，在打开的下拉列表中选择“表格”选项。

2）删除表格数据

选定表格，按 Delete 键，删除选定表格中的数据。

6．行或列的插入

视频课程

1）利用功能区的按钮

将鼠标光标置于行或列中，打开“表格工具”选项卡，单击插入行列的相应按钮，如图 3-137 所示，插入行或列。

图 3-137　插入行列的相应按钮

2）利用快捷菜单

方法 1：选定表格中的一行（或一列），要插入几行就选定几行（或几列）。

方法 2：在选定的行或列上右击，在弹出的快捷菜单中选择“插入”命令，在其子菜单中选择相应的命令插入行（或列）。

3）利用符号

将鼠标指针指向表格左侧边框线，出现带有符号⊕的直线。插入行的符号如图 3-138 所示。单击该符号，在当前行的上方插入一行。

将鼠标指针指向行列相交点的最上端，出现带有⊕符号的直线。插入列的符号如图 3-139 所示。单击该符号，在当前列的右侧插入一列。

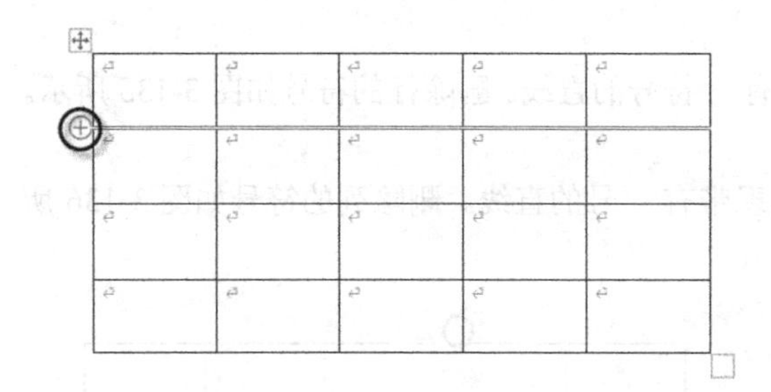

图 3-138　插入行的符号

图 3-139　插入列的符号

4）在表格底部插入一行或多行

在表格底部有插入行的符号＋，如图 3-140 所示，单击该符号在表格底部插入一行。若要插入多行，则单击该符号并按住鼠标进行拖动，可在表格底部插入多行，如图 3-141 所示。

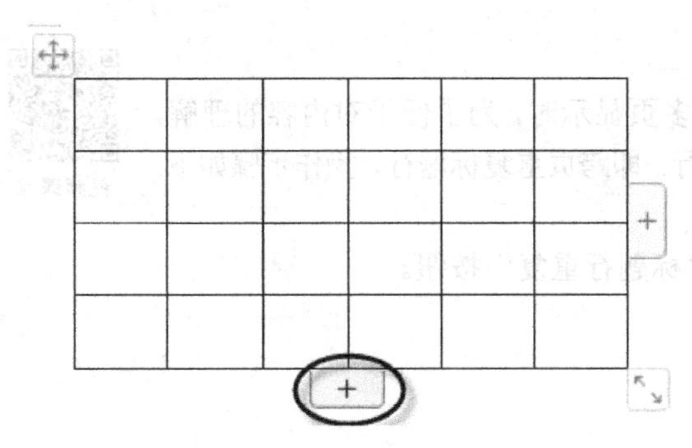

图 3-140　插入行的符号

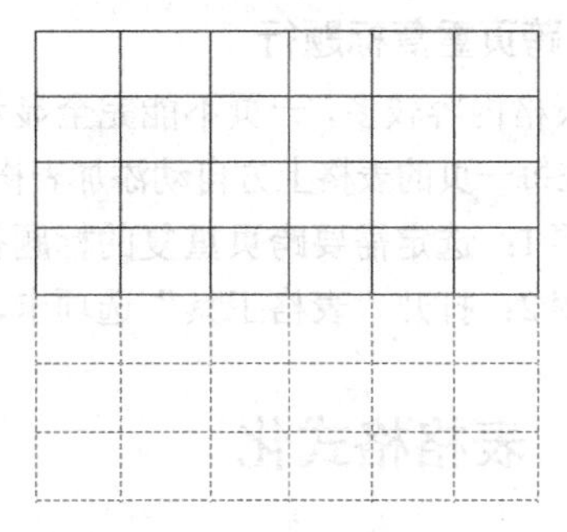

图 3-141　在表格底部插入多行

5）在表格右侧插入一列或多列

单击表格右侧的符号[+]，如图 3-140 所示，在表格右侧插入一列。若要插入多列，则单击该符号并按住鼠标进行拖动，可插入连续的多列。

7. 单元格的拆分与合并

视频课程

1）单元格拆分

选定要拆分的单元格，打开“表格工具”选项卡，单击“拆分单元格”按钮，弹出“拆分单元格”对话框。在“列数”和“行数”数值框中分别输入要拆分的列数和行数，若勾选“拆分前合并单元格”复选框，则先合并再拆分为指定的单元格。

2）单元格合并

选定要合并的单元格，打开“表格工具”选项卡，单击“合并单元格”按钮，或者选择快捷菜单中的“合并单元格”命令，将选定的单元格合并为一个单元格。

8. 插入斜线表头

视频课程

为了说明行与列字段信息，需在表格中绘制斜线表头，绘制的操作步骤如下。

步骤 1：单击需要插入斜线表头的单元格。

步骤 2：打开“表格样式”选项卡，单击“绘制斜线表头”按钮，在弹出的对话框中选择所需的斜线表头，单击“确定”按钮，即可插入斜线表头，如图 3-142 所示。

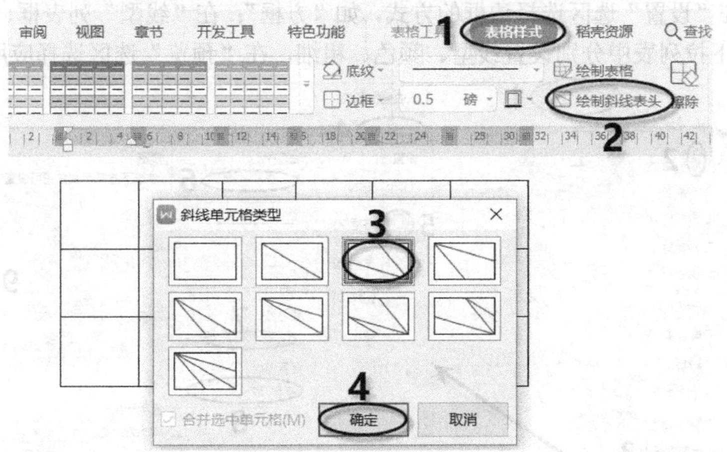

图 3-142　插入斜线表头

步骤 3：插入斜线表头后，单击该表头相应区域输入相关内容即可。

9．跨页重复标题行

若表格内容较多，一页不能完全显示，需要多页显示时，为了便于对内容的理解，则需要在每一页的表格上方自动添加表格的标题行，即跨页重复标题行，操作步骤如下。

步骤 1：选定需要跨页重复的标题行。

步骤 2：打开“表格工具”选项卡，单击“标题行重复”按钮。

3.3.3 表格格式化

表格格式化主要是指设置表格的边框、底纹，设置内容对齐方式等，以起到美化表格的作用，增强表格的视觉效果。

1．设置表格的边框

1）利用功能区按钮

步骤 1：选定表格，打开“表格样式”选项卡，可根据其中的按钮分别设置“线型”“粗细”“颜色”。

步骤 2：单击“边框”下拉按钮，在打开的下拉列表中选择需添加格式的边框位置。设置表格边框的操作过程如图 3-143 所示。

图 3-143　设置表格边框的操作过程

2）利用对话框

步骤 1：选定表格，打开“表格样式”选项卡，单击“边框”下拉按钮，在打开的下拉列表中选择“边框和底纹”选项，弹出“边框和底纹”对话框，如图 3-144 所示。

步骤 2：在“设置”选区选择边框的方式，如“方框”；在“线型”列表框、“颜色”下拉列表和“宽度”下拉列表中分别设置线型、颜色、粗细，在“预览”选区选择应用的边框。

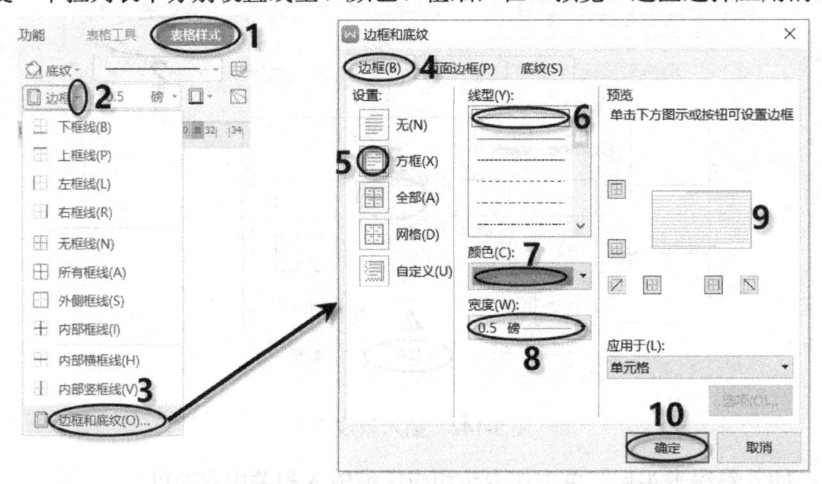

图 3-144　“边框和底纹”对话框

2．设置表格底纹

1）利用功能区按钮

打开“表格样式”选项卡，单击“底纹”下拉按钮，在打开的下拉列表中选择所需的颜色。

2）利用对话框

选定表格，在图 3-144 所示的对话框中打开“底纹”选项卡，依次设置填充、图案样式、图案颜色即可。

3．套用表格预设样式

WPS 预设了多种表格样式，根据需要选择预设样式，从而快速设置表格格式。套用表格预设样式的操作步骤如下。

步骤 1：选定表格，打开“表格样式”选项卡，单击样式列表框中的下拉按钮，在打开的下拉列表中包含了多种预设样式，分别是最佳匹配、浅色系、中色系、深色系及部分样式模板，根据需要从下拉列表中选择即可。利用预设样式设置边框的操作过程如图 3-145 所示。

步骤 2：若要取消已应用的表格样式，则在“表格样式”选项卡中单击“清除表格样式”按钮。

4．设置表格内文字的对齐方式

方法 1：选定要设置对齐方式的单元格，打开“表格工具”选项卡，单击“对齐方式”下拉按钮，在打开的“对齐方式”下拉列表（见图 3-146）中选择所需的对齐方式即可。

方法 2：在选定的单元格上右击，在弹出的快捷菜单中选择“单元格对齐方式”命令，在其打开的子菜单中选择一种对齐方式即可。

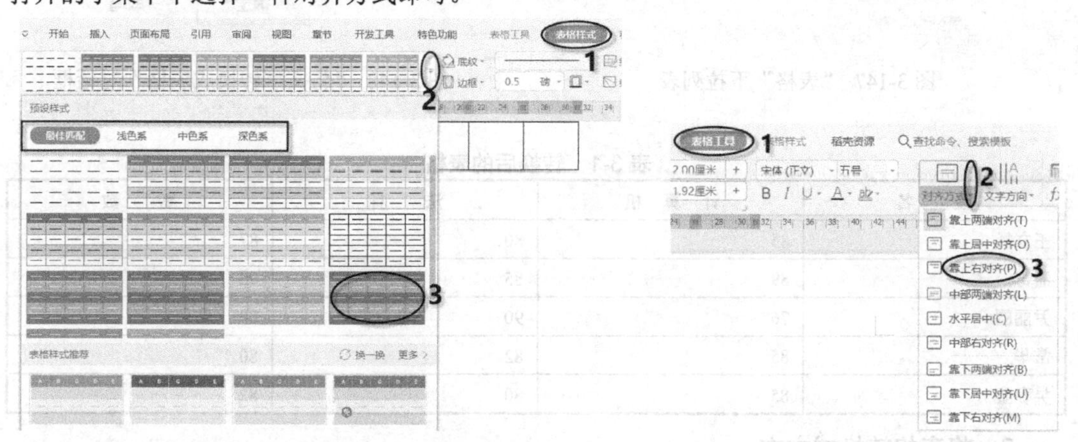

图 3-145　利用预设样式设置边框的操作过程　　　　图 3-146　“对齐方式”下拉列表

3.3.4　表格与文本的相互转换

1．将文本转化成表格

将文本转换成表格，转换的关键是使用分隔符将文本进行分隔。常见的分隔符主要有段落标记、制表符、逗号、空格。例如，将下列所示的文本（各文本之间以空格分隔）转化成表格，操作步骤如下。

姓名　计算机　法律　高数
王立杨　85　80　87
潘奇　89　85　90
尹丽丽　76　90　89
常华　85　82　80
吴存金　85　80　82

步骤 1：选定要转换成表格的文本。打开“插入”选项卡，单击“表格”下拉按钮，在打开的下拉列表中选择“文本转换成表格”选项。“表格”下拉列表如图 3-147 所示。

步骤 2：弹出“将文字转换成表格”对话框，如图 3-148 所示。在该对话框中，在“文字分隔位置”选区选中“空格”单选按钮。“列数”数值框的数值默认为 4，“行数”数值框的数值由 WPS 自动计算，单击“确定”按钮，转换后的表格如表 3-1 所示。

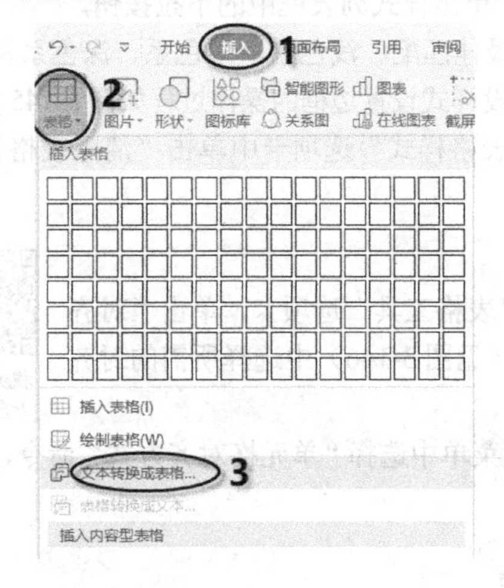

图 3-147 “表格”下拉列表

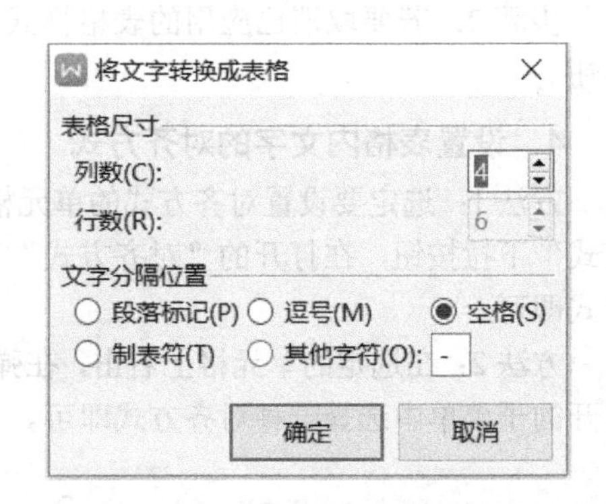

图 3-148 “将文字转换成表格”对话框

表 3-1 转换后的表格

姓　名	计　算　机	法　律	高　数
王立杨	85	80	87
潘奇	89	85	90
尹丽丽	76	90	89
常华	85	82	80
吴存金	85	80	82

2. 将表格转换成文本

将表 3-1 所示的表格转换成文本，操作步骤如下。

步骤 1：选定要转换成文本的表格。打开“表格工具”选项卡，单击“转换成文本”按钮，如图 3-149 所示。

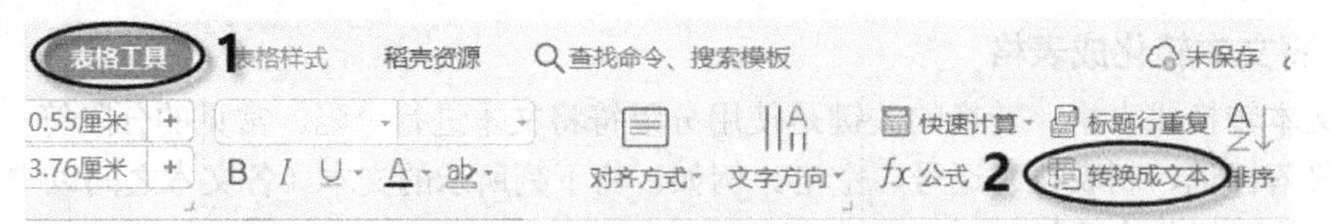

图 3-149 “转换成文本”按钮

步骤 2：弹出“表格转换成文本”对话框，选择一种文字分隔符，这里默认选择“制表符”，单击“确定”按钮，即可将表格转换成文本，如图 3-150 所示。

姓名	计算机	法律	高数
王立杨	85	80	87
潘奇	89	85	90
尹丽丽	76	90	89
常华	85	82	80
吴存金	85	80	82

图 3-150　将表格转换成文本

3.3.5　表格数据转化成图表

视频课程

图表功能是 WPS 表格的重要功能，在 WPS 所有组件（WPS 文字、WPS 演示等）中都可以使用。其中，嵌入 WPS 文字、WPS 演示等文档中的图表都是通过 WPS 表格进行编辑的。因此，在非 WPS 表格的 WPS 组件中，图表的功能也可以实现。

例如，表 3-2 中的数据是某校学生参与在线学习使用设备情况，将表格中的数据以图表（带数据标记的折线图）的形式进行表示。

表 3-2　某校学生参与在线学习使用设备情况

设　备	百 分 比
手机	50%
电脑	16%
电脑和手机	28%
其他媒体端	6%

将表格数据转化成图表的操作步骤如下。

步骤 1：确定插入图表的位置。将鼠标光标定位到表格的下方，打开“插入”选项卡，单击“图表”按钮，弹出“插入图表”对话框。在对话框左侧选择图表类型，本例选择“折线图”，在对话框右侧选择图表的子类型，本例选择“带数据标记的折线图”，在其列表框中选择所需的样式，单击“插入”按钮，即可将该图表插入文档中。同时，会自动出现“图表工具”选项卡。选择图表类型的操作过程如图 3-151 所示。

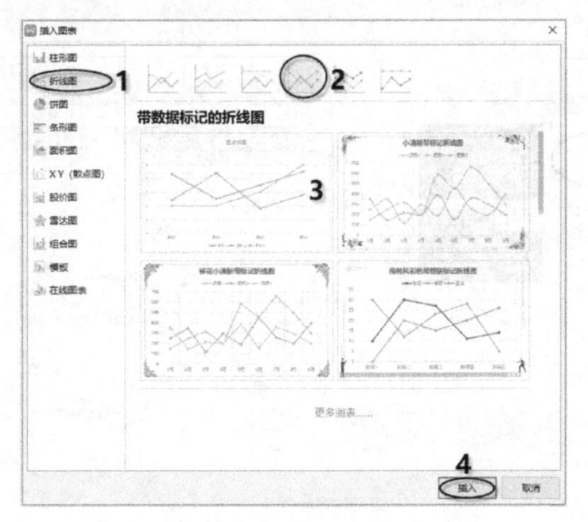

图 3-151　选择图表类型的操作过程

步骤 2：在“图表工具”选项卡中单击“编辑数据”按钮，进入 WPS 表格应用程序，将 WPS 文字表格中的数据复制或输入 WPS 表格窗口中的 A 列、B 列，删除多余的系列 2、系列 3。启动 WPS 表格应用程序并在其窗口中编辑图表数据的操作过程如图 3-152 所示。在 WPS 表格窗口中编辑图表数据，图表变化同步显示在 WPS 文字文档窗口中。编辑结束后，关闭 WPS 表格，创建的图表显示在 WPS 文字文档窗口中。

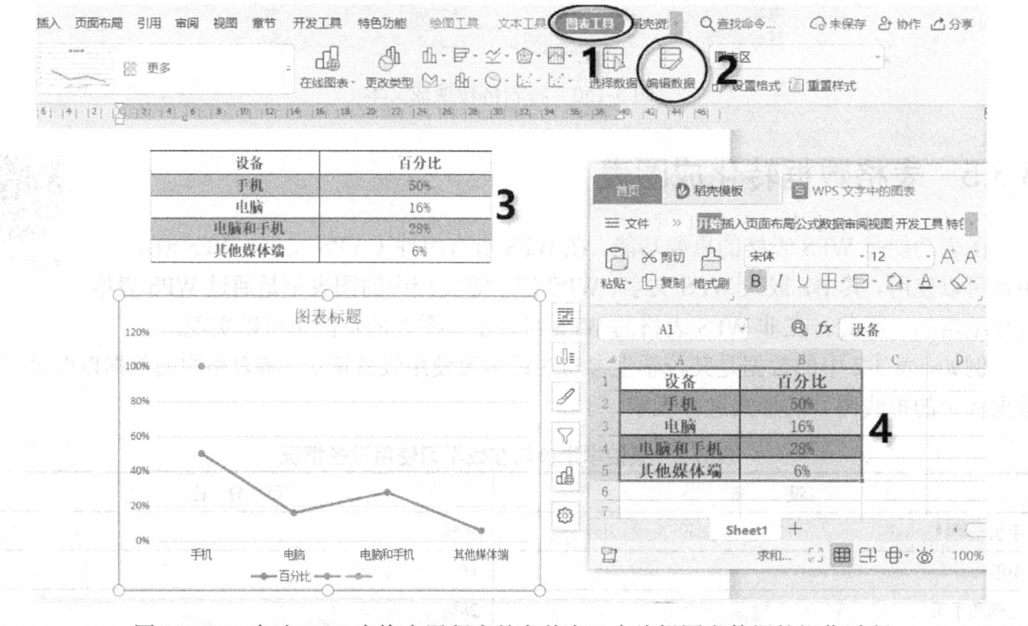

图 3-152　启动 WPS 表格应用程序并在其窗口中编辑图表数据的操作过程

步骤 3：若要编辑图表，则选定图表，利用“图表工具”选项卡、“文本工具”选项卡、“绘图工具”选项卡中的各个按钮，可更改图表的类型、设置图表颜色、样式、显示效果等。例如，在“图表工具”选项卡中单击样式列表框右侧的下拉按钮，在打开的下拉列表框中选择所需的样式。设置图表样式的操作过程如图 3-153 所示。

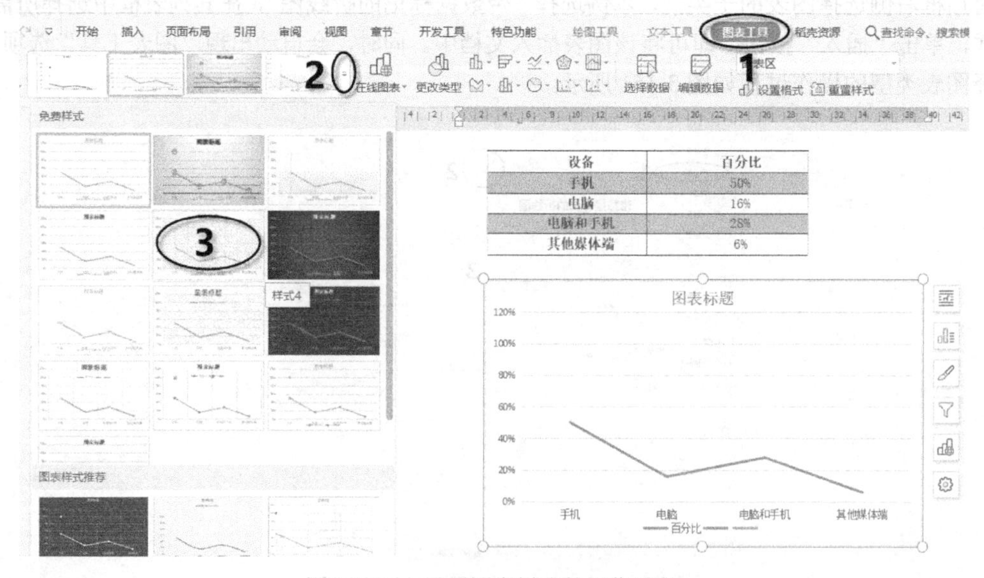

图 3-153　设置图表样式的操作过程

步骤 4：若要在图表中显示数据标签，则单击图表右侧的“图表元素”按钮，在打开的操作面板中勾选“数据标签”复选框，选择子菜单中的“上方”命令，即可为图表添加数据标签，如图 3-154 所示。

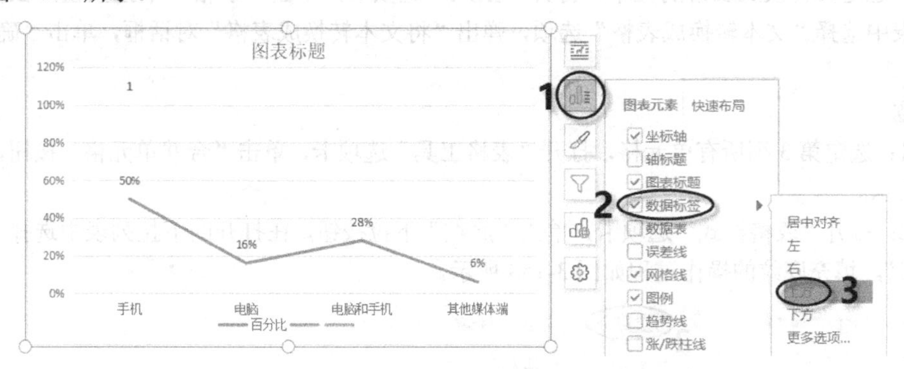

图 3-154　为图表添加数据标签

3.3.6　实例练习

1．将图 3-155 所示的文本转换成表格（12 行*4 列）。并按下面的要求进行美化，完成美化后的表格如图 3-156 所示。

课程平台教学功能开发　不足 全国高校线上教学状况及质量分析报告　27%
课程平台功能设计　不灵活　在线作业
线上资源满意度 不够　38%
线上资源分布　不平衡　推荐一些学习资料
线上教学时间　短　40%
在线教学环境　困难　相关文献阅读
线上教学设计效果　不佳　56%
线上教学技术掌握　不佳　讲授音视频
课程资源审核　欠缺　60%
教学形式契合度 不高　课程 PPT 课件
现有教材　不配套　69%
线上课程教材资源　少　电子教材

图 3-155　需要转换成表格的文本

课程平台教学功能开发	不足	全国高校线上教学状况及质量分析报告	27%
课程平台功能设计	不灵活		在线作业
线上资源满意度	不够		38%
线上资源分布	不平衡		推荐一些学习资料
线上教学时间	短		40%
在线教学环境	困难		相关文献阅读
线上教学设计效果	不佳		56%
线上教学技术掌握	不佳		讲授音视频
课程资源审核	欠缺		60%
教学形式契合度	不高		课程 PPT 课件
现有教材	不配套		69%
线上课程教材资源	少		电子教材

图 3-156　美化完成后的表格

2．将第 3 列所有单元格合并为一个单元格，合并单元格设置为“钢蓝，着色 5”底纹搭配白色、加粗、黑体字，并设置文字方向按顺时针旋转 90°。

3．将第 4 列中的所有数字和百分号“%”均设为二号字，并将百分号“%”设置为上标、且字符位置下降 3 磅。

4．设置表格对齐方式，第 1、2 列为“中部右对齐”，第 3 列为“分散对齐”，第 4 列为“中部两端对齐”。

5．设置表格外侧上、下框线为 1.5 磅粗黑实线，表格内部横框线为 0.75 磅细“钢蓝，着色 5”实线，表格中的所有竖框线均设为“无”。

6．先根据内容调整表格列宽，保证单元格内容不换行显示，再适应窗口大小，即表格左右恰好充满版心。

解题步骤如下。

第 1 题

步骤：选定要转换成表格的文本，打开“插入”选项卡，单击“表格”下拉按钮，在打开的下拉列表中选择“文本转换成表格”选项，弹出“将文本转换成表格”对话框，单击“确定”按钮。

第 2 题

步骤 1：选定第 3 列所有单元格，打开“表格工具”选项卡，单击“合并单元格”按钮，如图 3-157 所示。

步骤 2：打开“表格样式”选项卡，单击“底纹”下拉按钮，在打开的下拉列表中选择“钢蓝，着色 5”。填充底纹的操作过程如图 3-158 所示。

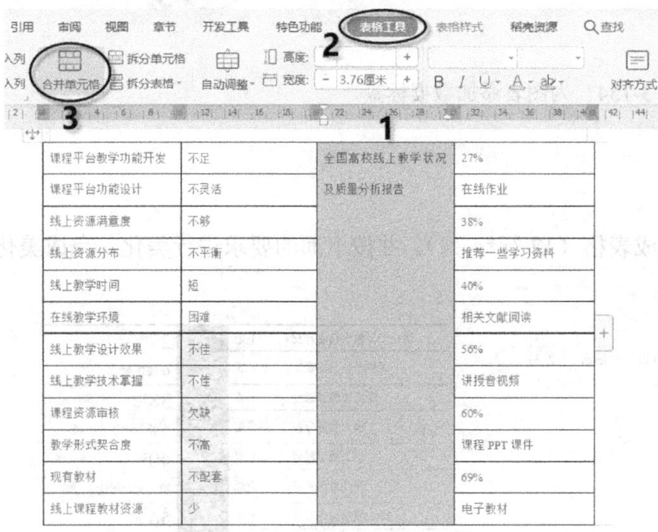

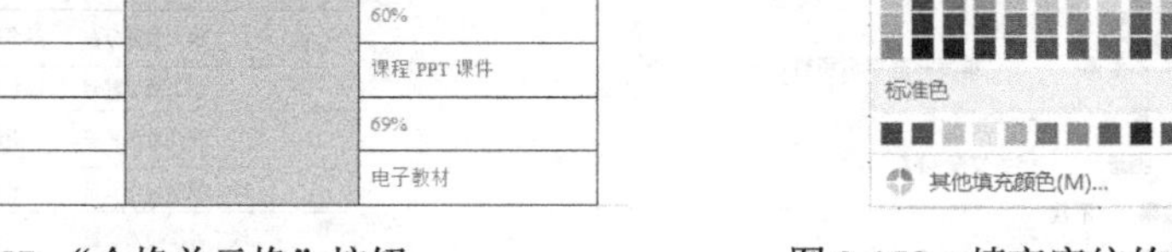

图 3-157 “合格单元格”按钮　　　　图 3-158 填充底纹的操作过程

步骤 3：打开“开始”选项卡，设置字体为黑体、加粗，字体颜色为“白色，背景 1”。

步骤 4：打开“表格工具”选项卡，单击“文字方向”下拉按钮，在打开的下拉列表中选择“所有文字顺时针旋转 90° ”选项。设置文字方向的操作过程如图 3-159 所示。

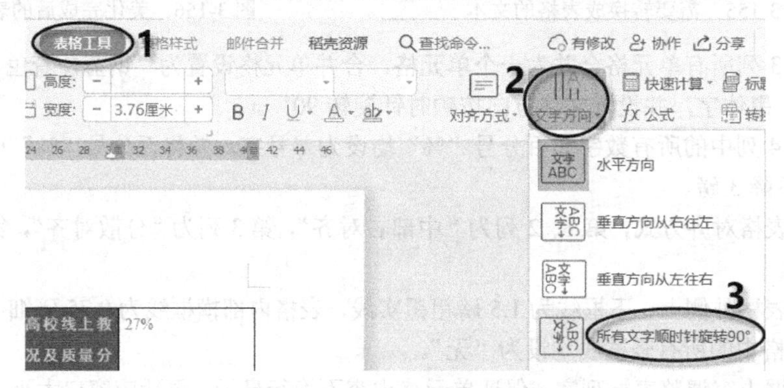

图 3-159 设置文字方向的操作过程

第 3 题

步骤 1：选定“27%”，打开“开始”选项卡，设置字号为二号，选定其中的“%”，单击“上标”按钮。设置字符上标的操作过程如图 3-160 所示。

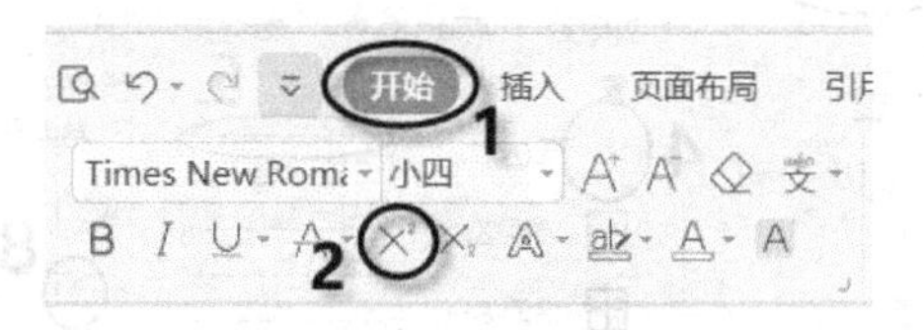

图 3-160　设置字符上标的操作过程

步骤 2：单击“字体”组右下角的对话框启动按钮，弹出“字体”对话框。打开“字符间距”选项卡，设置位置为下降，值为 3 磅，单击“确定”按钮。设置字符间距的操作过程如图 3-161 所示。按照同样的方法，设置其余数字和百分号。

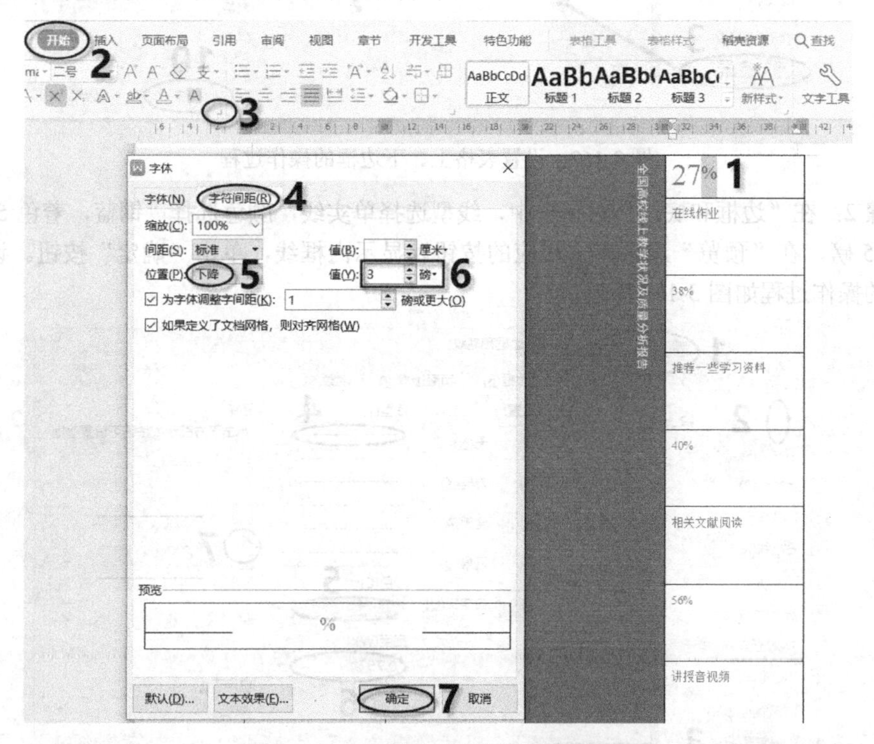

图 3-161　设置字符间距的操作过程

第 4 题

步骤 1：选定表格第 1、2 列，打开“表格工具”选项卡，单击“对齐方式”下拉按钮，在打开的下拉列表中选择“中部右对齐”选项。

步骤 2：选定表格第 4 列，单击“对齐方式”下拉按钮，在打开的下拉列表中选择“中部两端对齐”选项。

步骤 3：选定表格第 3 列，打开“开始”选项卡，单击“分散对齐”按钮。

第 5 题

步骤 1：选定整个表格，打开“表格样式”选项卡，单击“边框”下拉按钮，在打开的下拉列表中选择“边框和底纹”选项，弹出“边框和底纹”对话框。在“设置”选区单击“无”按钮，线型选择单实线，颜色选择“黑色，文本 1”，宽度选择 1.5 磅，在“预览”选区单击相应的按钮以显示上框线和下框线，单击“确定”按钮。设置表格上、下边框的操作过程如图 3-162 所示。

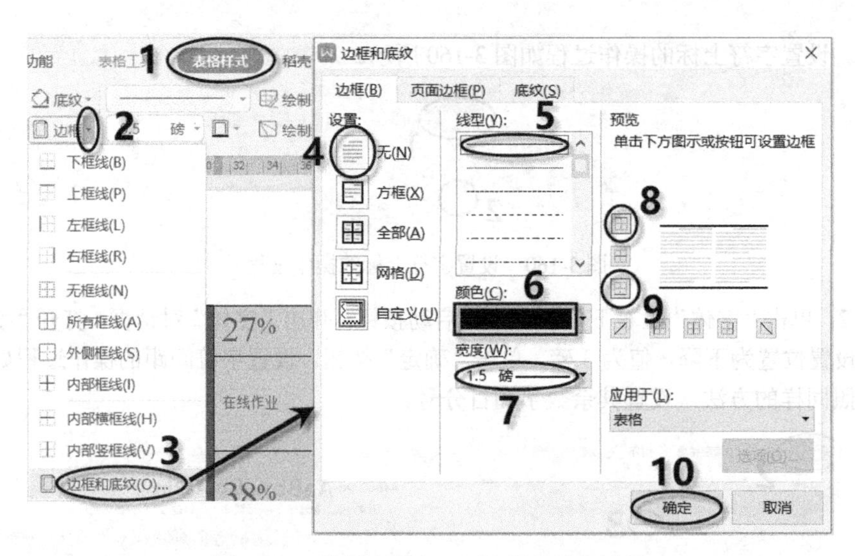

图 3-162 设置表格上、下边框的操作过程

步骤 2：在“边框和底纹”对话框中，线型选择单实线，颜色选择“钢蓝，着色 5”，宽度选择 0.75 磅，在“预览”选区单击相应的按钮以显示内框线，单击“确定”按钮。设置表格内框线的操作过程如图 3-163 所示。

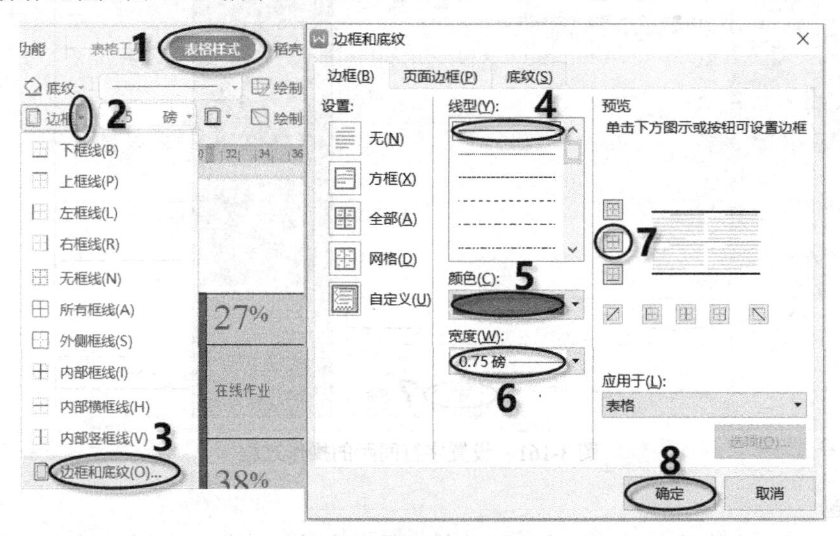

图 3-163 设置表格内框线的操作过程

步骤 3：打开“表格样式”选项卡，单击“擦除”按钮，根据图 3-156 擦除第 4 列中对应的框线，擦除结束后，单击“擦除”按钮，完成擦除工作。

第 6 题

步骤 1：选定整个表格，打开“表格工具”选项卡，单击“自动调整”下拉按钮，在打开的下拉列表中选择“适应窗口大小”选项。

步骤 2：根据内容调整表格列宽和行高，使单元格内容不换行显示，表格左右恰好充满版心。

第 4 章

长文档的编辑

4.1 样式的创建和使用

样式是指以一定名称保存的字符格式和段落格式的集合。在编排重复格式时，先创建一个该格式的样式，然后在需要的地方套用这种样式，就无须一次次地对它们进行重复的格式化操作。

4.1.1 在文档中应用样式

视频课程

1．使用内置样式

WPS 内置了很多样式供用户使用。选定需要使用样式的文本，打开“开始”选项卡，单击样式列表框中右侧的下拉按钮，在打开的列表框中选择某一样式，该样式所包含的格式被应用到所选定的文本上。内置样式列表框如图 4-1 所示。

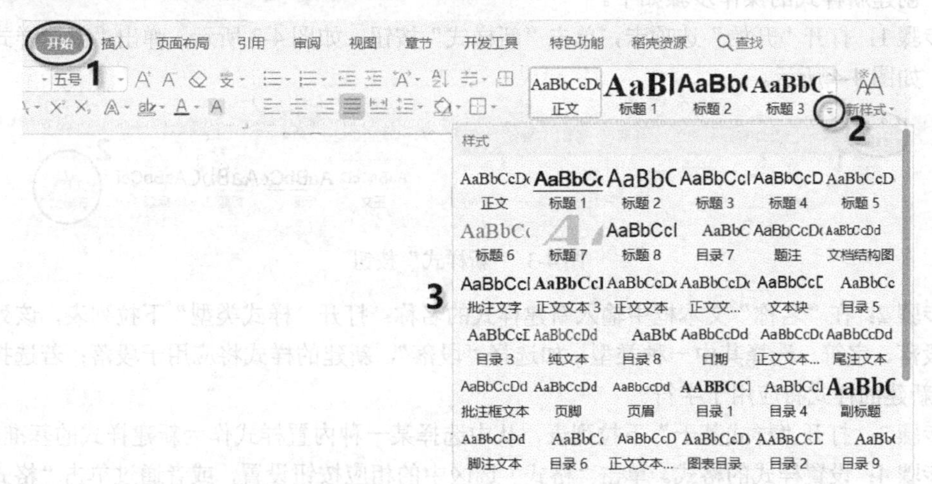

图 4-1 内置样式列表框

2．使用“样式和格式”任务窗格

步骤 1：选定要套用样式的文本，或者将鼠标指针定位在该段中。

步骤 2：打开“开始”选项卡，单击“样式和格式”组右下角的对话框启动按钮，打开“样式和格式”任务窗格，如图 4-2 所示。

步骤 3：选择任务窗格列表框中的某一种样式，即将该样式应用到选定文本或当前段落中。

步骤 4：设置结束后，单击任务窗格右上角的“关闭”按钮，关闭“样式和格式”任务窗格。

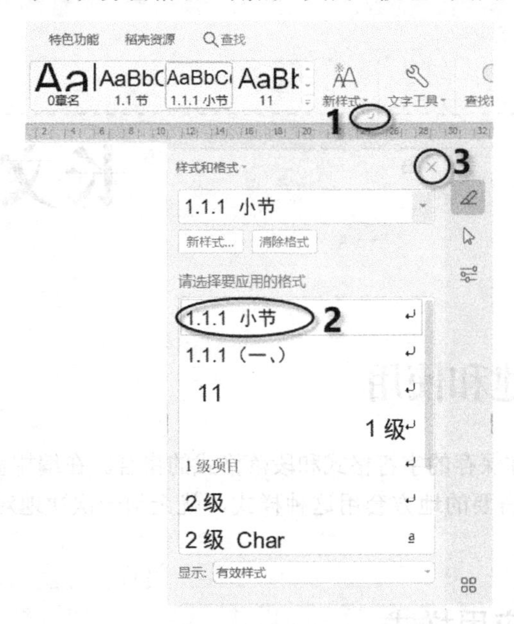

图 4-2 “样式和格式”任务窗格

4.1.2 创建新样式

视频课程

当 WPS 内置的样式不能满足用户需求时，可创建新样式，使用新样式进行格式编辑。创建新样式的操作步骤如下。

步骤 1：打开“开始”选项卡，单击“新样式”按钮，如图 4-3 所示，弹出“新建样式”对话框，如图 4-4 所示。

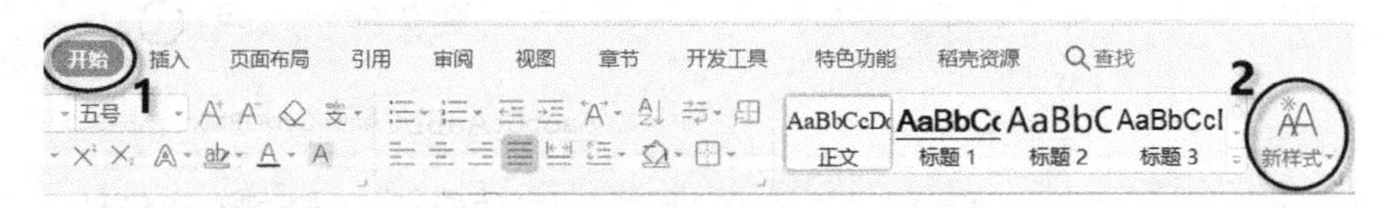

图 4-3 “新样式”按钮

步骤 2：在“名称”文本框中输入新建样式的名称；打开“样式类型”下拉列表，该列表中包含段落、字符。选择其中一种类型，如选择“段落”，新建的样式将应用于段落；若选择“字符”，新建的样式将应用于字符。

步骤 3：打开“样式基于”下拉列表，从中选择某一种内置样式作为新建样式的基准样式。

步骤 4：设置样式的格式。单击“格式”选区中的相应按钮设置，或者通过单击“格式”下拉按钮，在打开的下拉列表中选择相应的选项进行设置。若希望该样式应用于所有文档，则勾选左下角的“同时保存到模板”复选框，设置完毕，单击“确定”按钮即可。

步骤 5：创建的新样式显示在内置样式库中，使用时单击该样式即可。

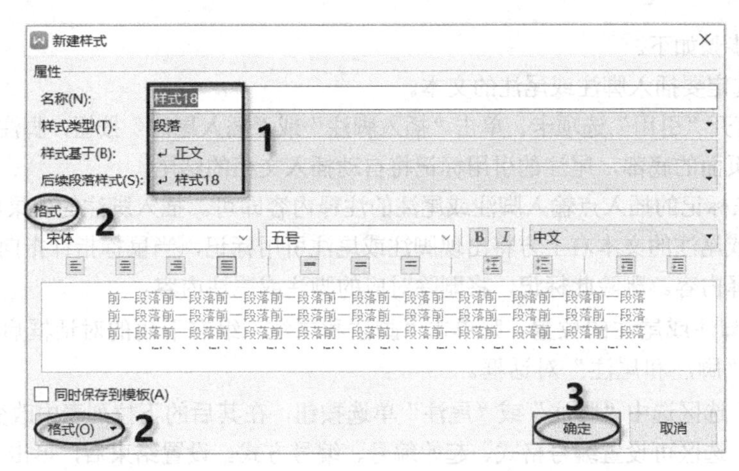

图 4-4 “新建样式”对话框

4.1.3 修改样式

视频课程

根据需要可对样式进行修改，修改后的样式将会应用到所有使用该样式的文本段落中。修改样式的操作步骤如下。

步骤 1：选定要修改样式的文本，或者将鼠标指针定位在该段中。打开“开始”选项卡，单击“样式和格式”组右下角的对话框启动按钮，打开“样式和格式”任务窗格。

步骤 2：在要修改的样式名称上右击，或者单击要修改样式名称右侧的下拉按钮，在打开的下拉列表中选择“修改”选项，弹出“修改样式”对话框，按需要进行修改即可。修改样式的操作过程如图 4-5 所示。

步骤 3：修改完毕，单击“确定”按钮，修改后的样式即可应用到使用该样式的文本段落。

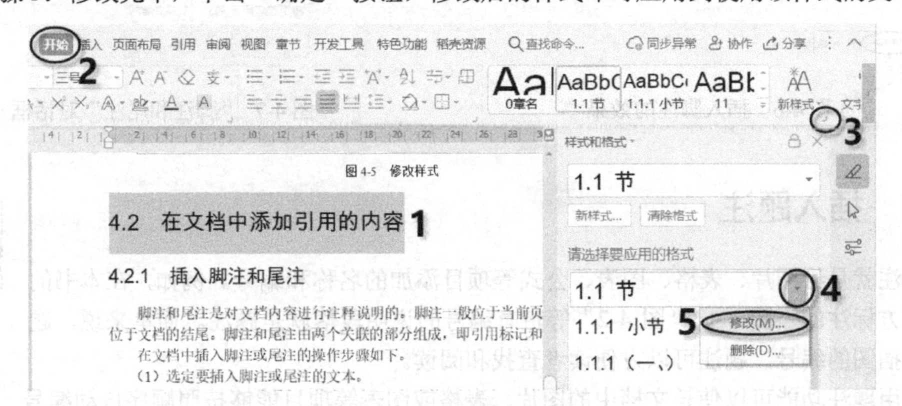

图 4-5 修改样式的操作过程

4.2 在文档中添加引用的内容

4.2.1 插入脚注和尾注

视频课程

脚注和尾注是对文档内容进行注释说明的。脚注一般位于当前页面的底部，尾注一般位于文档的结尾。脚注和尾注由两个关联的部分组成，即引用标记和注释文本。在文档中插入脚注或尾注的操作步骤如下。

步骤 1：选定要插入脚注或尾注的文本。

步骤 2：打开“引用”选项卡，单击“插入脚注”或“插入尾注”按钮，脚注的引用标记将自动插入当前页面的底部，尾注的引用标记将自动插入文档的结尾。

步骤 3：在标记的插入点输入脚注或尾注的注释内容即可。插入脚注的效果如图 4-6 所示。

插入脚注或尾注的文本右上方将出现脚注或尾注引用标记，当鼠标指针指向这些标记时，会自动弹出注释内容。删除此标记，将删除对应的脚注或尾注内容。

若要更改脚注或尾注的位置，则单击“脚注和尾注”组右下角的对话框启动按钮，弹出图 4-7 所示的“脚注和尾注”对话框。

在“位置”选区选中“脚注”或“尾注”单选按钮，在其后的下拉列表中改变插入的位置。

在“格式”选区可设置编号格式、起始编号、编号方式。设置结束后，单击“应用”按钮。

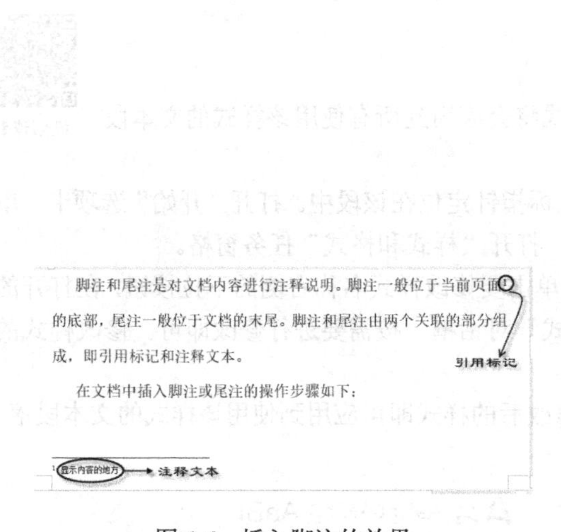

图 4-6 插入脚注的效果

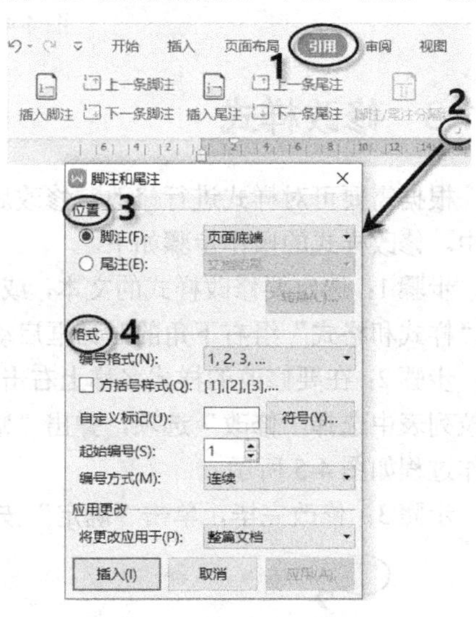

图 4-7 “脚注和尾注”对话框

4.2.2 插入题注

视频课程

题注就是给图片、表格、图表、公式等项目添加的名称和编号。例如，在本书的图片下方标注的“图 4-1”“图 4-2”等带有编号的说明段落就是题注。简单来说，题注就是插图的编号，题注可以方便读者查找和阅读。

使用题注功能可以使长文档中的图片、表格或图表等项目能够按照顺序自动编号。如果移动、插入或删除带题注的项目，那么 WPS 可以自动更新题注的编号，提高工作效率。

通常，表格的题注位于表格的上方，图片的题注位于图片的下方。下面以给图片添加题注为例，说明在文档中插入题注的操作步骤。

步骤 1：在要添加题注的图片上右击，在弹出的快捷菜单中选择“题注”命令，或者打开“引用”选项卡，单击“题注”按钮，弹出“题注”对话框，如图 4-8 所示。

步骤 2：在“标签”下拉列表中选择需要的标签形式。若默认的标签中没有我们需要的形式，则新建标签。

步骤 3：单击“新建标签”按钮，弹出“新建标签”对话框，输入新的标签，标签的内容根据需要设定，如输入“图”，表示图 1、图 2 等，本例中输入“图 4-”表示第 4 章的图片，单击“确定”按钮，新的标签自动出现在“标签”下拉列表的选项中。新建标签的操作过程如图 4-9 所示。

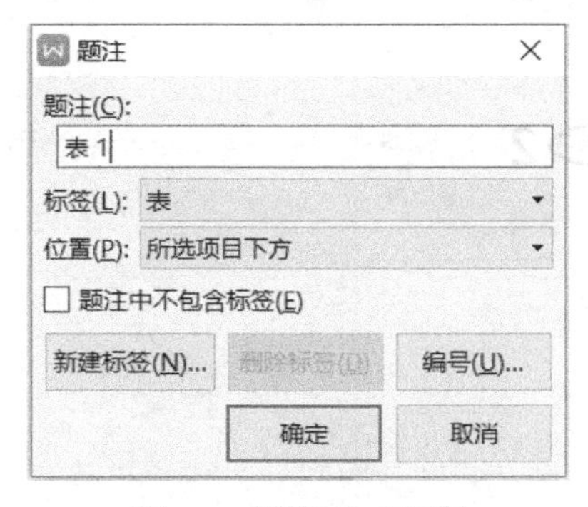

图 4-8 “题注”对话框

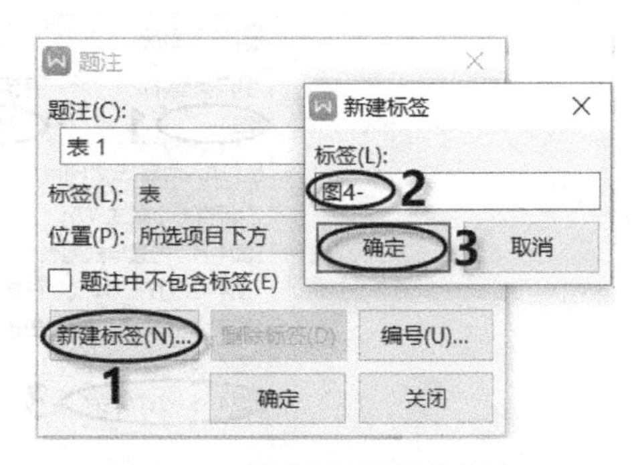

图 4-9　新建标签的操作过程

步骤 4：单击“题注”对话框中的“编号”按钮，设置标签的编号样式。打开“位置”下拉列表，从中设置标签的位置，本例选择“所选项目下方”。

步骤 5：设置结束，单击“确定”按钮，自动为当前图片添加题注，如图 4-10 所示。

步骤 6：再添加本章其他图片的题注时，只需在添加的图片上右击，在弹出的快捷菜单中选择“题注”命令，弹出“题注”对话框。展开“标签”下拉列表，选择“图 4-”选项，系统自动插入“图 4-2、图 4-3”等题注。为其他图片添加题注如图 4-11 所示。

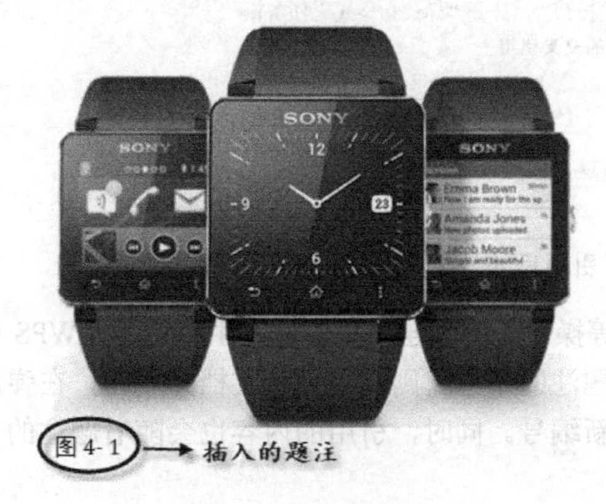

图 4-10　添加题注

图 4-11　为其他图片添加题注

4.2.3　插入交叉引用

视频课程

交叉引用是指在文档的一个位置上引用文档中另一个位置的内容。在文档中我们经常看到“如图 X-Y 所示”就是为图片创建的交叉引用。交叉引用可以使读者尽快找到所需的内容，也可以使整个文档的内容更有条理。交叉引用随引用的图、表格等对象的顺序的变化而变化，并自动进行更新。

例如，对“图 4-5 修改样式”插入交叉引用，操作步骤如下。

步骤 1：将鼠标光标定位在需要插入交叉引用的位置，打开“引用”选项卡，单击“交叉引用”按钮。

步骤 2：弹出“交叉引用”对话框，在“引用类型”下拉列表中选择“图 4-”选项；在“引用内容”下拉列表中选择“只有标签和编号”选项；在“引用哪一个题注”列表框中选择引用的对象，本例选择“图 4-5 修改样式”，单击“插入”按钮。插入交叉引用的操作过程如图 4-12 所示。

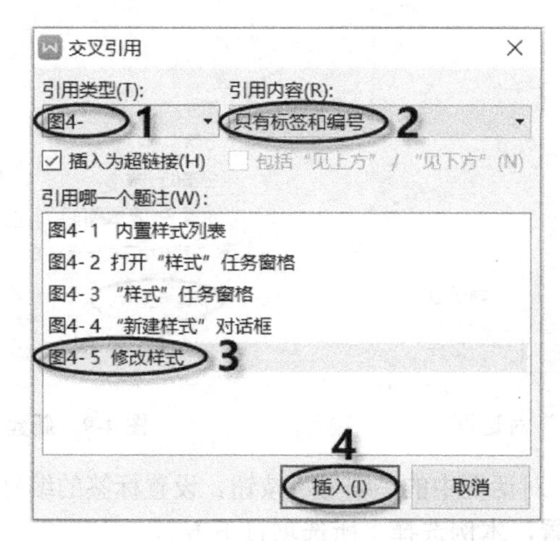

图 4-12　插入交叉引用的操作过程

步骤 3：引用的内容自动插入当前鼠标光标的位置。按住 Ctrl 键并单击该引用，即跳转到引用的目标位置。插入交叉引用后的效果如图 4-13 所示，为快速浏览内容提供了方便。

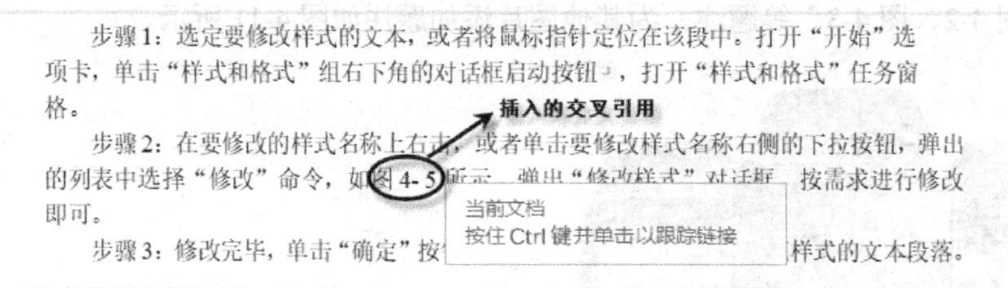

图 4-13　插入交叉引用后的效果

当文档中的图片、表格等对象因插入、删除等操作，造成题注的序号发生变化时，WPS 中的题注序号并不会自动重新编号。若要自动更改题注的序号，则选定整个文档并右击，在弹出的快捷菜单中选择“更新域”命令，题注自动重新编号。同时，引用的内容也会随着题注的变化而变化。

4.3　创建文档目录

目录作为一个导读，通常位于文档的前面，为用户阅读和查阅文档提供方便。使用 WPS 内置目录功能，可以快速为文档添加目录，也可以自定义目录样式，以彰显个性。

4.3.1　利用内置目录样式创建目录

视频课程

WPS 文字内置了常用的目录样式，方便用户快速创建专业的目录。使用内置目录样式创建目录的操作步骤如下。

步骤 1：将鼠标光标定位到文档的前面，打开“引用”选项卡，单击“目录”下拉按钮，在打开的下拉列表中，WPS 文字内置了“智能目录”“自动目录”。插入自动目录样式的操作过程如图 4-14 所示。

步骤 2：若文档的标题已经设置了内置的标题样式（标题 1、标题 2……），则使用下拉列表中“自动目录”样式，WPS 文字根据内置的标题样式自动在指定位置创建目录，如图 4-14 所示。

步骤 3：若文档的标题未设置内置的标题样式，则选择下拉列表中“智能目录”中的某一种样式，即可将该样式应用到文档中，单击目录所在的标题，输入标题内容即可。

步骤 4：插入目录后，单击目录中的任意位置，在目录的上方出现两个快捷设置按钮，“目录设置”“更新目录”。单击“目录设置”下拉按钮，在打开的下拉列表中可以更改目录样式、删除目录；单击“更新目录”按钮，在弹出的对话框中设置目录的更新范围（“只更新页码”或“更新整个目录”）。

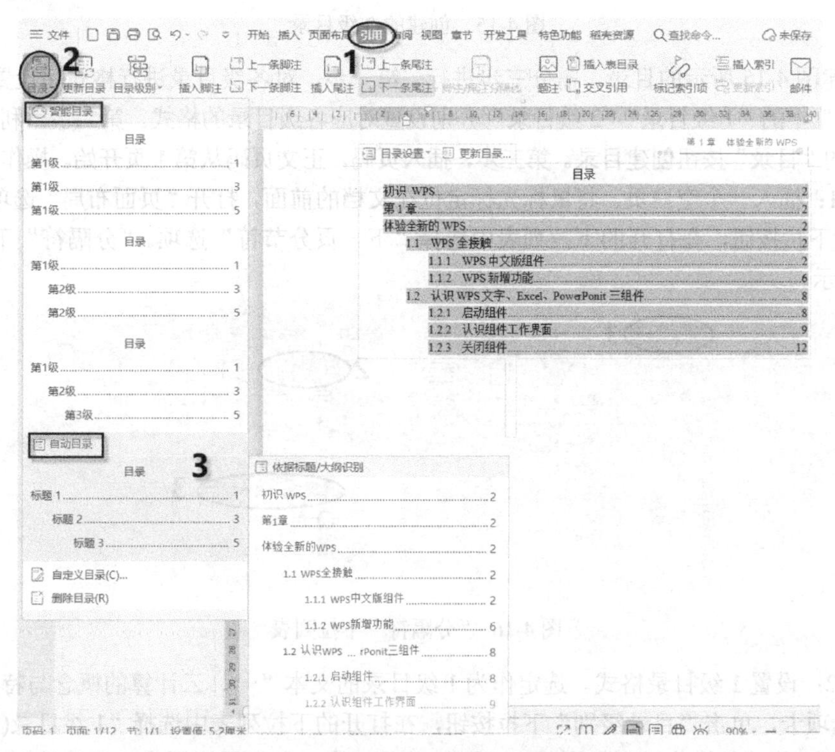

图 4-14　插入自动目录样式的操作过程

4.3.2　更新目录

视频课程

在创建目录后，若因源文档标题或其他目录项而更改目录，则只需在目录上右击，在弹出的快捷菜单中选择“更新域”命令，弹出“更新目录”对话框。选中“更新整个目录”单选按钮，即可更新目录，或者打开“引用”选项卡，单击“目录”组中的“更新目录”按钮，也可以更新整个目录。

4.3.3　自定义目录样式创建目录

视频课程

【例】创建图 4-15 所示的 2 级目录。

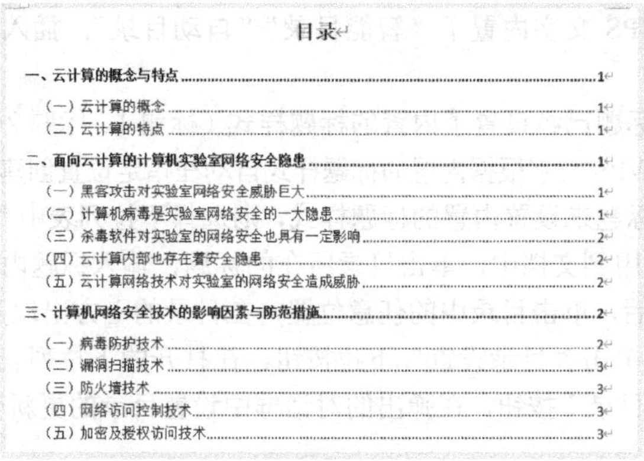

目录

一、云计算的概念与特点……1
（一）云计算的概念……1
（二）云计算的特点……1
二、面向云计算的计算机实验室网络安全隐患……1
（一）黑客攻击对实验室网络安全威胁巨大……1
（二）计算机病毒是实验室网络安全的一大隐患……1
（三）杀毒软件对实验室的网络安全也具有一定影响……2
（四）云计算内部也存在着安全隐患……2
（五）云计算网络技术对实验室的网络安全造成威胁……2
三、计算机网络安全技术的影响因素与防范措施……2
（一）病毒防护技术……2
（二）漏洞扫描技术……3
（三）防火墙技术……3
（四）网络访问控制技术……3
（五）加密及授权访问技术……3

图 4-15　创建的 2 级目录

要创建图 4-15 所示的目录，需分三步进行。第一步，对各级目录进行格式化设置，即利用“目录级别”中的“1 级目录”“2 级目录”分别设置对应各级目录的格式。第二步，利用“引用”选项卡中的“目录”按钮创建目录。第三步，插入页码，正文页码从第 1 页开始。操作步骤如下。

步骤 1：插入一个空白页。将鼠标光标定位在文档的前面，打开“页面布局”选项卡，单击“分隔符”下拉按钮，在打开的下拉列表中选择“下一页分节符”选项。“分隔符”下拉列表如图 4-16 所示。

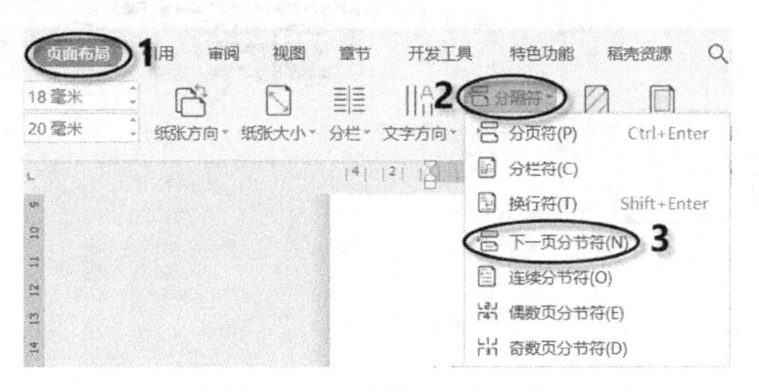

图 4-16　“分隔符”下拉列表

步骤 2：设置 1 级目录格式。选定作为 1 级目录的文本“一、云计算的概念与特点”，打开“引用”选项卡，单击“目录级别”下拉按钮，在打开的下拉列表中选择“1 级目录(1)”选项。设置 1 级目录格式的操作过程如图 4-17 所示，将第一个 1 级目录设置为 1 级目录格式。利用同样的方法，将其他 1 级目录文本分别设置为 1 级目录格式。

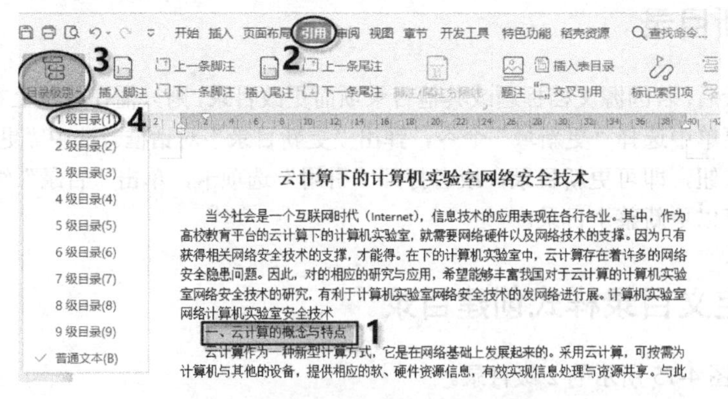

图 4-17　设置 1 级目录格式的操作过程

步骤 3：设置 2 级目录格式。选定作为 2 级目录的文本“（一）云计算的概念”，单击“目录级别”下拉按钮，在打开的下拉列表中选择“2 级目录(2)”选项。设置 2 级目录格式的操作过程如图 4-18 所示，将第一个 2 级目录设置为 2 级目录格式。利用同样的方法，将其他 2 级目录文本分别设置为 2 级目录格式，或者使用“格式刷”按钮将第一个 2 级目录格式复制到其他 2 级目录上。操作方法：选定已经设置 2 级格式的目录“（一）云计算的概念”，打开“开始”选项卡，先双击“格式刷”按钮，鼠标指针变成刷子的形状，然后分别单击其余的每个 2 级目录，可将 2 级目录格式复制到所有 2 级目录上。使用“格式刷”按钮复制 2 级目录 2 级格式的操作过程如图 4-19 所示。设置结束后，再次单击“格式刷”按钮，结束格式刷的使用。

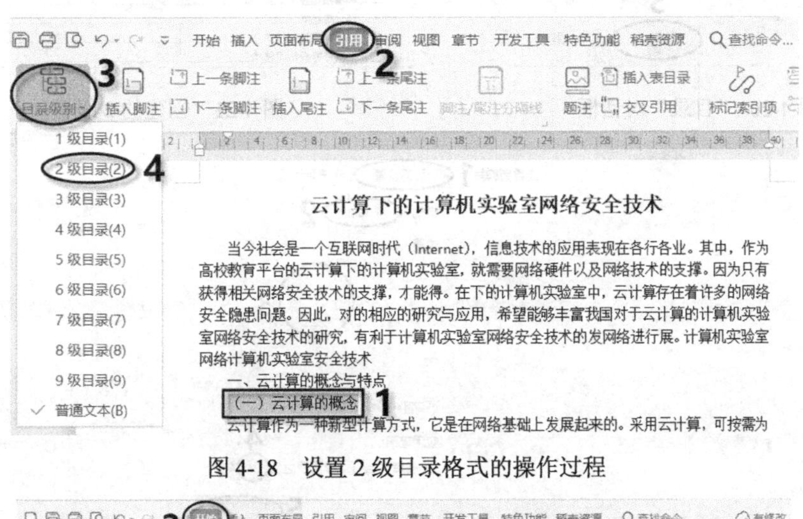

图 4-18　设置 2 级目录格式的操作过程

图 4-19　使用“格式刷”按钮复制 2 级目录 2 级格式的操作过程

步骤 4：自定义目录。将鼠标光标定位在目录页，打开“引用”选项卡，单击“目录”下拉按钮，在打开的下拉列表中选择“自定义目录”选项，弹出“目录”对话框，如图 4-20 所示。

步骤 5：“显示级别”数值框用于设置自定义目录的级别，本例设置为“2”；在“制表符前导符”下拉列表中选择默认的符号，其他各选项采用默认设置，设置完毕，单击“确定”按钮，创建一个 2 级目录。创建的 2 级目录如图 4-21 所示。

步骤 6：更改目录页页码格式。双击目录页页码，进入页码编辑状态并弹出页眉页脚设置按钮，单击“页码设置”下拉按钮，设置页码的样式、位置、应用范围，如图 4-22 所示。

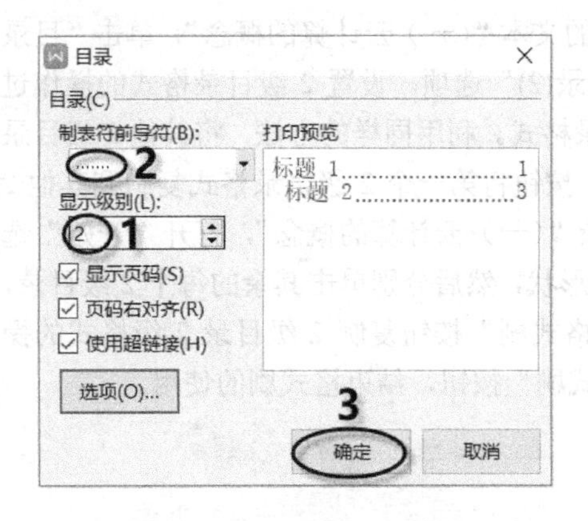

图 4-20 “目录”对话框

目录

一、云计算的概念与特点......1
（一）云计算的概念......1
（二）云计算的特点......1
二、面向云计算的计算机实验室网络安全隐患......1
（一）黑客攻击对实验室网络安全威胁巨大......1
（二）计算机病毒是实验室网络安全的一大隐患......1
（三）杀毒软件对实验室的网络安全也具有一定影响......2
（四）云计算内部也存在着安全隐患......2
（五）云计算网络技术对实验室的网络安全造成威胁......2
三、计算机网络安全技术的影响因素与防范措施......2
（一）病毒防护技术......2
（二）漏洞扫描技术......3
（三）防火墙技术......3
（四）网络访问控制技术......3
（五）加密及授权访问技术......3

图 4-21 创建的 2 级目录

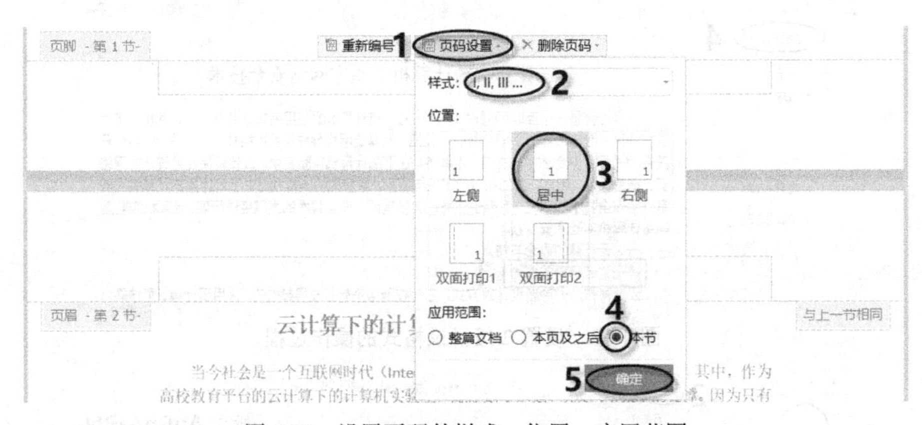

图 4-22 设置页码的样式、位置、应用范围

步骤 7：因页码变化更改目录。将鼠标指针移动到目录页，在目录上右击，在弹出的快捷菜单中选择“更新域”命令，弹出图 4-23 所示的“更新目录”对话框，在此对话框中选中“只更新页码”单选按钮，单击“确定”按钮即可。

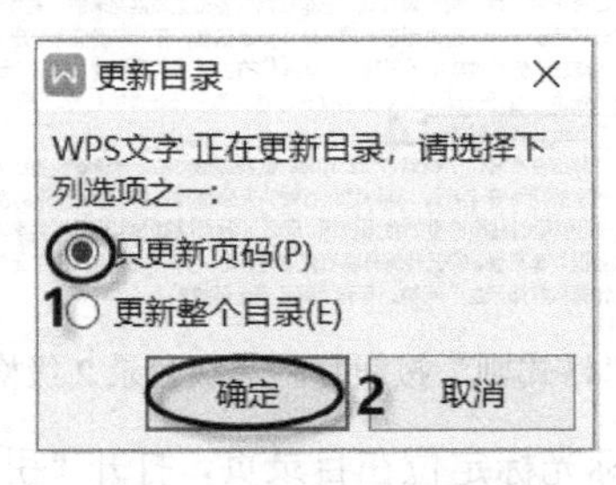

图 4-23 “更新目录”对话框

4.4 文档的审阅和管理

WPS 文字中的审阅可帮助创建者及时了解文档中需要修订的内容或其他协作者对文档的修订，并且可对修订前后的文档进行比较、查阅及合并多个修订版本。审阅后的文档可以共享给他人进行传阅或进行其他操作。

4.4.1 拼写检查

视频课程

在 WPS 文字文档中经常会看到在某些字符下方标有红色的波浪线，这是由 WPS 提供的拼写检查功能根据其内置字典标示出的含有拼写错误的字句。

1. 使用拼写检查功能

步骤 1：打开 WPS 文字文档，先在“审阅”选项卡中单击“拼写检查”下拉按钮，然后在打开的下拉列表中选择“设置拼写检查语言”选项，最后在弹出的对话框中选择所使用的语言进行拼写检查，单击“设为默认”按钮。

步骤 2：选定需要进行检查的文本，若对全文进行检查，则将鼠标光标定在文档的任意位置。打开“审阅”选项卡，单击“拼写检查”按钮，弹出“拼写检查”对话框，如果存在拼写错误，那么将鼠标光标定位在文档的错误处，在“更改为”文本框中进行更改。检查并更改拼写错误的操作过程如图 4-24 所示。如果标示出的字符没有错误，那么单击“忽略”或“全部忽略”按钮。

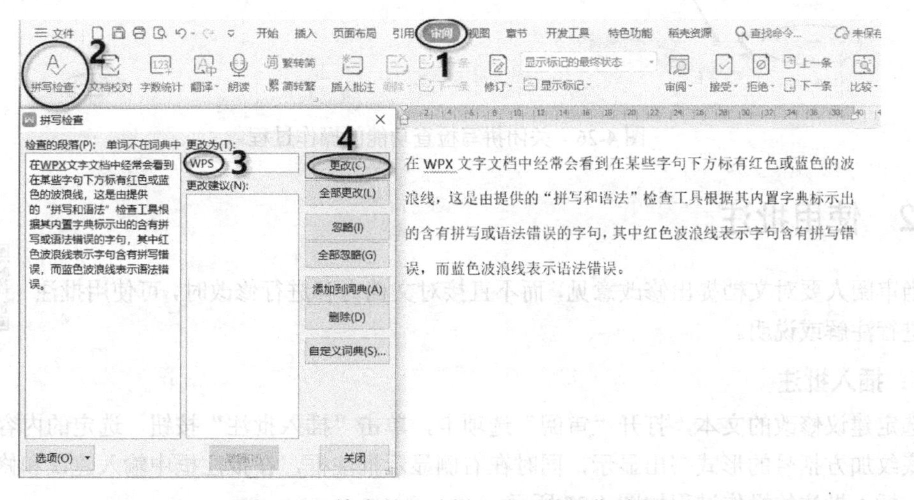

图 4-24 检查并更改拼写错误的操作过程

步骤 3：继续查找下一处错误，根据需要单击“更改”“忽略”等按钮，直至检查结束，弹出图 4-25 所示的提示对话框，提示拼写检查完成。

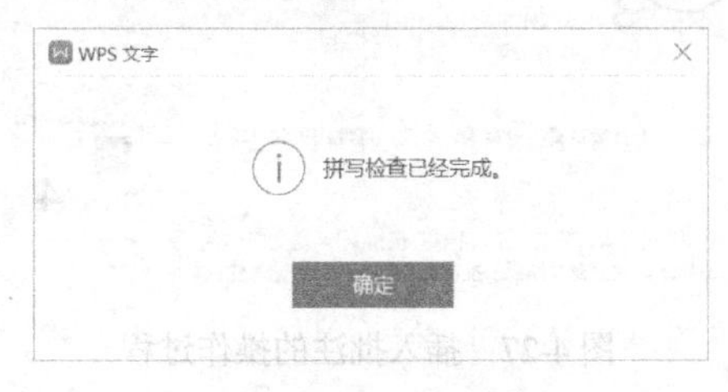

图 4-25 提示对话框

2. 关闭拼写检查功能

步骤 1：选择“文件”→“选项”命令，弹出“选项”对话框。

步骤 2：在列表框选择“拼写检查”选项，在“拼写检查”选区，取消勾选“输入时拼写检查”和“总提出更正建议”复选框，单击“确定”按钮。

关闭拼写检查功能后，文档中含有拼写错误的内容下方不再显示红色波浪线，其操作过程如图 4-26 所示。

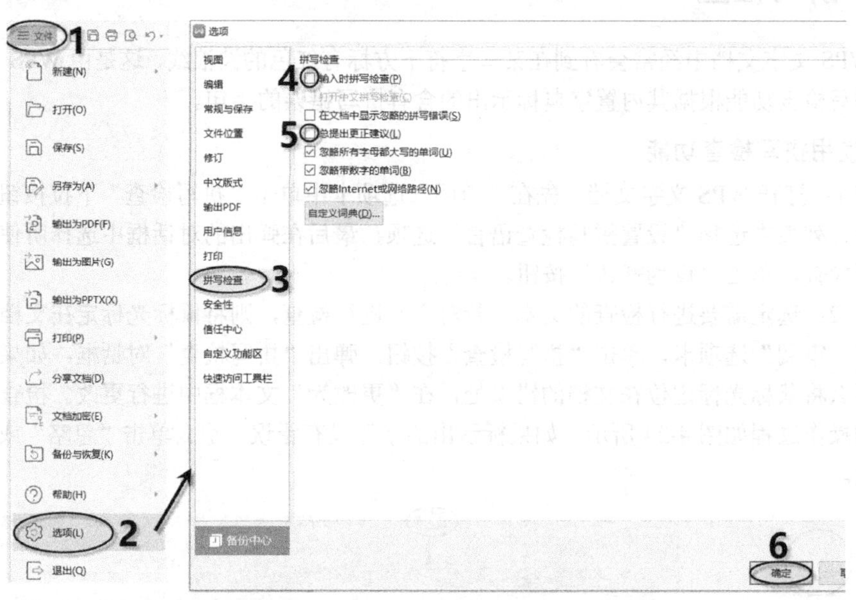

图 4-26　关闭拼写检查功能的操作过程

4.4.2　使用批注

当审阅人要对文档提出修改意见，而不直接对文档内容进行修改时，可使用批注功能进行注解或说明。

视频课程

1．插入批注

选定建议修改的文本，打开“审阅”选项卡，单击“插入批注”按钮，选定的内容将以红色的底纹加方括号的形式突出显示，同时在右侧显示批注框，在批注框中输入建议和修改意见即可。插入批注的操作过程如图 4-27 所示。

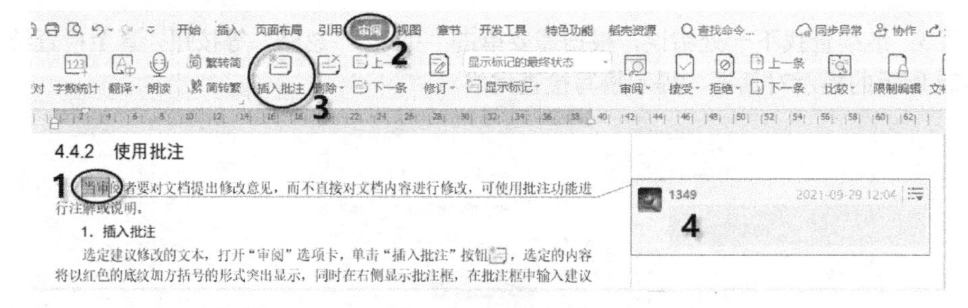

图 4-27　插入批注的操作过程

如果文档中插入了多个批注，那么用户可以通过单击“审阅”选项卡中的“上一条”或“下一条”按钮，在各个批注之间进行切换。

2．删除批注

选定要删除的批注框，打开“审阅”选项卡，单击“删除”按钮，即可删除当前选定的批注，或者在选定的批注框上右击，在弹出的快捷菜单中选择“删除批注”命令，即可删除当前选定的批注。

若要删除文档中的所有批注，则单击“删除”下拉按钮，在打开的下拉列表中选择“删除文档中的所有批注”选项即可，如图 4-28 所示。

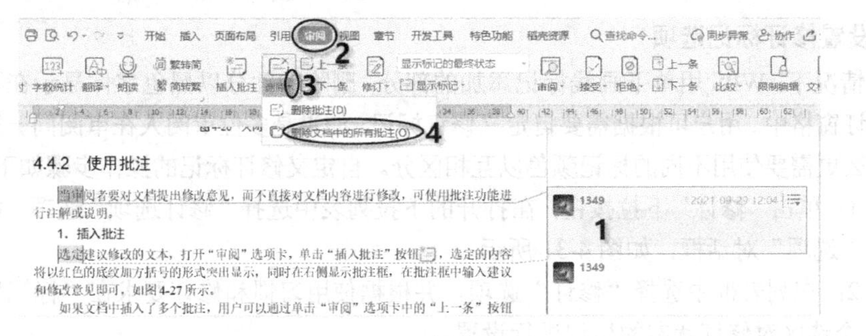

图 4-28　删除所有批注

4.4.3　修订内容

WPS 提供了修订功能，利用修订功能可记录用户对原文进行的移动、删除或插入等修改操作，并以不同的颜色标识出来，便于后期审阅，并确定接受或拒绝这些修订。

1．插入修订标记

视频课程

打开“审阅”选项卡，单击“修订”按钮，文档进入修订状态，可对文档进行修改。此时，用户所进行的各种编辑操作都以修订的形式显示。再次单击“修订”按钮，退出修订状态。

例如，修订“大学生科技创新与就业竞争力提升”文档，操作步骤如下。

步骤 1：打开“大学生科技创新与就业竞争力提升”文档，在“审阅”选项卡中单击“修订”按钮，文档进入修订状态。

步骤 2：选定第 2 行需修订的文本“越来越”，输入“日益”。修订前的文本显示在右侧页边空白处，修订后的文本以红色字体和下画线显示在修改的位置，如图 4-29 所示，页面右侧修订窗格中记录所有修订操作及修订人的用户名。

步骤 3：选定第 3 行文本“创建”，按 Backspace 键删除，删除的文本显示在右侧页边空白处，如图 4-29 所示。

步骤 4：将鼠标光标定位在第 4 行词语“重点”后，插入文本“关注”，添加的文本以红色字体和下画线突出显示，如图 4-29 所示。

步骤 5：使用同样的方法修订其他错误文档，修订结束后，保存修改后的文档。

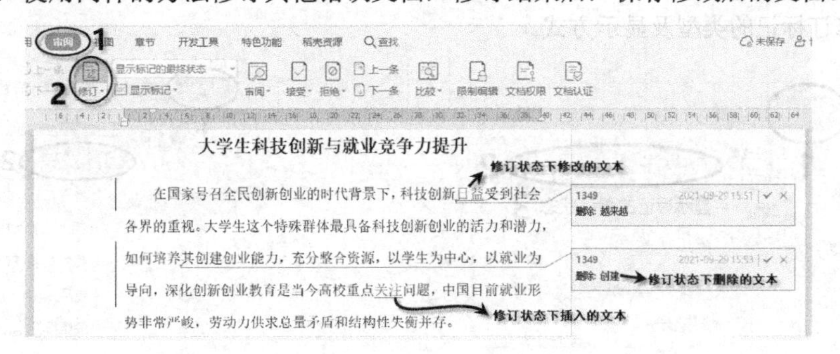

图 4-29　插入修订

步骤 6：若要退出修订状态，则单击“审阅”选项卡中的“修订”按钮，此时该按钮的深色消失，表明退出修订状态。

2．设置修订标记选项

默认情况下，WPS 用单下画线标记添加的部分，删除的部分以黑色字体显示在页面右侧修订窗格中。用户可根据需要自定义修订标记。如果是多位审阅人在审阅同一篇文档，那么更需要使用不同的标记颜色以互相区分。自定义修订标记的操作步骤如下。

步骤 1：单击“修订”下拉按钮，在打开的下拉列表中选择“修订选项”选项，如图 4-30 所示，弹出“选项”对话框，如图 4-31 所示。

步骤 2：在列表框中选择“修订”选项，并根据使用习惯和修订要求在“标记”“批注框”“打印”3 个选区对修订状态的标记进行设置。

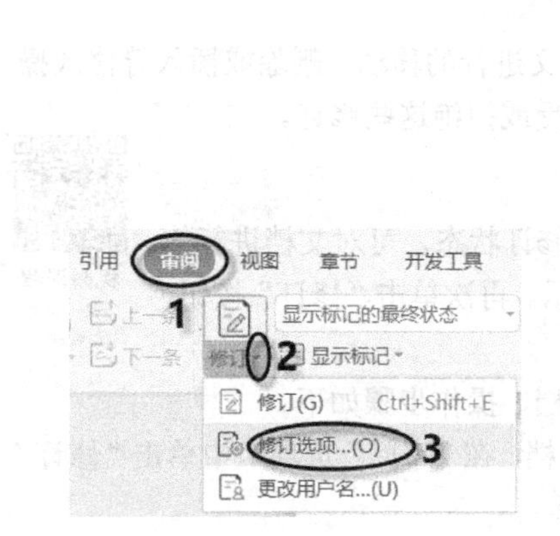

图 4-30 “修订选项”选项

图 4-31 “选项”对话框

3．设置修订的显示状态和标记

设置修订的显示状态：打开“审阅”选项卡，打开修订状态下拉列表，其中包含了四种显示状态，分别是“显示标记的最终状态”“最终状态”“显示标记的原始状态”“原始状态”，如图 4-32 所示，根据需要选择所需的显示状态。

设置修订的显示标记：用户可根据修订需要添加或减少显示的标记项目，如图 4-33 所示。在“审阅”选项卡中单击“显示标记”下拉按钮，打开图 4-33 所示的下拉列表，在下拉列表中设置显示修订标记的类型及显示方式。

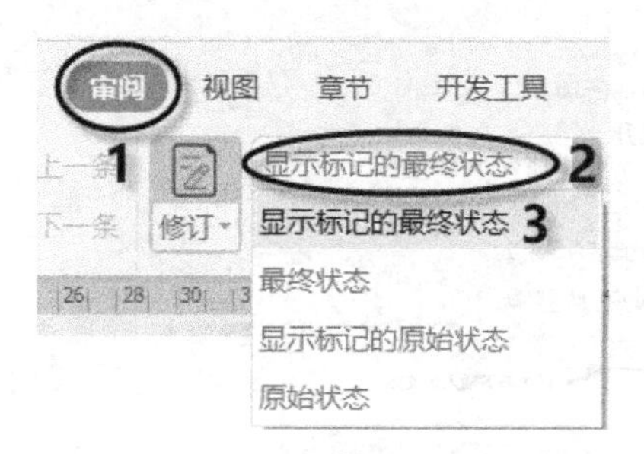

图 4-32 设置修订的显示状态

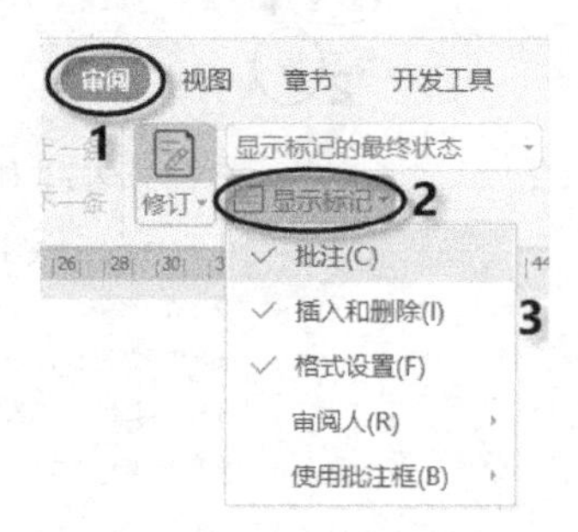

图 4-33 设置修订的显示标记

查看某个审阅人所做的修订：当文档被多个人修订或审阅后，若要查看某个审阅人所做的修订，则单击“审阅”选项卡中的“显示标记”下拉按钮，在打开的下拉列表中选择“审阅人”选项，在展开的下一级列表中选择审阅人，如图 4-34 所示，即可查看该审阅人所做的修订。

图 4-34　查看某个审阅人所做修订的操作过程

4．接受或拒绝修订

文档进行了修订后，可以在“审阅窗格”任务窗格中浏览文档中修订的内容，以决定是否接受这些修改。

例如，在“大学生科技创新与就业竞争力提升”文档中做出接受或拒绝修订的决定，操作步骤如下。

步骤 1：打开“大学生科技创新与就业竞争力提升”文档，先在“审阅”选项卡中单击“审阅”下拉按钮，然后在打开的下拉列表中选择“审阅窗格”→“垂直审阅窗格”选项，在窗口的右侧打开“审阅窗格”任务窗格。接受或拒绝修订的操作过程如图 4-35 所示。

步骤 2：单击“审阅窗格”任务窗格中的修订内容，如单击第一个修订内容“删除 越来越”，如果接受当前的修订，那么单击“接受”按钮。否则，单击“拒绝”按钮，拒绝修订。使用同样的方法，查看和修订文档中的其他修订。

步骤 3：若要接受或拒绝当前文档中所有修订，则单击“接受”或“拒绝”下拉按钮，在打开的下拉列表中选择“接受对文档所做的所有修订”或“拒绝对文档所做的所有修订”选项。

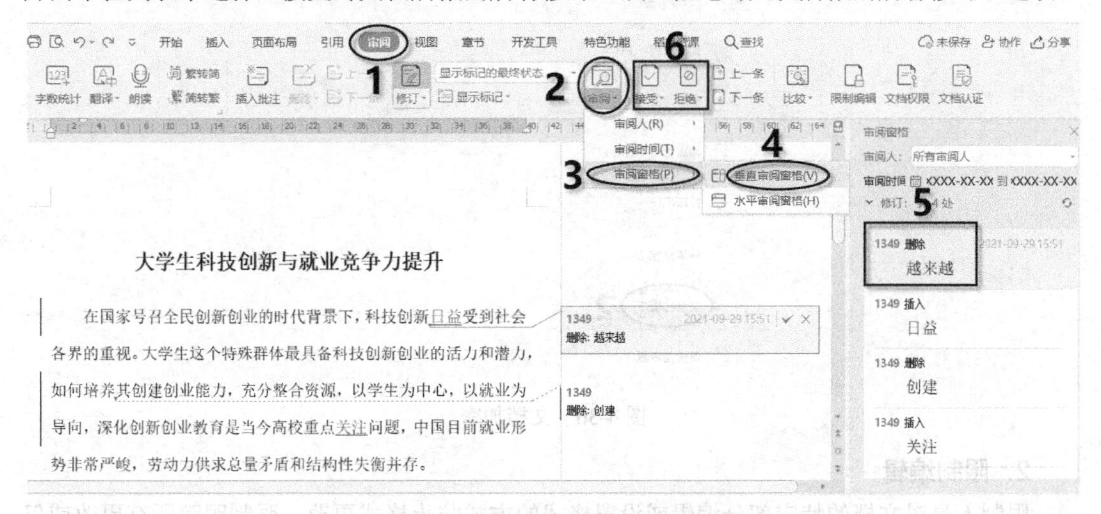

图 4-35　接受或拒绝修订的操作过程

5. 比较审阅后的文档

视频课程

如果审阅人直接修改了文档，而没有让 WPS 文档加上修订标记，那么此时可以用原来的文档与修改后的文档进行比较，以查看哪些地方进行了修改，操作步骤如下。

步骤 1：打开“审阅”选项卡，单击“比较”下拉按钮，在打开的下拉列表中选择“比较”选项，弹出“比较文档”对话框，选择比较的原文档和修订的文档，单击“确定”按钮，在文档的右侧自动显示两个文档比对结果并突出显示不同之处。

步骤 2：单击“审阅”下拉按钮，在打开的下拉列表中选择“审阅窗格”→“垂直审阅窗格”选项，自动显示两个文档被修订的痕迹，根据需要接受或拒绝这些修订。

视频课程

4.4.4 文档安全

在文档的编辑过程中，若不希望文档被其他用户查看或随意修改，则需要对文档进行保护。

1. 文档加密

步骤 1：打开需要加密的文档，选择“文件”→“文档加密”→“密码加密”命令。文档加密如图 4-36 所示，弹出“密码加密”对话框。

步骤 2：在对话框中，设置“打开权限”或“编辑权限”密码和确认密码，单击“确定”按钮。

步骤 3：返回文档中，单击快速访问工具栏中的“保存”按钮，为该文档用密码进行了加密。再次打开或编辑该文档时，需要输入密码才能打开或编辑文档，保障文档在查阅或流转中的安全性。

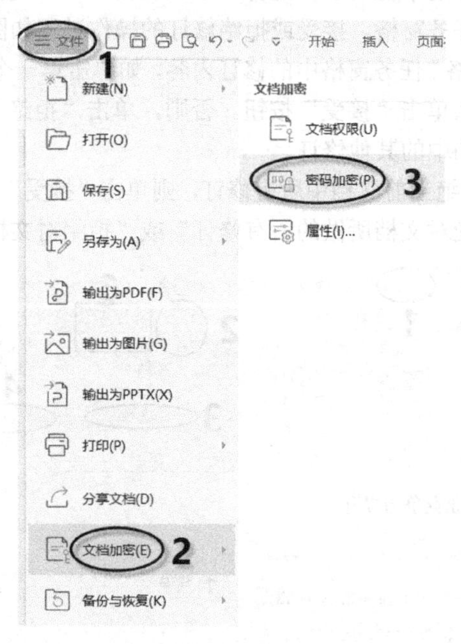

图 4-36 文档加密

2. 限制编辑

限制人员对文档的特定部分编辑或设置格式的方式防止格式更改，强制跟踪所有更改或仅启用备注。

步骤 1：打开“审阅”选项卡，单击“限制编辑”按钮，打开“限制编辑”任务窗格。

步骤 2：在任务窗格中选择要限制的选项。例如，勾选“设置文档的保护方式”复选框，可设置文档“只读”“修订”“批注”“填写窗体”四种保护方式，从而防止其他用户对相关内容或格式进行修改。例如选择“只读”，该文档只能查阅不可修改。设置文档保护方式的操作过程如图 4-37 所示。

步骤 3：单击“启动保护”按钮，在弹出的对话框中输入新密码和确认密码，单击“确定”按钮，该文档只能读不能进行修改。

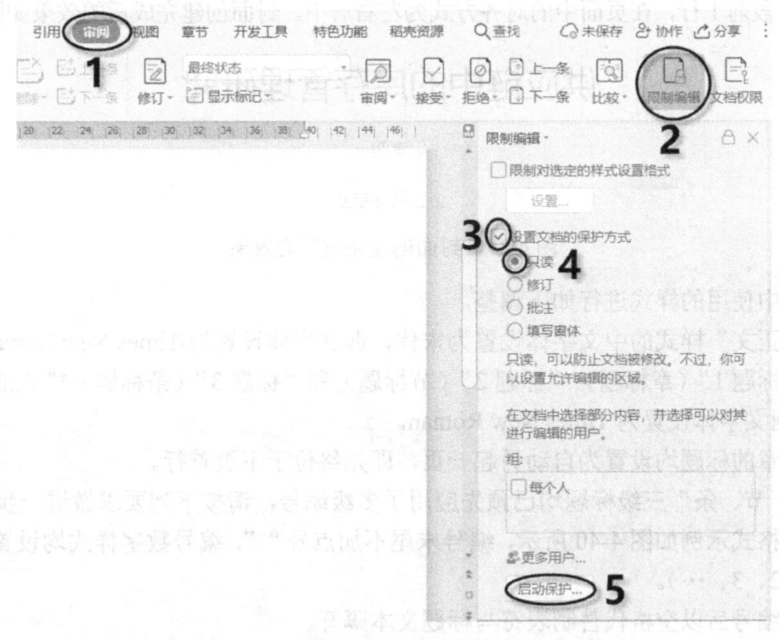

图 4-37　设置文档保护方式的操作过程

步骤 4：若取消限制编辑，则在“限制编辑”任务窗格中，单击“停止保护”按钮，在弹出的对话框中输入保护密码，单击“确定”按钮，如图 4-38 所示。

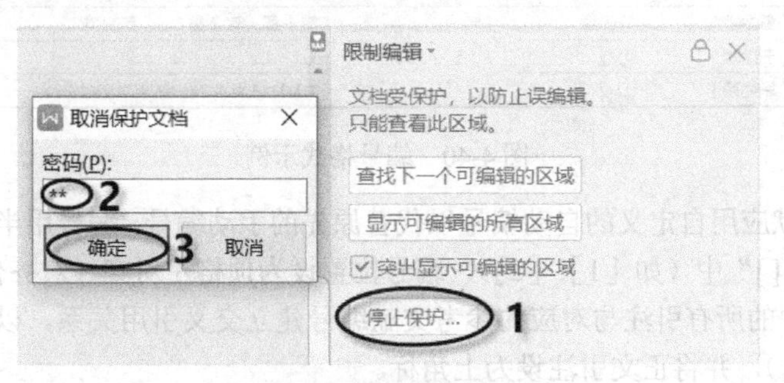

图 4-38　取消“限制编辑”

4.5　实例练习

本实例知识覆盖面广，涉及页面布局、文本框、图片、样式、脚注、尾注、目录、题注、交叉引用、页眉、页脚、页码等设置，难度大，与 WPS Office 二级考试题库中的操作题相近，具有代表性，操作要求如下。

李四同学撰写了硕士毕业设计论文（论文已做结构简化处理），论文的排版和参考文献还需要进行进一步修改，根据以下要求，帮助李四对论文进行完善。

打开素材文档“WPS.docx”（.docx 为文件扩展名），后续操作均基于此文档。

1. 设置文档属性摘要的标题为“工学硕士学位论文”，作者为“李四”。

2. 对文档内容进行分节，使得“封面”“目录”“正文”“参考文献”各部分的内容都位于独立的节中，且每节都从新的一页开始。

3. 为论文创建封面，将论文题目、作者姓名和作者专业放置在文本框中，设置适当格式，并居中对齐；段前 1 行，在页面中的对齐方式为左右居中。封面创建完成后的效果如图 4-39 所示。

供应链中的库存管理研究

李四

企业管理专业

图 4-39　封面创建完成后的效果

4. 对文中使用的样式进行如下调整。

① 将“正文”样式的中文字体设置为宋体，西文字体设置为 Times New Roman。

② 将“标题 1”（章标题）、“标题 2”（节标题）和“标题 3”（条标题）样式的中文字体设置为黑体，西文字体设置为 Times New Roman。

③ 将每章的标题均设置为自动另起一页，即始终位于下页首行。

5. “章、节、条”三级标题均已预先应用了多级编号，请按下列要求做进一步处理。

① 编号格式示例如图 4-40 所示，编号末尾不加点号“.”，编号数字样式均设置为半角阿拉伯数字（1、2、3、…）。

② 各级编号后以空格代替制表符与标题文本隔开。

③ 节标题在章标题之后重新编号，条标题在节标题之后重新编号，如第 2 章的第 1 节应编号为“2.1”而非“2.2”等。

标题级别	编号格式	编号数字样式	标题编号示例
1（章标题）	第①章	1、2、3、…	第 1 章、第 2 章、…、第 *n* 章
2（节标题）	①.②		1.1、1.2、…、*n*.1、*n*.2
3（条标题）	①.②.③		1.1.1、1.1.2、…、*n*.1.1、*n*.1.2

图 4-40　编号格式示例

6. 对参考文献应用自定义的自动编号以代替原先的手动编号，编号用半角阿拉伯数字置于一对半角方括号“[]”中（如 [1]、[2]），编号位置设为顶格左对齐（对齐位置为 0 厘米）。将论文第 1 章正文中的所有引注与对应的参考文献编号建立交叉引用关系，以代替原先的手动编号（保持字样不变），并将正文引注设为上角标。

7. 请使用题注功能，按下列要求对第 2 章中的 3 张图片分别应用按章连续自动编号，以代替原先的手动编号。

① 图片编号应形如“图 2-1”等，其中连字符“-”前面的数字代表章号、“-”后面的数字代表图片在本章中出现的次序。

② 图片题注中，标签“图”与编号“2-1”之间要求无空格（该空格需生成题注后再手动删除），编号之后以一个半角空格与图片名称字符间隔开。

③ 修改“图片”样式的段落格式，使正文中的图片始终自动与其题注所在段落位于同一页

面中。

④ 在正文中通过交叉引用为图片设置自动引用其图片编号，替代原先的手动编号（保持字样不变）。

8．为论文添加目录，具体要求如下。

① 在论文封面页之后、正文之前引用自动目录，包含 1～3 级标题。

② 使用格式刷将“参考文献”标题段落的字体和段落格式完整应用到“目录”标题段落，并设置“目录”标题段落的大纲级别为“正文文本”。

③ 将目录中的 1 级标题段落设置为黑体小四号字，2 级和 3 级标题段落设置为宋体小四号字，英文字体全部设置为 Times New Roman，且要求这些格式在更新目录时保持不变。

9．将论文分为封面页、目录页、正文章节、参考文献页共 4 个独立的节，每节都从新的一页开始（必要时删除空白页），并按要求对各节的页眉、页脚分别独立编排。

① 封面页不设页眉横线，文档的其余部分应用“上粗下细双横线”的样式预设页眉横线。

② 封面页不设页眉文字，目录页和参考文献页的页眉处添加“工学硕士学位论文”字样，正文章节页的页眉处设置“自动”获取对应章标题（含章编号和标题文本，并以半角空格间隔。例如，正文第 1 章的页眉字样应为“第 1 章 绪论”），且页眉字样居中对齐。

③ 封面页不设页码，目录页应用大写罗马数字页码（Ⅰ、Ⅱ、Ⅲ、…），正文章节页和参考文献页统一应用半角阿拉伯数字页码（1、2、3、…）且从数字 1 开始连续编码。页码数字在页脚处居中对齐。

10．在源文件目录下将文档输出为 PDF 格式，并命名为“毕业论文.pdf”。

解题步骤如下。

第 1 题

步骤：打开素材文档“WPS.docx”，选择“文件”→“文档加密”→“属性”命令，弹出“WPS.docx 属性”对话框。打开“摘要”选项卡，输入标题“工学硕士学位论文”，输入作者“李四”，单击“确定”按钮。设置文档属性的操作过程如图 4-41 所示。

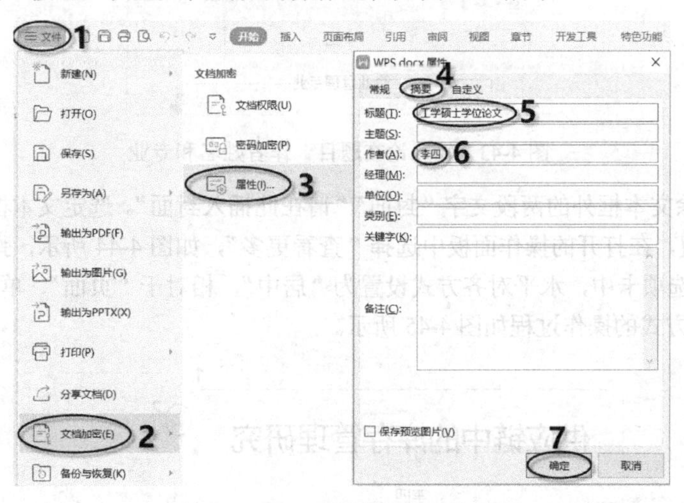

图 4-41　设置文档属性的操作过程

第 2 题

步骤 1：将鼠标光标定位在文字“目录”左侧，打开“页面布局”选项卡，单击“分隔符”下拉按钮，在打开的下拉列表中选择“下一页分节符”选项，如图 4-42 所示。

步骤 2：将鼠标光标定位在标题文字“绪论”左侧，按照同样的方法设置正文分节；将鼠标光标定位在文档最后一页“参考文献”左侧，按照同样的方法设置参考文献分节。各部分的内容都位于独立的节中，且每节都从新的一页开始。

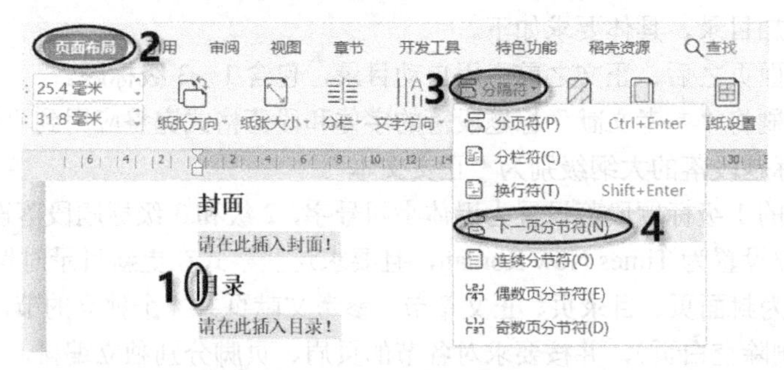

图 4-42 “下一页分节符”选项

第 3 题

步骤 1：将鼠标光标定位在封面页黄色段落后，按几次 Enter 键确定插入点的位置。打开“插入”选项卡，单击“文本框”下拉按钮，在打开的下拉列表中选择“多行文字”选项，当鼠标指针变成+形时，按住鼠标左键进行拖动在空白页中绘制文本框，并在文本框中输入对应的文字。

步骤 2：选定“供应链中的库存管理研究”，打开“开始”选项卡，在“字体”组中设置字体为“微软雅黑”，字号为“小初”，在“段落”组中设置对齐方式为“居中对齐”，段前间距 1 行，适当调整文本框的大小和位置。按照同样的方法设置“李四”“企业管理专业”字体为“微软雅黑”，字号为“小二”，对齐方式为“居中对齐”，段前间距 1 行。输入论文题目、作者姓名和专业如图 4-43 所示。

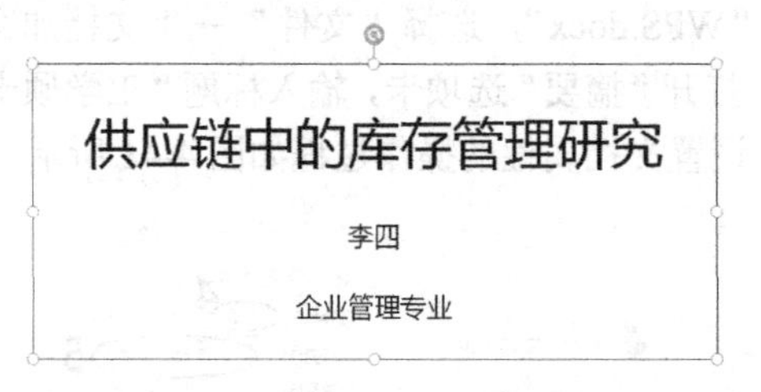

图 4-43 输入论文题目、作者姓名和专业

步骤 3：删除文本框外的两段文字“封面”“请在此插入封面”。选定文本框，单击其右侧的“布局选项”按钮，在打开的操作面板中选择“查看更多”，如图 4-44 所示，弹出“布局”对话框。在“位置”选项卡中，水平对齐方式设置为“居中”，相对于“页面”，单击“确定”按钮。设置文本框对齐方式的操作过程如图 4-45 所示。

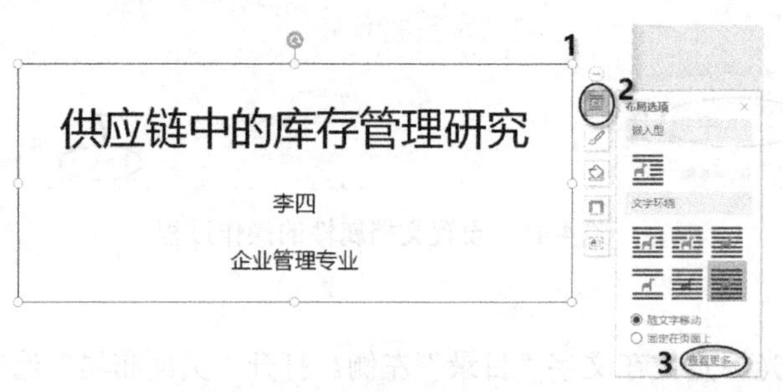

图 4-44 选择“查看更多”

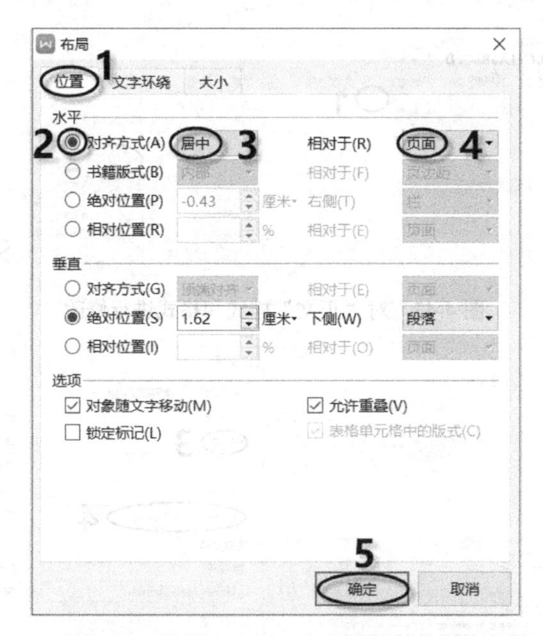

图 4-45　设置文本框对齐方式的操作过程

步骤 4：选定文本框，打开“绘图工具”选项卡，单击“轮廓”下拉按钮，在打开的下拉列表中选择“无线条颜色”，如图 4-46 所示。

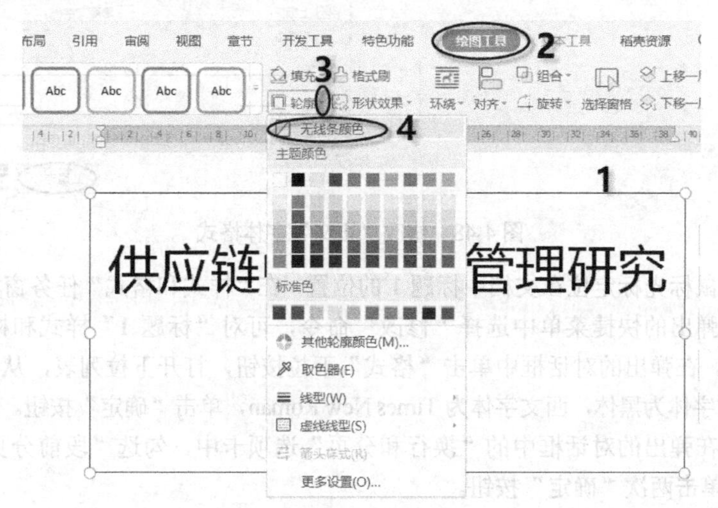

图 4-46　选择“无线条颜色”

第 4 题

步骤 1：将鼠标光标定位在正文中，打开“开始”选项卡，单击“样式与格式”组右下角的对话框启动按钮，打开“样式和格式”任务窗格，在“正文”处右击，弹出快捷菜单，从中选择“修改”命令，可对“正文”样式和格式进行修改，如图 4-47 所示，弹出“修改样式”对话框。单击“格式”下拉按钮，在打开的下拉列表中选择“字体”选项，即可修正“正文”字体格式，如图 4-48 所示。在弹出的对话框中设置中文字体为宋体，西文字体为 Times New Roman，单击两次“确定”按钮。

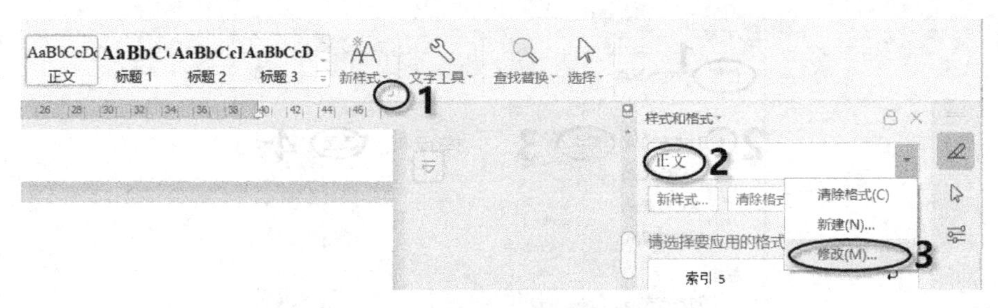

图 4-47　对“正文”样式和格式进行修改

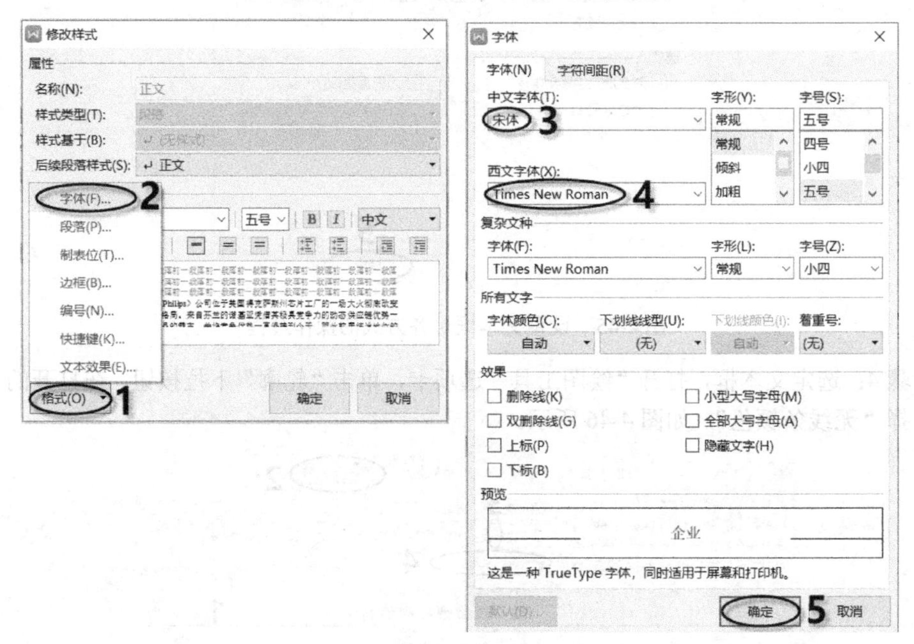

图 4-48　修改“正文”字体格式

步骤 2：将鼠标光标定位在文档中标题 1 的位置，在“样式和格式”任务窗格中，在“标题 1”处右击，在弹出的快捷菜单中选择“修改”命令，可对“标题 1”样式和格式进行修改，如图 4-49 所示。在弹出的对话框中单击“格式”下拉按钮，打开下拉列表，从中选择“字体”选项，设置中文字体为黑体，西文字体为 Times New Roman，单击“确定”按钮。选择“格式”→“段落”选项，在弹出的对话框中的“换行和分页”选项卡中，勾选“段前分页”复选框，如图 4-50 所示，单击两次“确定”按钮。

步骤 3：按照同样的方法设置其余样式（节标题和条标题不用设置段前分页），关闭“样式和格式”任务窗格。

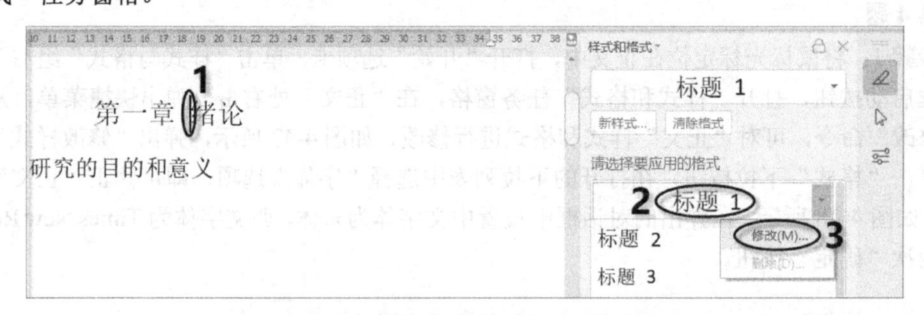

图 4-49　对“标题 1”样式和格式进行修改

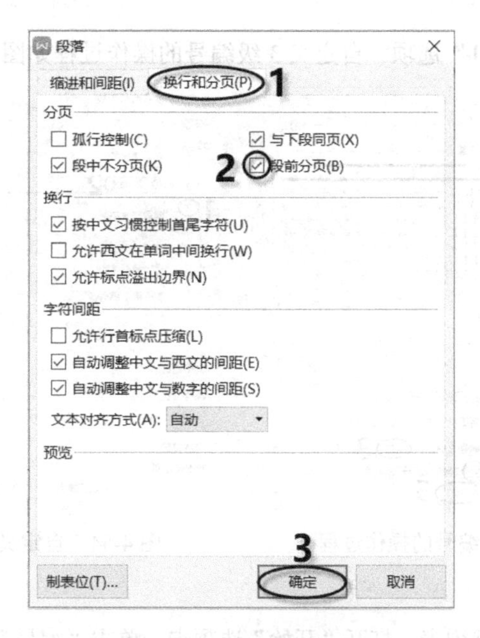

图 4-50　设置段落格式

第 5 题

步骤 1：将鼠标光标定位在“第一章 绪论”中，打开“开始”选项卡，单击“编号”下拉按钮，在打开的下拉列表中选择“自定义编号”选项，弹出“项目符号和编号”对话框，单击“自定义”按钮。自定义多级编号的操作过程如图 4-51 所示。

步骤 2：在弹出的对话框中，单击“高级”按钮，在“级别”列表框选择“1”选项；打开“编号样式”下拉列表，从中选择“1,2,3,...”选项；打开“编号之后”下拉列表，从中选择“空格”选项。自定义 1 级编号的操作过程如图 4-52 所示。

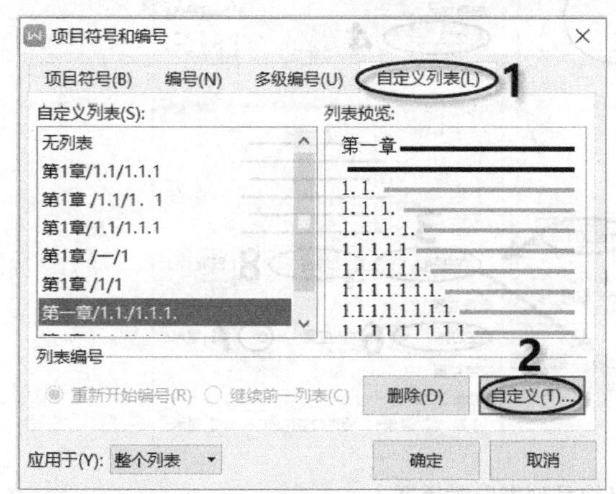

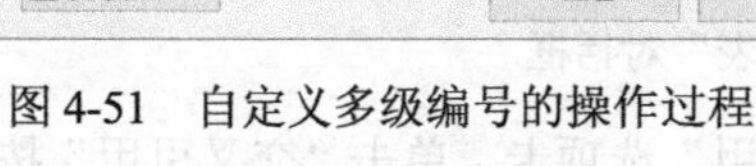

图 4-51　自定义多级编号的操作过程

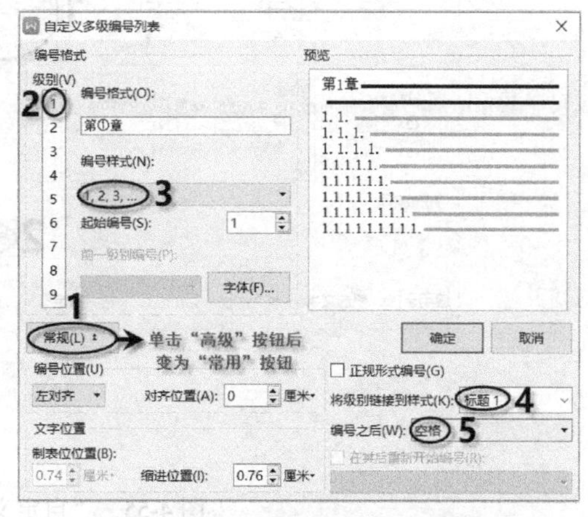

图 4-52　自定义 1 级编号的操作过程

步骤 3：在“级别”列表框选择“2”选项；“编号格式”文本框中删除末尾小数点；打开“编号之后”下拉列表，从中选择“空格”选项，勾选“在其后重新开始编号”复选框，在其下方的下拉列表中选择“级别 1”选项。自定义 2 级编号的操作过程如图 4-53 所示。

步骤 4：在“级别”列表框选择“3”选项；“编号格式”文本框中删除末尾小数点；打开“编号之后”下拉列表，从中选择“空格”选项，勾选“在其后重新开始编号”复选框，在其下方的下拉列表中选择“级别 1”选项。自定义 3 级编号的操作过程如图 4-54 所示。

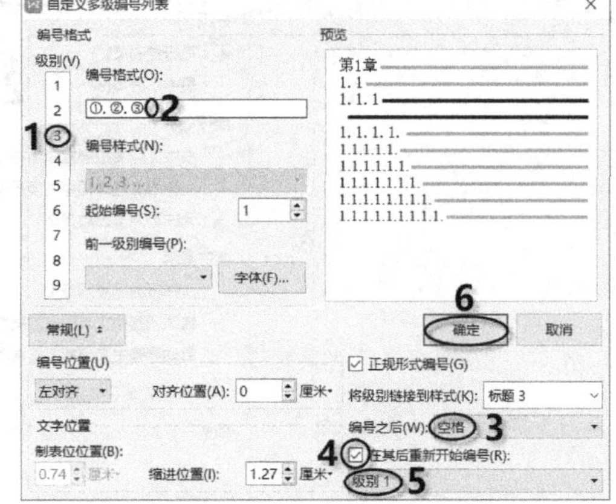

图 4-53　自定义 2 级编号的操作过程　　　　图 4-54　自定义 3 级编号的操作过程

第 6 题

步骤 1：选定参考文献列表，打开“开始”选项卡，单击“编号”下拉按钮，在打开的下拉列表中选择“自定义编号”选项，并在弹出的对话框中选择任意一种编号，单击“自定义”按钮，弹出“自定义编号列表”对话框，如图 4-55 所示。

步骤 2：在该对话框中，单击“高级”按钮，打开“编号样式”下拉列表，从中选择“1,2,3,...”选项；在“编号格式”文本框中输入“[①]”；在“编号位置”选区的下拉列表中选择“左对齐”选项，“对齐位置”数值框输入“0”，单位为厘米，单击“确定”按钮。

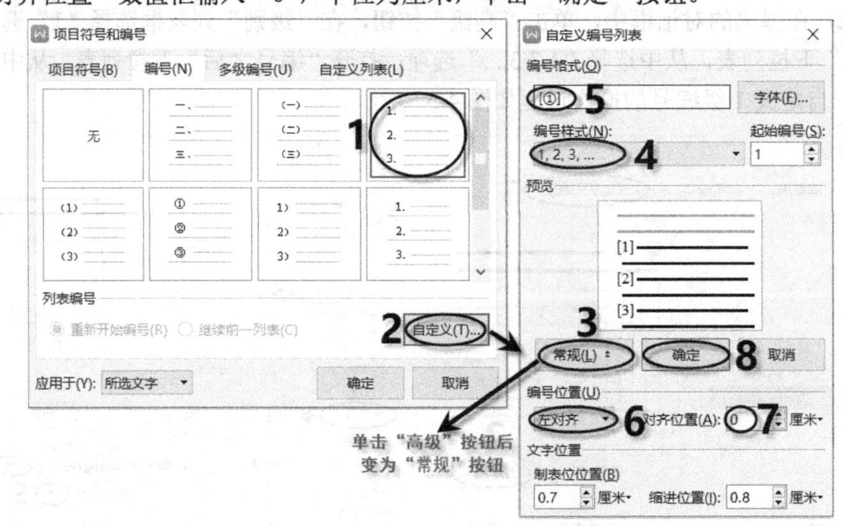

图 4-55　“自定义编号列表”对话框

步骤 3：在第 1 章正文中，选定“[1]”，打开“引用”选项卡，单击“交叉引用”按钮，弹出“交叉引用”对话框，打开“引用类型”下拉列表，从中选择“编号项”选项；打开“引用内容”下拉列表，从中选择“段落编号”选项；在“引用哪一个编号项”列表框选择参考文献第一条，先单击“插入”按钮，再单击“取消”按钮。插入交叉引用的操作过程如图 4-56 所示。按照同样的方法，设置其余交叉引用。

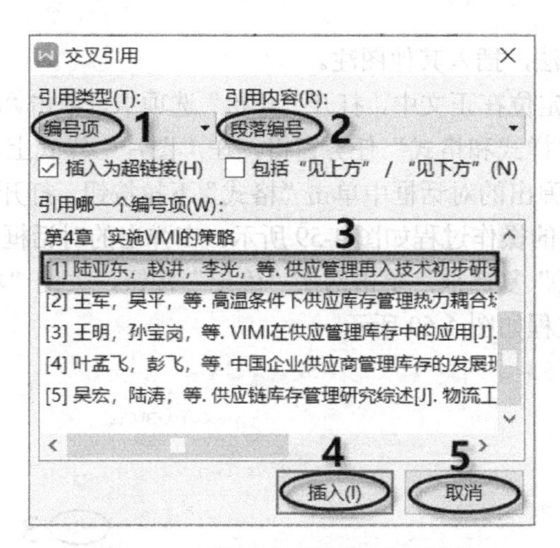

图 4-56　插入交叉引用的操作过程

步骤 4：选定正文引注“[1]”，打开“开始”选项卡，单击“上标”按钮，即可设置上标，如图 4-57 所示。按照同样方法，设置其余正文引注为上标。

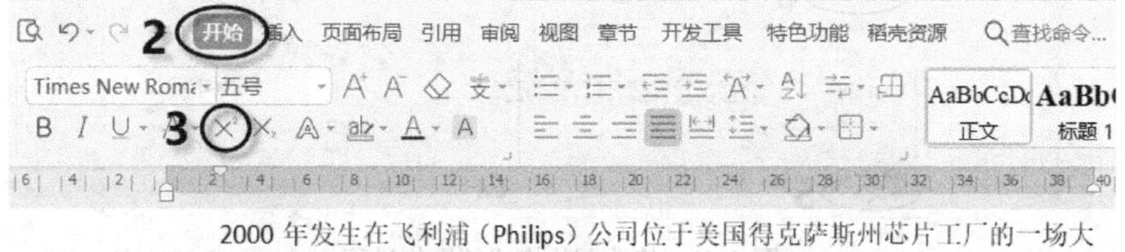

图 4-57　设置上标

第 7 题

步骤 1：选定文字“图 2-1”，按 Backspace 键删除，打开“引用”选项卡，单击“题注”按钮，弹出“题注”对话框，打开“标签”下拉列表，从中选择“图”选项；打开“位置”下拉列表，从中选择“所选项目下方”选项，单击“编号”按钮，在弹出的对话框中，勾选“包含章节编号”复选框，单击两次“确定”按钮。设置题注的操作过程如图 4-58 所示。删除标签“图”与编号“2-1”之间的空格。

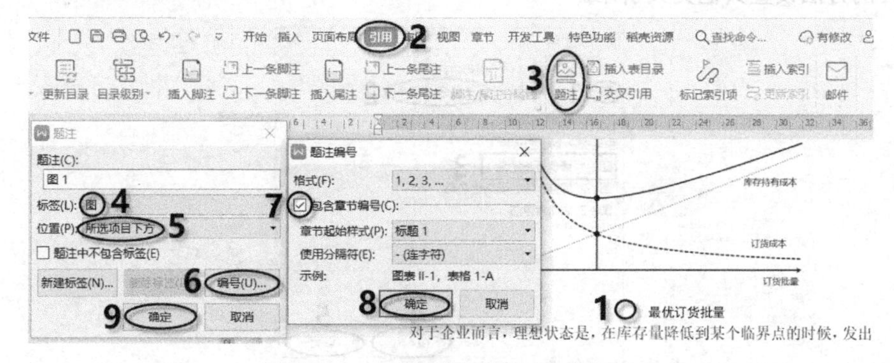

图 4-58　设置题注的操作过程

步骤 2：按照同样方法，插入其他图注。

步骤 3：将鼠标光标定位在正文中，打开“开始”选项卡，单击“样式和格式”组右下角的对话框启动按钮，打开“样式和格式”任务窗格，在“图片”样式上右击，在弹出的快捷菜单中选择“修改”命令。在弹出的对话框中单击“格式”下拉按钮，打开下拉列表，从中选择“段落”选项。修改图片格式的操作过程如图 4-59 所示。在弹出的对话框中打开“换行和分页”选项卡，勾选“与下段同页”复选框，单击两次“确定”按钮，关闭“样式和格式”任务窗格。设置换行和分页的操作过程如图 4-60 所示。

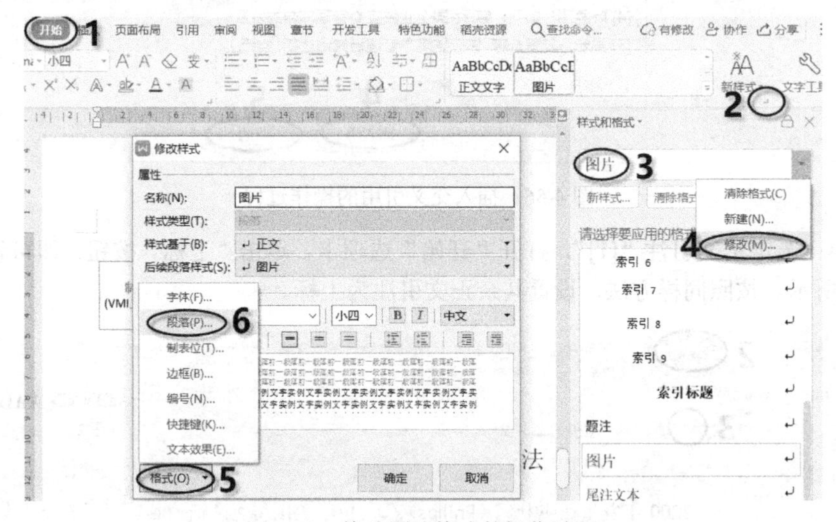

图 4-59　修改图片格式的操作过程

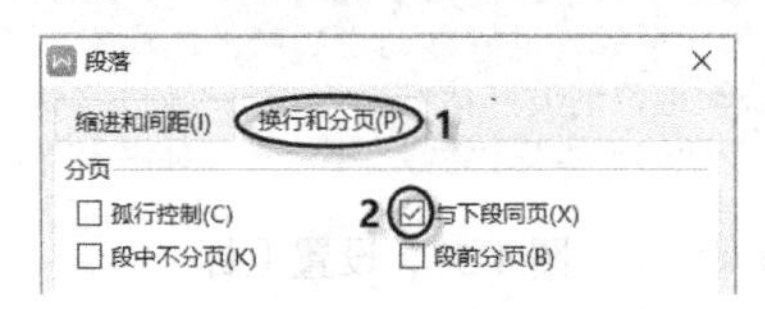

图 4-60　设置换行和分页的操作过程

步骤 4：选定正文文字“图 2-1”，打开“引用”选项卡，单击“交叉引用”按钮，在弹出的对话框中打开“引用类型”下拉列表，从中选择“图”选项；打开“引用内容”下拉列表，从中选择“只有标签和编号”选项；在“引用哪一个题注”列表框中选择“图 2-1 最优订货批量”选项，先单击“插入”按钮，再单击“取消”按钮。插入交叉引用的操作过程如图 4-61 所示。按照同样的方法设置其他交叉引用。

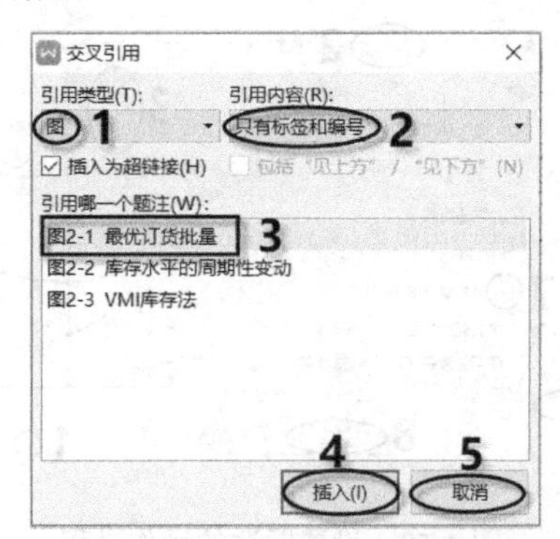

图 4-61　插入交叉引用的操作过程

第 8 题

步骤 1：将鼠标光标移动到目录页，选定已有的文字“目录”和“请在此插入目录”，按 Delete 键删除该文本。打开“引用”选项卡，单击“目录”下拉按钮，在打开的下拉列表中选择“自动目录”选项。

步骤 2：选定“参考文献”标题段落，打开“开始”选项卡，单击“格式刷”按钮，选定文字“目录”即可应用格式。选定文字“目录”，右击，在弹出的快捷菜单中选择“段落”命令，弹出“段落”对话框。在“缩进和间距”选项卡中，打开“大纲级别”下拉列表，从中选择“正文文本”选项，单击“确定”按钮。设置大纲级别的操作过程如图 4-62 所示。

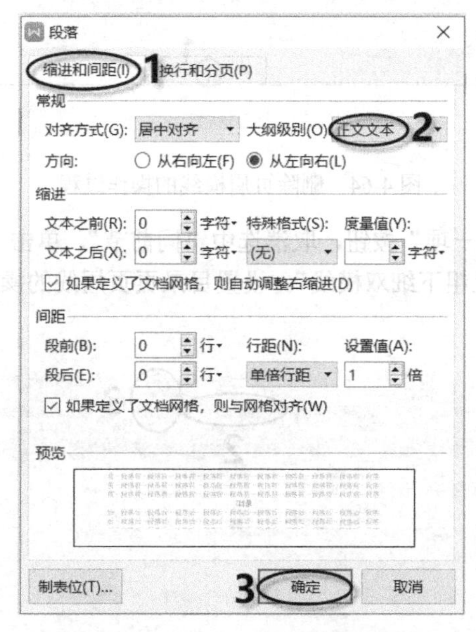

图 4-62　设置大纲级别的操作过程

步骤 3：将鼠标光标定位在一级目录位置，打开“开始”选项卡，单击“样式和格式”组右下角的对话框启动按钮，打开“样式和格式”任务窗格。在“目录 1”上右击，弹出快捷菜单，从中选择“修改”命令。修改目录 1 的样式的操作过程如图 4-63 所示。在弹出的对话框中，单击“格式”下拉按钮，在打开下拉列表中选择“字体”选项，设置中文字体为黑体，西文字体为 Times New Roman，字号为小四，单击两次“确定”按钮。按照同样的方法设置目录 2 和目录 3 的样式，完成后关闭“样式和格式”任务窗格。

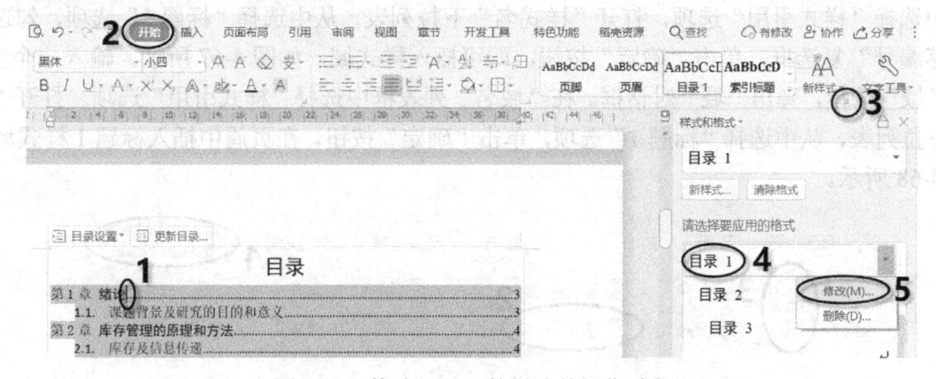

图 4-63　修改目录 1 的样式的操作过程

第 9 题

步骤 1：双击封面页眉处，进入页眉编辑状态，在“页眉和页脚”选项卡中，单击“页眉横线”下拉按钮，在打开的下拉列表中选择“删除横线”选项。删除页眉横线的操作过程如图 4-64 所示。

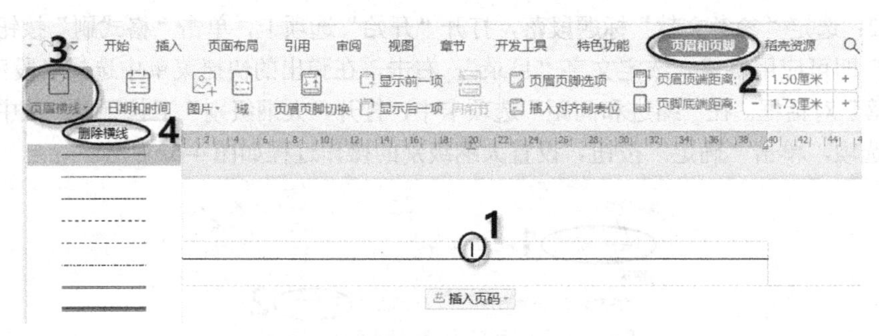

图 4-64　删除页眉横线的操作过程

步骤 2：单击“显示后一项”按钮，取消选中“同前节”，单击“页眉横线”下拉按钮，在打开的下拉列表中选择“上粗下细双横线”。设置目录页页眉线的操作过程如图 4-65 所示。

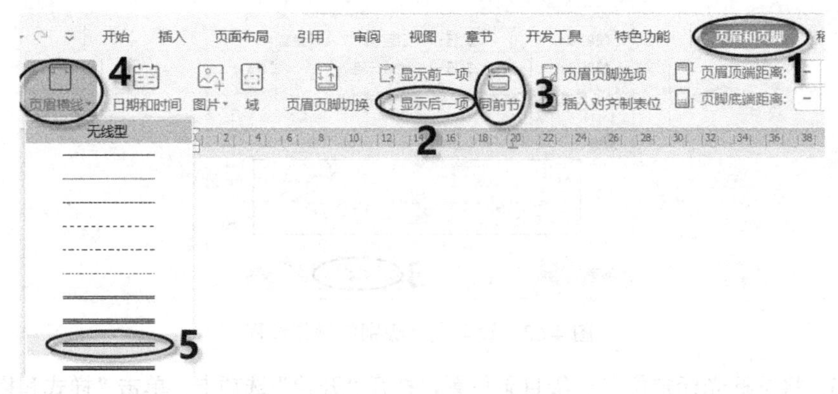

图 4-65　设置目录页页眉线的操作过程

步骤 3：单击“显示后一项”按钮，进入正文章节页的页眉，取消选中“同前节”；单击“显示后一项”按钮，进入参考文献的页眉，取消选中“同前节”。

步骤 4：在目录页的页眉处输入“工学硕士学位论文”。先单击“显示后一项”按钮，再单击“域”按钮，弹出“域”对话框。设置正文页眉域的操作过程如图 4-66 所示。在“域名”列表框中选择“样式引用”选项，打开“样式名”下拉列表，从中选择“标题 1”选项，勾选“插入段落编号”复选框，单击“确定”按钮，即可插入样式域，如图 4-67 所示。输入一个空格，单击“域”按钮，弹出“域”对话框。在“域名”列表框中选择“样式引用”选项，打开“样式名”下拉列表，从中选择“标题 1”选项，单击“确定”按钮。在页眉中插入标题 1 样式域效果如图 4-68 所示。

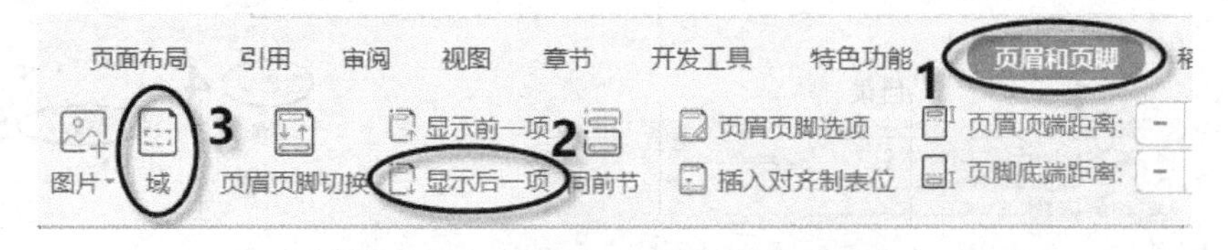

图 4-66　设置正文页眉域的操作过程

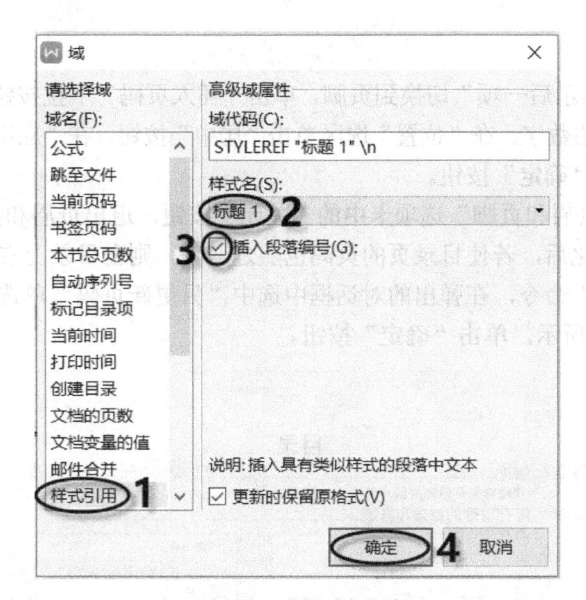

图 4-67　插入样式域

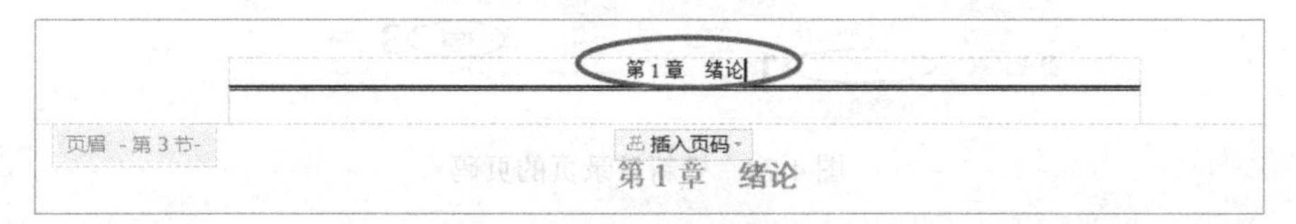

图 4-68　在页眉中插入标题 1 样式域效果

步骤 5：在参考文献的页眉处输入“工学硕士学位论文”。

步骤 6：将鼠标光标定位在目录页的页脚，取消选中“同前节”，单击页脚上方的“插入页码”下拉按钮，打开“样式”下拉列表，从中选择大写罗马数字。在“位置”选区单击“居中”按钮。在“应用范围”选区选中“本节”单选按钮，单击“确定”按钮。设置目录页页码的操作过程如图 4-69 所示。单击“重新编号”下拉按钮，页码编号设为 1，按 Enter 键确认。

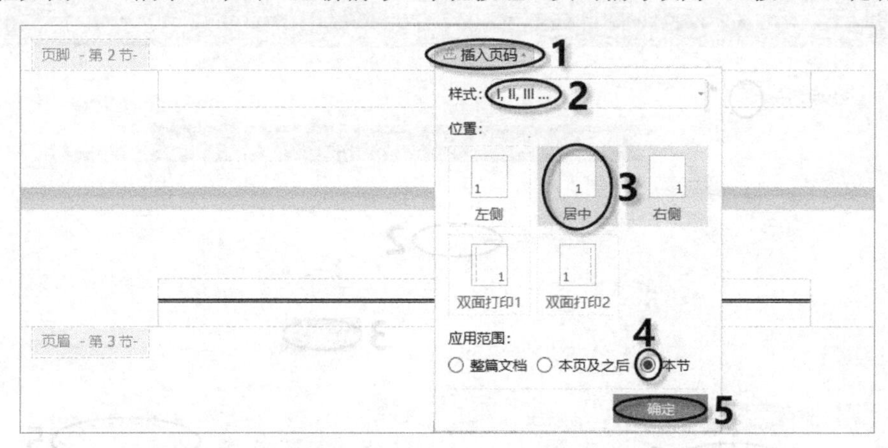

图 4-69　设置目录页页码的操作过程

步骤 7：单击“显示后一项”按钮切换到页脚，单击“插入页码”下拉按钮，打开“样式”下拉列表，从中选择阿拉伯数字。在“位置”选区单击“居中”按钮。在“应用范围”选区选中“本节”单选按钮，单击“确定”按钮。单击“重新编号”下拉按钮，页码编号设为 1，按 Enter

键确认。

步骤 8：单击“显示后一项”切换到页脚，单击“插入页码”下拉按钮，打开“样式”下拉列表，从中选择阿拉伯数字。在“位置”选区单击“居中”按钮。在“应用范围”选区选中“本节”单选按钮，单击“确定”按钮。

步骤 9：单击“页眉和页脚”选项卡中的“关闭”按钮，退出页眉和页脚的编辑。

文档页码发生变化后，若使目录页的页码也随之变化，则在目录上右击，在弹出的快捷菜单中选择“更新目录”命令，在弹出的对话框中选中“只更新页码”单选按钮，即可更新目录页的页码，如图 4-70 所示，单击“确定”按钮。

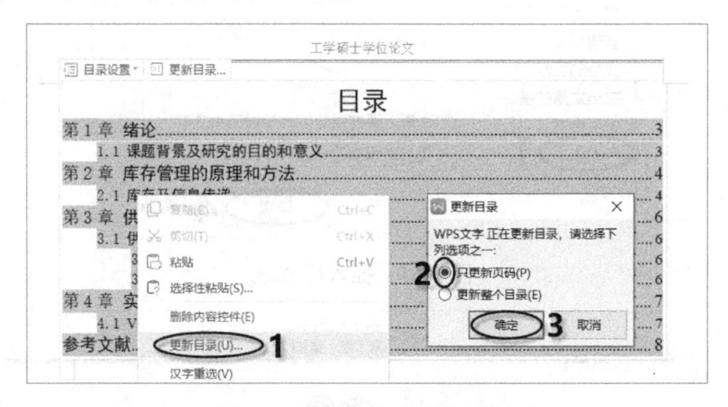

图 4-70　更新目录页的页码

第 10 题

选择“文件”→“输出为 PDF”命令，弹出“输出为 PDF”对话框，单击“修改 PDF 文件名”按钮，在弹出的对话框的“输出文件名”文本框内输入“毕业论文”，单击“确认”按钮。打开“保存目录”下拉列表，从中选择“源文件目录”选项，单击“开始输出”按钮，输出完成后，关闭对话框，关闭文件。输出为 PDF 文件的操作过程如图 4-71 所示。

图 4-71　输出为 PDF 文件的操作过程

第 5 章

通过邮件合并批量处理文档

邮件合并是 WPS 文字中一种可以批量处理的功能。在实际工作中我们会经常遇到要编辑大量版式一致而内容不同的文档，如成绩单、工资条、信函、邀请函等。当需要编辑的份数比较多时，可以借助 WPS 文字的邮件合并功能轻松完成工作任务。例如，某公司年会时要向客户发送邀请函，在所有邀请函中除了“姓名”存在差异，其余套用邀请的内容完全相同，类似这样的文档编辑工作，我们可以应用邮件合并功能进行批量处理。

视频课程

5.1 邮件合并的基础

邮件合并是将两个相关文件的内容合并在一起，以解决大量的重复性工作。其中，一个是“主文档”，用于存放共有的内容；另一个是“数据源”，用于存放需要变化的内容，如姓名、性别等。在合并时，WPS 会将数据源中的内容插入主文档的合并域中，产生以主文档为模板的不同内容的文本。

视频课程

5.2 邮件合并应用实例

某公司将于今年举办答谢盛典活动，市场部助理小李需要将活动邀请函制作完成，并寄送给相关的人员。

在制作邀请函之前小李先建立了主文档“WPS.docx”，如图 5-1 所示，用来存放共有的内容。然后建立了数据源文件“邀请的嘉宾名单.xlsx”，如图 5-2 所示，邮件合并所引用的数据列表，存放姓名等变化的内容。数据源文件通常以 WPS 表格形式存在。

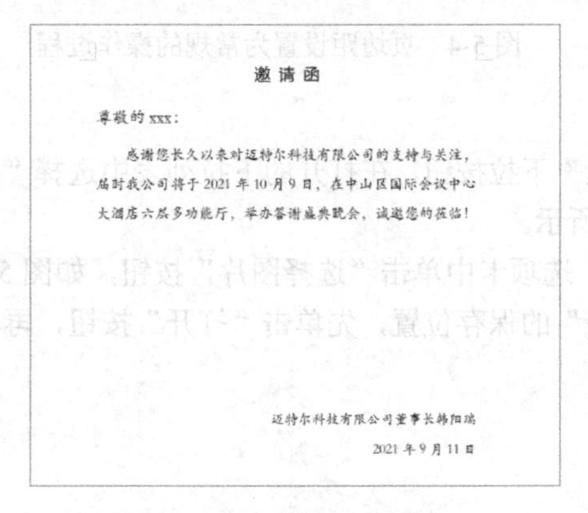
邀请函

尊敬的xxx：

感谢您长久以来对迈特尔科技有限公司的支持与关注，届时我公司将于 2021 年 10 月 9 日，在中山区国际会议中心大酒店六层多功能厅，举办答谢盛典晚会，诚邀您的莅临！

迈特尔科技有限公司董事长韩阳瑞

2021 年 9 月 11 日

图 5-1 主文档“WPS.docx”

	A	B	C
1	姓名	性别	单位
2	刘洋	男	上海复兴高科技集团
3	李晶	女	天津电子信息公司
4	苏安	男	华为技术有限公司
5	张毅	男	联想控股有限公司
6	张著	女	上海电气
7	王丹	女	四川网络有限公司

邀请的嘉宾名单

图 5-2 数据源文件“邀请的嘉宾名单.xlsx”

现在按照如下需求，在主文档 WPS.docx 中完成邀请函的制作工作。

1．调整文档版面，纸张方向设置为横向，文档页边距设置为普通。

2．将素材文件夹下的图片“背景图.jpg”设置为邀请函的背景。

3．在邀请函的适当位置插入“图片 1.jpg”，调整其大小、位置及样式，不影响文字排列、不遮挡文字内容。

4．将文档末尾处的日期调整为可以根据邀请函生成日期而自动更新的格式，日期格式显示为“xxxx 年 x 月 x 日”。

5．在“尊敬的”文字后面，插入拟邀请的客户姓名。拟邀请的客户姓名在“邀请的嘉宾名单.xlsx”文件中。

6．先将合并主文档以“邀请函.docx”为文件名进行保存，再将合并到新文档的文件以文件名“邀请函 1.docx”进行保存。每个客户的邀请函占 1 页内容，且每页邀请函中只能包含 1 位客户姓名，所有邀请函页面另外保存在一个名为“邀请函 1.docx”的文件中。

解题步骤如下。

第 1 题

步骤 1：打开“WPS.docx”素材文档，单击“页面布局”选项卡中的“纸张方向”下拉按钮，在打开的下拉列表中选择“横向”选项。纸张方向设置为横向如图 5-3 所示。

步骤 2：单击“页边距”下拉按钮，在打开的下拉列表中选择“普通”选项。页边距设置为常规的操作过程如图 5-4 所示。

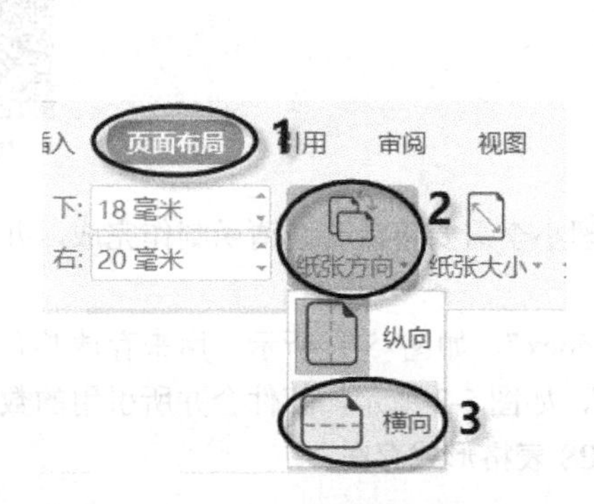

图 5-3　纸张方向设置为横向的操作过程

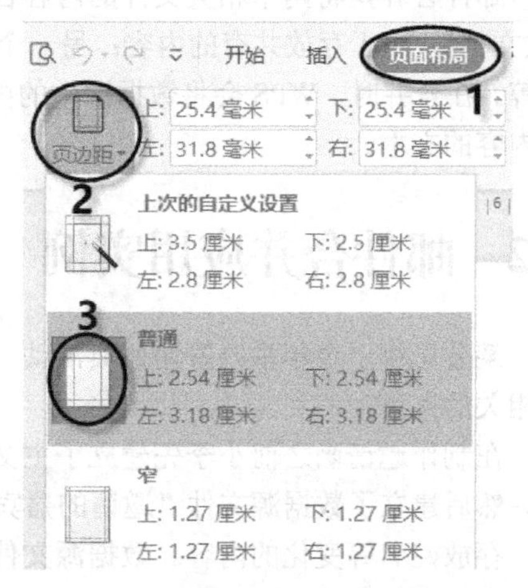

图 5-4　页边距设置为常规的操作过程

第 2 题

步骤 1：打开“页面布局”选项卡，单击“背景”下拉按钮，在打开的下拉列表中选择“图片背景”选项。设置图片背景的操作过程如图 5-5 所示。

步骤 2：弹出“填充效果”对话框，在“图片”选项卡中单击“选择图片”按钮，如图 5-6 所示，弹出“选择图片”对话框，找到“背景图.jpg”的保存位置，先单击“打开”按钮，再单击“确定”按钮。

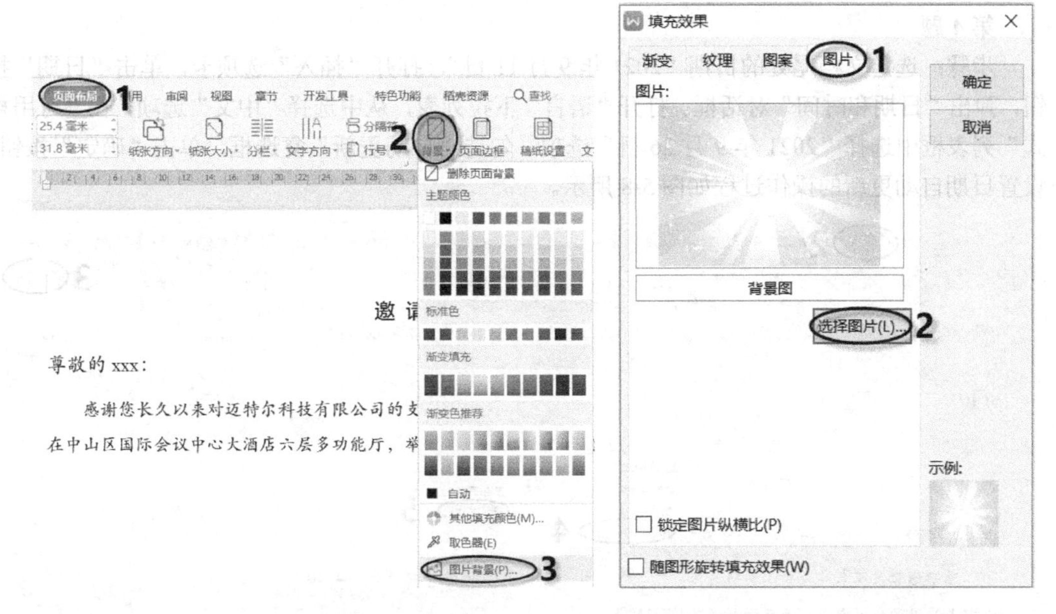

图 5-5　设置图片背景的操作过程　　　　图 5-6　插入背景图

第 3 题

步骤 1：将鼠标光标定位在文档的左侧位置，打开“插入”选项卡，单击“图片”按钮，在弹出的对话框中选择“图片 1.jpg”，先单击“打开”按钮，再单击“确定”按钮，适当调整其大小和位置。

步骤 2：选定图片，打开“图片工具”选项卡，单击“环绕”下拉按钮，在打开的下拉列表中选择“浮于文字上方”选项。

步骤 3：单击“图片效果”下拉按钮，在打开的下拉列表中选择“柔化边缘”→“25 磅”选项，如图 5-7 所示。

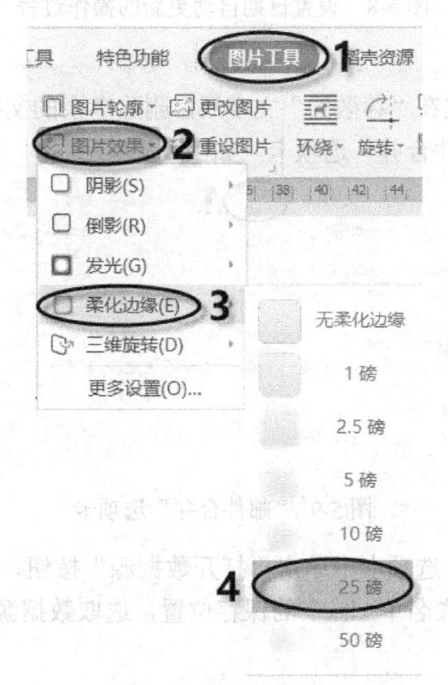

图 5-7　设置图片效果

第 4 题

步骤：选定文档尾处的日期“2021 年 9 月 11 日”，打开“插入”选项卡，单击“日期”按钮，弹出“日期和时间”对话框。打开“语言”下拉列表，从中选择“中文”选项，在“可用格式”列表框中选择“2021 年 9 月 26 日”选项，勾选“自动更新”复选框，单击“确定”按钮。设置日期自动更新的操作过程如图 5-8 所示。

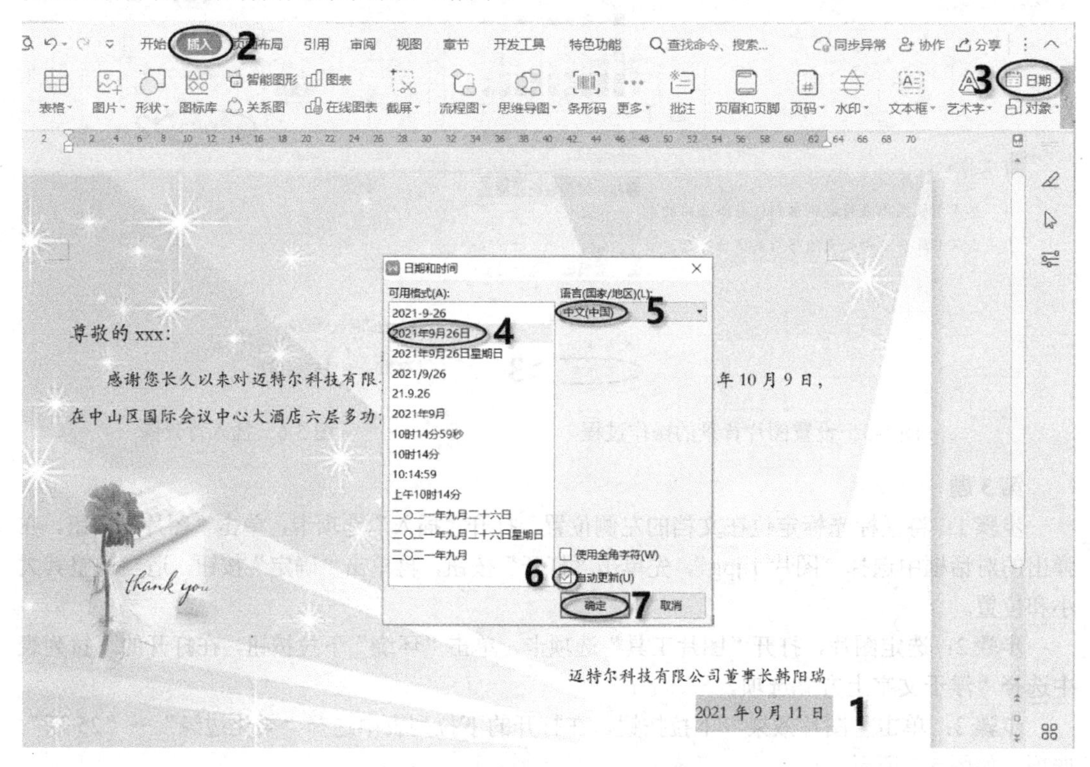

图 5-8　设置日期自动更新的操作过程

第 5 题

步骤 1：将鼠标光标定位在“尊敬的”文字后，删除多余的文字。打开“引用”选项卡，单击“邮件”按钮，出现“邮件合并”选项卡，如图 5-9 所示。

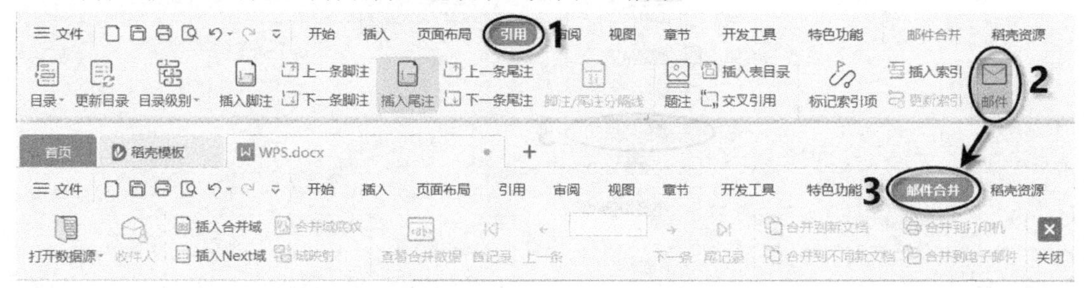

图 5-9 “邮件合并”选项卡

步骤 2：在“邮件合并”选项卡中单击“打开数据源”按钮，弹出“选取数据源”对话框，找到数据源文件“邀请的嘉宾名单.xlsx”的保存位置，选取数据源，如图 5-10 所示，单击“打开”按钮。

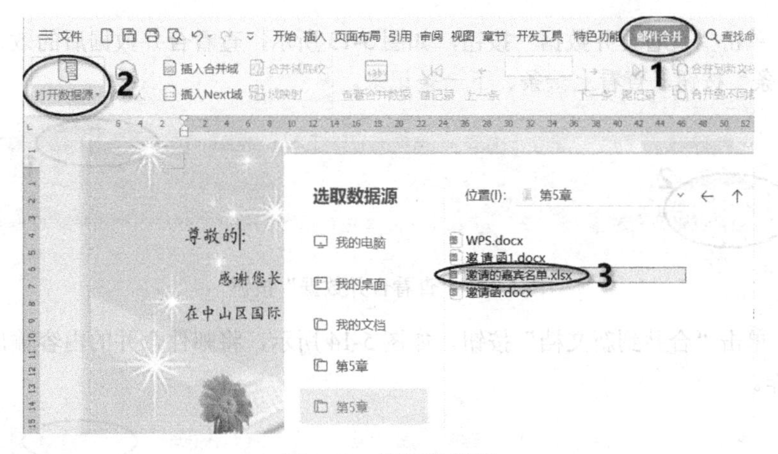

图 5-10　选取数据源

步骤 3：弹出“选择表格”对话框，先选择存放邀请嘉宾名单的工作表，如图 5-11 所示，再单击“确定”按钮。

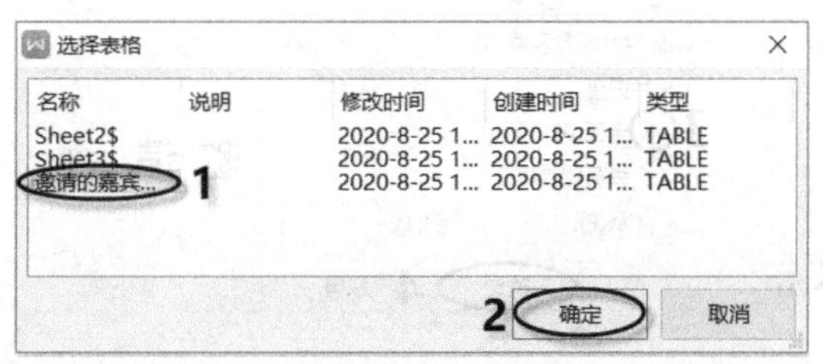

图 5-11　选择存放邀请嘉宾名单的工作表

步骤 4：打开“邮件合并”选项卡，单击“插入合并域”按钮，弹出“插入域”对话框，在“域”列表框中选择“姓名”选项，以此作为域名称，单击“插入”按钮，即可插入合并域，如图 5-12 所示。

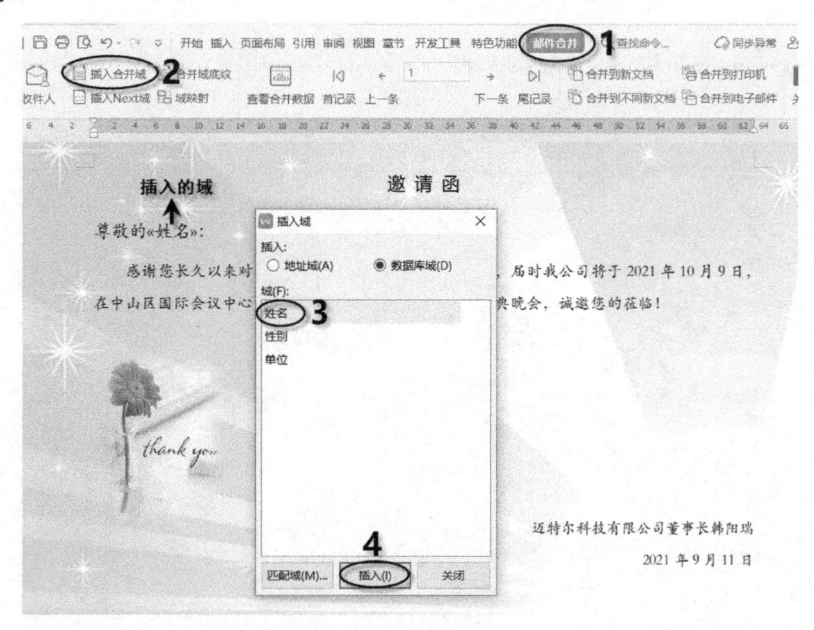

图 5-12　插入合并域

步骤 5：单击“查看合并数据”按钮，如图 5-13 所示，查看合并数据后的效果，单击“上一条”“下一条”按钮，查看上一条、下一条记录。

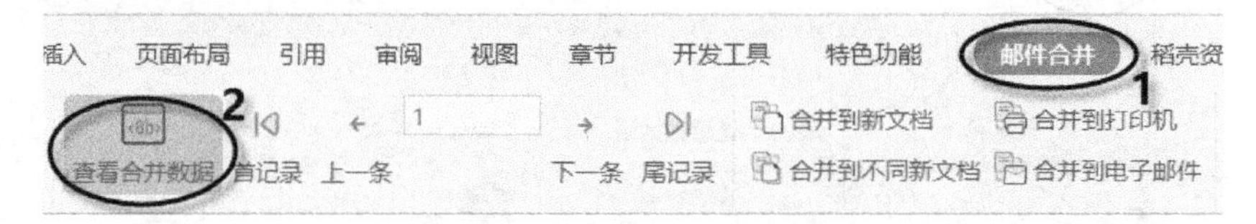

图 5-13 “查看合并数据”按钮

步骤 6：单击“合并到新文档”按钮，如图 5-14 所示，将邮件合并的内容输出到新文档，完成合并工作。

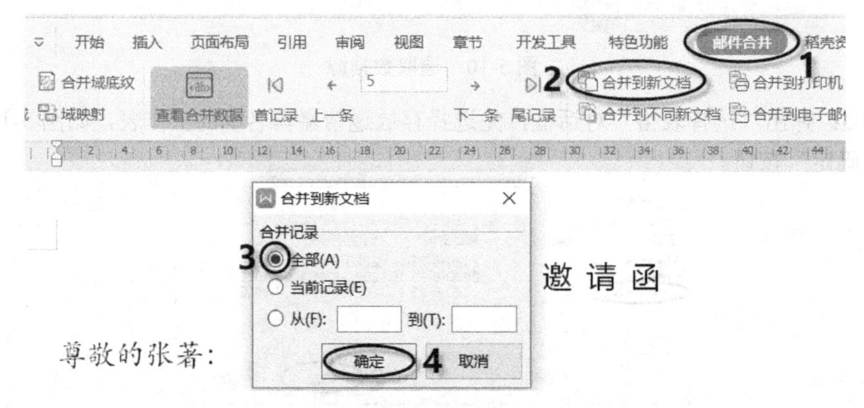

图 5-14 “合并到新文档”按钮

第 6 题

步骤：单击快速访问工具栏中的“保存”按钮，将合并后的邀请函以文件名“邀请函 1.docx”进行保存，并将 WPS.docx 文档另存为“邀请函.docx”。

第三篇

通过 WPS 创建并处理电子表格

WPS 表格具有强大的数据计算、高效的数据管理、丰富的图表呈现、安全的数据共享等功能，成为人们日常办公中进行数据管理与分析的必备工具，特别适合处理数据量庞大、需要进行大量计算和复杂统计分析的数据。

WPS 稻壳商城提供了大量实用的工作表模板，使用这些模板可以快速创建所需的表格。WPS 云办公服务功能可以使表格跨设备多系统多人在线同步协作，实现更轻松、更高效的办公。

本篇以 WPS Office 2019 为蓝本，主要学习 WPS 表格的以下重要功能及应用。

- 熟悉 WPS 表格工作环境，掌握工作簿及工作表的各类操作。
- 掌握各类数据的输入、表格的编辑和格式化。
- 应用公式和函数快速统计和计算数据。
- 运用图表功能对数据进行直观可视化的分析和展示。
- 利用各种途径获取数据并使用排序、筛选、分类汇总、数据透视表等功能分析和处理数据。

第 6 章

WPS 创建表格基础

WPS 表格是 WPS Office 办公软件中的一个组件，专门用于数据处理和报表制作。它具有强大的数据组织、计算、统计和分析功能，并能把相关的数据以图表的形式直观地表现出来。由于 WPS 表格能够快捷、准确地处理数据，因此在数据的处理中得到了广泛的应用。

6.1 工作簿和工作表

视频课程

6.1.1 WPS 表格的术语

启动 WPS 表格后，即进入 WPS 表格工作窗口，如图 6-1 所示。由于 WPS 表格和 WPS 文字同是 WPS Office 办公软件中的组件，两者工作窗口的组成有很多相似之处，都包括快速访问工具栏、标签栏、选项卡、功能区等。除此之外，WPS 表格的工作窗口也有自己特有的组成元素，下面介绍一些 WPS 表格特有的常用术语。

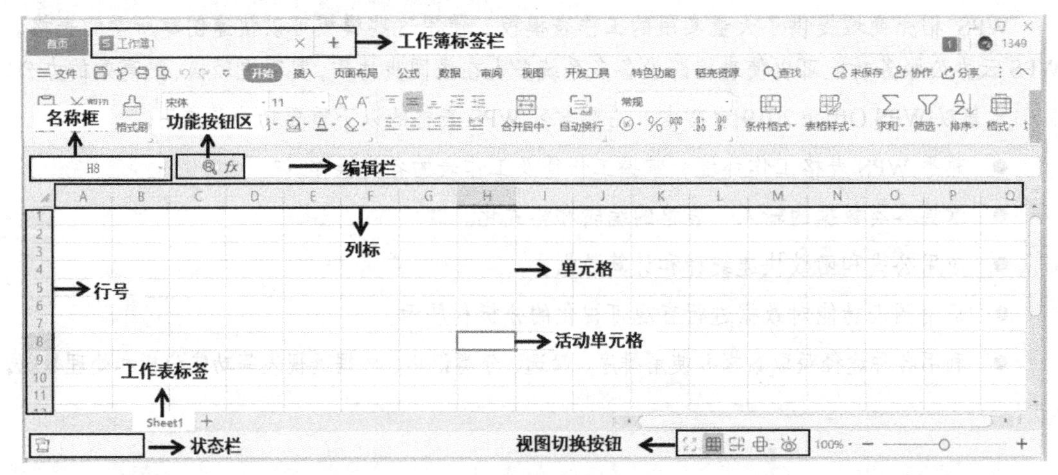

图 6-1 WPS 表格工作窗口

- 工作簿：由一个或若干个工作表组成，一个电子表格文件就是一个工作簿，WPS 表格默认的扩展名为.xlsx。启动 WPS 表格后，将自动产生一个新的工作簿，默认的工作簿名称为“工作簿 1”。
- 工作表：工作簿中的每个表格为一个工作表，工作表又称为电子表格。初始启动时，每个工作簿中默认有一个工作表，以 Sheet1 命名，根据需要可增加或删除工作表，也可以对工作表重新命名。

- 单元格：行和列的交叉区域即单元格，单元格是工作簿中存储数据的最小单位，用于存放输入的数据、文本、公式等。
- 活动单元格：当前正在使用的单元格。当单击某个单元格时，其四周呈现绿色边框且右下角有一个绿色的填充柄，如图 6-2 所示，该单元格为活动单元格，可在活动单元格中输入或编辑数据。

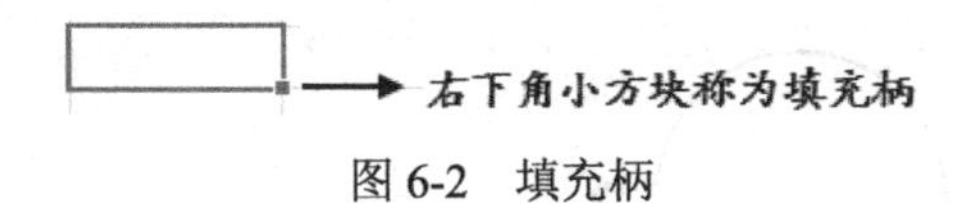

图 6-2 填充柄

- 名称框：位于工作表左上方，用于显示活动单元格的名称或当前选定区域已定义的名称（关于名称详见第 7 章）。
- 功能按钮区：位于名称框右侧。默认情况下，功能按钮区只显示 2 个按钮 、fx，分别是“浏览公式结果”和“插入函数”。当在活动单元格输入数据时，功能按钮区会显示三个按钮 ×、✓、fx，主要对输入的数据进行取消、确认及插入函数。
- 编辑栏：位于功能按钮区右侧，用于显示、输入、编辑、修改活动单元格中的数据或公式。
- 行：每一行的左侧阿拉伯数字 1、2、…为行号，表示该行的行数，对应称为第 1 行、第 2 行、…，单击行号可选定该行。
- 列：每一列上方大写字母 A、B、C、…为列标，代表该列的列名，对应称为 A 列、B 列、C 列、…，单击列标选定该列。
- 工作表标签：位于工作表的下方，显示当前工作簿中各工作表的名称，默认以 Sheet1、Sheet2、Sheet3 等进行命名。单击工作表标签可以在不同的工作表间进行切换，当前正在编辑的工作表称为活动工作表。
- 单元格地址：用列标和行号来表示，列标用英文大写字母 A、B、C、…表示，行号用数字 1、2、3、…依次顺序表示。例如，E7 表示位于第 E 列和第 7 行交叉处的单元格。若要在单元格地址前面加上工作表名称，则表示该工作表中的单元格。例如，Sheet1!E7 表示 Sheet1 工作表中的单元格 E7。
- 单元格区域地址：若要表示一个连续的单元格区域地址，则可用该区域“左上角单元格地址:右下角单元格地址”来表示。例如，D5:F9 表示从单元格 D5 到 F9 的区域。

6.1.2 工作簿的基本操作

视频课程

1. 工作簿的创建

除了启动 WPS 表格应用程序创建新的工作簿外，在 WPS 表格的编辑过程中也可以创建新的工作簿，方法如下。

- 启动时创建工作簿：启动 WPS 程序，在打开的窗口中，单击标签栏中的“新建”按钮，或者单击左侧导航栏中的“新建”按钮，在打开的窗口中选择“表格”组件，单击“新建空白文档”，如图 6-3 所示，即可创建一个名为“工作簿 1”的空白文档。

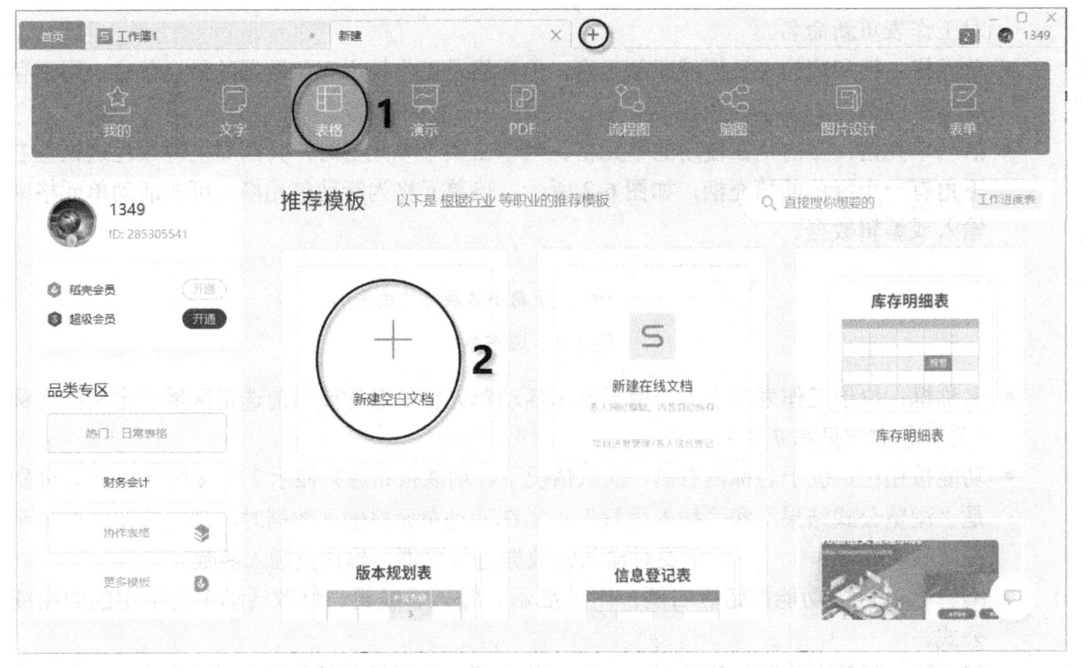

图 6-3 “新建空白文档”

- 编辑过程中创建工作簿：单击快速访问工具栏中的“新建”按钮或按 Ctrl+N 组合键，创建新的工作簿。选择“文件”→“新建”命令，选择新建空白文档或模板也可以创建空白工作簿或带有一定格式的工作簿。

2. 工作簿的保存及加密

视频课程

1）工作簿保存

单击快速访问工具栏中的“保存”按钮，或者选择“文件”→“保存”命令，保存工作簿。若是第一次保存，则会弹出“另存文件”对话框，依次设置保存位置、文件名、文件类型，单击“确定”按钮，即可保存当前工作簿。

2）工作簿加密

为了防止工作簿的意外丢失或避免未经授权人员的随意修改，可在保存工作簿时设置其打开或修改密码，以保护数据的安全性，操作步骤如下。

步骤 1：选择“文件”→“另存为”命令（如果该工作簿是尚未保存过的新工作簿，那么可选择“文件”→“保存”命令，或者单击快速访问工具栏中的“保存”按钮），弹出“另存文件”对话框。

步骤 2：单击右下方的“加密”按钮，弹出“密码加密”对话框。为工作簿密码加密的操作过程如图 6-4 所示。若设置打开权限，则打开工作簿时需要输入密码才能打开；若设置编辑权限，则修改工作簿时需要输入密码才能修改，否则只能以只读方式显示。两种权限可同时设置或者设置其中一种权限，设置结束后，单击“应用”按钮，即工作簿设置了密码加密。

图 6-4　为工作簿密码加密的操作过程

步骤 3：若取消密码加密，则打开加密的工作簿，选择“文件”→“文档加密”→“密码加密”命令，弹出“密码加密”对话框，删除对话框中的密码，单击“应用”按钮即可。

为工作簿加密，除了在“另存文件”对话框中进行设置外，还可以通过以下 2 种方法为工作簿设置加密，如图 6-5 所示。

方法 1：选择“文件”→“文档加密”→“密码加密”命令，弹出“密码加密”对话框，分别设置打开权限和编辑权限即可。

方法 2：选择“文件”→“选项”命令，弹出“选项”对话框。在列表框中选择“安全性”选项，在“密码保护”选区中，分别设置打开权限和编辑权限即可。

图 6-5　为工作簿设置加密

3. 工作簿的打开

视频课程

方法 1：在欲打开的工作簿（以.xlsx 为扩展名）图标上双击，即可打开该工作簿。

方法 2：选择“文件”→“打开”命令，或者单击快速访问工具栏中的“打开”按钮，在弹出的对话框中找到工作簿的保存位置，选定工作簿并单击“打开”按钮。

方法 3：若要打开最近使用过的工作簿，则可以采用更快捷的方式。在工作簿窗口中单击“文件”按钮，右侧窗格中列出了最近打开过的工作簿，单击需要打开的工作簿，即可将其打开。选择最近打开过的工作簿的操作过程如图 6-6 所示。

图 6-6 选择最近打开过的工作簿的操作过程

4. 工作簿的关闭

视频课程

若要关闭当前打开的工作簿，则单击工作簿标签中的“关闭”按钮或者按 Ctrl+W 组合键。若工作簿未保存，则会弹出对话框提示是否保存对工作簿的更改。

6.1.3 工作表的基本操作

1. 插入工作表

视频课程

方法 1：在工作表标签区域，单击右侧的“新建工作表”按钮＋，如图 6-7 所示，可在 Sheet1 工作表的后面插入一个新工作表。

图 6-7 “新建工作表”按钮

方法 2：打开“开始”选项卡，单击“工作表”下拉按钮，在打开的“工作表”下拉列表（见图 6-8）中选择“插入工作表”选项，即可在当前工作表的前面插入新工作表。

方法 3：在某一工作表标签上右击，在弹出快捷菜单中选择“插入”命令，弹出“插入工作表”对话框。插入工作表的操作过程如图 6-9 所示。输入插入工作表的数目及选择插入的位置，单击“确定”按钮，新插入的工作表将出现在当前工作表之后。

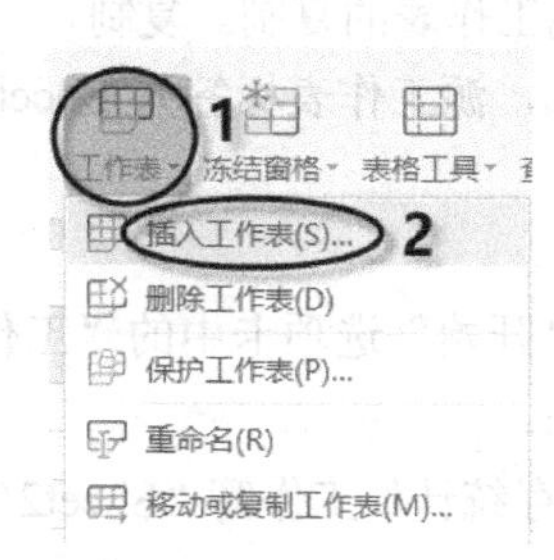

图 6-8 “工作表”下拉列表

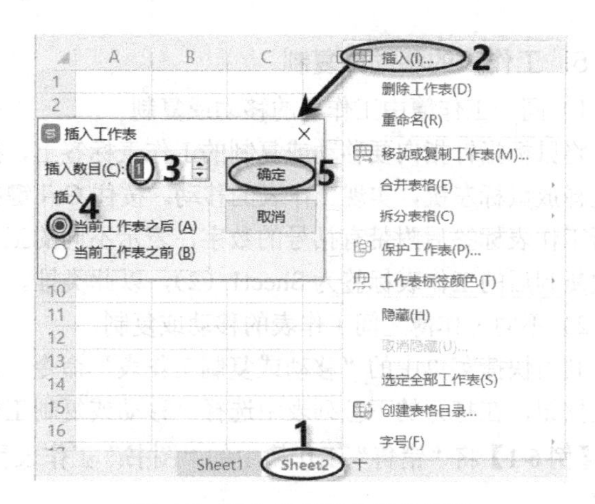

图 6-9 插入工作表的操作过程

2. 删除工作表

在要删除的工作表标签上右击，在弹出的快捷菜单中选择“删除工作表”命令，如图 6-10 所示，或者单击要删除的工作表标签，打开“开始”选项卡，单击“工作表”下拉按钮，在打开的下拉列表中选择“删除工作表”选项。

视频课程

3. 重命名工作表

工作簿中默认的工作表名称为 Sheet1，可将默认的名称更改为见名知义的名称，以方便对内容的查看。重命名工作表的方法如下。

视频课程

方法 1：双击要重命名的工作表标签，此时工作表标签反色显示，处于可编辑状态，输入新的工作表名称并按 Enter 键确认。

方法 2：在要重命名的工作表标签上右击，在弹出的快捷菜单中选择“重命名”命令，输入新的工作表名称并按 Enter 键确认。

4. 设置工作表标签颜色

为突出显示某张工作表，可为该工作表标签设置颜色。操作步骤：在要设置颜色的工作表标签上右击，在弹出的快捷菜单中选择“工作表标签颜色”命令，在颜色列表中单击所需的颜色，即可为当前工作表标签添加设置的颜色，如图 6-11 所示。

视频课程

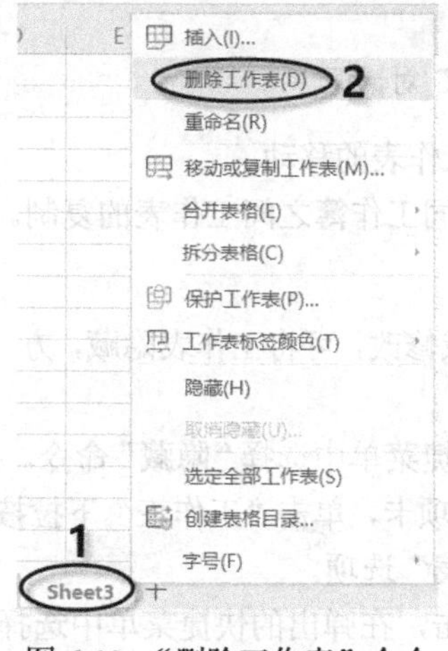

图 6-10 “删除工作表”命令

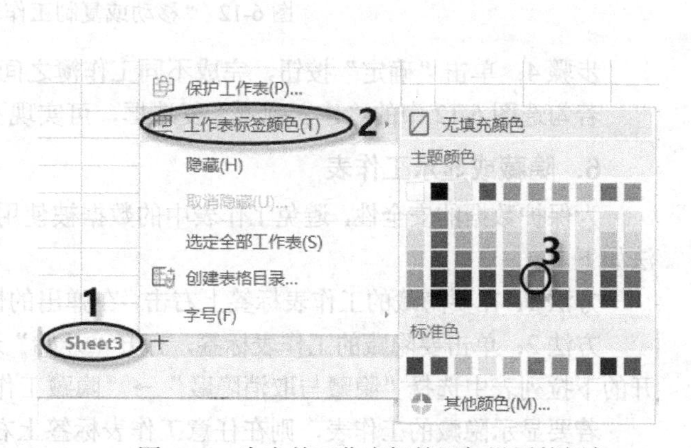

图 6-11 为当前工作表标签添加设置的颜色

5．工作表的移动或复制

视频课程

1）同一工作簿中工作表的移动或复制

将鼠标指针指向要移动或复制的工作表标签上，按住鼠标左键进行拖动，在目标位置释放鼠标左键，实现工作表的移动。按住 Ctrl 键拖动，实现工作表的复制。复制的新工作表标签后附带有括号的数字，表示不同的工作表。例如，源工作表标签为 Sheet1，第一次复制后的工作表标签为 Sheet1（2），以此类推。

2）不同工作簿之间工作表的移动或复制

利用快捷菜单中的“移动或复制工作表”命令，或者单击“开始”选项卡中的“工作表”下拉按钮，在打开的下拉列表中选择“移动或复制工作表”选项。

【例 6-1】将“销售”工作簿中的“图书”工作表移动到“库存统计”工作簿“Sheet2”工作表前。

步骤 1：分别打开“销售”和“库存统计”两个工作簿。

步骤 2：在“图书”工作表标签上右击，在弹出的快捷菜单中选择“移动或复制工作表”命令，弹出“移动或复制工作表”对话框，如图 6-12 所示。

步骤 3：打开“工作簿”下拉列表，从中选择用于接收的工作簿名称即“库存统计.xlsx”；在“下列选定工作表之前”列表框中，选择移动的工作表在新工作簿中的位置。本例选择“Sheet2”。

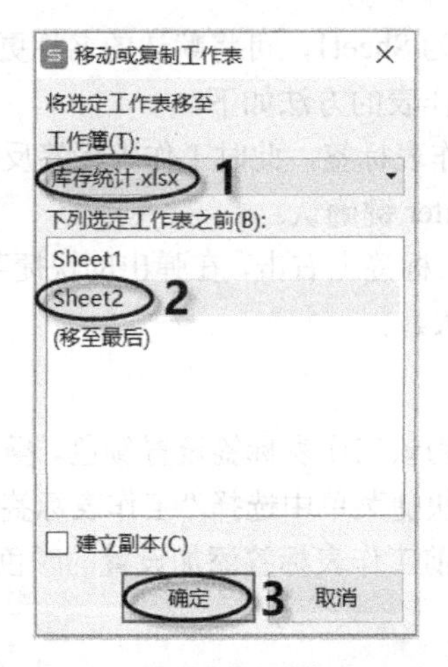

图 6-12 “移动或复制工作表”对话框

步骤 4：单击“确定”按钮，完成不同工作簿之间工作表的移动。

若勾选图 6-12 中的“建立副本”复选框，可实现不同工作簿之间工作表的复制。

6．隐藏或显示工作表

视频课程

为保护数据的安全性，避免工作表中的数据被使用或修改，可将工作表隐藏，方法如下。

方法 1：在要隐藏的工作表标签上右击，在弹出的快捷菜单中选择“隐藏”命令。

方法 2：单击要隐藏的工作表标签，打开“开始”选项卡，单击“工作表”下拉按钮，在打开的下拉列表中选择“隐藏与取消隐藏”→“隐藏工作表”选项。

若要显示隐藏的工作表，则在任意工作表标签上右击，在弹出的快捷菜单中选择“取消隐藏”命令，弹出“取消隐藏”对话框，选定要取消隐藏的工作表，单击“确定”按钮。或者打开“开始”选项卡，单击“工作表”下拉按钮，在打开的下拉列表中选择“隐藏与取消隐藏”→“取消隐藏工作表”选项。

6.1.4　实用操作技巧

视频课程

1．隐藏和显示单元格内容

1）隐藏单元格内容

单元格数字的自定义格式由正数、负数、零和文本 4 个部分组成。这 4 个部分由 3 个分号分隔，若将这 4 个部分都设置为空，则所选的单元格内容不显示。因此，可使用 3 个分号将 4 个部分的内容设置为空，操作步骤如下。

步骤 1：选定要隐藏的单元格内容，在选定的单元格上右击，在弹出的快捷菜单中选择“设置单元格格式”命令，弹出“单元格格式”对话框，如图 6-13 所示。

步骤 2：在“数字”选项卡的“分类”列表框中选择“自定义”选项，“类型”由默认字符“G/通用格式”改为“;;;”，单击“确定”按钮，选定单元格的内容被隐藏。

2）显示已隐藏的单元格内容

选定已隐藏内容的单元格并右击，在弹出的快捷菜单中选择“设置单元格格式”命令，弹出图 6-13 所示的对话框，将类型由“;;;”改为原来的字符“G/通用格式”，单击“确定”按钮，即可显示已隐藏的单元格内容，如图 6-14 所示。

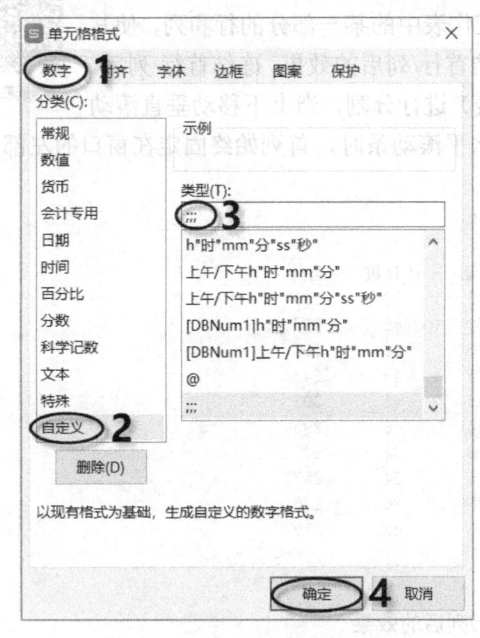

图 6-13　“单元格格式”对话框

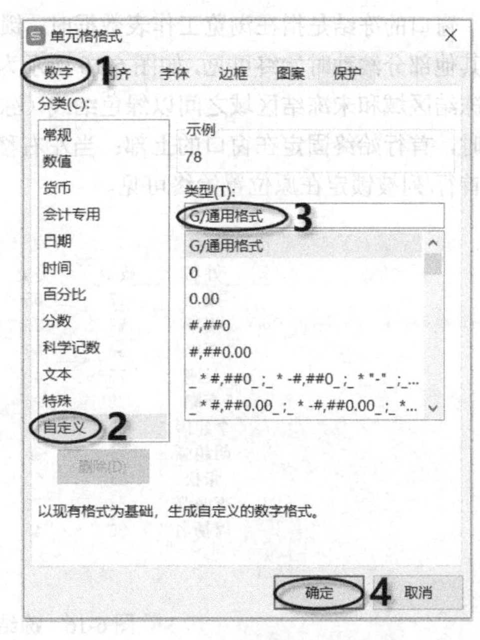

图 6-14　显示已隐藏的单元格内容

2．窗口的拆分

视频课程

将一个窗口拆分成几个独立的窗格，每个窗格显示的是同一个工作表的内容，拖动每个窗格中的滚动条，该工作表的不同内容同时显示在不同的窗格中。窗口的拆分方法如下。

- 将窗口拆分成 4 个窗格。选定作为拆分点的单元格，打开“视图”选项卡，单击“拆分窗口”按钮，如图 6-15 所示，从选定的单元格左上方开始将当前工作表窗口拆分为 4 个大小可调的独立的窗格，拖动窗格间的绿色粗线（拆分线）可调节窗格大小。

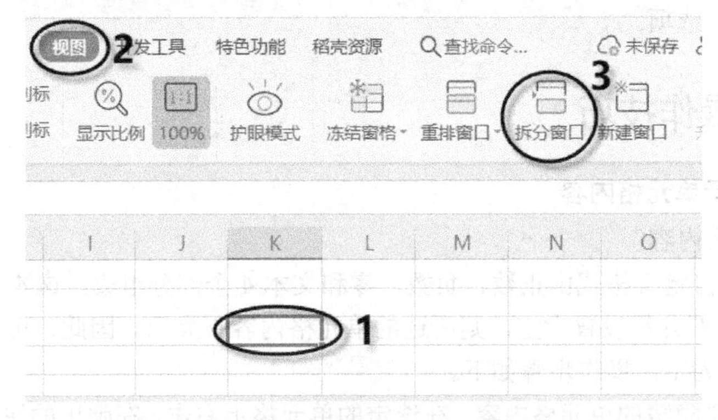

图 6-15 “拆分窗口”按钮

- 将窗口拆分成上下 2 个窗格。选定一行，打开“视图”选项卡，单击“拆分窗口”按钮，以选定行为界，将窗口拆分成上下 2 个窗格。
- 将窗口拆分成左右 2 个窗格。选定一列，打开“视图”选项卡，单击“拆分窗口”按钮，以选定列为界，将窗口拆分成左右 2 个窗格。

若取消拆分，则直接双击拆分线，或者单击“视图”选项卡中的“取消拆分”按钮。

3. 窗口的冻结

窗口的冻结是指在浏览工作表数据时，锁定工作表中的某一部分的行和列，使其在其他部分滚动时始终可见，如图 6-16 所示为冻结首行/列后的效果。冻结首行/列后，被冻结区域和未冻结区域之间以绿色细线（冻结线）进行分割，当上下移动垂直滚动条时，首行始终固定在窗口的上部；当左右移动水平滚动条时，首列始终固定在窗口的左部，即首行/列被锁定在原位置始终可见。

视频课程

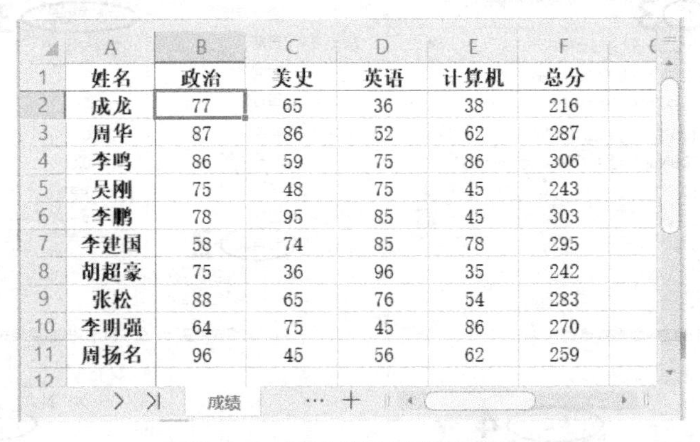

	A	B	C	D	E	F
1	姓名	政治	美史	英语	计算机	总分
2	成龙	77	65	36	38	216
3	周华	87	86	52	62	287
4	李鸣	86	59	75	86	306
5	吴刚	75	48	75	45	243
6	李鹏	78	95	85	45	303
7	李建国	58	74	85	78	295
8	胡超豪	75	36	96	35	242
9	张松	88	65	76	54	283
10	李明强	64	75	45	86	270
11	周扬名	96	45	56	62	259
12						

成绩

图 6-16 冻结首行/列后的效果

窗口冻结的方法：打开“视图”或“开始”选项卡，单击“冻结窗格”下拉按钮，打开的下拉列表中包含了 3 个选项，分别是“冻结至第某行某列”“冻结首行”“冻结首列”。

若选择“冻结至第某行某列”，则活动单元格上方的行区域和左侧的列区域被冻结。

若选择“冻结首行”，如图 6-17 所示，则冻结列标题所在的行。

若选择“冻结首列”，则冻结行标题所在的列；若要取消冻结窗格，选择下拉列表中的“取消冻结窗格”即可。

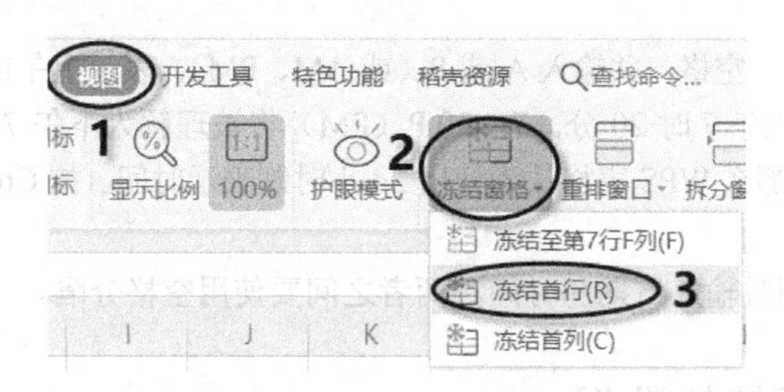

图 6-17　选择“冻结首行”

6.2　输入和编辑数据

在 WPS 表格中可以输入多种类型的数据，如数值型数据、文本型数据和日期型数据。输入数据有 2 种方法：直接输入或利用 WPS 表格提供的数据填充功能，输入有规律数据。

6.2.1　直接输入数据

视频课程

1．数值型数据

WPS 表格除了将数字 0～9 组成的字符串识别为数值型数据，也可将某些特殊字符组成的字符串识别为数值型数据。这些特殊字符包括：“.（小数点）”“E（用于科学记数法）”“,（千分位符号）”“$”“%”等。例如，输入 139、3%、4.5 和$35 等字符串，WPS 表格均认为是数值型数据，会自动按照数值型数据默认的右对齐方式显示。

当输入的数值较长时，WPS 表格自动用科学记数法表示。若输入 1357829457008，则显示为 1.35783E+12，代表 1.35783×10^{12}；若输入的小数超过预先设置的小数位数，则超过的部分自动四舍五入显示，但在计算时以输入数而不是显示数进行计算。

输入分数，如 4/5，应先输入“0”和“一个空格”，如“0 4/5”，这样输入可以避免与日期格式相混淆（将 4/5 识别为 4 月 5 日）。

输入负数，在数值前加负号或将数值置于括号中，如输入“-33”和“(33)”，在单元格中显示的都是“-33”。

2．文本型数据

文本型数据由字母、数字或其他字符组成。在默认情况下，文本型数据在单元格中靠左对齐。对于纯数字的文本型数据，如电话号、学号、身份证号码等，在输入该数据前加单引号“'”，可以与一般数字区分。例如，输入'12345，确认后以 12345 左对齐显示。

当输入的文本长度大于单元格宽度时，若右边单元格无内容，则延伸到右边单元格显示，否则将截断显示，虽然被截断的内容在单元格中没有完全显示出来，但实际上仍然在本单元格中完整保存。在换行点按 Alt+Enter 组合键，可以将输入的数据在一个单元格中以多行方式显示。

3．日期型数据

WPS 表格将日期型数据作为数字处理，默认右对齐显示。输入日期时，用斜线“/”或连字符“-”分隔年、月、日。例如，输入 2021/10/11 或 2021-10-11，在单元格中均以 2021-10-11 右对齐显示。按 Ctrl+；组合键，可快速地输入当前系统日期。

输入时间时用“:”分隔时、分、秒。例如，输入 11：30：15，在单元格中以 11：30：15 右对齐显示。WPS 表格一般把输入的时间用 24 小时制来表示，如果要按 12 小时制输入时间，那么应在时间数字后留一空格，并输入 A 或 P（或 AM、PM)，表示上午或下午。例如，7：20 A（或 AM）将被理解为上午 7 时 20 分。7：20 P（PM）将被理解为下午 7 时 20 分。如果不输入 A（AM）或 P（PM)，那么 WPS 表格认为使用 24 小时制表示时间。按 Ctrl+：组合键，输入系统的当前时间。

在一个单元格中同时输入日期和时间，两者之间要使用空格分隔。

6.2.2 填充有规律的数据

利用 WPS 表格提供的填充功能，可在工作表若干连续的单元格中快速地输入有规律的数据，如相同数据、递增及自定义的序列等。

利用“开始”选项卡中的“填充”下拉按钮可以自动填充有规律的数据。利用鼠标拖动“填充柄”的方式填充有规律的数据更简捷，经常使用此方式实现数据的填充。

视频课程

1．填充相同数据

在 A1:F1 区域中输入相同数据“30”，操作步骤如下。

步骤 1：单击单元格 A1 并输入数据“30”。将鼠标指针指向该单元格右下角的填充柄，当鼠标指针变成+形状时，按住 Ctrl 键和鼠标左键拖动填充柄至单元格 F1，释放 Ctrl 键和鼠标左键，此时在 A1:F1 区域填充了相同的数据“30”。同时，在单元格 F1 的右下角出现“自动填充选项”下拉按钮，单击该按钮，在打开的“自动填充选项”下拉列表（见图 6-18）中选择所需的选项。

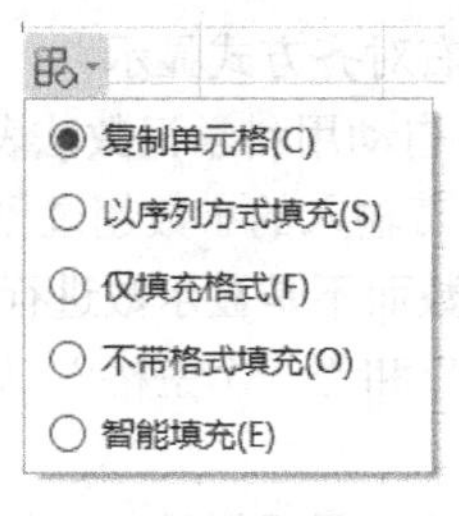

图 6-18 “自动填充选项”下拉列表

步骤 2：选定 A1:F1 区域，在单元格 A1 中输入 30，按 Ctrl+Enter 组合键确认输入即可。

视频课程

2．填充递增序列

表 6-1 列出了一些数据序列，这些序列均有明显的规律，可通过自动填充输入这些序列，其操作过程略有不同。

表 6-1 数据序列

序列类型	序列内容
等差序列	1，2，3，4，5，6，… 3，5，7，9，11，13，… 10，20，30，40，50，…
等比序列	1，3，9，27，81，…
日　　期	星期一，星期二，星期三，星期四，… 2000，2001，2002，2003，…

1）填充增量为 1 的等差序列

选定某个单元格，输入第一个数据，如“11”，按住鼠标左键拖动填充柄，在目标位置释放鼠标左键，实现增量为 1 的连续数据的填充。

2）填充自定义增量的等差序列

先选定 2 个单元格作为初始区域，输入序列的前两个数据，如“10”“15”，然后按住鼠标左键拖动填充柄，即可输入增量值为“5”的等差序列。填充自定义增量的等差序列如图 6-19 所示。

（a）选定 2 个单元格　　（b）选定 5 个单元格

图 6-19　填充自定义增量的等差序列

3）填充自定义的等比序列

输入等比序列“1、3、9、27、81”，操作步骤如下。

步骤 1：选定某个单元格并输入第一个数值“1”，按 Enter 键确认。打开“开始”选项卡，单击“填充”下拉按钮，在打开的下拉列表中选择“序列”选项，弹出“序列”对话框。

步骤 2：在“序列产生在”选区中选中序列产生在“行”或“列”；在“类型”选区选中“等比序列”单选按钮；步长值设置为 3，终止值设置为 81，单击“确定”按钮，实现比值为 3 的等比序列的填充，如图 6-20 所示。

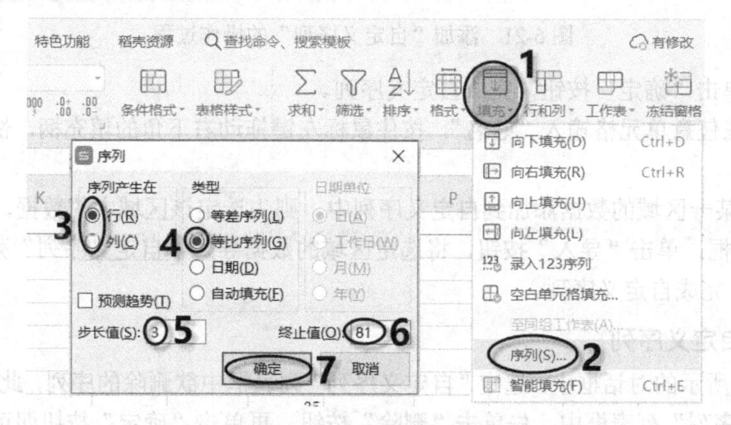

图 6-20　等比序列的填充

4）预定义序列

WPS 表格预先定义了一些常用的序列，如一月～十二月、星期日～星期六等，供用户按需选用。此类数据的填充，也是先输入第一个数据，然后按住鼠标左键拖动填充柄至目标位置释放鼠标左键即可。

3．自定义填充序列

视频课程

通过自定义序列，可以把经常使用的一些数据自定义为填充序列，以便随时调用。例如，将字段“姓名、班级、机考成绩、平时成绩、总成绩”自定义为填充序列，操作步骤如下。

步骤 1：选择“文件”→“选项”命令，弹出“选项”对话框，在列表框选择“自定义序列”选项。

步骤 2：在“自定义序列”列表框中选择“新序列”命令。在输入序列中，输入自定义序列项，在每项末尾按 Enter 键分隔，新序列全部输入完成后，单击“添加”按钮，输入的序列显示在“自定义序列”列表框中。添加“自定义序列”的操作过程如图 6-21 所示。

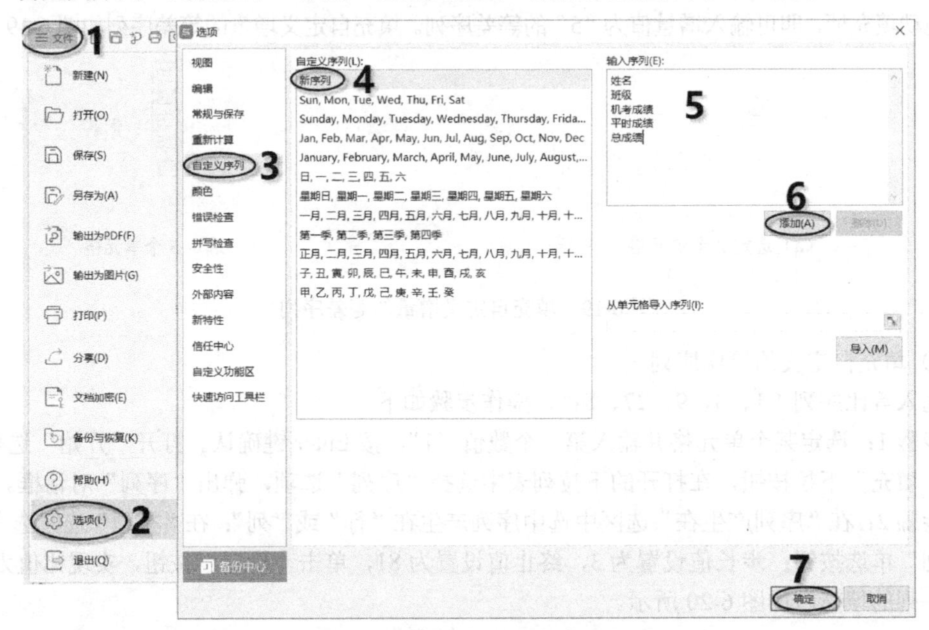

图 6-21　添加“自定义序列”的操作过程

步骤 3：单击“确定”按钮，完成自定义序列。

步骤 4：在任意单元格输入“姓名”，按住鼠标左键拖动右下角的填充柄，快速填充新定义的序列。

若将表中某一区域的数据添加到自定义序列中，则先选定该区域中的数据，然后打开图 6-21 所示的对话框，单击“导入”按钮，将选定区域的数据导入“自定义序列”列表框中，单击“确定”按钮，完成自定义序列。

4．删除自定义序列

在图 6-21 所示的对话框中，选定“自定义序列”列表框中欲删除的序列，此序列显示在“输入序列”列表框中，先单击“删除”按钮，再单击“确定”按钮即可。

6.2.3　设置输入数据的有效性

在输入数据时，为了防止输入的数据不在有效数据范围之内，可在输入数据前，设置输入有效数据的范围。例如，输入某班同学的“计算机”成绩，成绩的有效范围是 0～100，操作步骤如下。

步骤 1：选定欲输入数据的单元格区域。打开“数据”选项卡，单击“有效性”按钮，弹出“数据有效性”对话框。

步骤 2：在“设置”选项卡中设置输入数据的有效范围，如图 6-22 所示。

步骤 3：单击“确定”按钮，若输入的数据超出设置的有效范围，则系统自动禁止输入。

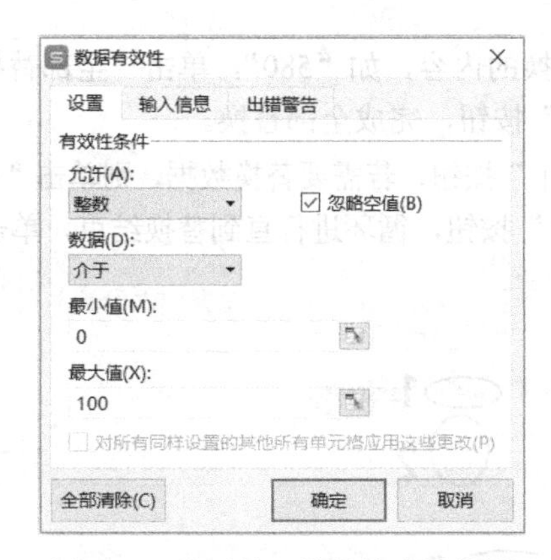

图 6-22　设置输入数据的有效范围

6.2.4　实用操作技巧

视频课程

1．在不连续的多个单元格中同时输入相同的内容

例如，在 A1、B2、C5、D3 4 个不连续的单元格中同时输入相同的内容“78”，操作方法：按住 Ctrl 键，单击 A1、B2、C5、D3 这 4 个单元格，在最后一个单元格 D3 中输入“78”，输入结束后，按 Ctrl+Enter 组合键，选定的 4 个单元格中同时输入了相同的内容“78”。

2．查找与替换数据

视频课程

在大量的数据中找到所需的资料或替换为需要的数据，如果手动查找或修改将会浪费大量时间和精力，那么利用 WPS 表格提供的查找功能可实现快速查找和替换数据。

1）查找数据

步骤 1：按 Ctrl+F 组合键，弹出“查找”对话框，或者单击“开始”选项卡中的“查找”下拉按钮，在打开的下拉列表中选择“查找”选项，弹出“查找”对话框。

步骤 2：输入要查找的内容，如输入“620”，单击“查找全部”按钮，找到的内容全部显示在下方的列表框中，单击“查找下一个”按钮，在工作表中逐一进行查找。查找数据的操作过程如图 6-23 所示。

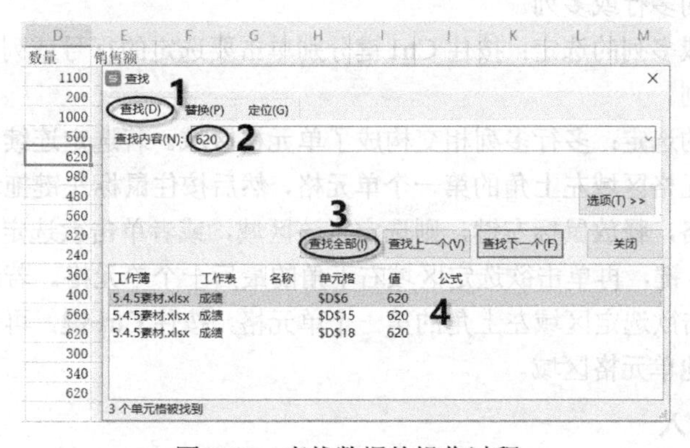

图 6-23　查找数据的操作过程

2）替换数据

步骤 1：按 Ctrl+F 组合键，弹出“查找”对话框。

步骤 2：打开“替换”选项卡，在“查找内容”文本框中输入要查找的内容，如“620”；在

“替换为”文本框中输入要替换的内容，如“580”，单击“全部替换”按钮，弹出一个提示框，如图 6-24 所示，单击“确定”按钮，完成全部替换。

步骤 3：单击“查找下一个”按钮，若需要替换数据，则单击“替换”按钮；若不需要替换数据，则继续单击“查找下一个”按钮，循环进行直到替换结束，单击“关闭”按钮，完成替换。

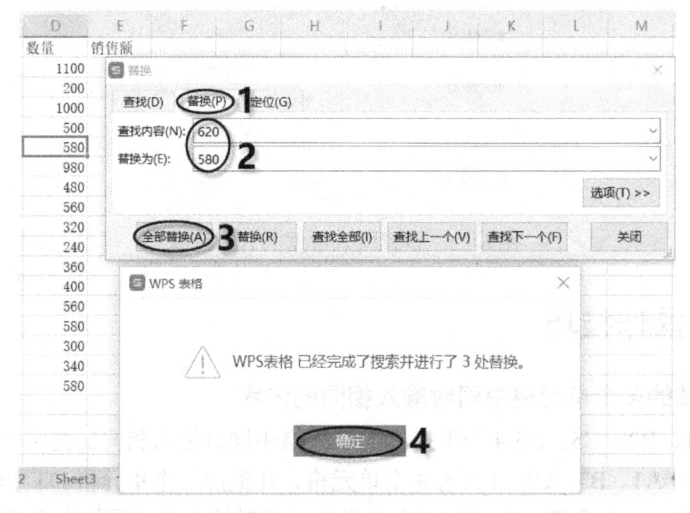

图 6-24　替换数据

6.3　表格的编辑和格式化

6.3.1　行列操作

视频课程

1．行或列的选定

- 一行或一列的选定：直接单击工作表中的行号或列标，即可选定相应的一行或一列。
- 相邻多行或多列的选定：先选定一行或一列，然后按住鼠标左键沿行号或列标拖动，即可选定相邻的多行或多列。
- 不相邻多行或多列的选定：按住 Ctrl 键分别单击要选定的行号或列标，即可选定不相邻的多行或多列。
- 单元格区域的选定：多行多列相交构成了单元格区域。若选定连续的单元格区域，先单击欲选定单元格区域左上角的第一个单元格，然后按住鼠标左键拖动至该区域右下角最后一个单元格，释放鼠标左键，则选定了该区域，或者单击欲选定区域的开始单元格，先按住 Shift 键，再单击欲选定区域右下角的最后一个单元格。若选定不相邻单元格区域，则先单击欲选定区域左上角的第一个单元格，按住 Ctrl 键，再分别单击要选定的其他单元格区域。

2．行或列的插入

视频课程

方法 1：先单击某个单元格确定插入点的位置，然后打开“开始”选项卡，单击“行和列”下拉按钮，在打开的“行和列”下拉列表（见图 6-27）中选择“插入单元格”→“插入行”或“插入单元格”→“插入列”选项，在当前单元格的上方插入一行或单元格左侧插入一列。

方法 2：先选定一行或一列，在选定行或列上右击，在弹出的快捷菜单中选择“插入”命令，在其右侧数值框中输入要插入的行数或列数，单击✓按钮，可在选定行的上方插入行或选定列的左侧插入列，如图 6-25 所示。

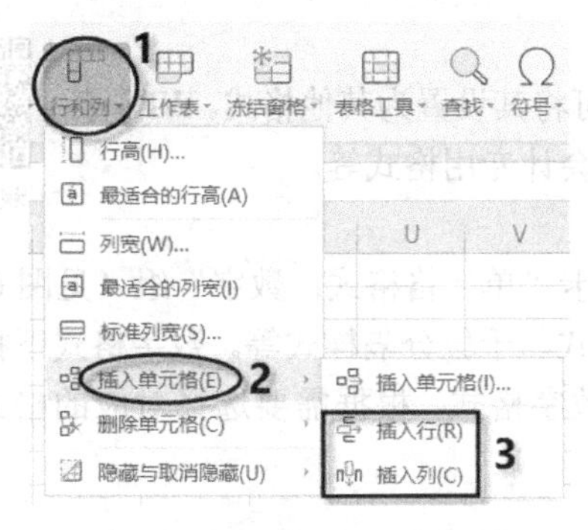

图 6-25 “行和列”下拉列表

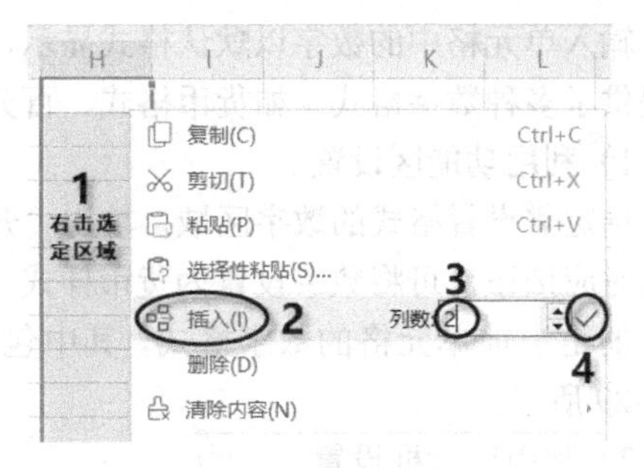

图 6-26 插入列

3．行或列的删除

选定要删除的行或列，打开“开始”选项卡，单击“行和列”下拉按钮，在打开的下拉列表中选择“删除单元格”→“删除行”或“删除单元格”→“删除列”选项，或者在选定的行/列上右击，在弹出的快捷菜单中选择“删除”命令即可。

4．行高和列宽的调整

默认情况下，工作表的单元格具有相同的行高和列宽，根据需要可更改单元格的行高和列宽。行高、列宽的调整可通过鼠标操作或利用功能区的按钮实现。

1）鼠标操作

将鼠标指针指向需要调整行的行号或列的列标分界线上，当鼠标指针变为⟊或⟷形状时，按住鼠标左键拖动至需要的行高或列宽后释放即可。

2）按钮操作

选定需要调整的行或列，打开“开始”选项卡，单击“行和列”下拉按钮，如图 6-27 所示，“行和列”下拉列表中部分选项的功能如下。

- 选择“行高”或“列宽”，在弹出的对话框中输入具体的行高或列宽值。
- 选择“最适合的行高”或“最适合的列宽”，根据选定区域各行中最大字号的高度自动改变行的高度值，或者根据选定区域各列中全部数据的宽度自动改变列宽值。
- 选择“标准列宽”，设置列宽的标准值，该设置将影响所有采用默认列宽的列。
- 选择“隐藏与取消隐藏”，将选定的行/列隐藏，或者将隐藏的行/列重新显示。

根据需要选择相应的选项调整行高和列宽。

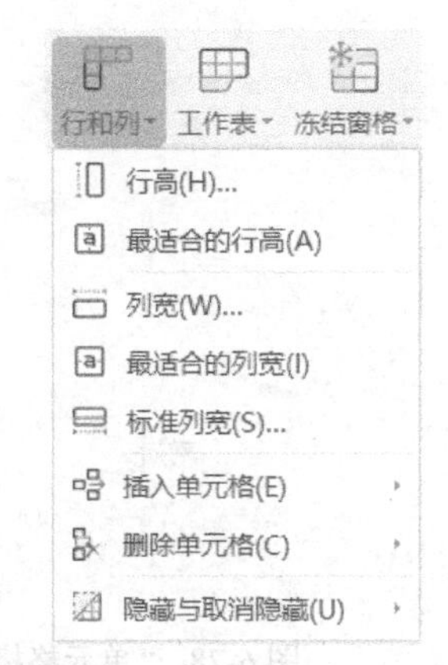

图 6-27 “行和列”下拉按钮

6.3.2 设置单元格格式

设置单元格格式主要利用功能区中的对应按钮或者“单元格格式”对话框来实现。

1．设置数字格式

视频课程

输入单元格中的数字以默认格式显示，根据需要可将其设置为其他格式。WPS 表格提供了多种数字格式，如货币格式、百分比格式、会计专用格式等。

1）利用功能区设置

选定需设置格式的数字区域，单击“开始”选项卡“单元格格式：数字”组（见图 6-28）中的对应按钮，可将数字设置为货币样式、百分比样式、千位分隔样式等。数字格式下拉列表显示的是当前单元格的数字格式，其中包含了多种数字格式，根据需要选择对应的格式，如图 6-29 所示。

2）利用对话框设置

选定需设置格式的数字区域，单击“单元格格式：数字”组右下角的对话框启动按钮，弹出“单元格格式”对话框，如图 6-30 所示，在“数字”选项卡中可对数字进行多种格式的设置。

图 6-28 “单元格格式：数字”组

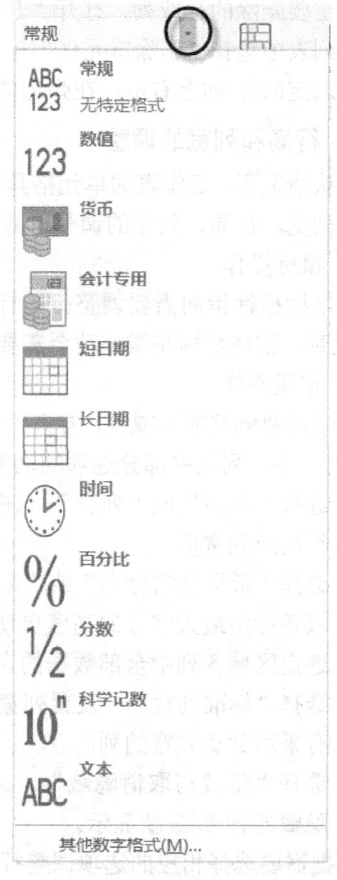

图 6-29 数字格式下拉列表

图 6-30 “单元格格式”对话框

2. 设置字体格式

选定需要设置字体格式的单元格区域，单击“开始”选项卡“字体”组中的相应按钮，可快速设置字体、字号、颜色等格式，或者单击“字体”组右下角的对话框启动按钮，弹出“单元格格式”对话框，在“字体”选项卡中设置更高要求的字体格式。

3. 设置对齐方式

选定需要设置对齐方式的单元格区域，单击“开始”选项卡中设置对齐方式的相应按钮，或者单击“对齐方式”组右下角的对话框启动按钮，在“单元格格式”对话框的“对齐”选项卡中设置所需的对齐方式。

4. 设置边框和底纹

默认情况下，工作表无边框、无底纹，工作表中的网格线是为了方便输入、编辑而预设的，打印时网格线并不显示。为使工作表美观和易读，可通过设置工作表的边框和底纹改变其视觉效果，使数据的显示更加清晰直观。

1）设置边框

(1) 利用功能区设置边框。

选定需设置边框的单元格区域，打开“开始”选项卡，单击“字体”组中的“框线”下拉按钮，打开图 6-31 所示的“框线”下拉列表。从中选择所需框线即可。

另外，单击“绘图边框”下拉按钮，在打开的“绘图边框”下拉列表（见图 6-32）中先选择“线条颜色”“线条样式”，然后按住鼠标左键进行拖动直接绘制边框线，绘制结束后，单击“绘图边框”按钮完成绘制。若要清除边框线，则选择图 6-32 中的“擦除边框”，依次单击要擦除的边框线，即可清除边框线。

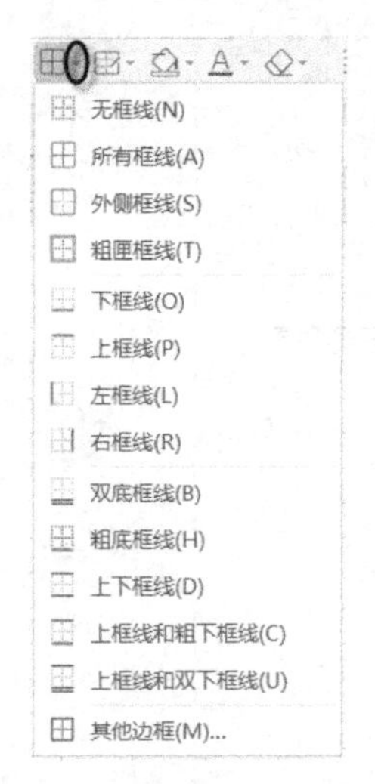

图 6-31 “框线”下拉列表

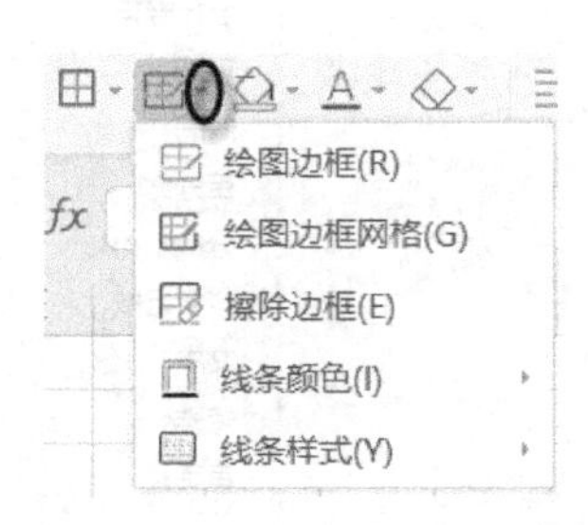

图 6-32 “绘图边框”下拉列表

（2）利用对话框设置边框。

选定需设置边框的单元格区域，在“框线”下拉列表中选择“其他边框”选项，弹出“单元格格式”对话框。在“边框”选项卡（见图 6-33）的“线条”选区设置线条的样式和颜色，在右侧区域中选择线条应用的位置，以及查看预览效果。

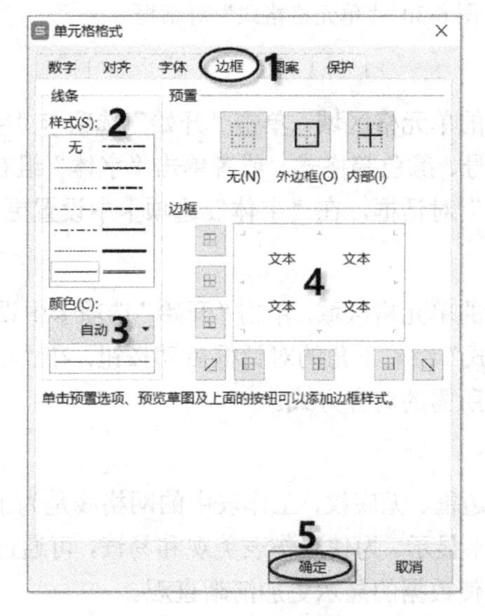

图 6-33 “边框”选项卡

2）设置底纹

（1）利用功能区设置底纹。

选定需设置底纹的单元格区域，打开“开始”选项卡，单击“字体”组中的“填充颜色”下拉按钮，在打开的“填充颜色”下拉列表（见图 6-34）中单击某种色块，即可为选定区域设置该色块的底纹。若要底纹中带有图案，则需使用下面的方法进行设置。

（2）利用对话框设置底纹。

选定需设置底纹的单元格区域，在选定的区域上右击，在弹出的快捷菜单中选择“设置单元格格式”命令，打开“单元格格式”对话框。在“图案”选项卡（见图 6-35）中可设置颜色、图案样式和图案颜色。

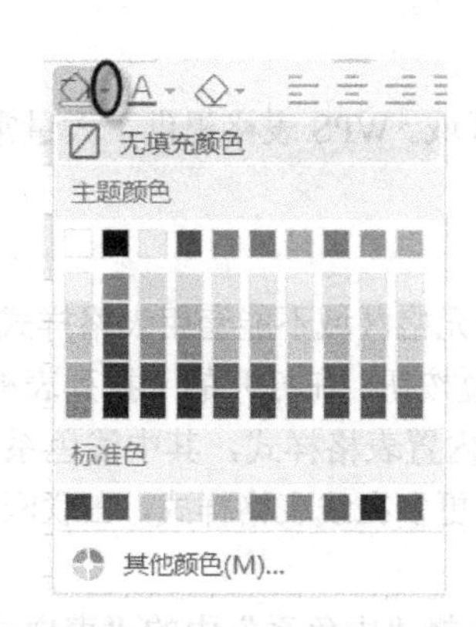

图 6-34 “填充颜色”下拉列表

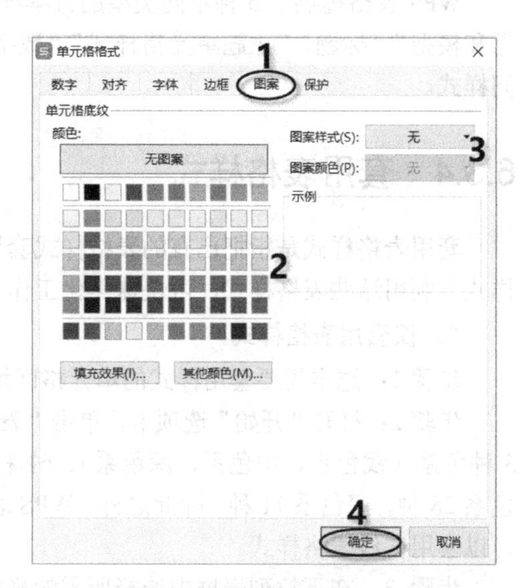

图 6-35 “图案”选项卡

6.3.3　套用单元格样式

视频课程

套用单元格样式，就是将 WPS 表格提供的单元格样式方案运用到选定的区域。例如，在“统计”工作表中利用 WPS 表格提供的单元格样式将工作表的标题设置为“标题 1”样式，操作步骤如下。

步骤 1：选定要套用单元格样式的区域，本例选定 A1:E1 区域。

步骤 2：打开“开始”选项卡，单击“格式”下拉按钮，在打开的下拉列表中选择“样式”→“标题 1”选项，即可将“标题 1”的样式应用到选定区域的标题上。套用单元格样式的操作过程如图 6-36 所示。

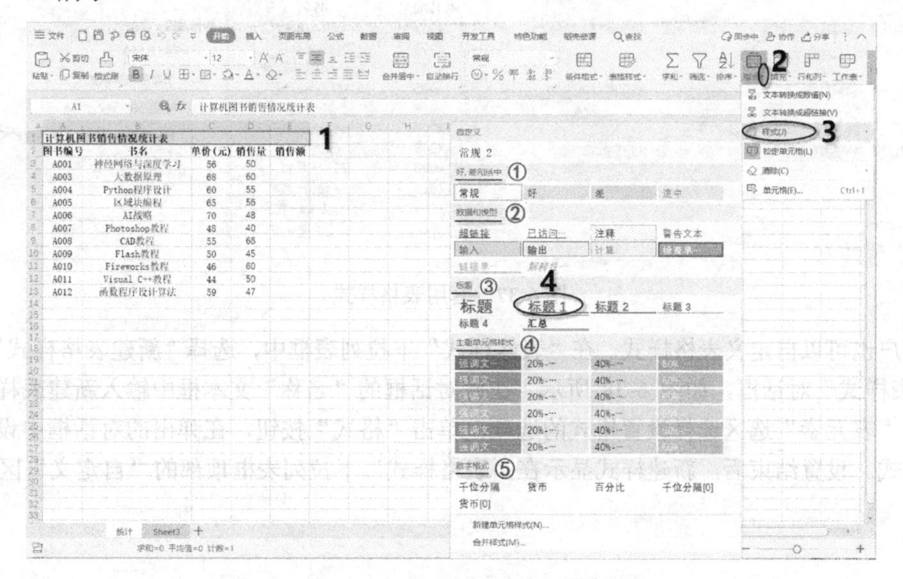

图 6-36　套用单元格样式的操作过程

WPS 表格提供了 5 种不同类型的方案样式，如图 6-36 所示，分别是“好、差和适中”“数据和模型”“标题”“主题单元格样式”“数字格式”。用户根据使用需要可选择不同方案中的不同样式。

6.3.4 套用表格样式

视频课程

套用表格样式是指把已有的表格样式套用到选定的区域。WPS 表格提供了大量常用的表格样式，利用这些表格样式，可快速美化工作表。

1. 仅套用表格样式

步骤 1：选定需要套用样式的单元格区域（合并的单元格区域不能套用表格样式）。

步骤 2：打开“开始”选项卡，单击“表格样式”下拉按钮，在打开的下拉列表框中提供了 3 种色系（浅色系、中色系、深色系）、61 种可供套用的内置表格样式，其中浅色系 22 种，中色系 28 种，深色系 11 种。除此之外，WPS 表格还提供了更多在线表格样式，在联网的状态下，可以套用在线表格样式。

步骤 3：在下拉列表框中选择所需的样式。例如，选择“中色系”中的“表样式中等深浅 3”，弹出“套用表格样式”对话框。选中“仅套用表格样式”单选按钮，如图 6-37 所示，该样式即应用到当前选定的单元格区域，

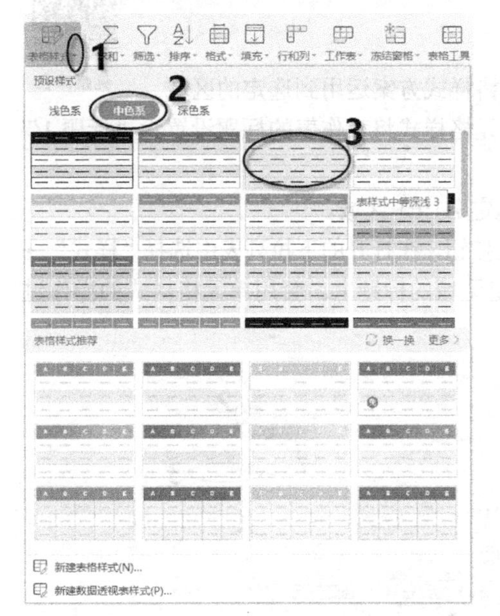

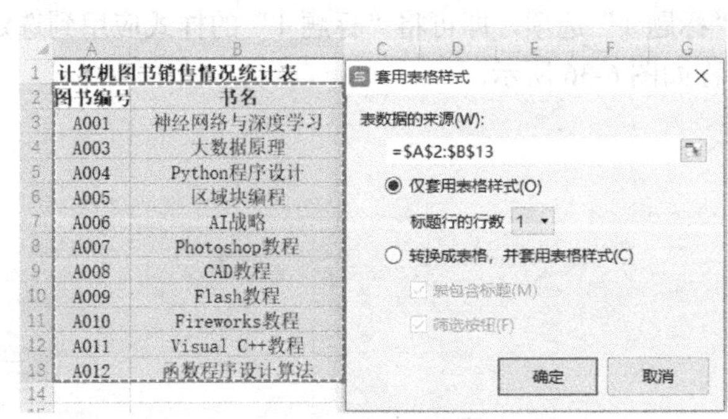

图 6-37 套用表格样式

用户也可以自定义表格样式。在“表格样式”下拉列表框中，选择“新建表格样式”，弹出“新建表样式”对话框，如图 6-38 所示。在此对话框的“名称”文本框中输入新建表样式的名称；在“表元素”选区选择设置格式的选项，单击“格式”按钮，在弹出的对话框中设置选定项的格式。设置结束后，新建样式显示在“表格样式”下拉列表框顶部的“自定义”区域中。

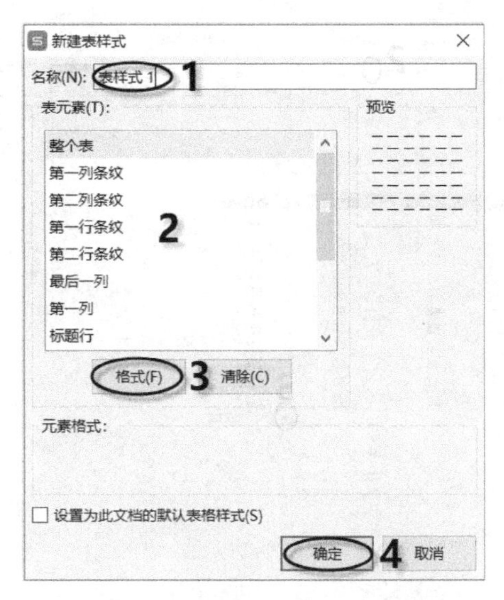

图 6-38 “新建表样式”对话框

2．转换成表格并套用表格样式

步骤 1：选定需要套用样式的单元格区域（合并的单元格区域不能套用表格样式）。

步骤 2：打开“开始”选项卡，单击“表格样式”下拉按钮，在打开的下拉列表框中选择要套用的样式。例如，选择中色系中的“表样式中等深浅 3”，弹出“套用表格样式”对话框，如图 6-39 所示。选中“转换成表格，并套用表格样式”单选按钮，该样式即应用到当前选定的单元格区域，同时所选区域的第一行自动出现带有“筛选”标识的下拉按钮，如图 6-40 所示，这是因为所选区域被转换成表格。

图 6-39 “套用表格样式”对话框

计算机图书销售情况统计表

图书编号	书名	单价(元)	销售量	销售额
A001	神经网络与深度学习	56	50	2800
A003	大数据原理	68	60	4080
A004	Python程序设计	60	55	3300
A005	区域块编程	65	56	3640
A006	AI战略	70	48	3360
A007	Photoshop教程	48	40	1920
A008	CAD教程	55	66	3630
A009	Flash教程	50	45	2250
A010	Fireworks教程	46	60	2760
A011	Visual C++教程	44	50	2200
A012	函数程序设计算法	59	47	2773

图 6-40 带有“筛选”标识的下拉按钮

步骤 3：单元格区域转换成表格后，可以通过“筛选”标识的下拉按钮，对表格中的数据进行筛选和排序，除此之外，还可以进行自动统计汇总、自动扩展范围等。

步骤 4：若要进行自动统计汇总，则选中表格数据区域中的任意一个单元格，打开“表格工具”选项卡，勾选“汇总行”复选框，即可在表格数据区域的末尾自动增加一个汇总行，用于显示每列的汇总，如图 6-41 所示，单击每列汇总行单元格右侧的下拉按钮，在打开的下拉列表中可以更改汇总方式（如平均值、计数、求和等）。

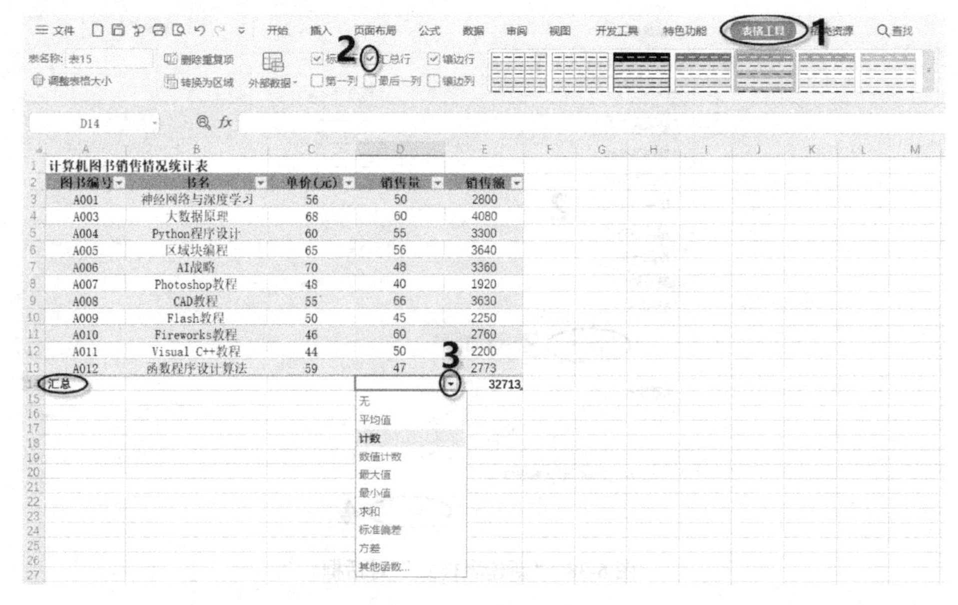

计算机图书销售情况统计表				
图书编号	书名	单价(元)	销售量	销售额
A001	神经网络与深度学习	56	50	2800
A003	大数据原理	68	60	4080
A004	Python程序设计	60	55	3300
A005	区域块编程	65	56	3640
A006	AI战略	70	48	3360
A007	Photoshop教程	48	40	1920
A008	CAD教程	55	66	3630
A009	Flash教程	50	45	2250
A010	Fireworks教程	46	60	2760
A011	Visual C++教程	44	50	2200
A012	函数程序设计算法	59	47	2773
汇总				32713

图 6-41　显示每列的汇总

步骤 5：若要扩展表格范围，则将鼠标指针指向表格数据右下角的三角号，如图 6-42 所示，当鼠标指针变成双向箭头时，按住鼠标左键向下或向右拖动可调整表格的行或列。

计算机图书销售情况统计表				
图书编号	书名	单价(元)	销售量	销售额
A001	神经网络与深度学习	56	50	2800
A003	大数据原理	68	60	4080
A004	Python程序设计	60	55	3300
A005	区域块编程	65	56	3640
A006	AI战略	70	48	3360
A007	Photoshop教程	48	40	1920
A008	CAD教程	55	66	3630
A009	Flash教程	50	45	2250
A010	Fireworks教程	46	60	2760
A011	Visual C++教程	44	50	2200
A012	函数程序设计算法	59	47	2773

图 6-42　扩展表格范围

步骤 6：若将表格转换为普通的单元格区域，则选中表格数据区域中的任意一个单元格，打开“表格工具”选项卡，单击“转换为区域”按钮，如图 6-43 所示，在弹出的对话框中单击“确定”按钮，将表格转换为普通单元格区域，所有数据都会得到保留。

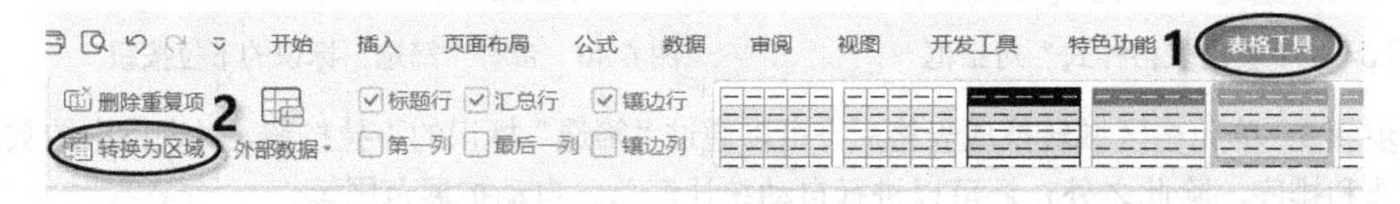

图 6-43　“转换为区域”按钮

6.3.5　应用条件格式

条件格式主要有两方面的功能，一是将满足指定条件的数据设定特殊的格式以突出显示，不满足条件的数据保持原有格式，从而方便用户直观地查看和分析数据。二是应用指定的格式标识，如数据条、色阶、图标集等突出显示单元格区域，从而更改单元格区域的外观，增加数据的可读性。条件格式具有动态性，单元格的值发生变化，对应的条件格式显示效果也会随之自动更新。

选定要设置条件格式的单元格区域，打开“开始”选项卡，单击“条件格式”下拉按钮，打开图 6-44 所示的“条件格式”下拉列表，从中选择所需的选项，设置对应的格式。各项的含义如下。

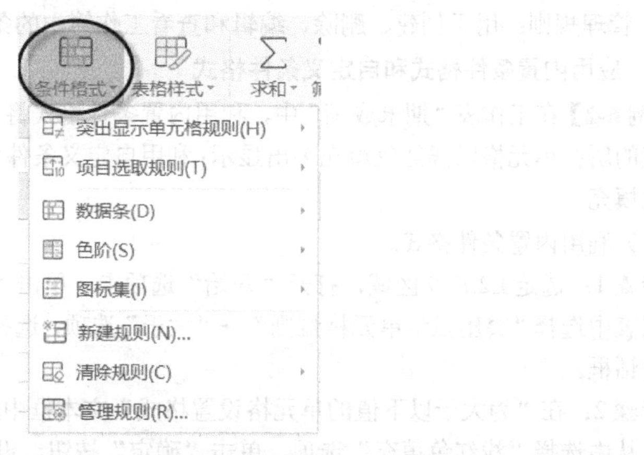

图 6-44　“条件格式”下拉列表

- 突出显示单元格规则：其下一级列表是基于比较运算符的，如大于、小于、等于、介于等常用的各种条件选项，选择所需的条件选项进行具体条件和格式的设置，以突出显示满足条件的数据。例如，选择下一级列表中的“重复值”选项，弹出图 6-45 所示的“重复值”对话框，在此对话框中设置选定区域重复值的格式。
- 项目选取规则：其下一级列表包含了“前 10 项”“前 10%项”“最后 10 项”等 6 个选项。当选择某一选项时，自动弹出相应的对话框，在此对话框中进行设置即可。例如，选择“最后 10 项”选项后弹出图 6-46 所示的“最后 10 项”对话框，在左侧的数值框中输入数字“5”，在右侧下拉列表中选择“红色文本”选项，单击“确定”按钮，将所选区域的前 5 个最小值以红色字体突出显示。

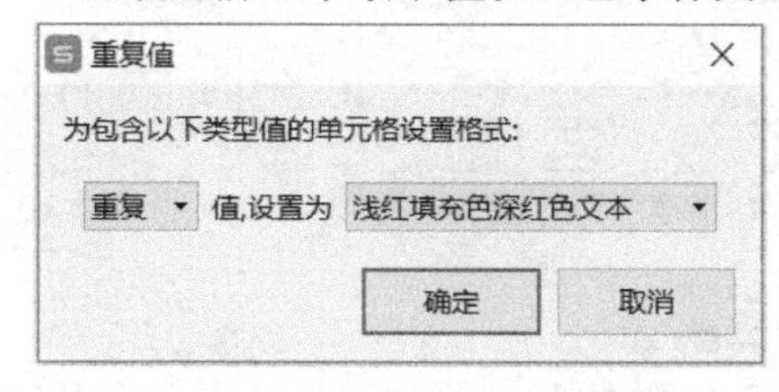

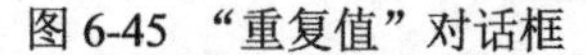

图 6-45　“重复值”对话框

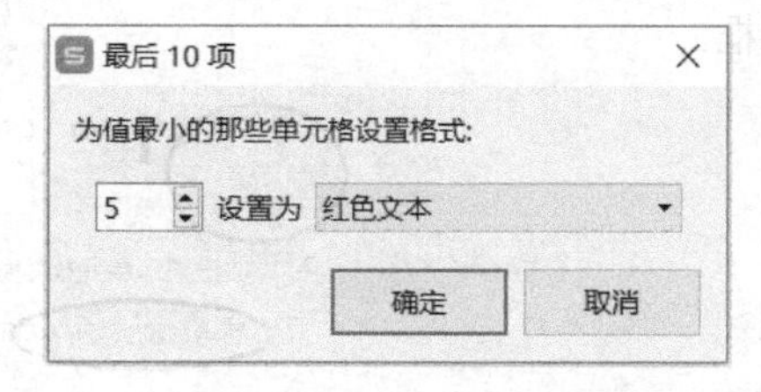

图 6-46　“最后 10 项”对话框

- 数据条：根据单元格数值的大小，填充长度不等的数据条，以便直观地显示所选区域数据间的相对关系。数据条的长度代表了单元格中数值的大小，数据条越长，值就越大。该项主要包含“渐变填充”和“实心填充”两组各含 6 种数据条样式，根据需要选择相应的样式即可。
- 色阶：为单元格区域添加颜色渐变，颜色指明每个单元格数值在该区域内的位置。根据单元格数值的大小，填充不同的底纹颜色以反映数值的大小。例如，“红-白-绿”色阶的 3 种颜色分别代表数值的大（红色）、中（白色）、小（绿色），每一部分又以颜色的深浅进一步区分数值的大小。该项包含 12 种底纹颜色。

- 图标集：选择一组图标以代表所选单元格内的值，根据单元格数值的大小，自动在每个单元格之前显示不同的图标，以反映各单元格数值在所选区域中所处的区段。例如，在形状“三色交通灯”图标中，绿色代表较大值，黄色代表中间值，红色代表较小值。
- 新建规则：用于创建自定义的条件格式规则。
- 清除规则：删除已设置的条件格式规则。
- 管理规则：用于创建、删除、编辑和查看工作簿中的条件格式规则。

1. 应用内置条件格式和自定义条件格式

视频课程

【例 6-2】在工作表“期末成绩”中，利用内置条件格式将“计算机”分数大于 95 的数值的所在单元格以浅红色填充突出显示；利用自定义条件格式将总成绩的前 5 名用橙色填充。

（1）利用内置条件格式。

步骤 1：选定 E2:E19 区域，打开“开始”选项卡，单击“条件格式”下拉按钮，在打开的下拉列表中选择“突出显示单元格规则”→“大于”选项，选择条件，如图 6-47 所示，弹出“大于”对话框。

步骤 2：在“为大于以下值的单元格设置格式”文本框中输入“95”，打开“设置为”下拉列表，从中选择“浅红色填充”选项，单击“确定”按钮。设置条件和格式如图 6-48 所示。

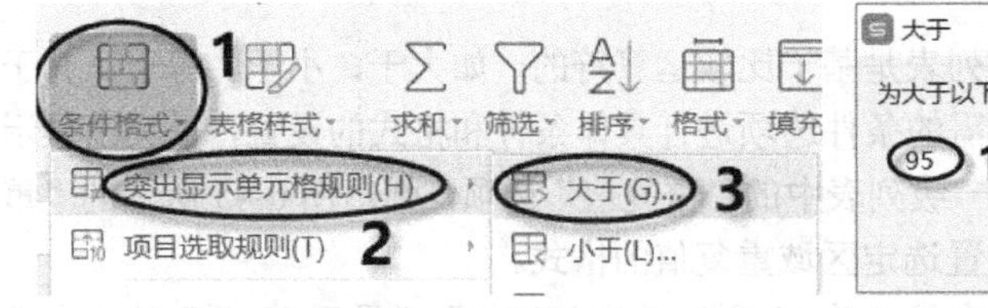

图 6-47 选择条件

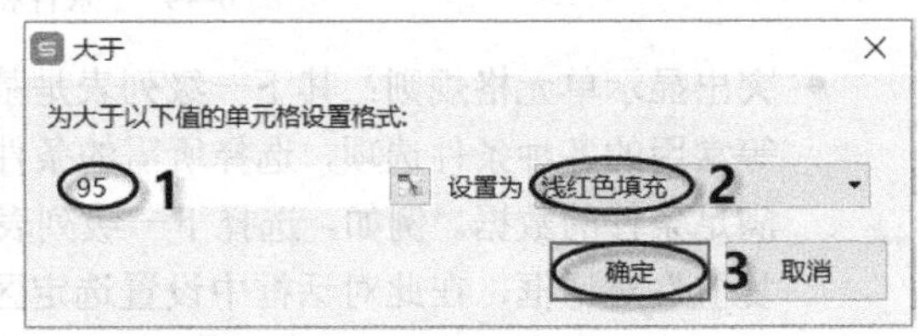

图 6-48 设置条件和格式

（2）利用自定义条件格式。

步骤 1：选定 H2:H19 区域，打开“开始”选项卡，单击“条件格式”下拉按钮，在打开的下拉列表中选择“项目选取规则”→“其他规则”选项，如图 6-49 所示，弹出“新建格式规则”对话框。

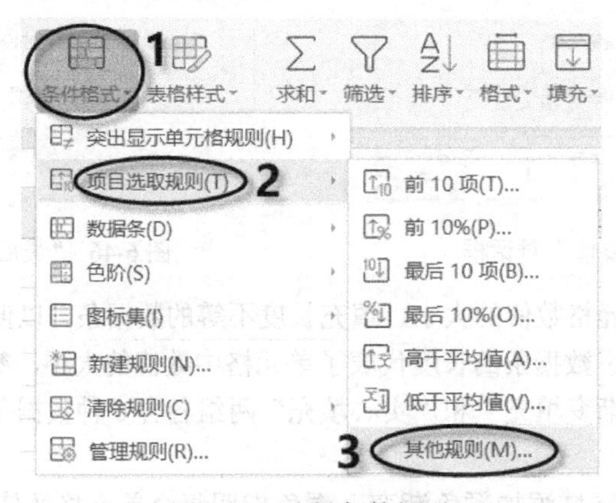

图 6-49 选择条件规则

步骤 2：在对话框中将“选择规则类型”设置为“仅对排名靠前或靠后的数值设置格式”；

“为以下排名内的值设置格式”为“前：5”，单击“格式”按钮，如图 6-50 所示，弹出“单元格格式”对话框。打开“图案”选项卡，选择“橙色”，设置条件格式，如图 6-51 所示，单击两次“确定”按钮，完成条件格式的设置，其效果如图 6-52 所示。

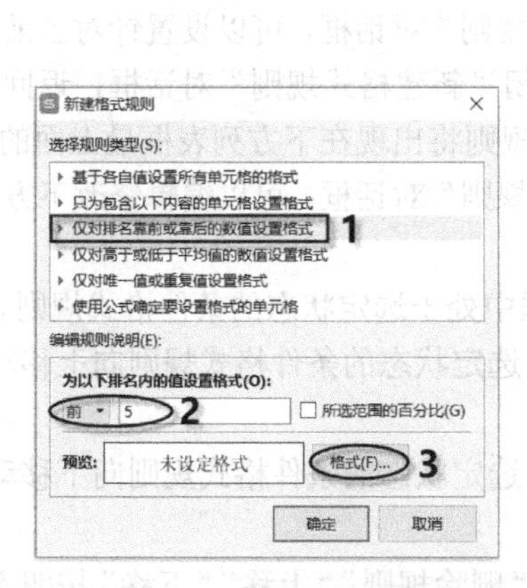

图 6-50　设置条件规则

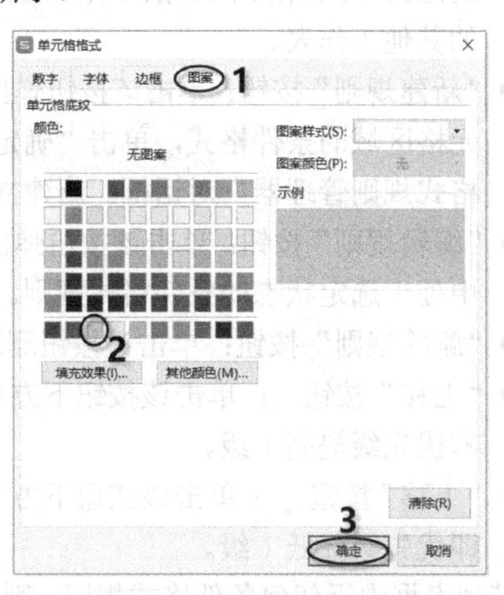

图 6-51　设置条件格式

	A	B	C	D	E	F	G	H
1	学号	姓名	法律	思政	计算机	专业1	专业2	总成绩
2	200301	吉祥	92	89	94	90	88	453
3	200302	刘举鹏	95	90	89	85	75	434
4	200303	王娜娜	80	88	90	88	90	436
5	200304	符合	75	98	88	75	78	414
6	200305	吉祥	86	94	99	66	86	431
7	200306	李北大	79	89	100	84	89	441
8	120302	李娜娜	78	95	94	90	85	442
9	120204	刘康锋	96	92	96	95	95	474
10	120201	刘鹏举	94	90	96	82	75	437
11	120304	倪冬声	95	97	95	80	70	437
12	120103	齐飞扬	95	85	99	79	80	438
13	120105	苏解放	88	98	80	86	81	433
14	120202	孙玉敏	86	93	89	81	78	427
15	120205	王清华	90	98	78	80	90	436
16	120102	谢如康	91	95	98	79	92	455
17	120303	闫朝霞	84	87	97	78	88	434
18	120101	曾令煊	98	80	83	75	90	426
19	120106	张桂花	90	90	89	90	83	442

期末成绩　Sheet2

图 6-52　设置条件格式的效果

2. 管理条件格式

“条件格式规则管理器”是对工作表中各条件格式进行管理的工具。在“开始”选项卡中单击“条件格式”下拉按钮，在打开的下拉列表中选择“管理规则”选项，弹出“条件格式规则管理器”对话框，如图 6-53 所示，各部分的含义如下。

条件格式规则管理器
显示其格式规则(S): 当前选择
新建规则(N)...
规则(按所示顺序应用)　格式　应用于　如果为真则停止
操作技巧　确定　取消

图 6-53　“条件格式规则管理器”对话框

- “显示其格式规则”下拉列表：该列表位于对话框的最上方，是用来选择管理规则的区域，默认“当前选择”，是指在打开“条件格式规则管理器”对话框前，当前工作表中选定的单元格或单元格区域。列表中的第二项为“当前工作表”，之后是当前工作簿中的其他工作表。
- “新建规则”按钮：单击该按钮弹出“新建格式规则”对话框，可以设置针对当前选定单元格区域的条件格式，单击“确定”按钮，关闭“新建格式规则”对话框，返回“条件格式规则管理器”对话框。新建立的条件格式规则将出现在下方列表框最上面的位置。
- “编辑规则”按钮：单击该按钮弹出“编辑格式规则”对话框，可以编辑修改下方列表框中处于选定状态的条件格式规则。
- “删除规则”按钮：单击该按钮删除下方列表框中处于选定状态的条件格式规则。
- “上移”按钮：单击该按钮下方列表框中处于选定状态的条件格式规则向上移动 1 行，即优先级提高 1 级。
- “下移”按钮：单击该按钮下方列表框中处于选定状态的条件格式规则向下移动 1 行，即优先级降低 1 级。

若列表框中无任何条件格式规则，则“编辑规则”“删除规则”“上移”“下移”按钮不可用。若在列表框中，最上面的条件格式规则处于选定状态，则“上移”按钮不可用，若列表框最下面的条件格式规则处于选定状态，则“下移”按钮不可用。

3．清除条件格式

视频课程

打开“开始”选项卡，单击“条件格式”下拉按钮，在打开的下拉列表中选择“清除规则”选项，在其下一级列表中选择清除规则的方式，如图 6-54 所示。例如，选择“清除整个工作表的规则”选项，即可将整个工作表的条件格式删除。

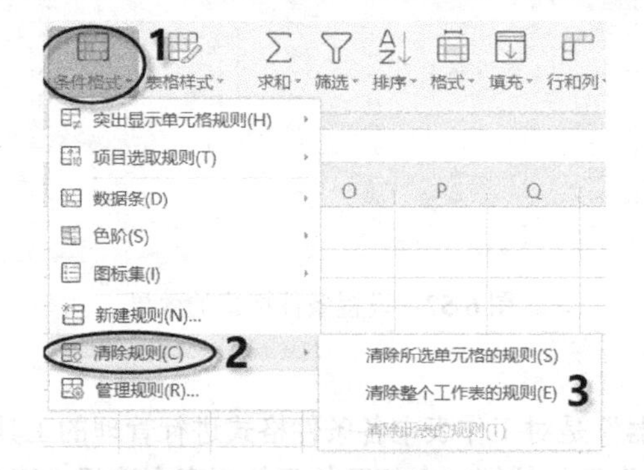

图 6-54　选择清除规则的方式

6.4　工作表的打印输出

视频课程

6.4.1　页面设置

页面设置是影响工作表外观的主要因素，因此，在打印工作表之前，先要进行页面设置，包括设置页边距、纸张大小、页面方向等。

1．利用功能区设置

打开“页面布局”选项卡，可设置页边距、纸张方向、纸张大小、打印区域、打印选项等。

页面设置和打印选项如图 6-55 所示。

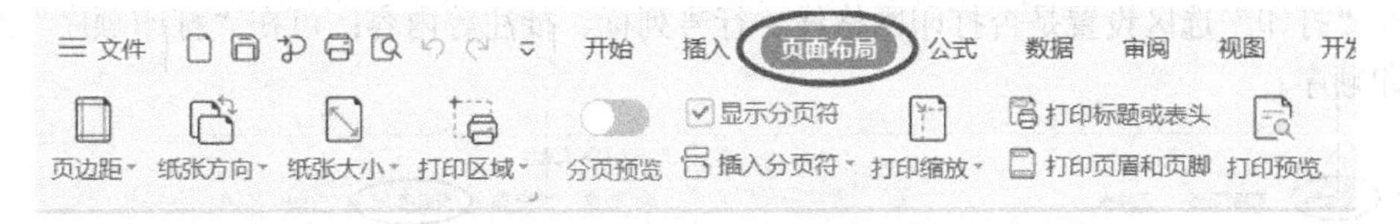

图 6-55　页面设置和打印选项

2. 利用对话框设置

打开“页面布局”选项卡，单击“页面设置”组右下角的对话框启动按钮，弹出“页面设置”对话框，如图 6-56 所示。在该对话框中可设置页面、页边距、页眉/页脚、工作表等。

图 6-56　“页面设置”对话框

1）“页面”选项卡

用于设置打印方向、纸张大小及打印的缩放比例，如图 6-56 所示。例如，选中“缩放”选区的“调整为”单选按钮，若设置为将整个工作表打印在一页，则整个工作表在一页纸上输出。

2）“页边距”选项卡

用于设置纸张的上、下、左、右页边距，居中对齐方式及页眉、页脚的位置。“页边距”选项卡如图 6-57 所示。

3）“页眉/页脚”选项卡

可选择系统定义的页眉、页脚，也可以自定义页眉、页脚。“页眉/页脚”选项卡如图 6-58 所示。

4）“工作表”选项卡

设置打印区域、打印标题、打印顺序等。若所有页都需要打印行/列标题，则将鼠标光标分别定位在“顶端标题行”和“左端标题列”文本框中，输入每一页要重复打印的行/列标题所在列或行，如在“顶端标题行”文本框输入“$1:$1”，或者先将鼠标光标定位在该文本框中，然后选定工作表中的第 1 行，表示在每一页重复打印第 1 行标题。若在“顶端标题行”文本框中输入“$1:$2”，或者选定工作表中的第 1～2 两行，表示在每一页重复打印 1～2 两行的标题。“工作表”选项卡如图 6-59 所示。

在“打印”选区设置是否打印网格线、行号列标、批注等内容；可在“打印顺序”选区设置打印顺序。

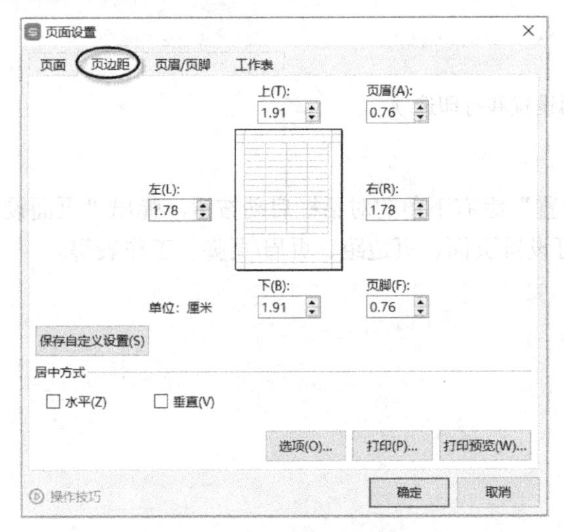

图 6-57 “页边距”选项卡

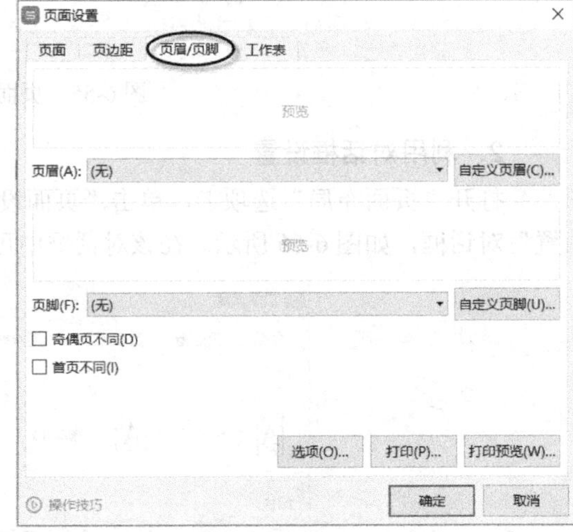

图 6-58 “页眉/页脚”选项卡

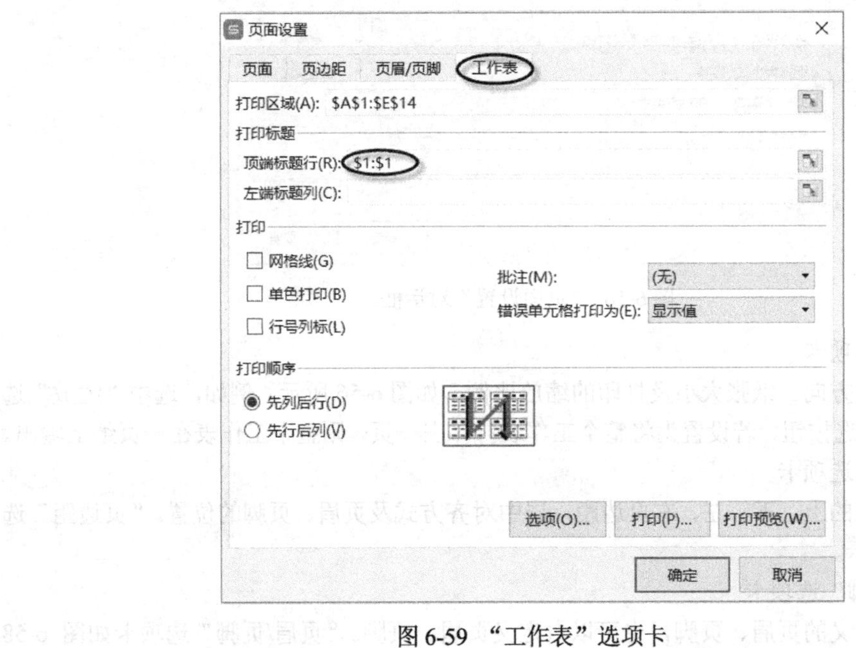

图 6-59 “工作表”选项卡

6.4.2 设置打印区域

视频课程

打印区域是指 WPS 工作表中要打印的数据范围，默认是工作表的整个数据区域，若要打印部分数据，则可通过设置打印区域的方法来实现。

选定要打印的数据区域，打开“页面布局”选项卡，单击“打印区域”下拉按钮，在打开的下拉列表中选择“设置打印区域”选项即可。“打印区域”下拉列表如图 6-60。

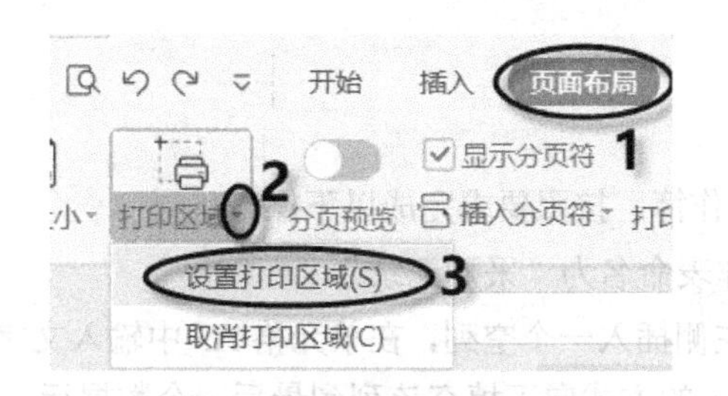

图 6-60　“打印区域”下拉列表

6.4.3　打印预览与打印

视频课程

打印预览是查看最终打印出来的效果，若对效果满意，则进行打印输出；若不满意，则返回页面视图下重新进行编辑，满意后再打印。

1. 打印预览

单击快速访问工具栏中的“打印预览”按钮，或者选择“文件”→“打印”→“打印预览”命令，进入“打印预览”窗口，如图 6-61 所示，预览打印真实效果。在预览窗口中可以设置纸张类型、打印的方向、方式、份数、顺序、缩放及各种页面设置等。

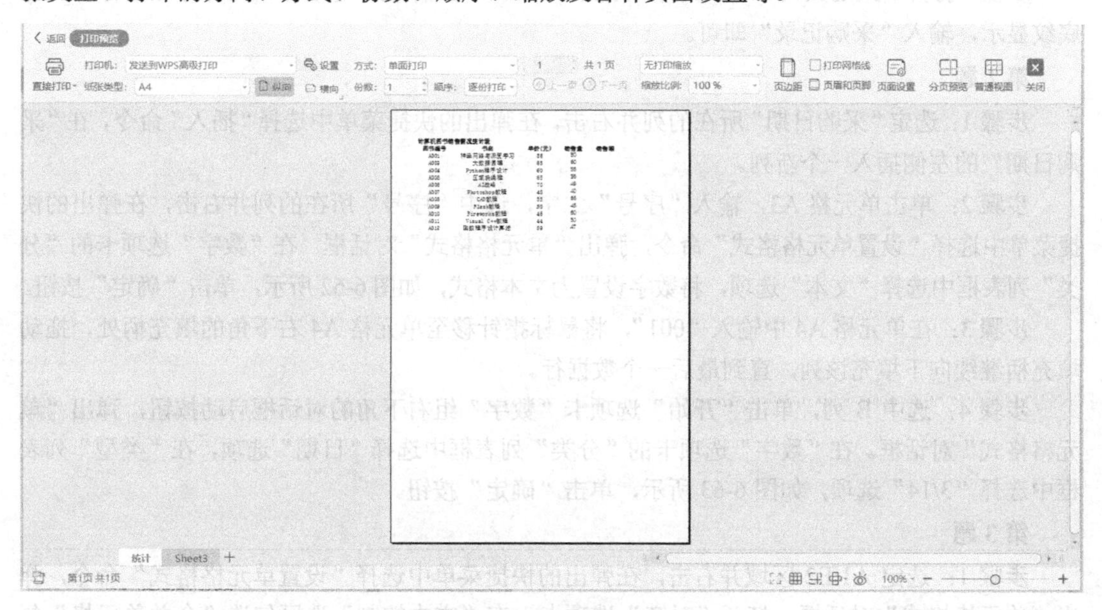

图 6-61　“打印预览”窗口

2. 打印文档

若对预览效果满意，则单击“打印预览”窗口左上角的“直接打印”下拉按钮，在打开的下拉列表中选择“打印”选项，或者直接按 Ctrl+P 组合键，弹出“打印”对话框，对打印进行更详细的设置，设置结束后单击“确定”按钮，开始打印。

也可以在下拉列表中选择“直接打印”或“高级打印”选项，在打开的窗口中，设置更灵活、更高级的打印参数，进行个性化的打印，如打印成小册子、海报等。首次使用“高级打印”时，需要在联网的情况下加载相应的程序模块。

6.5 实例练习

视频课程

打开“采购数据”工作簿，按照要求完成以下操作。

1．将“Sheet1”工作表命名为“采购记录”。

2．在“采购日期”左侧插入一个空列，在单元格 A3 中输入文字“序号”，从单元格 A4 开始，以 001，002，003，…的方式向下填充该列到最后一个数据行；将 B 列（采购日期）中数据的数字格式修改为只包含月和日的格式（3/14）。

3．将工作表标题跨列合并后居中并适当调整其字体、加大字号，并改变字体颜色。

4．对标题行区域 A3:E3 应用单元格的上框线和下框线，对数据区域的最后一行 A28:E28 应用单元格的下框线；其他单元格无边框线，不显示工作表的网格线。

5．适当加大数据表的行高和列宽，设置对齐方式为“水平居中”，“单价”数据系列设为货币格式，并保留零位小数。

解题步骤如下。

第 1 题

步骤：打开“采购数据.xlsx”文件，双击“Sheet1”工作表标签名称，此时标签名称以灰色底纹显示，输入“采购记录”即可。

第 2 题

步骤 1：选定“采购日期”所在的列并右击，在弹出的快捷菜单中选择“插入”命令，在“采购日期”的左侧插入一个新列。

步骤 2：单击单元格 A3，输入“序号”二字，选中“序号”所在的列并右击，在弹出的快捷菜单中选择“设置单元格格式”命令，弹出“单元格格式”对话框。在“数字”选项卡的“分类”列表框中选择“文本”选项，将数字设置为文本格式，如图 6-62 所示，单击“确定”按钮。

步骤 3：在单元格 A4 中输入“001”，将鼠标指针移至单元格 A4 右下角的填充柄处，拖动填充柄继续向下填充该列，直到最后一个数据行。

步骤 4：选中 B 列，单击“开始”选项卡“数字”组右下角的对话框启动按钮，弹出“单元格格式”对话框。在“数字”选项卡的“分类”列表框中选择“日期”选项，在“类型”列表框中选择“3/14”选项，如图 6-63 所示，单击“确定”按钮。

第 3 题

步骤 1：选定 A1:E2 区域并右击，在弹出的快捷菜单中选择“设置单元格格式”命令，弹出“单元格格式”对话框。打开“对齐”选项卡，在“文本控制”选区勾选“合并单元格”复选框，在“文本对齐方式”选区的“水平对齐”和“垂直对齐”下拉列表中选择“居中”选项。设置对齐方式的操作过程如图 6-64 所示。

步骤 2：切换到“字体”选项卡，从中选择合适的字体，本例选择“黑体”；选择合适的字号，本例选择“14”；在“颜色”下拉列表中选择合适的颜色，本例选择“蓝色”，单击“确定”按钮。设置字体格式的操作过程如图 6-65 所示。

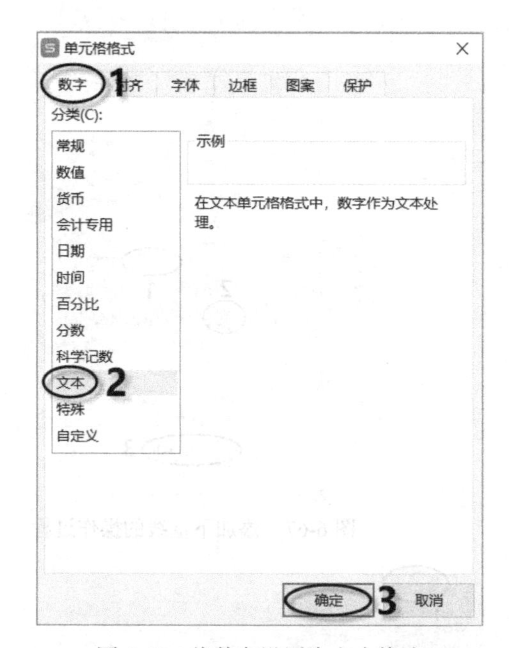

图 6-62　将数字设置为文本格式

图 6-63　设置日期格式

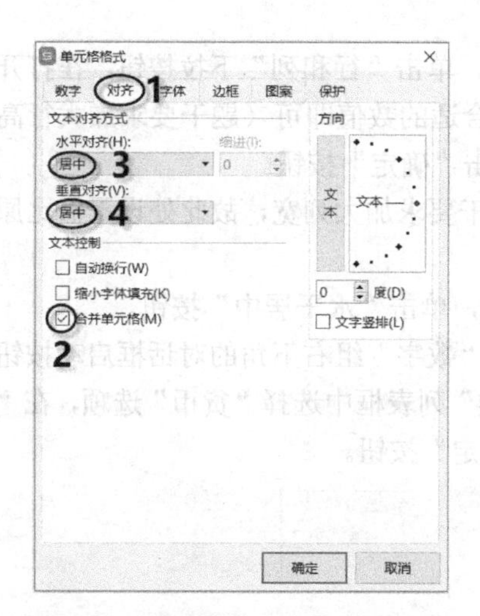

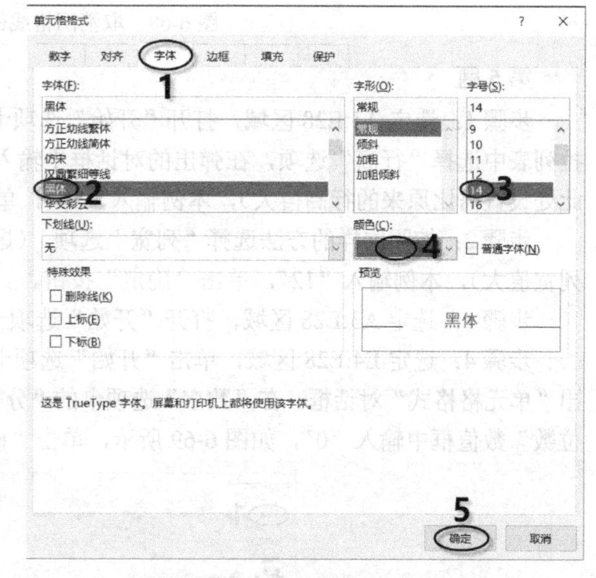

图 6-64　设置对齐方式的操作过程

图 6-65　设置字体格式的操作过程

第 4 题

步骤 1：选定 A3:E3 区域，单击“开始”选项卡中“字体”组右下角的对话框启动按钮。打开“边框”选项卡，在“边框”选区单击相应的按钮，即可设置上、下边框，如图 6-66 所示，单击“确定”按钮。

步骤 2：选定 A28:E28 区域，打开“开始”选项卡，单击“字体”组中的“所有框线”下拉按钮（名称随着选择的框线而变化），在打开的下拉列表中选择“下框线”选项。添加下框线的操作过程如图 6-67 所示。

步骤 3：打开“视图”选项卡，在“显示”组中取消勾选“显示网格线”复选框。取消网格线的操作过程如图 6-68 所示。

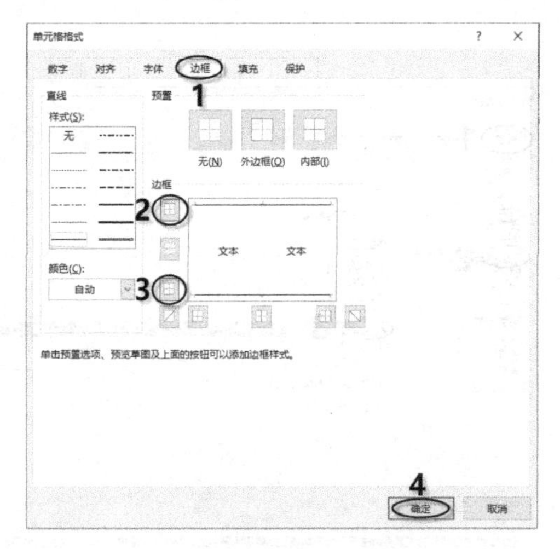

图 6-66　设置上、下边框

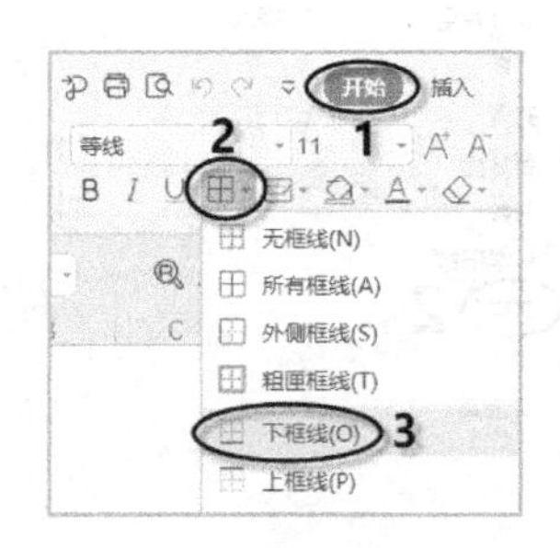

图 6-67　添加下框线的操作过程

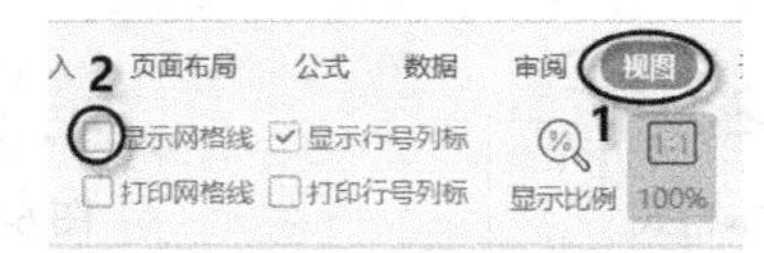

图 6-68　取消网格线的操作过程

第 5 题

步骤 1：选定 A1:E28 区域，打开“开始”选项卡，单击“行和列”下拉按钮，在打开的下拉列表中选择“行高”选项，在弹出的对话框中输入合适的数值即可（题干要求加大行高，故此处设置需比原来的行高值大），本例输入“18”，单击“确定”按钮。

步骤 2：按照同样的方法选择“列宽”选项，（题干要求加大列宽，故此处设置需比原来的列宽值大），本例输入“12”，单击“确定”按钮。

步骤 3：选定 A3:E28 区域，打开“开始”选项卡，单击“水平居中”按钮。

步骤 4：选定 E4:E28 区域，单击“开始”选项卡“数字”组右下角的对话框启动按钮，弹出“单元格格式”对话框。在“数字”选项卡的“分类”列表框中选择“货币”选项，在“小数位数”数值框中输入“0”，如图 6-69 所示，单击“确定”按钮。

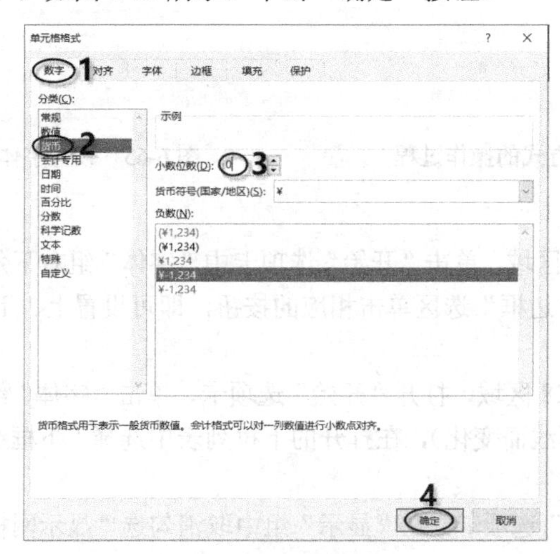

图 6-69　设置货币格式

第 7 章

使用公式与函数计算数据

7.1　公式的使用

视频课程

公式是一个等式，也称表达式，是引用单元格地址对存放在其中的数据进行计算的等式（或表达式）。引用的单元格可以是同一工作簿中同一工作表或不同工作表的单元格，也可以是其他工作簿中工作表的单元格。为了区别一般数据，输入公式时，先输入等号“=”作为公式标记，如“=B2+F5”。

7.1.1　公式的组成

视频课程

公式由运算数和运算符两部分组成。公式的结构如图 7-1 所示。通过此公式结构可以看出：公式以等号“=”开头，公式中的运算数可以是具体的数字，如“0.3”，也可以是单元格地址（C2），或单元格区域地址（B5:F5）等。“AVERAGE（B5:F5）”表示对单元格区域（B5:F5）中的所有数据求平均值。“*”和“+”都是运算符。

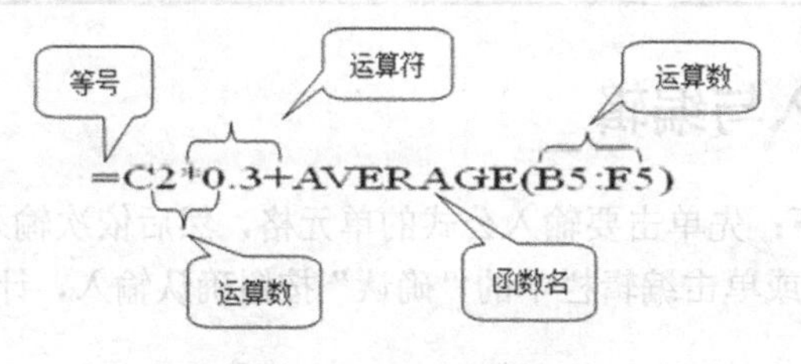

图 7-1　公式的结构

7.1.2　公式中的运算符

视频课程

WPS 表格公式中的运算符主要包括：算术运算符、引用运算符、关系运算符和文本运算符。WPS 表格运算符及公式应用如表 7-1 所示。

表 7-1　WPS 表格运算符及公式应用

运 算 类 型	运　算　符	含　　义	公式引用示例
算术运算符	+、−、*、/	加、减、乘、除	=A1+C1、=9−3、=B2*6、=D3/2
	^ 和 %	乘方和百分比	=A3^2、=F5%
	−	负号	=−50

续表

运 算 类 型	运 算 符	含 义	公式引用示例
引用运算符	:	区域引用，即引用区域内的所有单元格	=SUM(C2:E6) 表示对该区域所有单元格中的数据求和
	,	联合引用，即引用多个区域中的单元格	= SUM(C2,E6) 表示只对 C2、E6 这两个单元格中的数据求和
	空格	交叉引用，即引用交叉区域中的单元格	= SUM(C2:F5 B3:E6)表示只计算 C2:F5 和 B3:E6 交叉区域数据的和
关系运算符	=、>、<	等于、大于、小于	=C2=E2、=C2>E2、=C2<E2
	>=、<=、<>	大于或等于、小于或等于、不等于	=A1>=7、=A1<=7、=A1<>7
文本运算符	&	连接文本	=C2 & C4 表示将单元格 C2 和单元格 C4 中的内容连接在一起

一个公式中可以包含多个运算符，当多个运算符出现在同一个公式中时，WPS 表格规定了运算符运算的优先级别，如表 7-2 所示。

表 7-2 运算符运算的优先级别

运 算 类 型	运 算 符	优 先 级 别	说 明
算术运算符	–	↑ 高	1．箭头表示运算符运算的优先级别按此表从上到下的顺序依次降低 2．此表中三类运算符运算的优先级别为：算术运算符最高，其次是文本运算符，最后是关系运算符 3．同一公式中包含同一优先级别的运算符时，按从左到右的顺序计算
	%和^		
	*和/		
	+和-		
文本运算符	&		
关系运算符	=、>、<、>=、<=、<>	低	

7.1.3 公式的输入与编辑

视频课程

公式使用的方法如下：先单击要输入公式的单元格，然后依次输入“=”和公式的内容，最后按 Enter 键或单击编辑栏中的“确认”按钮确认输入，计算结果自动显示在该单元格中。

例如，图 7-2 所示为第三季度图书销售情况统计表。使用公式计算图 7-2 中《游世界》第三季度销售总计，并将结果显示在单元格 F3 中，操作步骤如下。

步骤 1：单击单元格 F3，在此单元格中输入公式“=C3+D3+E3”，如图 7-2 所示。公式中的单元格引用地址（C3、D3、E3）直接用鼠标依次单击源数据单元格或手工输入。

步骤 2：按 Enter 键确认，计算结果自动显示在单元格 F3。

步骤 3：若计算各类图书的销售总计，则先选定单元格 F3，拖动填充柄至单元格 F13 释放即可。

使用公式时要注意以下几点。

（1）在一个运算符或单元格地址中不能含有空格，如运算符“<=”不能写成“< =”；单元格“C2”不能写成“C 2”。

（2）公式中参与计算的数据尽量不使用纯数字，而是使用单元格地址代替相应的数字。例如，在上例计算《游世界》的销售总计时，使用公式“=C3+D3+E3”来计算，而不是使用纯数字“=56+50+81”计算。其好处是：当原始数据改变时，不必再修改计算公式，进而降低计算结果的错误率。

SUM　=C3+D3+E3

第三季度图书销售情况统计表（册）					
图书编号	书名	7月	8月	9月	总计（册）
A001	游世界	56	50	81	=C3+D3+E3
A003	国家宝藏	68	60	76	
A004	大宇宙	60	55	70	
A005	植物百科	65	56	66	
A006	海底两万里	70	48	69	
A007	一千零一夜	48	40	56	
A008	山海经	55	66	61	
A009	汉字描红	50	45	60	
A010	格列佛游记	46	60	63	
A011	傲慢与偏见	44	50	56	
A012	资治通鉴	59	47	65	

图 7-2　第三季度图书销售情况统计表

7.1.4　实例练习

视频课程

打开“公式实例素材.xlsx”文件，如图 7-3 所示。在“Sheet1”工作表中用公式计算“生活用水占水资源总量的百分比（%）”的值，填入相应单元格中。计算公式为：生活用水占水资源总量的百分比（%）=2015～2020 年度淡水抽取量占水资源总量百分比（%）*生活用水利用（%）/100，计算结果保留小数点后 2 位。

2015～2020年淡水资源的利用					
各省	2015～2020年度淡水抽取量占水资源总量百分比（%）	2015～2020年淡水抽取量的利用（%）			生活用水占水资源总量的百分比（%）
		用于农业	用于工业	生活用水	
总计	9.1	70	20	10	
河北	22.4	68	26	7	
山西	51.2	86	5	8	
山东	256.3	62	7	31	
湖北	20.6	62	18	20	
湖南	28.6	48	16	36	
贵州	1.6	90	6	4	
吉林	1.6	62	21	17	
辽宁	323.3	96	2	2	
黑龙江	6	74	9	17	
河南	41.5	95	2	2	
广西	27.9	63	6	31	
云南	1.6	12	69	20	
福建	19.1	77	5	17	
浙江	17.1	41	46	13	
陕西	10.6	74	9	17	
青海	1.1	62	18	20	
西藏	7.5	30	47	23	
以上各省的平均量					

图 7-3　“公式实例素材.xlsx”文件

操作步骤如下。

步骤 1：单击存放结果的单元格，本例为单元格 F5。

步骤 2：输入公式“=B5*E5/100”。方法：首先输入“=”，然后单击单元格 B5，输入运算符“*”，再单击单元格 E5，输入“/100”，完成公式的输入，或者在编辑栏中直接输入公式

“=B5*E5/100”。

步骤 3：按 Enter 键，拖动单元格 F5 右下角的填充柄至单元格 F22。“生活用水占水资源总量的百分比（%）”的值如图 7-4 所示。

A	B	C	D	E	F
2015年-2020年淡水资源的利用					
各省	2015年-2020年度淡水抽取量占水资源总量百分比（%）	2015年-2020年淡水抽取量的利用（%）			生活用水占水资源总量的百分比（%）
		用于农业	用于工业	生活用水	
总计	9.1	70	20	10	0.91
河北	22.4	68	26	7	1.568
山西	51.2	86	5	8	4.096
山东	256.3	62	7	31	79.453
湖北	20.6	62	18	20	4.12
湖南	28.6	48	16	36	10.296
贵州	1.6	90	6	4	0.064
吉林	1.6	62	21	17	0.272
辽宁	323.3	96	2	2	6.466
黑龙江	6	74	9	17	1.02
河南	41.5	95	2	2	0.83
广西	27.9	63	6	31	8.649
云南	1.6	12	69	20	0.32
福建	19.1	77	5	17	3.247
浙江	17.1	41	46	13	2.223
陕西	10.6	74	9	17	1.802
青海	1.1	62	18	20	0.22
西藏	7.5	30	47	23	1.725
以上各省的平均量					

图 7-4 “生活用水占水资源总量的百分比（%）”的值

步骤 4：选定 F5:F22 区域，在选定的区域上右击，在弹出的快捷菜单中选择“设置单元格格式”命令，弹出“单元格格式”对话框。在“数字”选项卡的“分类”列表框中选择“数值”选项，设置小数位数为 2，单击“确定”按钮。设置数值保留小数点后 2 位的操作过程如图 7-5 所示。

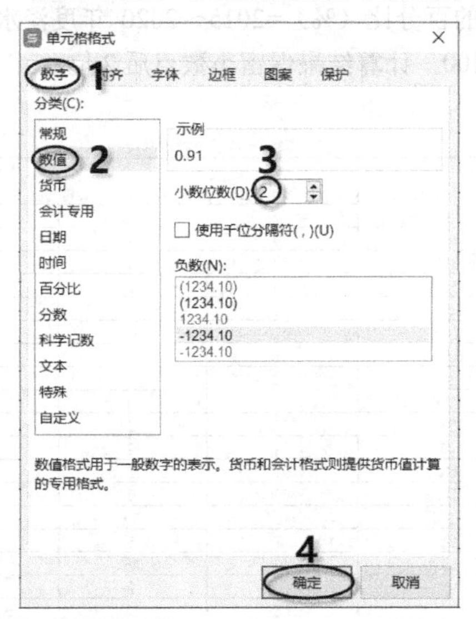

图 7-5 设置数值保留小数点后 2 位的操作过程

7.1.5 实用操作技巧

视频课程

1. 编辑栏不显示公式

在默认情况下，选定包含公式的单元格后该公式会显示在编辑栏中，如果不希望其他用户看到该公式，那么可将编辑栏中的公式隐藏。隐藏编辑栏中公式的操作步骤如下。

步骤 1：选定要隐藏公式的单元格区域，在选定的区域上右击，在弹出的快捷菜单中选择“设置单元格格式”命令，在弹出的对话框中切换到“保护”选项卡，勾选“锁定”和“隐藏”复选框，单击“确定”按钮。设置“锁定”和“隐藏”的操作过程如图 7-6 所示。

步骤 2：打开“审阅”选项卡，单击“保护工作表”按钮，弹出“保护工作表”对话框。勾选“选定锁定单元格”和“选定未锁定单元格”复选框，单击“确定”按钮。保护工作表及锁定的单元格内容的操作过程如图 7-7 所示。

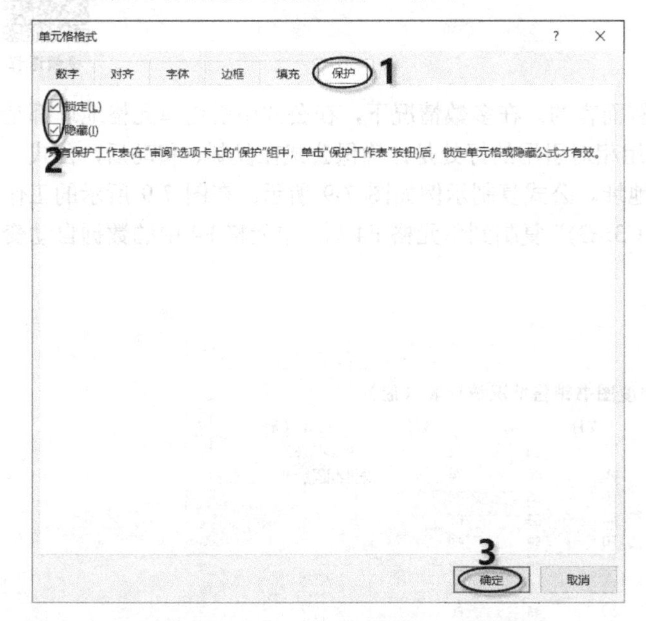

图 7-6　设置“锁定”和“隐藏”的操作过程

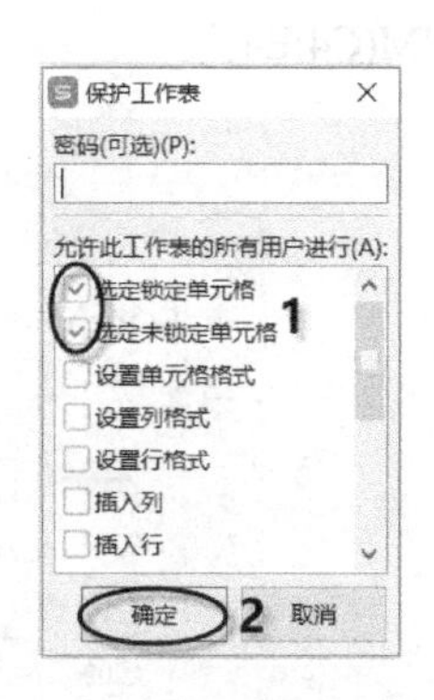

图 7-7　保护工作表及锁定的单元格内容的操作过程

2. 快速查看工作表中的所有公式

视频课程

按 Ctrl+`组合键可显示工作表中的所有公式，按 Ctrl+`组合键可将工作表中的所有公式切换为单元格中的数值，即按 Ctrl+`组合键可在单元格数值和单元格公式之间进行来回切换。

3. 不输入公式查看计算结果

视频课程

选定要计算结果的所有单元格，在窗口下方的状态栏中即可显示相应的计算结果，默认计算包括求和、平均值、计数。不输入公式查看计算结果如图 7-8 所示。若要查看其他计算结果，则将鼠标指针指向状态栏的任意区域并右击，在弹出的快捷菜单中选择要查看的运算命令，在状态栏中即可显示相应的计算结果。

	A	B	C	D	E	F	G	H
1	计算机图书销售情况统计表							
2	图书编号	书名	单价(元)	销售量	销售额			
3	A001	神经网络与深度学习	56	50				
4	A003	大数据原理	68	60				
5	A004	Python程序设计	60	55				
6	A005	区域块编程	65	56				
7	A006		70	48				

选定这 5 个数值

状态栏中显示计算结果

求和=269　平均值=53.8　计数=5　100%

图 7-8　不输入公式查看计算结果

7.2 单元格引用

在 WPS 表格的公式中，往往引用单元格地址代替对应单元格中的数据，其目的在于当单元格引用位置发生变化时，运算结果自动进行更新。根据引用地址是否随之改变，将单元格引用分为相对引用、绝对引用和混合引用。引用方式不同，处理方式也不同。

视频课程

7.2.1 相对引用

相对引用是对引用数据的相对位置而言的。在多数情况下，在公式中引用单元格地址都是相对引用，如 B2、C3、A1:E5 等。使用相对引用的好处是：确保公式在复制、移动后，公式中的单元格地址将自动变为目标位置的地址。公式复制示例如图 7-9 所示。在图 7-9 所示的工作表中，将单元格 F3 中的数据“=SUM(C3:E3)”复制到单元格 F4 后，单元格 F4 中的数据自动变为“=SUM(C4:E4)”。

2R x 1C　fx =SUM(C3:E3)

	A	B	C	D	E	F
1	第三季度图书销售情况统计表（册）					
2	图书编号	书名	7月	8月	9月	总计（册）
3	A001	游世界	56	50	81	=SUM(C3:E3)
4	A003	国家宝藏	68	60	76	=SUM(C4:E4)
5	A004	大宇宙	60	55	70	
6	A005	植物百科	65	56	66	
7	A006	海底两万里	70	48	69	
8	A007	一千零一夜	48	40	56	
9	A008	山海经	55	66	61	
10	A009	汉字描红	50	45	60	
11	A010	格列佛游记	46	60	63	
12	A011	傲慢与偏见	44	50	56	
13	A012	资治通鉴	59	47	65	

Sheet1

图 7-9　公式复制示例

7.2.2 绝对引用

视频课程

在行号和列标前均加上“$”符号，如$C$2、$E$3:$G$6 等都是绝对引用。含绝对引用的公式在复制和移动后，公式中引用单元格地址不会改变。绝对引用示例如图 7-10 所示。在图 7-10（a）中单元格 F3 中的数据“=SUM($C$3:$E$3)”复制到单元格 F4 后，单元格 F4 中的数据也为“=SUM($C$3:$E$3)”，操作结果如图 7-10（b）所示。

F3　fx =SUM($C$3:$E$3)→含绝对引用的公式

	A	B	C	D	E	F	G
1	第三季度图书销售情况统计表（册）						
2	图书编号	书名	7月	8月	9月	总计（册）	
3	A001	游世界	56	50	81	187	
4	A003	国家宝藏	68	60	76		
5	A004	大宇宙	60	55	70		
6	A005	植物百科	65	56	66		
7	A006	海底两万里	70	48	69		

（a）含绝对引用的公式复制前

图 7-10　绝对引用示例

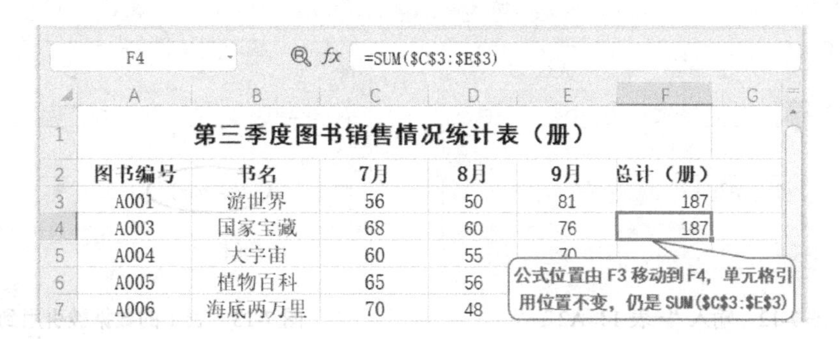

F4 =SUM($C$3:$E$3)

第三季度图书销售情况统计表（册）					
图书编号	书名	7月	8月	9月	总计（册）
A001	游世界	56	50	81	187
A003	国家宝藏	68	60	76	187
A004	大宇宙	60	55	70	
A005	植物百科	65	56		
A006	海底两万里	70	48		

（b）含绝对引用的公式复制后

图 7-10　绝对引用示例（续）

7.2.3　混合引用

视频课程

混合引用是指在单元格引用时，既有相对引用又有绝对引用，其引用形式是在行号或列标前加“$”，如$C3、C$3 等。它同时具备相对引用和绝对引用的特点，即当公式复制或移动后，公式中相对引用中的单元格地址自动改变，绝对引用中单元格地址不变。例如，$C3 表明列 C 不变而行 3 随公式的移动自动变化；C$3 表明行 3 不变而列 C 随公式的移动自动变化。

7.2.4　引用其他工作表数据

视频课程

1. 引用同一工作簿的其他工作表数据

在引用的位置输入引用的“工作表名称!单元格引用”。例如，打开 WPS 工作簿，新建 2 个工作表：表 1 和表 2，并在表 1 中的单元格 A2 中输入内容“使用公式”，如图 7-11 所示。在表 2 中的单元格 B4 引用表 1 中单元格 A2 中的内容，操作步骤如下。

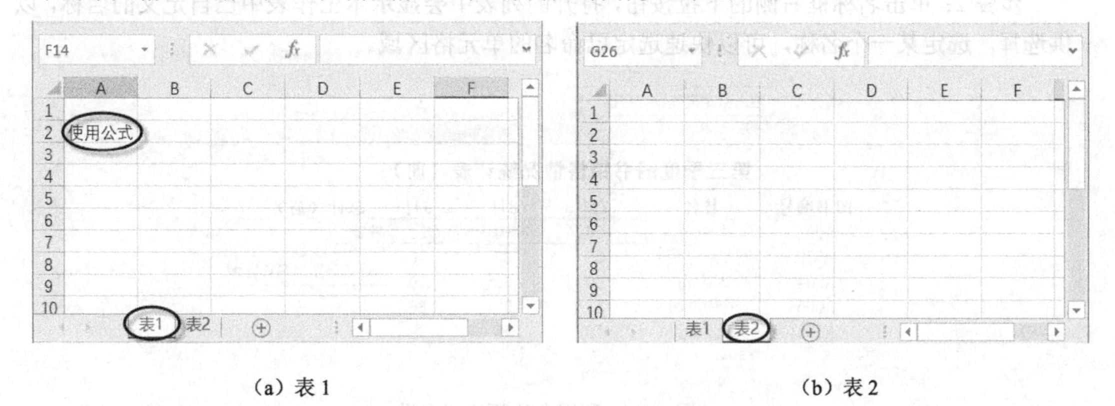

（a）表 1　　　　（b）表 2

图 7-11　新建 2 个工作表

步骤 1：单击表 2 中的单元格 B4，输入“=表 1！A2”，如图 7-12 所示。其中“表 1”是指引用工作表名称，“！”表示从属关系，即 A2 属于表 1，A2 是指引用 A2 这个位置的数据。

步骤 2：按 Enter 键之后，表 1 的数据被引用到表 2，如图 7-13 所示。

步骤 3：若更改表 1 的数据，则表 2 中的数据也随着表 1 数据的改变而改变。

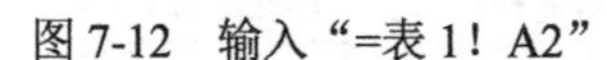
图 7-12　输入“=表 1！A2”

图 7-13　表 1 的数据被引用到表 2

2．引用不同工作簿中工作表的数据

引用方法为：在引用的位置输入“[工作簿名称]工作表名称!单元格引用”。例如，[成绩]Sheet3!F5，表示引用的是“成绩”工作簿 Sheet3 工作表中的单元格 F5。

7.3　在公式中使用定义名称

定义名称是 WPS 表格使用过程中为了简便运算而设置的一种功能。名称可以代表单元格、区域、公式、数组、单词和字符串等，如“=SUM(My Sales)可替代“=SUM(B3:B20)”。

7.3.1　定义名称

视频课程

定义名称有 2 种方法，一是利用名称框定义名称，二是利用功能区定义名称，操作步骤如下。

（1）利用名称框定义名称。

步骤 1：选定要定义名称的区域 C3:E3，在名称框中输入自定义的名称“月份”，按 Enter 键确认即可。利用名称框定义名称如图 7-14 所示。

步骤 2：单击名称框右侧的下拉按钮，打开的列表中会显示本工作表中已自定义的名称，以供选择。选定某一个名称，可以快速选定已命名的单元格区域。

月份　输入自定义名称“月份”

	A	B	C	D	E	F	G
1	第三季度图书销售情况统计表（册）						
2	图书编号	书名	7月	8月	9月	总计（册）	
3	A001	游世界	56	50	81		
4	A003	国家宝藏	68	60	76		
5	A004	大宇宙	60	55	70		
6	A005	植物百科	65	56	66		
7	A006	海底两万里	70	48	69		

选定自定义名称区域

Sheet1

图 7-14　利用名称框定义名称

使用名称框可以快速的自定义单元格或区域的名称，同一单元格或区域可以同时自定义多个名称，选定已定义的单元格或区域时，名称框显示最新命名的名称。

（2）利用功能区定义名称。

步骤 1：打开“公式”选项卡，单击“名称管理器”按钮，如图 7-15 所示。

图 7-15　“名称管理器”按钮

步骤 2：弹出“名称管理器”对话框，单击“新建”按钮，弹出“新建名称”对话框。在“名称”文本框中输入定义名称，本例输入“季度”；单击“引用位置”文本框右侧的折叠按钮，在工作表中用鼠标拖动选定要定义的单元格区域，本例选定 C3:E3 区域。利用“名称管理器”对话框定义名称的操作过程如图 7-16 所示。

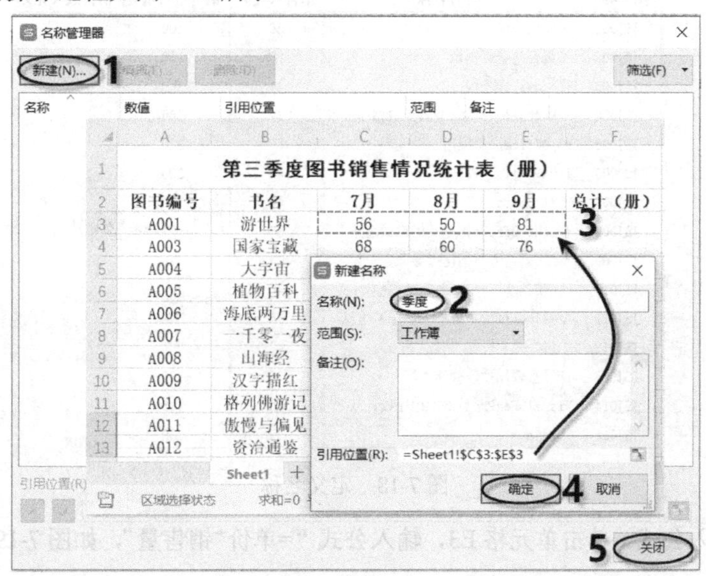

图 7-16　利用“名称管理器”对话框定义名称的操作过程

步骤 3：单击“确定”按钮，返回“名称管理器”对话框，单击“关闭”按钮，返回工作表中，在表格左上角的名称框中可以看到区域的定义名称，如图 7-17 所示。

步骤 4：如果要查看或编辑定义名称，那么需单击“名称管理器”按钮，弹出“名称管理器”对话框，在列表框中显示了工作表中所有定义的名称、数值、引用位置等信息，可以编辑、删除、查找工作簿中使用的所有名称或创建新的名称。

季度　fx　56

	A	B	C	D	E	F
1	第三季度图书销售情况统计表（册）					
2	图书编号	书名	7月	8月	9月	总计（册）
3	A001	游世界	56	50	81	
4	A003	国家宝藏	68	60	76	
5	A004	大宇宙	60	55	70	

图 7-17　区域的定义名称

7.3.2 将定义的名称用于公式

在 WPS 表格中将定义的名称用于公式可简化计算。下面以“10 月份计算机图书销售情况统计”工作簿为例定义并引用单元格来计算数据，操作步骤如下。

步骤 1：定义名称。打开“10 月份计算机图书销售情况统计”工作簿，选定 C3:C17 区域，在“名称框”中输入“单价”，按 Enter 键确认。选定 D3:D17 区域，在“名称框”中输入“销售量”，按 Enter 键确认。定义名称如图 7-18 所示。

单价 输入自定义名称“单价”

	A	B	C	D	E
1	10月份计算机图书销售情况统计				
2	图书编号	图书名称	单价（元）	销售量（册）	销售额（元）
3	JSJ001	计算机基础	50	100	
4	JSJ002	二级公共基础知识	30	130	
5	JSJ003	Windows 10教程	41	65	
6	JSJ004	全国计算机考试三级教程数据库技术	37	160	
7	JSJ005	MS Office高级应用	50	320	
8	JSJ006	Java语言程序设计	46	200	
9	JSJ007	二级Access	49	75	
10	JSJ008	一级MS Office指导及模拟试题集	36		
11	JSJ009	二级C语言考前强化指导	44	76	
12	JSJ010	二级C	46	65	
13	JSJ011	全国计算机技术资格（水平）考试	56	35	
14	JSJ012	二级C++	48	85	
15	JSJ013	计算机软硬件基础知识篇	33	135	
16	JSJ014	Visual FoxPro数据库程序设计	40	185	
17	JSJ015	二级Java	39	230	

选定自定义名称区域

图 7-18 定义名称

步骤 2：输入公式。单击单元格 E3，输入公式“=单价*销售量”，如图 7-19 所示，按 Enter 键完成输入。

SUM × ✓ fx =单价*销售量

	A	B	C	D	E
1	10月份计算机图书销售情况统计				
2	图书编号	图书名称	单价（元）	销售量（册）	销售额（元）
3	JSJ001	计算机基础	50	100	=单价*销售量
4	JSJ002	二级公共基础知识	30	130	销售量
5	JSJ003	Windows 10教程	41	65	
6	JSJ004	全国计算机考试三级教程数据库技术	37	160	
7	JSJ005	MS Office高级应用	50	320	
8	JSJ006	Java语言程序设计	46	200	
9	JSJ007	二级Access	49	75	
10	JSJ008	一级MS Office指导及模拟试题集	36	115	
11	JSJ009	二级C语言考前强化指导	44	76	
12	JSJ010	二级C	46	65	
13	JSJ011	全国计算机技术资格（水平）考试	56	35	
14	JSJ012	二级C++	48	85	
15	JSJ013	计算机软硬件基础知识篇	33	135	
16	JSJ014	Visual FoxPro数据库程序设计	40	185	
17	JSJ015	二级Java	39	230	

Sheet1 +

图 7-19 输入公式

步骤3：快速填充公式。将鼠标指针指向右下角单元格E3的填充柄，当鼠标指针变为+形状时，双击填充柄或者按住鼠标左键向下拖动至单元格E17，释放鼠标左键，完成快速填充公式。

步骤4：查看引用定义名称。单击E3:E17区域中的任意一个单元格，编辑栏中均显示为“=单价*销售量”，并在单元格中显示计算的结果，如图7-20所示。

E7　fx　=单价*销售量　2

	A	B	C	D	E
1	10月份计算机图书销售情况统计				
2	图书编号	图书名称	单价（元）	销售量（册）	销售额（元）
3	JSJ001	计算机基础	50	100	5000
4	JSJ002	二级公共基础知识	30	130	3900
5	JSJ003	Windows 10教程	41	65	2665
6	JSJ004	全国计算机考试三级教程数据库技术	37	160	5920
7	JSJ005	MS Office高级应用	50	320	16000　1
8	JSJ006	Java语言程序设计	46	200	9200
9	JSJ007	二级Access	49	75	3675
10	JSJ008	一级MS Office指导及模拟试题集	36	115	4140
11	JSJ009	二级C语言考前强化指导	44	76	3344
12	JSJ010	二级C	46	65	2990
13	JSJ011	全国计算机技术资格（水平）考试	56	35	1960
14	JSJ012	二级C++	48	85	4080
15	JSJ013	计算机软硬件基础知识篇	33	135	4455
16	JSJ014	Visual FoxPro数据库程序设计	40	185	7400
17	JSJ015	二级Java	39	230	8970

Sheet1

图7-20　查看引用定义名称

7.4　公式审核

7.4.1　显示公式

视频课程

默认情况下，单元格中只显示计算的结果不显示公式。为了检查公式的正确性，可在单元格中设置显示公式。显示公式的方法：打开“公式”选项卡，单击“显示公式”按钮，即可在每个单元格中显示公式，如图7-21所示。若取消显示的公式，则再次单击“显示公式”按钮，单元格中显示结果值。

	A	B	C	D	E
1	10月份计算机图书销售情况统计				
2	图书编号	图书名称	单价（元）	销售量（册）	销售额（元）
3	JSJ001	计算机基础	50	100	=C3*D3
4	JSJ002	二级公共基础知识	30	130	=C4*D4
5	JSJ003	Windows 10教程	41	65	=C5*D5
6	JSJ004	全国计算机考试三级教程数据库技术	37	160	=C6*D6
7	JSJ005	MS Office高级应用	50	320	=C7*D7
8	JSJ006	Java语言程序设计	46	200	=C8*D8
9	JSJ007	二级Access	49	75	=C9*D9
10	JSJ008	一级MS Office指导及模拟试题集	36	115	=C10*D10
11	JSJ009	二级C语言考前强化指导	44	76	=C11*D11
12	JSJ010	二级C	46	65	=C12*D12
13	JSJ011	全国计算机技术资格（水平）考试	56	35	=C13*D13
14	JSJ012	二级C++	48	85	=C14*D14
15	JSJ013	计算机软硬件基础知识篇	33	135	=C15*D15
16	JSJ014	Visual FoxPro数据库程序设计	40	185	=C16*D16
17	JSJ015	二级Java	39	230	=C17*D17

Sheet1

图7-21　显示公式

7.4.2 更正公式中的错误

视频课程

为了保证计算的准确性，对公式进行审核是非常必要的，利用 WPS 所提供的错误检查功能，可以快速查询公式的错误原因，方便用户进行更正。

若公式中存在错误，则在“公式”选项卡中，单击“错误检查”按钮，弹出图 7-22 所示的“错误检查”对话框。此对话框将显示错误的公式和出现错误的原因，单击右侧的“从上部复制公式”“忽略错误”“在编辑栏中编辑”按钮，进行错误的相应更正。

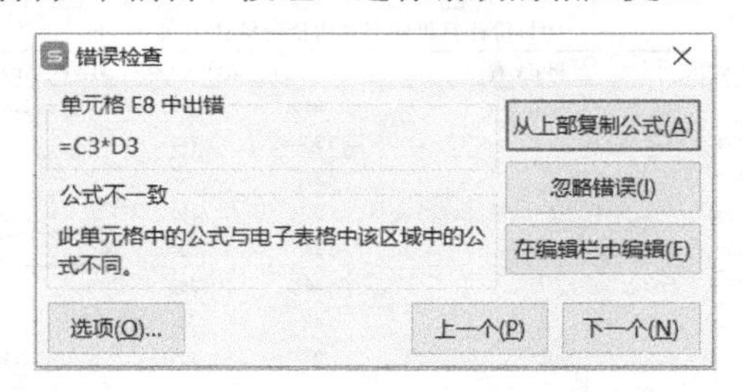

图 7-22　“错误检查”对话框

7.5 函数的使用

视频课程

7.5.1 函数的结构

函数由函数名和参数两部分组成，各参数之间用逗号隔开，其结构：函数名(参数 1,参数 2,…)。其中，参数可以是常量、单元格引用或其他函数等，括号前后不能有空格。

例如，函数 COUNT(E12:H12)，其中 COUNT 是函数名，E12:H12 是参数，该函数表示对 E12:H12 区域进行计数。

7.5.2 插入函数

视频课程

函数是 WPS 表格自带的预定义公式，其使用方法和公式的使用方法相同，直接在单元格中输入函数和参数值，或者插入系统函数，即可得到相应函数的结果。下面举例说明在 WPS 表格中插入函数的方法。

【例】考试成绩单如图 7-23 所示。利用函数求图 7-23 所示的学生总分，操作步骤如下。

	A	B	C	D	E	F	G
1	考试成绩单						
2	姓名	语文	数学	物理	化学	英语	总分
3	刘越	68	89	95	38	85	
4	赵东	62	59	68	85	56	
5	欧阳树	75	65	65	56	89	
6	杨磊	88	38	84	63	86	
7	李国强	86	0	95	95	65	
8	王倩	95	45	54	96	95	
9	陈宏	60	68	95	75	90	
10	赵淑敏	65	85	65	58	86	
11	邓林	0	64	96	0	36	

图 7-23　考试成绩单

步骤 1：单击显示函数结果的单元格，本例为单元格 G3。

步骤 2：选择函数。打开“公式”选项卡，单击“插入函数”按钮或单击编辑栏中的“插入函数”按钮，弹出“插入函数”对话框，如图 7-24 所示。

步骤 3：在此对话框中选择函数的类别及引用的函数。因为本例是求和，所以在“查找函数”文本框中输入求和函数“SUM”，按 Enter 键进行查找，查找结果显示在“选择函数”列表框中，选择列表框中的“SUM”选项，单击“确定”按钮，弹出“函数参数”对话框。

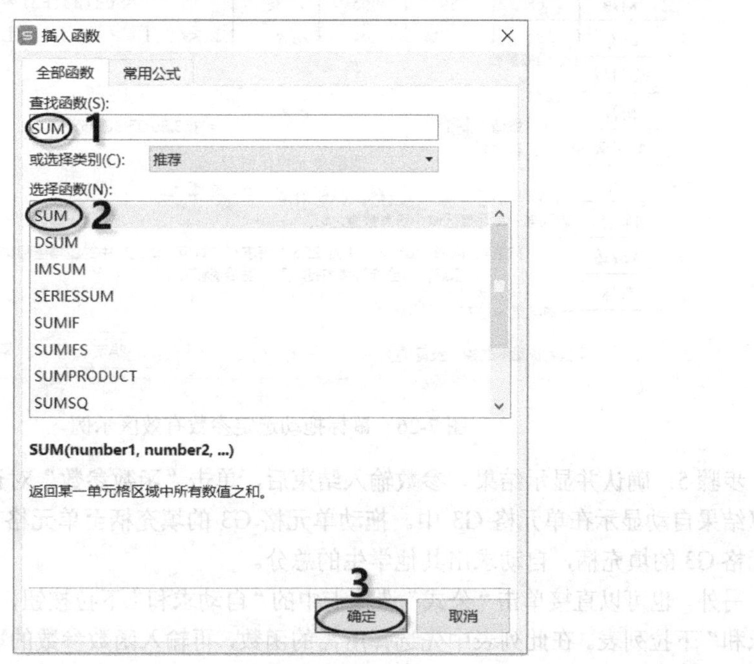

图 7-24 “插入函数”对话框

步骤 4：输入参数。先将鼠标光标定位在“数值 1”文本框中，然后在工作表中用鼠标拖动的方式选定引用的单元格区域，选定的区域四周呈现闪动的虚线框。输入函数参数如图 7-25 所示。同时在编辑栏、单元格及“函数参数”对话框中显示选定的单元格区域地址。鼠标拖动选定参数有效区示例如图 7-26 所示。

SUM　=SUM(B3:F3)

考试成绩单

姓名	语文	数学	物理	化学	英语	总分
刘越	68	89	95	38	85	=SUM(B3:F3)
赵东	62	59	68	85	56	
欧阳树	75	65	65	56	89	
杨磊	88	38	84	63	86	
李国强	86	0	95	95	65	
王倩	95	45	54	96	95	
陈宏	60	68	95	75	90	
赵淑敏	65	85	65	58	86	
邓林	0	64	96	0	36	

按住鼠标左键拖动选定B3:F3

函数参数
B3:F3

函数参数
SUM
数值1　B3:F3　鼠标光标定位在该文本框中　= {68,89,95,38,85}
数值2　= 数值
= 375　计算结果
返回某一单元格区域中所有数值之和。
数值1：数值1,数值2,... 1 到 255 个待求和的数值。单元格中的逻辑值和文本将被忽略。但当作为参数键入时，逻辑值和文本有效
计算结果 = 375
查看该函数的操作技巧
确定　取消

图 7-25　输入函数参数

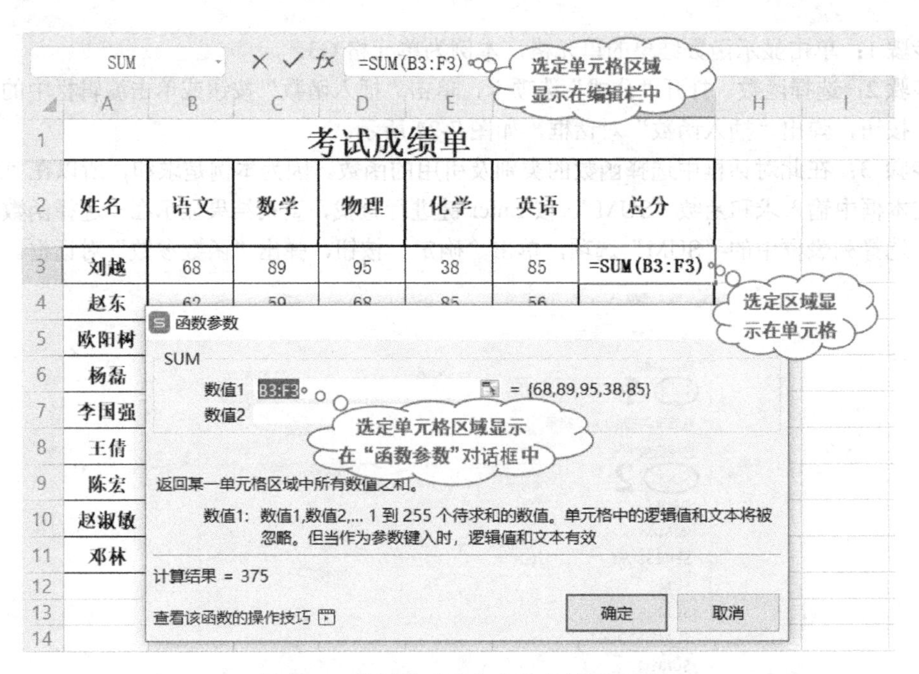

图 7-26　鼠标拖动选定参数有效区示例

步骤 5：确认并显示结果。参数输入结束后，单击“函数参数”对话框中的“确定”按钮，计算结果自动显示在单元格 G3 中。拖动单元格 G3 的填充柄至单元格 G11 后释放，或者双击单元格 G3 的填充柄，自动求出其他学生的总分。

另外，也可以直接单击“公式”选项卡中的“自动求和”下拉按钮，打开图 7-27 所示的“自动求和”下拉列表。在此列表中先选择所需的函数，再输入函数参数的取值范围，按 Enter 键确认，也可自动求出对应函数的计算结果。

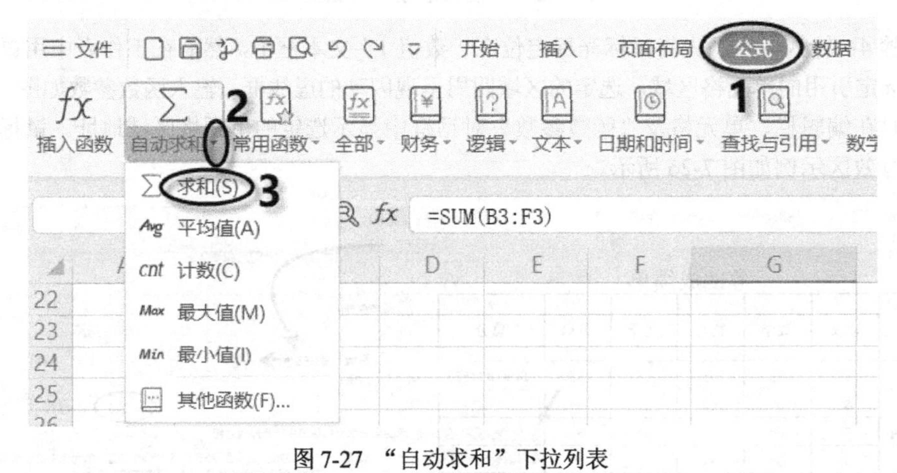

图 7-27　“自动求和”下拉列表

7.5.3　常用函数的应用

WPS 表格为我们提供了几百种函数，包括财务、日期与时间、数据与三角函数、统计、查找与应用等。在这里只介绍几个比较常用的函数，如表 7-3 所示。

表 7-3　常用的函数

函数名	含义	函数形式	功能
SUM	求和函数	SUM(参数 1,参数 2,…,参数 *n*)(*n*<=30)	计算指定单元格区域中所有数据的和
AVERAGE	平均值函数	AVERAGE(参数 1,参数 2,…,参数 *n*)(*n*<=30)	对指定单元格区域中所有数据求平均值
COUNT	计数函数	COUNT(参数 1,参数 2,…,参数 *n*)(*n*<=30)	求出指定单元格区域内包含的数据个数
IF	条件函数	IF(指定条件,值 1,值 2)	当“指定条件”的值为真时，取“值 1”作为函数值，否则取“值 2”作为函数值
RANK	排名函数	RANK(number, ref, order)	求某一个数值在某一个区域的排名
MAX	最大值函数	MAX(参数 1,参数 2,…,参数 *n*)(*n*<=30)	求出指定单元格区域中最大的数
MIN	最小值函数	MIN(参数 1,参数 2,…,参数 *n*)(*n*<=30)	求出指定单元格区域中最小的数
COUNTIF	条件计数函数	COUNTIF(Rang,Criteria)	计算某个区域中满足给定条件的单元格个数
SUMIF	条件求和函数	SUMIF(Rang,Criteria,Sum_range)	根据指定条件对若干单元格求和
VLOOKUP	查找和引用函数	VLOOKUP(Lookup_value,Table_array,Col_index_num,Range_lookup)	按列查找，最终返回该列所需查询列所对应的值
MID	字符串函数	MID(text, start_num, num_chars)	一个字符串中截取出指定数量字符
CONCATENATE	合并函数	CONCATENATE(text1,text2,…)	将多个字符串合并成一个

1. IF 函数

视频课程

利用 IF 函数，对图 7-28 所示的“1 班”工作表的“学期成绩”进行“期末总评”。当“学期成绩”>=85 时，“期末总评”为“优秀”；当“学期成绩”>=75 时，“期末总评”为“良好”；当“学期成绩”>=60 时，“期末总评”为“及格”；否则为“不及格”，操作步骤如下。

步骤 1：单击显示函数结果的单元格 F2。

步骤 2：在编辑栏中输入公式“=IF(E2>=85,“优秀",IF(E2>=75,"良好",IF(E2>=60,"及格","不及格")))”，按 Enter 键，“期末总评”的结果自动显示在单元格 F2 中，如图 7-29 所示。

步骤 3：将鼠标指针指向单元格 F2 右下角的填充柄，按住鼠标左键进行拖动，实现对其他学生“学期成绩”的评定。“期末总评”结果如图 7-30 所示。

	A	B	C	D	E	F	G
1	学号	姓名	平时成绩	期末成绩	学期成绩	期末总评	班级名次
2	20190101	周克乐	97	80	85		
3	20190102	王朦胧	75	72	73		
4	20190103	张琪琪	70	90	84		
5	20190104	王航	87	90	89		
6	20190105	周乐乐	86	96	93		
7	20190106	张会芳	65	70	69		
8	20190107	田宁	75	80	79		
9	20190108	向红丽	60	55	57		
10	20190109	李佳旭	85	80	82		
11	20190110	胡长城	95	89	91		
12	20190111	叶自力	90	93	92		
13	20190112	杨伟	75	80	79		
14	20190113	刘炜炜	85	80	82		
15	20190114	刘亚萍	70	75	74		
16	20190115	远晴晴	95	98	97		
17	20190116	郭晓娟	98	90	92		
18	20190117	丁志民	75	72	73		
19	20190118	郭艳超	50	60	57		
20	20190119	王自豪	98	99	99		
21	20190120	杨一帆	94	89	91		
22	20190121	赵蒙	75	88	84		
23	20190122	牛灿灿	98	80	85		
24	20190123	陈辰	95	96	96		
25	20190124	陈亚杰	97	95	96		
26	20190125	张万春	89	80	83		

1班

图 7-28 “1 班”工作表

F2 编辑栏中输入公式 =IF(E2>=85,"优秀",IF(E2>=75,"良好",IF(E2>=60,"及格","不及格")))

	A	B	C	D	E	F	G
1	学号	姓名	平时成绩	期末成绩	学期成绩	期末总评	班级名次
2	20190101	周克乐	97	80	85	优秀	
3	20190102	王朦胧	75	72	73		
4	20190103	张琪琪	70	90	84		

按 Enter 显示总评结果

图 7-29 在编辑栏中输入公式

F2 fx =IF(E2>=85,"优秀",IF(E2>=75,"良好",IF(E2>=60,"及格","不及格")))

	A	B	C	D	E	F	G	H
1	学号	姓名	平时成绩	期末成绩	学期成绩	期末总评	班级名次	
2	20190101	周克乐	97	80	85	优秀		
3	20190102	王朦胧	75	72	73	及格		
4	20190103	张琪琪	70	90	84	良好		
5	20190104	王航	87	90	89	优秀		
6	20190105	周乐乐	86	96	93	优秀		
7	20190106	张会芳	65	70	69	及格		
8	20190107	田宁	75	80	79	良好		
9	20190108	向红丽	60	55	57	不及格		
10	20190109	李佳旭	85	80	82	良好		
11	20190110	胡长城	95	89	91	优秀		
12	20190111	叶自力	90	93	92	优秀		
13	20190112	杨伟	75	80	79	良好		
14	20190113	刘炜炜	85	80	82	良好		
15	20190114	刘亚萍	70	75	74	及格		
16	20190115	远晴晴	95	98	97	优秀		
17	20190116	郭晓娟	98	90	92	优秀		
18	20190117	丁志民	75	72	73	及格		
19	20190118	郭艳超	50	60	57	不及格		
20	20190119	王自豪	98	99	99	优秀		
21	20190120	杨一帆	94	89	91	优秀		
22	20190121	赵蒙	75	88	84	良好		
23	20190122	牛灿灿	98	80	85	优秀		
24	20190123	陈辰	95	96	96	优秀		
25	20190124	陈亚杰	97	95	96	优秀		
26	20190125	张万春	89	80	83	良好		

1班

图 7-30 “期末总评”结果

函数 IF(E2>=85,"优秀",IF(E2>=75,"良好",IF(E2>=60,"及格","不及格")))是嵌套函数。该函数按等级来判断某个变量，函数从左向右执行。首先计算 E2>=85，若该公式成立，则显示“优秀”；若不成立，则继续计算 E2>=75；若该公式成立，则显示“良好”；否则继续计算 E2>=60；若该公式成立，则显示“及格”，否则显示“不及格”。

2．RANK 函数

在图 7-30 中，按成绩由高到低的顺序统计每个学生的“学期成绩”排名，以 1、2、3、…的形式标识名次并填入“班级名次”列中，操作步骤如下。

步骤 1：单击单元格 G2。

步骤 2：单击编辑栏中的“插入函数”按钮，弹出“插入函数”对话框。在“查找函数”文本框中输入“RANK”，按 Enter 键开始查找，查找结果显示在“选择函数”列表框中，选择列表框中的“RANK”选项，如图 7-31 所示，单击“确定”按钮，弹出“函数参数”对话框。

步骤 3：在“数值”文本框中设置要排名的单元格。因要对“学期成绩”排名，所以单击工作表中第一个“学期成绩”地址单元格 E2。

步骤 4：在“引用”文本框中设置排名的参照数值区域。本例要对 E2:E26 区域的数据排名，因此将鼠标光标定位在该文本框中，拖动鼠标选定工作表中的 E2:E26 区域。由于 E2:E26 区域的每个数据都是相对该区域的数据整体排名的，因此，在行号和列标前面加上绝对引用符号$。设置 RANK 参数的操作过程如图 7-32 所示。

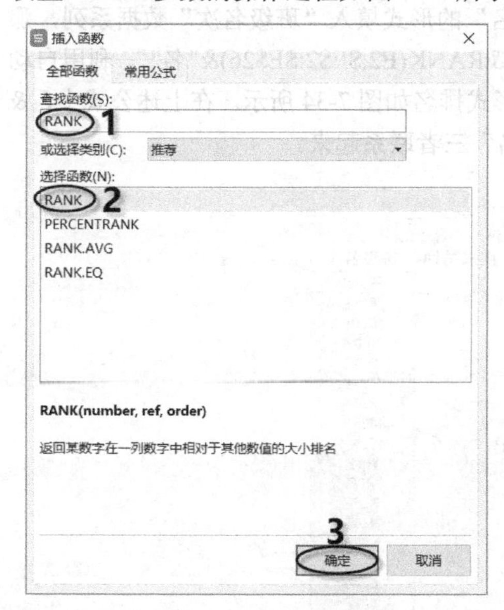

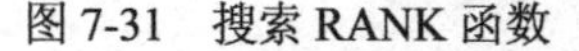

图 7-31　搜索 RANK 函数

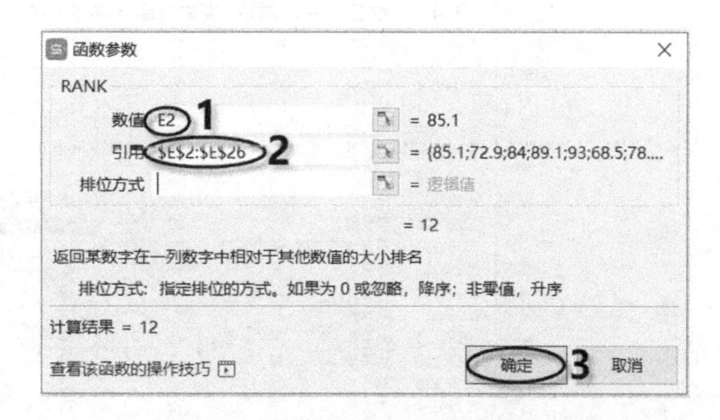

图 7-32　设置 RANK 参数的操作过程

步骤 5：在“排位方式”文本框中设置降序或升序。从大到小排序为降序，用 0 表示或省略不写，默认降序；从小到大排序为升序，用 1 表示。本例省略不写，降序排名，如图 7-32 所示。

步骤 6：设置完成后，单击“确定”按钮，第一个“总分”排名显示在单元格 G2 中。

步骤 7：将鼠标指针指向单元格 G2 的填充柄，双击填充柄或按住鼠标左键向下拖动，按照“学期成绩”自动排名。使用 RANK 函数的排名效果如图 7-33 所示。

G2 fx =RANK(E2,$E$2:$E$26)

	A	B	C	D	E	F	G
1	学号	姓名	平时成绩	期末成绩	学期成绩	期末总评	班级名次
2	20190101	周克乐	97	80	85	优秀	12
3	20190102	王朦胧	75	72	73	及格	21
4	20190103	张琪琪	70	90	84	良好	14
5	20190104	王航	87	90	89	优秀	10
6	20190105	周乐乐	86	96	93	优秀	5
7	20190106	张会芳	65	70	69	及格	23
8	20190107	田宁	75	80	79	良好	18
9	20190108	向红丽	60	55	57	不及格	25
10	20190109	李佳旭	85	80	82	良好	16
11	20190110	胡长城	95	89	91	优秀	8
12	20190111	叶自力	90	93	92	优秀	7
13	20190112	杨伟	75	80	79	良好	18
14	20190113	刘炜炜	85	80	82	良好	16
15	20190114	刘亚萍	70	75	74	及格	20
16	20190115	远晴晴	95	98	97	优秀	2
17	20190116	郭晓娟	98	90	92	优秀	6
18	20190117	丁志民	75	72	73	及格	21
19	20190118	郭艳超	50	60	57	不及格	24
20	20190119	王自豪	98	99	99	优秀	1
21	20190120	杨一帆	94	89	91	优秀	9
22	20190121	赵蒙	75	88	84	良好	13
23	20190122	牛灿灿	98	80	85	优秀	11
24	20190123	陈辰	95	96	96	优秀	3
25	20190124	陈亚杰	97	95	96	优秀	4
26	20190125	张万春	89	80	83	良好	15

1班 +

图 7-33　使用 RANK 函数的排名效果

如果将每个学生的“学期成绩”排名按“第 *n* 名”的形式填入“班级名次”数据系列，那么只需单击单元格 G2，在编辑栏中输入公式“="第"&RANK(E2,$E$2:$E$26)&"名"”，利用自动填充功能对其他单元格进行填充。以“第 *n* 名”的形式排名如图 7-34 所示。在上述公式中，& 是连接符号，将“第”“RANK(E2,$E$2:$E$26)”“名”三者联系起来。

G2 fx ="第"&RANK(E2,$E$2:$E$26)&"名"　在编辑栏输入公式

	A	B	C	D	E	F	G
1	学号	姓名	平时成绩	期末成绩	学期成绩	期末总评	班级名次
2	20190101	周克乐	97	80	85	优秀	第12名
3	20190102	王朦胧	75	72	73	及格	第21名
4	20190103	张琪琪	70	90	84	良好	第14名
5	20190104	王航	87	90	89	优秀	第10名
6	20190105	周乐乐	86	96	93	优秀	第5名
7	20190106	张会芳	65	70	69	及格	第23名
8	20190107	田宁	75	80	79	良好	第18名
9	20190108	向红丽	60	55			第25名
10	20190109	李佳旭	85	80			第16名
11	20190110	胡长城	95	89		优秀	第8名
12	20190111	叶自力	90	93	92	优秀	第7名
13	20190112	杨伟	75	80	79	良好	第18名
14	20190113	刘炜炜	85	80	82	良好	第16名
15	20190114	刘亚萍	70	75	74	及格	第20名
16	20190115	远晴晴	95	98	97	优秀	第2名
17	20190116	郭晓娟	98	90	92	优秀	第6名
18	20190117	丁志民	75	72	73	及格	第21名
19	20190118	郭艳超	50	60	57	不及格	第24名
20	20190119	王自豪	98	99	99	优秀	第1名
21	20190120	杨一帆	94	89	91	优秀	第9名
22	20190121	赵蒙	75	88	84	良好	第13名
23	20190122	牛灿灿	98	80	85	优秀	第11名
24	20190123	陈辰	95	96	96	优秀	第3名
25	20190124	陈亚杰	97	95	96	优秀	第4名
26	20190125	张万春	89	80	83	良好	第15名

双击填充柄或拖动填充柄自动排名

1班 +

图 7-34　以“第 *n* 名”的形式排名

3. COUNTIF 函数

“加班统计”工作表如图 7-35 所示，在该工作表中对每位员工的加班情况进行统计并以此填入“个人加班情况”工作表的相应单元格。

	A	B	C	D	E	F
1	8月份加班情况统计					
2	序号	部门	职务	姓名	加班日期	
3	1	管理	总经理	高小丹	8月2日	
4	2	人事	员工	石明砚	8月2日	
5	3	研发	员工	王铬争	8月2日	
6	4	行政	文秘	刘君赢	8月2日	
7	5	管理	部门经理	杨晓柯	8月9日	
8	6	人事	员工	石明砚	8月9日	
9	7	研发	员工	王铬争	8月9日	
10	8	行政	文秘	刘君赢	8月9日	
11	9	管理	总经理	高小丹	8月16日	
12	10	管理	部门经理	杨晓柯	8月16日	
13	11	行政	文秘	刘君赢	8月16日	
14	12	人事	员工	石明砚	8月16日	
15	13	研发	员工	王铬争	8月16日	
16	14	人事	员工	石明砚	8月23	
17	15	行政	文秘	刘君赢	8月23	
18	16	管理	部门经理	杨晓柯	8月23	
19	17	管理	总经理	高小丹	8月23	
20	18	研发	员工	王铬争	8月23	
21	19	管理	部门经理	杨晓柯	8月30	
22	20	行政	文秘	刘君赢	8月30	
23	21	研发	员工	王铬争	8月30	
24	22	人事	员工	石明砚	8月30	
25	23	管理	总经理	高小丹	8月30	

加班统计　个人加班情况

图 7-35　“加班统计”工作表

方法 1：利用插入 COUNTIF 函数，求出每位员工的加班次数，操作步骤如下。

步骤 1：单击“个人加班情况”工作表中的单元格 B2。

步骤 2：打开“公式”选项卡，单击“插入函数”按钮，弹出“插入函数”对话框。在“查找函数”文本框中输入“COUNTIF”，按 Enter 键进行查找，查找结果显示在“选择函数”列表框中，选择列表框中的“COUNTIF”选项，搜索并选择 COUNTIF 函数，如图 7-36 所示，单击“确定”按钮。弹出“函数参数”对话框。

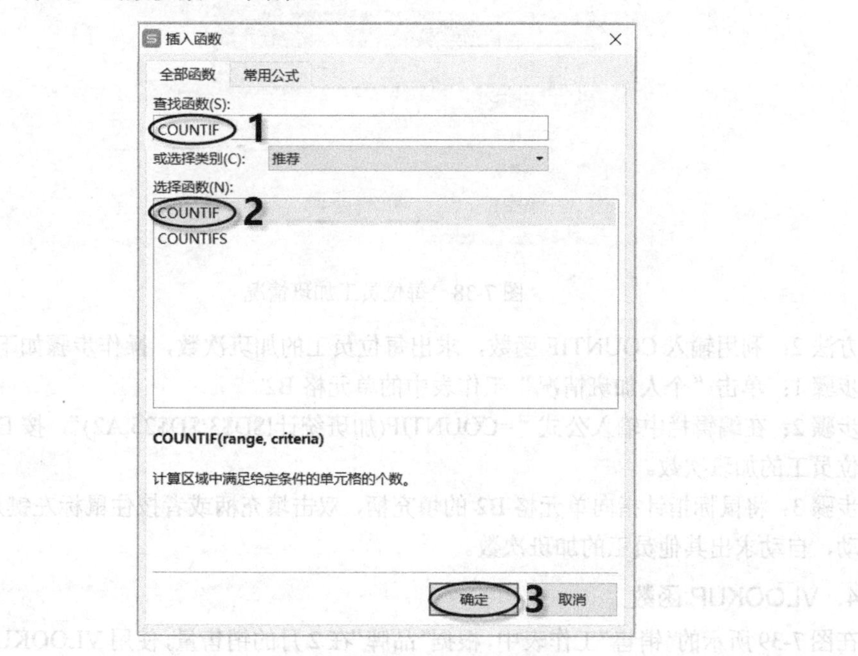

图 7-36　搜索并选择 COUNTIF 函数

步骤 3：将鼠标光标定位在“函数参数”对话框的“区域”文本框中，单击“加班统计”工作表标签，拖动鼠标选定工作表 D3:D25 区域；先将鼠标光标定位在“条件”文本框，再单击单元格 A2，设置 COUNTIF 参数，如图 7-37 所示，单击“确定”按钮，求出第一位员工的加班次数。

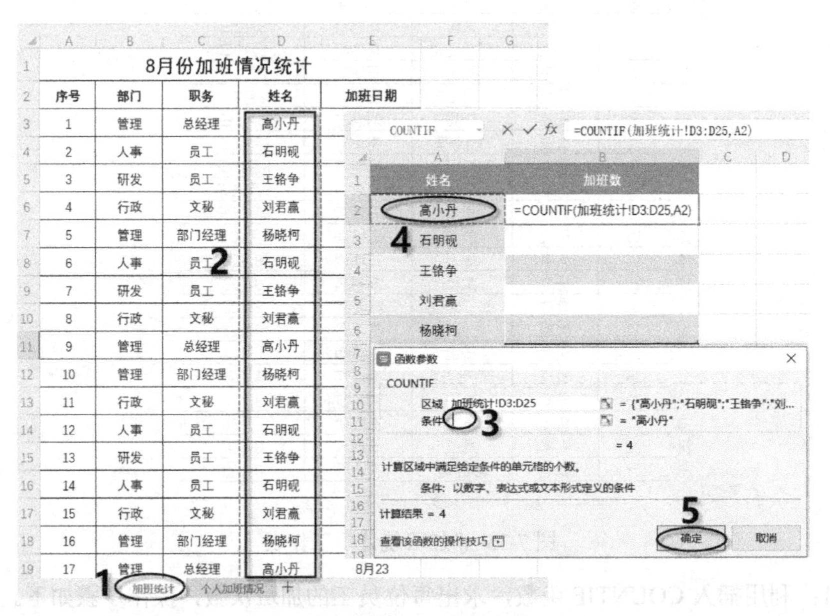

图 7-37　设置 COUNTIF 参数

步骤 4：将鼠标指针指向“个人加班情况”工作表中单元格 B2 的填充柄，双击填充柄或者按住鼠标左键进行拖动，自动求出其他员工的加班次数。每位员工加班情况如图 7-38 所示。

B2　=COUNTIF(加班统计!D3:D25, A2)

姓名	加班数
高小丹	4
石明砚	5
王铬争	5
刘君赢	5
杨晓柯	4

加班统计　个人加班情况

图 7-38　每位员工加班情况

方法 2：利用输入 COUNTIF 函数，求出每位员工的加班次数，操作步骤如下。

步骤 1：单击“个人加班情况”工作表中的单元格 B2。

步骤 2：在编辑栏中输入公式“=COUNTIF(加班统计!$D$3:$D$25,A2)”，按 Enter 键，求出第一位员工的加班次数。

步骤 3：将鼠标指针指向单元格 B2 的填充柄，双击填充柄或者按住鼠标左键进行拖动，自动求出其他员工的加班次数。

视频课程

4．VLOOKUP 函数

在图 7-39 所示的“销售”工作表中，根据“品牌”在 2 月的销售量，使用 VLOOKUP

函数完成“2 月销售量”的自动填充，操作步骤如下。

	A	B	C	D	E	F	G	H
1	第一季销售汇总							
2	品牌	1月	2月	3月				
3	三星	100	91	62			品牌	2月销售量
4	OPPO	50	61	52			三星	
5	iPhone 6	100	59	65			iPhone 6	
6	三星iPad	50	69	52			iPad air3	
7	iPad air3	50	81	96			小米5	
8	华为	50	83	64			魅族	
9	小米5	100	52	86			iPad mini4	
10	vivo	30	84	79				
11	魅族	20	64	71				
12	中兴	50	50	56				
13	联想	45	67	50				
14	iPad air2	30	45	30				
15	iPad mini4	30	65	60				

销售　Sheet2　Sheet3

图 7-39　“销售”工作表

步骤 1：单击单元格 H4。

步骤 2：单击编辑栏中的“插入函数”按钮，在“插入函数”对话框的“选择函数”列表框中选择“VLOOKUP”选项，单击“确定”按钮，弹出“函数参数”对话框。

步骤 3：在“Lookup_value”文本框中设置查找值。因为要查找“品牌”2 月销售量，所以单击工作表中的第一个“品牌”地址单元格 G4。

步骤 4：在“Table_array”文本框中设置查找范围。本例要在 A2:D15 区域查找，因此将鼠标光标定位在该文本框中，拖动鼠标选定工作表中的 A2:D15 区域。由于要在固定的 A2:D15 区域查找，因此在行号和列标前面加上绝对引用符号$。设置 VLOOKUP 参数如图 7-40 所示。

步骤 5：在“Col_index_num”文本框中设置查找列数。这里的列数以引用范围的第 1 列作为 1，我们要查询的 2 月销售量在引用的第 1 列（“品牌”数据系列）后面的第 3 列，所以在该文本框中输入 3，表示查找列“2 月销售量”是查找范围 A2:D15 区域的第 3 列。

步骤 6：在“Range_lookup”文本框中设置精确匹配。该项几乎都设置精确匹配，因此参数设置为 0（FALSE）。

步骤 7：设置完成后，如图 7-40 所示，单击“确定”按钮，第一个品牌“三星”的“2 月销售量”显示在单元格 H4。

步骤 8：将鼠标指针指向单元格 H4 的填充柄，按住鼠标左键向下拖动，自动填充其他品牌的“2 月销售量”，如图 7-41 所示。

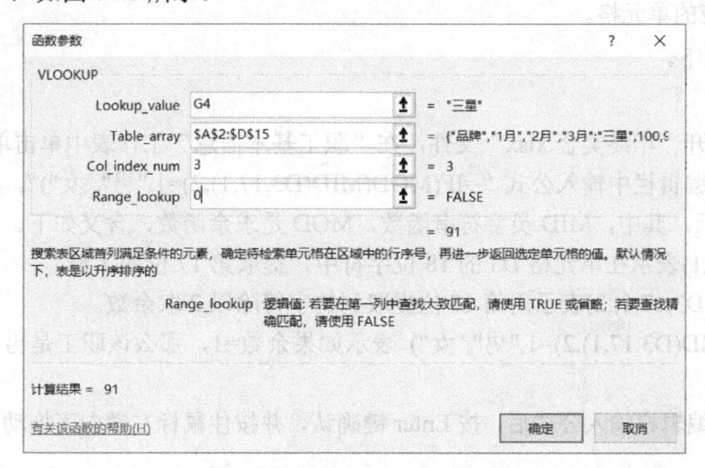

图 7-40　设置 VLOOKUP 参数

H4 =VLOOKUP(G4,$A$2:$D$15,3,0)

	A	B	C	D	E	F	G	H
1	第一季销售汇总							
2	品牌	1月	2月	3月				
3	三星	100	91	62			品牌	2月销售量
4	OPPO	50	61	52			三星	91
5	iPhone 6	100	59	65			iPhone 6	59
6	三星iPad	50	69	52			iPad air3	81
7	iPad air3	50	81	96			小米5	52
8	华为	50	83	64			魅族	64
9	小米5	100	52	86			iPad mini4	65
10	vivo	30	84	79				
11	魅族	20	64	71				
12	中兴	50	50	56				
13	联想	45	67	50				
14	iPad air2	30	45	30				
15	iPad mini4	30	65	60				

销售 Sheet2 Sheet3

图 7-41 自动填充其他品牌的“2 月销售量”

7.6 实例练习

视频课程

打开“年终奖金”工作簿，按照下列要求完成个人奖金和部门奖金的计算。

1. 在“职工基本信息”工作表中，利用公式及函数依次输入每个职工的性别“男”或“女”，其中，身份证号码的倒数第 2 位用于判断性别，奇数为男性，偶数为女性。

2. 按照年基本工资总额的 15%计算每个职工的应发年终奖金（应发年终奖金=月基本工资*15%*12）。

3. 根据“税率标准”工作表中的对应关系计算每个职工年终奖金应交的个人所得税、实发奖金，并填入 I 列和 J 列。

年终奖金计税方法如下。

- 应发年终奖金>=50000，应交个税=应发年终奖金*10%。
- 应发年终奖金<50000，应交个税=应发年终奖金*5%。
- 实发奖金=应发年终奖金-应交个税。

4. 在“奖金分析报告”工作表中，使用 SUMIFS 函数分别统计各部门实发奖金的总金额，并填入 B 列对应的单元格。

解题步骤如下。

第 1 题

步骤 1：打开“年终奖金.xlsx”文件，在“职工基本信息”工作表中单击单元格 E3。

步骤 2：在编辑栏中输入公式“=IF(MOD(MID(D3,17,1),2)=1,"男","女")”。输入求性别的公式如图 7-42 所示。其中，MID 员字符串函数，MOD 是求余函数，含义如下。

MID(D3,17,1)表示在单元格 D3 的 18 位字符中，提取第 17 位的字符。

MOD(MID(D3,17,1),2)表示用第 17 位提取到的字符除以 2 取余数。

IF(MOD(MID(D3,17,1),2)=1,"男","女") 表示如果余数=1，那么该职工是男性，否则该职工是女性。

步骤 3：在编辑栏输入公式后，按 Enter 键确认，并按住鼠标左键向下拖动填充柄对其他单元格进行填充。

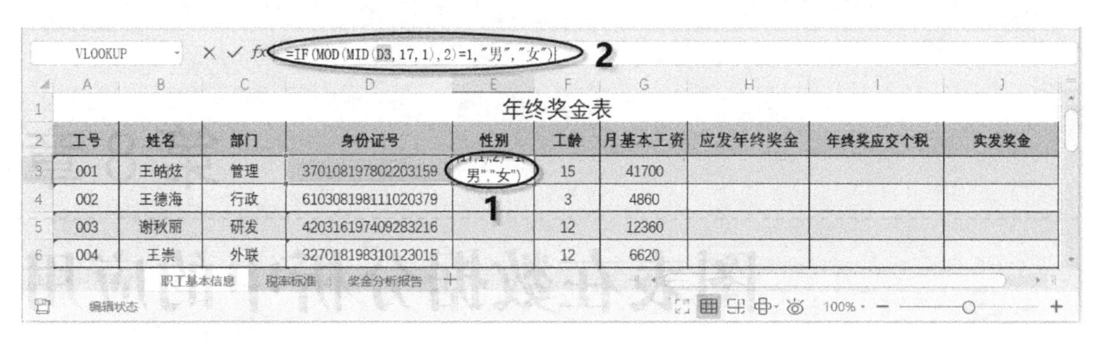

年终奖金表									
工号	姓名	部门	身份证号	性别	工龄	月基本工资	应发年终奖金	年终奖应交个税	实发奖金
001	王皓炫	管理	370108197802203159	男","女")	15	41700			
002	王德海	行政	610308198111020379		3	4860			
003	谢秋丽	研发	420316197409283216		12	12360			
004	王崇	外联	327018198310123015		12	6620			

图 7-42　输入求性别的公式

第 2 题

步骤：单击单元格 H3，输入公式“=G3*15%*12”，按 Enter 键确认，并按住鼠标左键向下拖动填充柄对其他单元格进行填充，求出每位职工的应发年终奖金。

第 3 题

步骤 1：单击单元格 I3，在编辑栏中输入公式“=IF(H3>=50000,H3*10%,IF(H3<50000,H3*5%))”，表示若 H3>=50000，则应交个税为应发年终奖金的 10%；若 H3<50000，则应交个税为应发年终奖金的 5%。

步骤 2：按 Enter 键确认，并按住鼠标左键向下拖动填充柄对其他单元格进行填充。

步骤 3：单击单元格 J3，输入公式“=H3−I3”，按 Enter 键确认，并按住鼠标左键向下拖动填充柄对其他单元格进行填充。

第 4 题

步骤 1：打开“奖金分析报告”工作表，单击单元格 B3，在编辑栏中输入公式“=SUMIFS(职工基本信息!J3:J70,职工基本信息!C3:C70,"管理")”，表示对“职工基本信息”工作表中 C3:C70 区域中的“管理”部门的实发奖金求和，按 Enter 键确认。输入条件求和公式的操作过程如图 7-43 所示。

步骤 2：单击单元格 B4，在编辑栏中输入公式“=SUMIFS(职工基本信息!J3:J70,职工基本信息!C3:C70,"行政")”，按 Enter 键确认。

步骤 3：单击单元格 B5，在编辑栏中输入公式“=SUMIFS(职工基本信息!J3:J70,职工基本信息!C3:C70,"研发")”，按 Enter 键确认。

步骤 4：按上述方法，利用 SUMIFS 函数分别求出“销售”“外联”“人事”3 个部门实发奖金总金额，并填入 B 列对应单元格中。各部门实发奖金总金额如图 7-44 所示。

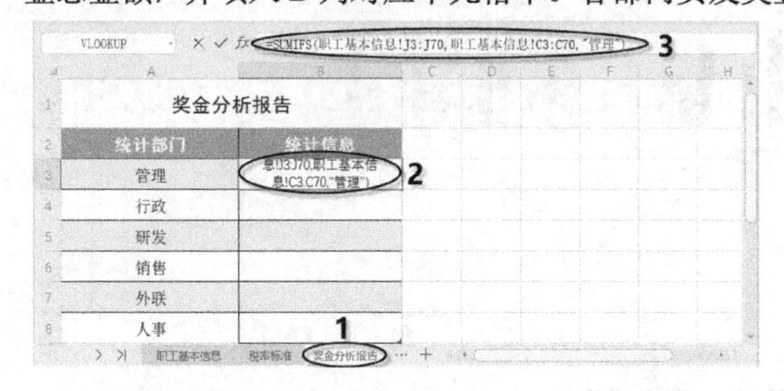

图 7-43　输入条件求和公式的操作过程

奖金分析报告	
统计部门	统计信息
管理	112595.4
行政	142836.3
研发	379397.7
销售	175685.4
外联	45964.8
人事	64073.7

图 7-44　各部门实发奖金总金额的操作过程

第 8 章

图表在数据分析中的应用

图表是指将工作表中的数据用图形的形式进行表示。图表可以使数据更加易读、便于用户分析和比较数据。利用 WPS 表格提供的图表类型，可以快速地创建各种类型的图表。

8.1 创建标准图表

视频课程

8.1.1 图表类型

WPS 表格提供了 8 大类型图表，每一类型图表又包含了若干个子类型图表。打开“插入”选项卡，单击“全部图表”按钮，弹出“插入图表”对话框。图表类型如图 8-1 所示，在左侧列表框中可以看到“柱形图”“折线图”等类型的图表，在右侧会显示左侧列表框图表的子图表。选定某一子图表，预览区域中将会显示选定图表的应用效果。

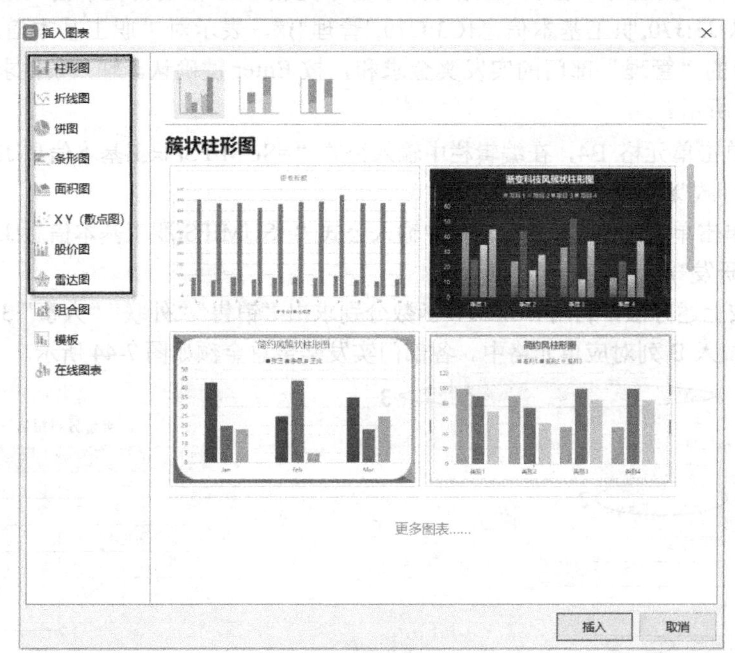

图 8-1 图表类型

另外，在“插入”选项卡中包含了多种图表类型下拉按钮，如图 8-2 所示，单击某一图表类型下拉按钮，在打开的下拉列表中选择所需的子图表。

图表类型名称和子图表名称的显示通常是将鼠标指针指向图表类型或子图表停留片刻即可。

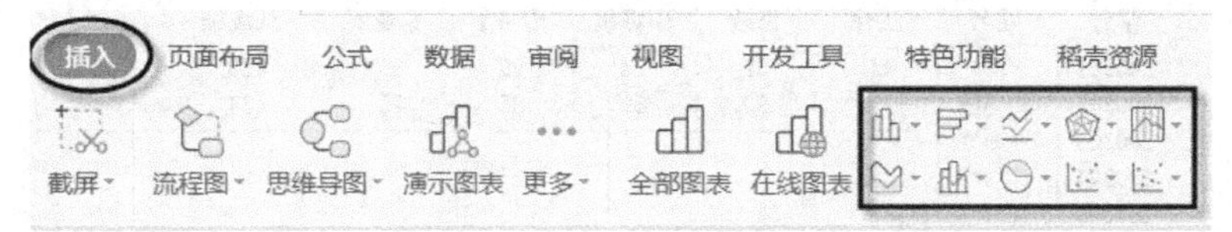

图 8-2　图表类型下拉按钮

8.1.2 创建图表

视频课程

创建图表可利用图 8-1 所示的“插入图表”对话框创建，也可以利用图 8-2 所示的功能区中的图表类型下拉按钮创建。

【例 8-1】将图 8-3 所示的“期末成绩”工作表中的“姓名”和“计算机”两列数据创建一个“带数据标记的折线图”图表，操作步骤如下。

步骤 1：按住 Ctrl 键，选定要创建图表的数据区 B1:B19 和 E1:E19。

步骤 2：打开“插入”选项卡，单击“插入折线图”下拉按钮，如图 8-4 所示，在打开的下拉列表中选择“带数据标记的折线图”，即在工作表中插入“带数据标记的折线图”图表，如图 8-5 所示。

	A	B	C	D	E	F	G
1	学号	姓名	法律	思政	计算机	专业1	专业2
2	200301	吉祥	92	89	94	90	88
3	200302	刘举鹏	95	90	89	85	75
4	200303	王娜娜	80	88	90	88	90
5	200304	符合	75	98	88	75	78
6	200305	吉祥	86	94	99	66	86
7	200306	李北大	79	89	100	84	89
8	120302	李娜娜	78	95	94	90	84
9	120204	刘康锋	96	92	96	95	95
10	120201	刘鹏举	94	90	96	82	75
11	120304	倪冬声	95	97	95	80	70
12	120103	齐飞扬	95	85	99	79	80
13	120105	苏解放	88	98	80	86	81
14	120202	孙玉敏	86	93	89	81	78
15	120205	王清华	90	98	78	80	90
16	120102	谢如康	91	95	98	79	92
17	120303	闫朝霞	84	87	97	78	88
18	120101	曾令煊	98	80	83	75	90
19	120106	张桂花	90	90	89	90	83

期末成绩 | Sheet2 | Sh ...

图 8-3　“期末成绩”工作表

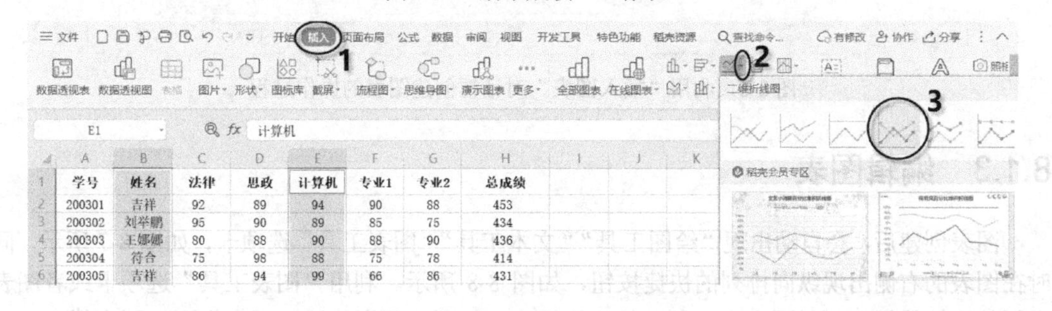

图 8-4　“插入折线图”下拉按钮

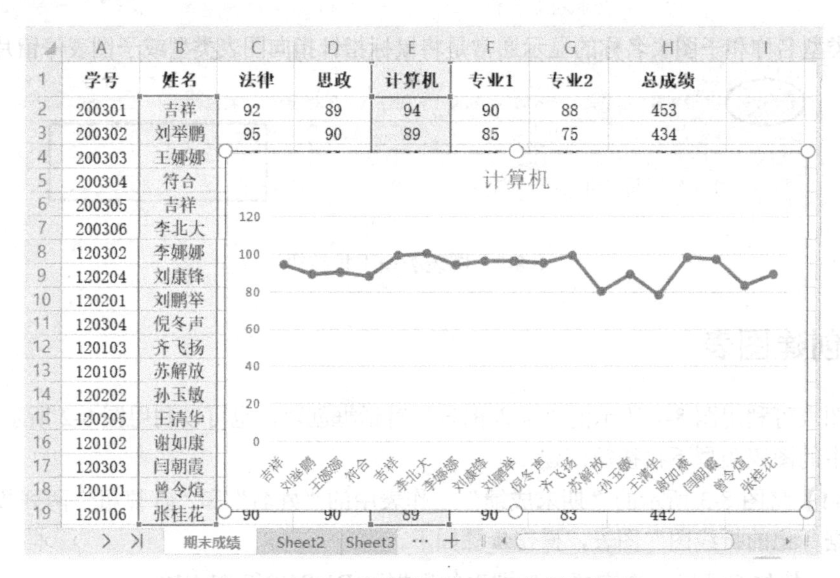

图 8-5 插入“带数据标记的折线图”图表

另外，单击“插入”选项卡中“全部图表”按钮，弹出“插入图表”对话框，在左侧列表框中选择“折线图”，在右侧选择“带数据标记的折线图”，在预览区域中双击所需的图表按钮，即可创建相应的图表。利用“插入图表”对话框创建图表的操作过程如图 8-6 所示。

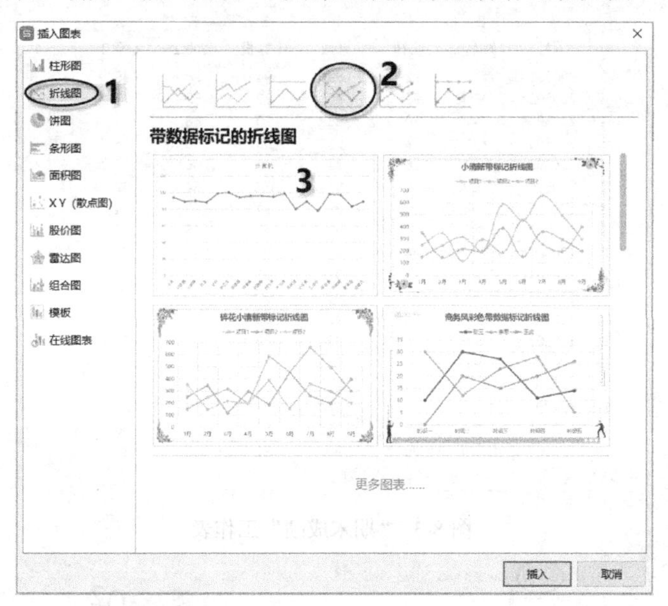

图 8-6 利用“插入图表”对话框创建图表的操作过程

8.1.3 编辑图表

图表创建后，会自动出现“绘图工具”“文本工具”“图表工具”选项卡，如图 8-7 所示，同时在图表的右侧出现纵向排列的快捷按钮，如图 8-8 所示。利用“图表工具”选项卡或者图表右侧的快捷按钮，可对图表进行相应的编辑操作，如更改图表位置、图表类型、图表样式、添加或删除数据系列等。

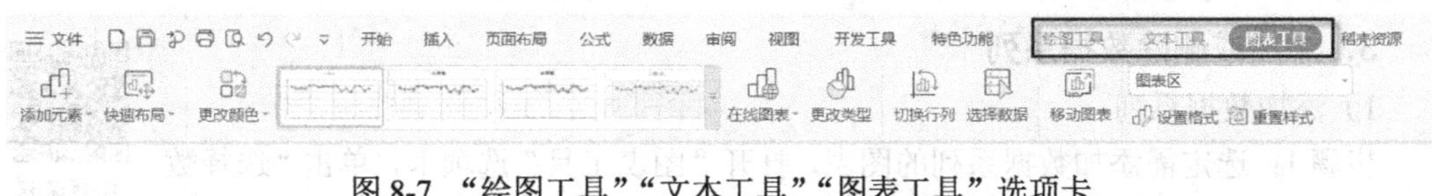

图 8-7　“绘图工具”“文本工具”“图表工具”选项卡

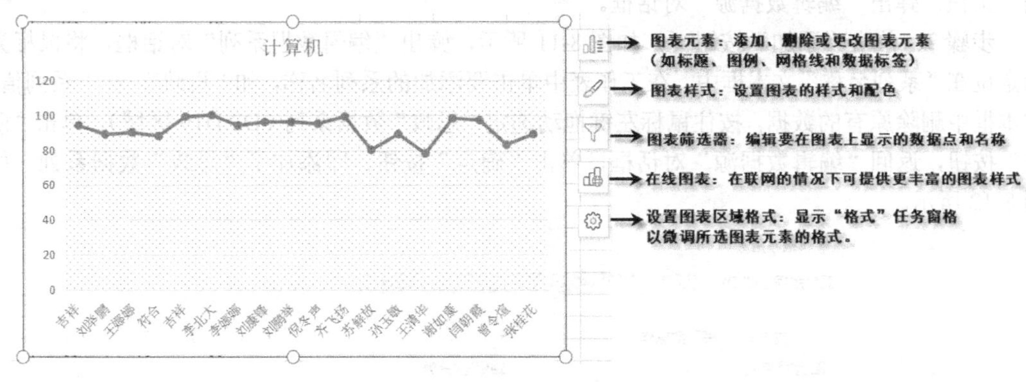

图 8-8　快捷按钮

1．更改图表位置

视频课程

（1）在同一张工作表中更改图表位置。

选定图表，将鼠标指针指向图表区，当鼠标指针变成移动符号时，按住鼠标左键进行拖动，在目标位置释放。

（2）将图表移动到其他工作表。

步骤 1：选定图表，在“图表工具”选项卡中，单击“移动图表”按钮，弹出图 8-9 所示的“移动图表”对话框。

步骤 2：若选中“新工作表”单选按钮，则将图表移动到新工作表 Chart1 中；若选中“对象位于”单选按钮，则打开其右侧的下拉列表，从中选择工作簿中的其他工作表，将图表移动到选定的工作表中。

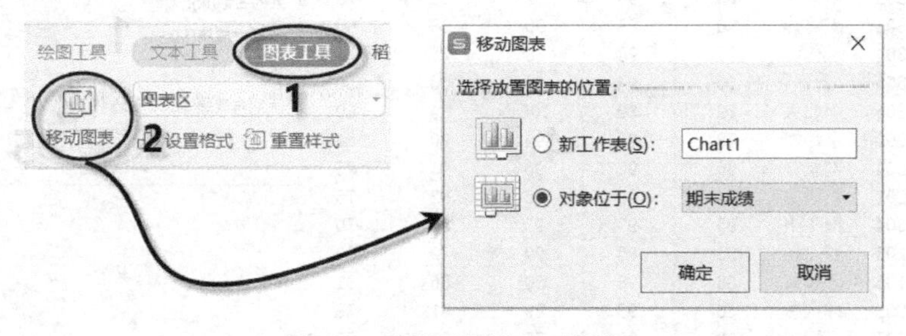

图 8-9　“移动图表”对话框

2．更改图表类型

视频课程

选定要更改类型的图表，在“图表工具”选项卡中，单击“更改类型”按钮，如图 8-10 所示，在弹出的对话框中选择所需的图表样式即可。

图 8-10　“更改类型”按钮

3. 添加或删除数据系列

视频课程

1）添加数据系列

步骤 1：选定需添加数据系列的图表，打开“图表工具”选项卡，单击“选择数据”按钮，弹出“编辑数据源”对话框。

步骤 2：单击“添加”按钮，如图 8-11 所示，弹出“编辑数据系列”对话框。将鼠标光标定位在“系列名称”文本框中，在工作表中单击要添加的系列名称，如“思政”，在“系列值”文本框中删除原有的数据，按住鼠标左键拖动选定“思政”数据系列（D2:D19 区域），单击“确定”按钮，返回“编辑数据源”对话框，单击“确定”按钮，即添加了“思政”数据系列，如图 8-12 所示。

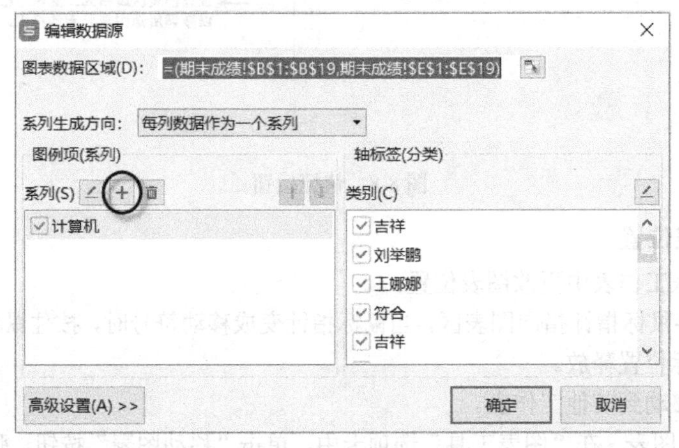

图 8-11 “添加”按钮

	A	B	C	D	E	F	G
1	学号	姓名	法律	思政	计算机	专业1	专业2
2	200301	吉祥	92	89	94	90	88
3	200302	刘举鹏	95	90	89	85	75
4	200303	王娜娜	80	88	90	88	90
5	200304	符合	75	98	88	75	78
6	200305	吉祥	86	94	99	66	86
7	200306	李北大	79	89	100	84	89
8	120302	李娜娜	78	95	94	90	84
9	120204	刘康锋	96	92	96	95	95
10	120201	刘鹏举	94	90	96	82	75
11	120304	倪冬声	95	97	95	80	70
12	120103	齐飞扬	95	85	99	79	80
13	120105	苏解放	88	98	80	86	81
14	120202	孙玉敏	86	93	89	81	78
15	120205	王清华	90	98	78	80	90
16	120102	谢如康	91	95	98	79	92
17	120303	闫朝霞	84	87	97	78	88
18	120101	曾令煊	98	80	83	75	90
19	120106	张桂花	90	90	89	90	83

编辑数据系列
系列名称(N):
=期末成绩!$D$1 = 思政
系列值(V)
=期末成绩!$D$2:$D$19 = 89,90,8...
确定 取消

图 8-12 添加了“思政”数据系列

2）删除数据系列

方法 1：选定图表中需删除的数据系列，按 Delete 键即可。

方法 2：在“图表工具”选项卡中，单击“选择数据”按钮，弹出“编辑数据源”对话框。先在“系列”列表框中，选定要删除的数据系列，如“思政”，再分别单击“删除”和“确定”按钮，即可删除数据系列，如图 8-13 所示。

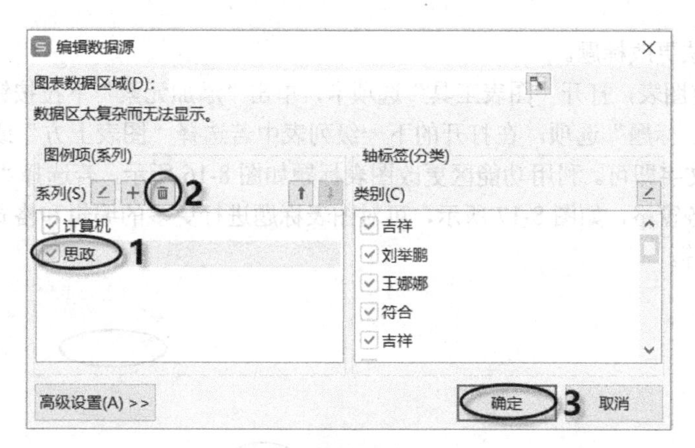

图 8-13　删除数据系列

4．更改图表布局

图表布局是指图表中标题、图例、坐标轴等元素的排列方式。WPS 表格对每一种图表类型都提供了多种布局方式。当图表创建后，用户可利用系统内置的布局方式，快速设置图表布局，也可以手动更改图表布局。

1）系统内置布局方式

方法 1：选定图表，在“图表工具”选项卡中，单击“快速布局”下拉按钮，在打开的下拉列表中选择所需的布局方式。利用功能区更改图表布局的操作过程如图 8-14 所示。

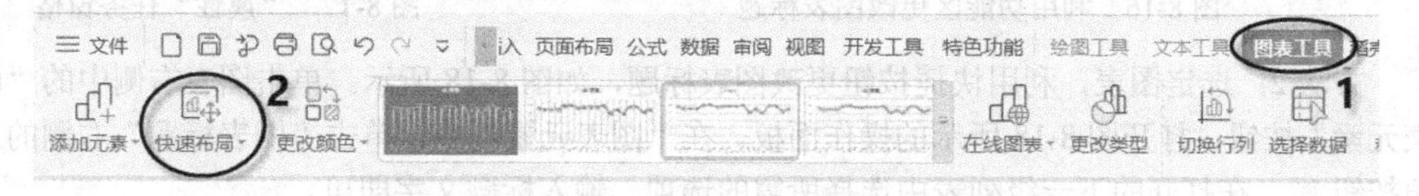

图 8-14　利用功能区更改图表布局的操作过程

方法 2：选定图表，单击图表右侧中的“图表元素”按钮，在打开的操作面板中切换到“快速布局”，选择所需的布局方式即可。利用快捷按钮更改图表布局的操作过程如图 8-15 所示。

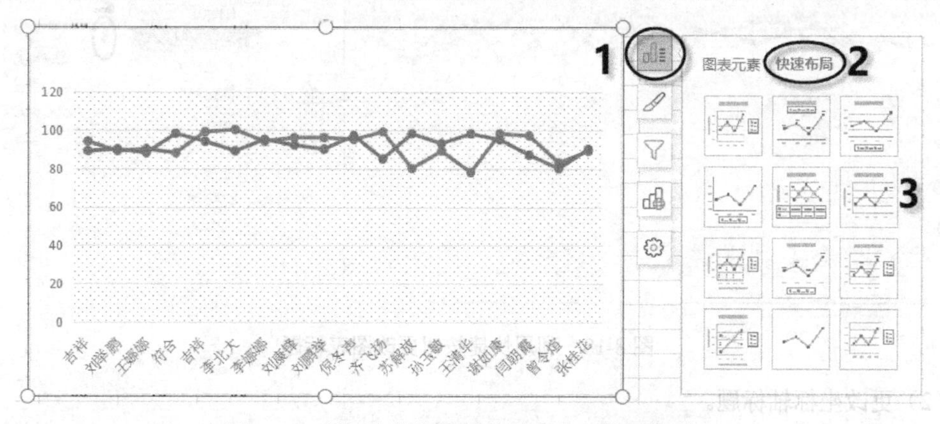

图 8-15　利用快捷按钮更改图表布局的操作过程

2）手动更改图表布局

（1）更改图表标题。

若不强调标题位置，则直接选定图表标题文字，输入新标题即可。若强调标题位置，则可按照下述 2 种方法更改标题。

方法 1：选定图表，打开“图表工具”选项卡，单击“添加元素”下拉按钮，在打开的下拉列表中选择“图表标题”选项，在打开的下一级列表中若选择“图表上方”或“居中覆盖”选项，则输入标题文字即可。利用功能区更改图表标题如图 8-16 所示。若选择“更多选项”选项，打开“属性”任务窗格，如图 8-17 所示，可对图表标题进行更多的编辑和格式设置，如设置填充、效果、大小等。

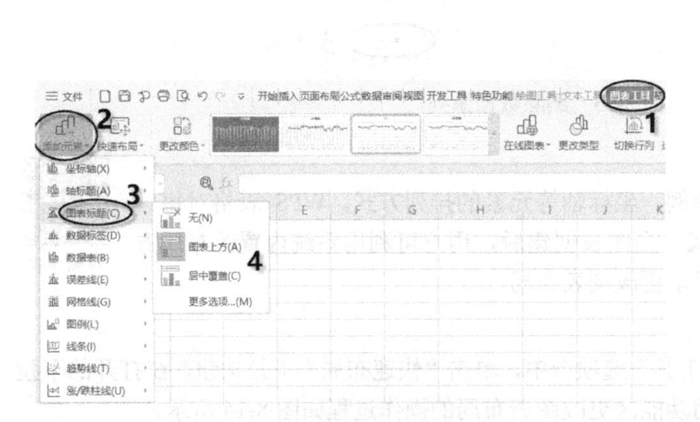

图 8-16　利用功能区更改图表标题

图 8-17　“属性”任务窗格

方法 2：选定图表，利用快捷按钮更改图表标题，如图 8-18 所示。单击图表右侧中的“图表元素”按钮，打开图 8-18 所示的操作面板。在“图表元素”中，单击“图表标题”右侧的三角按钮 ▶，在打开的下一级列表中选择所需的选项，输入标题文字即可。

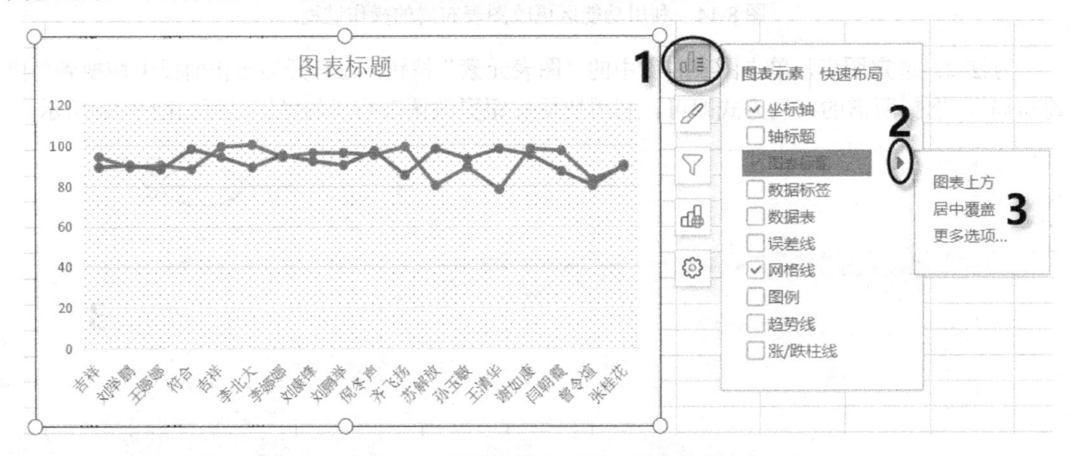

图 8-18　利用快捷按钮更改图表标题

（2）更改坐标轴标题。

更改坐标轴标题主要是更改横坐标轴标题和纵坐标轴标题，方法如下。

方法 1：选定图表，单击“图表工具”选项卡中的“添加元素”下拉按钮，在打开的下拉列表中选择“轴标题”选项，在打开的下一级列表中选择所需的选项。利用功能区更改坐标轴标题的操作过程如图 8-19 所示。

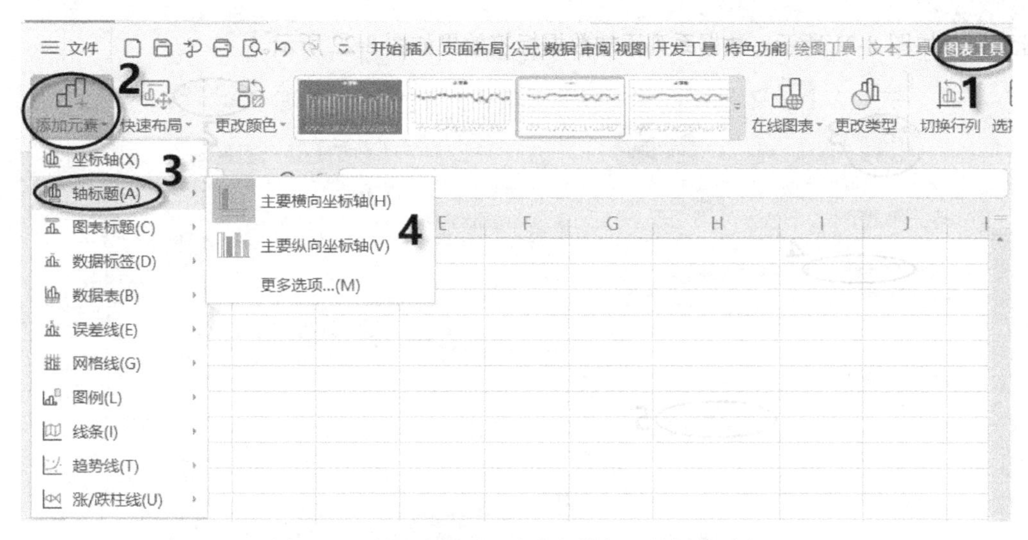

图 8-19　利用功能区更改坐标轴标题的操作过程

方法 2：选定图表，利用快捷按钮更改坐标轴标题，如图 8-20 所示。单击图表右侧的“图表元素”按钮，打开图 8-20 所示的操作面板。在“图表元素”中，单击“轴标题”右侧的三角按钮 ▶，在打开的下一级列表中选择所需的选项，输入标题文字即可。

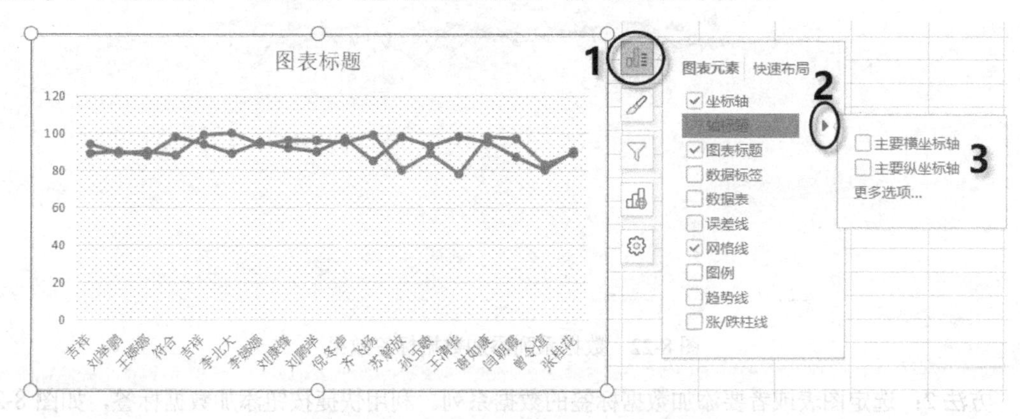

图 8-20　利用快捷按钮更改坐标轴标题

（3）更改图例。

默认情况下，图例位于图表的右侧，根据需要可改变其位置。

方法 1：单击“图表工具”选项卡中的“添加元素”下拉按钮，在打开的下拉列表中选择“图例”选项，在打开的下一级列表中选择不同的选项，可设置在不同位置显示图例。

方法 2：选定图表，单击图表右侧的“图表元素”按钮，打开图 8-20 所示的操作面板。在“图表元素”中，单击“图例”右侧的三角按钮 ▶，在打开的下一级列表中选择所需的选项即可。

5. 添加数据标签

在默认情况下，图表中的数据系列不显示数据标签，根据需要可向图表中添加数据标签。

方法 1：选定图表，单击“图表工具”选项卡中的“添加元素”下拉按钮，在打开的下拉列表中选择“数据标签”选项，在打开的下一级列表中选择所需的显示方式，为图表中的所有数据系列添加数据标签。若选定的是某个数据系列，则数据标签只添加到选定的数据系列，如图 8-21 所示。数据系列添加数据标签效果如图 8-22 所示。

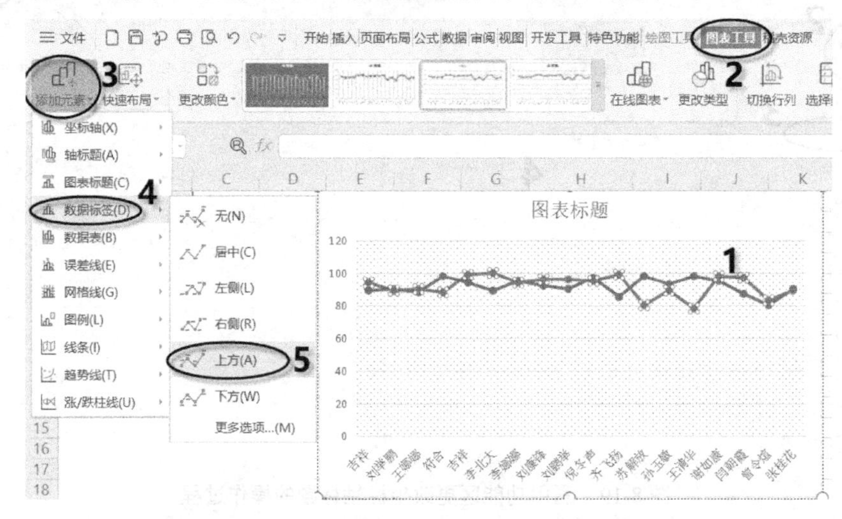

图 8-21　数据标签只添加到选定的数据系列

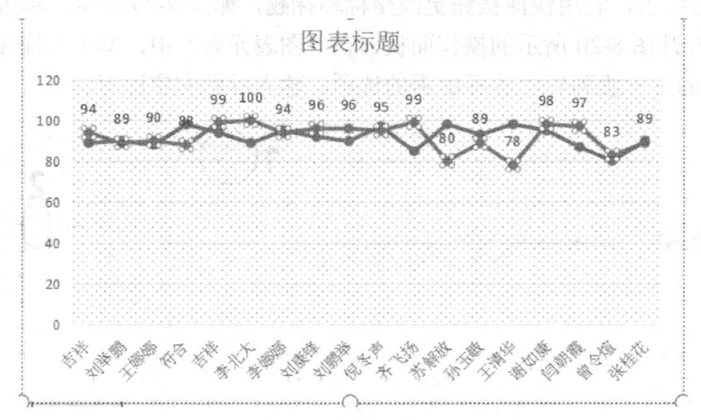

图 8-22　数据系列添加数据标签效果

方法 2：选定图表或者要添加数据标签的数据系列。利用快捷按钮添加数据标签，如图 8-23 所示。单击图表右侧的“图表元素”按钮，打开图 8-23 所示的操作面板。在“图表元素”中，单击“数据标签”右侧的三角按钮 ▶，在打开的下一级列表中选择所需的选项即可。

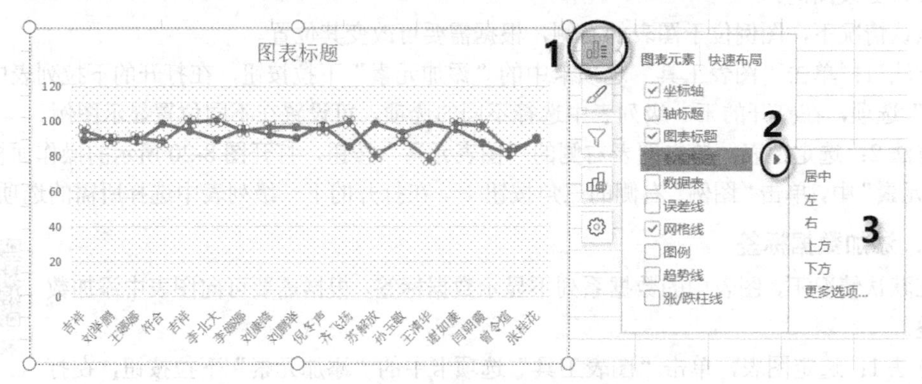

图 8-23　利用快捷按钮添加数据标签

8.1.4　格式化图表

格式化图表主要是对图表元素的字体、填充颜色、边框样式、阴影等外观进行格式设置，以增强图表的美化效果。

1．图表元素名称的显示

认识图表元素是对图表进行格式化的前提，若不能确定某个图表元素的名称，则可按下述 2 种方法显示图表元素名称。

方法 1：将鼠标指针指向某个图表元素，稍后将显示该图表元素的名称。

方法 2：在“图表工具”选项卡中，单击图表元素下拉按钮，打开图表元素下拉列表，单击此列表中的某个图表元素时，图表中该元素即被选定。利用图表元素下拉列表显示图表元素名称的操作过程如图 8-24 所示。

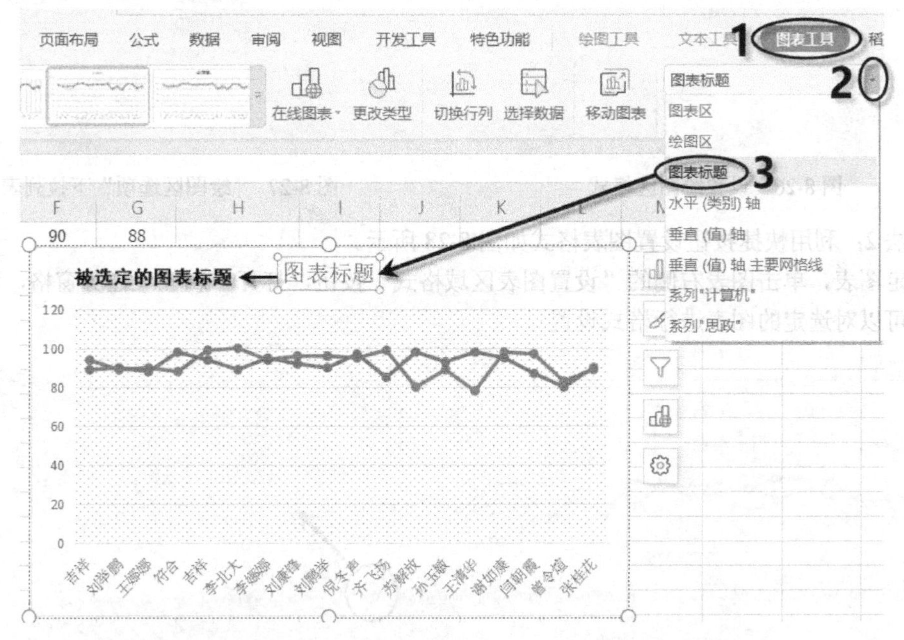

图 8-24　利用图表元素下拉列表显示图表元素名称的操作过程

2．设置图表格式

视频课程

方法 1：利用功能区设置图表格式。

单击“图表工具”选项卡中的图表元素下拉按钮，在打开的下拉列表中选择要设置格式的图表，如选择“绘图区”，单击“设置格式”按钮，设置图表格式，如图 8-25 所示，打开“属性”任务窗格，可设置绘图区格式，如图 8-26 所示。单击“填充与线条”按钮和“效果”按钮，可设置绘图区的填充、边框、阴影、发光等效果。单击“绘图区选项”下拉按钮，打开“绘图区选项”下拉列表，如图 8-27 所示，选择所需的图表进行格式设置。

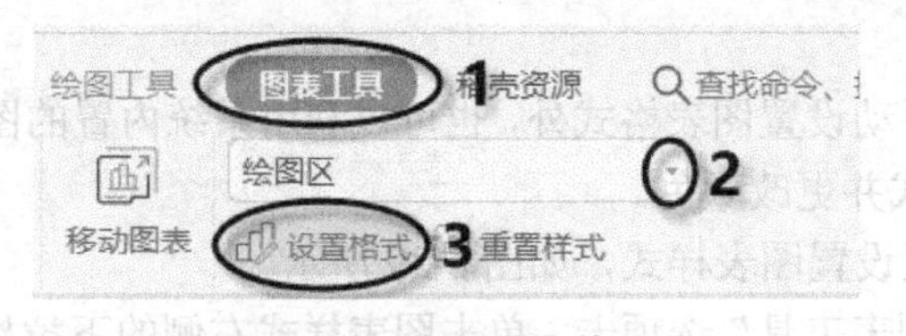

图 8-25　设置图表格式

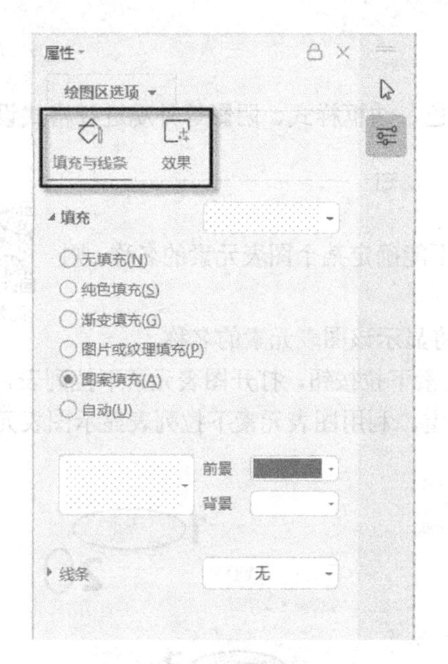

图 8-26　设置绘图区格式

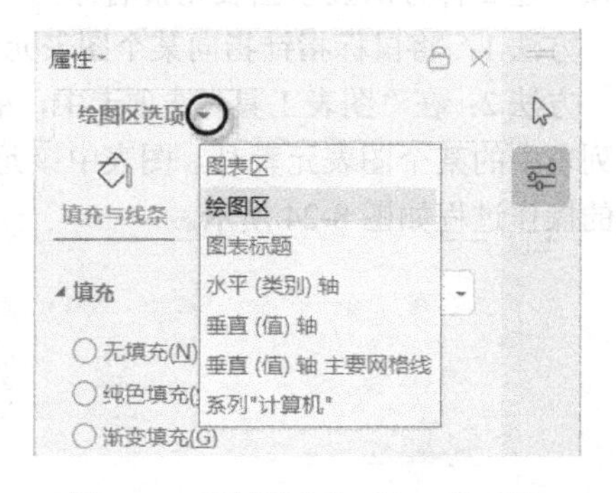

图 8-27　“绘图区选项”下拉列表

方法 2：利用快捷按钮设置图表格式如图 8-28 所示。

选定图表，单击图表右侧的“设置图表区域格式”按钮，打开“属性”任务窗格，利用任务窗格可以对选定的图表进行格式设置。

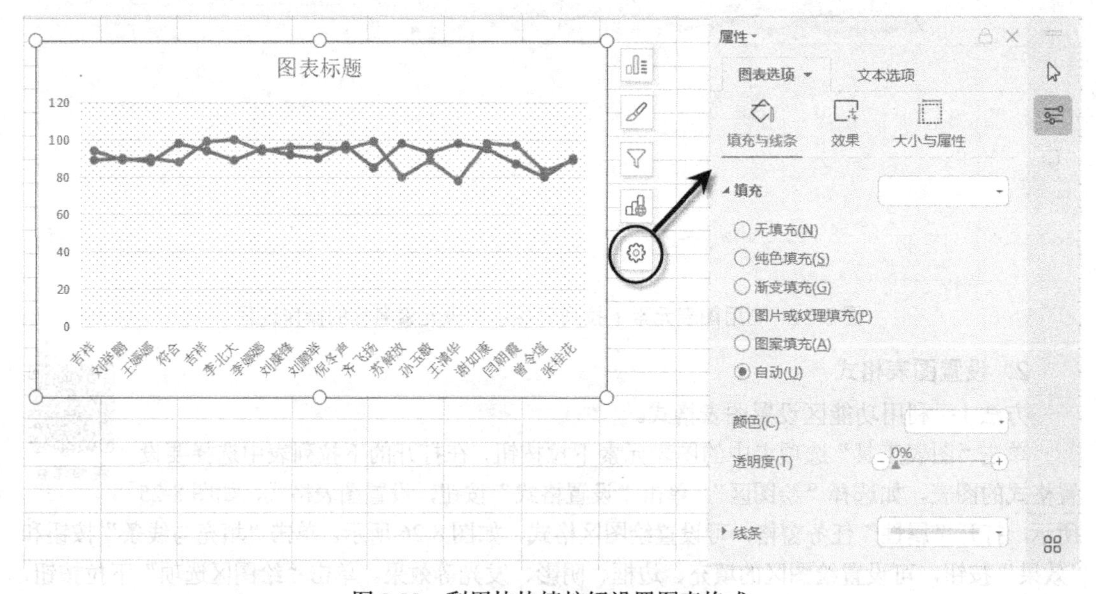

图 8-28　利用快快捷按钮设置图表格式

3. 设置图表样式

视频课程

图表创建后，除了手动设置图表格式外，也可以利用系统内置的图表样式和配色方案，快速设置图表样式并更改颜色。

方法 1：利用功能区设置图表样式，如图 8-29 所示。

选定图表，打开“图表工具”选项卡，单击图表样式右侧的下拉按钮，在打开的下拉列表框中选择要使用的图表样式，即可将该样式快速应用到选定的图表中。单击“更改颜色”下拉按钮，在打开的下拉列表中选择要使用的颜色可快速更改数据系列的图形颜色。

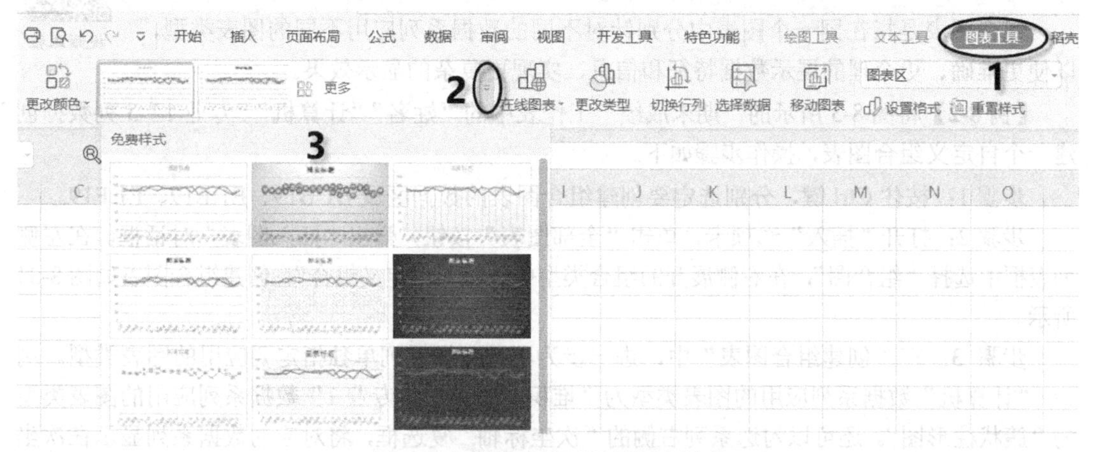

图 8-29　利用功能区设置图表样式

方法 2：利用快捷按钮设置图表样式，如图 8-30 所示。

选定图表，单击图表右侧的“图表样式”按钮，在打开的操作面板中，切换到“样式”，在图表样式库中选择要使用的图表样式，即可快速更改图表的整体外观效果。切换到“颜色”，在配色方案库中选择要使用的配色方案，即可快速更改数据系列的图形颜色。

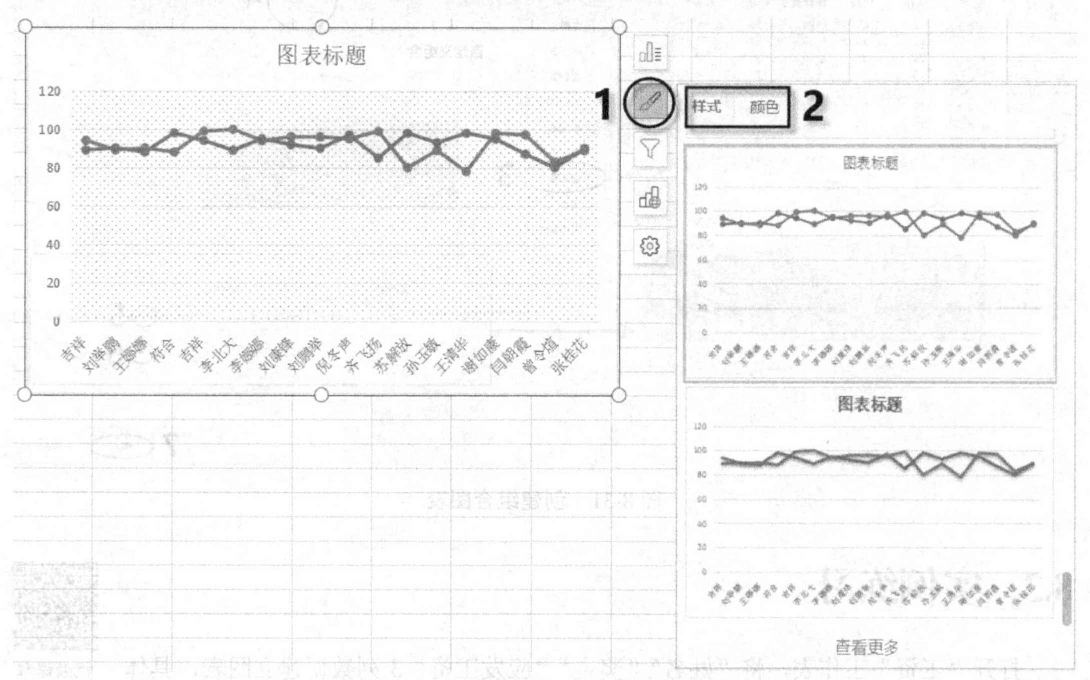

图 8-30　利用快捷按钮设置图表样式

8.2 创建组合图表

视频课程

组合图表是指在同一个图表中分别针对不同的数据系列应用不同的图表类型，以便更准确、更合理的展示数据特征和信息，实现更复杂的显示效果。

【例 8-2】将图 8-3 所示的“期末成绩”工作表中的“姓名”“计算机”“专业 1”3 列数据创建一个自定义组合图表，操作步骤如下。

步骤 1：按住 Ctrl 键，分别选定要创建组合图表的数据区域 B1:B19、E1:E19、F1:F19。

步骤 2：打开“插入”选项卡，单击“全部图表”按钮，弹出“插入图表”对话框。在左侧列表框中选择“组合图”，在右侧展开的组合类型中选择“自定义组合”。创建组合图表如图 8-31 所示。

步骤 3：在“创建组合图表”中，进一步为不同数据系列单独指定要应用的图表类型。例如：“计算机”数据系列应用的图表类型为“堆积面积图”；“专业 1”数据系列应用的图表类型为“簇状柱形图”。还可以勾选系列右侧的“次坐标轴”复选框，将对应的数据系列显示在次坐标轴上，设置结束后，单击“插入”按钮，即可将选定的数据区域按照设置创建一个组合图表。

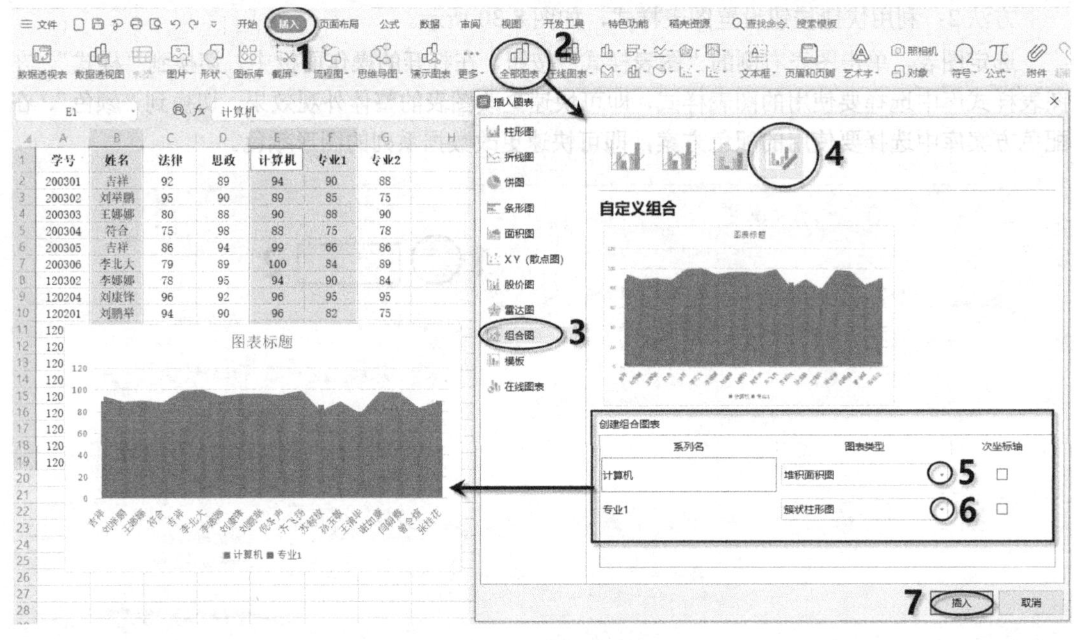

图 8-31　创建组合图表

8.3 实例练习

视频课程

打开“工资”工作表，将“姓名”“奖金”“应发工资”3 列数据建立图表，具体要求如下。

1.“姓名”数据系列作为横坐标，“奖金”数据系列为次坐标且是“带数据标记的折线图”，“应发工资”数据系列为主坐标且是“簇状柱形图”，为图表应用一种恰当的样式。

2．主纵坐标的数字保留小数位数为 0，次纵坐标的最大值为 650、最小值为 200。

3．为“应发工资”数据系列添加数据标签，设置系列填充颜色为“巧克力黄，着色 2，深色 25%”；

4．图表无标题，无网格线。

5．将图表插入“工资”工作表的 A13:K27 区域内。

解题步骤如下。

第 1 题

步骤 1：在“工资”工作表中，选定 A1:A11 区域，按住 Ctrl 键，再依次选定 E1:E11、G1:G11 区域，打开“插入”选项卡，单击“插入柱形图”下拉按钮，在打开的下拉列表中选择“簇状柱形图”，如图 8-32 所示。

图 8-32　选择“簇状柱形图”

步骤 2：打开“图表工具”选项卡，单击图表元素下拉按钮，在打开的下拉列表中选择“系列‘奖金’”选项，如图 8-33 所示，选定“奖金”数据系列。

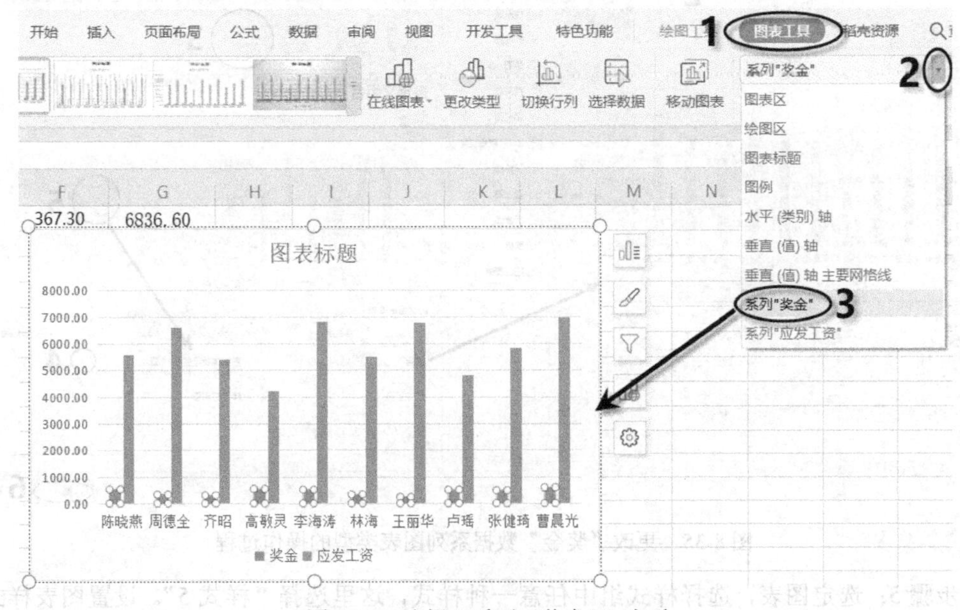

图 8-33　选择“系列‘奖金’”选项

步骤 3：单击“设置格式”按钮，在打开的任务窗中选中“次坐标轴”单选按钮，将“奖金”数据系列设置为次坐标轴，如图 8-34 所示。

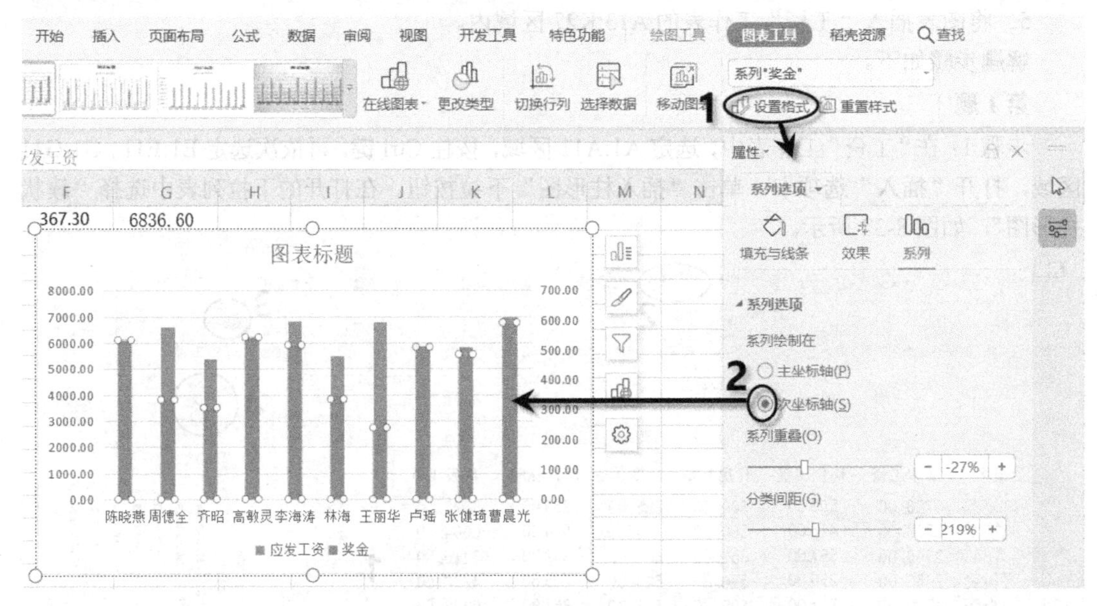

图 8-34　将“奖金”数据系列设置为次坐标轴

步骤 4：在“图表工具”选项卡中，单击“更改类型”按钮，在弹出的对话框中，将“奖金”数据系列的图表类型更改为“带数据标记的折线图”，单击“插入”按钮。更改“奖金”数据系列图表类型的操作过程如图 8-35 所示。

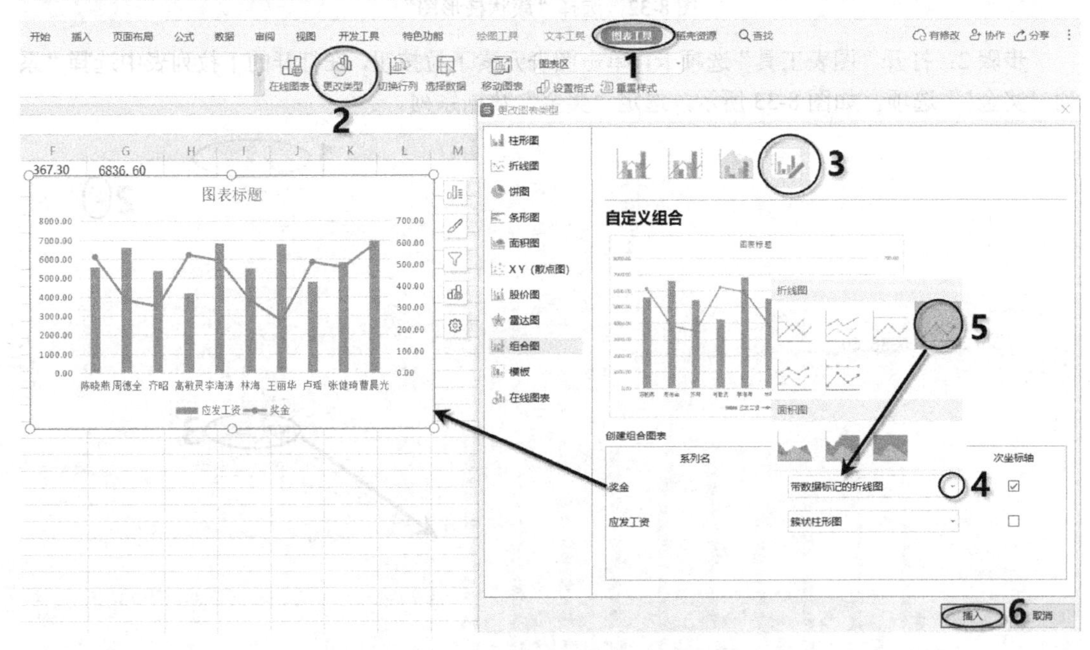

图 8-35　更改“奖金”数据系列图表类型的操作过程

步骤 5：选定图表，选择样式组中任意一种样式，这里选择“样式 5”。设置图表样式的操作过程如图 8-36 所示。

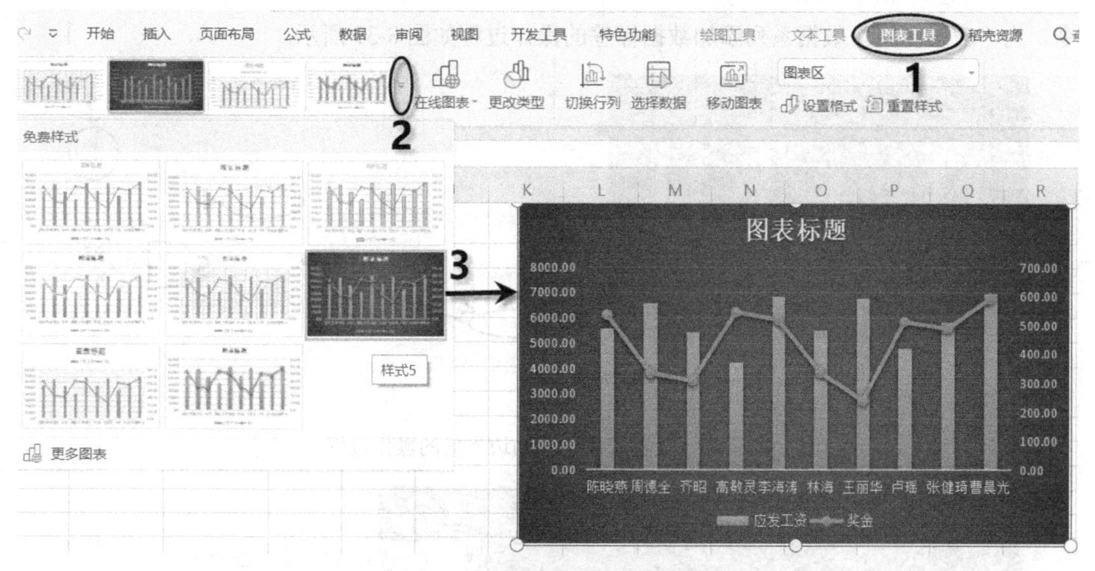

图 8-36 设置图表样式的操作过程

第 2 题

步骤 1：选中左侧主纵坐标轴并右击，在弹出的快捷菜单中选择“设置坐标轴格式”命令，在打开的任务窗格中，设置小数位数为 0。设置主纵坐标数字格式的操作过程如图 8-37 所示。

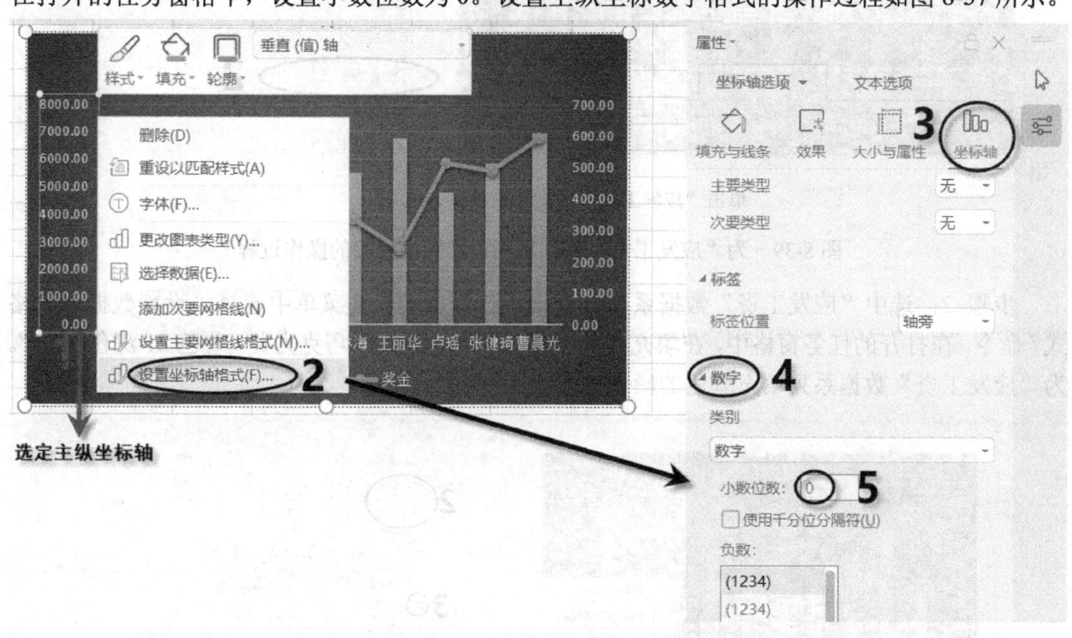

图 8-37 设置主纵坐标数字格式的操作过程

步骤 2：选中右侧次纵坐标轴并右击，在弹出的快捷菜单中选择“设置坐标轴格式”命令，在打开的任务窗格中，设置边界最小值为 200，最大值为 650。设置次纵坐标轴边界值的操作过程如图 8-38 所示。

第 3 题

步骤 1：选中“应发工资”数据系列并右击，在弹出的快捷菜单中选择“添加数据标签”命令。为“应发工资”数据系列添加数据标签的操作过程如图 8-39 所示。

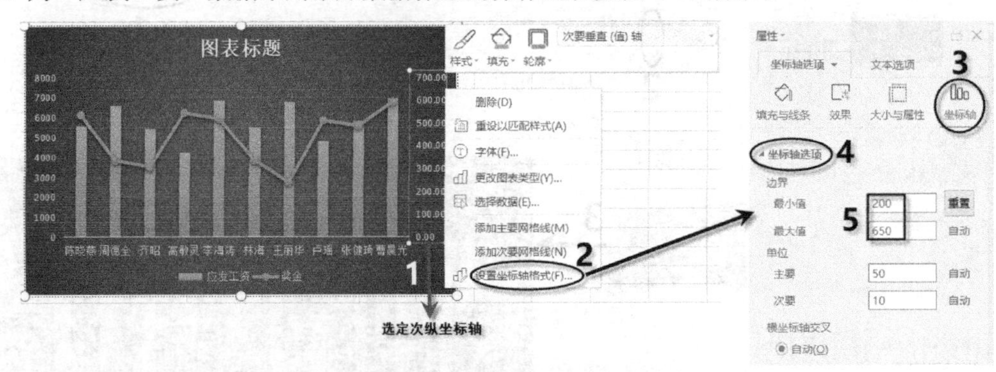

图 8-38　设置次纵坐标轴边界值的操作过程

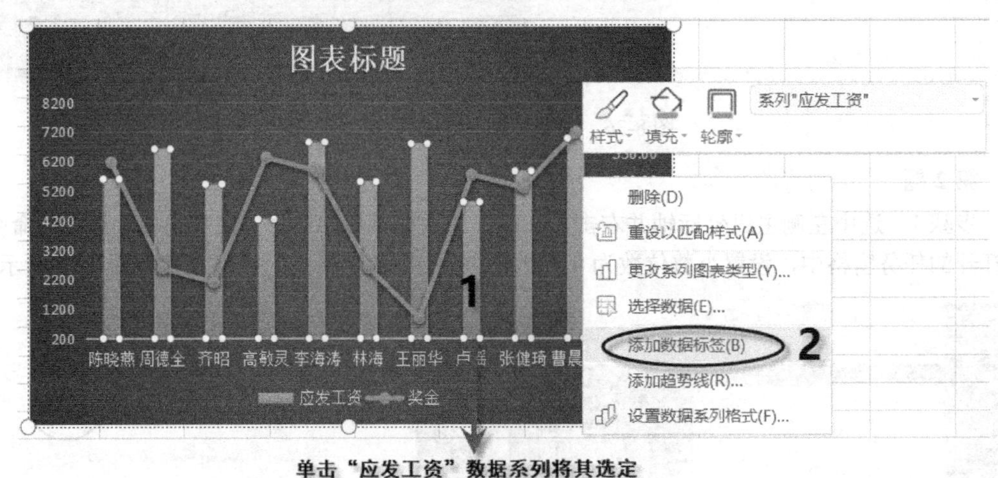

图 8-39　为“应发工资”数据系列添加数据标签的操作过程

步骤 2：选中“应发工资”数据系列并右击，在弹出的快捷菜单中选择“设置数据系列格式”命令，在打开的任务窗格中，在填充与线条中设置填充色为“巧克力黄，着色 2，深色 25%”。为“应发工资”数据系列填充颜色的操作过程如图 8-40 所示。

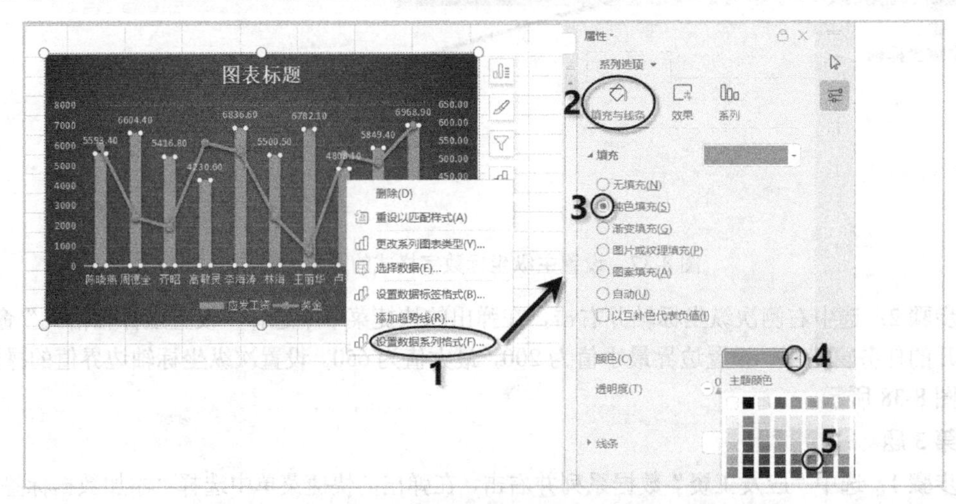

图 8-40　为“应发工资”数据系列填充颜色的操作过程

第 4 题

步骤 1：打开“图表工具”选项卡，单击“添加元素”下拉按钮，在打开的下拉列表中选择“图表标题”→“无”选项。设置无标题的操作过程如图 8-41 所示。

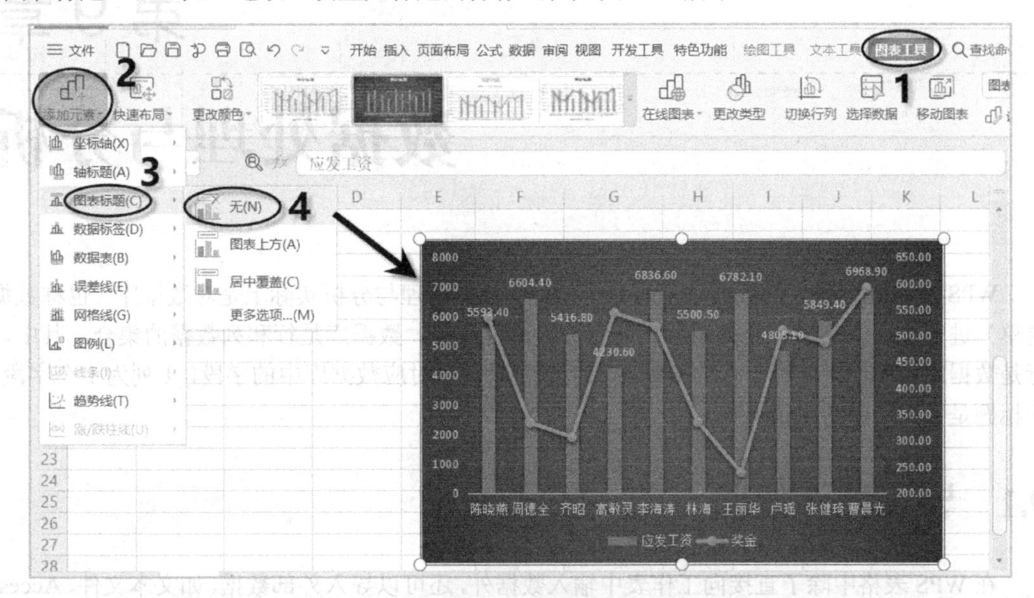

图 8-41　设置无标题的操作过程

步骤 2：单击“添加元素”下拉按钮，在打开的下拉列表中选择“网格线”选项，在打开的下一级列表中选择“主轴主要水平网格线”选项，即可取消“主轴主要水平网格线”，如图 8-42 所示。

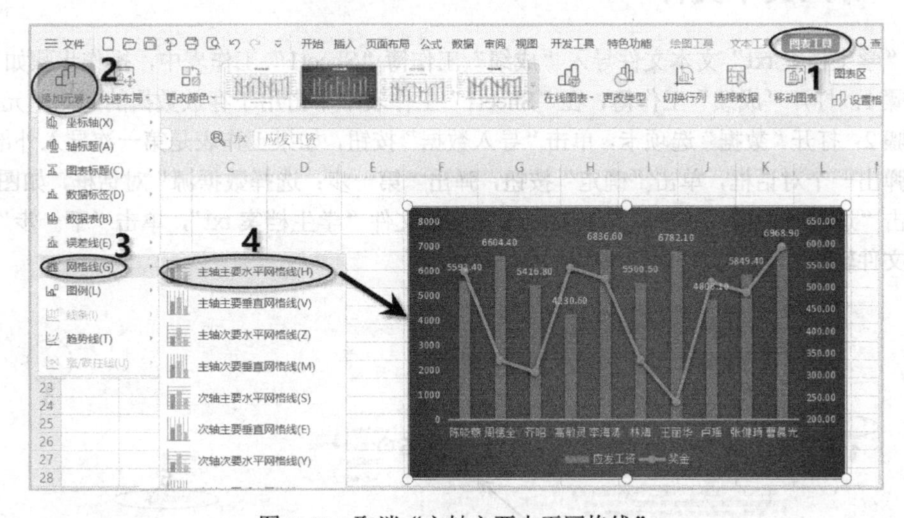

图 8-42　取消“主轴主要水平网格线”

第 5 题

步骤：将鼠标指针指向图表，按住鼠标左键进行拖动，将图表移动和调整大小到 A13:K27 区域。单击快速访问工具栏中的“保存”按钮，将文件保存。

第 9 章

数据处理与分析

WPS 表格具有强大的数据处理与分析功能，数据处理与分析实际上是对数据库（也称数据清单）进行排序、筛选、分类汇总、建立数据透视表等。数据库是行和列数据的集合，其中，行是数据库中的记录，每 1 行的数据表示 1 条记录；列对应数据库中的字段，1 列为 1 个字段，列标题是数据库中的字段名称。

9.1 导入外部数据

在 WPS 表格中除了直接向工作表中输入数据外，还可以导入外部数据，如文本文件、Access 数据库等形成数据列表，提高了输入速度、扩大了数据的获取来源，实现在 WPS 表格中对其他软件生成的数据进行处理与分析。

视频课程

9.1.1 导入文本文件

将“学生档案.txt”文本文件导入“成绩”工作簿“Sheet1”工作表中，操作步骤如下。

步骤 1：打开“成绩”工作簿，在“Sheet1”工作表中单击用于存放数据的起始单元格 A1。

步骤 2：打开“数据”选项卡，单击“导入数据”按钮，如果工作表是第一次导入外部数据，那么会弹出一个对话框，单击“确定”按钮，弹出“第一步：选择数据源”对话框，如图 9-1 所示，单击“选择数据源”按钮，选择要导入的文本文件“学生档案.txt”，单击“下一步”按钮，弹出“文件转换”对话框，如图 9-2 所示。

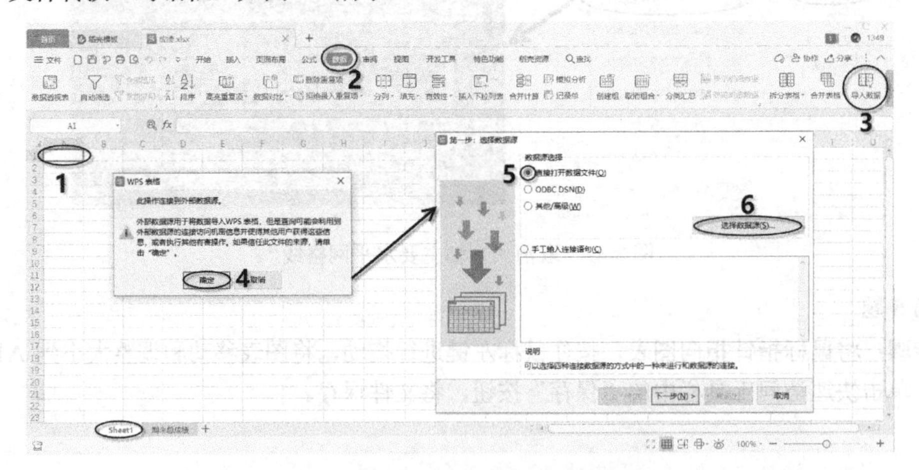

图 9-1 “第一步：选择数据源”对话框

步骤 3：在“文本编码”选区选中“Windows”单选按钮，单击“下一步”按钮，如图 9-2 所示，在弹出的对话框中，选中“分隔符号”单选按钮，单击“下一步”按钮。选择合适的文本类型的操作过程如图 9-3 所示。

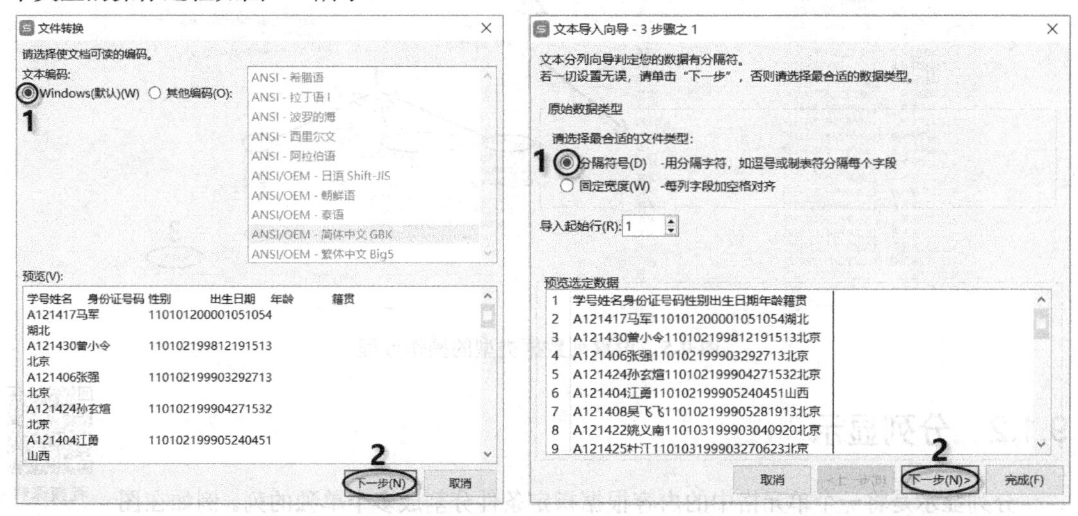

图 9-2　“文件转换”对话框　　　　图 9-3　选择合适的文本类型的操作过程

步骤 4：在弹出的对话框中，在“分隔符号”选区勾选“Tab 键”复选框，单击“下一步”按钮。选择分列数据所包含的分隔符号的操作过程如图 9-4 所示。在弹出的对话框中设置每列数据的类型，先选定字段“学号姓名”“身份证号码”“籍贯”3 列，然后选中“文本”单选按钮，单击“完成”按钮，将“学生档案.txt”文本文件导入“Sheet1”工作表中。设置列数据类型的操作过程如图 9-5 所示。

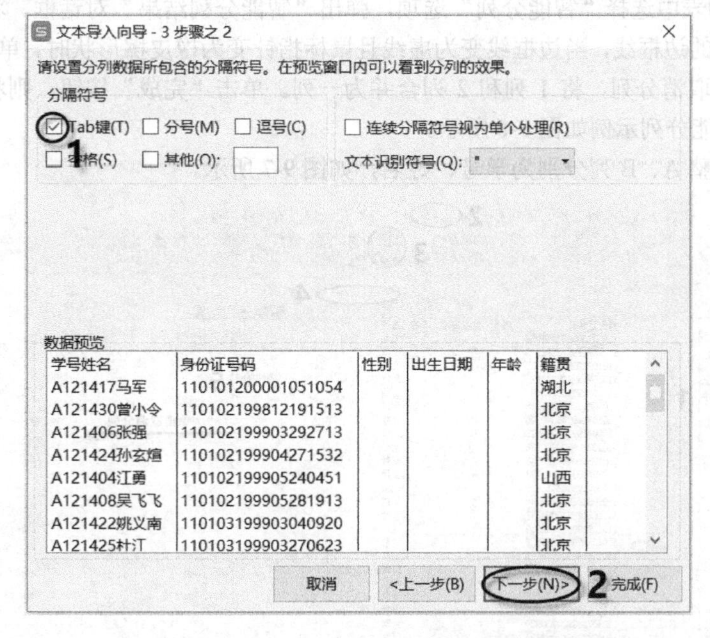

图 9-4　选择分列数据所包含的分隔符号的操作过程

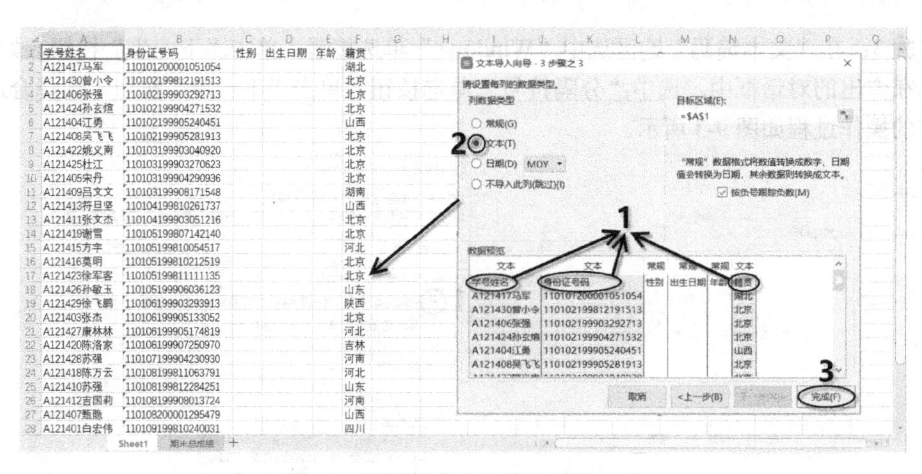

图 9-5　设置列数据类型的操作过程

9.1.2　分列显示

视频课程

分列显示是将一个单元格中的内容根据指定条件分割成多个单独的列。例如在图 9-5 中 A 列内容包含学号姓名，需要将 A 列（1 列）分成 2 列（“学号”数据系列和“姓名”数据系列）显示，方法如下。

方法 1：智能分列。

步骤 1：首先在 A 列右侧插入一个新列，选定 B 列并右击，在弹出的快捷菜单中选择“插入”命令，则在 A 列右侧插入一个新列。

步骤 2：选定需要分列的数据系列（A 列），打开“数据”选项卡，单击“分列”下拉按钮，在打开的下拉列表中选择“智能分列”选项，弹出“智能分列结果”对话框。将鼠标指针指向 1 列和 2 列之间的边框线，当边框线变为虚线且鼠标指针变为橡皮擦形状时，单击虚线（1 列和 2 列的分列线）取消分列，将 1 列和 2 列合并为一列。单击“完成”按钮，则将（A 列）分为 A、B 两列。智能分列示例如图 9-6 所示。

步骤 3：调整 A、B 列分别为学号、姓名，如图 9-7 所示。

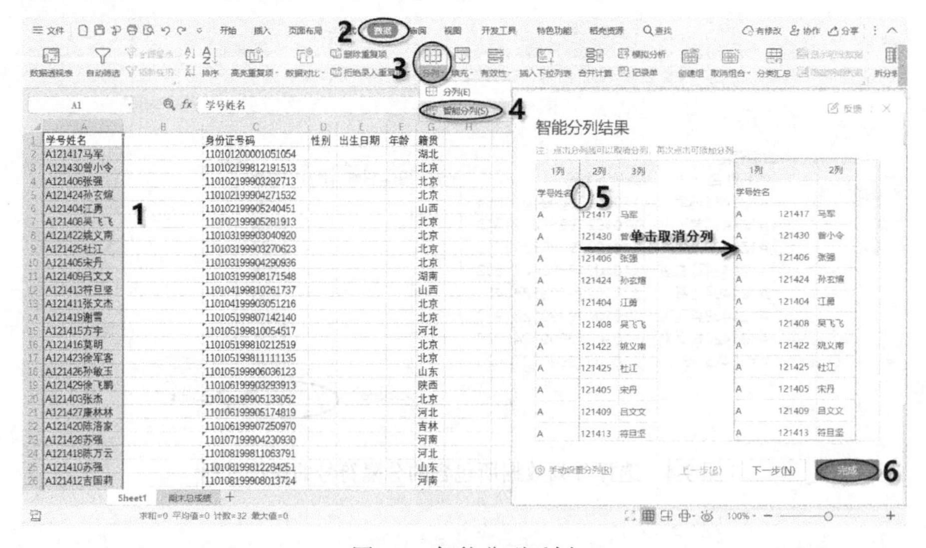

图 9-6　智能分列示例

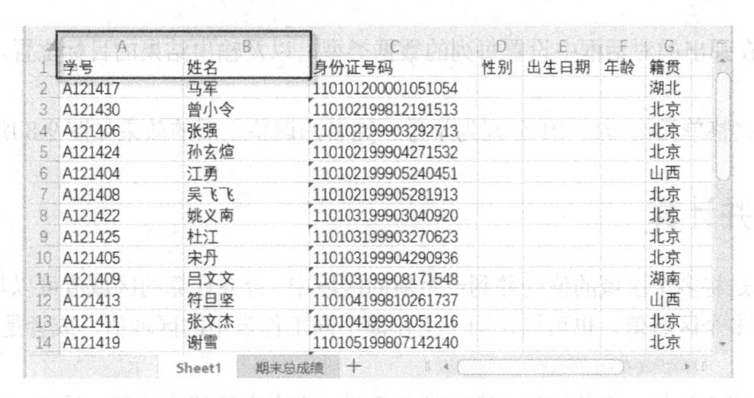

学号	姓名	身份证号码	性别	出生日期	年龄	籍贯
A121417	马军	110101200001051054				湖北
A121430	曾小令	110102199812191513				北京
A121406	张强	110102199903292713				北京
A121424	孙玄煊	110102199904271532				北京
A121404	江勇	110102199905240451				山西
A121408	吴飞飞	110102199905281913				北京
A121422	姚义南	110103199903040920				北京
A121425	杜江	110103199903270623				北京
A121405	宋丹	110103199904290936				北京
A121409	吕文文	110103199908171548				湖南
A121413	符旦坚	110104199810261737				山西
A121411	张文杰	110104199903051216				北京
A121419	谢雪	110105199807142140				北京

图 9-7　调整 A、B 列分别为学号、姓名

方法 2：分列。

步骤 1：首先在 A 列右侧插入一个新列。选定 B 列并右击，在弹出的快捷菜单中选择“插入”命令，则在 A 列右侧插入一个新列。

步骤 2：选择需要分列的数据系列（A 列），打开“数据”选项卡，单击“分列”按钮，弹出“文本分列向导-3 步骤之 1”对话框。

步骤 3：若选中“分隔符号”单选按钮，则用分隔字符，如逗号或制表符分隔每个字段，适用于文本文件数据；若选中“固定宽度”单选按钮，则每列字段加空格对齐，适用于字符长度有规律的数据。本例选中“固定宽度”单选按钮，单击“下一步”按钮。按固定列宽分列的操作过程如图 9-8 所示。

步骤 4：在弹出的对话框中建立分列线，在要建立分列线的位置单击，在“数据预览”选区可以看到分列的效果。若要删除分列线，则双击分列线；若要移动分列线，则将鼠标指针指向分列线并按住鼠标左键拖动至目标位置。分列线建立后，单击“下一步”按钮。

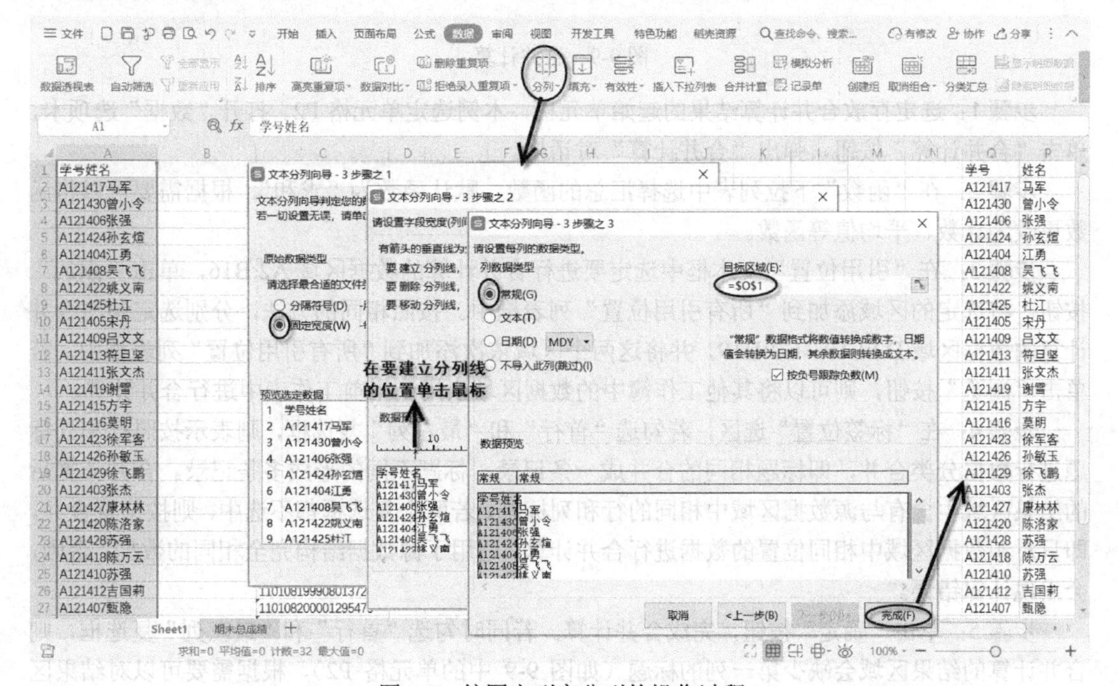

图 9-8　按固定列宽分列的操作过程

步骤 5：在弹出的对话框中设置每列的数据类型，以及输出结果的目标位置，单击“完成”按钮。

步骤 6：调整单元格 O1、P1 分别为学号、姓名，调整之后的效果如图 9-8 所示。

9.1.3 合并计算

视频课程

合并计算是将多个区域的值合并到一个新的区域中。合并计算的区域值可以是同一工作表中的多个区域值，也可以是同一工作簿不同工作表中的区域值，或者是不同工作簿中的区域值。

例如，在图 9-9 中，使用合并计算功能求各部门 3 个季度奖金总和，操作步骤如下。

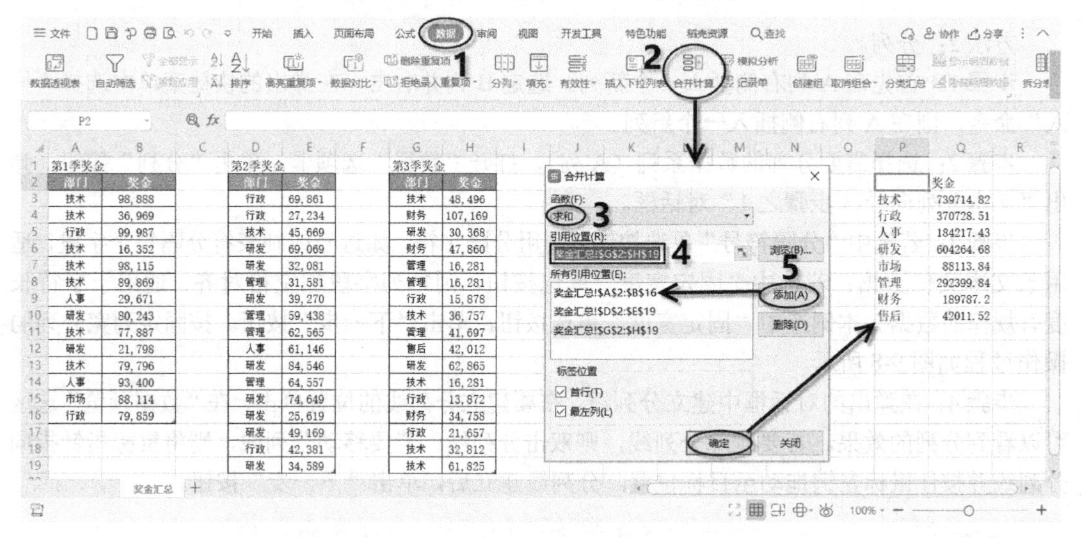

图 9-9 合并计算

步骤 1：选定存放合并计算结果的起始单元格，本例选定单元格 P2。打开“数据”选项卡，单击“合并计算”按钮，弹出“合并计算”对话框。

步骤 2：在“函数”下拉列表中选择汇总的函数，默认函数为“求和”，根据需要可以将函数更改为计数、平均值等函数。

步骤 3：在“引用位置”文本框中选定要进行合并计算的数据区域 A2:B16，单击“添加”按钮，将选定的区域添加到“所有引用位置”列表框中。按照相同的方法，分别选定参与合并计算的数据区域 D2:E19、G2:H19，并将这两个区域依次添加到“所有引用位置”列表框中。若单击“浏览”按钮，则可以将其他工作簿中的数据区域引用到当前工作表中进行合并计算。

步骤 4：在“标签位置”选区，若勾选“首行”和“最左列”复选框，则表示按照行和列标题进行数据分类合并，即标题相同的合并成一条记录，标题不同的形成多条记录。合并计算后的结果区域中含有与源数据区域中相同的行和列标题。若两个复选框都不选中，则按位置合并，即只对源数据区域中相同位置的数据进行合并计算，适用于源数据结构完全相同的数据，否则，会出现计算错误。

步骤 5：单击“确定”按钮，完成合并计算。若同时勾选“首行”和“最左列”复选框，则合并计算的结果区域会缺少第一列的标题（如图 9-9 中的单元格 P2），根据需要可以对结果区域输入标题或进行格式设置等操作，以完善结果区域。

9.2　数据排序

视频课程

排序是将工作表中的某个或某几个字段按一定顺序将数据排列，使无序数据变成有序数据。排序的字段名称通常称为关键字，排序有升序和降序 2 种方式。表 9-1 列出了各类数据升序排序规则。

表 9-1　各类数据升序排序规则

数 据 类 型	排 序 规 则
数字	从小到大顺序排序
日期	从较早的日期到较晚的日期排序
文本	按字符对应的 ASCII 码从小到大排序
逻辑	在逻辑值中，FALSE 在 TRUE 前
混合数据	数字>日期>文本>逻辑
空白单元格	无论是按升序还是按降序排序，空白单元格总是放在最后

注意：隐藏的行列不参与排序，如果要对隐藏的行列进行排序，那么首先取消行列的隐藏。

9.2.1　单个字段排序

视频课程

单个字段排序是对工作表中的某一列数据排序，方法有 2 种。

方法 1：选定该列数据中的任意一个单元格，单击“数据”选项卡中的“升序”按钮 或“降序”按钮，该列数据自动完成升序或降序排序。

方法 2：选定该列数据中的任意一个单元格，单击“开始”选项卡中的“排序”下拉按钮，打开图 9-10 所示的“排序”下拉列表，从中选择升序或降序，自动完成升序或降序排序。

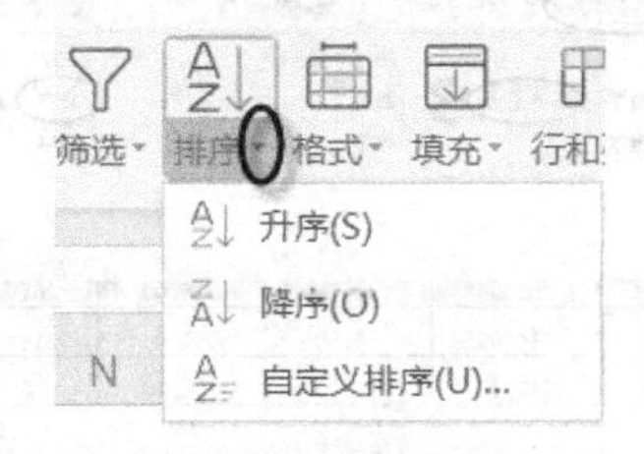

图 9-10　“排序”下拉列表

9.2.2　多个字段排序

视频课程

多个字段排序是指对多列数据同时设置多个排序条件，当排序值相同时，参考下一个排序条件进行排序。

【例 9-1】对图 9-11 所示的“工资表”按“基本工资”升序排序，“基本工资”有相同数据时，按“岗位津贴”升序排序，若前两项数据都相同，则按“姓名”笔画升序排序。

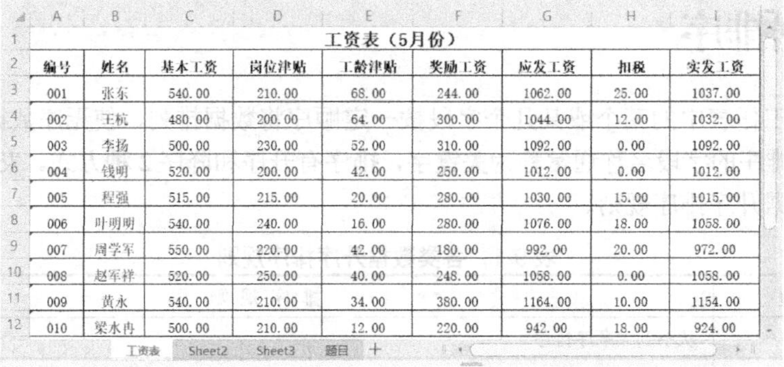

工资表（5月份）								
编号	姓名	基本工资	岗位津贴	工龄津贴	奖励工资	应发工资	扣税	实发工资
001	张东	540.00	210.00	68.00	244.00	1062.00	25.00	1037.00
002	王杭	480.00	200.00	64.00	300.00	1044.00	12.00	1032.00
003	李扬	500.00	230.00	52.00	310.00	1092.00	0.00	1092.00
004	钱明	520.00	200.00	42.00	250.00	1012.00	0.00	1012.00
005	程强	515.00	215.00	20.00	280.00	1030.00	15.00	1015.00
006	叶明明	540.00	240.00	16.00	280.00	1076.00	18.00	1058.00
007	周学军	550.00	220.00	42.00	180.00	992.00	20.00	972.00
008	赵军祥	520.00	250.00	40.00	248.00	1058.00	0.00	1058.00
009	黄永	540.00	210.00	34.00	380.00	1164.00	10.00	1154.00
010	梁水冉	500.00	210.00	12.00	220.00	942.00	18.00	924.00

图 9-11 “工资表”

操作步骤如下。

步骤 1：单击数据区域中的任意一个单元格，打开“数据”选项卡，单击“排序”按钮，弹出“排序”对话框。

步骤 2：在“主要关键字”下拉列表中选择“基本工资”选项，在“次序”下拉列表中选择“升序”选项，单击“添加条件”按钮，添加新的排序条件。添加排序主要关键字“基本工资”的操作过程如图 9-12 所示。

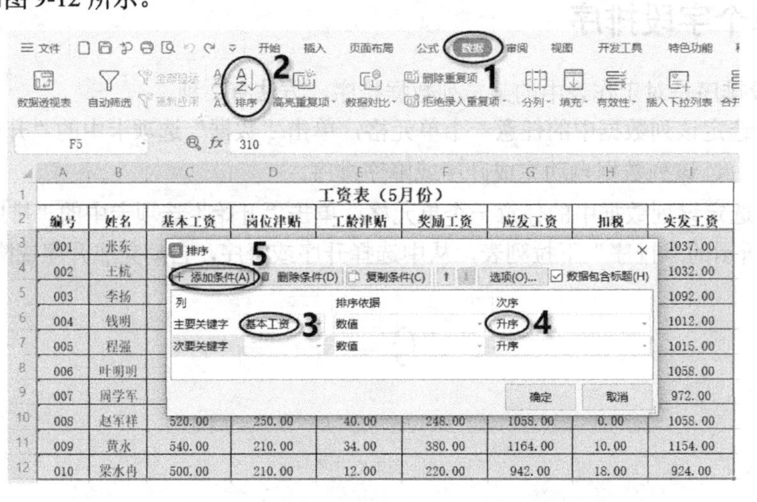

图 9-12 添加排序主要关键字“基本工资”的操作过程

步骤 3：在“次要关键字”下拉列表中选择“岗位津贴”选项，在“次序”下拉列表中选择“升序”选项。添加排序次要关键字“岗位津贴”的操作过程如图 9-13 所示。

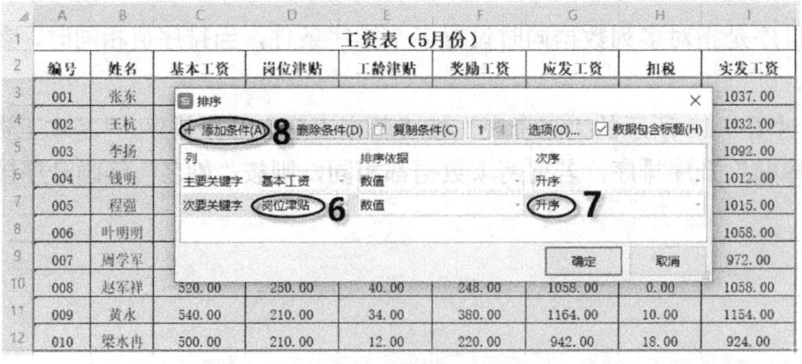

图 9-13 添加排序次要关键字“岗位津贴”的操作过程

步骤 4：同理，单击“添加条件”按钮，在新条件的“次要关键字”下拉列表中选择“姓名”选项，单击“选项”按钮，在弹出的对话框中选中“笔画排序”单选按钮，单击“确定”按钮，返回“排序”对话框。在“次序”下拉列表中选择“升序”选项。添加排序次要关键字“姓名”的操作过程如图 9-14 所示。

工资表（5月份）								
编号	姓名	基本工资	岗位津贴	工龄津贴	奖励工资	应发工资	扣税	实发工资
001	张东	540.00	210.00	68.00	244.00	1062.00		
002	王杭							
003	李扬							
004	钱明							
005	程强							
006	叶明明							
007	周学军							
008	赵军祥							
009	黄永	540.00	210.00	34.00	380.00	1164.00		
010	梁水冉	500.00	210.00	12.00	220.00	942.00	18.00	924.00

排序
+ 添加条件(A)　删除条件(D)　复制条件(C)　选项(O)...
列		排序依据	次序
主要关键字	基本工资	数值	升序
次要关键字	岗位津贴	数值	升序
次要关键字	姓名	数值	升序

确定

排序选项
区分大小写(C)
方向
按列排序(T)
按行排序(L)
方式
拼音排序(S)
笔画排序(R)
确定　取消

图 9-14　添加排序次要关键字“姓名”的操作过程

步骤 5：单击“确定”按钮，排序后的数据效果如图 9-15 所示。

工资表（5月份）								
编号	姓名	基本工资	岗位津贴	工龄津贴	奖励工资	应发工资	扣税	实发工资
002	王杭	480.00	200.00	64.00	300.00	1044.00	12.00	1032.00
010	梁水冉	500.00	210.00	12.00	220.00	942.00	18.00	924.00
003	李扬	500.00	230.00	52.00	310.00	1092.00	0.00	1092.00
005	程强	515.00	215.00	20.00	280.00	1030.00	15.00	1015.00
004	钱明	520.00	200.00	42.00	250.00	1012.00	0.00	1012.00
008	赵军祥	520.00	250.00	40.00	248.00	1058.00	0.00	1058.00
001	张东	540.00	210.00	68.00	244.00	1062.00	25.00	1037.00
009	黄永	540.00	210.00	34.00	380.00	1164.00	10.00	1154.00
006	叶明明	540.00	240.00	16.00	280.00	1076.00	18.00	1058.00
007	周学军	550.00	220.00	42.00	180.00	992.00	20.00	972.00

工资表　Sheet2　Sheet3　题目

图 9-15　排序后的数据效果

从图 9-15 排序后的数据可以看出，对多列数据进行排序时，先按照主要关键字升序排序，主要关键字中有相同的数据时，对相同的数据按第一次要关键字进行排序，若前两者的数据都相同，则按照第二次要关键字升序排序，以此类推。

若要撤销排序，则将数据恢复到排序前的顺序，操作步骤如下。

步骤 1：在排序前，先插入一个空列，输入该列的字段名称“编号”，然后在每行输入 1、2、3、…编号。

步骤 2：排序后若要撤销排序，则对“编号”字段升序排列即可。

视频课程

9.2.3　格式排序

格式排序是指将字体颜色、单元格颜色或图标等作为排序的依据对数据进行排序，从而更加灵活地组织或查找所需的数据。

【例 9-2】对图 9-16 所示的“成绩单”工作表中的成绩按下列要求进行排序：先将黄色底纹

填充的“程序设计基础”成绩显示在成绩单的前面，然后按“程序设计基础”成绩从高到低进行排序。

	A	B	C	D	E
1	姓名	高等数学	大学英语	逻辑学	程序设计基础
2	李怡	91	98	94	82
3	韩含	87	90	97	89
4	刘涵艺	66	66	74	83
5	刘佟俊	91	50	88	92
6	刘慧佳	74	78	73	78
7	孙顺	78	87	67	68
8	周文米	84	71	75	75
9	孙晗瑜	87	65	63	59
10	赵梦	91	88	95	95
11	余韬梦	77	90	75	78
12	孙芊芊	74	70	80	84
13	李阳秋	94	90	96	93
14	周昕雨	65	64	76	84
15	赵玥月	67	86	71	63
16	郭玲	83	72	68	78
17	程恬灵	89	72	79	97
18	陈温格	80	90	83	84
19	杨程雁	73	76	56	73
20	李冰月	84	73	70	88
21	黄中怀	71	83	89	79
22	潘瑞	91	69	65	77
23	陈标国	79	73	83	73
24	郭潘潘	73	75	73	67
25	洪敏玉	78	62	66	69

成绩单

图 9-16 “成绩单”工作表

操作步骤如下。

步骤 1：单击数据清单中的任意一个单元格，打开“数据”选项卡，单击“排序”按钮，弹出“排序”对话框。

步骤 2：设置主要关键字为“程序设计基础”，排序依据为“单元格颜色”，次序为黄色，位置为“在顶端”。

步骤 3：单击“添加条件”按钮，设置次要关键字为“程序设计基础”，排序依据为“数值”，次序为“降序”，设置的排序条件如图 9-17 所示。

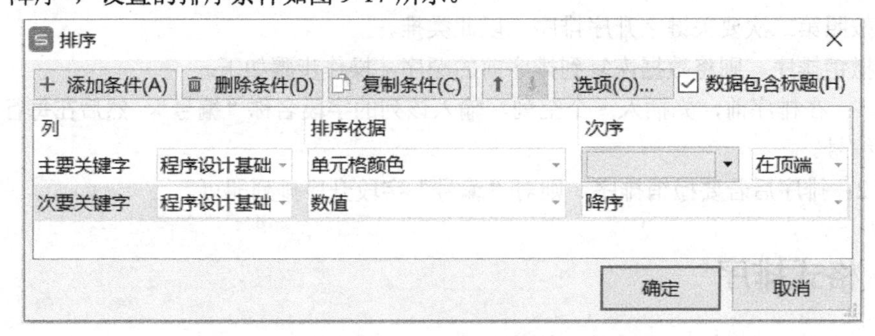

图 9-17 设置的排序条件

步骤 4：单击“确定”按钮，完成排序，排序后的结果如图 9-18 所示。

	A	B	C	D	E
1	姓名	高等数学	大学英语	逻辑学	程序设计基础
2	赵梦	91	88	95	95
3	刘佟俊	91	50	88	92
4	程恬灵	89	72	79	97
5	李阳秋	94	90	96	93
6	韩含	87	90	97	89
7	李冰月	84	73	70	88
8	孙芊芊	74	70	80	84
9	陈温格	80	90	83	84
10	周昕雨	65	64	76	84
11	刘涵艺	66	66	74	83
12	李怡	91	98	94	82
13	黄中怀	71	83	89	79
14	刘慧佳	74	78	73	78
15	余韬梦	77	90	75	78
16	郭玲	83	72	68	78
17	潘瑞	91	69	65	77
18	周文米	84	71	75	75
19	杨程雁	73	76	56	73
20	陈标国	79	73	83	73
21	洪敏玉	78	62	66	69
22	孙顺	78	87	67	68
23	郭潘潘	73	75	73	67
24	赵玥月	67	86	71	63
25	孙晗瑜	87	65	63	59

成绩单

图 9-18　排序后的结果

9.2.4　自定义排序

默认情况下，WPS 表格对数值型数据（数字或日期）的大小、文本型数据的笔画多少和字母顺序进行排序，如果超出这些排序的范围，如某个公司设置了若干个职位，包括经理、职员、主任、科长等，要按照职位的高低顺序排序，那么 WPS 表格默认的排序规则无法完成，需要使用自定义序列进行排序。即首先按照职位高低定义一个序列，然后按照定义的序列进行排序。

【例 9-3】在图 9-19 所示的“员工基本信息”工作表中，按照职位高低的顺序对表中数据进行排序。

	B	C	D	E
1	出生日期	性别	职位	专业
2	1980/2/19	女	职员	会计
3	1976/3/14	男	经理	管理学
4	1983/5/23	女	主任	计算机
5	1988/6/22	女	职员	汉语言文学
6	1980/9/10	男	科长	经济学
7	1977/2/15	女	职员	计算机
8	1990/8/26	男	职员	法律

员工基本信息

图 9-19　“员工基本信息”工作表

操作步骤如下。

步骤 1：按照职位高低自定义一个序列。职位高低的顺序为经理、主任、科长、职员。自定义序列方法：选择“文件”→“选项”命令，在弹出的对话框中选择左侧列表框中的“自定义序列”选项，如图 9-20 所示，在右侧“输入序列”列表框中依次输入“经理、主任、科长、职员”，各字段按 Enter 键分隔，输入结束后，单击“添加”按钮，将序列添加到“自定义序列”列表框中，单击“确定”按钮，返回工作簿窗口。

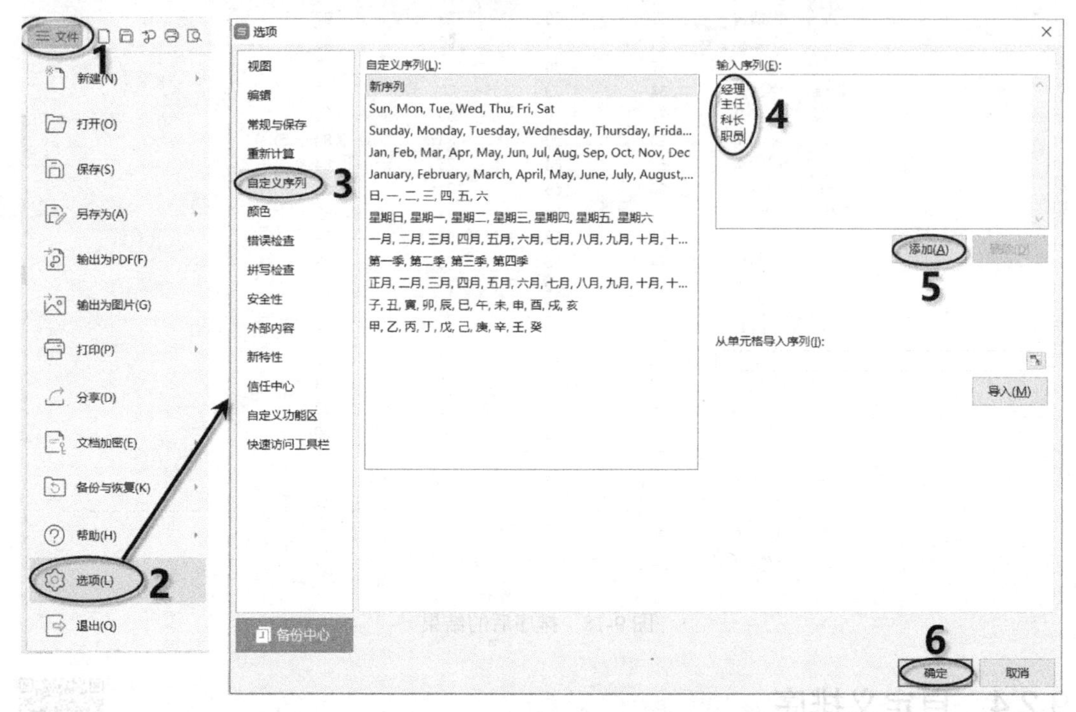

图 9-20 “自定义序列”选项

步骤 2：单击图 9-19 所示工作表中的任意一个单元格，如单元格 C3。打开“数据”选项卡，单击“排序”按钮，弹出“排序”对话框。在“主要关键字”下拉列表中选择“职位”选项，在“排序依据”下拉列表中选择“数值”选项，在“次序”下拉列表中选择“自定义序列”选项，设置自定义序列排序，如图 9-21 所示，弹出 “自定义序列”对话框。

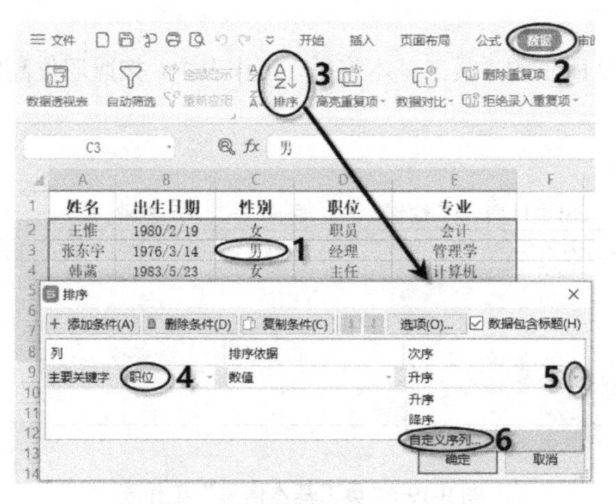

图 9-21 设置自定义序列排序

步骤 3：在“自定义序列”列表框中选择自定义的序列（“经理,主任,科长,职员”），单击“确定”按钮，如图 9-22 所示，返回“排序”对话框。

步骤4：单击“确定”按钮，关闭“排序”对话框，完成自定义序列排序。工作表中的数据按照职位从高到低的顺序排列结果如图9-23所示。

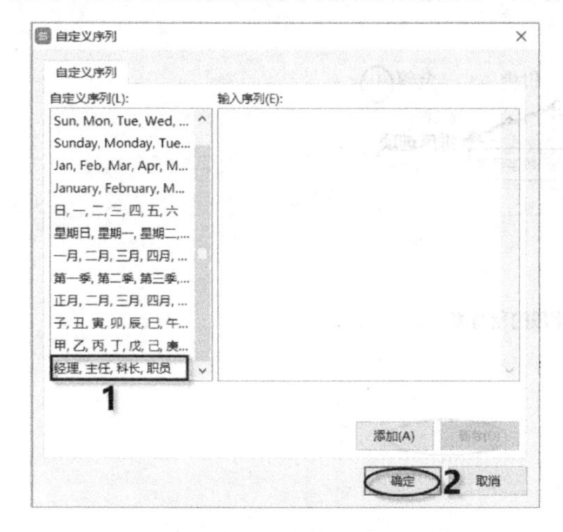

图9-22 选择自定义的序列

	B	C	D	E
1	出生日期	性别	职位	专业
2	1976/3/14	男	经理	管理学
3	1983/5/23	女	主任	计算机
4	1980/9/10	男	科长	经济学
5	1980/2/19	女	职员	会计
6	1988/6/22	女	职员	汉语言文学
7	1977/2/15	女	职员	计算机
8	1990/8/26	男	职员	法律

员工基本信息 Sl ...

图9-23 工作表中的数据按照职位从高到低的顺序排列结果

9.3 数据筛选

数据筛选是从数据清单中查找和分析符合特定条件的数据记录。数据清单经过筛选后，只显示符合条件的记录（行），而将不符合条件的记录暂时隐藏起来。取消筛选后，隐藏的数据显示出来。筛选分为“自动筛选”“自定义筛选”“高级筛选”。

视频课程

9.3.1 自动筛选

自动筛选是筛选中最简单的方式，可以快速地显示出满足条件的记录，操作步骤如下。

步骤1：单击要筛选数据清单中的任一单元格。

步骤2：打开“数据”选项卡，单击“自动筛选”按钮，或按Ctrl+Shift+L组合键，此时在每个字段名称右侧出现一个下拉按钮。自动筛选下拉按钮如图9-24所示。

	A	B	C	D	E	F	G
1	商品编号	商品类别	品牌	数量	售价	金额	销售日期
2	PH-SX-001	手机	三星	2	6500	13000	4月30日
3	PH-HW-001	手机	华为	3	2800	8400	5月2日
4	PC-SX-001	电脑	三星	1	6299	6299	5月2日
5	PH-SX-003	手机	三星	2	4500	9000	5月11日
6	PH-HW-002	手机	华为	2	3499	6998	5月11日
7	PC-HW-001	电脑	华为	1	6990	6990	5月12日
8	PH-HW-003	手机	华为	3	2799	8397	5月13日
9	PH-MI-001	手机	小米	1	1499	1499	5月13日
10	PH-HW-004	手机	华为	1	5990	5990	5月13日
11	PC-MI-001	电脑	小米	1	4999	4999	5月14日
12	PH-MI-002	手机	小米	1	2499	2499	5月18日
13	PC-HW-002	电脑	华为	1	5699	5699	5月21日
14	PC-MI-002	电脑	小米	1	4399	4399	5月23日
15	PC-SX-002	电脑	三星	1	7299	7299	5月31日
16	PH-SX-002	手机	三星	1	4599	4599	6月1日
17	PH-HW-005	手机	华为	2	4499	8998	6月3日
18	PC-HW-003	电脑	华为	1	6990	6990	6月5日

销售清单 Sheet2 Sheet3

图9-24 自动筛选下拉按钮

步骤 3：单击任意一个下拉按钮，即可打开相应的筛选面板，如图 9-25 所示。在筛选面板中提供了排序和筛选的具体选项和当前字段的所有值。数据类型不同，筛选选项也不同，其中各项的含义如下。

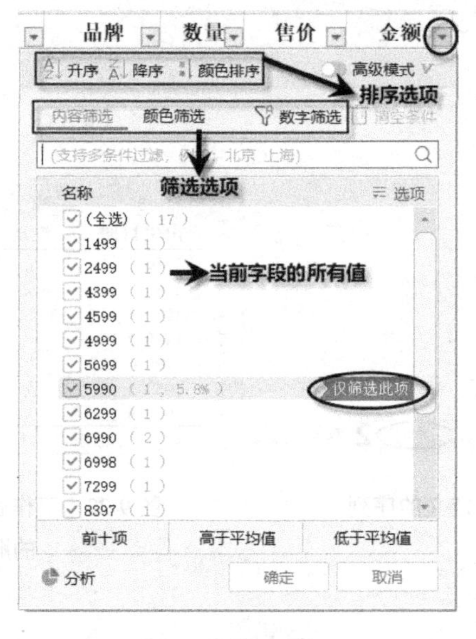

图 9-25 筛选面板

- 内容筛选：筛选出数据清单中含有某一精确值的记录。例如，在图 9-25 中勾选“5990”复选框，或者单击该数值右侧的“仅筛选此项”，即可快速筛选出数值等于“5990”的所有记录。
- 颜色筛选：根据所选列的现有格式，筛选出可选项。
- 数字（或文本）筛选：筛选的条件不是一个固定的值而是一个范围。单击该项在打开的下拉列表中，选择某一选项会弹出“自定义自动筛选方式”对话框。在对话框中设置筛选条件。数值或文本型数据的筛选面板如图 9-26 所示。

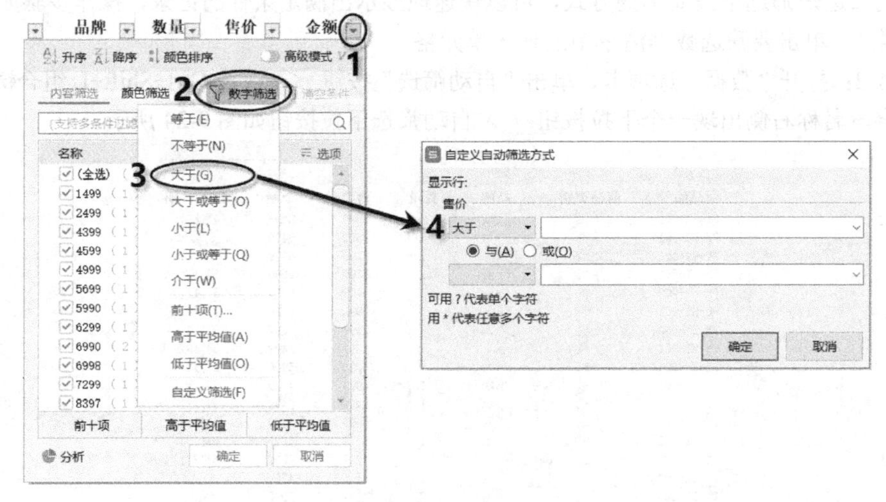

（a）数值型数据的筛选面板

图 9-26 数值或文本型数据的筛选面板

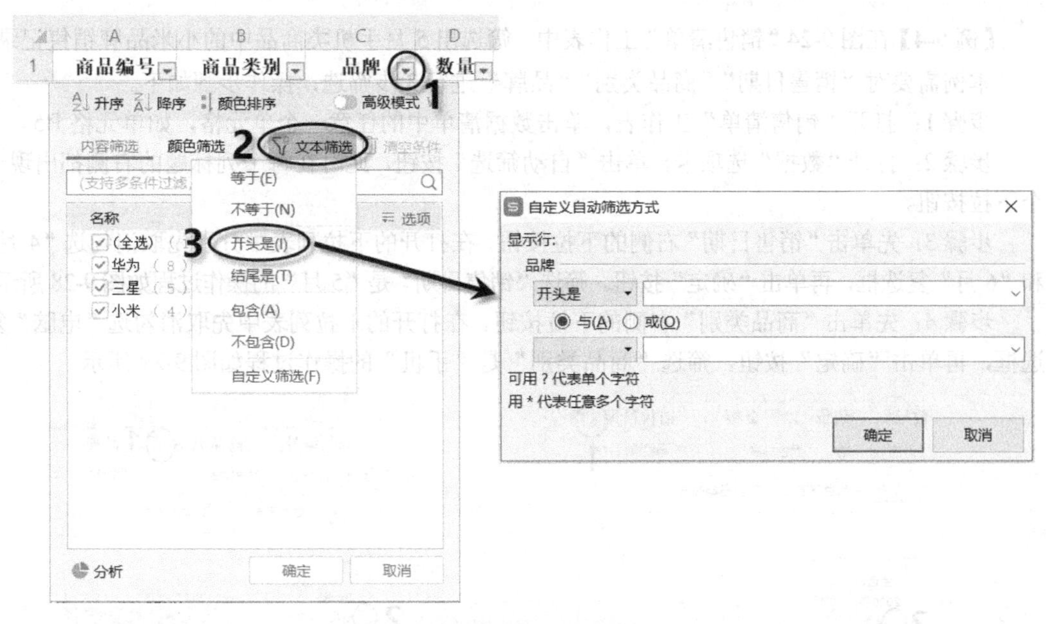

（b）文本型数据的筛选面板

图 9-26　数值或文本型数据的筛选面板（续）

步骤 4：在上述筛选面板中设定筛选条件。筛选结束后，只显示符合条件的记录，同时，被筛选列的字段名右侧下拉按钮 变为 ，表示此列已被筛选。同时，筛选结果的数据行行号颜色变为蓝色高亮显示。

步骤 5：若要对其他字段进行筛选，则在上一次筛选的基础上，按照步骤 3～4 进行再次筛选，实现多重嵌套筛选。

另外，在筛选面板中还提供了简单筛选分析功能，单击筛选面板左下角的“分析”按钮，打开“筛选分析”任务窗格，快速生成统计图表。筛选分析如图 9-27 所示。

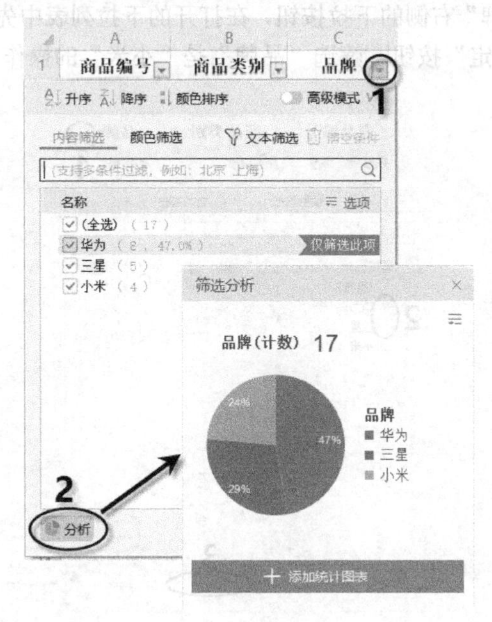

图 9-27　筛选分析

【例 9-4】在图 9-24“销售清单”工作表中，筛选出 5 月手机类商品中的小米品牌销售记录。

本例需要对“销售日期”“商品类别”“品牌”进行 3 步筛选，操作步骤如下。

步骤 1：打开“销售清单”工作表，单击数据清单中的任意一个单元格，如单元格 B5。

步骤 2：打开“数据”选项卡，单击“自动筛选”按钮，此时在每个列标题的右侧都出现一个下拉按钮。

步骤 3：先单击“销售日期”右侧的下拉按钮，在打开的下拉列表中分别先取消勾选“4 月”和“6 月”复选框，再单击“确定”按钮。筛选“销售日期”是“5 月”的操作过程如图 9-28 所示。

步骤 4：先单击“商品类别”右侧的下拉按钮，在打开的下拉列表中先取消勾选“电脑”复选框，再单击“确定”按钮。筛选“商品类别”是“手机”的操作过程如图 9-29 所示。

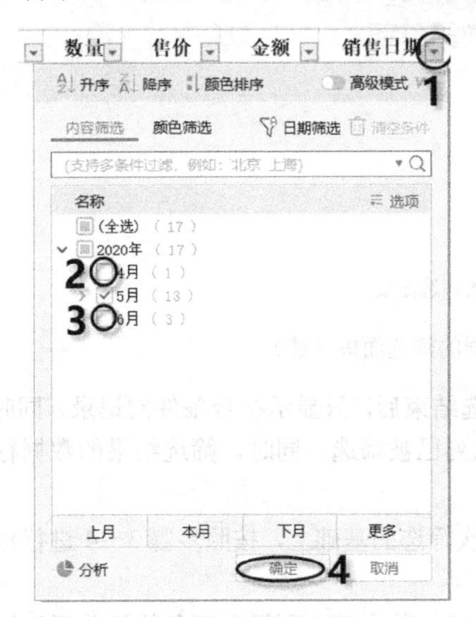

图 9-28　筛选“销售日期”是“5 月”的操作过程

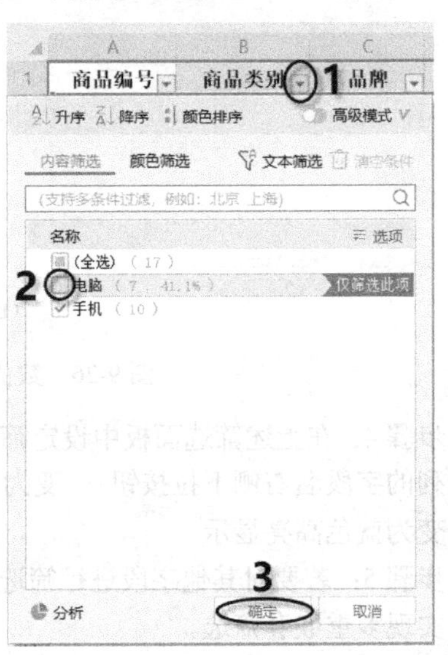

图 9-29　筛选“商品类别”是“手机”的操作过程

步骤 5：先单击“品牌”右侧的下拉按钮，在打开的下拉列表中先取消勾选“三星”和“华为”复选框，再单击“确定”按钮。筛选“品牌”是“小米”的操作过程如图 9-30 所示。

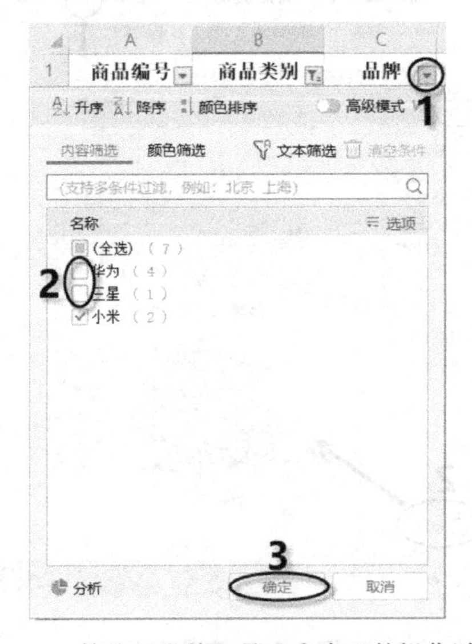

图 9-30　筛选“品牌”是“小米”的操作过程

步骤 6：完成上述 3 步筛选，得到了最终筛选的结果。自动筛选出 5 月手机类商品中的小米品牌销售记录如图 9-31 所示。

	A	B	C	D	E	F	G
1	商品编号	商品类别	品牌	数量	售价	金额	销售日期
9	PH-MI-001	手机	小米	1	1499	1499	5月13日
12	PH-MI-002	手机	小米	1	2499	2499	5月18日

图 9-31　自动筛选出 5 月手机类商品中的小米品牌销售记录

自动筛选每次只能对一列数据筛选，若要利用自动筛选对多列数据筛选，则每个追加的筛选都基于之前的筛选结果，从而逐次减少了所显示的记录。

若取消筛选，则单击“数据”选项卡中的“自动筛选”或“全部显示”按钮。

9.3.2　自定义筛选

视频课程

如果筛选的条件比较复杂，可以使用自定义筛选功能筛选出所需的数据。

【例 9-5】在图 9-32 所示的工资表中，筛选出“实发工资”在 1050～1200 的记录。

操作步骤如下。

步骤 1：单击数据清单中的任意一个单元格。打开“数据”选项卡，单击“自动筛选”按钮，此时在每个列标题的右侧都出现一个下拉按钮。

步骤 2：单击“实发工资”右侧的下拉按钮，在打开的下拉列表中选择“数字筛选”中的“自定义筛选”选项，如图 9-33 所示。

步骤 3：弹出“自定义自动筛选方式”对话框，如图 9-34 所示。设置自定义筛选条件：实发工资大于或等于 1050 且小于或等于 1200。

	A	B	C	D	E	F	G	H	I
1	编号	姓名	基本工资	岗位津贴	工龄津贴	奖励工资	应发工资	扣税	实发工资
2	001	张东	540.00	210.00	68.00	244.00	1062.00	25.00	1037.00
3	002	王杭	480.00	200.00	64.00	300.00	1044.00	12.00	1032.00
4	003	李扬	500.00	230.00	52.00	310.00	1092.00	0.00	1092.00
5	004	钱明	520.00	200.00	42.00	250.00	1012.00	0.00	1012.00
6	005	程强	515.00	215.00	20.00	280.00	1030.00	15.00	1015.00
7	006	叶明明	540.00	240.00	16.00	280.00	1076.00	18.00	1058.00
8	007	周学军	550.00	220.00	42.00	180.00	992.00	20.00	972.00
9	008	赵军祥	520.00	250.00	40.00	248.00	1058.00	0.00	1058.00
10	009	黄永	540.00	210.00	34.00	380.00	1164.00	10.00	1154.00
11	010	梁水冉	500.00	210.00	12.00	220.00	942.00	18.00	924.00

工资表　Sheet2　Sheet3　题目

图 9-32　工资表

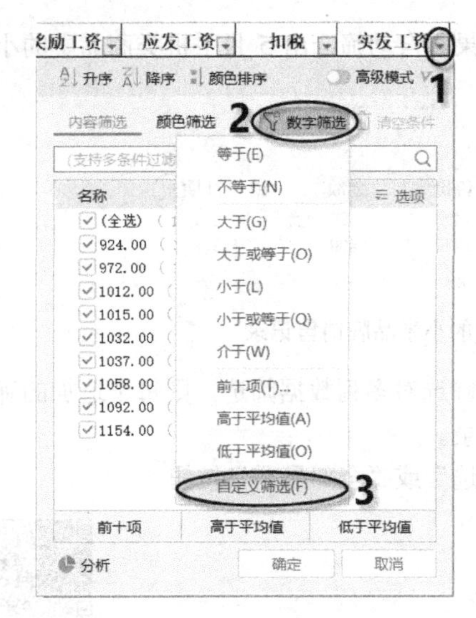

图 9-33 “自定义筛选”选项

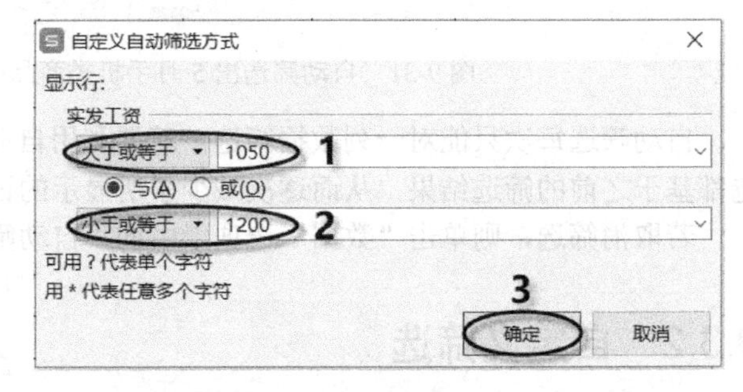

图 9-34 “自定义自动筛选方式”对话框

步骤 4：单击“确定”按钮，筛选出满足条件的记录，此时“实发工资”右侧的下拉按钮变为[筛选图标]，完成筛选。筛选出满足条件的记录如图 9-35 所示。

	A	B	C	D	E	F	G	H	I
1	编号	姓名	基本工资	岗位津贴	工龄津贴	奖励工资	应发工资	扣税	实发工资
4	003	李扬	500.00	230.00	52.00	310.00	1092.00	0.00	1092.00
7	006	叶明明	540.00	240.00	16.00	280.00	1076.00	18.00	1058.00
9	008	赵军祥	520.00	250.00	40.00	248.00	1058.00	0.00	1058.00
10	009	黄永	540.00	210.00	34.00	380.00	1164.00	10.00	1154.00

工资表 Sheet2 Sheet3 题目

图 9-35 筛选出满足条件的记录

9.3.3 高级筛选

高级筛选是指筛选出满足多个字段条件的记录，既可实现字段条件之间“或”关系的筛选，又可以实现“与”关系的筛选，是一种较复杂的筛选方式。通常分为 3 步进行：建立条件区域、确定筛选的列表区域和条件区域、设置存放筛选结果的区域。

【例 9-6】在图 9-36 所示的期末成绩单中，筛选出“思修”分数大于 85 且“计算机网络”分数不小于 85 的记录。

（1）建立条件区域。

条件区域一般建立在数据清单的前后，但与数据清单之间最少要留出一个空行。条件区域创建的方法为：在数据清单的任意空白处选择一个位置，输入筛选条件的字段名称（输入时必须与数据清单字段名称一致），在条件字段名称下面的行中输入筛选条件，如图 9-36 所示。

期末成绩单

姓名	操作系统	近代史	思修	计算机网络	软件工程	体育
余霞	77	76	88	77	80	83
魏丽	79	70	94	87	83	89
王梦月	84	73	88	77	83	90
阮胜	73	71	89	80	87	89
邢尧磊	67	57	85	77	81	96
王斌	79	80	84	82	80	90
焦宝亮	80	81	93	85	83	88
边建国	77	74	92	70	83	80
亢志权	72	72	86	72	80	89
任霞	68	80	83	79	76	80
王帅	84	77	84	58	80	70
乔泽宇	91	81	87	83	87	84
王超群	89	72	89	77	78	86
陈顺意	77	74	87	75	83	53
房盛雅	82	87	93	84	83	91
王君	87	77	94	75	82	92
史立映	94	77	90	84	81	87
王晓亚	86	87	89	85	83	88
潘慧男	77	81	88	82	84	88
杨慧	81	81	86	84	86	90
刘璐璐	94	92	86	81	86	85
康梦迪	79	84	88	80	86	87
李晓楠	79	84	86	79	81	91
于慧霞	71	76	91	81	80	91
高青山	80	85	89	84	83	91

思修	计算机网络
>85	>=85

条件区域

1班　2班　3班

图 9-36　期末成绩单

（2）确定筛选的列表区域和条件区域。

单击数据区域中的任意一个单元格，打开“开始”选项卡，单击“筛选”下拉按钮，在打开的下拉列表中选择“高级筛选”选项，弹出“高级筛选”对话框。或者通过以下 2 种方式：“数据”选项卡和快捷菜单，打开“高级筛选”对话框，如图 9-37 所示。在此对话框中将鼠标光标依次定位在“列表区域”和“条件区域”文本框中，拖动鼠标依次选定数据清单中的 A2:H27 和 J6:K7 这两个区域。设置筛选的列表区域和条件区域如图 9-38 所示。

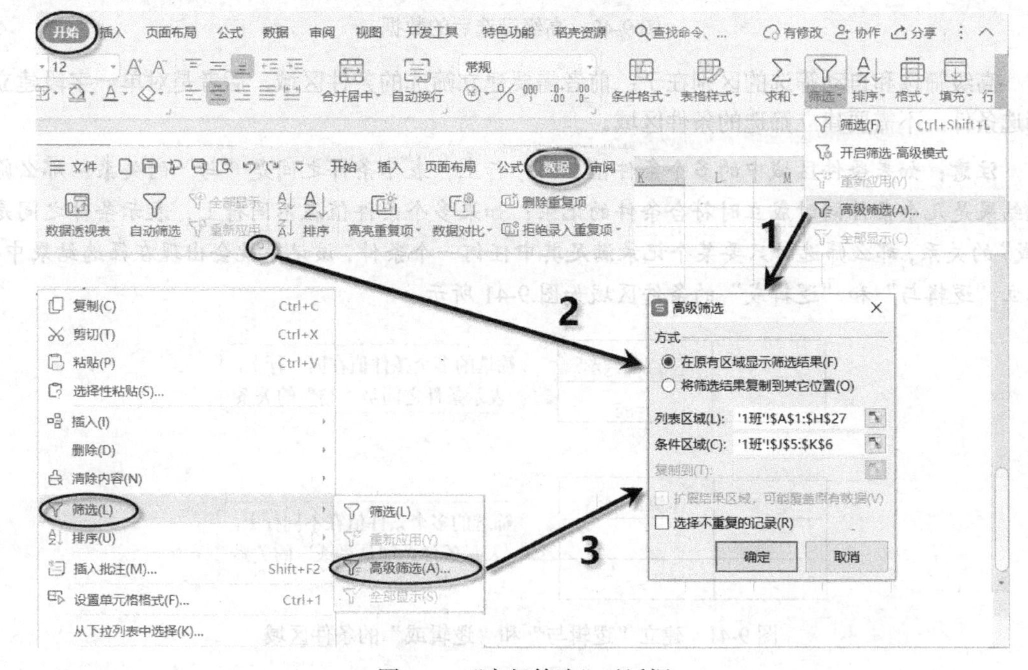

图 9-37 “高级筛选”对话框

（3）设置存放筛选结果的区域。

在对话框的“方式”选区选择筛选结果的保存方式，默认是选中“在原有区域显示筛选结果”单选按钮。若选中“将筛选结果复制到其他位置”单选按钮，则将鼠标光标定位在“复制到”文本框中，单击数据清单中存放筛选结果的单元格，如单元格 A29，则将筛选结果存放到以单元格$A$29 开始的区域中。设置存放筛选结果的区域如图 9-39 所示。

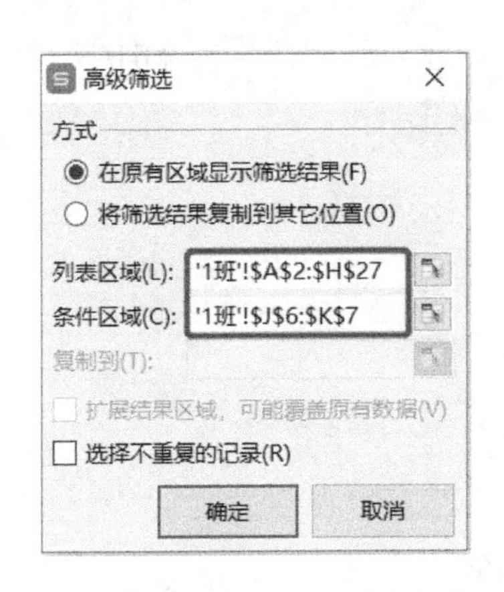

图 9-38　设置筛选的列表区域和条件区域

图 9-39　设置存放筛选结果的区域

（4）单击“确定”按钮，高级筛选后的数据如图 9-40 所示。

	A	B	C	D	E	F	G	H
28								
29	学号	姓名	操作系统	近代史	思修	计算机网络	软件工程	体育
30	200102	魏丽	79	70	94	87	83	89
31	200118	王晓亚	86	87	89	85	83	88

1班　2班　3班　+

图 9-40　高级筛选后的数据

高级筛选和自动筛选的区别在于：前者需要建立筛选的条件区域，后者是对单一字段建立筛选条件，不需要建立筛选的条件区域。

注意：如果条件区域中的多个条件值在同一行上，表示条件之间是“与”的关系，那么筛选结果是几个条件同时成立时符合条件的记录；如果多个条件值在不同行上，表示条件之间是“或”的关系，那么筛选时只要某个记录满足其中任何一个条件，该记录就会出现在筛选结果中。建立“逻辑与”和“逻辑或”的条件区域如图 9-41 所示。

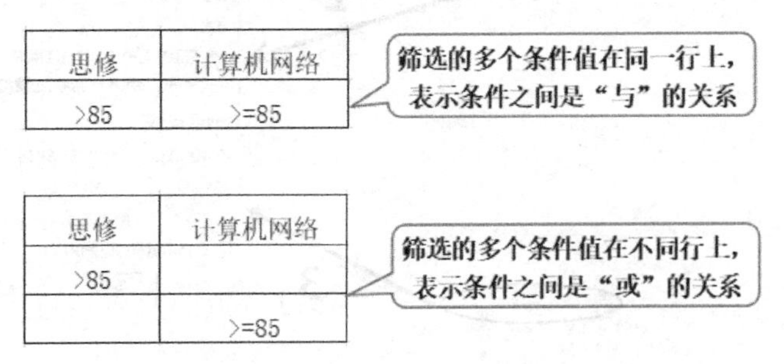

思修	计算机网络
>85	>=85

思修	计算机网络
>85	
	>=85

图 9-41　建立“逻辑与”和“逻辑或”的条件区域

9.4　数据分类汇总

分类汇总是指将数据清单先按某个字段进行分类（排序），把字段值相同的记录归为一类，然后对分类后的数据按类别进行求和、求平均值、计数等汇总运算。使用分类汇总功能，可快速有效地分析数据。

视频课程

9.4.1　插入分类汇总

创建分类汇总分 2 步进行：对指定字段分类；按分类结果汇总，并且把汇总的结果以“分类汇总”和“总计”的形式显示出来。

【例 9-7】分类汇总前的数据如图 9-42 所示，按“产品名称”计算每一种产品的总销售量和总销售额。

	A	B	C	D	E	F
1	产品编码	产品名称	地区	销售量	产品单价	销售额
2	ZX003	投影仪	南部	350	2699	¥ 944,650.00
3	ZX001	打印机	南部	210	2600	¥ 546,000.00
4	ZX002	扫描仪	南部	180	1700	¥ 306,000.00
5	ZX004	显示器	南部	450	1750	¥ 787,500.00
6	ZX003	投影仪	西部	110	2399	¥ 263,890.00
7	ZX001	打印机	西部	150	2200	¥ 330,000.00
8	ZX002	扫描仪	西部	100	980	¥ 98,000.00
9	ZX004	显示器	西部	280	1500	¥ 420,000.00
10	ZX003	投影仪	北部	390	2599	¥ 1,013,610.00
11	ZX001	打印机	北部	180	2300	¥ 414,000.00
12	ZX002	扫描仪	北部	160	1100	¥ 176,000.00
13	ZX004	显示器	北部	320	1650	¥ 528,000.00
14	ZX003	投影仪	东部	300	2899	¥ 869,700.00
15	ZX001	打印机	东部	200	2500	¥ 500,000.00
16	ZX002	扫描仪	东部	130	1600	¥ 208,000.00
17	ZX004	显示器	东部	500	1800	¥ 900,000.00
18	ZX003	投影仪	中南	380	2999	¥ 1,139,620.00
19	ZX001	打印机	中南	190	2400	¥ 456,000.00
20	ZX002	扫描仪	中南	140	1200	¥ 168,000.00

Sheet1　Sheet2　Sheet3

图 9-42　分类汇总前的数据

操作步骤如下。

步骤 1：单击“产品名称”数据系列中的任意一个单元格，打开“数据”选项卡，单击“升序”或“降序”按钮，先对“产品名称”进行排序。本例以升序方式排序，对“产品名称”排序后的结果如图 9-43 所示。

步骤 2：选定数据清单中的任意一个单元格，打开“数据”选项卡，单击“分类汇总”按钮，弹出“分类汇总”对话框。

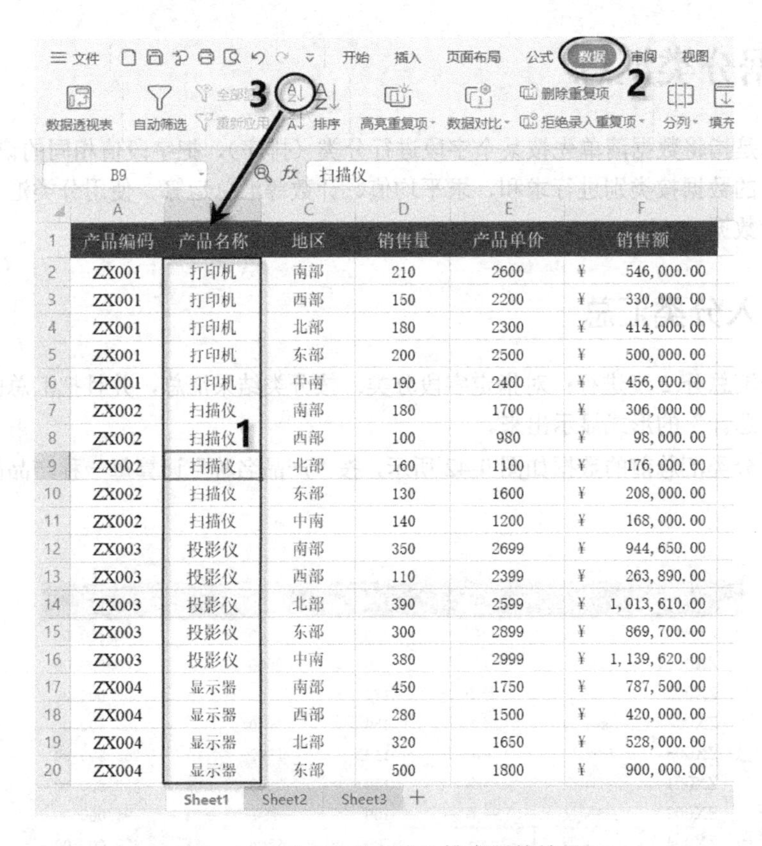

	A	B	C	D	E	F
1	产品编码	产品名称	地区	销售量	产品单价	销售额
2	ZX001	打印机	南部	210	2600	¥ 546,000.00
3	ZX001	打印机	西部	150	2200	¥ 330,000.00
4	ZX001	打印机	北部	180	2300	¥ 414,000.00
5	ZX001	打印机	东部	200	2500	¥ 500,000.00
6	ZX001	打印机	中南	190	2400	¥ 456,000.00
7	ZX002	扫描仪	南部	180	1700	¥ 306,000.00
8	ZX002	扫描仪	西部	100	980	¥ 98,000.00
9	ZX002	扫描仪	北部	160	1100	¥ 176,000.00
10	ZX002	扫描仪	东部	130	1600	¥ 208,000.00
11	ZX002	扫描仪	中南	140	1200	¥ 168,000.00
12	ZX003	投影仪	南部	350	2699	¥ 944,650.00
13	ZX003	投影仪	西部	110	2399	¥ 263,890.00
14	ZX003	投影仪	北部	390	2599	¥ 1,013,610.00
15	ZX003	投影仪	东部	300	2899	¥ 869,700.00
16	ZX003	投影仪	中南	380	2999	¥ 1,139,620.00
17	ZX004	显示器	南部	450	1750	¥ 787,500.00
18	ZX004	显示器	西部	280	1500	¥ 420,000.00
19	ZX004	显示器	北部	320	1650	¥ 528,000.00
20	ZX004	显示器	东部	500	1800	¥ 900,000.00

图 9-43　对“产品名称”排序后的结果

步骤 3：在此对话框的“分类字段”下拉列表中选择分类的字段“产品名称”；在“汇总方式”下拉列表中选择汇总的方式“求和”；在“选定汇总项”列表框中勾选“销售量”和“销售额”复选框；勾选“替换当前分类汇总”和“汇总结果显示在数据下方”复选框。设置“分类汇总”各项如图 9-44 所示。

步骤 4：单击“确定”按钮。分类汇总后的结果如图 9-45 所示。

图 9-44　设置“分类汇总”各项

	A	B	C	D	E	F
1	产品编码	产品名称	地区	销售量	产品单价	销售额
2	ZX001	打印机	南部	210	2600	¥ 546,000.00
3	ZX001	打印机	西部	150	2200	¥ 330,000.00
4	ZX001	打印机	北部	180	2300	¥ 414,000.00
5	ZX001	打印机	东部	200	2500	¥ 500,000.00
6	ZX001	打印机	中南	190	2400	¥ 456,000.00
7		打印机 汇总		930		¥ 2,246,000.00
8	ZX002	扫描仪	南部	180	1700	¥ 306,000.00
9	ZX002	扫描仪	西部	100	980	¥ 98,000.00
10	ZX002	扫描仪	北部	160	1100	¥ 176,000.00
11	ZX002	扫描仪	东部	130	1600	¥ 208,000.00
12	ZX002	扫描仪	中南	140	1200	¥ 168,000.00
13		扫描仪 汇总		710		¥ 956,000.00
14	ZX003	投影仪	南部	350	2699	¥ 944,650.00
15	ZX003	投影仪	西部	110	2399	¥ 263,890.00
16	ZX003	投影仪	北部	390	2599	¥ 1,013,610.00
17	ZX003	投影仪	东部	300	2899	¥ 869,700.00
18	ZX003	投影仪	中南	380	2999	¥ 1,139,620.00
19		投影仪 汇总		1530		¥ 4,231,470.00
20	ZX004	显示器	南部	450	1750	¥ 787,500.00
21	ZX004	显示器	西部	280	1500	¥ 420,000.00
22	ZX004	显示器	北部	320	1650	¥ 528,000.00
23	ZX004	显示器	东部	500	1800	¥ 900,000.00
24		显示器 汇总		1550		¥ 2,635,500.00
25		总计		4720		¥ 10,068,970.00

Sheet1　Sheet2　Sheet3

图 9-45　分类汇总后的结果

分类汇总后自动创建行的分级显示。在图 9-45 所示的分类汇总结果中，左侧是分级显示符号，各符号含义如下。

1 2 3 按钮：分级显示按钮，显示“1”“2”“3”级汇总结果。单击某一按钮，隐藏下一级别的明细数据。例如，单击“2”按钮，隐藏第 3 级别明细数据，只显示 1、2 级明细数据，如图 9-46 所示。单击“3”按钮，显示所有明细数据。

- 按钮：隐藏明细数据。单击该按钮，折叠一组单元格隐藏该组明细数据，此时 - 变成 +，如图 9-47 所示。或者单击某一区域的单元格，打开“数据”选项卡，单击“隐藏明细数据”按钮，隐藏该区域的明细数据。

+ 按钮：显示隐藏的明细数据。单击该按钮，展开一组折叠的单元格显示该组明细数据。或者单击隐藏明细数据区域中的某一单元格，打开“数据”选项卡，单击“显示明细数据”按钮，显示该区域隐藏的明细数据。

	A	B	C	D	E	F
1	产品编码	产品名称	地区	销售量	产品单价	销售额
7		打印机 汇总		930		¥ 2,246,000.00
13		扫描仪 汇总		710		¥ 956,000.00
19		投影仪 汇总		1530		¥ 4,231,470.00
24		显示器 汇总		1550		¥ 2,635,500.00
25		总计		4720		¥ 10,068,970.00

图 9-46　只显示 1、2 级明细数据

	A	B	C	D	E	F
1	产品编码	产品名称	地区	销售量	产品单价	销售额
2	ZX001	打印机	南部	210	2600	¥ 546,000.00
3	ZX001	打印机	西部	150	2200	¥ 330,000.00
4	ZX001	打印机	北部	180	2300	¥ 414,000.00
5	ZX001	打印机	东部	200	2500	¥ 500,000.00
6	ZX001	打印机	中南	190	2400	¥ 456,000.00
7		打印机 汇总		930		¥ 2,246,000.00
13		扫描仪 汇总		710		¥ 956,000.00
14	ZX003	投影仪	南部	350	2699	¥ 944,650.00
15	ZX003	投影仪	西部	110	2399	¥ 263,890.00
16	ZX003	投影仪	北部	390	2599	¥ 1,013,610.00
17	ZX003	投影仪	东部	300	2899	¥ 869,700.00
18	ZX003	投影仪	中南	380	2999	¥ 1,139,620.00
19		投影仪 汇总		1530		¥ 4,231,470.00
24		显示器 汇总		1550		¥ 2,635,500.00
25		总计		4720		¥ 10,068,970.00

图 9-47　隐藏明细数据

若删除汇总，则单击已进行分类汇总数据区域中的任意一个单元格，打开“数据”选项卡，单击“分类汇总”按钮，在弹出的对话框中单击“全部删除”按钮。

视频课程

9.4.2　创建分级显示

分级显示可以快速地显示摘要行、摘要列或每组明细数据。创建分级显示既可以通过分类汇总功能自动形成分级显示，也可以手动为数据列表创建分级显示。

分类汇总创建的是行的分级显示，如果同时创建行和列的分级显示，那么可利用 WPS 表格的创建组功能实现。在一个工作表中最多可创建 8 级显示。

例如，在图 9-48 所示的工作表中，按照“产品名称”为数据列表创建行和列的分级显示。同时创建了行和列的分级显示结果如图 9-49 所示，创建方法如下。

	A	B	C	D	E	F	G
1	产品编码	产品名称	地区	1月	2月	3月	产品单价
2	ZX003	Modem	南部	80	120	150	440
3	ZX001	打印机	西部	60	40	50	2200
4	ZX002	扫描仪	北部	60	50	50	1100
5	ZX004	显示器	南部	120	130	200	1750
6	ZX003	Modem	东部	120	90	90	480
7	ZX004	显示器	北部	100	100	120	1650
8	ZX001	打印机	南部	110	130	70	2600
9	ZX003	Modem	西部	50	30	30	390
10	ZX004	显示器	西部	110	90	80	1500
11	ZX001	打印机	东部	90	70	40	2500
12	ZX001	打印机	中南	80	60	50	2400
13	ZX002	扫描仪	南部	60	40	80	1700
14	ZX002	扫描仪	西部	30	40	30	980
15	ZX003	Modem	北部	160	140	90	430
16	ZX002	扫描仪	中南	60	40	40	1200
17	ZX001	打印机	北部	40	50	90	2300
18	ZX003	Modem	中南	150	160	70	500
19	ZX002	扫描仪	东部	50	35	45	1600
20	ZX004	显示器	东部	200	150	150	1800

销售表　Sheet2

图 9-48　建立分级显示前原始数据列表

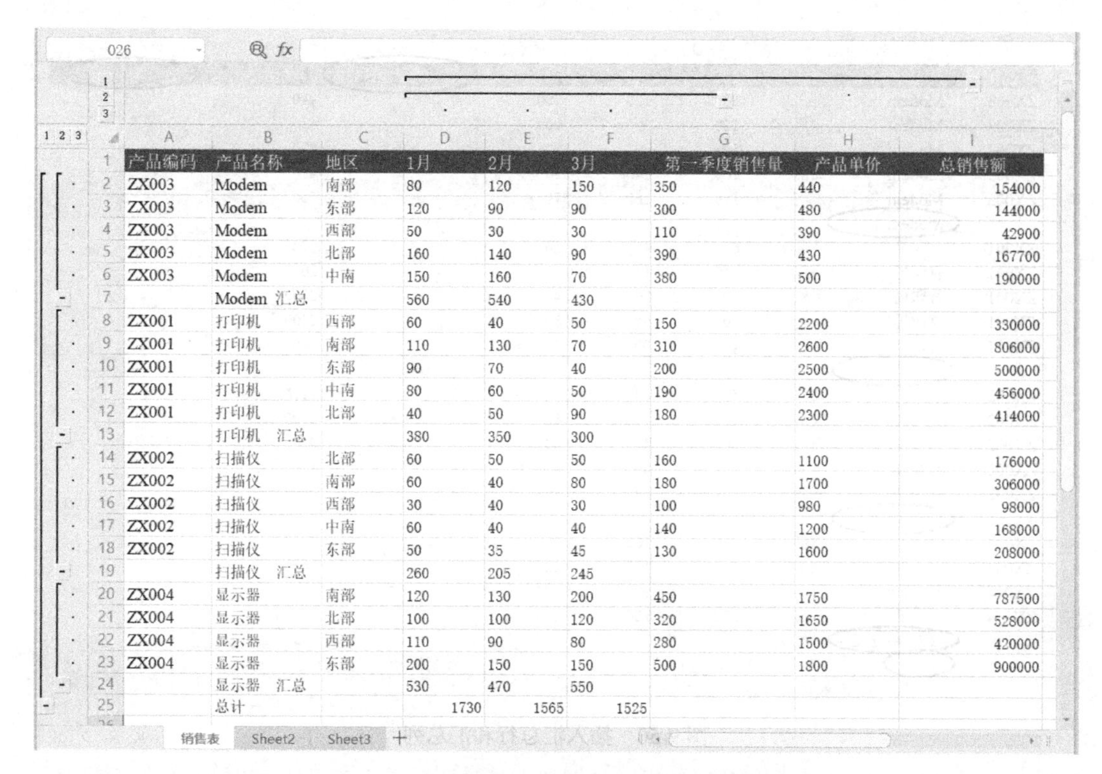

产品编码	产品名称	地区	1月	2月	3月	第一季度销售量	产品单价	总销售额
ZX003	Modem	南部	80	120	150	350	440	154000
ZX003	Modem	东部	120	90	90	300	480	144000
ZX003	Modem	西部	50	30	30	110	390	42900
ZX003	Modem	北部	160	140	90	390	430	167700
ZX003	Modem	中南	150	160	70	380	500	190000
	Modem 汇总		560	540	430			
ZX001	打印机	西部	60	40	50	150	2200	330000
ZX001	打印机	南部	110	130	70	310	2600	806000
ZX001	打印机	东部	90	70	40	200	2500	500000
ZX001	打印机	中南	80	60	50	190	2400	456000
ZX001	打印机	北部	40	50	90	180	2300	414000
	打印机　汇总		380	350	300			
ZX002	扫描仪	北部	60	50	50	160	1100	176000
ZX002	扫描仪	南部	60	40	80	180	1700	306000
ZX002	扫描仪	西部	30	40	30	100	980	98000
ZX002	扫描仪	中南	60	40	40	140	1200	168000
ZX002	扫描仪	东部	50	35	45	130	1600	208000
	扫描仪　汇总		260	205	245			
ZX004	显示器	南部	120	130	200	450	1750	787500
ZX004	显示器	北部	100	100	120	320	1650	528000
ZX004	显示器	西部	110	90	80	280	1500	420000
ZX004	显示器	东部	200	150	150	500	1800	900000
	显示器　汇总		530	470	550			
	总计		1730	1565	1525			

图 9-49　同时创建了行和列的分级显示结果

（1）对分组依据的数据进行排序。

单击“产品名称”数据系列中的任意一个单元格，打开“数据”选项卡，单击“升序”按钮，将相同产品归为一类。

（2）插入汇总行和汇总列。

按行分级显示数据，需要在每组明细行的最下方或最上方插入带公式的汇总行；按列分级显示数据，需要在每组明细列的最左侧或最右侧插入带公式的汇总列。

在本列中，首先，在每个类别的最下方插入汇总行，用于统计各类别各月总销售量。然后，在 F 列和 G 列后插入汇总列，分别用于统计各地区第一季度销售量和总销售额。最后，在数据区域的最下方添加一行，用于统计所有明细数据的总计。插入汇总行和汇总列如图 9-50 所示。

（3）计算汇总数据。

计算汇总行数据：利用求和公式在汇总行上计算各产品各月总销售量，在最后一行用求和公式计算所有产品各月总销售量。

计算汇总列数据：利用求和公式在汇总列上计算各地区第一季度销售量，利用求积公式计算各地区第一季度总销售额（总销售量=第一季度销售量*产品单价）。

计算汇总行和汇总列数据如图 9-51 所示。

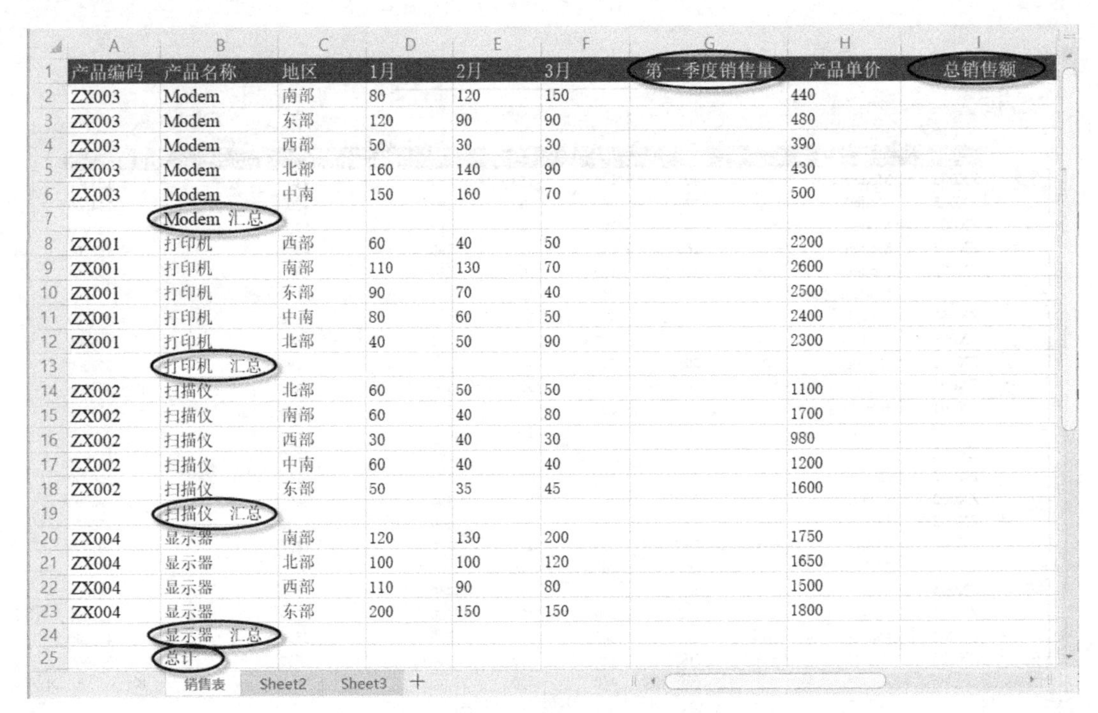

	A	B	C	D	E	F	G	H	I
1	产品编码	产品名称	地区	1月	2月	3月	第一季度销售量	产品单价	总销售额
2	ZX003	Modem	南部	80	120	150		440	
3	ZX003	Modem	东部	120	90	90		480	
4	ZX003	Modem	西部	50	30	30		390	
5	ZX003	Modem	北部	160	140	90		430	
6	ZX003	Modem	中南	150	160	70		500	
7		Modem 汇总							
8	ZX001	打印机	西部	60	40	50		2200	
9	ZX001	打印机	南部	110	130	70		2600	
10	ZX001	打印机	东部	90	70	40		2500	
11	ZX001	打印机	中南	80	60	50		2400	
12	ZX001	打印机	北部	40	50	90		2300	
13		打印机 汇总							
14	ZX002	扫描仪	北部	60	50	50		1100	
15	ZX002	扫描仪	南部	60	40	80		1700	
16	ZX002	扫描仪	西部	30	40	30		980	
17	ZX002	扫描仪	中南	60	40	40		1200	
18	ZX002	扫描仪	东部	50	35	45		1600	
19		扫描仪 汇总							
20	ZX004	显示器	南部	120	130	200		1750	
21	ZX004	显示器	北部	100	100	120		1650	
22	ZX004	显示器	西部	110	90	80		1500	
23	ZX004	显示器	东部	200	150	150		1800	
24		显示器 汇总							
25		总计							

销售表 Sheet2 Sheet3

图 9-50 插入汇总行和汇总列

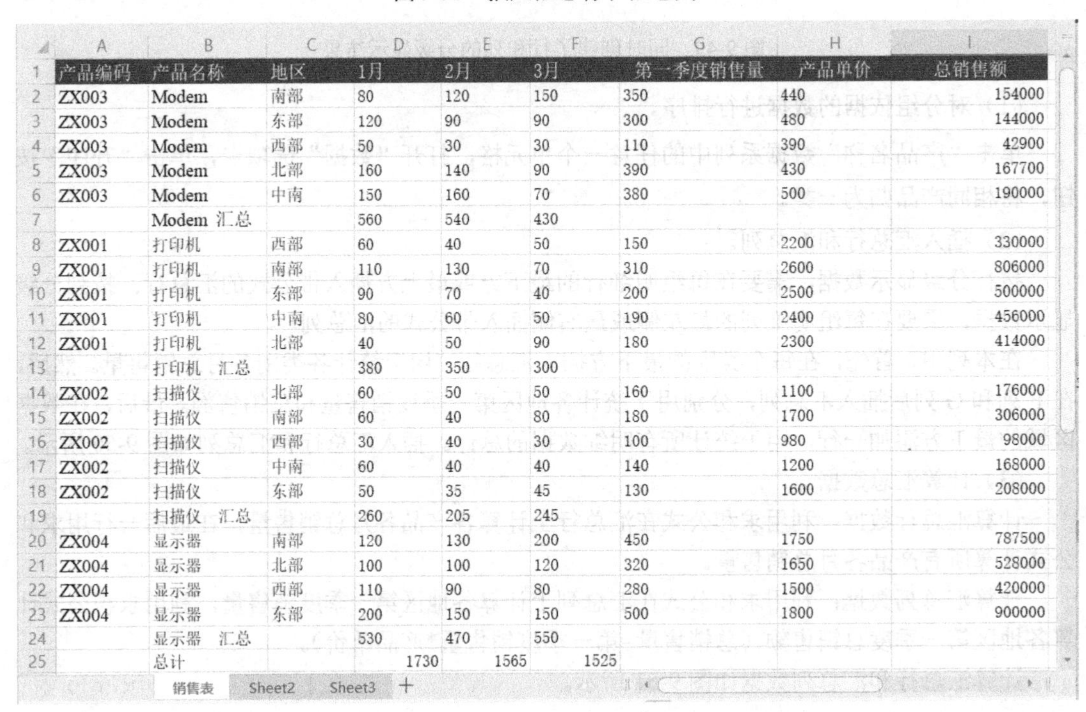

	A	B	C	D	E	F	G	H	I
1	产品编码	产品名称	地区	1月	2月	3月	第一季度销售量	产品单价	总销售额
2	ZX003	Modem	南部	80	120	150	350	440	154000
3	ZX003	Modem	东部	120	90	90	300	480	144000
4	ZX003	Modem	西部	50	30	30	110	390	42900
5	ZX003	Modem	北部	160	140	90	390	430	167700
6	ZX003	Modem	中南	150	160	70	380	500	190000
7		Modem 汇总		560	540	430			
8	ZX001	打印机	西部	60	40	50	150	2200	330000
9	ZX001	打印机	南部	110	130	70	310	2600	806000
10	ZX001	打印机	东部	90	70	40	200	2500	500000
11	ZX001	打印机	中南	80	60	50	190	2400	456000
12	ZX001	打印机	北部	40	50	90	180	2300	414000
13		打印机 汇总		380	350	300			
14	ZX002	扫描仪	北部	60	50	50	160	1100	176000
15	ZX002	扫描仪	南部	60	40	80	180	1700	306000
16	ZX002	扫描仪	西部	30	40	30	100	980	98000
17	ZX002	扫描仪	中南	60	40	40	140	1200	168000
18	ZX002	扫描仪	东部	50	35	45	130	1600	208000
19		扫描仪 汇总		260	205	245			
20	ZX004	显示器	南部	120	130	200	450	1750	787500
21	ZX004	显示器	北部	100	100	120	320	1650	528000
22	ZX004	显示器	西部	110	90	80	280	1500	420000
23	ZX004	显示器	东部	200	150	150	500	1800	900000
24		显示器 汇总		530	470	550			
25		总计		1730	1565	1525			

销售表 Sheet2 Sheet3

图 9-51 计算汇总行和汇总列数据

（4）创建行的分级显示。

选定数据区域中的 2～6 行，打开“数据”选项卡，单击“创建组”按钮，在弹出的对话框中选中“行”单选按钮，单击“确定”按钮，将 2～6 行关联起来，可将其折叠或展开。按照相同的方法分别选定数据区域中的 8～12 行、14～18 行、20～23 行、2～23 行，对各组区域进行同样的创建组的操作。对不同行区域创建组如图 9-52 所示。

	A	B	C	D	E	F	G	H	I
1	产品编码	产品名称	地区	1月	2月	3月	第一季度销售量	产品单价	总销售额
2	ZX003	Modem	南部	80	120	150	350	440	154000
3	ZX003	Modem	东部	120	90	90	300	480	144000
4	ZX003	Modem	西部	50	30	30	110	390	42900
5	ZX003	Modem	北部	160	140	90	390	430	167700
6	ZX003	Modem	中南	150	160	70	380	500	190000
7		Modem 汇总		560	540	430			
8	ZX001	打印机	西部	60	40	50	150	2200	330000
9	ZX001	打印机	南部	110	130	70	310	2600	806000
10	ZX001	打印机	东部	90	70	40	200	2500	500000
11	ZX001	打印机	中南	80	60	50	190	2400	456000
12	ZX001	打印机	北部	40	50	90	180	2300	414000
13		打印机 汇总		380	350	300			
14	ZX002	扫描仪	北部	60	50	50	160	1100	176000
15	ZX002	扫描仪	南部	60	40	80	180	1700	306000
16	ZX002	扫描仪	西部	30	40	30	100	980	98000
17	ZX002	扫描仪	中南	60	40	40	140	1200	168000
18	ZX002	扫描仪	东部	50	35	45	130	1600	208000
19		扫描仪 汇总		260	205	245			
20	ZX004	显示器	南部	120	130	200	450	1750	787500
21	ZX004	显示器	北部	100	100	120	320	1650	528000
22	ZX004	显示器	西部	110	90	80	280	1500	420000
23	ZX004	显示器	东部	200	150	150	500	1800	900000
24		显示器 汇总		530	470	550			
25		总计		1730	1565	1525			

图 9-52　对不同行区域创建组

（5）创建列的分级显示。

选定 D 列—F 列，单击“创建组”按钮，在弹出的对话框中选中“列”单选按钮，单击“确定”按钮，将 D 列—F 列关联起来，可将其折叠或展开。按照相同的方法将 D 列—H 列区域进行同样的创建组的操作。对不同列区域创建组如图 9-53 所示。

（6）分级显示数据。

分别单击行、列的分级显示符号，可以查看不同级别的明细数据。

（7）清除分级显示。

选定要清除分级显示的区域。例如，2～6 行，在“数据”选项卡中单击“取消组合”按钮，将所选的成组区域取消组合。若要清除所有的分级显示，则单击“取消组合”下拉按钮，在打开的下拉列表中选择“清除分级显示”选项。

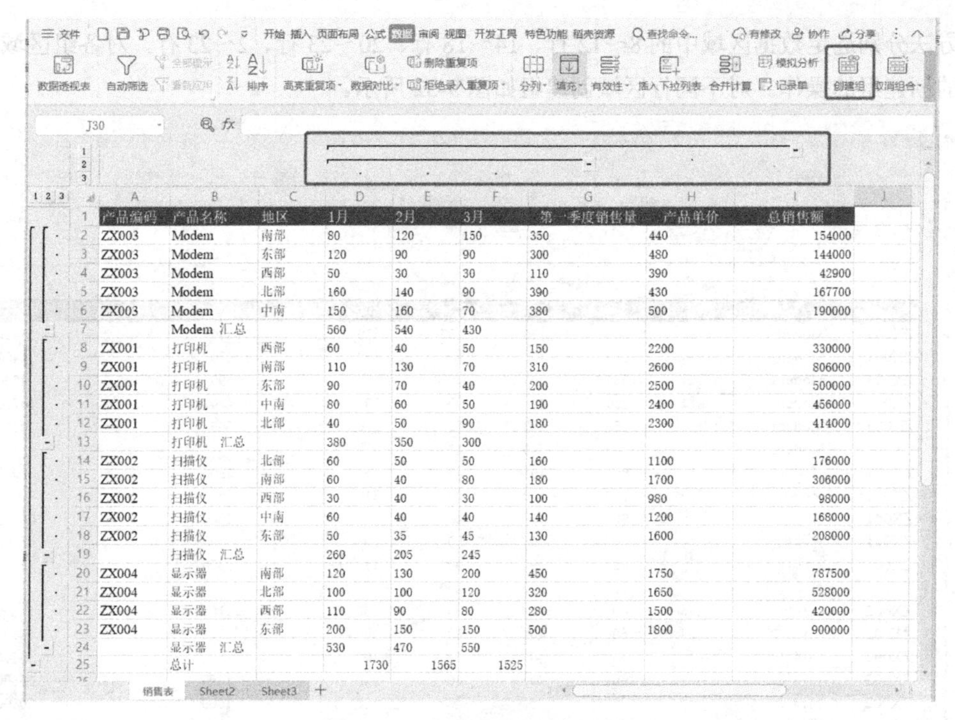

	A	B	C	D	E	F	G	H	I
1	产品编码	产品名称	地区	1月	2月	3月	第一季度销售量	产品单价	总销售额
2	ZX003	Modem	南部	80	120	150	350	440	154000
3	ZX003	Modem	东部	120	90	90	300	480	144000
4	ZX003	Modem	西部	50	30	30	110	390	42900
5	ZX003	Modem	北部	160	140	90	390	430	167700
6	ZX003	Modem	中南	150	160	70	380	500	190000
7		Modem 汇总		560	540	430			
8	ZX001	打印机	西部	60	40	50	150	2200	330000
9	ZX001	打印机	南部	110	130	70	310	2600	806000
10	ZX001	打印机	东部	90	70	40	200	2500	500000
11	ZX001	打印机	中南	80	60	50	190	2400	456000
12	ZX001	打印机	北部	40	50	90	180	2300	414000
13		打印机 汇总		380	350	300			
14	ZX002	扫描仪	北部	60	50	50	160	1100	176000
15	ZX002	扫描仪	南部	60	40	80	180	1700	306000
16	ZX002	扫描仪	西部	30	40	30	100	980	98000
17	ZX002	扫描仪	中南	60	40	40	140	1200	168000
18	ZX002	扫描仪	东部	50	35	45	130	1600	208000
19		扫描仪 汇总		260	205	245			
20	ZX004	显示器	南部	120	130	200	450	1750	787500
21	ZX004	显示器	北部	100	100	120	320	1650	528000
22	ZX004	显示器	西部	110	90	80	280	1500	420000
23	ZX004	显示器	东部	200	150	150	500	1800	900000
24		显示器 汇总		530	470	550			
25		总计		1730	1565	1525			

图 9-53　对不同列区域创建组

9.4.3　插入嵌套分类汇总

视频课程

嵌套分类汇总是指在已经建立的一个分类汇总工作表中再创建一个分类汇总，两次分类汇总的字段不同，其他项可以相同或不同。

在建立嵌套分类汇总前先对工作表中需要进行分类汇总的字段进行多关键字排序，排序的关键字按照多级分类汇总的级别分为主要关键字、次要关键字。

若嵌套 *n* 次分类汇总，则需要进行 *n* 次分类汇总，第 2 次分类汇总在第 1 次分类汇总的结果上进行，第 3 次分类汇总在第 2 次分类汇总的结果上进行，以此类推。

【例 9-8】在图 9-54 所示的工作表中，分别按“产品名称”和“销售方式”对“销售量”和“销售额”求和。

	A	B	C	D	E	F	G
1	产品编码	产品名称	地区	销售方式	销售量	产品单价	销售额
2	ZX003	投影仪	南部	线上	350	2699	¥ 944,650.00
3	ZX001	打印机	南部	线上	210	2600	¥ 546,000.00
4	ZX002	扫描仪	南部	线下	180	1700	¥ 306,000.00
5	ZX004	显示器	南部	线上	450	1750	¥ 787,500.00
6	ZX003	投影仪	西部	线上	110	2399	¥ 263,890.00
7	ZX001	打印机	西部	线下	150	2200	¥ 330,000.00
8	ZX002	扫描仪	西部	线上	100	980	¥ 98,000.00
9	ZX004	显示器	西部	线下	280	1500	¥ 420,000.00
10	ZX003	投影仪	北部	线下	390	2599	¥ 1,013,610.00
11	ZX001	打印机	北部	线上	180	2300	¥ 414,000.00
12	ZX002	扫描仪	北部	线下	160	1100	¥ 176,000.00
13	ZX004	显示器	北部	线上	320	1650	¥ 528,000.00
14	ZX003	投影仪	东部	线下	300	2899	¥ 869,700.00
15	ZX001	打印机	东部	线下	200	2500	¥ 500,000.00
16	ZX002	扫描仪	东部	线上	130	1600	¥ 208,000.00
17	ZX004	显示器	东部	线下	500	1800	¥ 900,000.00
18	ZX003	投影仪	中南	线上	380	2999	¥ 1,139,620.00
19	ZX001	打印机	中南	线下	190	2400	¥ 456,000.00
20	ZX002	扫描仪	中南	线下	140	1200	¥ 168,000.00

图 9-54　嵌套分类汇总前的数据

本例需要进行 2 次分类汇总，第 1 次分类汇总按照“产品名称”对“销售量”和“销售额”求和；第 2 次分类汇总按照“销售方式”对“销售量”和“销售额”求和，操作步骤如下。

步骤 1：首先对“产品名称”和“销售方式”两列数据进行排序。打开“数据”选项卡，单击“排序”按钮，弹出“排序”对话框，如图 9-55 所示。在该对话框中按照主要关键字“产品名称”升序排序，次要关键字“销售方式”升序排序，单击“确定”按钮。

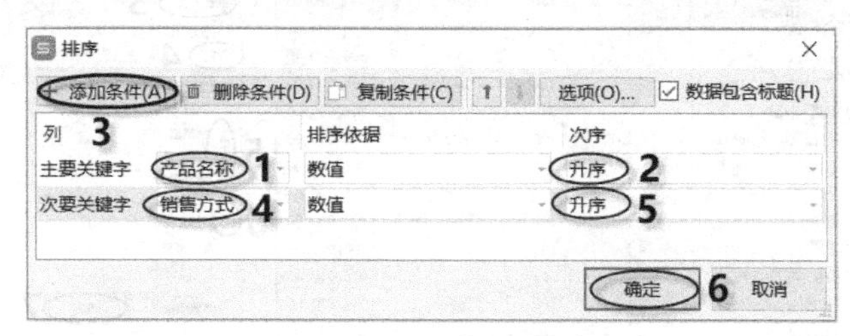

图 9-55　“排序”对话框

步骤 2：按照“产品名称”对“销售量”和“销售额”进行汇总求和。打开“数据”选项卡，单击“分类汇总”按钮，弹出“分类汇总”对话框。在“分类字段”下拉列表选择分类的字段，本例选择“产品名称”；在“汇总方式”下拉列表中选择汇总的方式，本例选择“求和”；在“选定汇总项”列表框中选择汇总项，本例选择“销售量”和“销售额”。排序嵌套分类汇总的数据如图 9-56 所示。

产品编码	产品名称	地区	销售方式	销售量	产品单价	销售额
ZX001	打印机	南部	线上	210	2600	¥ 546,000.00
ZX001	打印机	北部	线上	180	2300	¥ 414,000.00
ZX001	打印机	西部	线下	150	2200	¥ 330,000.00
ZX001	打印机	东部	线下	200	2500	¥ 500,000.00
ZX001	打印机	中南	线下	190	2400	¥ 456,000.00
ZX002	扫描仪	西部	线上	100	980	¥ 98,000.00
ZX002	扫描仪	东部	线上	130	1600	¥ 208,000.00
ZX002	扫描仪	南部	线下	180	1700	¥ 306,000.00
ZX002	扫描仪	北部	线下	160	1100	¥ 176,000.00
ZX002	扫描仪	中南	线下	140	1200	¥ 168,000.00
ZX003	投影仪	南部	线上	350	2699	¥ 944,650.00
ZX003	投影仪	西部	线上	110	2399	¥ 263,890.00
ZX003	投影仪	中南	线上	380	2999	¥ 1,139,620.00
ZX003	投影仪	北部	线下	390	2599	¥ 1,013,610.00
ZX003	投影仪	东部	线下	300	2899	¥ 869,700.00
ZX004	显示器	南部	线上	450	1750	¥ 787,500.00
ZX004	显示器	北部	线上	320	1650	¥ 528,000.00
ZX004	显示器	西部	线下	280	1500	¥ 420,000.00
ZX004	显示器	东部	线下	500	1800	¥ 900,000.00

图 9-56　排序嵌套分类汇总的数据

步骤 3：按照“销售方式”对“销售量”和“销售额”进行汇总求和。打开“数据”选项卡，单击“分类汇总”按钮，弹出“分类汇总”对话框。在“分类字段”下拉列表中选择分类的字段，本例选择“销售方式”；在“汇总方式”下拉列表中选择汇总的方式，本例选择“求和”；在“选定汇总项”列表框中选择汇总项，本例选择“销售量”和“销售额”，如果想保留上一次分类汇总的结果，那么取消勾选“替换当前分类汇总”复选框，将复选框☑变为□，本例保留上次汇总结果。按“销售方式”分类汇总如图 9-57 所示。

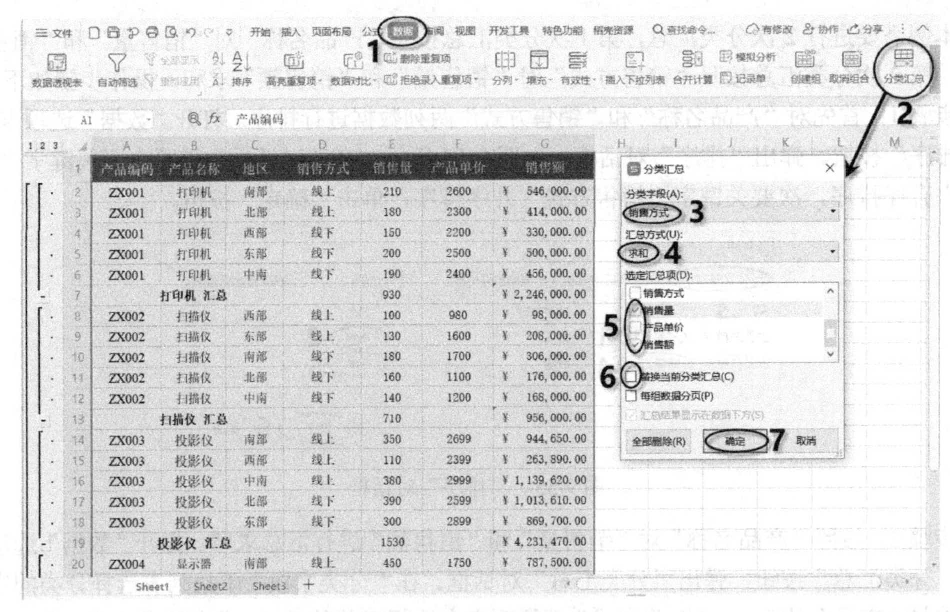

图 9-57　按“销售方式”分类汇总

步骤 4：单击“确定”按钮。嵌套分类汇总的效果如图 9-58 所示。

产品编码	产品名称	地区	销售方式	销售量	产品单价	销售额
ZX001	打印机	南部	线上	210	2600	¥ 546,000.00
ZX001	打印机	北部	线上	180	2300	¥ 414,000.00
			线上 汇总	390		¥ 960,000.00
ZX001	打印机	西部	线下	150	2200	¥ 330,000.00
ZX001	打印机	东部	线下	200	2500	¥ 500,000.00
ZX001	打印机	中南	线下	190	2400	¥ 456,000.00
			线下 汇总	540		¥ 1,286,000.00
	打印机 汇总			930		¥ 2,246,000.00
ZX002	扫描仪	西部	线上	100	980	¥ 98,000.00
ZX002	扫描仪	东部	线上	130	1600	¥ 208,000.00
			线上 汇总	230		¥ 306,000.00
ZX002	扫描仪	南部	线下	180	1700	¥ 306,000.00
ZX002	扫描仪	北部	线下	160	1100	¥ 176,000.00
ZX002	扫描仪	中南	线下	140	1200	¥ 168,000.00
			线下 汇总	480		¥ 650,000.00
	扫描仪 汇总			710		¥ 956,000.00
ZX003	投影仪	南部	线上	350	2699	¥ 944,650.00
ZX003	投影仪	西部	线上	110	2399	¥ 263,890.00
ZX003	投影仪	中南	线上	380	2999	¥ 1,139,620.00
			线上 汇总	840		¥ 2,348,160.00
ZX003	投影仪	北部	线下	390	2599	¥ 1,013,610.00
ZX003	投影仪	东部	线下	300	2899	¥ 869,700.00
			线下 汇总	690		¥ 1,883,310.00
	投影仪 汇总			1530		¥ 4,231,470.00
ZX004	显示器	南部	线上	450	1750	¥ 787,500.00
ZX004	显示器	北部	线上	320	1650	¥ 528,000.00
			线上 汇总	770		¥ 1,315,500.00
ZX004	显示器	西部	线下	280	1500	¥ 420,000.00
ZX004	显示器	东部	线下	500	1800	¥ 900,000.00
			线下 汇总	780		¥ 1,320,000.00
	显示器 汇总			1550		¥ 2,635,500.00
	总计			4720		¥10,068,970.00

图 9-58　嵌套分类汇总的效果

对于多级分类汇总，需要考虑“级别”。在上例中，“产品名称”这一级高于“销售方式”这一级，即“产品名称”是一个大类，而“销售方式”是一个小类。多级分类汇总进行嵌套时，应该是“先大类，再小类”。所以，第 1 次分类汇总按“产品名称”汇总，第 2 次分类汇总按“销售方式”汇总。同时，在“分类汇总”对话框中取消勾选“替换当前分类汇总”复选框，否则新创建的分类汇总将替换已存在的分类汇总。此外，勾选“每组数据分页”复选框，可使每个分类汇总自动分页。

9.5　数据透视表和数据透视图

9.5.1　创建数据透视表

视频课程

数据透视表是一种可以从源数据列表中快速提取并汇总大量数据的交互式表格。使用数据透视表汇总数据，可以很方便地排列和汇总复杂数据，以便按照不同方式分析和组织数据，获取有价值的信息供研究和决策所用。下面通过实例说明如何创建数据透视表。

【例 9-9】 根据图 9-59 所示的各公司销售统计表内的数据建立数据透视表，设置“商品类别”字段为筛选项，“销售日期”字段为列标签，“销售渠道”和“分部”字段为行标签，“销量额”字段为求和汇总项，并在数据透视表中显示各销售渠道、各分部第一季度各月的销量情况。将创建完成的数据透视表放置在新工作表中，将工作表重命名为“透视表”。

各公司销售统计表

序号	商品代码	品牌	商品类别	销售日期	分部	销售渠道	销量	销售单价	销售额
0001	NC001	Apple	计算机	3月13日	北京总公司	网店	12	6,499.00	77,988.00
0002	NC013	戴尔	计算机	1月2日	重庆总公司	实体店	20	4,299.00	85,980.00
0003	PC004	Apple	计算机	1月15日	北京总公司	实体店	43	11,999.00	515,957.00
0004	TC001	Apple	计算机	2月23日	南京总公司	网店	35	4,199.00	146,965.00
0005	TC013	联想	计算机	3月24日	重庆总公司	实体店	29	2,699.00	78,271.00
0006	TV005	海信	电视	2月25日	北京总公司	实体店	11	3,899.00	42,889.00
0007	TV016	TCL	电视	1月26日	南京总公司	实体店	25	3,999.00	99,975.00
0008	AC005	TCL	空调	2月27日	重庆总公司	网店	36	2,299.00	82,764.00
0009	AC015	海信	空调	3月28日	北京总公司	实体店	48	2,899.00	139,152.00
0010	RF007	海尔	冰箱	1月1日	北京总公司	网店	23	1,699.00	39,077.00
0011	RF016	容声	冰箱	3月16日	南京总公司	实体店	49	1,588.00	77,812.00
0012	WH005	海尔	热水器	3月22日	北京总公司	网店	4	1,188.00	4,752.00
0013	WH014	美的	热水器	3月29日	重庆总公司	网店	19	1,299.00	24,681.00
0014	WM003	安仕	洗衣机	1月6日	南京总公司	网店	48	199.00	9,552.00
0015	WM011	华光	洗衣机	2月13日	北京总公司	实体店	39	99.00	3,861.00
0016	WM018	小鸭	洗衣机	3月2日	北京总公司	网店	43	8,888.00	382,184.00
0017	NC007	Apple	计算机	2月8日	重庆总公司	网店	13	7,799.00	101,387.00
0018	NC015	戴尔	计算机	1月15日	南京总公司	网店	26	2,799.00	72,774.00
0019	PC005	戴尔	计算机	3月23日	北京总公司	网店	22	1,995.00	43,890.00
0020	PC013	惠普	计算机	2月24日	北京总公司	网店	38	849.00	32,262.00
0021	TC007	华硕	计算机	1月5日	北京总公司	实体店	16	1,229.00	19,664.00
0022	TC015	华硕	计算机	2月14日	重庆总公司	实体店	15	1,798.00	26,970.00
0023	TV004	康佳	电视	3月19日	北京总公司	实体店	37	1,899.00	70,263.00
0025	AC001	TCL	空调	1月25日	南京总公司	网店	42	3,629.00	152,418.00
0026	AC009	奥克斯	空调	1月3日	重庆总公司	实体店	29	3,799.00	110,171.00
0027	AC017	长虹	空调	1月10日	北京总公司	实体店	23	1,930.00	44,390.00
0028	WH008	海尔	热水器	2月12日	南京总公司	实体店	26	498.00	12,948.00
0029	RF005	奥马	冰箱	3月16日	重庆总公司	网店	13	1,098.00	14,274.00

各公司销售统计表

图 9-59　各公司销售统计表

操作步骤如下。

步骤 1：单击 A2:J30 区域中的任意一个单元格。

步骤 2：打开“插入”选项卡，单击“数据透视表”按钮，弹出“创建数据透视表”对话框，如图 9-60 所示。

步骤 3：在“请选择要分析的数据”选区选中“请选择单元格区域”单选按钮，在其下方的文本框中输入要分析的数据区域（如果系统给出的区域选择不正确，那么用户可拖动鼠标重新选择区域），如图 9-60 所示。

若选中“使用外部数据源”单选按钮，则需要单击“选择连接”按钮，可将外部的数据库、文件等作为创建透视表的数据源；

若选中“使用多重合并计算区域”单选按钮，则汇总多个独立数据列表信息作为数据源；

若选中“使用另一个数据透视表”单选按钮，则将已有的数据透视表作为数据源。

步骤 4：在“请选择放置数据透视表的位置”选区选中“新工作表”单选按钮，单击“确定”按钮，进入图 9-61 所示的数据透视表设计环境。

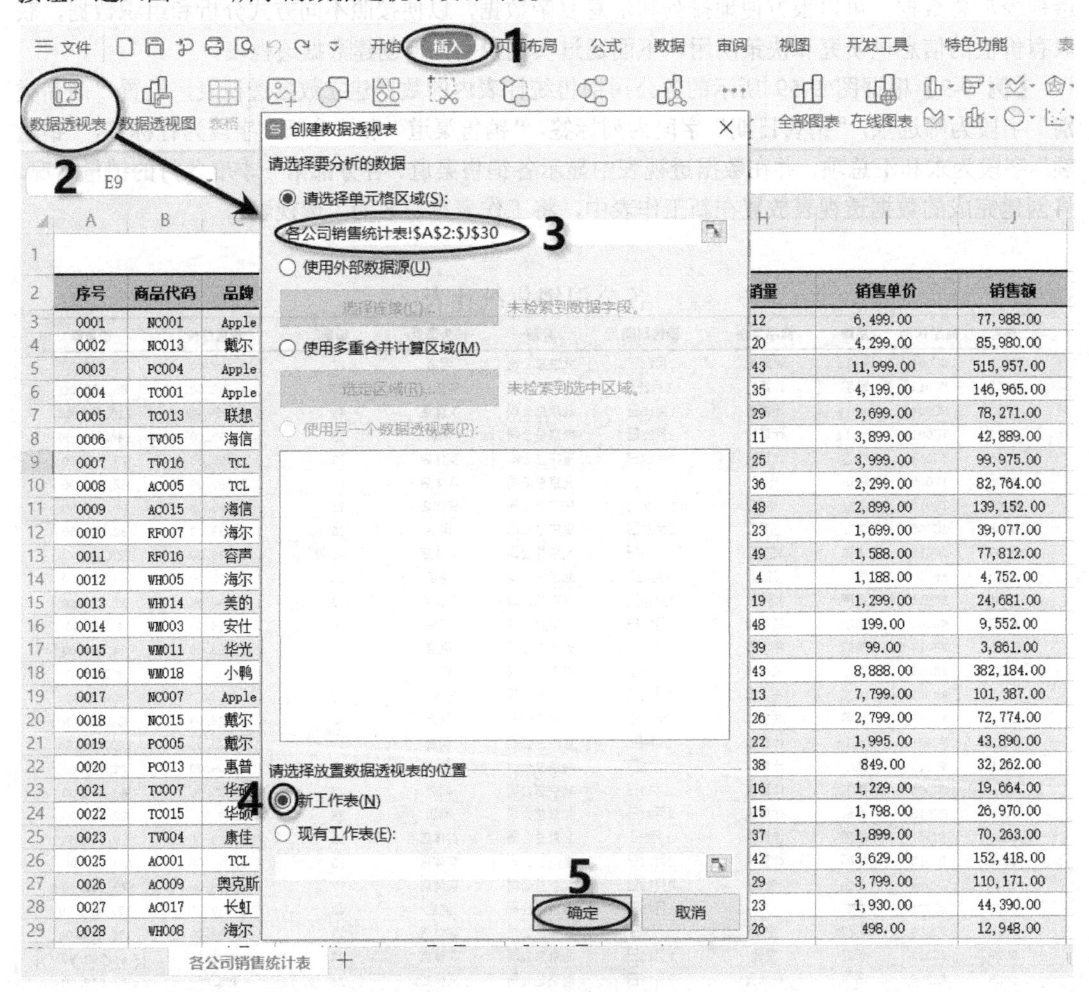

图 9-60 “创建数据透视表”对话框

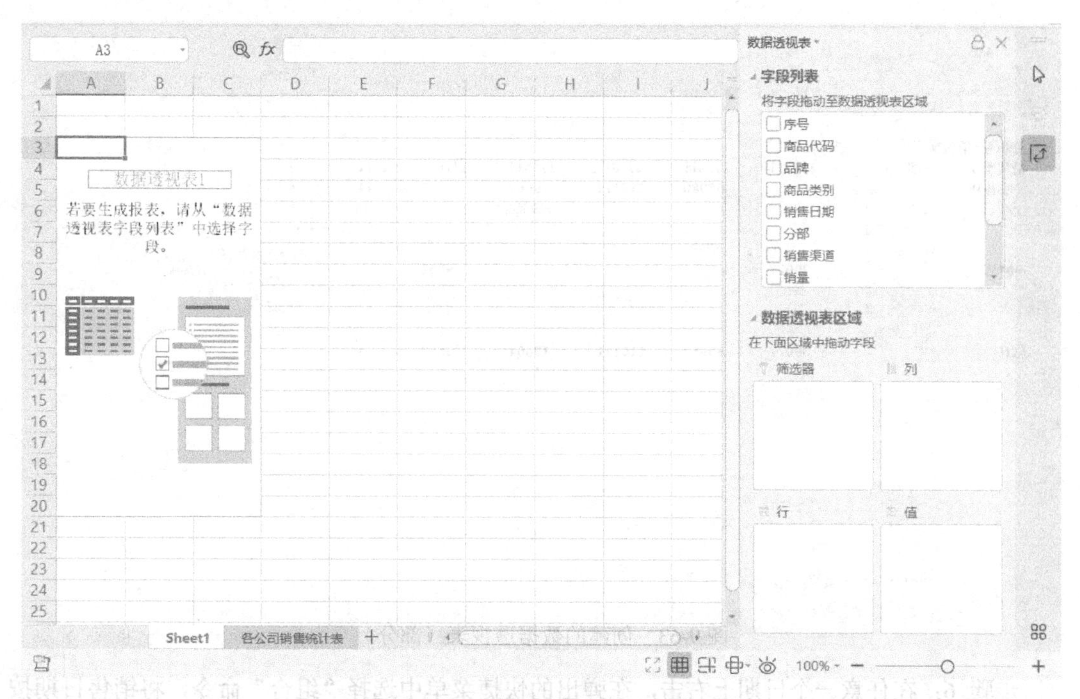

图 9-61　数据透视表设计环境

步骤 5：在右侧的“数据透视表”任务窗格中，在“将字段拖动至数据透视表区域”列表框拖动“商品类别”到“筛选器”区域；拖动“销售日期”到“列”区域；拖动“销售渠道”和“分部”到“行”区域；拖动“销售额”到“值”区域。将字段拖动到对应的区域如图 9-62 所示。添加字段结束后，创建的数据透视表（部分）如图 9-63 所示。

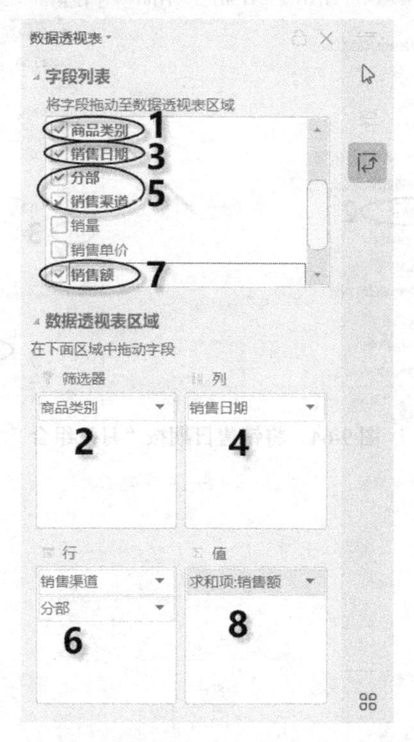

图 9-62　将字段拖动到对应的区域

图 9-63 创建的数据透视表（部分）

步骤 6：在任意一个日期上右击，在弹出的快捷菜单中选择“组合”命令，将销售日期按“月”组合，如图 9-64 所示，弹出“组合”对话框。在“步长”列表框中选择“月”选项，单击“确定”按钮，则汇总出各销售渠道、各分部第一季度各月的销量情况，如图 9-65 所示。

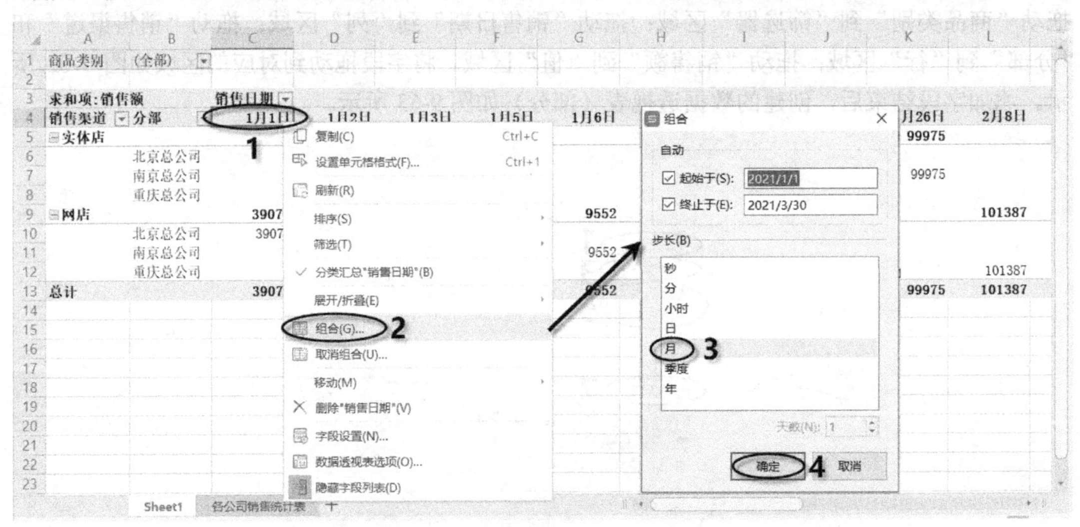

图 9-64 将销售日期按“月”组合

商品类别	(全部)				
求和项:销售额		销售日期			
销售渠道	分部	1月	2月	3月	总计
⊟实体店		876137	86668	365498	1328303
	北京总公司	580011	46750	209415	836176
	南京总公司	99975	12948	77812	190735
	重庆总公司	196151	26970	78271	301392
⊟网店		273821	363378	547769	1184968
	北京总公司	39077	32262	508814	580153
	南京总公司	234744	146965		381709
	重庆总公司		184151	38955	223106
总计		1149958	450046	913267	2513271

图 9-65　各销售渠道、各分部第一季度各月的销量情况

步骤 7：在“Sheet1”工作表标签上右击，在弹出的快捷菜单中选择“重命名”命令，输入“透视表”，将 Sheet1 更名为“透视表”。

如果要删除某个数据透视字段，那么在右侧的“字段列表”中单击相应的复选框，取消其前面的“√”即可。

创建数据透视表后，如果数据源区域的内容发生了变化，那么数据透视表中的内容也应该随之发生变化。方法：打开“分析”选项卡，单击“刷新”按钮，或按 Alt+F5 组合键，当前数据透视表中的内容随数据源内容的变化而变化。若要刷新工作簿中的所有数据透视表，则单击“数据”选项卡中的“全部刷新”按钮，或者在“分析”选项卡中单击“刷新”下拉按钮，在打开的下拉列表中选择“全部刷新”选项，或按 Ctrl+Alt+F5 组合键，可同时刷新一个工作簿中的所有数据透视表。

刷新数据透视表除了使用上述方法外，也可以设置在打开数据透视表时自动刷新，如图 9-66 所示。方法：打开“分析”选项卡，单击“选项”按钮，弹出“数据透视表选项”对话框。打开“数据”选项卡，勾选“打开文件时刷新数据”复选框，单击“确定”按钮，则打开数据透视表所在的工作簿时自动刷新数据透视表。

WPS 表格中的数据透视表综合了数据排序、筛选、分类汇总等数据分析的优点，可灵活地改变分类汇总的方式，以多种不同方式展示数据的特征。建立数据透视表之后，通过鼠标拖动来调节字段的位置可以快速获取不同的统计结果，即表格具有动态性。

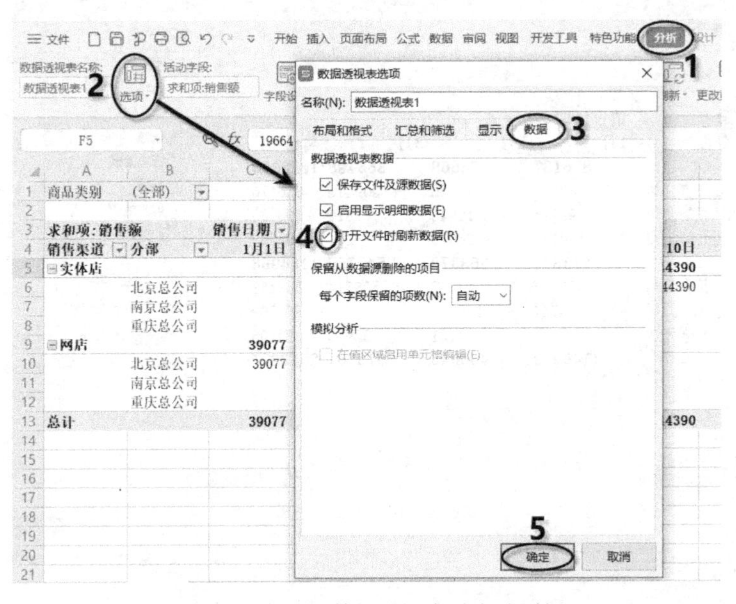

图 9-66　在打开数据透视表时自动刷新

9.5.2　筛选数据透视表

创建数据透视表后，加入数据透视表中的筛选器、行、列字段名称的右侧均会显示带有“筛选”标识的下拉按钮，通过设置筛选条件可对数据进行筛选。下面以“透视表”工作表为例，筛选出分部为北京总公司 2 月 24 日计算机的销量额，操作步骤如下。

步骤 1：筛选出名称为“北京总公司”的分部。打开“透视表”工作表，单击“分部”右侧的下拉按钮，在打开的下拉列表中单击“北京总公司”后面的“仅筛选此项”，单击“确定”按钮。筛选出“北京总公司”的分部如图 9-67 所示。

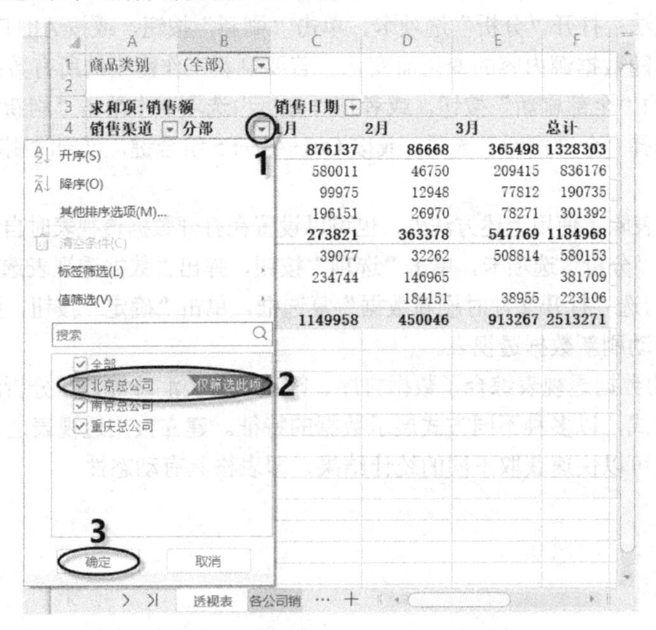

图 9-67　筛选出“北京总公司”的分部

步骤 2：打开“日期筛选”对话框。单击“销售日期”右侧的下拉按钮，在打开的下拉列表中依次选择“日期筛选”和“等于”，如图 9-68 所示，弹出“日期筛选”对话框。

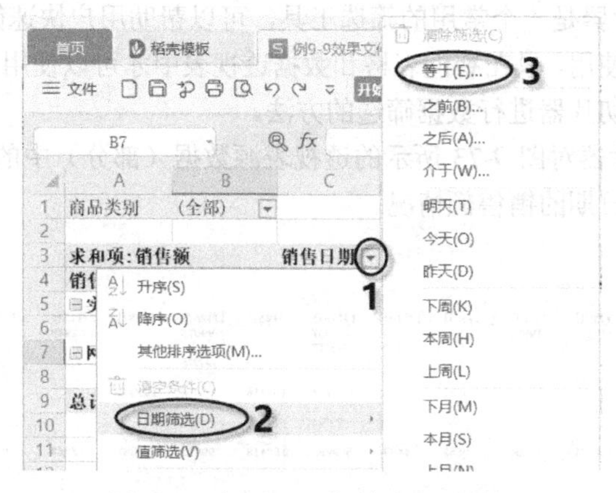

图 9-68　打开“日期筛选”对话框

步骤 3：设置筛选值。在“日期筛选”对话框中，将日期设置为 2 月 24 日，如图 9-69 所示，单击“确定”按钮，即筛选出“北京总公司”2 月 24 日的销量，如图 9-70 所示。

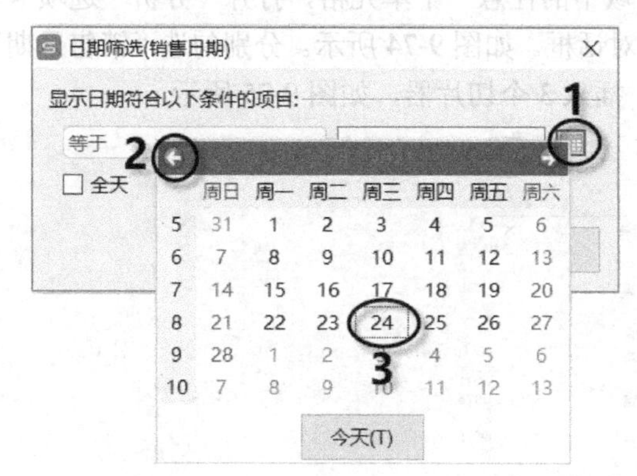

图 9-69　日期设置为 2 月 24 日

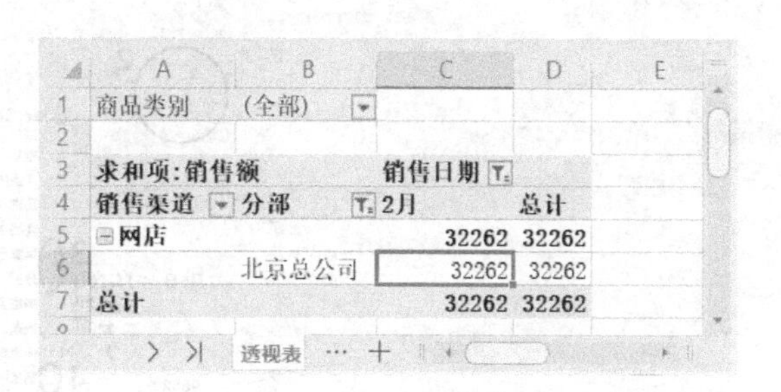

图 9-70　“北京总公司”2 月 24 日的销量

步骤 4：筛选出商品类别为“计算机”的商品。单击“商品类别”右侧的下拉按钮，在打开的下拉列表中单击“计算机”后面的“仅筛选此项”，单击“确定”按钮。筛选出商品类别为“计算机”的商品如图 9-71 所示。北京总公司 2 月 24 日计算机的销售额如图 9-72 所示。

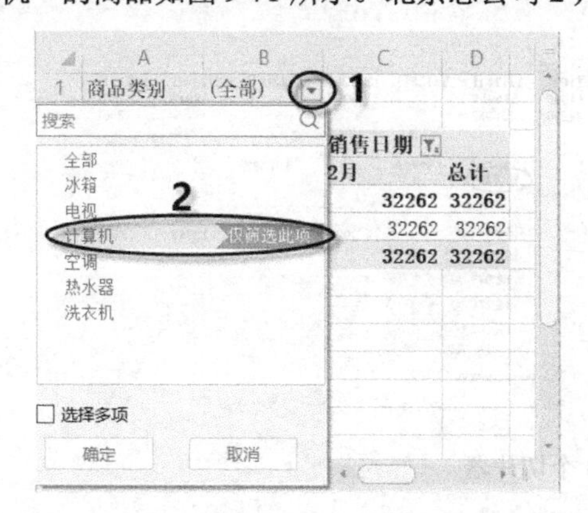

图 9-71　筛选出商品类别为“计算机”的商品

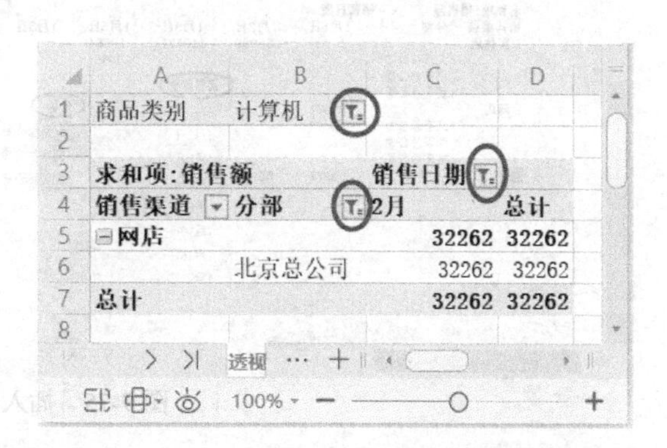

图 9-72　北京总公司 2 月 24 计算机的销售额

9.5.3 使用切片器筛选数据

WPS 表格中的切片器是一个常用的筛选工具，可以帮助用户快速筛选数据。切片器不能在普通表格中使用，只在智能表格和数据透视表中才可以使用。下面以数据透视表为例，说明使用切片器进行数据筛选的方法。

【例 9-10】利用切片器对图 9-73 所示的透视表源数据（部分）中的数据进行筛选，以便直观地显示各分部在不同日期的销售额情况。

商品类别 （全部）

求和项：销售额 销售日期

销售渠道	分部	1月1日	1月2日	1月3日	1月5日	1月6日	1月10日	1月15日	1月25日	1月26日	2月8日	2月12日	2月13日	2月14日	2月23日	2月24日	2月25日
实体店			85980	110171	19664		44390	515957		99975		12948	3861	26970			42889
	北京总公司				19664		44390	515957					3861				42889
	南京总公司									99975		12948					
	重庆总公司		85980	110171										26970			
网店		39077				9552		72774	152418		101387				146965	32262	
	北京总公司	39077														32262	
	南京总公司					9552		72774	152418						146965		
	重庆总公司										101387						
总计		39077	85980	110171	19664	9552	44390	588731	152418	99975	101387	12948	3861	26970	146965	32262	42889

透视表 各公司销售统计表

图 9-73 透视表源数据（部分）

操作步骤如下。

步骤 1：插入切片字段。单击透视表数据区域中的任意一个单元格，打开“分析”选项卡，单击“插入切片器”按钮，弹出“插入切片器”对话框。如图 9-74 所示。分别勾选“销售日期”“分部”“销售额”复选框，单击“确定”按钮，插入 3 个切片器，如图 9-75 所示。

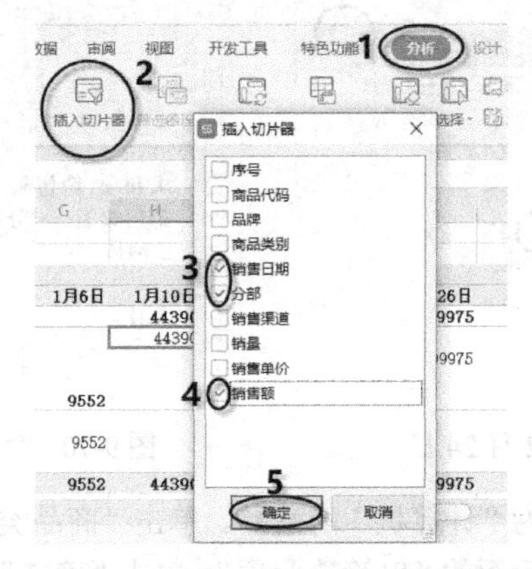

图 9-74 “插入切片器”对话框

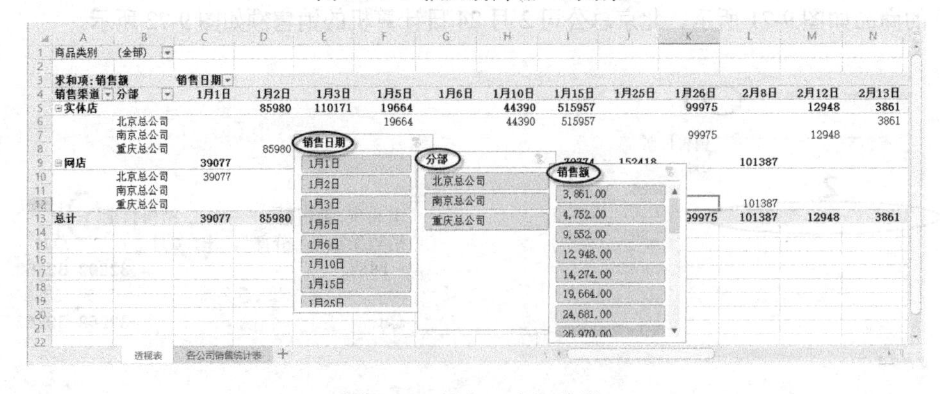

图 9-75 插入 3 个切片器

步骤 2：筛选字段。在“销售日期”切片器中，选择“1 月 15 日”，在“分部”切片器中选择“南京总公司”，此时数据透视表中仅显示分部名称为“南京总公司”、销量为 72774 的数据。切片器筛选结果如图 9-76 所示。

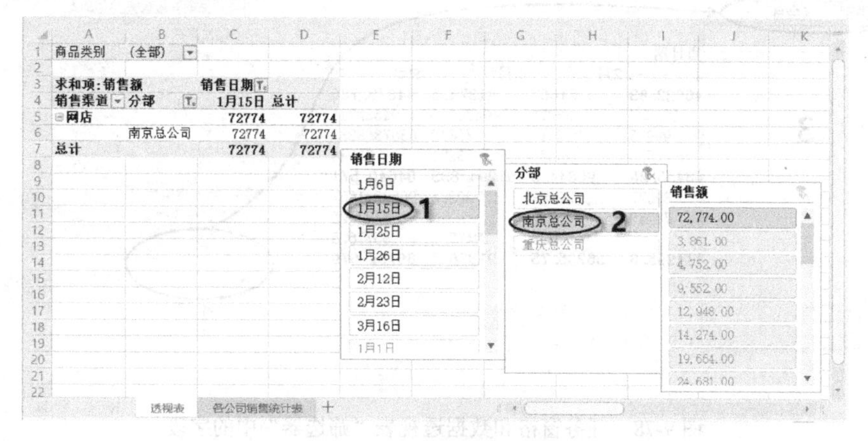

图 9-76　切片器筛选结果

如果想清除筛选，那么单击切片器右上角的“清除筛选器”按钮，或者按 Alt+C 组合键。

选定切片器，自动出现“选项”选项卡和“属性”任务窗格，利用“选项”选项卡和“属性”任务窗格可以设置切片器的高度、列宽、位置和布局、大小等。切片器工具的“选项”选项卡和“属性”任务窗格如图 9-77 所示。

若要删除切片器，则选定切片器并按 Delete 键。

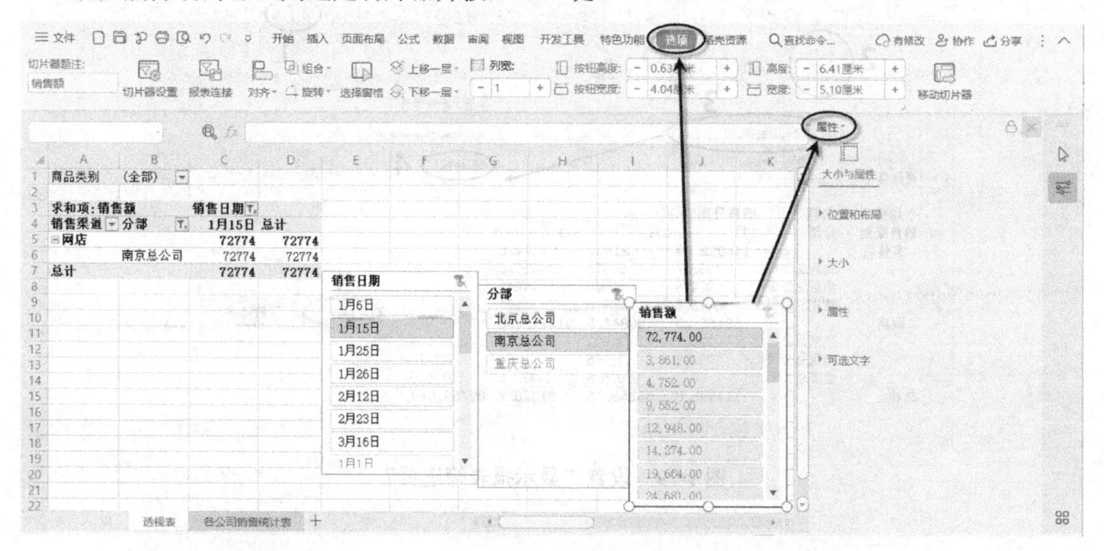

图 9-77　切片器工具的“选项”选项卡和“属性”任务窗格

9.5.4　显示报表筛选项

视频课程

在数据透视表任务窗格的“筛选器”中添加字段后，数据透视表将显示相应字段的“筛选器”。任务窗格和数据透视表“筛选器”中的字段如图 9-78 所示。单击“商品类别”右侧的下拉按钮，在打开的下拉列表中选定一个或多个数据项，数据透视表内容随之变化。

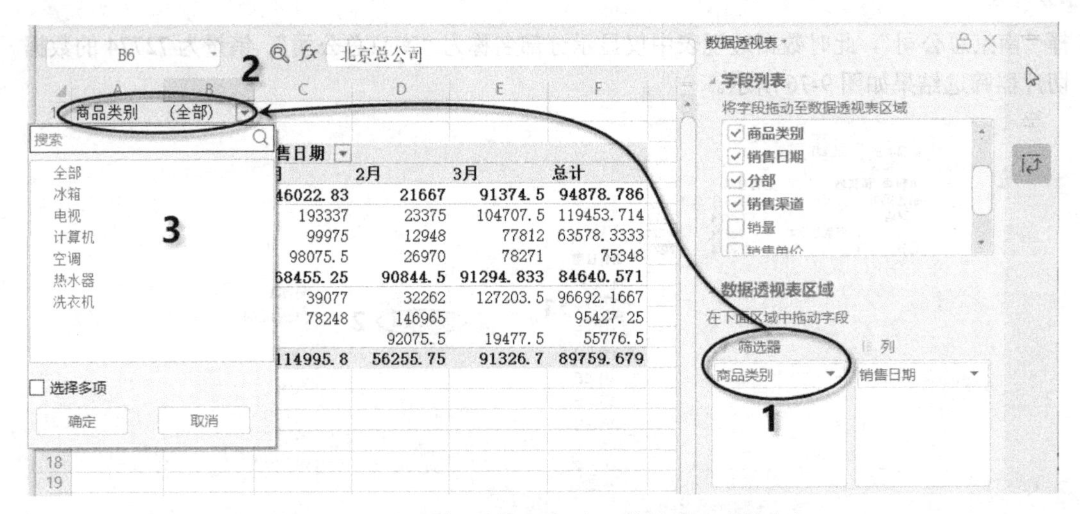

图 9-78 任务窗格和数据透视表“筛选器”中的字段

通过筛选器得到的筛选结果显示在一个工作表中，若希望筛选器中的每一项都显示在一个独立工作表中，则打开“分析”选项卡，单击“选项”下拉按钮，在打开的下拉列表中选择“显示报表筛选页”选项，弹出“显示报表筛选页”对话框。设置“显示报表筛选页”，在“显示所有报表筛选页”列表框中选择“商品类别”选项，单击“确定”按钮，如图 9-79 所示，即可按照指定的筛选项批量生成数据透视表，如图 9-80 所示。

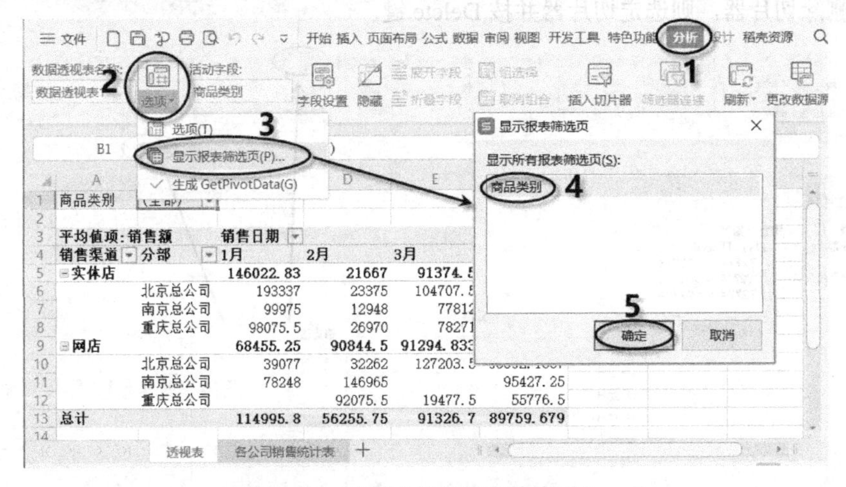

图 9-79 设置“显示报表筛选页”

商品类别	冰箱			
平均值项:销售额		销售日期		
销售渠道	分部	1月	3月	总计
实体店			77812	77812
	南京总公司		77812	77812
网店		39077	14274	26675.5
	北京总公司	39077		39077
	重庆总公司		14274	14274
总计		39077	46043	43721

冰箱 电视 计算机 空调 热水器 洗衣机 透视表 各公司销售统计表

批量生成的多个数据透视表

图 9-80 批量生成数据透视表

9.5.5　显示明细数据

数据透视表创建完成后，若要显示某字段或数值区域单元格的明细数据，则可通过下列方法快速显示明细数据。

视频课程

1．显示字段项目的明细数据

显示字段项目的明细数据如图 9-81 所示。在图 9-81 中，双击要显示明细数据的字段项目单元格，如“南京总公司”，弹出“显示明细数据”对话框。在列表框中选择待要显示的明细数据所在的字段，如选择“品牌”，单击“确定”按钮，数据透视表以“子字段项”的形式显示明细数据。

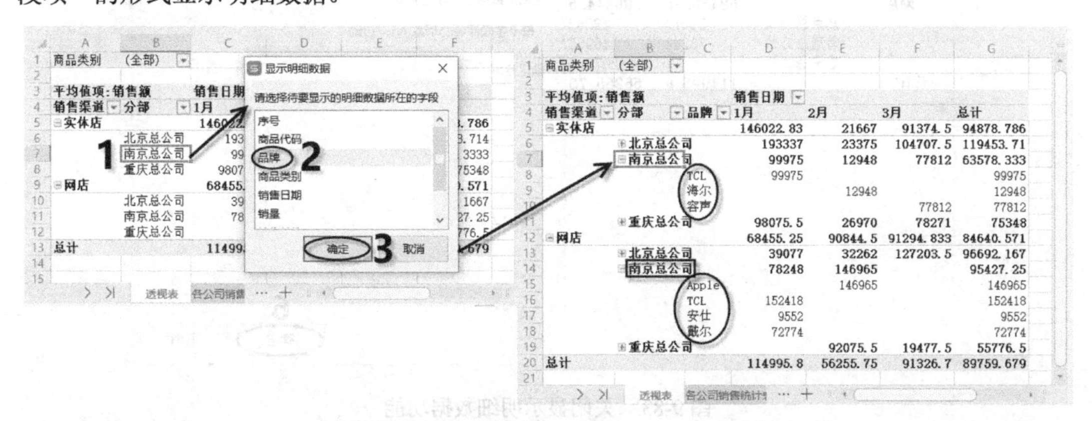

图 9-81　显示字段项目的明细数据

2．显示数值区域单元格明细数据

视频课程

双击要显示明细数据的数值区域单元格或者在数值区域单元格中右击，在弹出的快捷菜单中选择“显示详细信息”命令，会在新的工作表中以数据列表的形式显示该汇总值的明细数据。显示数值区域单元格的明细数据如图 9-82 所示。

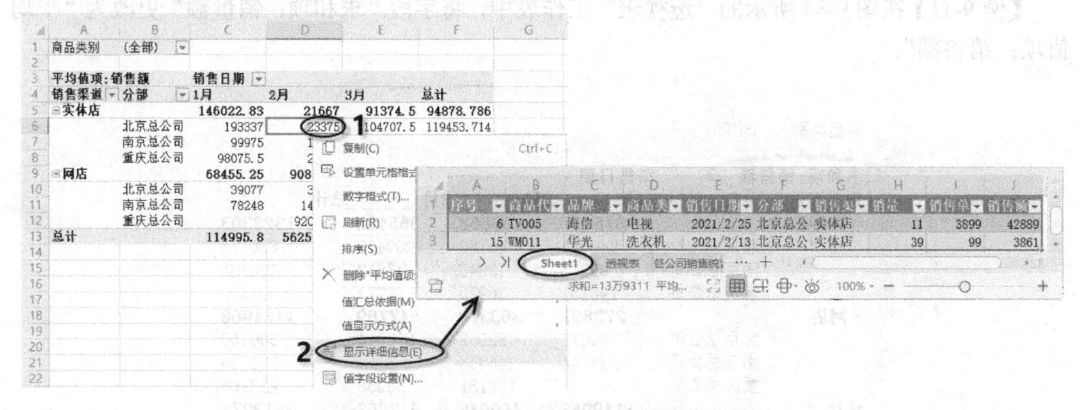

图 9-82　显示数值区域单元格的明细数据

3．关闭显示明细数据功能

打开“分析”选项卡，单击“选项”下拉按钮，在打开的下拉列表中选择“选项”选项，弹出“数据透视表选项”对话框。打开“数据”选项卡，取消勾选“启用显示明细数据”复选框，关闭显示明细数据功能，如图 9-83 所示。

视频课程

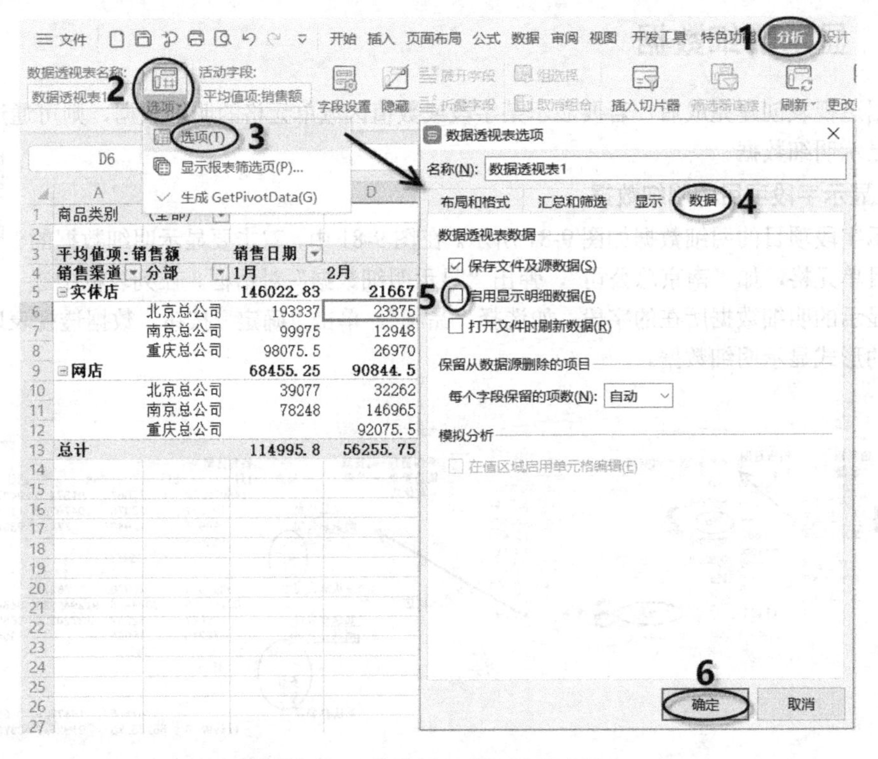

图 9-83　关闭显示明细数据功能

9.5.6　设置字段名称及值

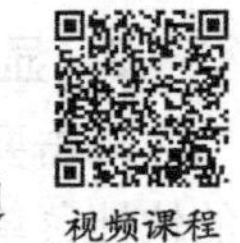
视频课程

创建的数据透视表若要更换字段名称或改变汇总方式显示其他数据信息，则可通过“字段设置”来实现。

【例 9-11】在图 9-84 所示的“透视表”工作表中，将字段“求和项：销量额”更改为“平均值项：销售额”。

	A	B	C	D	E	F
1	商品类别	(全部)				
2						
3	求和项:销售额		销售日期			
4	销售渠道	分部	1月	2月	3月	总计
5	实体店		876137	86668	365498	1328303
6		北京总公司	580011	46750	209415	836176
7		南京总公司	99975	12948	77812	190735
8		重庆总公司	196151	26970	78271	301392
9	网店		273821	363378	547769	1184968
10		北京总公司	39077	32262	508814	580153
11		南京总公司	234744	146965		381709
12		重庆总公司		184151	38955	223106
13	总计		1149958	450046	913267	2513271

透视表　各公司销

图 9-84　“透视表”工作表

方法 1，步骤 1：打开“值字段设置”对话框。单击数据透视表中的单元格 A3，打开“分析”选项卡，单击“字段设置”按钮，弹出“值字段设置”对话框，如图 9-85 所示。

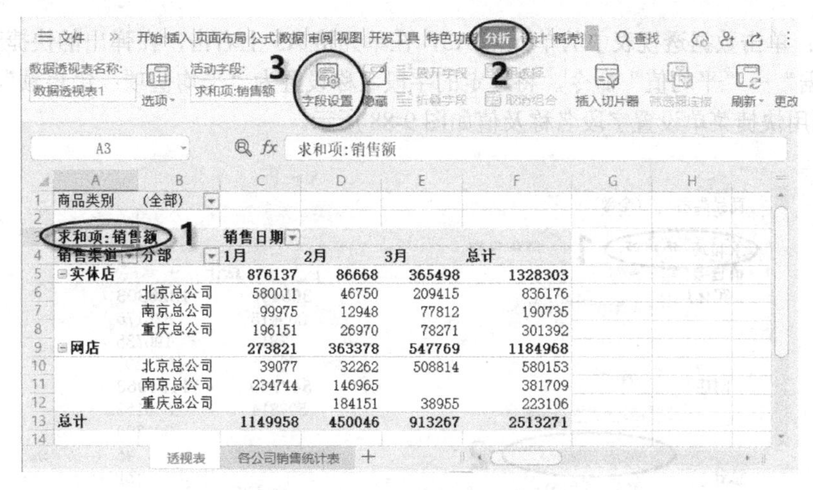

商品类别	(全部)				
求和项:销售额		销售日期			
销售渠道	分部	1月	2月	3月	总计
实体店		876137	86668	365498	1328303
	北京总公司	580011	46750	209415	836176
	南京总公司	99975	12948	77812	190735
	重庆总公司	196151	26970	78271	301392
网店		273821	363378	547769	1184968
	北京总公司	39077	32262	508814	580153
	南京总公司	234744	146965		381709
	重庆总公司		184151	38955	223106
总计		1149958	450046	913267	2513271

图 9-85 “值字段设置”对话框

步骤 2：设置字段名称和值。如图 9-86 所示，打开“值汇总方式”选项卡，在“选择用于汇总所选字段数据的计算类型”列表框中选择“平均值”选项；在“自定义名称”文本框中输入值字段的名称，这里选择默认名称，单击“确定”按钮，完成值字段设置。

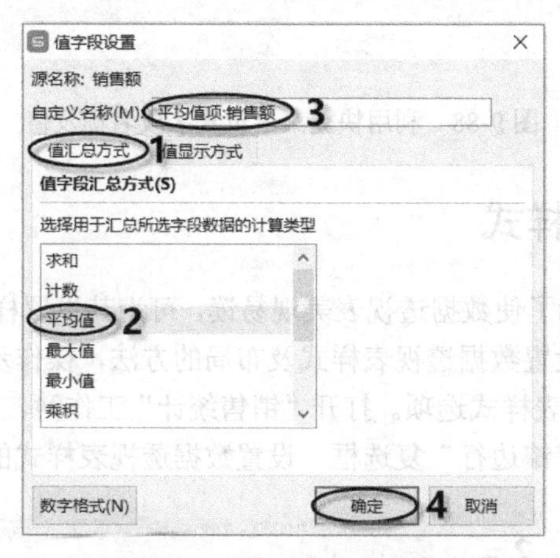

图 9-86 设置字段名称和值

步骤 3：查看字段设置效果。在数据透视表中可看到字段“求和项：销量额”更改为“平均值项：销售额”，汇总方式更改为“平均值”。字段名称及值设置效果如图 9-87 所示。

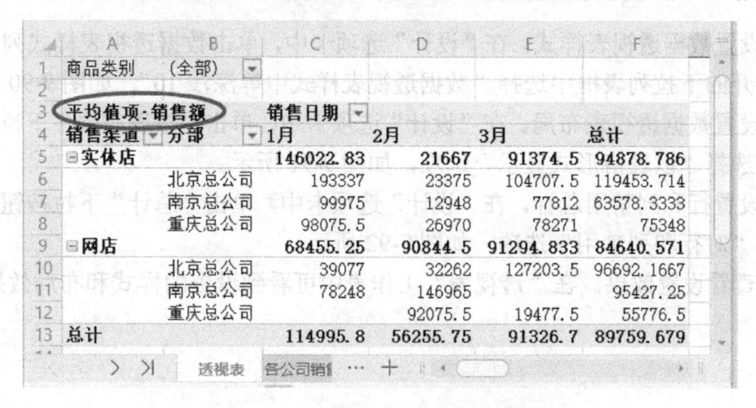

商品类别	(全部)				
平均值项:销售额		销售日期			
销售渠道	分部	1月	2月	3月	总计
实体店		146022.83	21667	91374.5	94878.786
	北京总公司	193337	23375	104707.5	119453.714
	南京总公司	99975	12948	77812	63578.3333
	重庆总公司	98075.5	26970	78271	75348
网店		68455.25	90844.5	91294.833	84640.571
	北京总公司	39077	32262	127203.5	96692.1667
	南京总公司	78248	146965		95427.25
	重庆总公司		92075.5	19477.5	55776.5
总计		114995.8	56255.75	91326.7	89759.679

图 9-87 字段名称及值设置效果

方法 2：单击数据透视表中的单元格 A3，在单元格 A3 上右击，在弹出的快捷菜单中选择“值汇总依据”→“平均值”命令，将选定的字段名称设置为“平均值项：销售额”，汇总值为平均值。利用快捷菜单设置字段名称及值如图 9-88 所示。

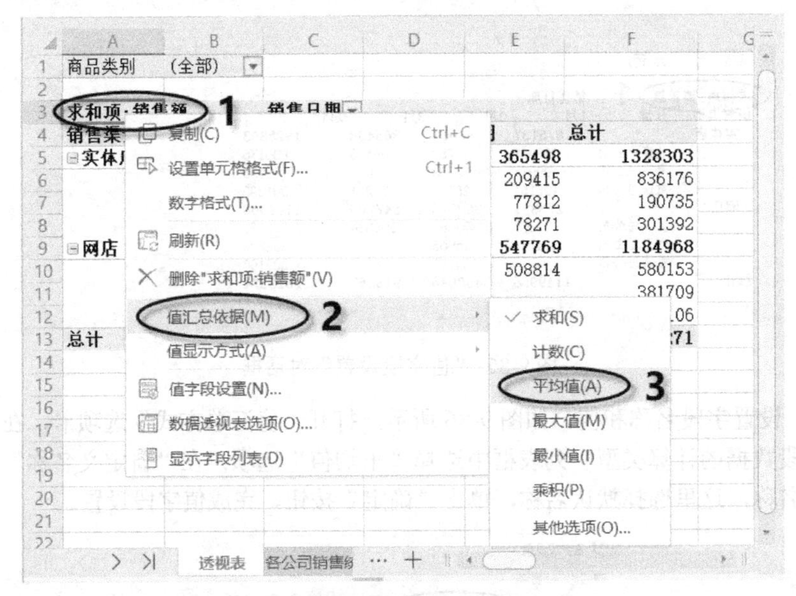

图 9-88 利用快捷菜单设置字段名称及值

9.5.7 设置透视表样式

视频课程

创建数据透视表后，为了使数据透视表美观易读，可为其设置样式。下面以“销售统计”工作簿为例说明设置数据透视表样式及布局的方法，操作步骤如下。

步骤 1：设置数据透视表样式选项。打开“销售统计”工作簿，在“透视表”工作表中，打开“设计”选项卡，勾选“镶边行”复选框。设置数据透视表样式的操作过程如图 9-89 所示。

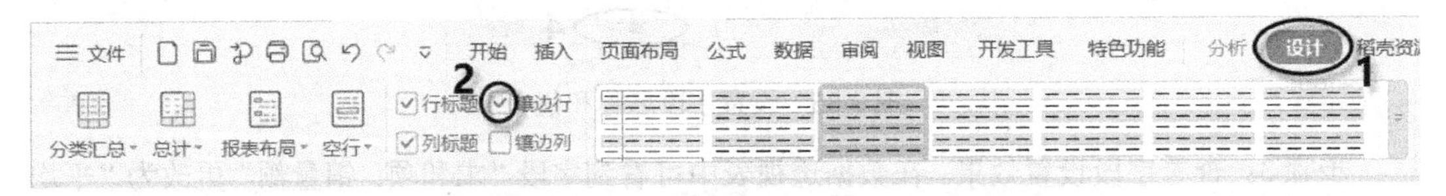

图 9-89 设置数据透视表样式的操作过程

步骤 2：设置数据透视表样式。在“设计”选项卡中，单击数据透视表样式列表框右侧的下拉按钮，在打开的下拉列表框中选择“数据透视表样式中等深浅 10”，如图 9-90 所示。

步骤 3：设置数据透视表布局。在“设计”选项卡中，单击“报表布局”下拉按钮，在打开的下拉列表中选择“以表格形式显示”选项，如图 9-91 所示。

步骤 4：设置行和列禁用总计。在“设计”选项卡中，单击“总计”下拉按钮，在打开的下拉列表中选择“对行和列禁用”选项，如图 9-92 所示。

步骤 5：查看设置效果。在“透视表”工作表中可看到设置的样式和布局效果，如图 9-93 所示。

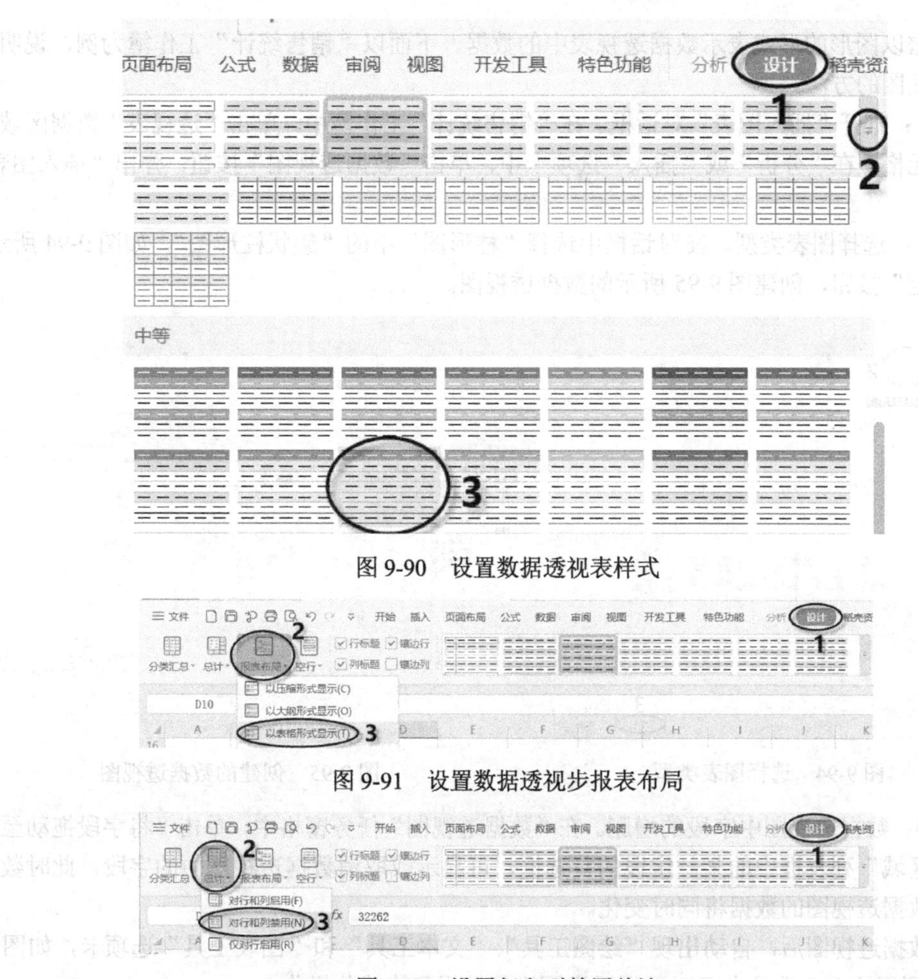

图 9-90　设置数据透视表样式

图 9-91　设置数据透视步报表布局

图 9-92　设置行和列禁用总计

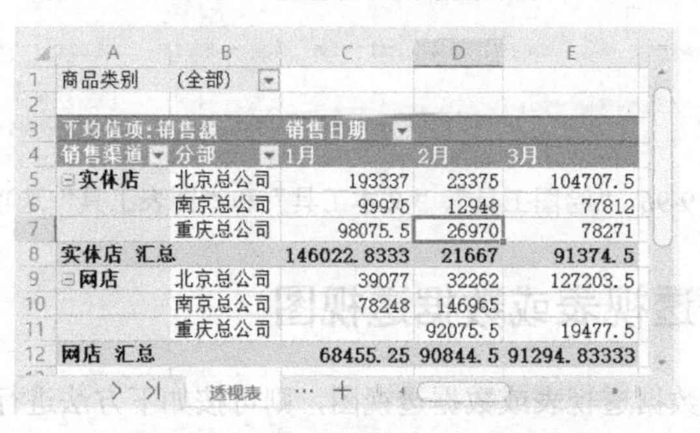

	A	B	C	D	E
1	商品类别	(全部)			
2					
3	平均值项:销售额		销售日期		
4	销售渠道	分部	1月	2月	3月
5	实体店	北京总公司	193337	23375	104707.5
6		南京总公司	99975	12948	77812
7		重庆总公司	98075.5	26970	78271
8	实体店 汇总		146022.8333	21667	91374.5
9	网店	北京总公司	39077	32262	127203.5
10		南京总公司	78248	146965	
11		重庆总公司		92075.5	19477.5
12	网店 汇总		68455.25	90844.5	91294.83333

图 9-93　设置的样式和布局效果

若单击“设计”选项卡中的“空行”下拉按钮，在打开的下拉列表中选择“在每个项目后插入空行”选项，可在每个分组项之间添加一个空行，从而突出显示分组项。

9.5.8　创建数据透视图

视频课程

数据透视图是利用表中的数据制作的动态图表，其图表类型与前面的一般图表类型相似，主要有柱形图、条形图、折线图、饼图、面积图等。数据透视图可以视为是数据透视表和图表的结合，它以图形的形式表示数据透视表中的数据。下面以“销售统计”工作簿为例，说明创建数据透视图的方法。

步骤 1：打开“插入图表”对话框。在“销售统计”工作簿中，单击“透视表”数据区域中的任意单元格，在“分析”或“插入”选项卡中，单击“数据透视图”按钮，弹出“插入图表”对话框。

步骤 2：选择图表类型。在对话框中选择“柱形图”中的“簇状柱形图”，如图 9-94 所示，单击“确定”按钮，创建图 9-95 所示的数据透视图。

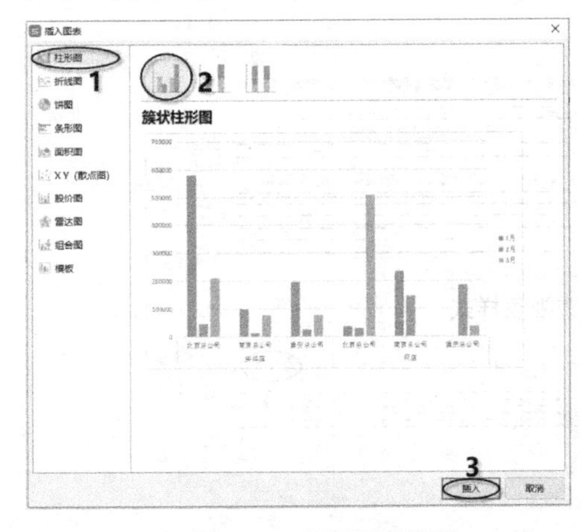

图 9-94 选择图表类型

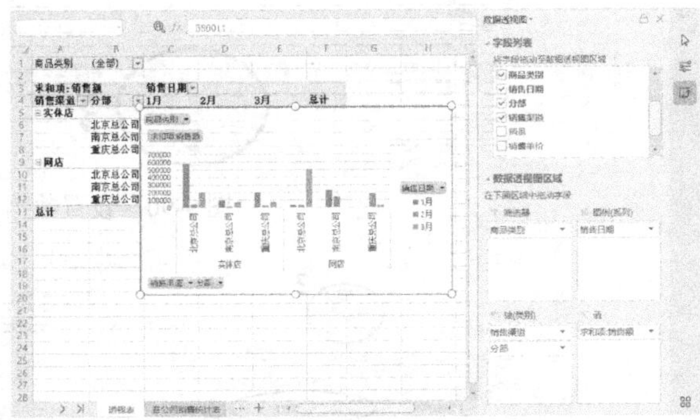

图 9-95 创建的数据透视图

步骤 3：数据透视图中字段的增删。在“数据透视图”任务窗格中，单击“将字段拖动至数据透视图区域”列表框中的某一字段的复选框，可显示或取消数据透视图中的字段，此时数据透视表和数据透视图的数据将同时变化。

创建数据透视图后，自动出现“绘图工具”、“文本工具”和“图表工具”选项卡，如图 9-96 所示，利用这 3 个选项卡可对数据透视图进行编辑和格式化操作。

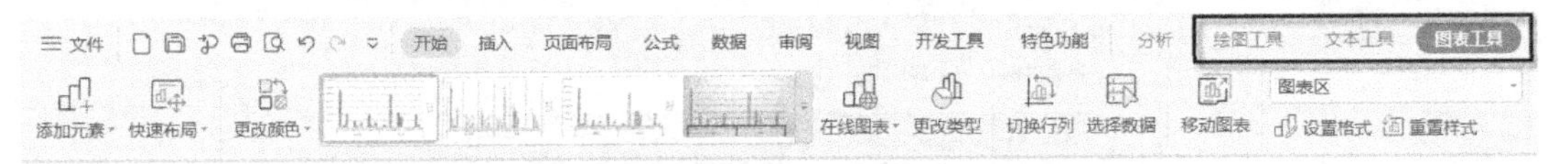

图 9-96 “绘图工具”、“文本工具”和“图表工具”选项卡

9.5.9 删除数据透视表或数据透视图

视频课程

若要删除已创建的数据透视表或数据透视图，则可按如下方法进行操作。

1. 删除数据透视表

步骤 1：单击数据透视表数据区域中的任意一个单元格。

步骤 2：打开“分析”选项卡，单击“删除数据透视表”按钮即可，或者先单击“选择”下拉按钮，在打开的下拉列表中选择“整个数据透视表”选项，再按 Delete 键即可。

2. 删除数据透视图

单击数据透视图中的任意位置，按 Delete 键。删除数据透视图并不会删除与其相关联的数据透视表。

第四篇

使用 WPS 制作演示文稿

WPS 演示是金山研发的 WPS Office 套件中的一个重要组件，WPS 演示功能强大、具有可视化、动态化和交互功能，广泛应用于演讲、会议、宣传、培训、展示等场合。利用 WPS 演示可以制作出内容丰富、生动形象、富有表现力的演示文稿，有助于信息的表达和交流。

WPS 演示文稿原生的文件扩展名为.dps，生成文件后默认的扩展名为.pptx，兼容 Microsoft Office PowerPoint 的 PPT 格式，同时也有自己的 dpt 和 dps 格式。一份 WPS 演示文稿由若干张幻灯片组成，幻灯片按序号从小到大排列。

本篇以 WPS Office 2019 为蓝本，主要学习 WPS 演示的以下重要功能及应用。

- 熟悉演示文稿的基本操作、幻灯片的基本操作、演示文稿的视图方式和使用。
- 掌握幻灯片母版的应用、主题应用、背景设置。
- 掌握幻灯片中文本、图片、图形、智能图形、表格、音频、视频等对象的编辑及使用。
- 掌握幻灯片中内容动画效果、幻灯片切换效果、超链接等交互设置。
- 掌握幻灯片放映设置、演示文稿的输出和打印。

第 10 章

创建演示文稿

10.1 创建演示文稿的途径

创建演示文稿有 2 种途径，一是创建空白演示文稿，二是利用模板创建演示文稿。下面介绍使用这 2 种途径创建演示文稿的方法。

视频课程

10.1.1 创建空白演示文稿

空白演示文稿是一种最简单的演示文稿，其幻灯片中不包含任何内容和设计，用户可自由地添加对象、应用主题、选择配色方案及动画方案。根据需要可以创建白色、灰色渐变、黑色 3 种色系的空白演示文稿，创建方法如下。

方法 1：双击桌面上的 WPS Office 图标，在打开的窗口中单击“新建”按钮，打开“新建”窗口。选择“演示”组件，单击“新建空白文档”区域下方的某个色系按钮，即可创建对应色系的空白演示文稿。利用“新建”按钮创建空白演示文稿的操作过程如图 10-1 所示。

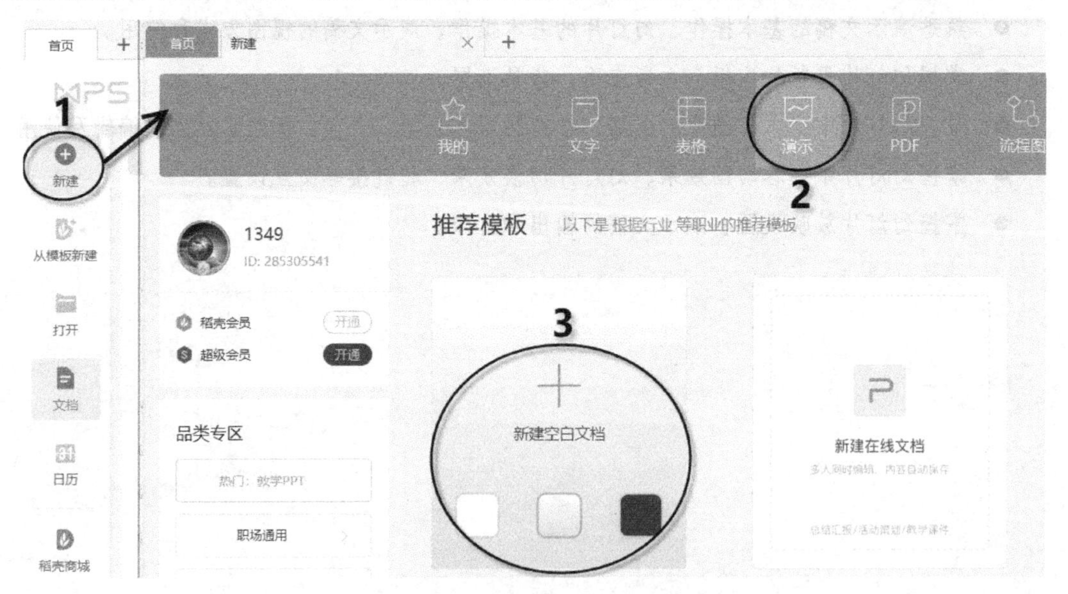

图 10-1 利用“新建”按钮创建空白演示文稿的操作过程

方法 2：单击 WPS Office 窗口上方的“＋”按钮，在打开的窗口中，选择“演示”组件，单击“新建空白文档”区域下方的某个色系按钮，即可创建对应色系的空白演示文稿，如图 10-2 所示。

图 10-2 利用“＋”按钮创建空白演示文稿

10.1.2 WPS 演示工作窗口

视频课程

启动 WPS 演示应用程序后进入其工作窗口，如图 10-3 所示。WPS Office 各组件的工作窗口都有相似之处，都有标题栏、快速访问工具栏、功能区及状态栏等。WPS 演示有着与其他各组件相似的窗口，也有自己的独特之处。WPS 演示工作窗口中特有的组成元素如图 10-3 所示，下面主要介绍与其他组件的不同之处。

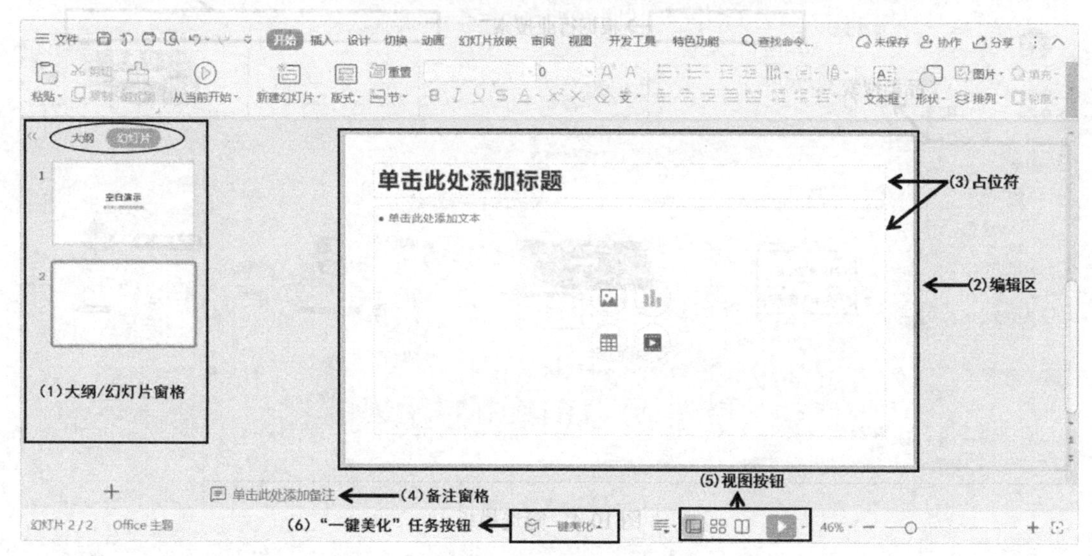

图 10-3 WPS 演示工作窗口

（1）大纲/幻灯片窗格：位于窗口的左侧，包含“大纲”和“幻灯片”两个按钮，如图 10-3 所示。单击“大纲”按钮，以大纲的方式依次列出了演示文稿中包含的幻灯片，每张幻灯片前都有编号，并显示其中的文字内容，可对文本内容进行修改、编辑。单击“幻灯片”按钮，以缩略图的形式显示幻灯片，单击某幻灯片缩略图，即可跳转到该幻灯片。在该窗格中可对幻灯片进行复制、移动、删除等操作。

（2）编辑区：位于窗口的中部，是制作 WPS 演示文稿的主体部分，用于显示、编辑当前幻灯片的内容。

（3）占位符：位于大纲/幻灯片窗格中，选定占位符，即可在该区域中输入或插入内容。

（4）备注窗格：位于窗口的中下部，可输入该幻灯片的说明或注释等备注信息。备注页的内容在幻灯片放映时不显示，只出现在备注窗格里，以供参考。

（5）视图按钮：位于窗口的右下部，分别是“普通视图”“幻灯片浏览”“阅读视图”和“幻灯片放映”。单击某一按钮，即可切换到相应的视图。

视频课程

10.1.3 利用模板创建演示文稿

模板是 WPS 演示中预先定义好内容和格式的一种演示文稿，它决定了演示文稿的基本结构和设置，WPS 演示提供了许多精美的模板以供选用。在联网状态下，通过筛选或搜索，可以选取不同模板创建演示文稿，操作步骤如下。

步骤 1：单击 WPS Office 窗口上方的“＋”按钮，在打开的窗口中选择“演示”组件，拖动垂直滚动条进行上下浏览。

步骤 2：单击窗口左侧标签进行各品类筛选所需模板，或者将鼠标指针指向窗口上方的“根据行业”，在打开的列表中选取所需的行业模板，也可以在窗口右上方的“搜索框”中输入模板名字的关键字，进行更精确的筛选模板，如图 10-4 所示。

图 10-4　筛选模板

步骤 3：选定模板后，单击模板进入浏览界面，单击模板上的“使用该模板”按钮，即可使用该模板创建新的演示文稿。

10.2　幻灯片的基本操作

演示文稿创建后，需要多张幻灯片进行内容编辑和展示，形成一个完整的演示文稿。因此，需要掌握幻灯片的一系列基本操作，如设置幻灯的大小、方向，以及插入、删除、复制、移动幻灯片等。

10.2.1　设置幻灯片的大小和方向

视频课程

演示文稿中幻灯片默认大小为“宽屏”，方向为横向，根据需要可更改其大小和方向。

1. 设置幻灯片的大小

WPS 演示文稿预设了 2 种幻灯片尺寸，分别是“标准”和“宽屏”，也可以通过“自定义大小”设置幻灯片的尺寸，以满足更多需求，操作步骤如下。

步骤 1：选定要设置大小的幻灯片，打开“设计”选项卡，单击“幻灯片大小”下拉按钮，在打开的下拉列表中选择“标准”或者“宽屏”选项。若要自定义幻灯片的大小，则选择“自定义大小”选项。

步骤 2：弹出“页面设置”对话框，在“幻灯片大小”选区的下拉列表中选择“自定义”选项，在“宽度”和“高度”数值框中输入幻灯片的宽度值和高度值，单击“确定”按钮。设置幻灯片大小的操作过程如图 10-5 所示。

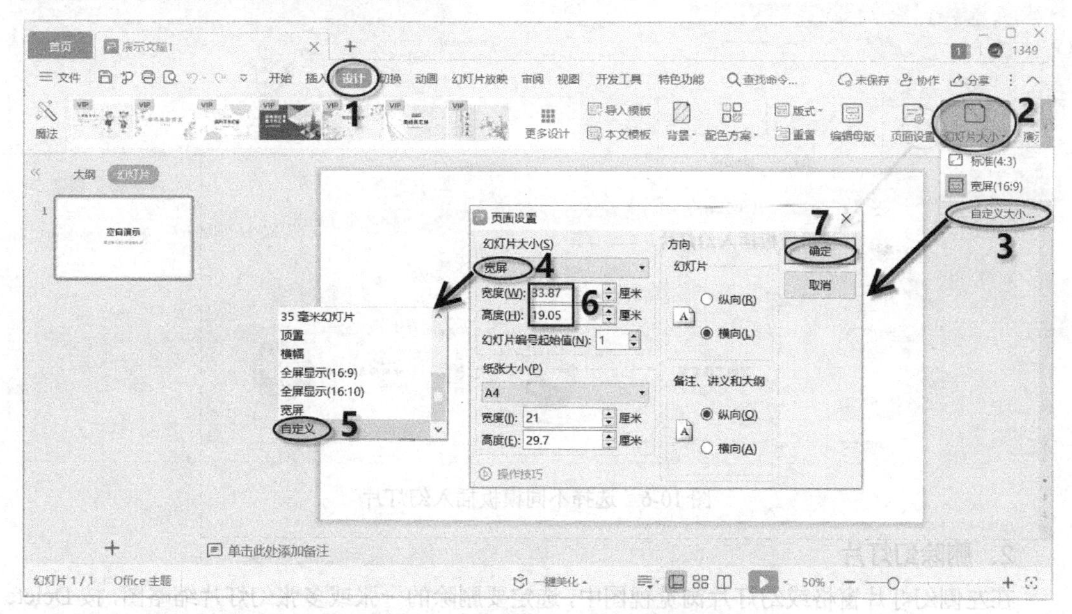

图 10-5　设置幻灯片大小的操作过程

2. 调整幻灯片的方向

将幻灯片的方向调整为纵向显示的操作步骤如下。

步骤 1：在演示文稿中，打开“设计”选项卡，单击“幻灯片大小”下拉按钮，在打开的下拉列表中选择“自定义大小”选项。

步骤 2：弹出“页面设置”对话框，在“方向”选区选中“纵向”单选按钮，单击“确定”按钮即可。

10.2.2 插入和删除幻灯片

视频课程

默认情况下，新建的演示文稿只有一张幻灯片，如果要增加新的幻灯片或删除多余的幻灯片，那么需要通过插入或删除操作来实现。

1. 插入幻灯片

在左侧幻灯片窗格中，首先确定插入点的位置，一般在幻灯片之间的空白区域或当前幻灯片之后。

先单击幻灯片之间的空白区域或某张幻灯片缩略图确定插入点的位置，然后按照以下任意一种方法插入幻灯片。

方法 1：在插入点的位置右击，在弹出的快捷菜单中选择“新建幻灯片”命令，或按 Enter 键插入幻灯片。

方法 2：打开“开始”选项卡，单击“新建幻灯片”按钮。

方法 3：单击选定缩略图右下方的“+”按钮，在弹出的页面中选择不同模板插入幻灯片，如图 10-6 所示。

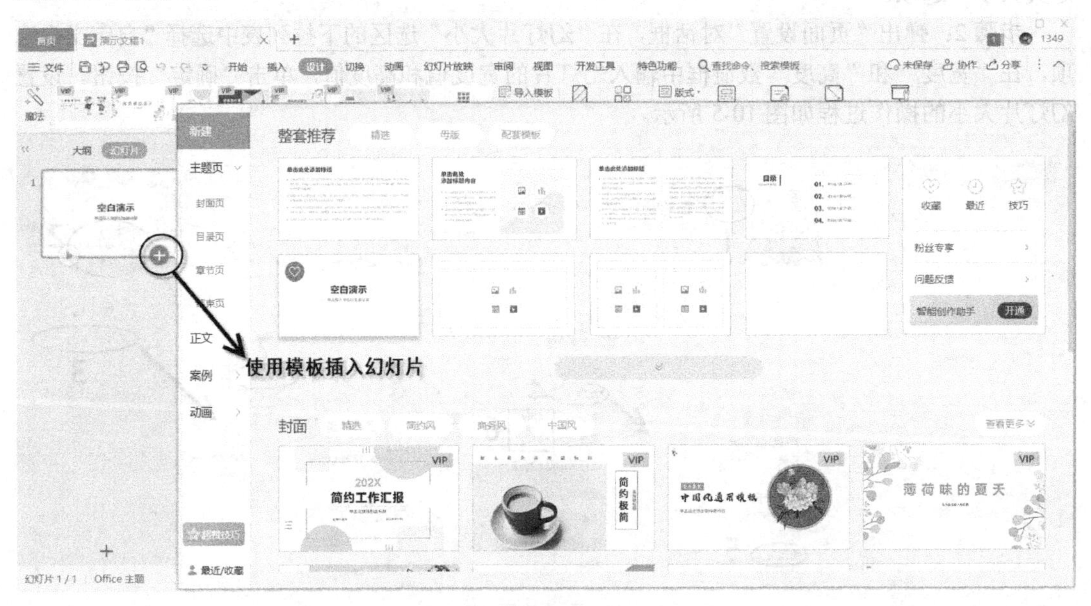

图 10-6 选择不同模板插入幻灯片

2. 删除幻灯片

在左侧幻灯片窗格或幻灯片浏览视图中，选定要删除的一张或多张幻灯片缩略图，按 Delete 或 Backspace 键，或者在选定的幻灯片缩略图上右击，在弹出的快捷菜单中选择“删除幻灯片”命令。若撤销删除操作，则按 Ctrl+Z 组合键。

10.2.3　复制和移动幻灯片

视频课程

1. 复制幻灯片

在左侧幻灯片窗格或幻灯片浏览视图中，选定要复制的一张或多张幻灯片的缩略图，在选定的幻灯片缩略图上右击，在弹出的快捷菜单中选择“复制幻灯片”命令，则插入与选定幻灯片完全相同的幻灯片。

2. 移动幻灯片

方法 1：在左侧幻灯片窗格中，选定要移动的幻灯片缩略图，按住鼠标左键进行拖动，此时，有一条长横线出现，在目标位置释放鼠标左键，将幻灯片移动到新位置。

方法 2：在幻灯片浏览视图中，选定要移动的幻灯片缩略图，按住鼠标左键进行拖动，此时，有一条长竖线出现，在目标位置释放鼠标左键，将幻灯片移动到新位置。

10.2.4　添加幻灯片编号

视频课程

在普通视图中，为了有效地组织和管理幻灯片，可以为幻灯片添加编号。添加编号的操作步骤如下。

步骤 1：在左侧幻灯片窗格中，选定任意一张幻灯片缩略图。打开“插入”选项卡，单击“幻灯片编号”按钮，弹出“页眉和页脚”对话框。

步骤 2：在“幻灯片”选项卡中，勾选“幻灯片编号”复选框，若勾选“标题幻灯片不显示”复选框，则首页幻灯片不显示编号。单击“应用”按钮，只为当前选定的幻灯片添加编号，单击“全部应用”按钮，为所有的幻灯片添加编号。添加幻灯片编号的操作过程如图 10-7 所示。

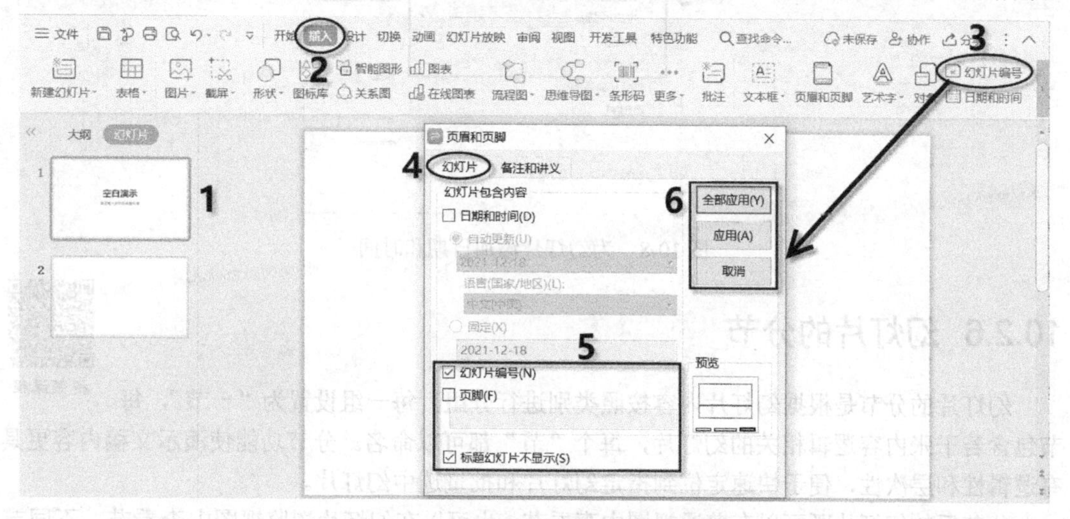

图 10-7　添加幻灯片编号的操作过程

默认情况下，幻灯片编号从“1”开始按照顺序自动进行编号，若要更改幻灯片的起始编号，则可按照以下步骤进行设置。

步骤 1：打开“设计”选项卡，单击“页面设置”按钮，弹出“页面设置”对话框。

步骤 2：在“幻灯片编号起始值”数值框中，输入新的起始编号，单击“确定”按钮即可。

10.2.5 添加幻灯片日期和时间

在普通视图中，可以为幻灯片添加日期和时间，如图 10-8 所示，操作步骤如下。

步骤 1：在左侧幻灯片窗格中，选定任意一张幻灯片缩略图。打开“插入”选项卡，单击“日期和时间”按钮，弹出“页眉和页脚”对话框。

步骤 2：在“幻灯片”选项卡中，先勾选“日期和时间”复选框，然后根据需要选择下列某一操作。

若选中“自动更新”单选按钮，设置所需的日期和语言格式，则每次打开演示文稿时自动更新为当前日期和时间，如图 10-8 所示。

若选中“固定”单选按钮，在其下方的文本框中输入所需的日期，则幻灯片的日期始终固定不变。

步骤 3：若希望首页幻灯片不显示日期和时间，则勾选“标题幻灯片不显示”复选框。

步骤 4：单击“应用”按钮，只为当前选定的幻灯片添加日期和时间，单击“全部应用”按钮，为所有的幻灯片添加日期和时间。

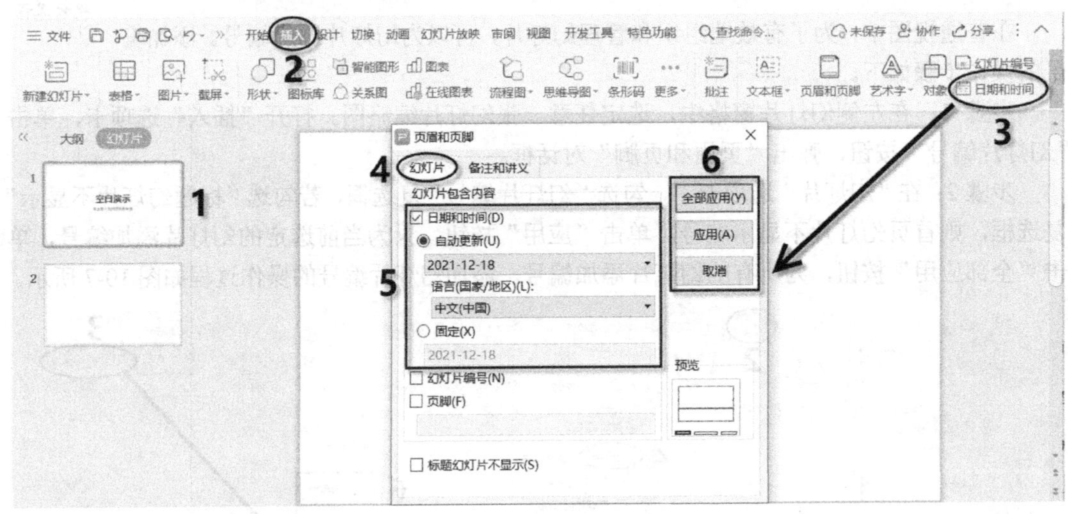

图 10-8　为幻灯片添加日期和时间

10.2.6 幻灯片的分节

幻灯片的分节是根据幻灯片内容按照类别进行分组，每一组设置为“一节”，每节包含若干张内容逻辑相关的幻灯片，每个“节”都可以命名。分节功能使演示文稿内容更具有逻辑性和层次性，便于快速定位到指定幻灯片和批量选中幻灯片。

分节后的幻灯片既可以在普通视图中查看节，也可以在幻灯片浏览视图中查看节，不同节可以拥有不同的主题、切换方式等。下面以答辩演示文稿为例，介绍幻灯片分节的使用方法。

1. 新增节

步骤 1：插入新增节。打开答辩演示文稿，在左侧幻灯片窗格的第 2、3 张幻灯片之间右击，在弹出的快捷菜单中选择“新增节”命令，如图 10-9 所示，则在指定位置插入一个名称为“无标题节”的幻灯片节，同时在幻灯片缩略图最上端的位置也会自动出现“默认节”，如图 10-9 所示。此时，演示文稿被分为两个节。

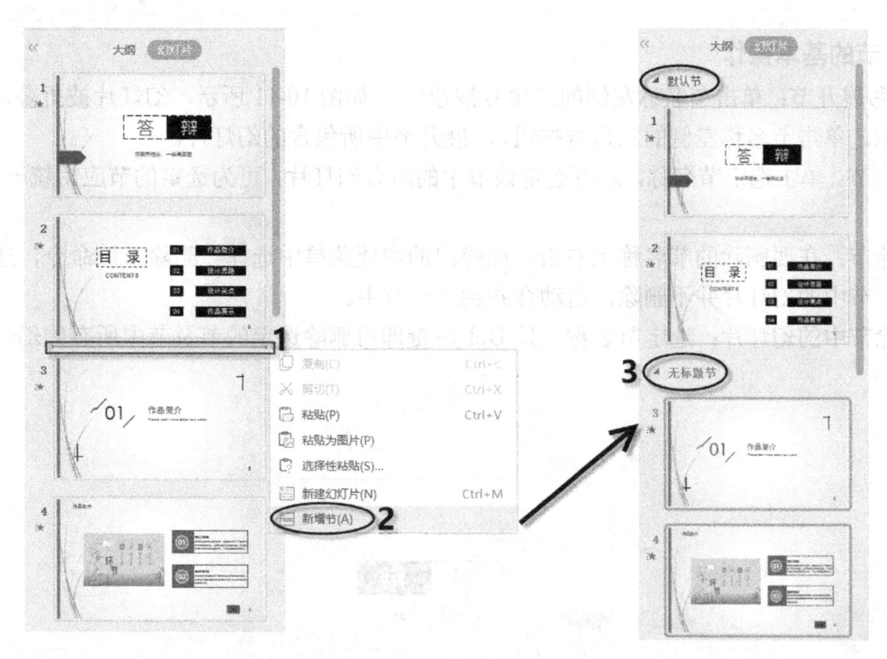

图 10-9　“新增节”命令

步骤 2：再次插入新节。按照上述方法在要插入新节的两张幻灯片之间右击，在弹出的快捷菜单中选择“新增节”命令即可。

2. 重命名节

步骤 1：在现有节的名称上右击，在弹出的快捷菜单中选择“重命名节”命令。

步骤 2：弹出“重命名”对话框，在“名称”文本框中输入新的名称，单击“重命名”按钮，完成对现有节的命名。重命名节的操作过程如图 10-10 所示。

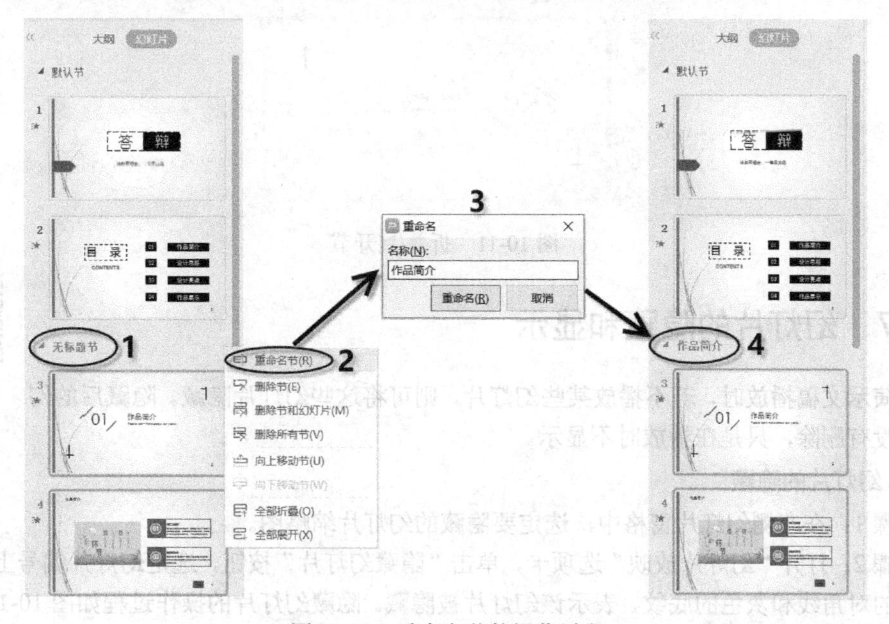

图 10-10　重命名节的操作过程

3．节的基本操作

折叠/展开节：单击节名称左侧的三角号按钮◢，如图 10-11 所示，幻灯片被折叠，以节的名称显示。单击节名称左侧的三角号按钮▸，展开节中所包含的幻灯片。

选定节：单击选定节名称，即可选定该节中的所有幻灯片，可为选定的节应用统一的主题、背景等。

删除节：在要删除的节名称上右击，在弹出的快捷菜单中选择“删除节”命令，选定的节被删除，节中的幻灯片并不删除，自动合并到上一节中。

删除节中的幻灯片：选定节名称，按 Delete 键即可删除选定的节及节中所有的幻灯片。

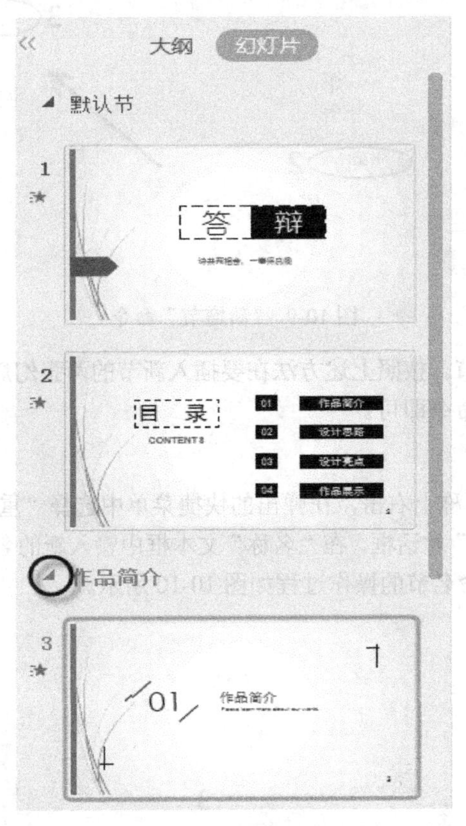

图 10-11　折叠/展开节

10.2.7　幻灯片的隐藏和显示

视频课程

在演示文稿播放时，若不播放某些幻灯片，则可将这些幻灯片隐藏。隐藏后的幻灯片并没有删除，只是在播放时不显示。

1．幻灯片的隐藏

步骤 1：在左侧幻灯片窗格中，选定要隐藏的幻灯片缩略图。

步骤 2：打开“幻灯片放映”选项卡，单击“隐藏幻灯片”按钮，选定幻灯片编号上出现一条白色的对角线和灰色的底纹，表示该幻灯片被隐藏。隐藏幻灯片的操作过程如图 10-12 所示。隐藏的幻灯片在播放时不显示，但其仍然存在于此演示文稿中。

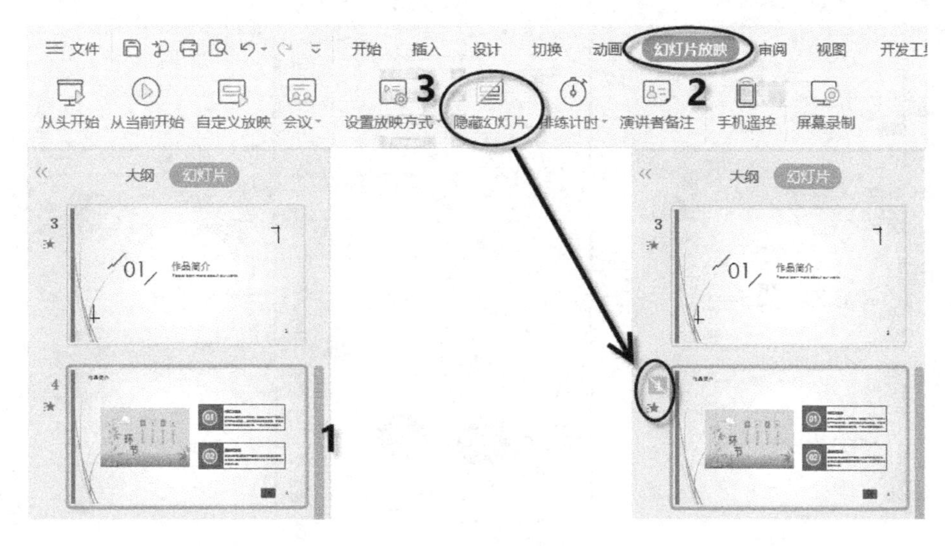

图 10-12　隐藏幻灯片的操作过程

2．幻灯片的显示

在左侧幻灯片窗格中，选定隐藏的幻灯片，打开“幻灯片放映”选项卡，单击“隐藏幻灯片”按钮，或者在隐藏的幻灯片缩略图上右击，在弹出的快捷菜单中选择“隐藏幻灯片”命令，取消幻灯片的隐藏。

10.3　演示文稿的视图

视频课程

视图是演示文稿的显示方式。WPS 演示文稿提供了多种不同的视图，分别为普通、幻灯片浏览、备注页、阅读视图、幻灯片母版等。视图切换可通过单击“视图”选项卡中的相应视图按钮，如图 10-13 所示，或者单击 WPS 演示工作窗口右下方的视图按钮来实现。

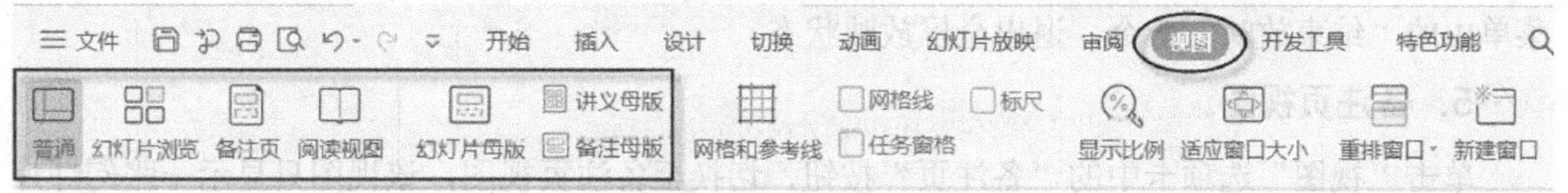

图 10-13　视图按钮

1．普通视图

普通视图是经常使用的一种视图。当启动 WPS 演示时，默认的视图是普通视图，在此视图中可以输入、编辑、修饰演示文稿的内容，是制作演示文稿的主要视图方式。

2．幻灯片浏览视图

单击窗口右下方的“幻灯片浏览”按钮，切换至幻灯片浏览视图，如图 10-14 所示。该视图是指将演示文稿中的所有幻灯片以缩略图形式同时显示在屏幕上。该视图主要查看幻灯片的内容及调整幻灯片的排列方式。

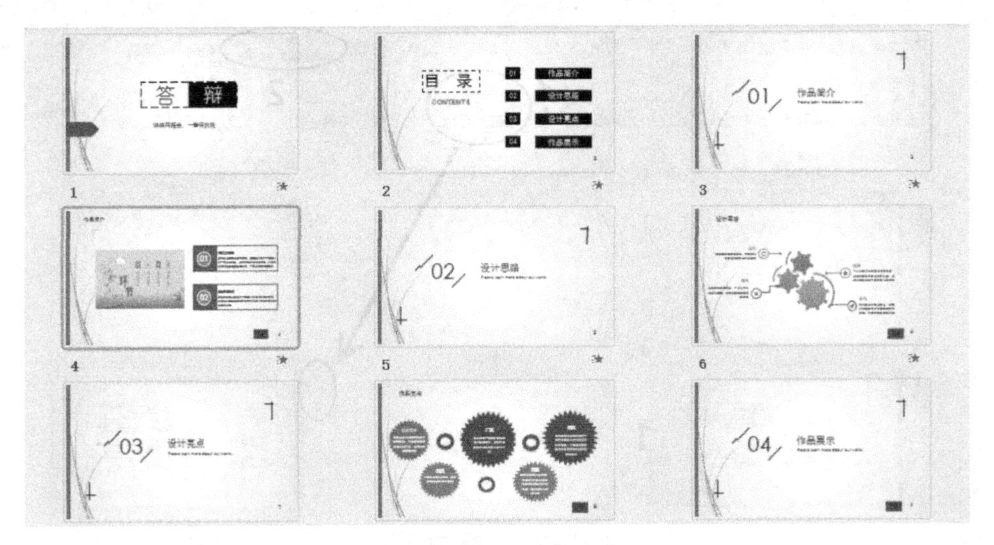

图 10-14　幻灯片浏览视图

3．阅读视图

单击窗口右下方的“阅读视图”按钮，切换至阅读视图，在该视图中幻灯片以适应窗口大小的方式进行放映，不能对幻灯片进行编辑。适用于幻灯片制作完成后的简单放映浏览，查看幻灯片内容、动画效果、切换效果等。滚动鼠标滚轮，或按键盘上的方向键（上、下、左、右键），可切换浏览其他幻灯片。按 Esc 键退出阅读视图，返回到上一次的视图方式。

4．幻灯片放映视图

单击窗口右下方的“从当前幻灯片开始播放”按钮，切换至幻灯片放映视图，该视图是以全屏方式动态地显示演示文稿中的每一张幻灯片。在此视图中可以查看图形、音频、视频、动画、切换、超链接等真实效果。按 Enter 键或单击切换到下一张幻灯片，按 Esc 键或使用快捷菜单中的“结束放映”命令，退出全屏放映状态。

5．备注页视图

单击“视图”选项卡中的“备注页”按钮，切换至备注页视图，该视图只显示一张幻灯片及其备注页，在备注窗格中可输入或编辑备注页的内容。

6．幻灯片母版视图

母版是用于设置每张幻灯片的预设格式，包括幻灯片的标题、主要文本、背景、项目符号及图形等格式。在母版里设置的格式，将套用到每张幻灯片的相同对象上。因此，当需要所有的幻灯片都具有统一的外观效果时，可以在幻灯片母版上设置，而不必对每张幻灯片都进行设置。例如，若在母版中插入某张图片，则每张幻灯片中都会显示该图片。

有关幻灯片母版的使用方法，将在“11.1.1 创建幻灯片母版”节中进行介绍。

第 11 章

演示文稿的设计和制作

演示文稿是由文本、图形、图片、表格、声音、视频、动画等多种元素组成的，通过排版、配色、效果设置、交互设计等方式将多种元素融为一体，制作出图文并茂、色彩丰富、富有感染力的演示文稿，便于用户传递信息及有效地表达观点。

11.1 幻灯片母版和版式的应用

视频课程

11.1.1 创建幻灯片母版

幻灯片母版控制整个演示文稿的外观，包括主题、颜色、字体、背景、版式和其他元素。通常在制作演示文稿之前，先设计好幻灯片母版，在母版中所进行的设置，将会统一应用到每一张幻灯片中，从而快速地实现全局设置，提高工作效率。

WPS 演示包含 3 种类型的母版：幻灯片母版、讲义母版及备注母版，分别用于控制幻灯片、讲义、备注的外观整体格式，使创建的演示文稿有统一的外观。由于讲义母版和备注母版的操作方法比较简单且不常用，故本节主要介绍幻灯片母版的使用方法。

打开“视图”选项卡，单击“幻灯片母版”按钮，进入幻灯片母版的编辑状态，如图 11-1 所示，左上角有数字标识的幻灯片就是母版，下面是与母版相关的幻灯片版式。一个演示文稿可以包括多个幻灯片母版，新插入的幻灯片母版，系统会根据母版的个数自动以数字进行命名，如 1、2、3、4、…。插入新幻灯片母版如图 11-2 所示。

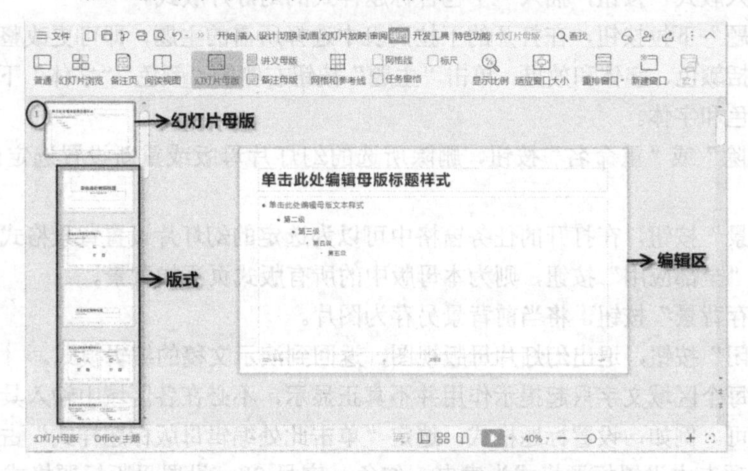

图 11-1　幻灯片母版的编辑状态

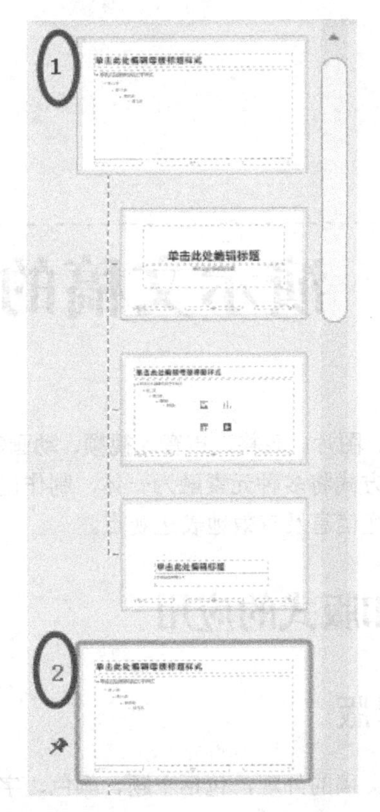

图 11-2　插入新幻灯片母版

在幻灯片母版视图中，利用“幻灯片母版”选项卡，如图 11-3 所示，可以设置幻灯片的主题、字体、颜色、背景、版式等。

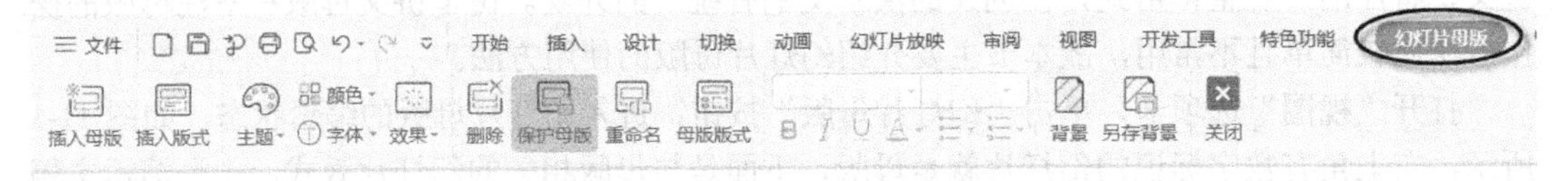

图 11-3　“幻灯片母版”选项卡

单击“插入版式”按钮，插入一个包含标题样式的幻灯片版式。

单击“主题”下拉按钮，在打开的下拉列表中选择所需的主题，即可更改整个演示文稿的总体设计，包括颜色、字体和效果。单击“主题”按钮右侧的“颜色”“字体”下拉按钮，分别更改主题的颜色和字体。

单击“删除”或“重命名”按钮，删除所选的幻灯片母版或重新设置选定的幻灯片母版名称。

单击“背景”按钮，在打开的任务窗格中可以为选定的幻灯片设置背景格式，若单击任务窗格左下角的“全部应用”按钮，则为本母版中的所有版式页添加背景。

单击“另存背景”按钮，将当前背景另存为图片。

单击“关闭”按钮，退出幻灯片母版视图，返回到演示文稿的编辑模式。

编辑区中每个区域文字只起提示作用并不真正显示，不必在各区域中输入具体文字，只需设置其格式即可。例如，设置标题格式，选定“单击此处编辑母版标题样式”占位符，在“幻灯片母版”选项卡中设置标题格式为隶书、红色、字号 28。设置母版标题格式的操作过程如

图 11-4 所示。关闭幻灯片母版后，幻灯片中的标题自动应用该格式。即使在母版上输入了文字也不会出现在幻灯片上，只有图形、图片、日期/时间、页脚等对象才会出现在幻灯片上。

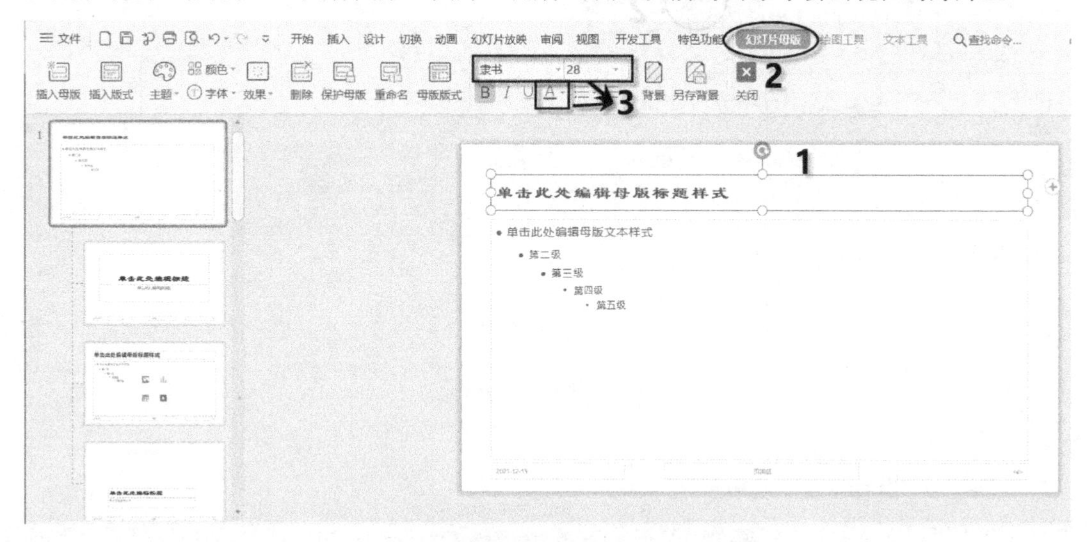

图 11-4　设置母版标题格式的操作过程

在幻灯片母版视图中，可以修改每一张幻灯片中出现的字体格式、项目符号、背景及图片等，其修改方法与修改一般幻灯片的方法相同，只是幻灯片母版的修改将影响所有幻灯片。若只改变正文区域某一层次的文本格式，则在母版的正文区域先选定该层次，再进行格式设置。例如，要改变第三层次的文本格式，先选定母版文本“第三级”，然后进行格式设置。

虽然在幻灯片母版上进行的修改将自动套用到同一演示文稿的每一张幻灯片上，但也可以创建与母版不同的幻灯片，使之不受母版的影响。

若使某张幻灯片标题或文本与母版不同，则先选定要更改的幻灯片，再根据需要更改该幻灯片的标题或文本格式，其改变不会影响其他幻灯片或母版。

若使某张幻灯片的背景与母版背景不同，则先选定该幻灯片，再单击“幻灯片母版”选项卡中的“背景”按钮，在打开的任务窗格中设置背景格式，此幻灯片具有与其他幻灯片不同的背景。

11.1.2　幻灯片版式的应用

视频课程

幻灯片版式包含幻灯片上显示的所有内容的格式、位置和占位符。占位符是幻灯片版式上的虚线容器，用于保存标题、正文文本、表格、图表、智能图形、图片、剪贴画、视频和声音等内容。幻灯片版式还包含颜色、字体、效果和背景（统称为幻灯片的主题）。

1. 内置版式

WPS 演示提供了 11 种版式供用户使用。单击“开始”选项卡中的“版式”下拉按钮，打开图 11-5 所示的“版式”下拉列表，每种版式都有自己的名称。在这些版式中，有些幻灯片上只有文本，包括一个标题，标题下面是一个文本块；有些幻灯片除有标题外，还带有图片、图表、表格和媒体剪辑等，图 11-6 所示为 WPS 演示中内置的 4 种版式。

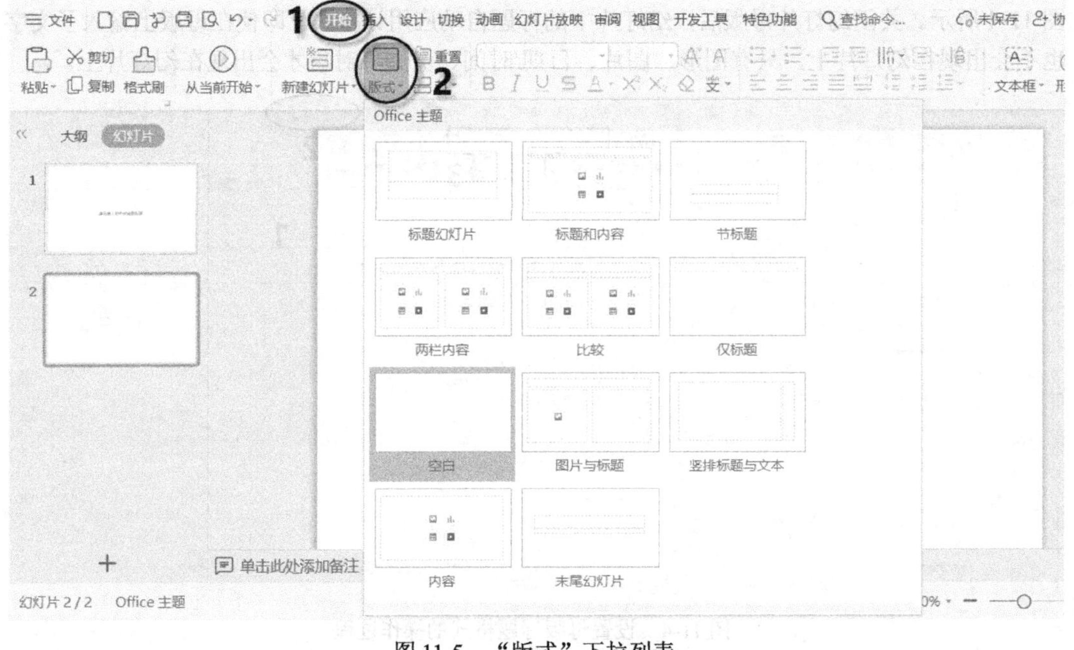

图 11-5 “版式”下拉列表

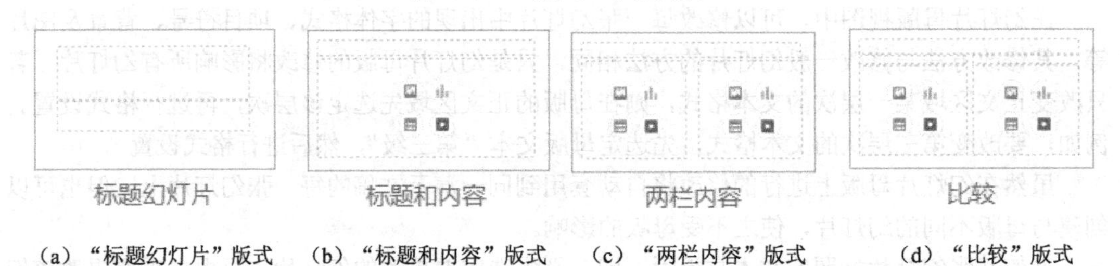

（a）“标题幻灯片”版式　（b）“标题和内容”版式　（c）“两栏内容”版式　（d）“比较”版式

图 11-6 WPS 演示中内置的 4 种版式

2．应用版式

在 WPS 演示中新建空白演示文稿时，第一张幻灯片默认的版式为“标题幻灯片”，添加新的幻灯片后，如果想更改某张或某几张幻灯片的版式，那么先选定要更改版式的幻灯片，然后打开“开始”选项卡，单击“版式”下拉按钮，在打开的下拉列表中选择所需的版式，即可将该版式应用到选定的幻灯片中。

使用幻灯片版式时，注意以下两点。

（1）选择“空白”版式，可以创建富有个性的版式。

（2）在演示文稿的制作过程中，不会始终使用一种版式，根据内容需要选择不同的版式进行制作。

11.1.3 套用幻灯片母版/版式

视频课程

在制作演示文稿之前，通常使用幻灯片母版先统一演示文稿的外观和风格。使用的幻灯片母版既可以是自定义的母版，也可以是套用其他演示文稿的母版。

1. 套用其他演示文稿的母版/版式

步骤 1：打开“设计”选项卡，单击“导入模板”按钮，在弹出的对话框中，选择需要导入的演示文稿，单击“打开”按钮。套用其他演示文稿的母版/版式如图 11-7 所示。

步骤 2：该演示文稿的母版格式将套用到当前演示文稿中，幻灯片中的文本格式、背景、配色方案、版式等都会随之变化。

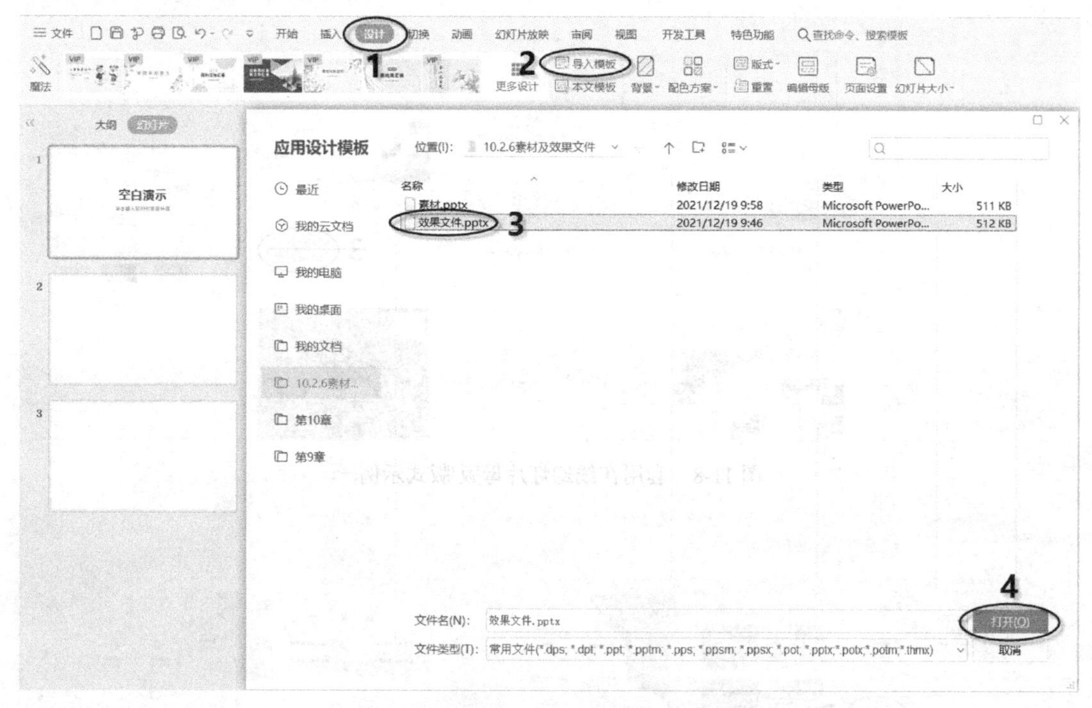

图 11-7　套用其他演示文稿的母版/版式

2. 套用在线幻灯片母版/版式

WPS 演示提供了很多种在线幻灯片母版/版式，在联网情况下，可以套用在线幻灯片母版/版式，方法如下。

方法 1：打开“设计”选项卡，单击“魔法”按钮，随机套用在线幻灯片母版/版式。

方法 2：套用在线幻灯片母版/版式示例一，如图 11-8 所示。打开“设计”选项卡，单击“更多设计”按钮，在弹出对话框的“在线设计方案”中，单击所需方案右下角的“应用风格”按钮，该方案应用到当前演示文稿中。

方法 3：套用在线幻灯片母版/版式示例二，如图 11-9 所示。在幻灯片普通视图中，选定左侧幻灯片窗格中的任意缩略图，单击其右下方的“＋”按钮，在弹出的对话框中单击左侧的“目录页”按钮，选择所需的模板，单击“立即下载”按钮，该模板应用到当前演示文稿中。

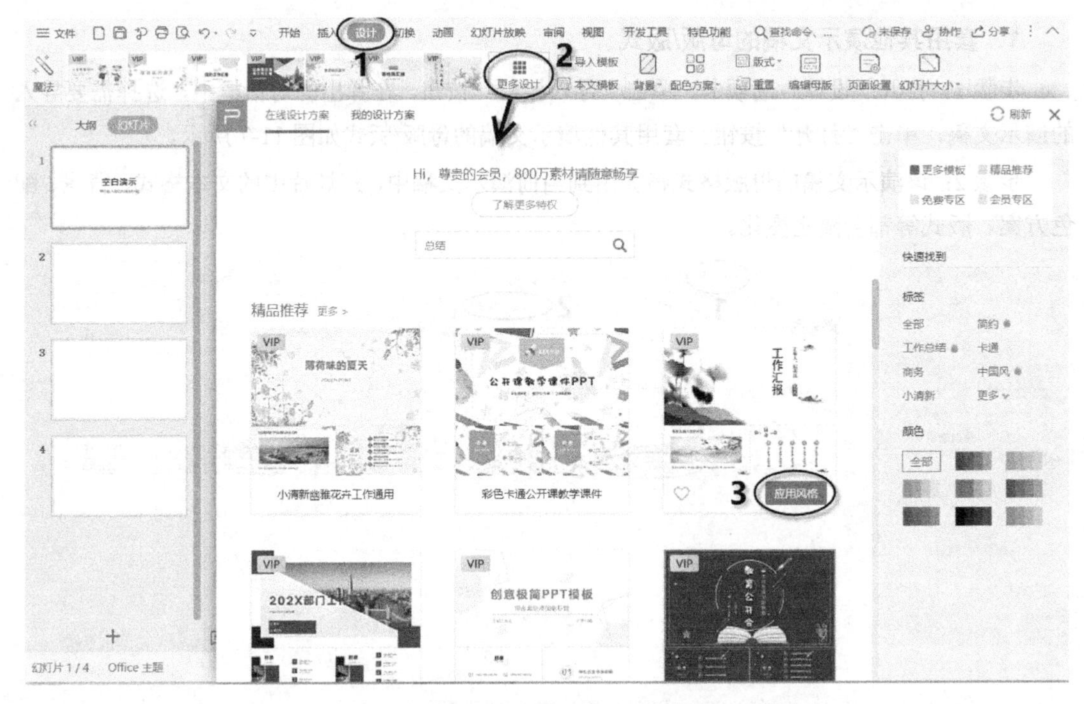

图 11-8　套用在线幻灯片母版/版式示例一

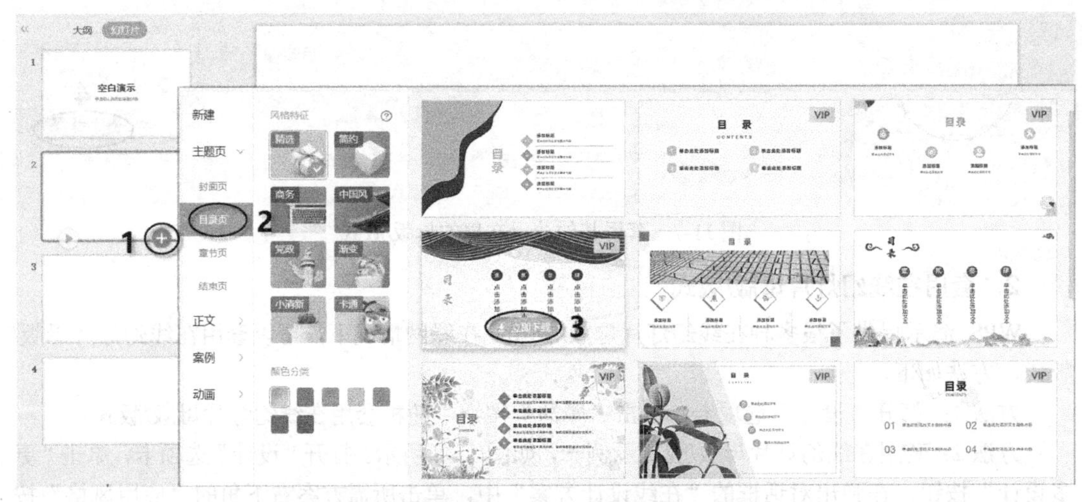

图 11-9　套用在线幻灯片母版/版式示例二

11.2　应用幻灯片配色方案与背景

利用 WPS 演示提供的内置配色方案或在线配色方案，可以一键美化幻灯片、表格、文档等主题颜色，增强演示文稿的感染力。

视频课程

11.2.1　应用幻灯片配色方案

打开“设计”选项卡，单击“配色方案”下拉按钮，在打开的下拉列表框中选择所需的配色方案，或者选择下拉列表框中底部的“更多颜色”选项，打开“主题色”任务窗格，选择所需的主题色。应用幻灯片配色方案的操作过程如图 11-10 所示。

当选择不同的配色方案时，幻灯片的背景、相应的图形、表格等颜色随之发生变化。

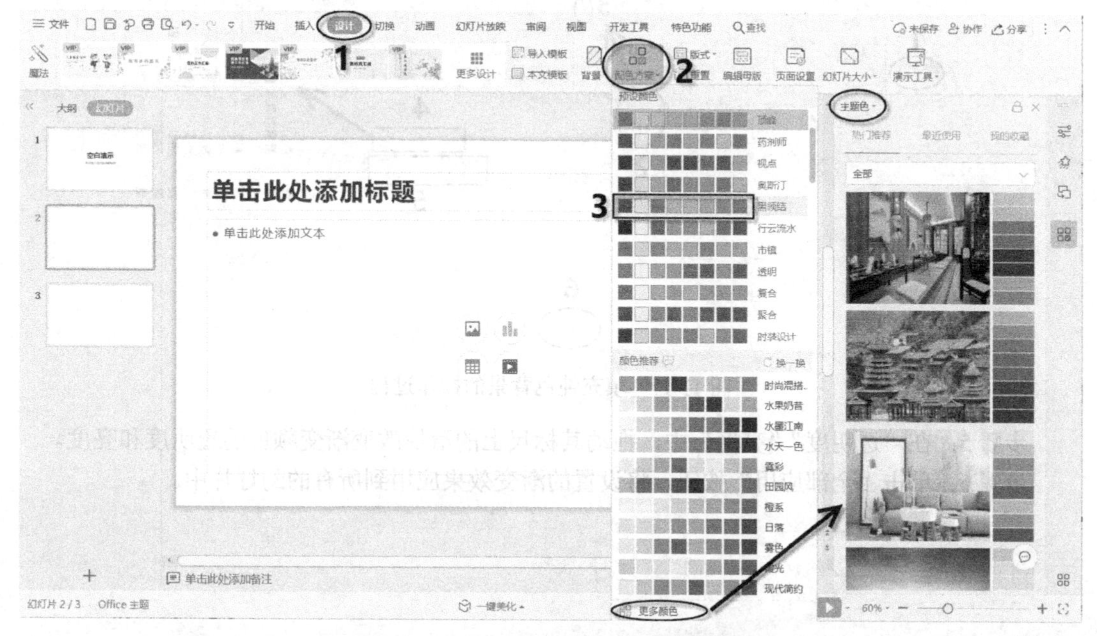

图 11-10　应用幻灯片配色方案的操作过程

11.2.2　应用幻灯片背景

视频课程

为幻灯片添加某一配色方案后，幻灯片的背景颜色会随之发生变化，若背景颜色不能满足用户需求，则可重新填充背景颜色，创建符合需求的背景填充样式。

1．填充纯色背景

步骤 1：打开“设计”选项卡，单击“背景”按钮，打开“对象属性”任务窗格，选中“纯色填充”单选按钮。

步骤 2：单击“颜色”下拉按钮，在打开的颜色面板中选择所需的颜色，或者选择“取色器”对所需的颜色取值并使用，拖动“透明度”标尺中的滑块调整颜色的透明度。填充纯色背景的操作过程如图 11-11 所示。

步骤 3：单击“全部应用”按钮，将设置的颜色应用到所有的幻灯片。

2．填充渐变背景

步骤 1：打开“设计”选项卡，单击“背景”按钮，打开“对象属性”任务窗格，选中“渐变填充”单选按钮，打开渐变编辑选项。填充渐变背景如图 11-12 所示。

步骤 2：在“渐变样式”中选择不同方向和效果的渐变形式。

步骤 3：在“角度”中，单击或者拖动角度盘中的“控制点”调整所需样式的角度，也可以在右侧数值框中输入 0～359.9 之间的角度值。

步骤 4：在“色标颜色”中选择渐变的颜色，单击或拖动色标停止点可改变色标颜色和位置，单击右侧的“增加渐变光圈”按钮 或“删除渐变光圈”按钮 可增减渐变光圈。

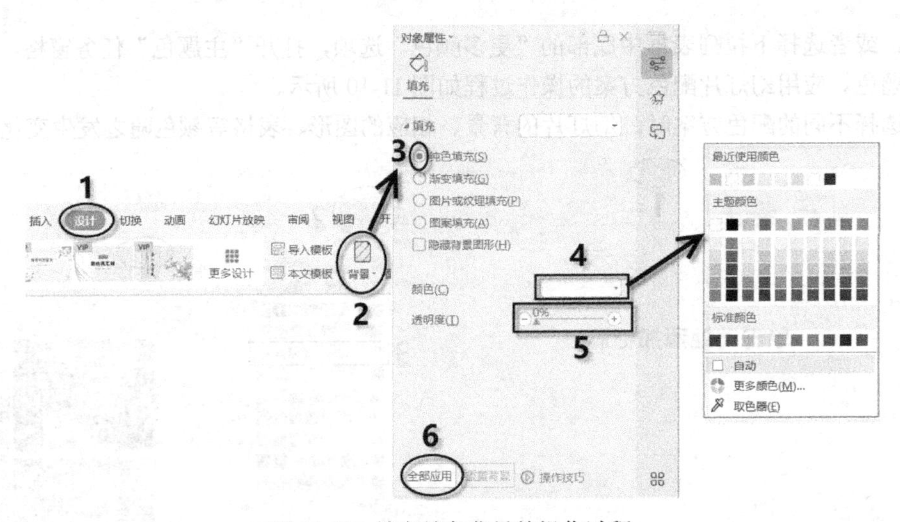

图 11-11　填充纯色背景的操作过程

步骤 5：在“透明度”“亮度”中，拖动其标尺上的滑块改变渐变颜色的透明度和亮度。

步骤 6：单击“全部应用”按钮，将设置的渐变效果应用到所有的幻灯片中。

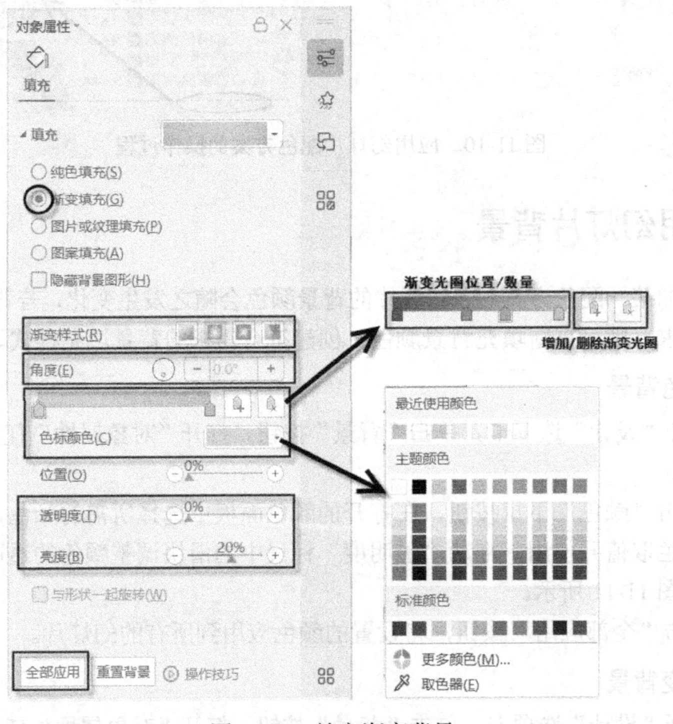

图 11-12　填充渐变背景

3．填充图片或纹理背景

步骤 1：打开“设计”选项卡，单击“背景”按钮，打开“对象属性”任务窗格。选中“图片或纹理填充”单选按钮，打开图片和纹理编辑选项。填充图片或纹理背景如图 11-13 所示。

步骤 2：在“图片填充”下拉列表中选择“本地文件”选项，在弹出的对话框中选择所需图片，单击“打开”按钮，选择的图片作为背景填充到所在的幻灯片。

步骤 3：在“透明度”中，拖动标尺上的滑块调整背景图片的透明度。在“放置方式”下拉列表中选择背景图片的呈现方式。

步骤 4：单击“全部应用”按钮，将设置的图片填充到所有幻灯片。

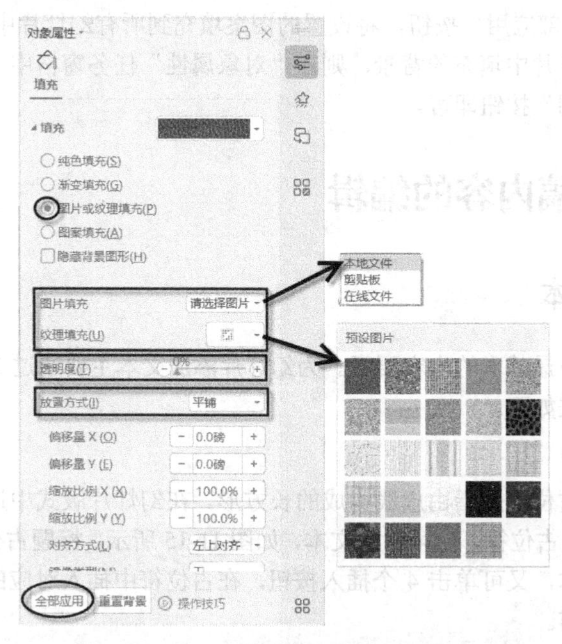

图 11-13　填充图片或纹理背景

4．填充图案背景

步骤 1：打开“设计”选项卡，单击“背景”按钮，打开“对象属性”任务窗格。选中“图案填充”单选按钮，打开图案编辑选项。填充图案背景的操作过程如图 11-14 所示。

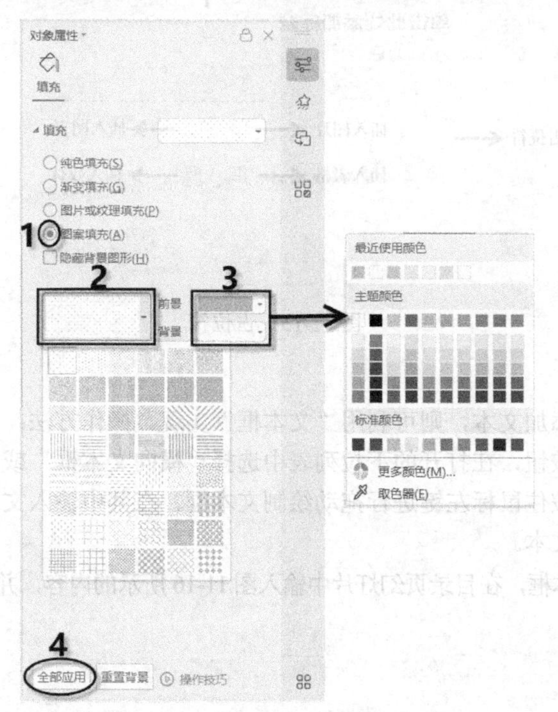

图 11-14　填充图案背景的操作过程

步骤 2：在图案下拉列表中选择图案样式，在“前景”“背景”下拉列表中选择所需的前景色和背景色。

步骤 3：单击“全部应用”按钮，将设置的图案填充到所有幻灯片中。

若要删除所有幻灯片中填充的背景，则在“对象属性”任务窗格中，依次单击窗格下方的“重置背景”“全部应用”按钮即可。

11.3 演示文稿内容的编辑

视频课程

11.3.1 添加文本

文本是演示文稿中最基本的内容要素。为幻灯片添加文本主要通过 2 种途径实现，即占位符和文本框。添加方法如下。

1. 占位符

在普通视图中，占位符是指由虚线构成的长方形。在幻灯片版式中选择含有文本占位符的版式，选定幻灯片中的占位符，便可输入文本，如图 11-15 所示。标题占位符用于输入标题，文本占位符既可输入文本，又可单击 4 个插入按钮，在占位符中插入对应的图片、表格、图表、媒体等不同类型的内容。

占位符也可以调整大小、移动位置、设置边框和填充颜色、添加阴影、设置三维效果等，操作方法与图形的操作方法相同。

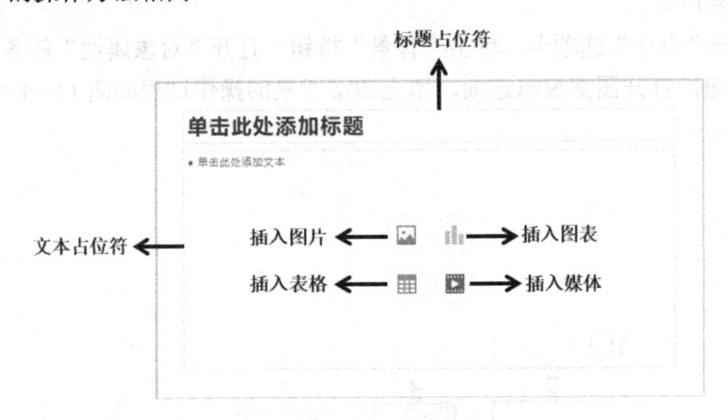

图 11-15　占位符

2. 文本框

若在占位符之外添加文本，则可利用“文本框”实现。操作方法：打开“插入”选项卡，单击“文本框”下拉按钮，在打开的下拉列表中选择“横向文本框”或“竖向文本框”选项，在幻灯片的任意位置按住鼠标左键进行拖动绘制文本框，在其中输入文本即可，或者插入在线文本框，在其中输入文本。

【例 11-1】 利用文本框，在目录页幻灯片中输入图 11-16 所示的内容，并进行相应格式的设置。

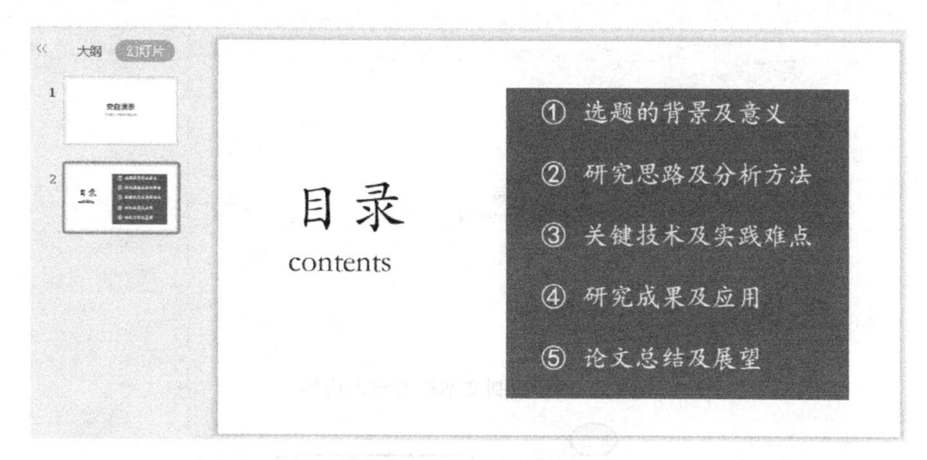

图 11-16　目录页幻灯片

操作步骤如下。

步骤 1：插入空白版式幻灯片。双击桌面上的 WPS Office 图标，在打开的窗口中单击左侧窗格中的“新建”按钮，选择“演示”组件，单击“新建空白文档”按钮，创建一个新的演示文稿。在该演示文稿中打开“开始”选项卡，单击“新建幻灯片”下拉按钮，在打开的下拉列表中选择空白幻灯片，即插入一张空白幻灯片，如图 11-17 所示。

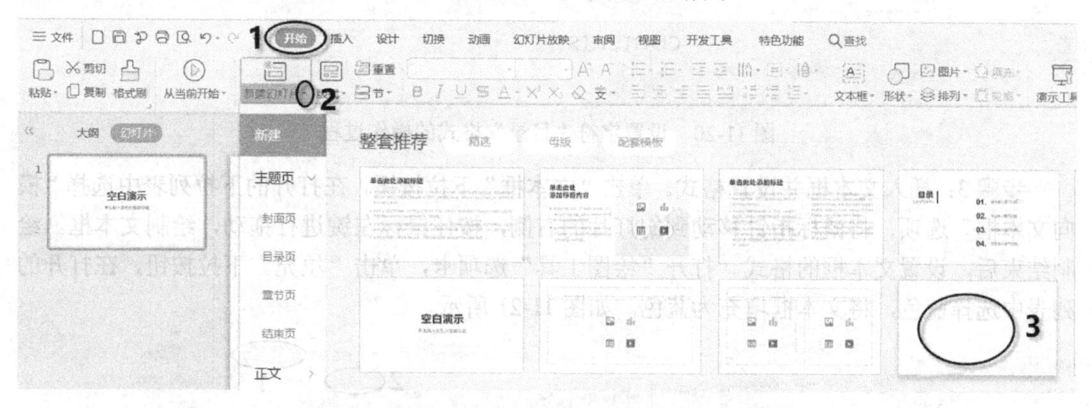

图 11-17　插入一张空白幻灯片

步骤 2：插入文本框，输入内容并设置格式。打开“插入”选项卡，单击“文本框”下拉按钮，在打开的下拉列表中选择“横向文本框”选项。插入横向文本框的操作过程如图 11-18 所示。在幻灯片中按住鼠标左键进行拖动，绘制文本框，输入“目录 contents”。绘制文本框并输入内容如图 11-19 所示。选定字符“contents”，将其设置为华文楷体、字号 44。选定字符“目录”，将其设置为华文楷体、字号 80，字符间距为加宽，3 磅。设置字符“目录”格式的操作过程如图 11-20 所示。

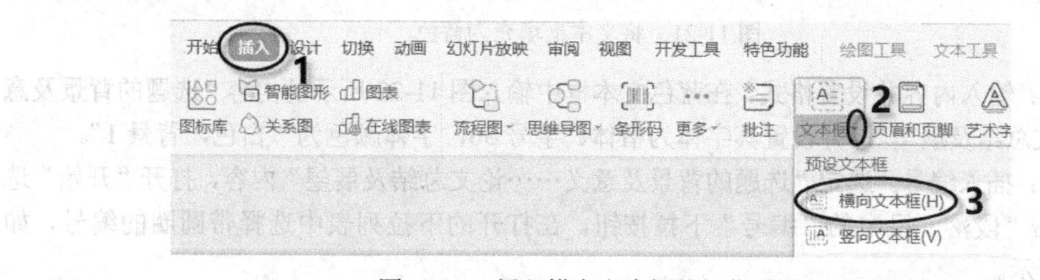

图 11-18　插入横向文本框的操作过程

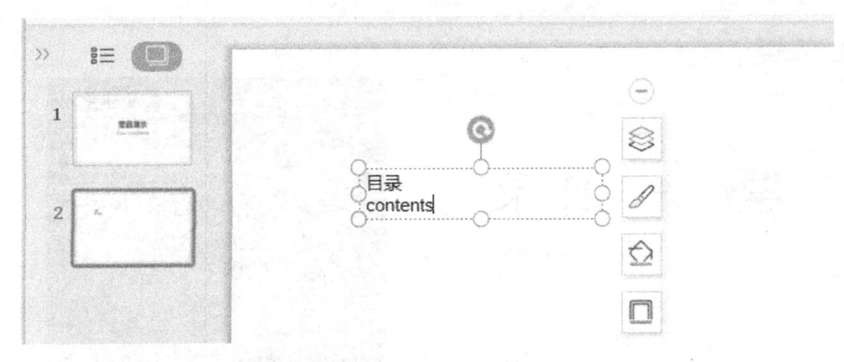

图 11-19　绘制文本框并输入内容

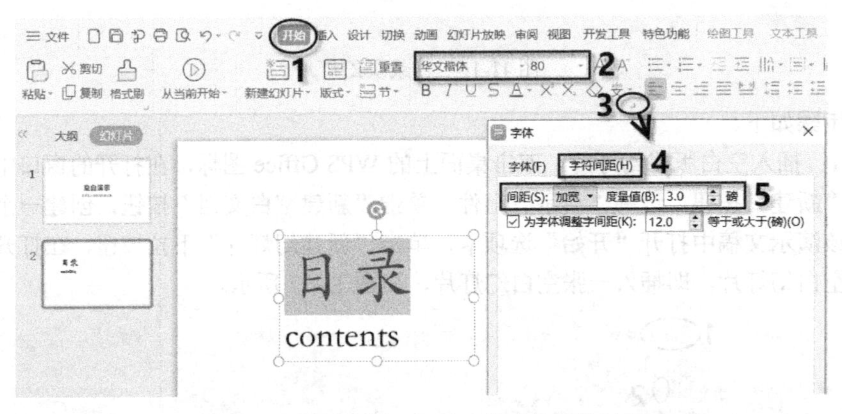

图 11-20　设置字符“目录”格式的操作过程

步骤 3：插入文本框并设置格式。单击“文本框”下拉按钮，在打开的下拉列表中选择“横向文本框”选项，将鼠标指针移动到幻灯片的右侧，按住鼠标左键进行拖动，绘制文本框。绘制结束后，设置文本框的格式。打开“绘图工具”选项卡，单击“填充”下拉按钮，在打开的列表中选择蓝色，将文本框填充为蓝色，如图 11-21 所示。

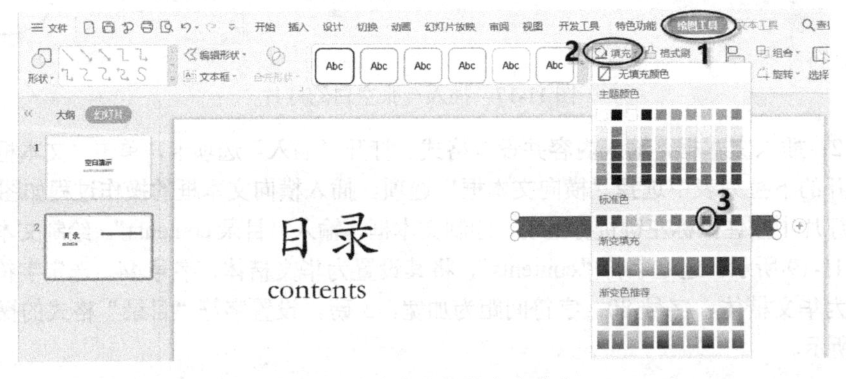

图 11-21　将文本框填充为蓝色

步骤 4：输入内容并设置格式。在蓝色文本框中输入图 11-22 所示的内容“选题的背景及意义……论文总结及展望”，并设置其字体为楷体、字号 36，字体颜色为“白色，背景 1”。

步骤 5：插入编号。选定“选题的背景及意义……论文总结及展望”内容，打开“开始”选项卡，单击“段落”组中的“编号”下拉按钮，在打开的下拉列表中选择带圆圈的编号，如图 11-23 所示。

图 11-22　输入内容并设置格式

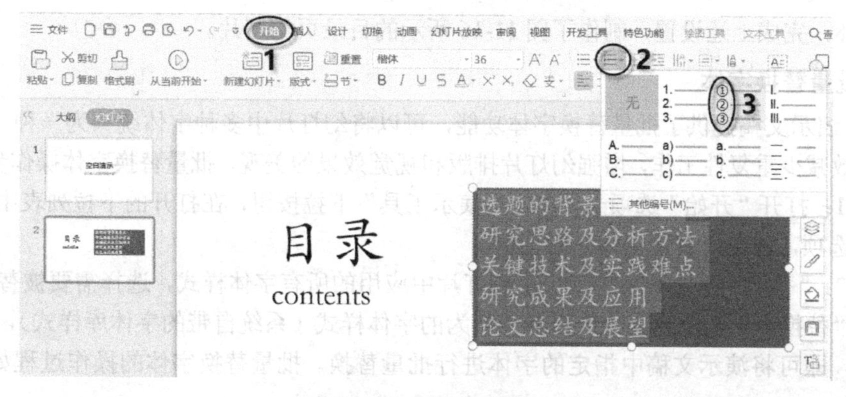

图 11-23　插入编号

步骤 6：设置段落缩进和间距。在选定的文本上右击，在弹出的快捷菜单中选择“段落”命令，弹出“段落”对话框，进行图 11-24 所示的设置。

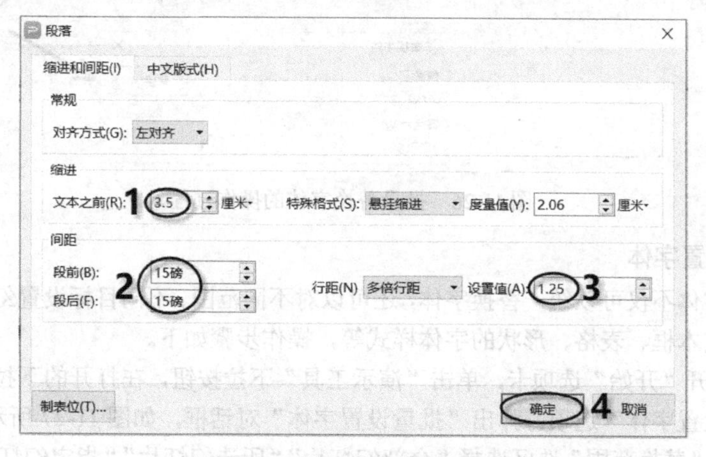

图 11-24　设置段落缩进和间距

步骤 7：设置文本框的大小。选定蓝色文本框，打开“绘图工具”选项卡，在“大小”组中，将高度、宽度分别设置为 15 厘米、17 厘米，如图 11-25 所示。

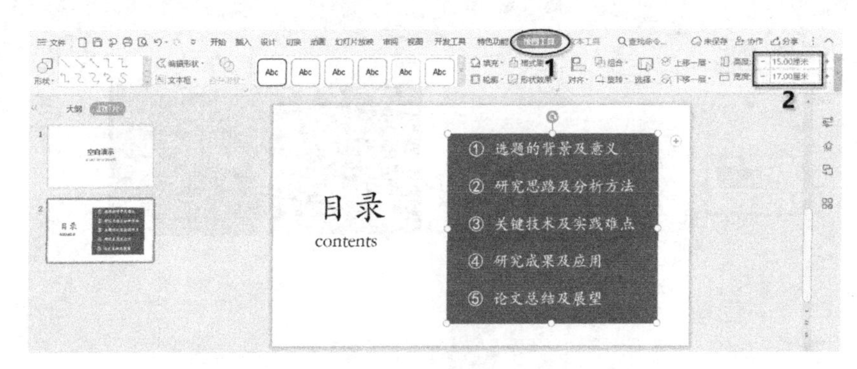

图 11-25　设置文本框的大小

步骤 8：完成上述设置，制作了图 11-16 所示的目录页幻灯片。

视频课程

3. 批量替换字体

WPS 演示文稿提供了批量替换字体功能，可以将幻灯片中多种字体统一为一种字体，有效减少重复性工作，增强幻灯片排版和视觉效果的美观。批量替换字体操作步骤如下。

步骤 1：打开“开始”选项卡，单击“演示工具”下拉按钮，在打开的下拉列表中选择“替换字体”选项，弹出“替换字体”对话框。

步骤 2：“替换”下拉列表中列出了幻灯片中应用的所有字体样式，选择需要被替换的字体样式，在“替换为”下拉列表中选择要替换为的字体样式（系统自带的字体库样式），单击“替换”按钮，即可将演示文稿中指定的字体进行批量替换。批量替换字体的操作过程如图 11-26 所示。

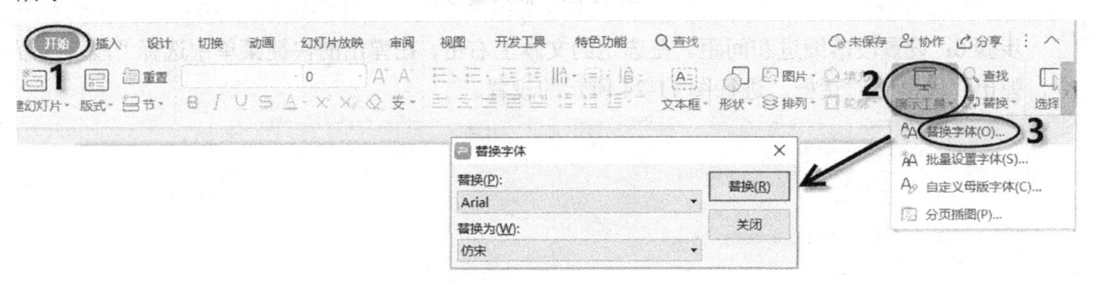

图 11-26　批量替换字体的操作过程

4. 批量设置字体

视频课程

批量设置字体不仅可以统一替换字体，还可以对不同范围、不同目标设置幻灯片标题、正文、文本框、表格、形状的字体样式等，操作步骤如下。

步骤 1：打开“开始”选项卡，单击“演示工具”下拉按钮，在打开的下拉列表中选择“批量设置字体”选项，弹出“批量设置字体”对话框，如图 11-27 所示。

步骤 2：在“替换范围”选区选择“全部幻灯片”“所选幻灯片”“指定幻灯片”中任意一个范围。

步骤 3：在“选择目标”选区选择替换的目标，分为标题、正文、文本框、表格、形状 5 种类型，可选择多个目标类型。

步骤 4：在“设置样式”选区设置幻灯片的字体格式，包括字体、字号、加粗、下画线、斜体、字色。勾选“中文字体”和“西文字体”复选框，可以对中、西字体同时设置。

步骤 5：设置完成后，单击“确定”按钮即可。

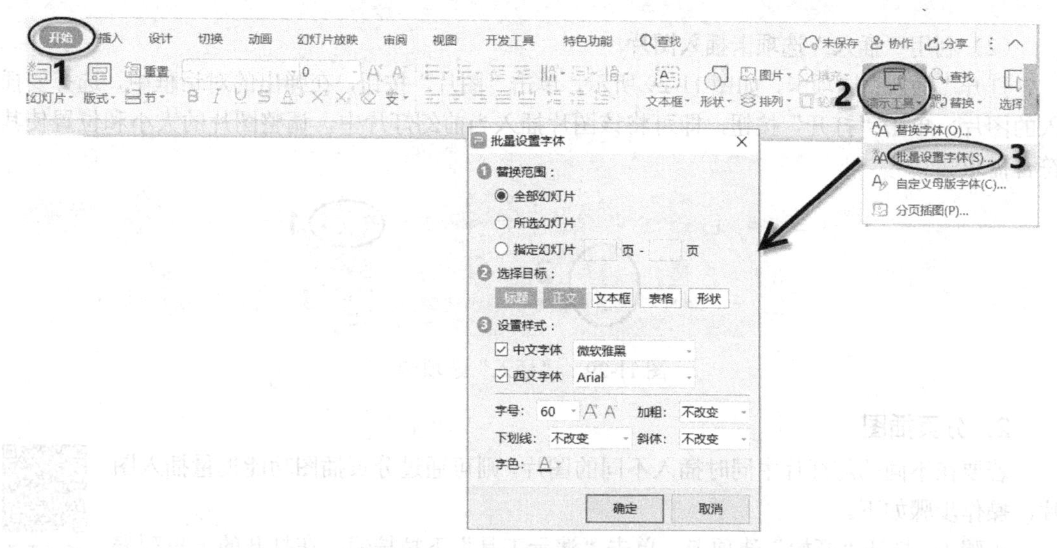

图 11-27 “批量设置字体”对话框

11.3.2　插入图片和形状

在幻灯片中插入图片和形状不仅可以增强文字的易读性、有效表达观点，还可以起到美化幻灯片、增加内容表现力的作用。

1．插入图片

在 WPS 演示中插入图片主要有 2 种方法，一是利用图片占位符，二是利用“插入”选项卡中的对应按钮。

（1）利用图片占位符插入图片。

打开“开始”选项卡，单击“版式”下拉按钮，在打开的下拉列表中选择一种带有图片占位符的版式，这里选择“标题和内容”版式，该版式被应用到当前幻灯片中。插入带有图片占位符版式的操作过程如图 11-28 所示。单击其中的“插入图片”按钮，在弹出的对话框中选定要插入的图片，单击“打开”按钮，即可将该图片插入当前幻灯片中。

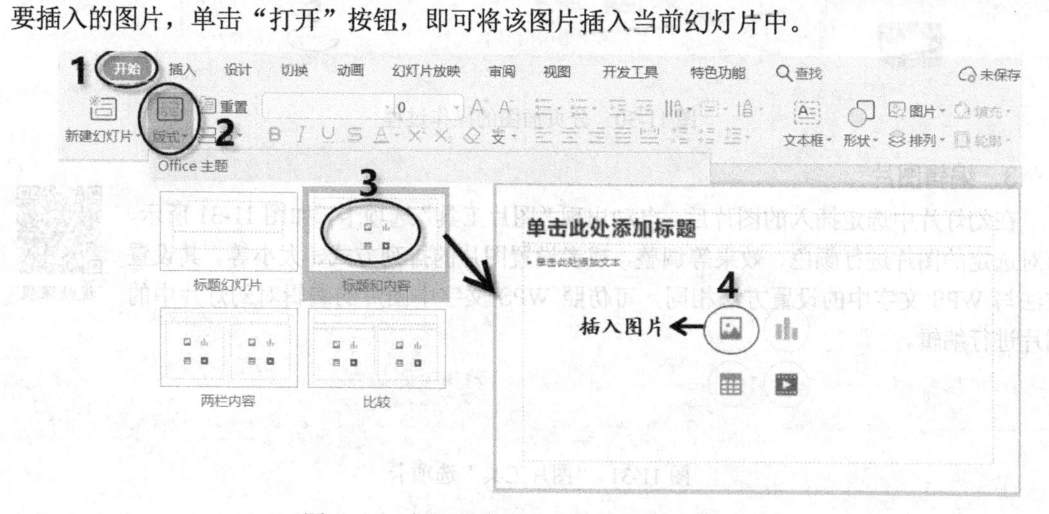

图 11-28　插入带有图片占位符版式的操作过程

（2）利用“插入”选项卡插入图片。

打开“插入”选项卡，如图 11-29 所示，单击“图片”按钮，在弹出的对话框中，选择要插入的图片，单击“打开”按钮，即可将该图片插入当前幻灯片中，调整图片的大小和位置使其符合需求。

图 11-29 “插入”选项卡

2. 分页插图

视频课程

若要在不同的幻灯片中同时插入不同的图片，则可通过分页插图功能批量插入图片，操作步骤如下。

步骤 1：打开“开始”选项卡，单击“演示工具”下拉按钮，在打开的下拉列表中选择“分页插图”选项，弹出“分页插入图片”对话框。

步骤 2：按住 Ctrl 键，选定要插入的多张图片，单击“打开”按钮，即可将选定图片依次插入每张幻灯片中。分页插图的操作过程如图 11-30 所示。

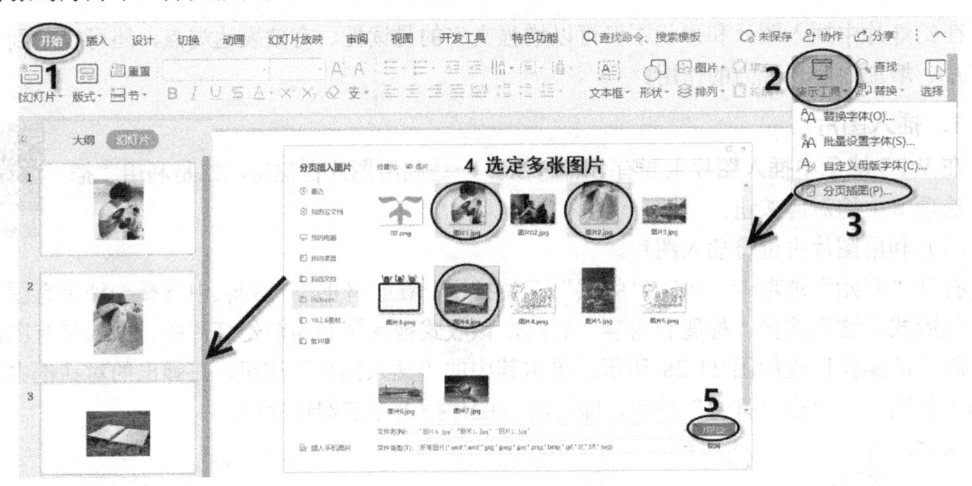

图 11-30 分页插图的操作过程

3. 编辑图片

视频课程

在幻灯片中选定插入的图片后，自动出现“图片工具”选项卡，如图 11-31 所示，可对选定的图片进行颜色、效果等调整，或者设置图片的排列方式、大小等。其设置方法与 WPS 文字中的设置方法相同，可仿照 WPS 文字中图片的编辑对幻灯片中的图片进行编辑。

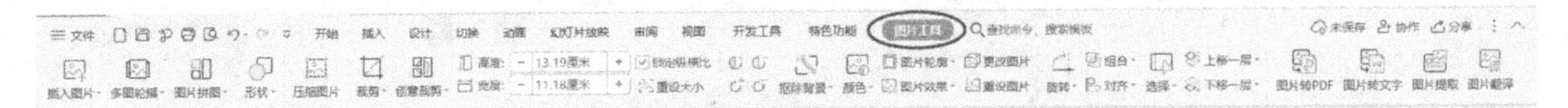

图 11-31 “图片工具”选项卡

设置图片边框：选定幻灯片中要设置边框的图片，打开“图片工具”选项卡，单击“图片轮廓”下拉按钮，在打开的下拉列表中选择图片边框的颜色，如“绿色”，边框粗细设置为 2.25

磅，如图 11-32 所示。

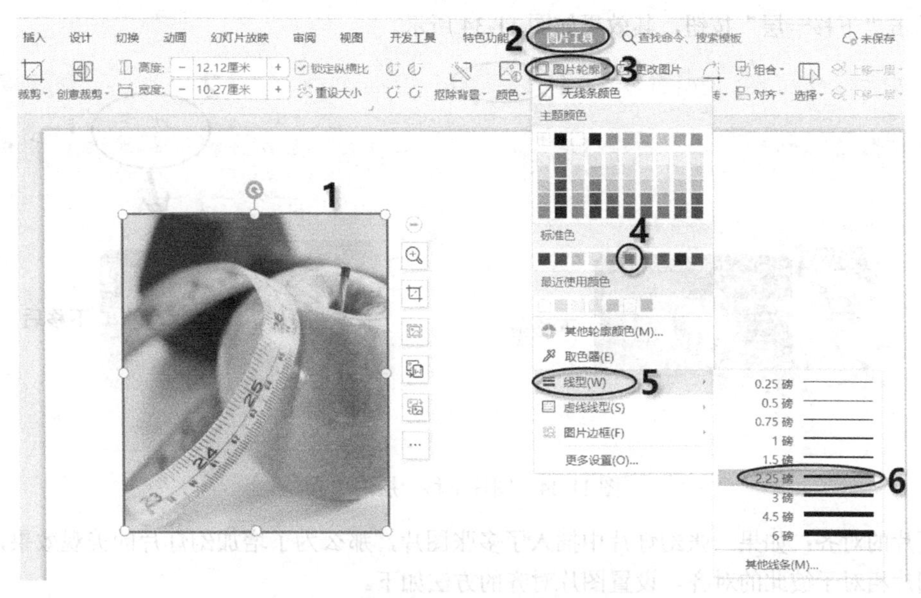

图 11-32　设置图片边框

设置图片效果：选定幻灯片中要设置效果的图片，打开“图片工具”选项卡，单击“图片效果”下拉按钮，在打开的下拉列表可为图片设置阴影、倒影、发光、柔化边缘、三维旋转等效果，如选择“矢车菊蓝，8pt 发光，着色 1”效果，如图 11-33 所示。

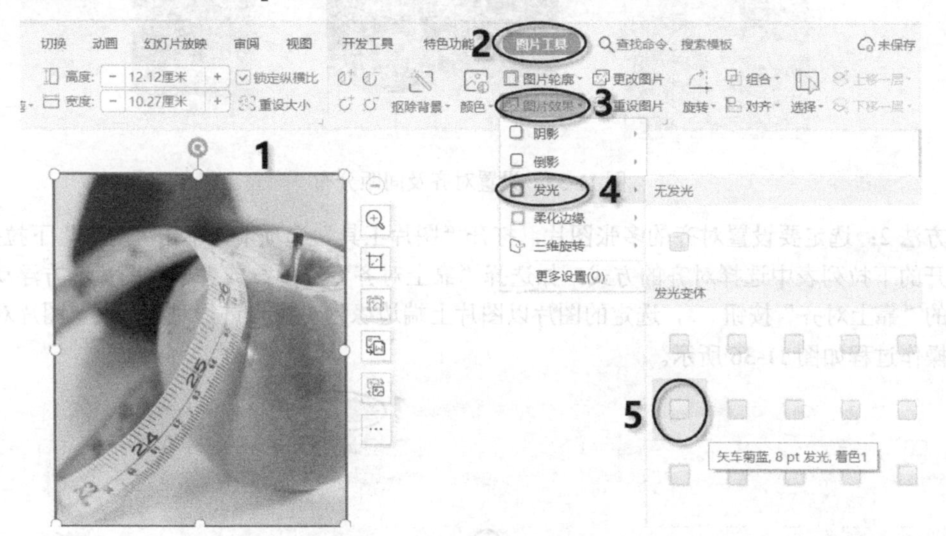

图 11-33　设置图片效果

移动图片：将鼠标指针移动到图片上，当鼠标指针变为形状时，按住鼠标左键进行拖动，在目标位置释放鼠标左键，可将图片移动到新的位置。

旋转图片：将鼠标指针移动到图片上方的控点上，当鼠标指针变为形状时，按住鼠标左键进行拖动，可旋转图片。

设置图片的顺序：如果插入的多张图片重叠在一起，那么就需要调整图片的显示顺序。调整图片显示顺序的方法为：选定需要调整显示顺序的图片，打开“图片工具”选项卡，单击“上移一层”按钮，可将选定的图片上移一层；单击“下移一层”按钮，可将选定的图片下移一层，本例单击“下移一层”按钮，其效果如图 11-34 所示。

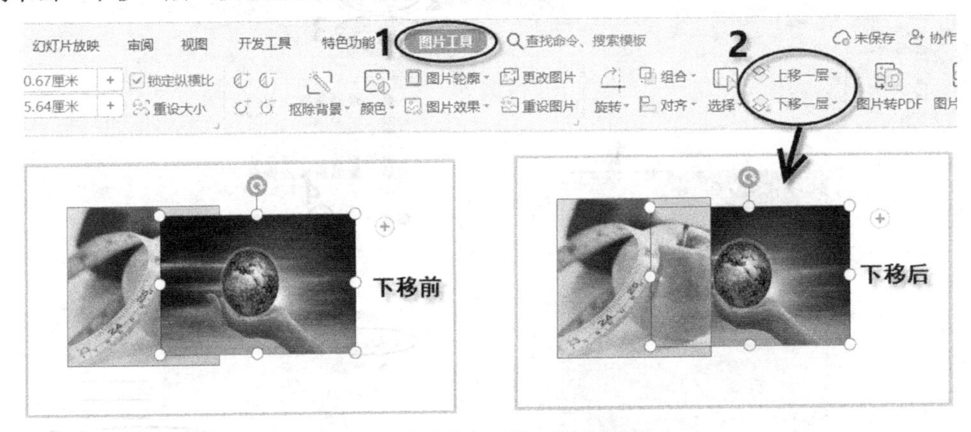

图 11-34　图片下移一层的效果

图片的对齐：如果一张幻灯片中插入了多张图片，那么为了增加幻灯片的美观效果，可以设置图片相对于彼此的对齐。设置图片对齐的方法如下。

方法 1：拖动单个图片并根据参考线设置对齐及间距分布，如图 11-35 所示。

图 11-35　设置对齐及间距分布

方法 2：选定要设置对齐的多张图片，打开“图片工具”选项卡，单击“对齐”下拉按钮，在打开的下拉列表中选择对齐的方式，如选择“靠上对齐”选项，或者单击图片上方浮动工具条中的“靠上对齐”按钮，选定的图片以图片上端边缘为对齐点进行对齐。设置图片对齐方式的操作过程如图 11-36 所示。

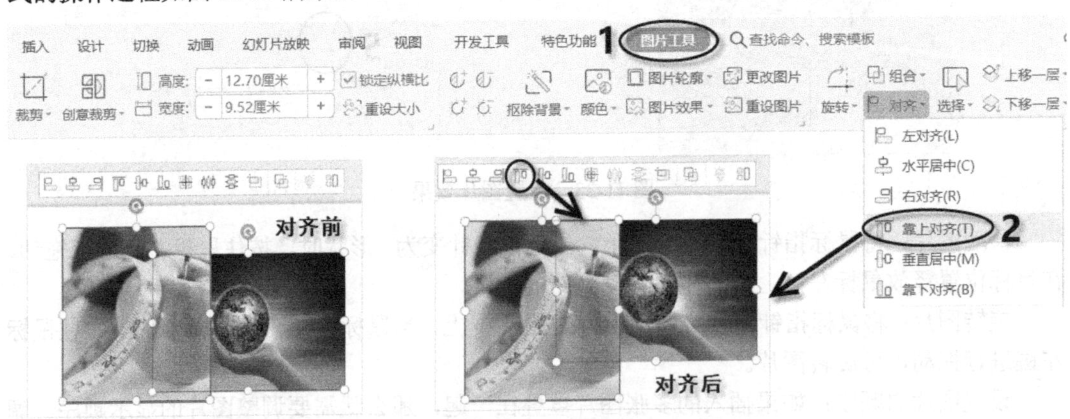

图 11-36　设置图片对齐方式的操作过程

图片拼图：选定要拼图的图片，单击图片上方浮动工具条中的“图片拼图”按钮，打开“拼图样式”下拉列表，选择拼图的样式并单击，则选定的图片按照选择的样式进行拼图，如图 11-37 所示。

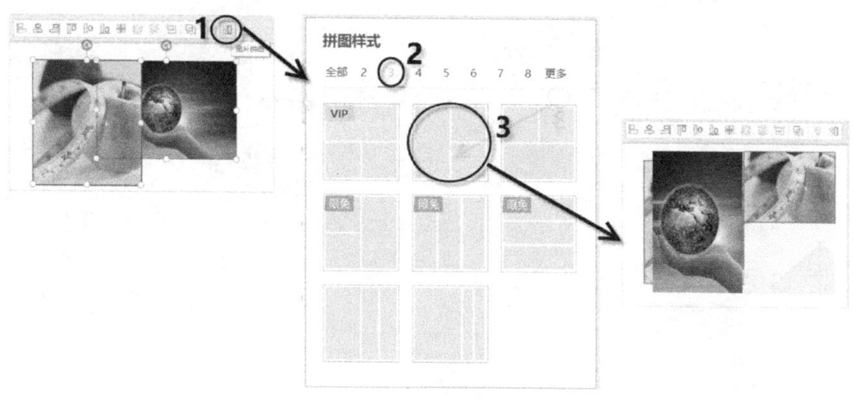

图 11-37　图片拼图

图片的组合：如果一张幻灯片中插入了多张图片，那么可以将这些图片组合成一个整体，组合后的图片既可作为整体统一调整，又可以单独编辑单张图片。设置图片的组合方法：按 Ctrl 键，选定要组合的多张图片，打开“图片工具”选项卡，单击“组合”下拉按钮，在打开的下拉列表中选择“组合”选项，或者单击选定图片上方浮动工具条中的“组合”按钮，即可将选定的多张图片组合为一个整体。设置图片的组合如图 11-38 所示。

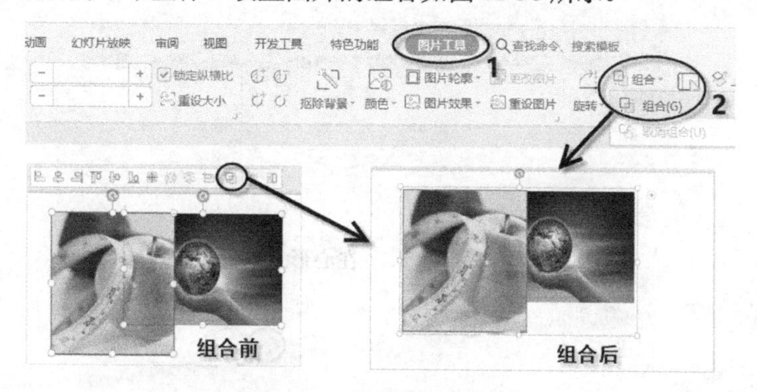

图 11-38　设置图片的组合

若要取消图片的组合，则选择图 11-38 中下拉列表中的“取消组合”选项即可。

4．插入形状

WPS 演示中内置了多种形状，使用内置的形状可以在幻灯片中绘制多种类型的形状，如线条、矩形、基本形状、箭头总汇、星与旗帜等。将不同的形状进行排列、组合可以表达不同的逻辑关系。在幻灯片中插入形状的方法与 WPS 文字中的插入方法相同，可仿照 WPS 文字中形状的编辑对幻灯片中的形状进行编辑。

视频课程

（1）绘制形状。

步骤 1：在左侧幻灯片窗格中，选定要插入形状的幻灯片。打开“插入”选项卡，单击“形状”下拉按钮，在打开的下拉列表中选择要插入的形状，如选择“心形”。

步骤 2：在幻灯片中按住鼠标左键进行拖动，即可绘制出相应的形状。绘制形状的操作过程如图 11-39 所示。

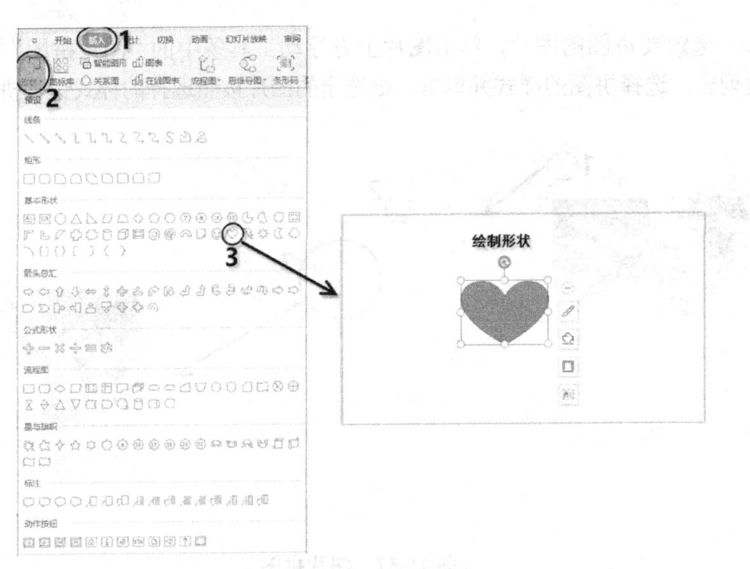

图 11-39 绘制形状的操作过程

步骤 3：如果要无限次绘制多个心形，那么在“形状”下拉列表的“心形”上右击，在弹出的快捷菜单中选择“锁定绘图模式”命令，如图 11-40 所示。此时，该形状被锁定，可进行多次绘制。完成绘制后，再次单击“心形”退出绘制。

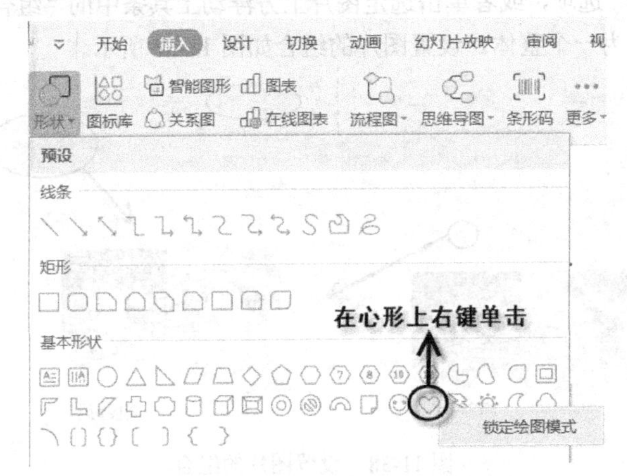

图 11-40 “锁定绘图模式”命令

（2）连接符的应用。

若将多个形状连接起来，则通常使用形状中的连接符进行连接。例如，将图 11-41 所示的 4 个矩形中用连接符连接起来，操作步骤如下。

图 11-41 矩形

步骤 1：打开“插入”选项卡，单击“形状”下拉按钮，在打开的下拉列表中，在“线条”中的“箭头”上右击，在弹出的快捷菜单中选择“锁定绘图模式”命令。锁定“箭头”的绘图模式如图 11-42 所示。该形状被锁定，可以无限次绘制。

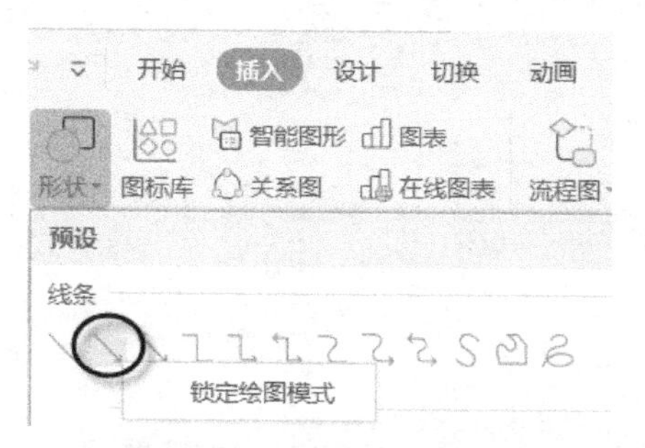

图 11-42　锁定“箭头”的绘图模式

步骤 2：将鼠标指针移动到第 1 个矩形上，图形上自动出现连接黑点。绘制连接线如图 11-43 所示。以黑点为起始点，按住鼠标左键进行拖动绘制箭头至第二个矩形的黑点上，松开鼠标左键。按照相同方法绘制第 2、3、4 个矩形间的连接符。

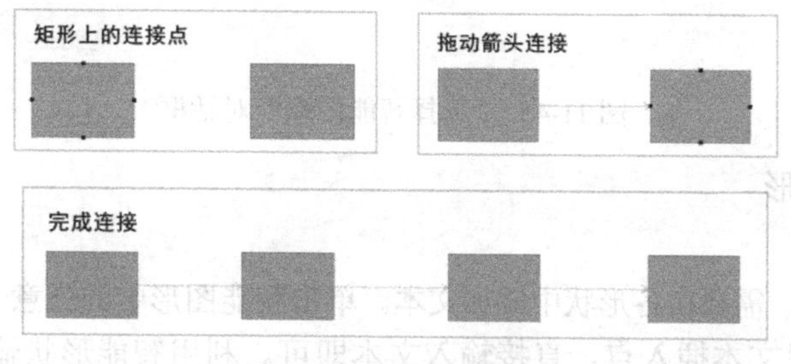

图 11-43　绘制连接线

步骤 3：连接符绘制结束后，在“插入”选项卡的“形状”下拉列表中，再次单击“箭头”退出连接符的绘制。

（3）设置形状格式。

选定需要设置格式的形状，自动出现“绘图工具”和“文本工具”选项卡，如图 11-44 所示，利用这 2 个选项卡，可以对选定的形状填充颜色，设置轮廓颜色、形状效果、形状样式等。

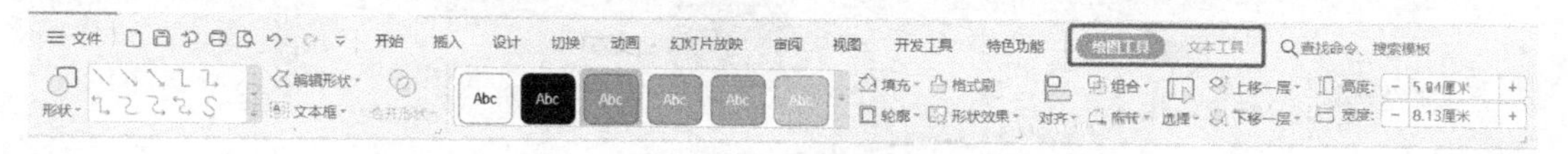

图 11-44　“绘图工具”和“文本工具”选项卡

11.3.3　插入智能图形

智能图形是信息和观点的视觉表现形式，它可以表明一个循环过程、一个操作流程或一种层次关系，用简单、直观的方式表现复杂的内容，使幻灯片内容更加生动形象。

1．插入智能图形的步骤

打开“插入”选项卡，单击“智能图形”按钮，弹出“选择智能图形”对话框，如图 11-45 所示。在该对话框的左侧窗格中选择智能图形的类型；在中间列表框中选择所需的智能图形样式；在右侧窗格中显示所选样式预览效果及其说明信息。单击“插入”按钮，即可插入所选的智能图形。

视频课程

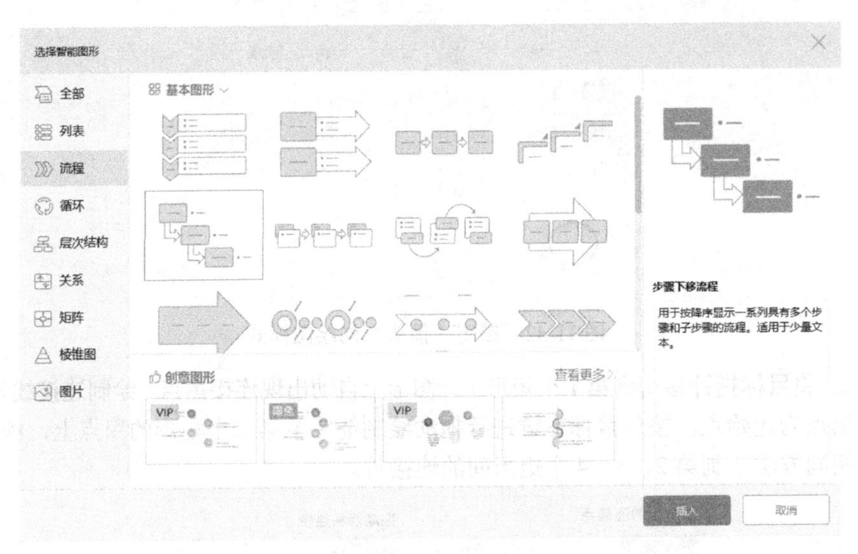

图 11-45 “选择智能图形”对话框

2．编辑智能图形

（1）输入文本。

插入智能图形后，需要在各形状中添加文本。单击智能图形中的任意一个形状，此时在该形状中出现文本插入点，直接输入文本即可。利用智能形状输入文本如图 11-46 所示。

图 11-46 利用智能形状输入文本

（2）添加形状。

方法 1：选定需要添加形状最近位置的现有形状，在选定形状的右侧出现纵向排列的快捷按钮，单击“添加项目”按钮，在打开的操作面板中选择添加项目的位置，本例选择“在前面添加项目”。在所选形状前添加形状示例一如图 11-47 所示。

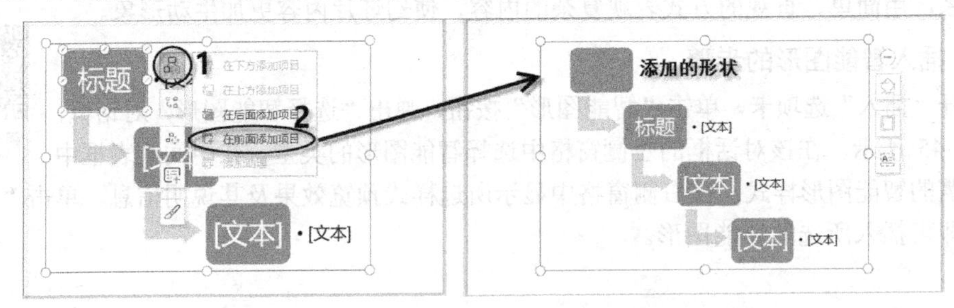

图 11-47 在所选形状前添加形状示例一

方法 2：选定需要添加形状最近位置的现有形状，打开“设计”选项卡，单击“添加项目”下拉按钮，在打开的下拉列表中选择所需的选项，本例选择“在前面添加项目”，则在所选形状之前添加了形状。在所选形状前添加形状示例二如图 11-48 所示。

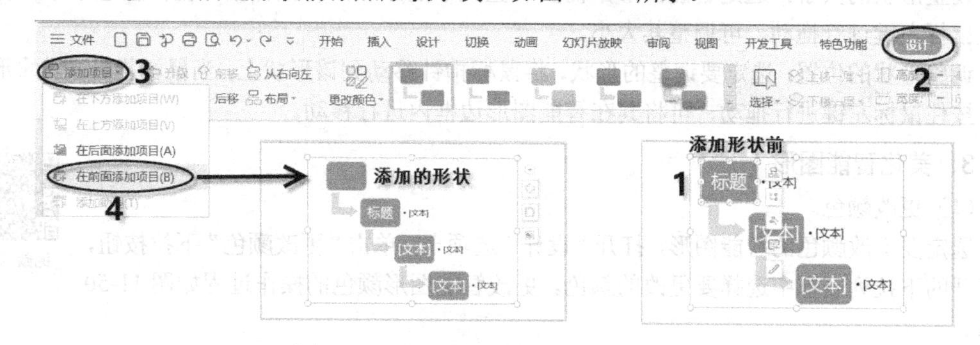

图 11-48　在所选形状前添加形状示例二

（3）删除形状。

选定智能图形中需要删除的形状，按 Delete 键即可将其删除。若删除的是智能图形中的 1 级形状，则第一个 2 级形状自动提升为 1 级。

（4）调整形状级别。

上升或下降一级：选定需要上升或下降一级的形状，打开“设计”选项卡，单击“升级”或“降级”按钮，将选定的形状级别上升或下降一级，本例单击“升级”按钮，或者在选定形状右侧纵向排列的快捷按钮中选择“更改位置”→“升级”选项。设置所选形状级别上升一级如图 11-49 所示。

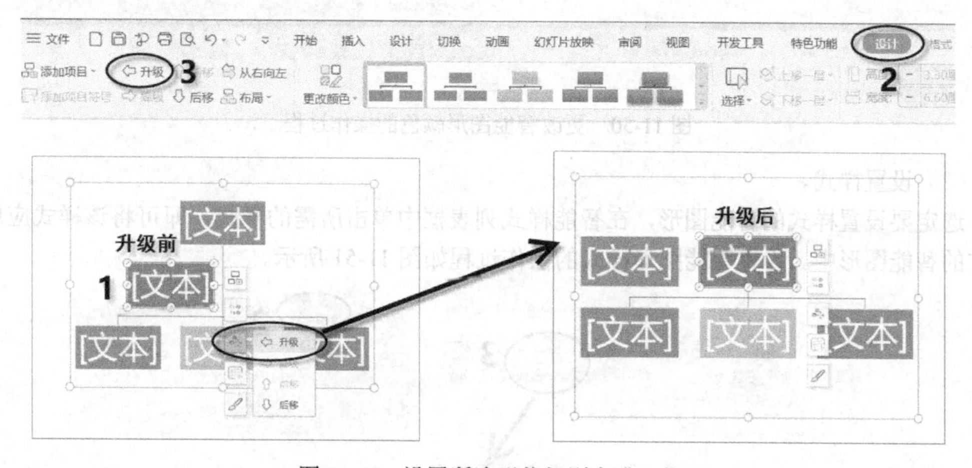

图 11-49　设置所选形状级别上升一级

前移或后移一级：选定需要前移或后移一级的形状，打开“设计”选项卡，单击“前移”或“后移”按钮，将选定形状前移或后移一级。

（5）调整位置和大小。

调整智能图形的位置：选定智能图形，将鼠标指针移动到智能图形四周的边框线上，当鼠标指针变为形状时，按住鼠标左键进行拖动，在目标位置释放鼠标左键，即可将其移动到新的位置。

调整智能图形的大小：选定智能图形，图形的周围会出现 8 个控点，将鼠标指针指向任意一个控点，按住鼠标左键进行拖动，可调整智能图形的大小。

精确调整智能图形的大小：选定智能图形，打开“设计”选项卡，在“高度”和“宽度”数值框中输入具体的数值，可精确调整其大小。

调整形状的大小：选定智能图形中需要调整大小的形状，将鼠标指针指向任意一个控点，按住鼠标左键进行拖动，可调整其大小。

调整形状的位置：选定要调整的形状，将鼠标指针移动到该形状上，当鼠标指针变为✥形状时，按住鼠标左键进行拖动，可将其在智能图形边框内进行移动。

3. 美化智能图形

（1）更改颜色。

选定要更改颜色的智能图形，打开“设计”选项卡，单击“更改颜色”下拉按钮，在打开的下拉列表框中选择要更改的颜色。更改智能图形颜色的操作过程如图 11-50 所示。

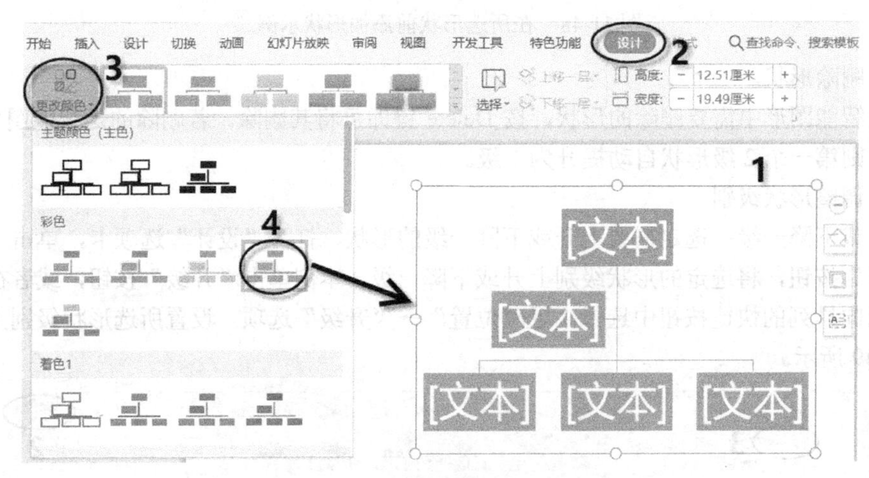

图 11-50　更改智能图形颜色的操作过程

（2）设置样式。

选定要设置样式的智能图形，在智能样式列表框中单击所需的样式，即可将该样式应用到选定的智能图形中。设置智能图形样式的操作过程如图 11-51 所示。

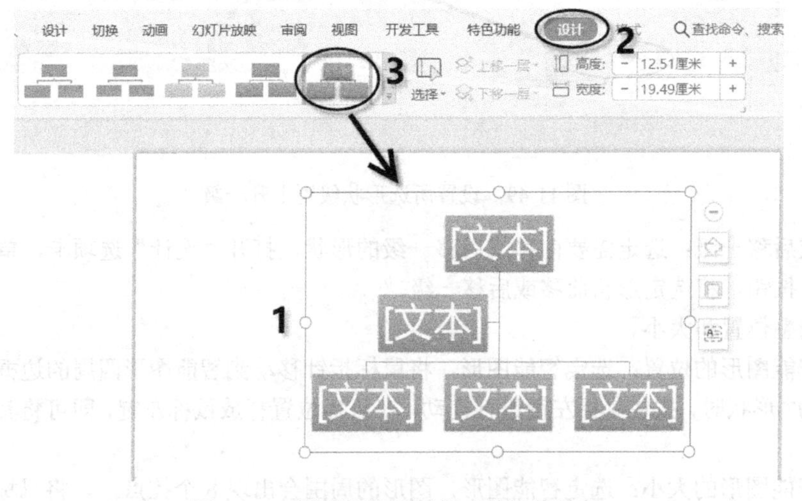

图 11-51　设置智能图形样式的操作过程

11.3.4　插入表格

在 WPS 演示文稿中插入表格主要有 2 种方法，一是利用表格占位符，二是利用“插入”选项卡。

1．利用占位符插入表格

在幻灯片的内容框中，单击占位符中的“插入表格”按钮，弹出“插入表格”对话框，如图 11-52 所示。在该对话框的“行数”和“列数”数值框中输入表格的行数和列数，单击“确定”按钮，在当前幻灯片中插入一个 6 行 5 列的表格。

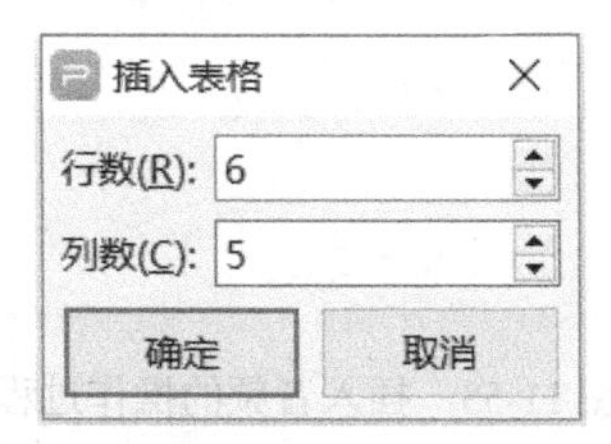

图 11-52　“插入表格”对话框

2．利用“插入”选项卡插入表格

在需要插入表格的幻灯片中，打开“插入”选项卡，单击“表格”下拉按钮，在打开的下拉列表中可以利用表格列表、插入表格和插入内容型表格 3 种方式插入表格，其插入方法和 WPS 文字中的操作方法相同，可按照 WPS 文字中插入表格的方法在幻灯片中插入表格。

3．表格的编辑和美化

在幻灯片中插入表格后，会自动出现“表格工具”和“表格样式”选项卡，利用这 2 个选项卡，可对表格进行编辑和美化，其操作方法与 WPS 文字中的操作方法相同，在此不再赘述。

11.3.5　插入音频

在幻灯片中添加音频作为背景音乐，在放映时既可以自动播放、单击鼠标播放，或者循环播放直至停止放映，丰富了演示文稿的内容，使演示文稿更加生动形象、富有感染力。

1．插入音频的步骤

步骤 1：在左侧幻灯片窗格中，选定要插入音频的幻灯片。

步骤 2：打开“插入”选项卡，单击“音频”下拉按钮，在打开的下拉列表中根据需要选择“嵌入音频”“链接到音频”“嵌入背景音乐”“链接背景音乐”。插入音频的操作过程如图 11-53 所示。

步骤 3：在弹出的对话框中，选择要插入的音频，单击“打开”按钮，此时幻灯片中出现声音图标和声音工具栏，如图 11-54 所示，表明已插入音频。

步骤 4：拖动声音图标可将插入的声音移动到其他位置，选定声音图标，单击声音工具栏中的“播放/暂停”按钮，可在幻灯片上预览插入的音频。

步骤 5：若要删除插入的音频，则只需在幻灯片中选定声音图标，按 Delete 或 Backspace 键，即可将其删除。

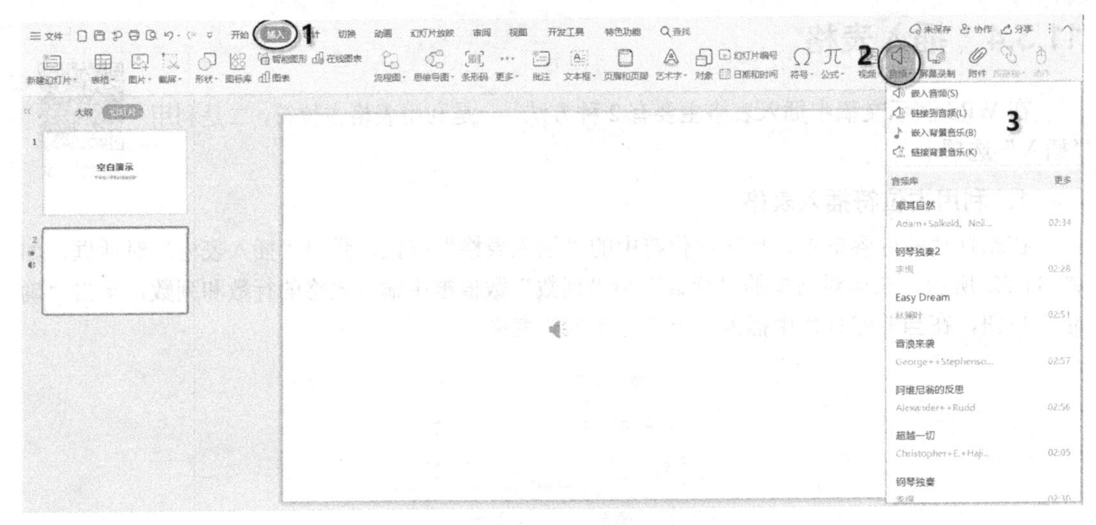

图 11-53　插入音频的操作过程

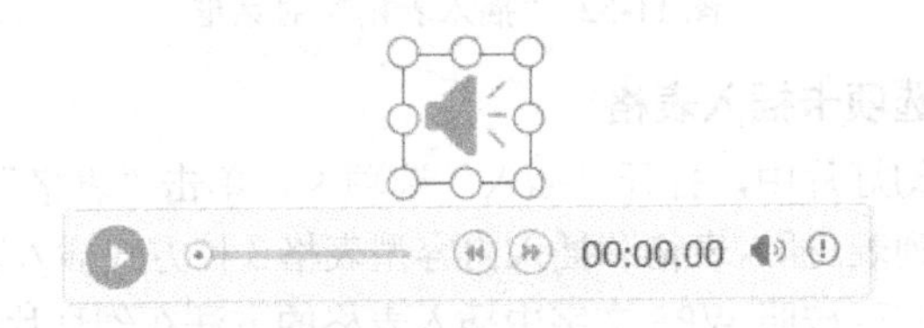

图 11-54　声音图标和声音工具栏

在幻灯片中插入“嵌入音频”与“链接到音频”的区别主要是数据的存储位置不同。

嵌入音频：嵌入幻灯片中的音频成为演示文稿的一部分，当演示文稿在其他设备中播放时，嵌入的音频可以正常播放。

链接到音频：链接到幻灯片中的音频存储在源文件的位置，当演示文稿在其他设备中播放时，需要将链接的音频一起复制到其他设备中，否则无法播放链接的音频。

2．裁剪音频

为了获取所需的音频，有时需要对其进行裁剪。裁剪方法：选定声音图标，打开“音频工具”选项卡，单击“裁剪音频”按钮，如图 11-55 所示，弹出“裁剪音频”对话框，如图 11-56 所示。拖动中间滚动条两端的绿色或红色滑块裁剪音频的开头或结尾处，或者在“开始时间”数值框中输入音频播放开始的时间，在“结束时间”数值框中输入音频播放结束的时间。

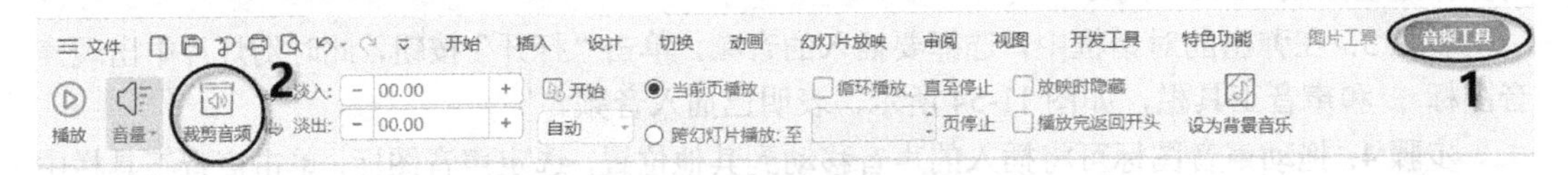

图 11-55　“裁剪音频”按钮

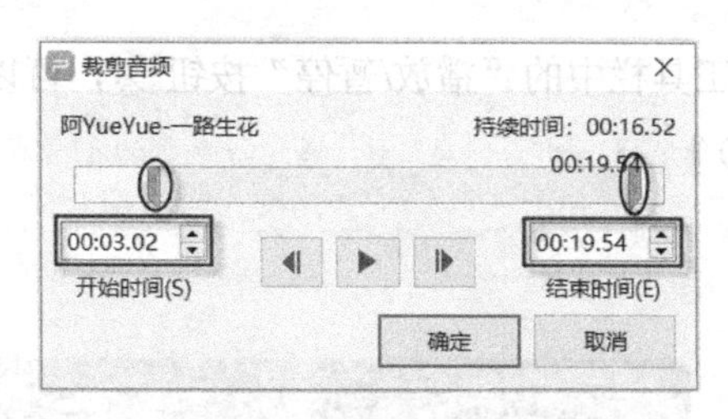

图 11-56 “裁剪音频”对话框

视频课程

3. 设置音频播放方式

打开“音频工具”选项卡，可设置音频播放的不同方式，如图 11-57 所示，各项含义如下。

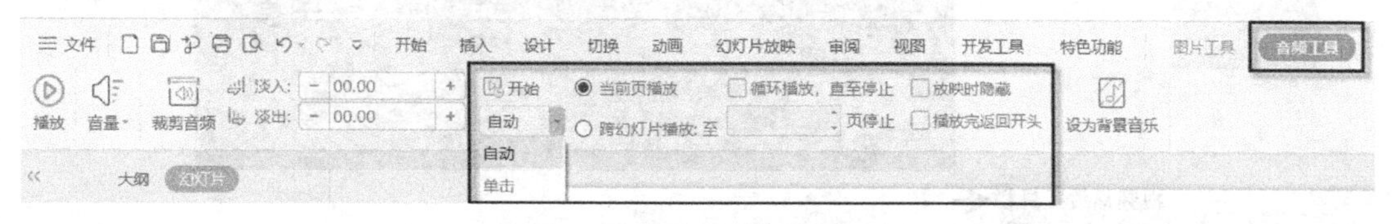

图 11-57　设置音频播放的不同方式

打开“开始”下拉列表，从中选择音频播放的开始方式：自动播放（在幻灯片放映时自动播放音频）、单击播放（在幻灯片放映时单击音频手动播放）。

选中“跨幻灯片播放”单选按钮，表示切换幻灯片后继续播放音频。

勾选“循环播放，直至停止”复选框，并选中“跨幻灯片播放”单选按钮，表示循环播放音频直到放映结束。

勾选“放映时隐藏”复选框，表示放映时隐藏声音图标。

勾选“播放完返回开头”复选框，表示音频播放结束后返回开头位置。

11.3.6　插入视频

在 WPS 演示文稿中可以插入 MP4、AVI、WMV、ASF 等格式的视频文件。插入视频的方法与插入音频的方法类似，分为嵌入本地视频、链接到本地视频和插入网络视频。

1. 嵌入本地视频或链接到本地视频

嵌入幻灯片中的本地视频可能导致演示文稿的文件较大，但不会因为视频文件的移动而无法播放视频。链接到幻灯片中的本地视频会有效减小演示文稿文件的大小，当演示文稿在其他设备中播放时，需要将链接的视频一起复制到其他设备中，否则无法播放链接的视频。在幻灯片中嵌入本地视频或链接到本地视频的操作步骤如下。

步骤 1：在左侧幻灯片窗格中，选定需要插入视频的幻灯片。

步骤 2：打开“插入”选项卡，单击“视频”下拉按钮，在打开的下拉列表选择“嵌入本地视频”或“链接到本地视频”选项，弹出“插入视频”对话框。选择要插入的视频，单击“打开”按钮，此时幻灯片中出现一张默认的视频缩略图和视频播放工具栏，如图 11-58 所示，表明已插入视频。

步骤 3：视频插入幻灯片中后，拖动视频缩略图可以改变其位置，拖动视频缩略图四周的控制点可以调整其大小。

步骤 4：单击视频播放工具栏中的“播放/暂停”按钮，可以在幻灯片中预览视频。

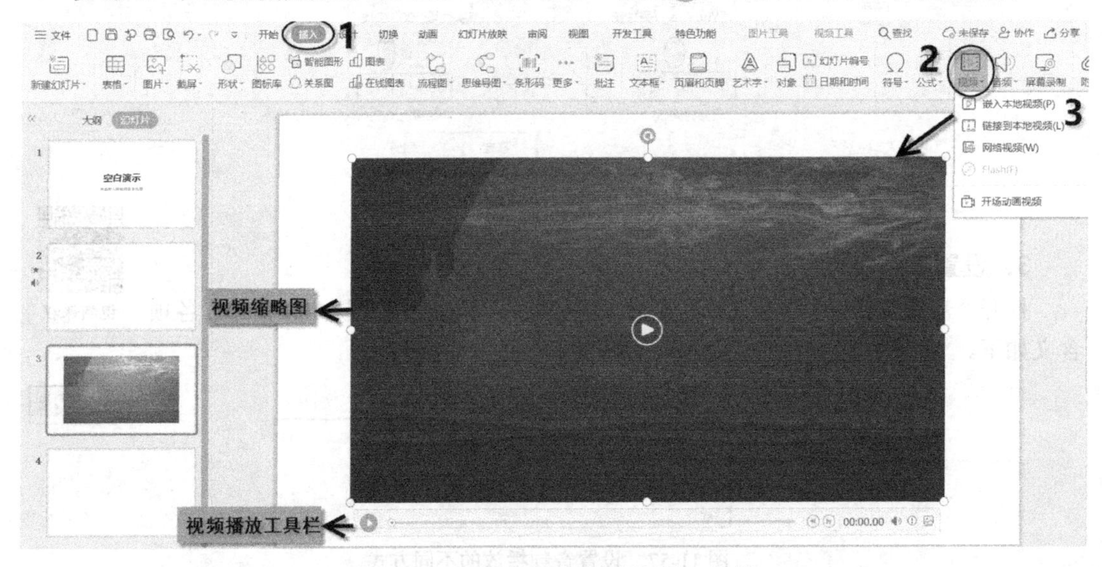

图 11-57　视频缩略图和视频播放工具栏

2．插入网络视频

视频课程

插入网络视频是指插入网络中的视频资源，在演示过程中播放视频。因为视频位于网站上而不是在演示文稿中，所以为了顺利播放需要把播放的设备连接到互联网上。插入网络视频的操作步骤如下。

步骤 1：选定要插入网络视频的幻灯片。

步骤 2：打开浏览器搜索要链接的网络视频，在网站上找到该视频分享的通用代码并复制。网站视频通用代码的复制如图 11-59 所示。

通用代码通常位于视频“分享”按钮的下方。单击某视频下方的“分享”按钮，在打开的下拉列表中即可看到视频分享的通用代码。

大多数视频网站都包含通用代码，但通用代码的位置各有不同，取决于各个网站。若视频不含通用代码，则可以使用页面地址。若网络视频没有通用代码或页面地址，则无法进行链接。

图 11-59　网站视频通用代码的复制

步骤 3：返回演示文稿中，打开“插入”选项卡，单击“视频”下拉按钮，在打开的下拉列表中选择“网络视频”选项。

步骤 4：弹出“插入网络视频”对话框，粘贴视频地址，单击“插入”按钮，插入网络视频的操作过程如图 11-60 所示，双击插入幻灯片中的视频即可预览链接网站中的视频。

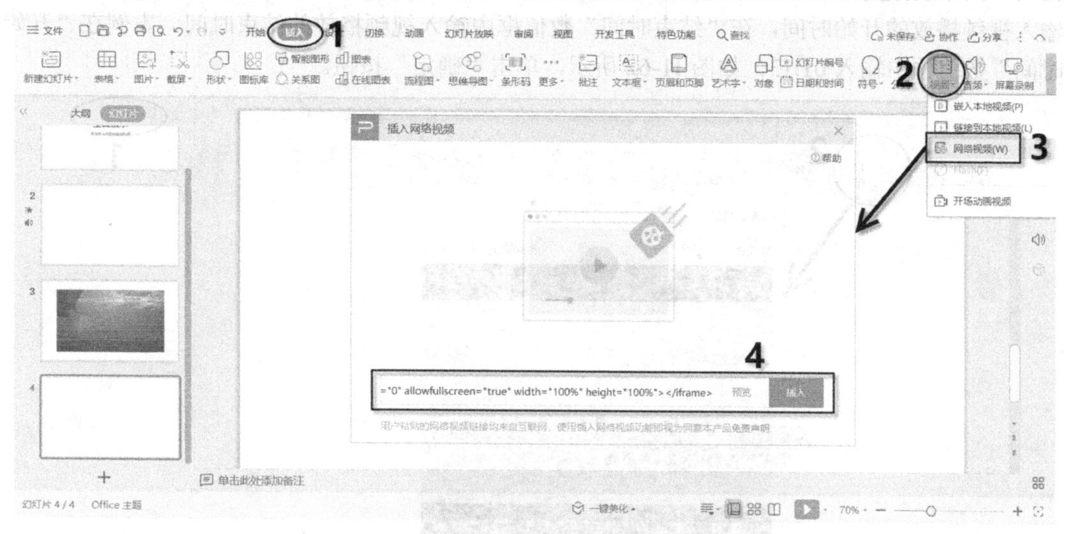

图 11-60　插入网络视频的操作过程

3. 编辑视频

在幻灯片中插入视频后，自动出现“视频工具”和“图片工具”选项卡，利用这 2 个选项卡可对插入的视频进行编辑。

视频课程

（1）设置视频封面。

插入视频后，幻灯片中将出现一张默认的视频缩略图作为视频封面。为了增加吸引力，可将默认的缩略图更改为视频中最精彩一幕。操作方法：单击视频播放工具栏中的“播放/暂停”按钮播放视频，在精彩的一幕单击“暂停”按钮，视频播放工具栏左下角出现“将当前画面设为视频封面”字样，单击该字样，将当前一幕设为视频封面，如图 11-61 所示。

打开“视频工具”选项卡，单击“视频封面”按钮，在打开的下拉列表选择所需的封面样式。

图 11-61　设为视频封面

（2）设置视频的播放。

裁剪视频：打开“视频工具”选项卡，单击“裁剪视频”按钮，弹出“裁剪视频”对话框。

拖动中间滚动条两端的绿色或红色滑块裁剪视频开头或结尾处，或者在“开始时间”数值框中输入视频播放的开始时间，在“结束时间”数值框中输入视频播放的结束时间，本例在“开始时间”数值框中输入 01:13，如图 11-62 所示，单击“确定”按钮。

图 11-62　裁剪视频

设置音量：单击“视频选项”选项卡中的“音量”下拉按钮，在打开的下拉列表中可调整音量的大小。

设置视频选项：打开“视频选项”选项卡中的“开始”下拉列表，从中选择视频播放的开始方式。若勾选“全屏播放”“未播放时隐藏”“循环播放，直到停止”复选框，分别表示全屏播放视频、不播放时隐藏视频和重复播放视频直到停止。

11.4　演示文稿的动画效果设置

演示文稿制作完成后，为了增强播放效果的生动性和趣味性，需设置幻灯片内容的动画效果、幻灯片切换效果及超链接等。

11.4.1　设置幻灯片内容的动画效果

为幻灯片中的文本、图片、表格等内容添加动画效果，可以使这些对象按照一定的顺序和规则动态播放，既突出重点，又使播放过程生动形象。

1．添加单个动画效果

视频课程

WPS 演示文稿中提供了 4 种类型的动画效果，分别是进入、强调、退出和动作路径，用户可根据需要为幻灯片中的文本、图形、图片等内容设置不同的动画效果。

选定要设置动画的内容，打开“动画”选项卡，单击动画样式列表右下角的下拉按钮，打开图 11-63 所示的动画下拉列表框，从中选择一种动画效果，即选定内容添加该动画效果。

单击该列表框“进入”“退出”“强调”“动作路径”右侧的“更多选项”按钮，可以查看更多的动画效果。

单击“动画”选项卡中的“预览效果”按钮，可预览添加的动画效果。

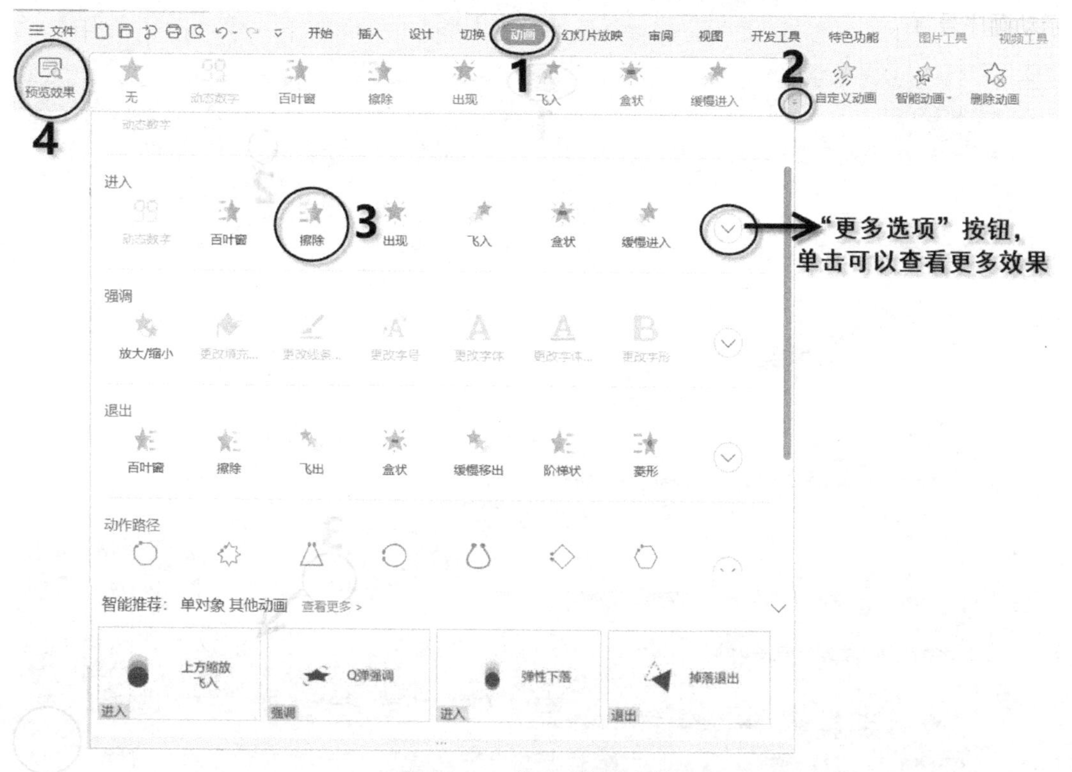

图 11-63　动画下拉列表框

【例 11-2】为图 11-64 所示的幻灯片中的内容添加动画效果，操作步骤如下。

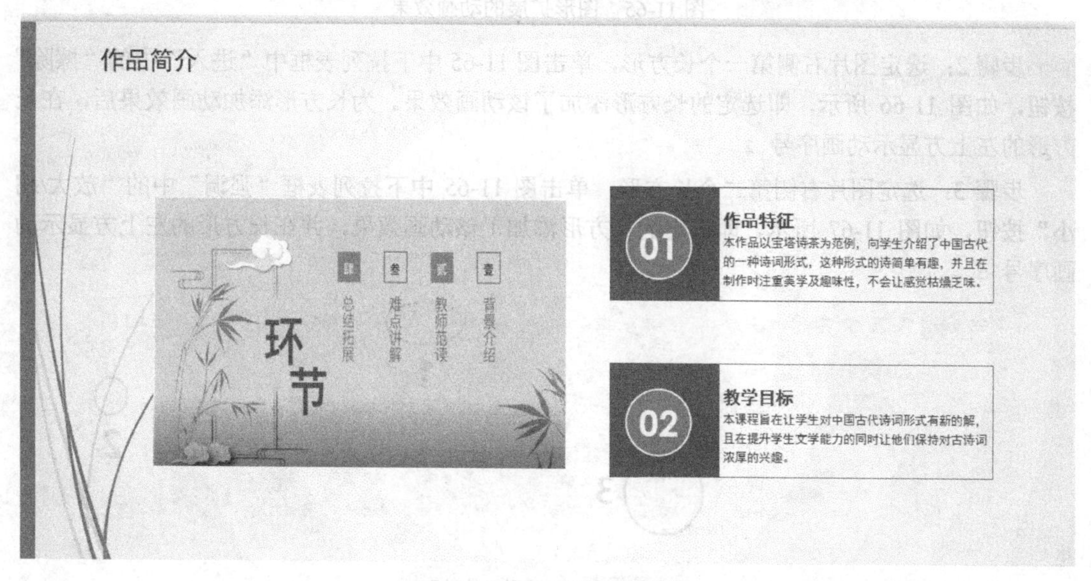

图 11-64　幻灯片中的内容

步骤 1：选定图片，打开“动画”选项卡，单击动画样式列表右下角的下拉按钮，在打开的下拉列表框中单击“动作路径”右侧的“更多选项”按钮，从中选择圆形扩展的动画效果，如图 11-65 所示，即选定的图片添加了该动画效果。为图片添加动画效果后，在图片的左上方显示动画序号 1 。

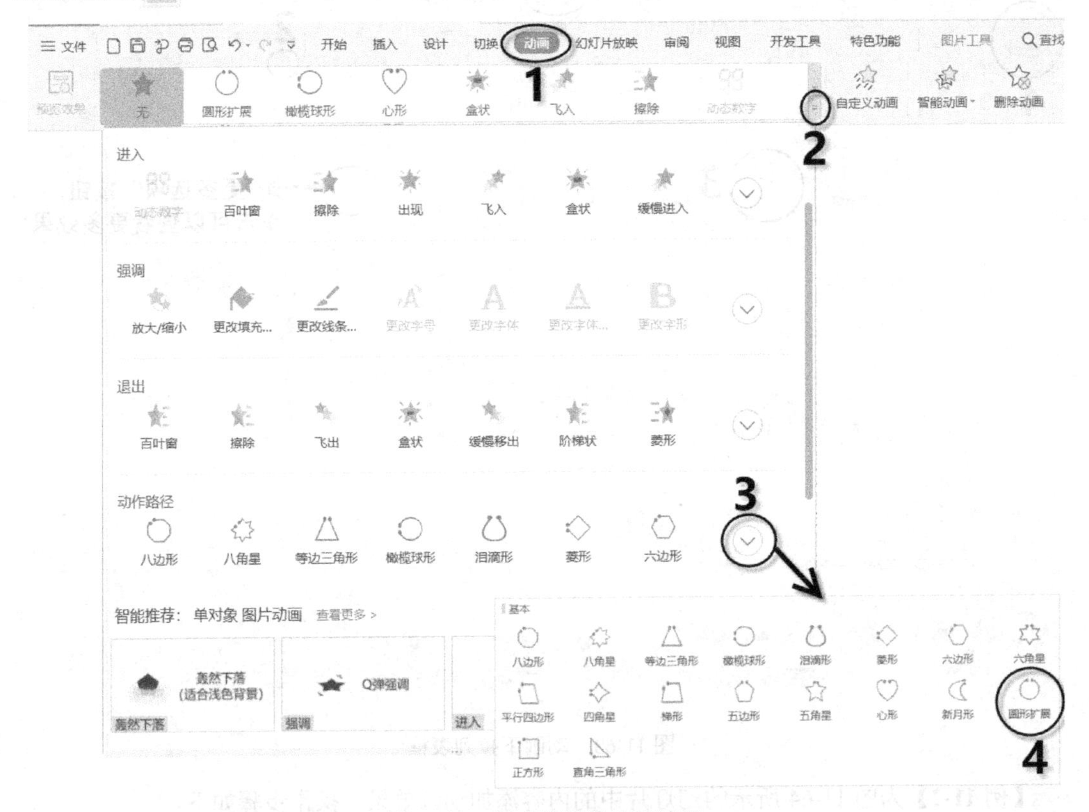

图 11-65　图形扩展的动画效果

步骤 2：选定图片右侧第一个长方形，单击图 11-65 中下拉列表框中“进入”中的“擦除”按钮，如图 11-66 所示，即选定的长方形添加了该动画效果。为长方形添加动画效果后，在长方形的左上方显示动画序号 2 。

步骤 3：选定图片右侧第二个长方形，单击图 11-65 中下拉列表框“强调”中的“放大/缩小”按钮，如图 11-67 所示，即选定的长方形添加了该动画效果，并在长方形的左上方显示动画序号 3 。

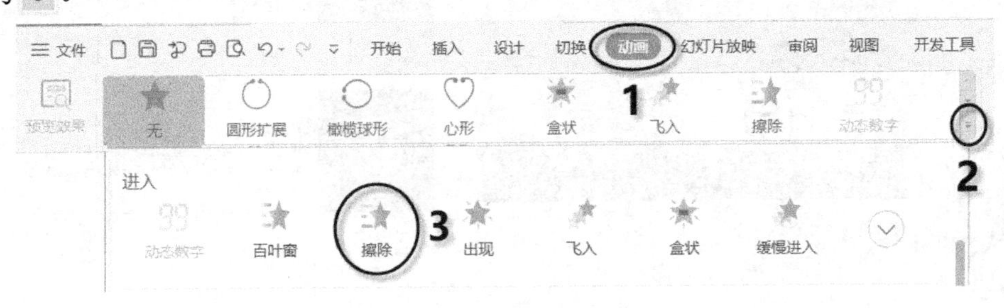

图 11-66　“擦除”按钮

图 11-67　“放大/缩小”按钮

步骤 4：单击“动画”选项卡中的“预览效果”按钮，可在幻灯片中预览添加的动画效果。设置动画的最终效果图如图 11-68 所示。

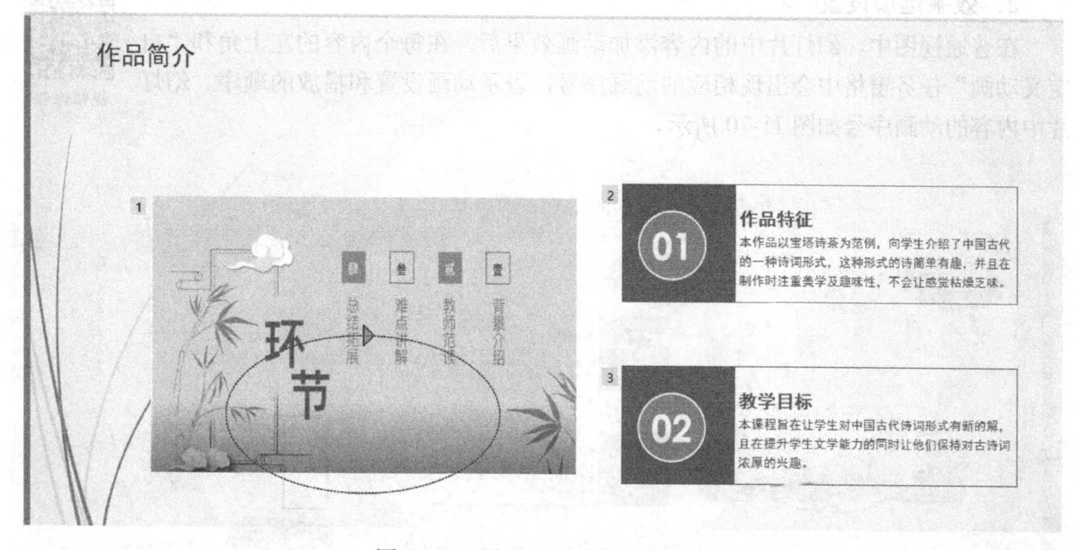

图 11-68　设置动画的最终效果图

2. 添加多个动画效果

为某一内容添加单个动画效果后，若为该内容再添加动画效果，则可按照如下步骤进行添加。

视频课程

步骤 1：选定该内容，打开“动画”选项卡，单击“自定义动画”按钮，打开“自定义动画”任务窗格。

步骤 2：单击“添加效果”下拉按钮，在打开的下拉列表框中选择所需的动画效果，重复上述操作可为某一内容添加多个动画效果，如图 11-69 所示。

步骤 3：单击“自定义动画”任务窗格下方的“播放”按钮，可预览添加的动画效果。

一个内容添加多个动画效果后，该内容的左上方动画序号变为 1..，表明添加了多个动画效果。

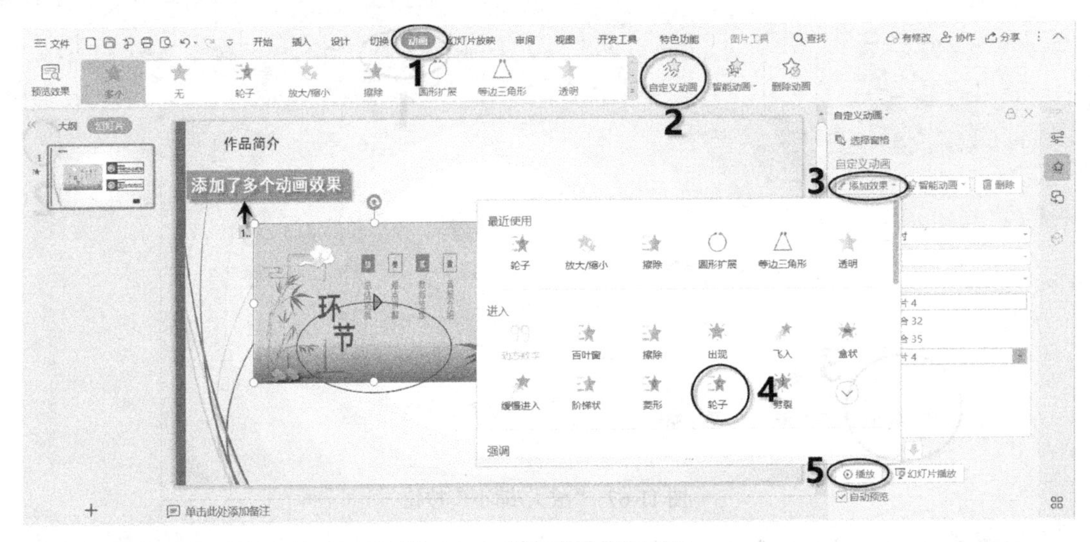

图 11-69　添加多个动画效果

3．效果选项设置

视频课程

在普通视图中，幻灯片中的内容添加动画效果后，在每个内容的左上角和“自定义动画”任务窗格中会出现相应的动画序号，表示动画设置和播放的顺序。幻灯片中内容的动画序号如图 11-70 所示。

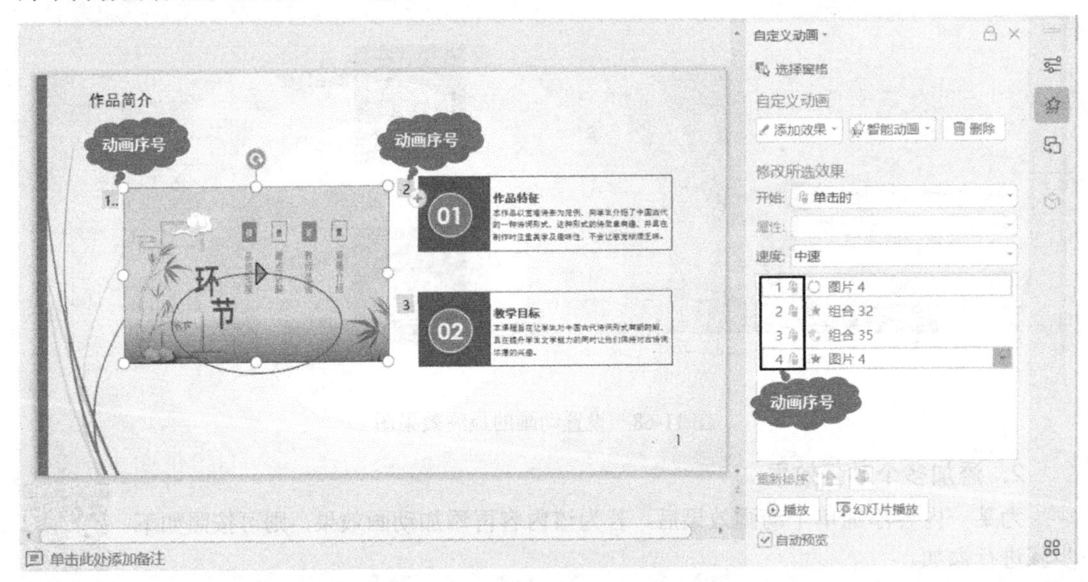

图 11-70　幻灯片中内容的动画序号

在“自定义动画”任务窗格中右击某一动画效果，在弹出的快捷菜单中选择“效果选项”命令，弹出选定动画效果设置相应的对话框。“效果”选项卡中的设置选项如图 11-71 所示。对于不同的动画效果，此对话框中选项卡的名称和内容不尽相同，但基本都包含“效果”“计时”选项卡。在“效果”选项卡中主要对动画效果选项进行设置，如设置动画的开始、结束速度、声音、播放后的效果等。

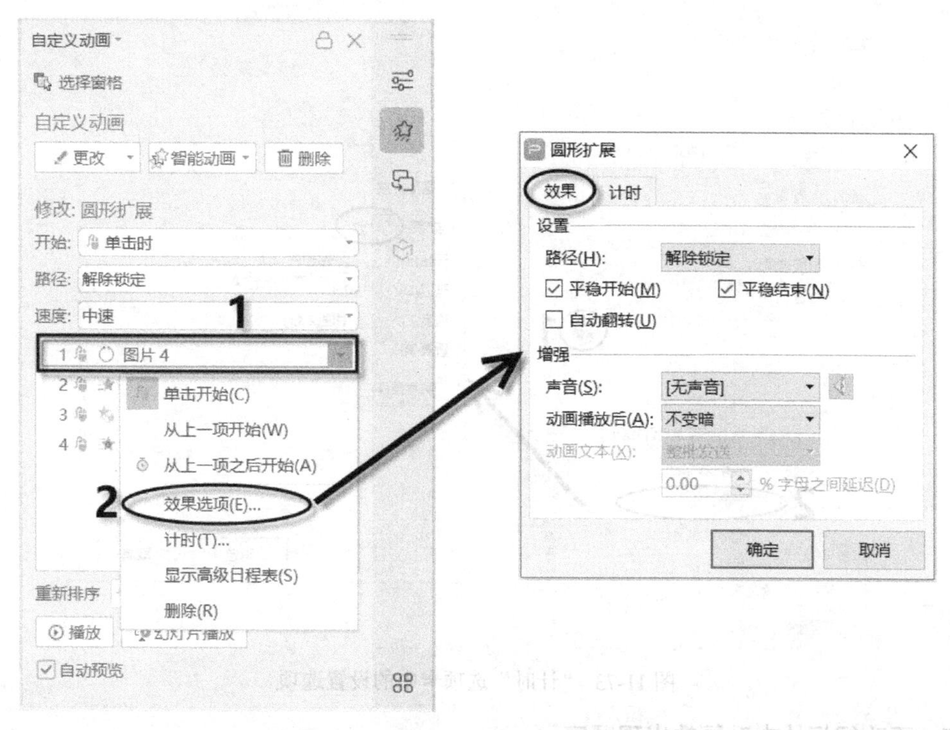

图 11-71　“效果”选项卡中的设置选项

效果选项与选定的内容及添加的动画效果有关。内容、动画效果不同其效果选项对话框中的内容也有所不同。不同动画的效果选项如图 11-72 所示。

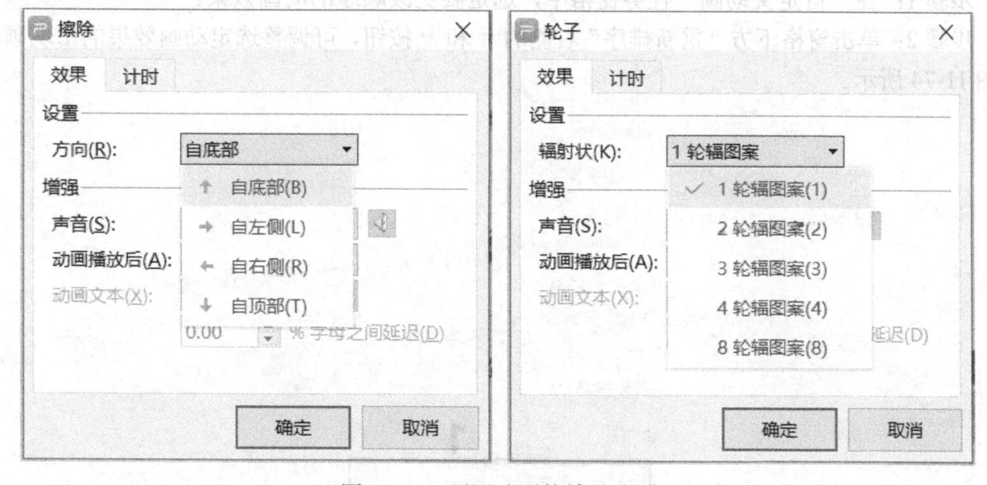

图 11-71　不同动画的效果选项

4．计时设置

在“自定义动画”任务窗格中，选定某一动画，单击其右侧的下拉按钮，在打开的下拉列表中选择“计时”选项，在弹出的对话框中设置动画的开始方式、延迟和速度等。“计时”选项卡中的设置选项如图 11-73 所示。

视频课程

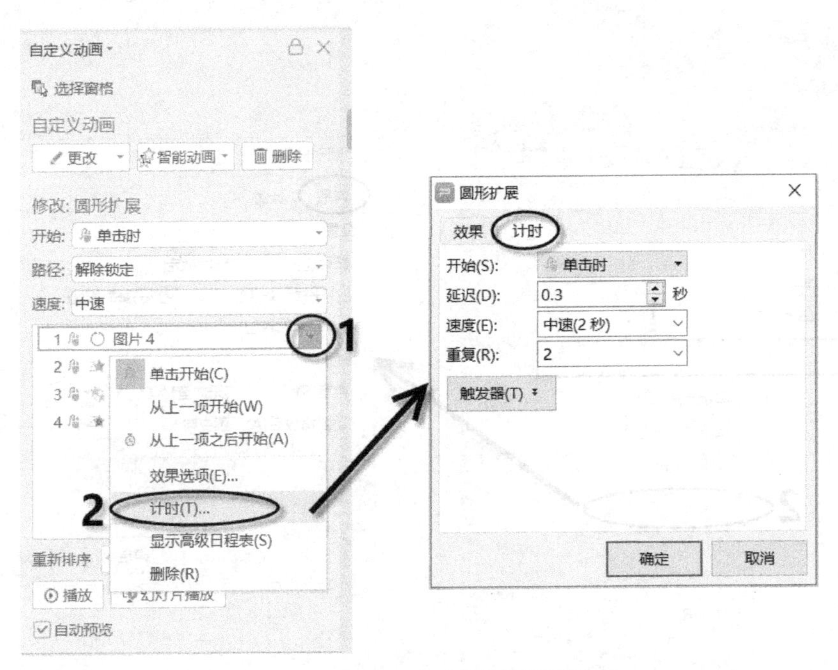

图 11-73 “计时”选项卡中的设置选项

5. 更改幻灯片中动画的出现顺序

为幻灯片中的多个内容设置动画效果后，各个动画播放时出现的顺序与设置顺序相同，根据需要可更改幻灯片中动画的出现顺序，操作步骤如下。

步骤 1：在“自定义动画”任务窗格中，选定要更改顺序的动画效果。

步骤 2：单击窗格下方“重新排序”右侧的⬆和⬇按钮，可调整选定动画效果的出现顺序，如图 11-74 所示。

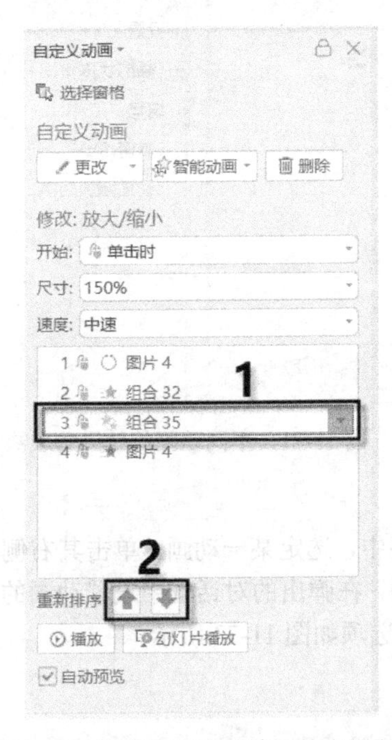

图 11-74 调整选定动画效果的出现顺序

如果要删除某一个内容的动画效果，那么可在“自定义动画”任务窗格中选定该动画效果，单击窗格上方的“删除”按钮，或者该动画效果处右击，在弹出的快捷菜单中选择“删除”命令。

注意：（1）适当使用动画效果，可突出演示文稿的重点，并提高演示文稿的趣味性和感染力。但过多地使用动画效果，会将使用者的注意力集中到动画特技的欣赏中，从而忽略了对演示文稿内容的关注。因此，在同一个演示文稿中不宜过多地使用动画效果。

（2）在一张幻灯片中，可以对同一个内容设置多个动画效果，其效果按照设置的顺序依次播放。

11.4.2　设置幻灯片切换的动画效果

视频课程

幻灯片切换的动画效果是指在演示文稿放映过程中，幻灯片进入和离开屏幕时所产生的动画效果。WPS 演示文稿内置了多种切换效果，可为部分或所有幻灯片设置切换的动画效果，操作步骤如下。

步骤 1：在左侧幻灯片窗格中，选定需设置切换效果的一张或多张幻灯片，打开“切换”选项卡，单击切换方式列表右侧的下拉按钮，在打开的下拉列表中选择一种切换效果，如单击“推出”按钮，该效果被应用到选定的幻灯片。设置幻灯片的切换效果如图 11-75 所示。

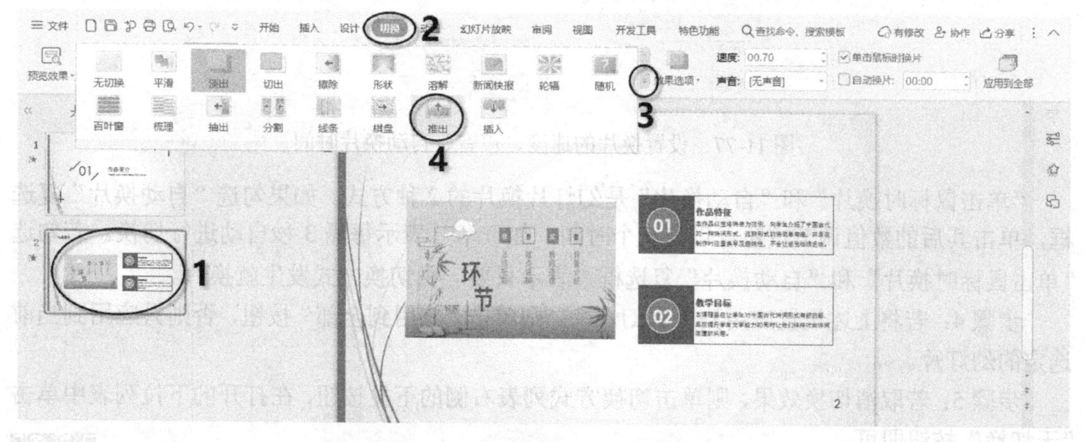

图 11-75　设置幻灯片的切换效果

步骤 2：单击“效果选项”下拉按钮，在打开的下拉列表中设置切换效果的进入方向，这里选择向右。设置换灯片切换效果选项的操作过程如图 11-76 所示。

步骤 3：在“效果选项”下拉按钮右侧可设置换片的速度、声音、自动换片时间，如图 11-77 所示。

在“速度”数值框中，设置幻灯片切换的时间；在“声音”下拉列表中设置切换时是否伴随着声音。

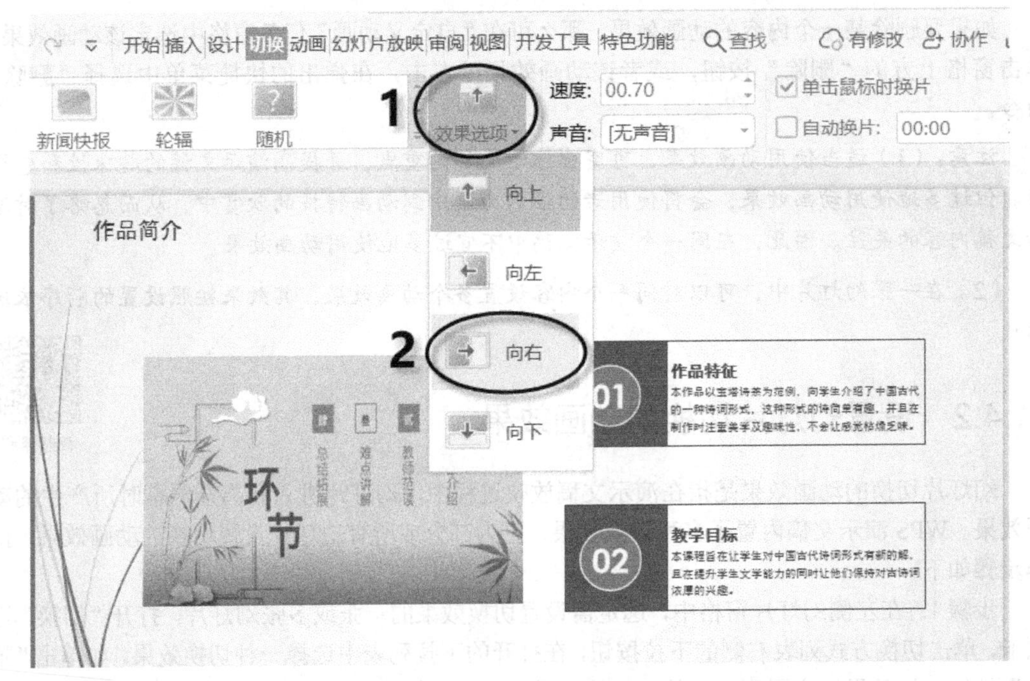

图 11-76　设置幻灯片切换效果选项的操作过程

速度: 00.70　单击鼠标时换片

声音: [无声音]　自动换片: 00:30

图 11-77　设置换片的速度、声音、自动换片时间

“单击鼠标时换片”和“自动换片”是幻灯片换片的 2 种方式。如果勾选“自动换片”复选框，单击其后的数值调节按钮，设定一个时间，如 00:03.00 表示每隔 3 秒自动进行切换。若勾选“单击鼠标时换片”和“自动换片”复选框，表示只要一种切换方式发生就换片。

步骤 4：若将上述设置应用到所有幻灯片，则单击“应用到全部”按钮，否则只应用到当前选定的幻灯片。

步骤 5：若取消切换效果，则单击切换方式列表右侧的下拉按钮，在打开的下拉列表中单击“无切换”按钮即可。

11.4.3　超链接

视频课程

WPS 演示文稿中的超链接与网页中的超链接类似。超链接可以链接到同一演示文稿的某张幻灯片，或者链接到其他 WPS 文档、电子邮件地址、网页等。播放时，单击某个超链接，即可跳转到指定的目标位置。利用超链接，不仅可以快速地跳转到指定的位置，还可以改变幻灯片放映的顺序，增强演示文稿放映时的灵活性。

设置超链接的对象可以是文本、图片、形状、表格等。如果文本位于某个图形中，那么还可以为文本和图形分别设置超链接。

【例 11-3】超链接演示文稿原型结构如图 11-78 所示，将演示文稿第 2 张幻灯片中的文本“叁 难点讲解”超链接到第 5 张幻灯片，并在第 5 张幻灯片上设置一个返回第 2 张幻灯片的动作按钮。

图 11-78　超链接演示文稿原型结构

操作步骤如下。

步骤 1：在第 2 张幻灯片中，选定要设置超链接的文本“叁 ♦ 难点讲解”，打开“插入”选项卡，单击“超链接”按钮，弹出“插入超链接”对话框，如图 11-79 所示。

步骤 2：在此对话框的“链接到”选区选择“本文档中的位置”选项，在“请选择文档中的位置”列表框中选择目标幻灯片“5.三、难点讲解”，单击“确定”按钮。

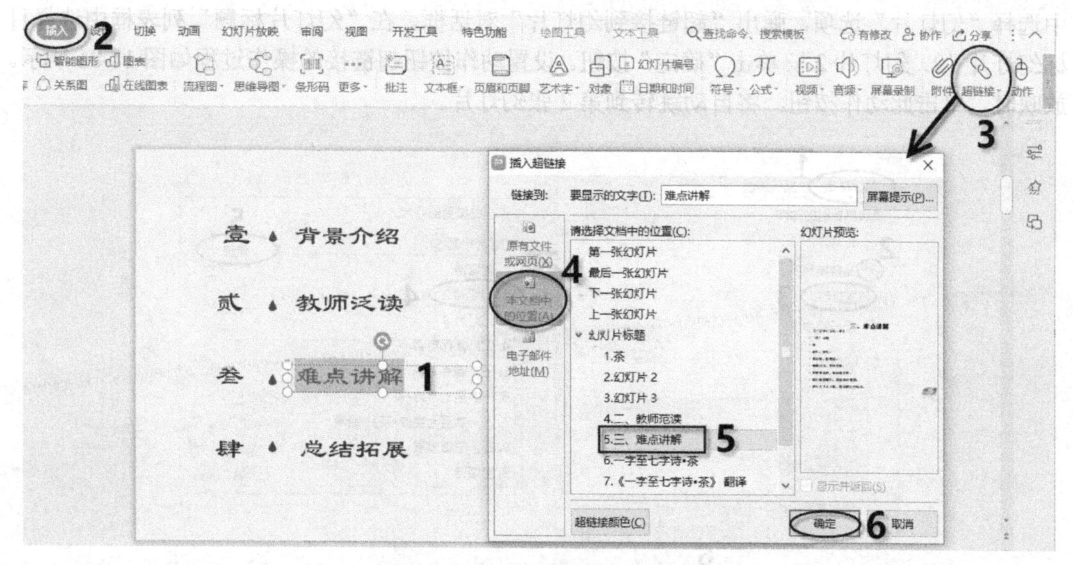

图 11-79　“插入超链接”对话框

步骤 3：设置返回的动作按钮。将第 5 张幻灯片“5.三、难点讲解”作为当前幻灯片，打开“插入”选项卡，单击“形状”下拉按钮，在打开的下拉列表的“动作按钮”中选择要添加的按钮形状，此时鼠标指针变为＋形状，在当前幻灯片的右下角按住鼠标左键进行拖动，绘制一个适当大小的按钮图形。绘制动作按钮的操作过程如图 11-80 所示，释放鼠标左键，弹出“动作设置”对话框。

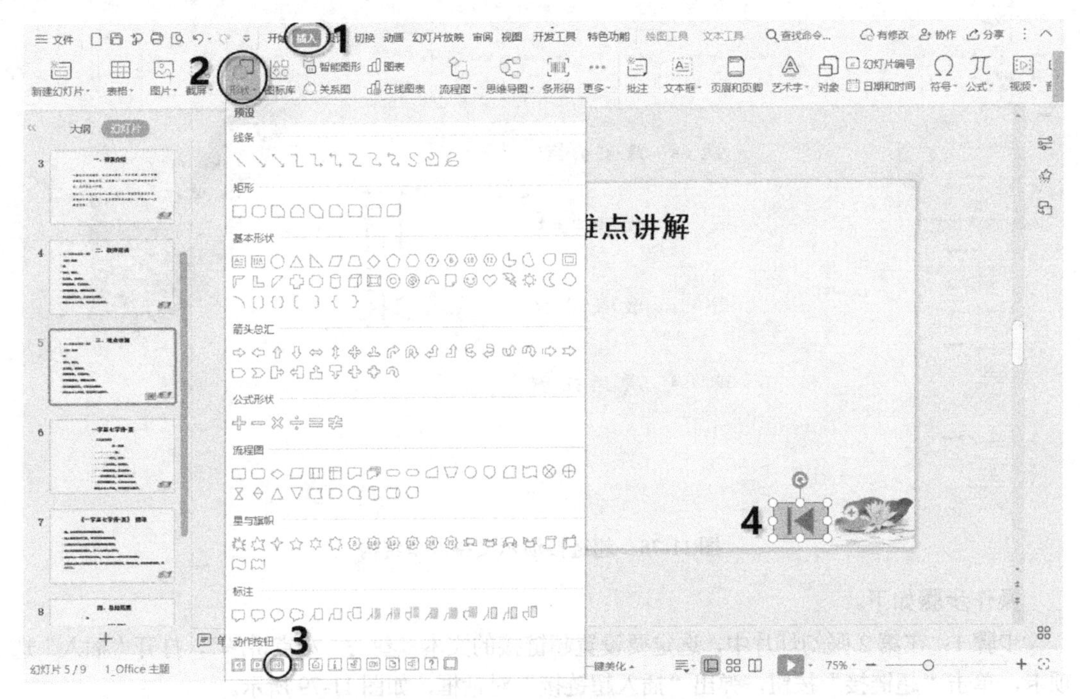

图 11-80 绘制动作按钮的操作过程

步骤 4：在该对话框中，选中“超链接到”单选按钮，打开该单选按钮下侧的下拉列表，从中选择“幻灯片”选项，弹出“超链接到幻灯片”对话框。在“幻灯片标题”列表框中选择目标幻灯片“2. 幻灯片 2”，单击“确定”按钮。设置动作按钮超链接的操作过程如图 11-81 所示。放映时，单击此动作按钮，将自动跳转到第 2 张幻灯片。

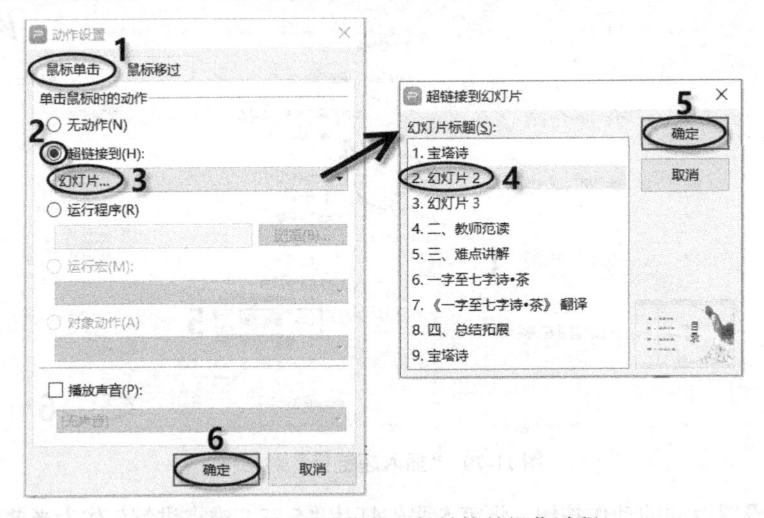

图 11-81 设置动作按钮超链接的操作过程

若要删除已设置的超链接，则在要删除超链接的内容上右击，在弹出的快捷菜单中选择“超链接”→“取消超链接”命令。

若将超链接及其对象一并删除，则选定后按 Delete 或 Backspace 键。

第 12 章

演示文稿的放映与共享

完成对演示文稿的编辑、动画设置后，为了查看真实的效果，需要对其进行放映；为了便于与他人信息共享，可将演示文稿打包输出、转换为其他格式输出或者打印输出等。

12.1 演示文稿的放映

视频课程

演示文稿的放映是指幻灯片以全屏或窗口的形式展示其中的内容，便于观众了解和认识其中的内容。

1. 从头开始放映

打开“幻灯片放映”选项卡，单击“从头开始”按钮，或者按 F5 键，从第一张幻灯片开始放映。

2. 从当前幻灯片开始放映

打开“幻灯片放映”选项卡，单击“从当前开始”按钮，即可从当前幻灯片开始放映，如图 12-1 所示。

单击幻灯片缩略图下方的放映图标，或者双击幻灯片缩略图，从当前幻灯片开始放映。

单击演示文稿窗口右下角的放映按钮 ▶，或者按 Shift+F5 组合键，从当前幻灯片开始放映。

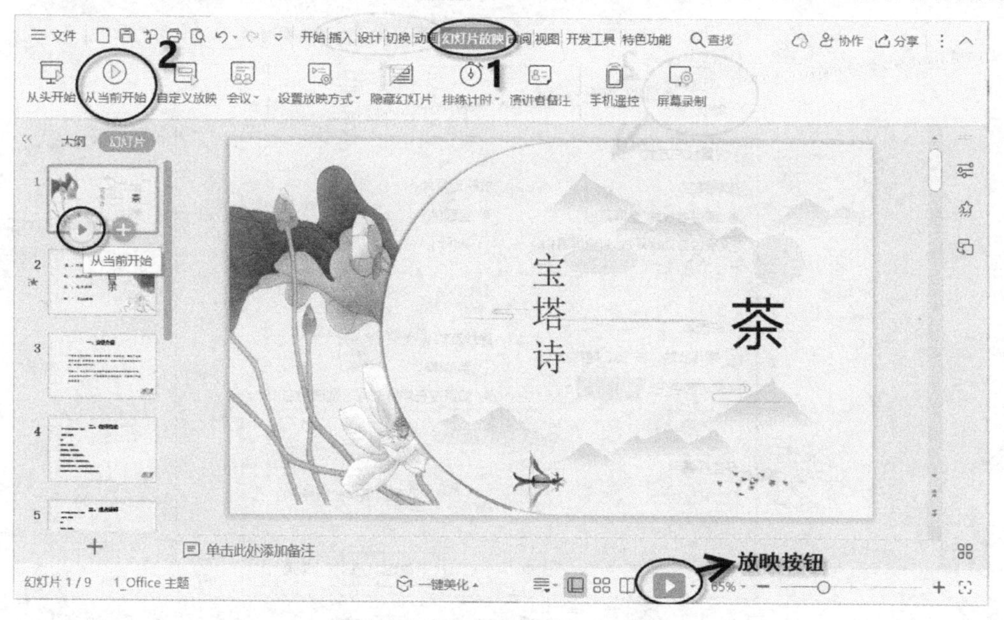

图 12-1　从当前幻灯片开始放映

12.1.1 幻灯片放映控制

幻灯片放映过程中通过键盘上的按键或快捷菜单可对幻灯片进行切换、定位、添加标记等控制。

1. 切换幻灯片

视频课程

- 单击当前幻灯片或选择快捷菜单中的“下一页”命令，或按空格键、Enter 键、PgDn 键、↓键、→键，单击鼠标左键、向后滚动鼠标滚轮，切换到下一张幻灯片。
- 按 Backspace 键、PgUp 键、↑ 键、← 键，滚动鼠标滚轮，或选择快捷菜单中的“上一页”命令，切换到上一张幻灯片。
- 按 Home 键，切换到第一张幻灯片；按 End 键，跳转到最后一张幻灯片。
- 按 Esc 键，或选择快捷菜单中的“结束放映”命令，退出幻灯片放映。

2. 定位幻灯片

视频课程

放映幻灯片时若要快速定位到某一张幻灯片，除了使用超链接定位外，还可通过以下 2 种方法实现快速定位。

（1）放映时输入页码定位。

放映时输入幻灯片页码并按 Enter 键，可直接定位到指定页码的幻灯片。例如，放映时输入数字 5，按 Enter 键，定位到第 5 张幻灯片进行放映。

（2）放映时利用快捷菜单定位。

在放映的幻灯片上右击，在弹出的快捷菜单中选择“定位”命令，在打开的下一级菜单中选择“按标题”命令，单击要放映的幻灯片，则切换到定位的幻灯片进行放映。

3. 放映方式的选择

视频课程

打开“幻灯片放映”选项卡，单击“设置放映方式”按钮，弹出“设置放映方式”对话框，如图 12-2 所示。

图 12-2 “设置放映方式”对话框

（1）在此对话框的“放映类型”选区选择放映的方式，共有 2 种。

- 演讲者放映：是常用的放映方式，此方式以全屏形式显示演示文稿。放映时演讲者可以控制放映的进程、动画的出现、幻灯片的切换，也可以录下旁白、用绘图笔进行勾画等。
- 展台自动循环放映：以全屏形式放映演示文稿。一般先利用“排练计时”按钮将每张幻灯片的放映时间设置好。在放映过程中，除了保留鼠标指针，其余功能基本失效，用 Esc 键结束放映，这个放映方式适合无人看管的展台、摊位等。

（2）在“放映选项”选区设置幻灯片在放映时是否循环放映及设置绘图笔颜色。

（3）在“放映幻灯片”选区设置放映的范围，系统默认的是放映演示文稿中的全部幻灯片，也可以通过设置开始序号和终止序号放映部分幻灯片，或者选择“自定义放映”中的某个已经设置好的自定义放映方案。

（4）在“换片方式”选区选择幻灯片的换片方式，手动换片或按照已经设定好的排练时间进行换片。通常“演讲者放映”的放映方式选择“手动”换片方式；“展台自动循环放映”的放映方式选择“如果存在排练时间，则使用它”换片方式，自行播放。

“多监视器”选区支持演示文稿在多个监视器（包括显示器、投影仪等显示设备）上显示，便于从不同的角度浏览演示文稿。若电脑连接了多个监视器，在“幻灯片放映显示于”下拉列表中，罗列出电脑连接的所有监视器，选择某个监视器，则幻灯片在所选的监视器上放映。

12.1.2　应用排练计时

排练计时是指通过实际放映幻灯片，自动记录幻灯片之间切换的时间间隔，以便在放映时能够以最佳的时间间隔自动放映。

幻灯片放映时，若不想人工放映，则可利用排练计时设置每张幻灯片的放映时间，实现演示文稿的自动放映。设置过程的操作步骤如下。

步骤 1：在幻灯片缩略图中，选定要设置计时的幻灯片，打开“幻灯片放映”选项卡，单击“排练计时”按钮，幻灯片进入放映状态，屏幕的左上角出现预演工具栏，如图 12-3 示，计时开始。

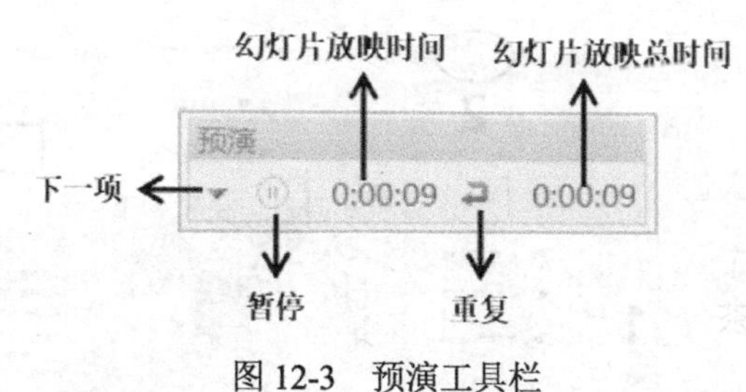

图 12-3　预演工具栏

步骤 2：单击鼠标左键或单击预演工具栏中的“下一项”按钮，开始放映下一张幻灯片并重新进行计时。如果对当前幻灯片放映的计时不满意，那么单击“重复”按钮重新计时，或者直接在“幻灯片放映时间”中输入该幻灯片的放映时间值。若需暂停，则单击“暂停”按钮。

步骤 3：重复步骤 2 直到最后一张幻灯片，在“幻灯片放映总时间”区域显示当前整个演示文稿的放映时间。若要终止排练计时，则在幻灯片上右击，在弹出的快捷菜单中选择“结束放映”命令，弹出图 12-4 所示的“排练计时”结束消息框。单击“是”按钮，接受本次各幻灯片的放映时间，单击“否”按钮，取消本次排练计时。这里单击“是”按钮，进入幻灯片浏览视图窗口中，排练计时的幻灯片右下角显示播放时的计时时间，如图 12-5 所示。

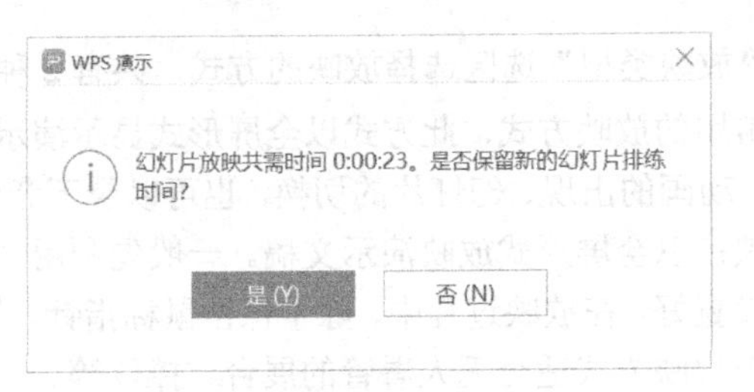

图 12-4 “排练计时”结束消息框

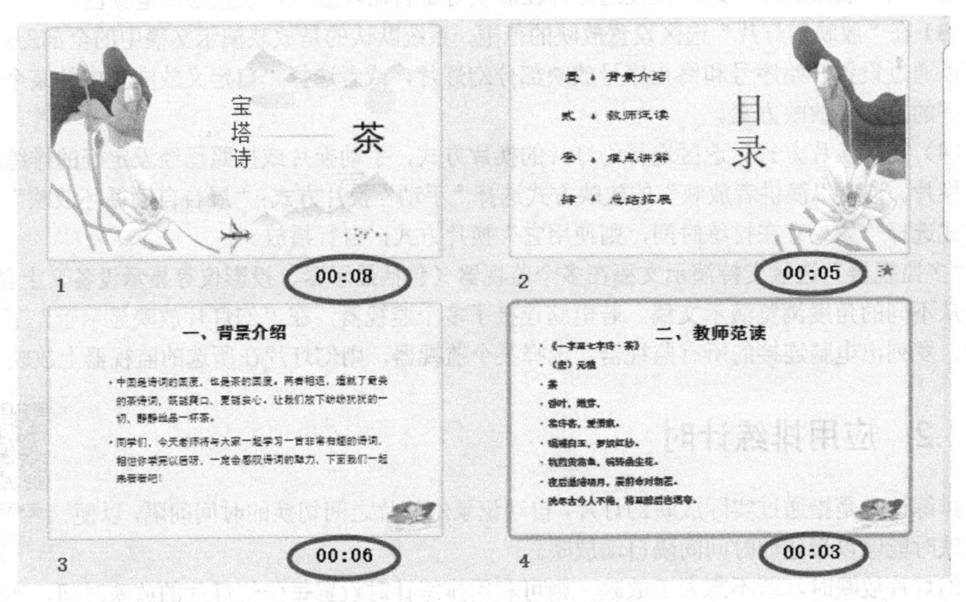

图 12-5 显示播放时的计时时间

如果要修改某张幻灯片计时的时间，那么在幻灯片浏览视图中，选定要修改计时的幻灯片，打开“切换”选项卡，在“自动换片”中输入修改的放映时间即可。修改计时时间的操作过程如图 12-6 所示。

图 12-6 修改计时时间的操作过程

12.1.3 自定义放映

视频课程

若使同一演示文稿随着应用对象的不同，播放的内容也有所不同时，则可利用 WPS 演示文稿提供的自定义放映功能，将同一演示文稿的内容进行不同组合，以满足不同演示要求。设置自定义放映的操作步骤如下。

步骤1：打开“幻灯片放映”选项卡，单击“自定义放映”按钮，弹出“自定义放映”对话框。

步骤2：单击“新建”按钮，弹出“定义自定义放映”对话框。在“幻灯片放映名称”文本框中输入自定义放映的名称（如输入“学生”）；“在演示文稿中的幻灯片”列表框中选择自定义放映的幻灯片，单击“添加”按钮，将其添加到“在自定义放映中的幻灯片”列表框中。设置自定义放映的操作过程如图12-7所示。

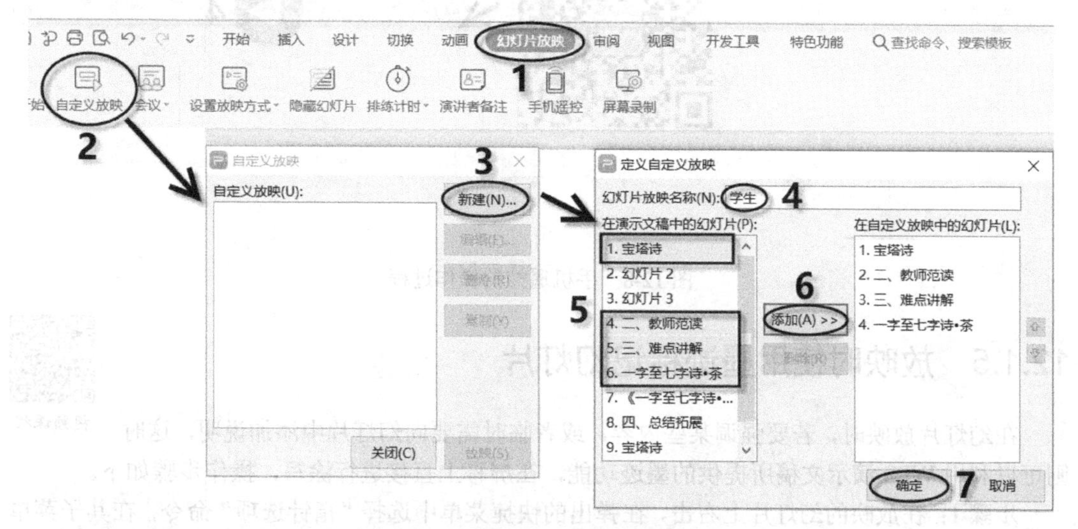

图12-7　设置自定义放映的操作过程

步骤3：单击“在自定义放映中的幻灯片”列表框右侧的“向上”或“向下”按钮，改变自定义放映中的幻灯片播放顺序。

步骤4：设置完毕，单击“确定”按钮，返回“自定义放映”对话框，新创建的自定义放映名称自动显示在“自定义放映”列表框中。

步骤5：若要创建多个自定义放映，则重复步骤2～4。所有自定义放映创建完成后，单击“自定义放映”对话框中的“关闭”按钮。

步骤6：放映时，单击“幻灯片放映”选项卡中的“自定义放映”按钮，在弹出的对话框中选择需要放映的名称，单击右下角的“放映”按钮，演示文稿将按自定义的名称进行放映。

12.1.4　手机遥控放映

视频课程

放映演示文稿时除了使用鼠标、键盘和遥控笔控制翻页外，在联网的情况下还可以使用手机遥控进行翻页，操作步骤如下。

步骤1：打开需要放映的演示文稿，单击“幻灯片放映”选项卡中的“手机遥控”按钮，生成遥控二维码。

步骤2：打开手机中的WPS Office移动端，使用扫一扫功能扫描电脑上的二维码，在弹出对话框中单击“播放”按钮，或者在手机上向左滑动遥控开始播放。手机遥控的操作过程如图12-8所示。

步骤3：进入播放后，在手机上左右滑动遥控幻灯片播放。

图 12-8　手机遥控的操作过程

12.1.5　放映时使用墨迹标记幻灯片

视频课程

在幻灯片放映时，若要强调某些内容，或者临时需要向幻灯片中添加说明，这时则可以利用 WPS 演示文稿所提供的墨迹功能，在屏幕上直接进行涂写，操作步骤如下。

步骤 1：在放映的幻灯片上右击，在弹出的快捷菜单中选择“指针选项”命令，在其子菜单中选择一种笔型。“指针选项”子菜单如图 12-9 所示。按下鼠标左键在屏幕上拖动，即可进行涂写。

步骤 2：利用快捷菜单中的“橡皮擦”和“擦除幻灯片上的所有墨迹”命令，擦除部分或全部墨迹。

步骤 3：若要保存涂写墨迹，则在结束放映时会弹出图 12-10 所示的“是否保留墨迹注释”提示框，单击“保留”按钮，涂写墨迹被保存，否则取消涂写墨迹。

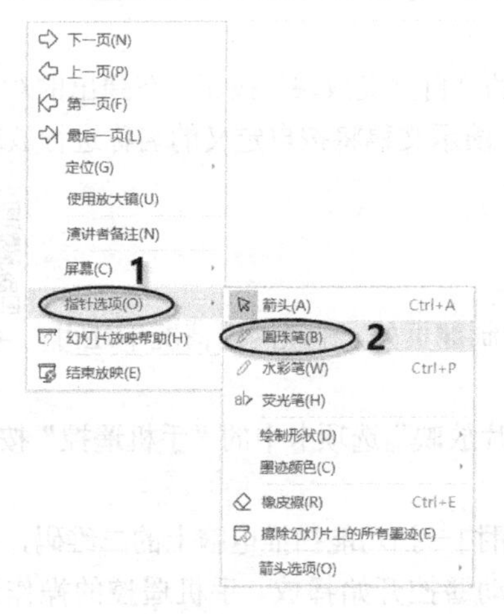

图 12-9　“指针选项”子菜单

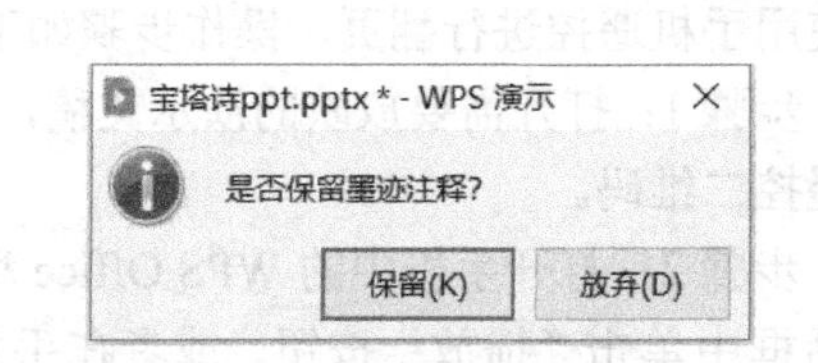

图 12-10　“是否保留墨迹注释”提示框

绘图笔的颜色可以更改，有 2 种更改方法。

方法 1：在幻灯片放映过程中更改。先在幻灯片上右击，在弹出的快捷菜单中选择“指针选项”命令，在其子菜单中选择“墨迹颜色”命令，再选择所需的颜色即可。

方法 2：在幻灯片放映前更改。打开“幻灯片放映”选项卡，单击“设置放映方式”按钮，在弹出的对话框中单击“绘图笔颜色”右侧的下拉按钮，从中选择所需的颜色。

在放映的幻灯片上右击，在弹出的快捷菜单中选择“指针选项”→“箭头选项”→“永远隐藏”命令，可在幻灯片放映过程中隐藏绘图笔或指针。

12.2　演示文稿的共享

视频课程

12.2.1　输出为 PDF

PDF 是当前流行的一种文件格式，将演示文稿输出为 PDF，能够保留源文件的字体、格式和图像等，使演示文稿的播放不再局限于应用程序的限制。将演示文稿输出为 PDF 的操作步骤如下。

步骤 1：打开要输出为 PDF 的演示文稿，选择“文件”→“输出为 PDF”命令，弹出“输出为 PDF”对话框，如图 12-11 所示。

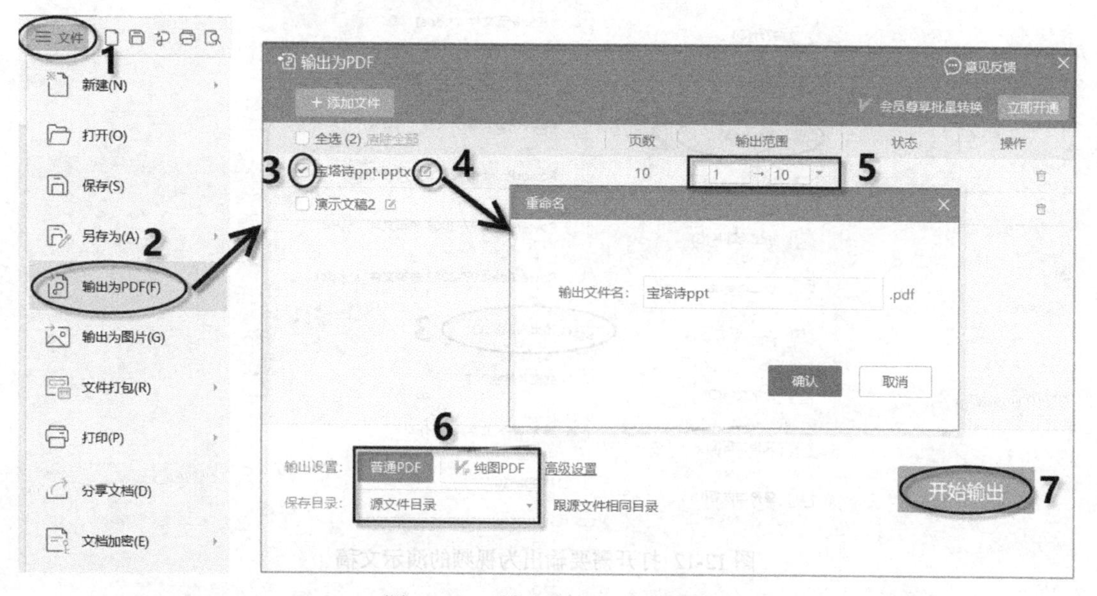

图 12-11　“输出为 PDF”对话框

步骤 2：选择需要输出为 PDF 的演示文稿，单击其名称右侧的按钮，在弹出的对话框中输入要输出的 PDF 文件名。

步骤 3：在输出范围中设置输出为 PDF 的幻灯片，或者单击其右侧的下拉按钮，在打开的下拉列表中选择输出为 PDF 的范围。

步骤 4：设置输出选项、保存目录，单击“开始输出”按钮，演示文稿按照设置输出为 PDF 格式。

12.2.2 输出为视频

将 WPS 演示文稿输出为视频进行播放，演示文稿中的动画、多媒体、旁白等内容能够随视频一起播放，这样在没有安装 WPS 的电脑上通过视频播放也可以观看演示文稿的内容。将演示文稿输出为视频的操作步骤如下。

步骤 1：打开需要输出为视频的演示文稿。选择“文件”→“另存为”→“输出为视频”命令，如图 12-12 所示。

步骤 2：在弹出的对话框中设置视频文件名称及保存位置，单击“保存”按钮，弹出“正在输出视频格式”对话框，如图 12-13 所示，可以看到当前文件输出进度，通过观看进度条查看输出完成的情况。输出视频的时间长短由演示文稿的复杂程度决定，一般需要几分钟甚至更长时间。

步骤 3：输出完成后，弹出图 12-14 所示的“输出视频完成”对话框。单击“打开视频”按钮，演示文稿以视频的方式播放；单击“打开所在文件夹”按钮，打开输出视频所在的文件夹，双击文件夹中的视频图标，演示文稿以视频方式播放。

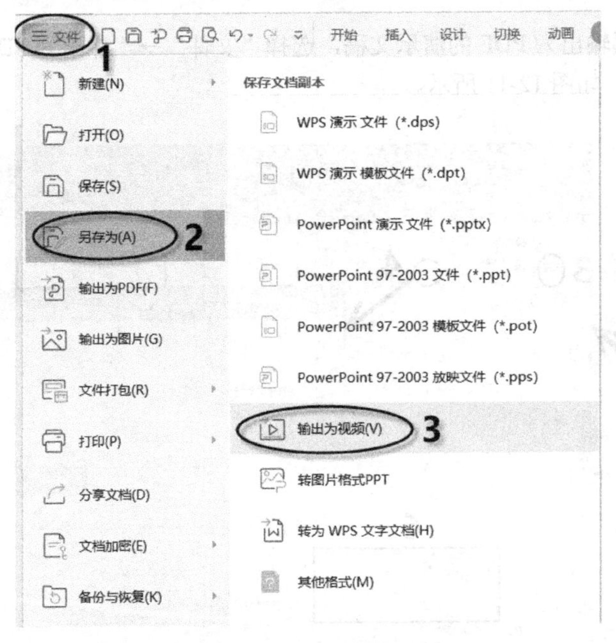

图 12-12 打开需要输出为视频的演示文稿

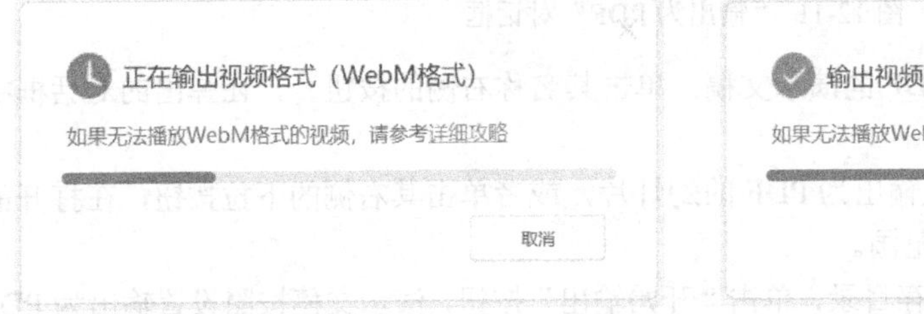

图 12-13 “正在输出视频格式”对话框

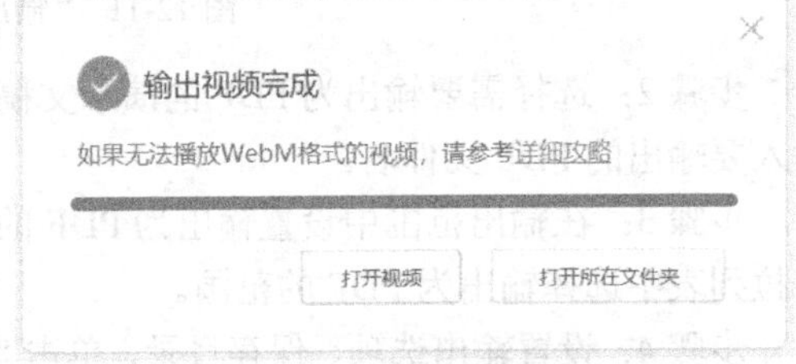

图 12-14 “输出视频完成”对话框

输出视频当前仅支持输出 WebM 格式的视频，WebM 格式的视频传输至其他电脑后，可能因未安装解码器而无法打开或播放，可参照以下任一方案来解决这个问题。

- 直接使用最新版的国内主流网页浏览器或 Chrome 6、FireFox 4、Opera10.60 以后版本的网页浏览器进行播放（注意：IE 浏览器暂时不支持）。
- 以下播放器支持播放 WebM 格式的视频（需更新官网最新版本），可自行选择下载：迅雷影音、暴风影音、QQ 影音、POT Player、VLC、Media Player Classic。
- 若导出的视频无法正常播放音频，则还需下载并安装 Xiph 音频解码。

12.2.3　文件打包

视频课程

文件打包就是将演示文稿及嵌入演示文稿中的音频、视频、链接等一起打包保存到文件夹中。将打包的文件夹复制到其他电脑中时，嵌入演示文稿中的音频、视频、链接才能正常播放或打开。如果演示文稿中嵌入很多的音频或视频，可能会导致演示文稿文件过大，那么需要将演示文稿打包成压缩包，提高存储或传输速度。文件打包的操作步骤如下。

步骤 1：打开要打包的演示文稿，选择“文件”→“文件打包”→“将演示文档打包成文件夹”命令。文件打包的操作过程如图 12-15 所示。

步骤 2：弹出“演示文件打包”对话框，在“文件夹名称”文本框中输入打包文件的名称，单击“浏览”按钮设置打包文件的保存位置。

步骤 3：勾选“同时打包成一个压缩文件”复选框，单击“确定”按钮进行文件打包。

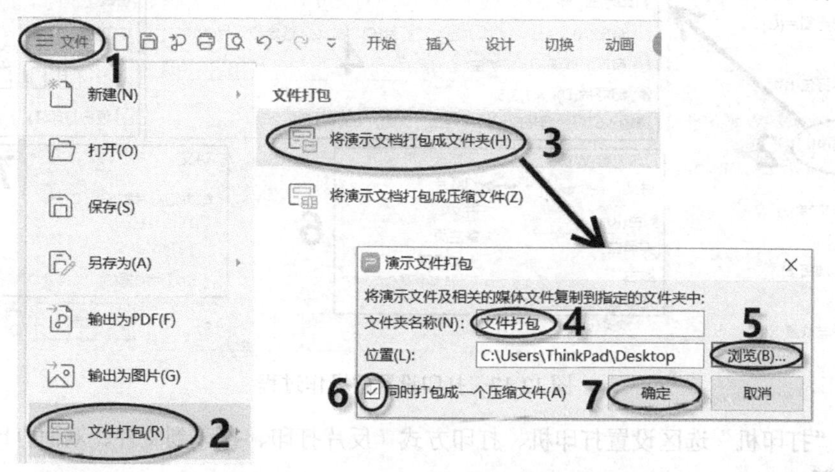

图 12-15　文件打包的操作过程

步骤 4：打包完成后弹出“已完成打包”对话框，若单击“打开文件夹”按钮，则在打开的文件夹中显示打包后的所有文件，文件打包后的窗口如图 12-16 所示；若单击“关闭”按钮，则返回到演示文稿窗口，完成文件打包。

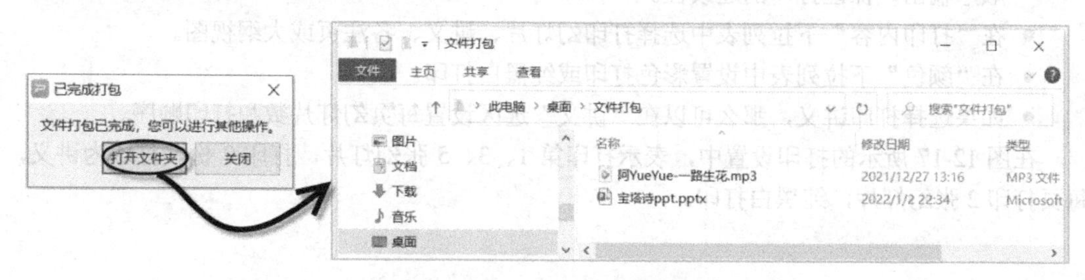

图 12-16　文件打包后的窗口

12.3　打印演示文稿及讲义

视频课程

为了便于交流与宣传，可将制作完成的演示文稿打印输出，可以以每页一张的方式打印幻灯片，或者是每页多张幻灯片的方式打印演示文稿讲义，还可以创建并打印备注页。

打开要打印的演示文稿，选择“文件”→“打印”命令，弹出“打印”对话框。打印设置的操作过程如图 12-17 所示。

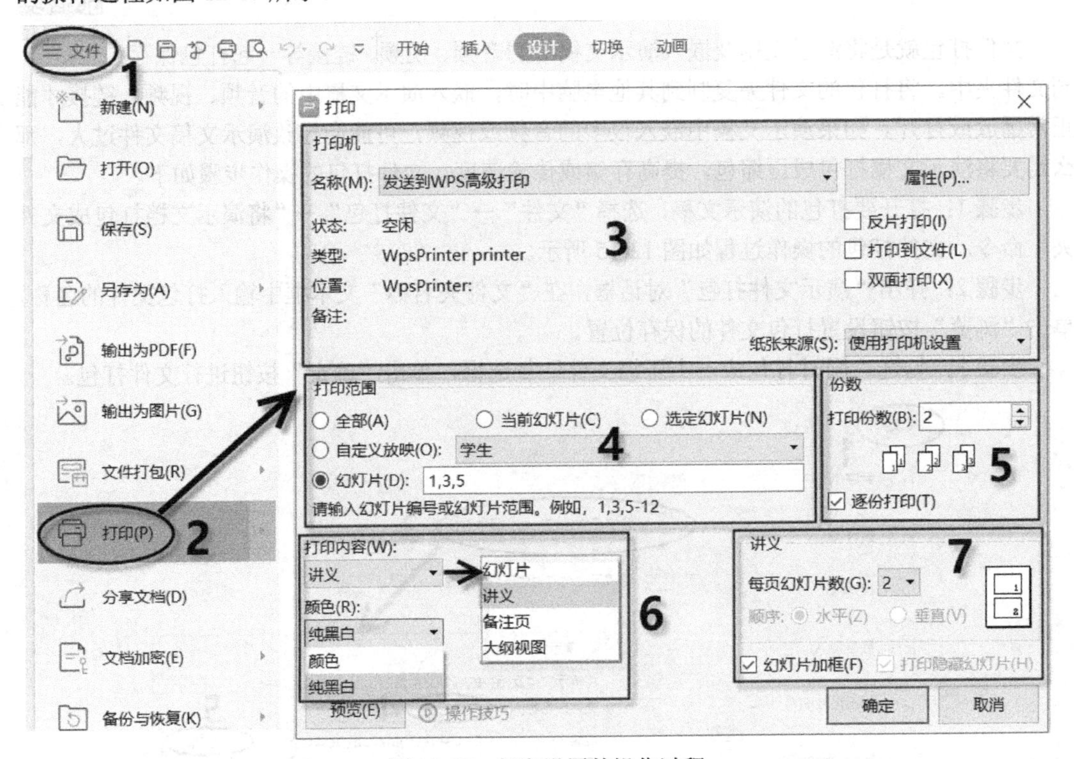

图 12-17　打印设置的操作过程

- 在“打印机”选区设置打印机、打印方式（反片打印、打印到文件、双面打印）、纸张来源。
- 在“打印范围”选区设置打印幻灯片的范围，全部打印、打印当前幻灯片、打印选定幻灯片或在“幻灯片”中输入打印幻灯片的编号、幻灯片的范围。
- 在“份数”选区设置打印的份数，若打印多份，则勾选“逐份打印”复选框，按照份数顺序输出，保证打印的连续性。
- 在“打印内容”下拉列表中选择打印幻灯片、讲义、备注页或大纲视图。
- 在“颜色”下拉列表中设置彩色打印或纯黑白打印。
- 如果选择打印讲义，那么可以在“讲义”选区设置每页幻灯片数和打印顺序。

在图 12-17 所示的打印设置中，表示打印第 1、3、5 张幻灯片，打印 2 份，打印为讲义，每页打印 2 张幻灯片，纯黑白打印。

第 13 章

实例—制作答辩演示文稿

小李同学参加全国计算机设计大赛，经过专家和网络评审，该同学进入决赛。根据比赛规则，进入决赛的同学需要提交用于现场答辩的演示文稿。于是，小李同学根据参赛作品内容制作了图 13-1 所示的答辩演示文稿。

本实例涉及的知识点主要有：创建母版、插入形状、插入图片、插入智能图形、设置动画效果、切换效果、超链接等内容。

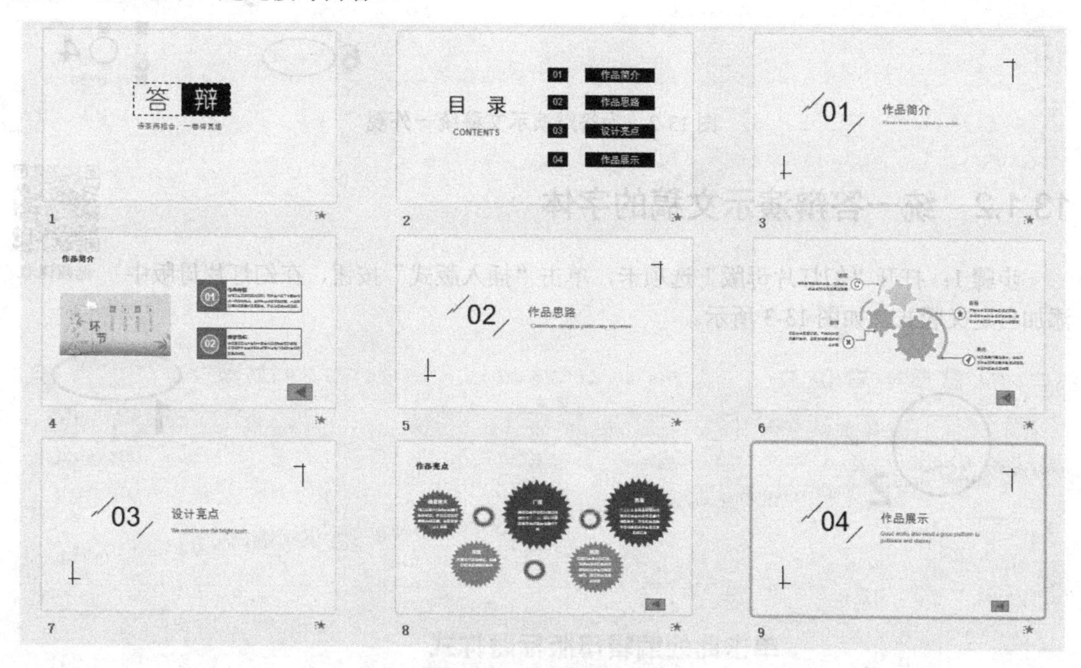

图 13-1　答辩演示文稿

13.1　利用母版统一答辩演示文稿外观

13.1.1　统一答辩演示文稿的外观

视频课程

步骤 1：启动 WPS，新建一个空白演示文稿。在演示文稿窗口中，打开“视图”选项卡，单击“幻灯片母版”按钮，进入幻灯片母版视图。

步骤 2：在“幻灯片母版”选项卡中，单击“背景”按钮，打开“对象属性”任务窗格。选中“纯色填充”单选按钮，打开“颜色”下拉列表，从中选择所需的背景颜色，设置透明度，单击“全部应用”按钮，为答辩演示文稿统一外观，如图 13-2 所示。

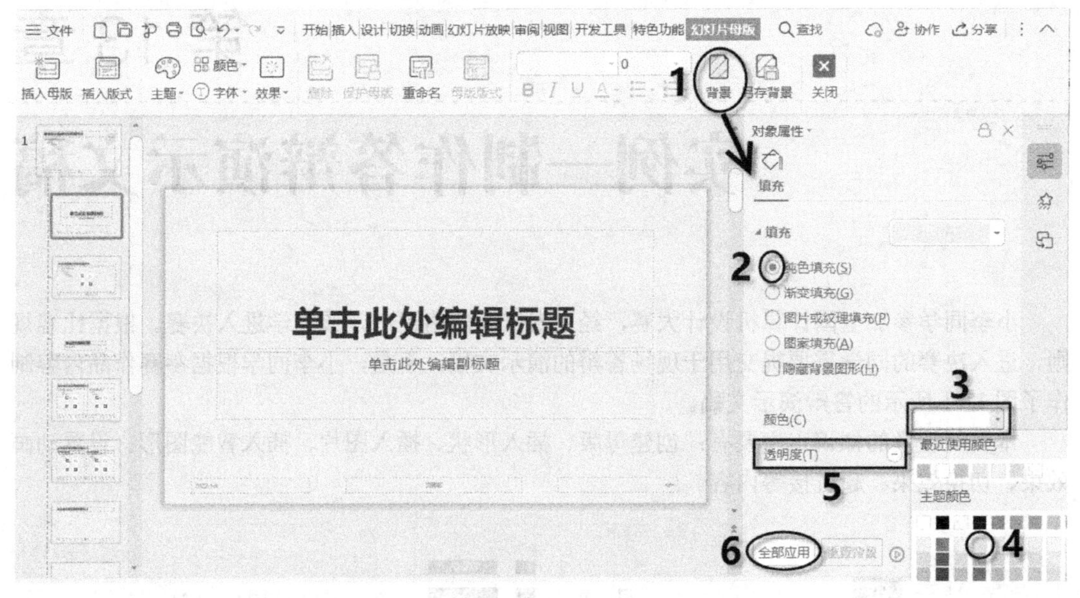

图 13-2　为答辩演示文稿统一外观

13.1.2　统一答辩演示文稿的字体

视频课程

步骤 1：打开“幻灯片母版”选项卡，单击“插入版式”按钮，在幻灯片母版中添加自定义版式，如图 13-3 所示。

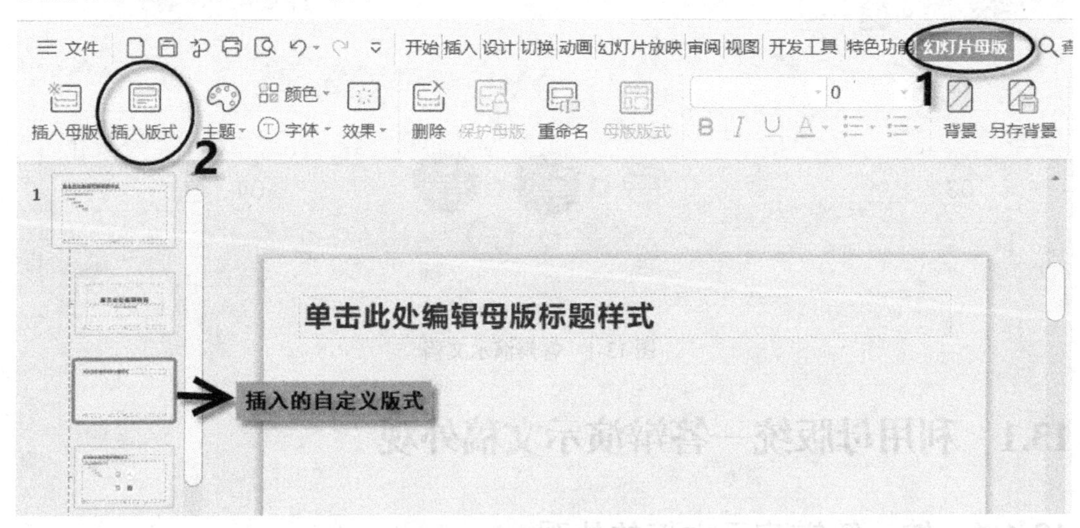

图 13-3　添加自定义版式

步骤 2：在自定义版式的幻灯片中，选定“单击此处编辑母版标题样式”占位符，打开“开始”选项卡，在“字体”组中设置字体为“黑体”，字号为“24”。在“段落”组中设置对齐方式为“左对齐”。设置母版标题字体格式的操作过程如图 13-4 所示。

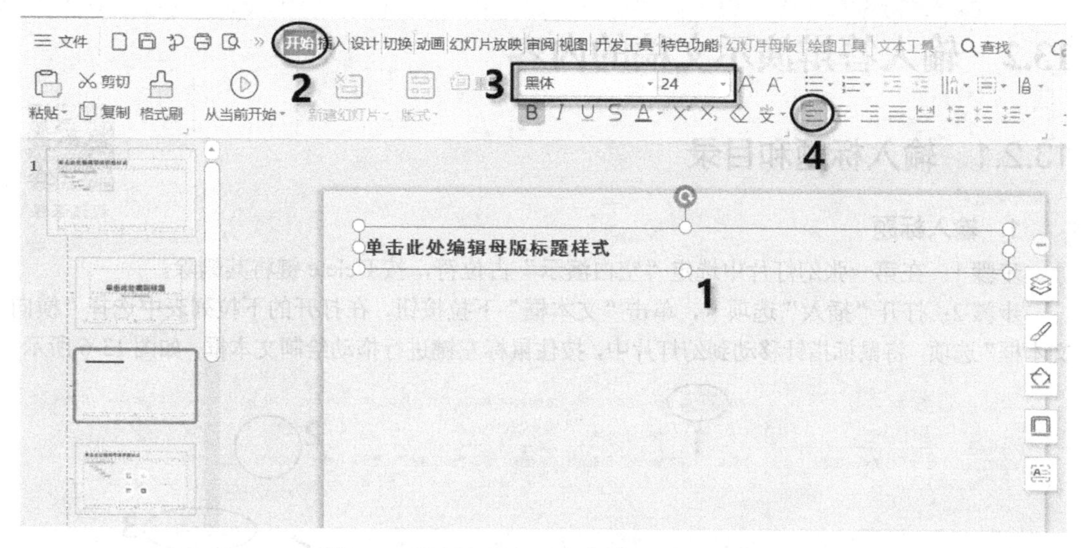

图 13-4　设置母版标题字体格式的操作过程

13.1.3　添加幻灯片编号

视频课程

步骤 1：幻灯片编号通常位于右下角，选定右下角的占位符，打开“插入”选项卡，单击“幻灯片编号”按钮，弹出“页眉和页脚”对话框。勾选“幻灯片编号”和“标题幻灯片不显示”复选框，单击“全部应用”按钮，为幻灯片添加编号，如图 13-5 所示。

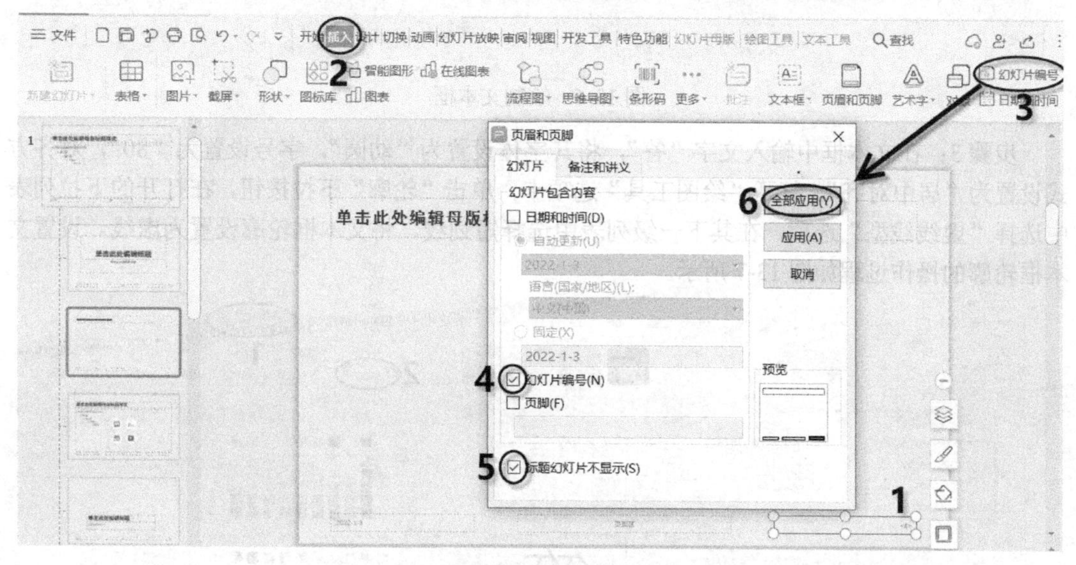

图 13-5　为幻灯片添加编号

步骤 2：设置结束后，单击“幻灯片母版”选项卡中的“关闭”按钮，关闭幻灯片母版视图，返回普通视图。

13.2 输入答辩演示文稿的内容

13.2.1 输入标题和目录

视频课程

1. 输入标题

步骤 1：在第一张幻灯片中选定“空白演示”占位符，按 Delete 键将其删除。

步骤 2：打开“插入”选项卡，单击“文本框”下拉按钮，在打开的下拉列表中选择“横向文本框”选项，将鼠标指针移动到幻灯片中，按住鼠标左键进行拖动绘制文本框，如图 13-6 所示。

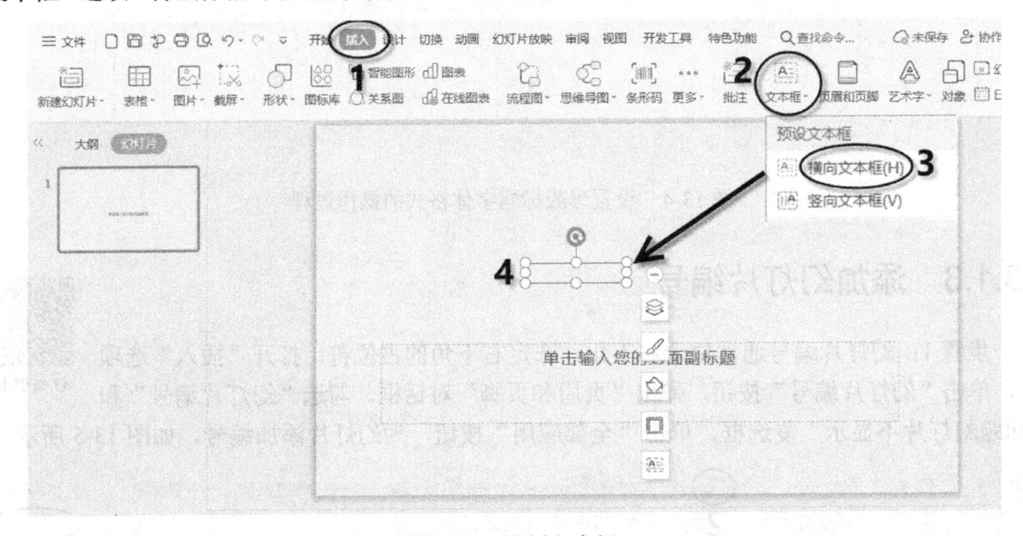

图 13-6 绘制文本框

步骤 3：在文本框中输入文字“答”，将其字体设置为“幼圆”，字号设置为“80”，对齐方式设置为“居中对齐”。打开“绘图工具”选项卡，单击“轮廓”下拉按钮，在打开的下拉列表中选择“虚线线型”选项，在其下一级列表中选择短划线，将文本框轮廓设置为虚线。设置文本框轮廓的操作过程如图 13-7 所示。

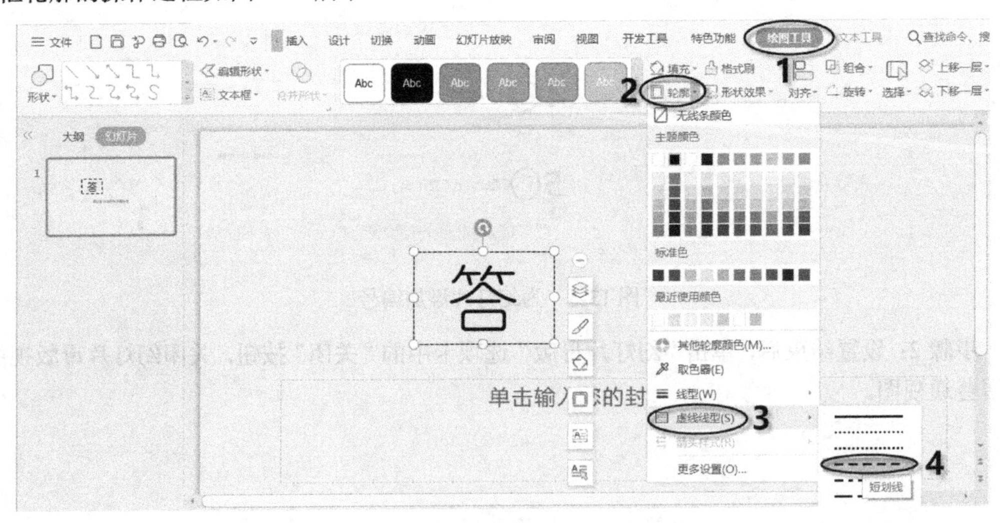

图 13-7 设置文本框轮廓的操作过程

步骤 4：选定文本框，先按 Ctrl+C 组合键再按 Ctrl+V 组合键，将其复制，并将复制后的文本框移动到与第一个文本框并排显示的位置。复制与排列文本框如图 13-8 所示。在“绘图工具”选项卡中单击“填充”下拉按钮，在打开的下拉列表中选择颜色为“黑色，文本 1”，如图 13-9 所示。字体颜色设置为“白色，背景 1”，将文字“答”改为“辩”字。

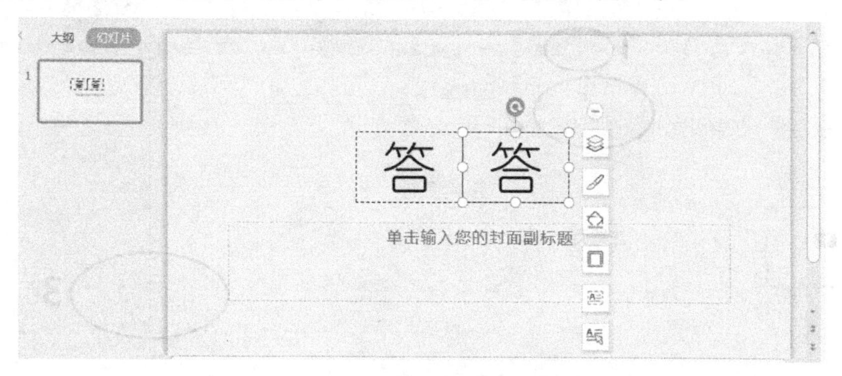

图 13-8　复制与排列文本框

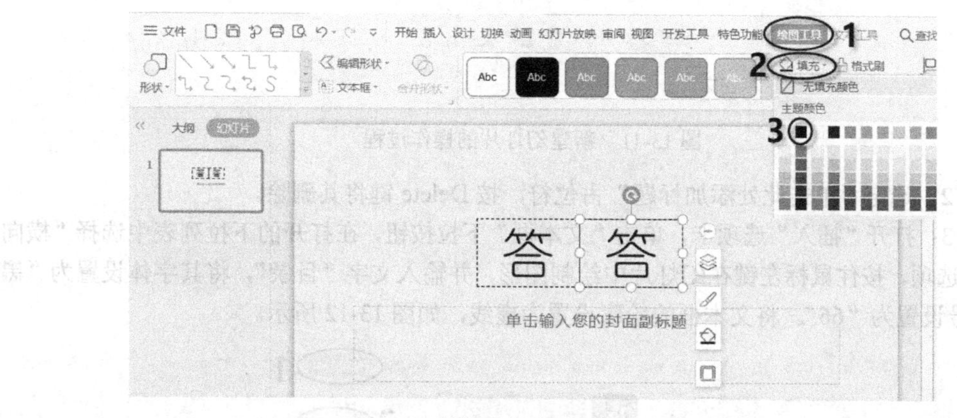

图 13-9　选择颜色为“黑色，文本 1”

步骤 5：选定“单击输入您的封面副标题”占位符，输入文字“诗茶两相会，一卷得真趣”，将其字体设置为“黑体”，字号设置为“24”，移动占位符位置，使副标题位于“答辩”下方中间位置。输入副标题如图 13-10 所示。

图 13-10　输入副标题

2. 输入目录

步骤 1：打开“开始”选项卡，单击“新建幻灯片”下拉按钮，在打开的下拉列表中选择自定义版式。新建幻灯片的操作过程如图 13-11 所示。

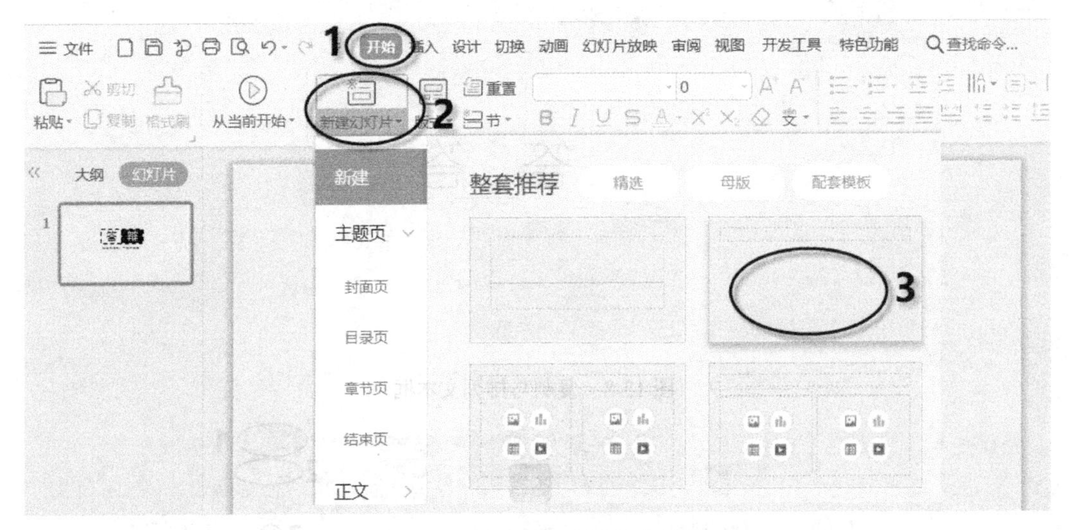

图 13-11 新建幻灯片的操作过程

步骤 2：选定“单击此处添加标题”占位符，按 Delete 键将其删除。

步骤 3：打开“插入”选项卡，单击“文本框”下拉按钮，在打开的下拉列表中选择“横向文本框”选项，按住鼠标左键在幻灯片中绘制图形，并输入文字“目录”，将其字体设置为“黑体”，字号设置为“66”。将文本框的轮廓设置为虚线，如图 13-12 所示。

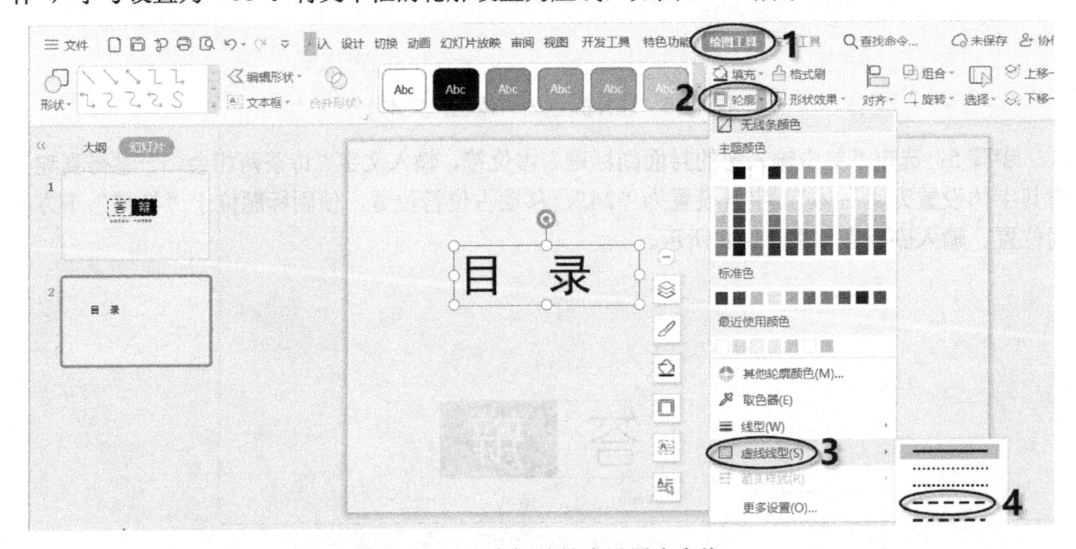

图 13-12 文本框的轮廓设置为虚线

步骤 4：在“目录”的下面插入文本框，输入字符“CONTENTS”，将其字体设置为“Arial”，字号设置为“28”。

步骤 5：插入文本框，输入字符“01”，将其字体设置为“黑体”，字号设置为“32”，字体颜色设置为“白色，背景 1，深色 15%”，对齐方式设置为“居中对齐”。将文本框填充为“黑色，文本 1”。设置文本框填充的操作过程如图 13-13 所示。

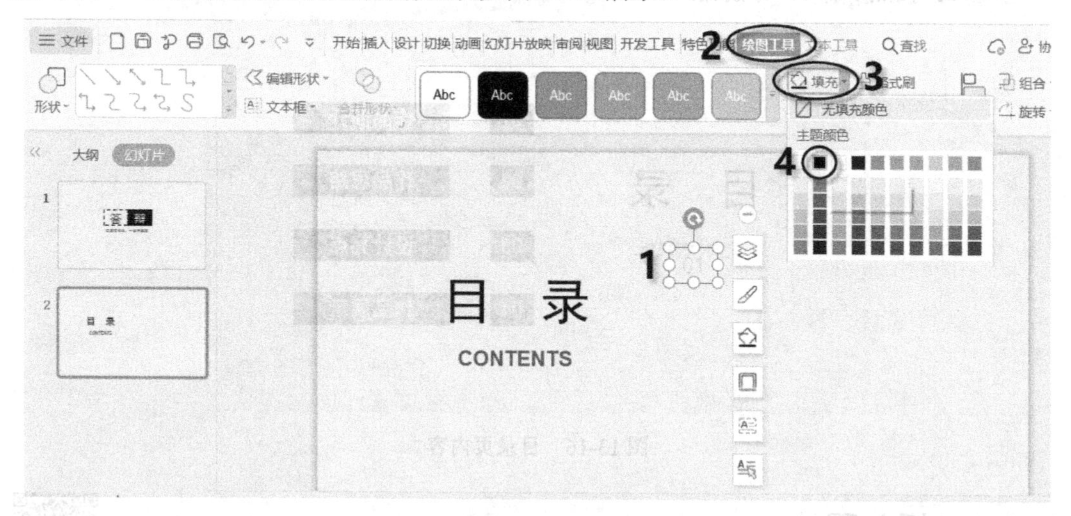

图 13-13　设置文本框填充的操作过程

步骤 6：在“01”文本框上右击，在弹出的快捷菜单中选择“复制”命令，按 Ctrl+V 组合键，复制 1 个“01”文本框，将其移动到原“01”文本框的右侧，调整文本框的大小，并输入文字“作品简介”。输入第 1 部分目录内容如图 13-14 所示。

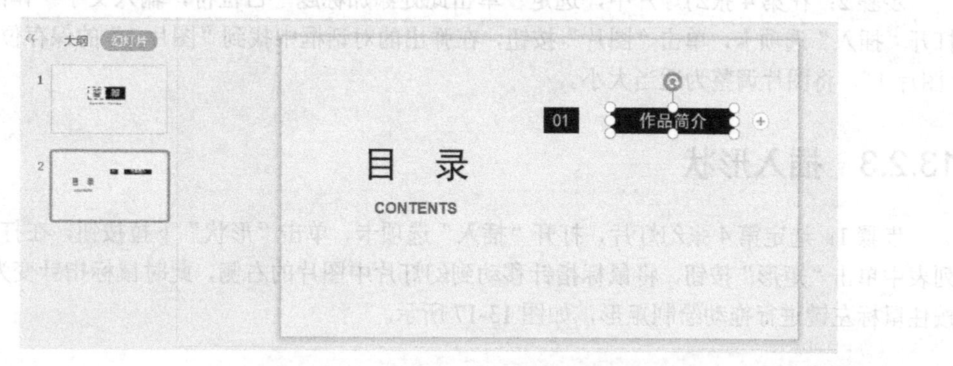

图 13-14　输入第 1 部分目录内容

步骤 7：按 Ctrl 键，选定“01”文本框和“作品简介”文本框，先按 Ctrl+C 组合键再按 Ctrl+V 组合键，复制 2 个文本框，向下拖动到适当的位置，将其内容改为“02”和“作品思路”。输入第 2 部分目录内容如图 13-15 所示。

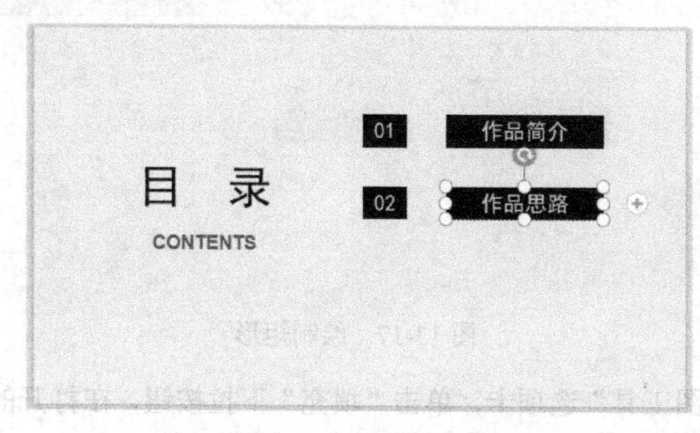

图 13-15　输入第 2 部分目录内容

步骤 8：按照步骤 7，分别输入目录“03”和“04”的内容。目录页内容如图 13-16 所示。

图 13-16 目录页内容

13.2.2 插入图片

视频课程

步骤 1：打开“开始”选项卡，单击“新建幻灯片”下拉按钮，在打开的下拉列表中选择自定义版式，添加第 3 张幻灯片。按照相同方法，添加第 4 张幻灯片。

步骤 2：在第 4 张幻灯片中，选定“单击此处添加标题”占位符，输入文字“作品简介”。打开“插入”选项卡，单击“图片”按钮，在弹出的对话框中找到“图片 1”的保存位置，插入“图片 1”，将图片调整为适当大小。

13.2.3 插入形状

视频课程

步骤 1：选定第 4 张幻灯片，打开“插入”选项卡，单击“形状”下拉按钮，在打开的下拉列表中单击“矩形”按钮，将鼠标指针移动到幻灯片中图片的右侧，此时鼠标指针变为＋形状，按住鼠标左键进行拖动绘制矩形，如图 13-17 所示。

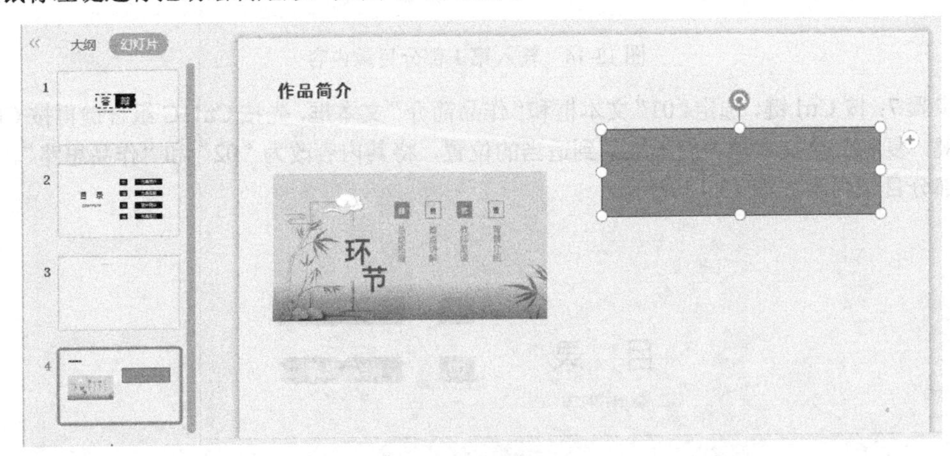

图 13-17 绘制矩形

步骤 2：打开“绘图工具”选项卡，单击“填充”下拉按钮，在打开的下拉列表中选择“无填充颜色”。

步骤 3：再次单击“形状”下拉按钮，在打开的下拉列表中单击“矩形”按钮，在已有的矩形上绘制一个短矩形，如图 13-18 所示，单击“填充”下拉按钮，将其填充为“黑色，文本 1，淡色 25%”。

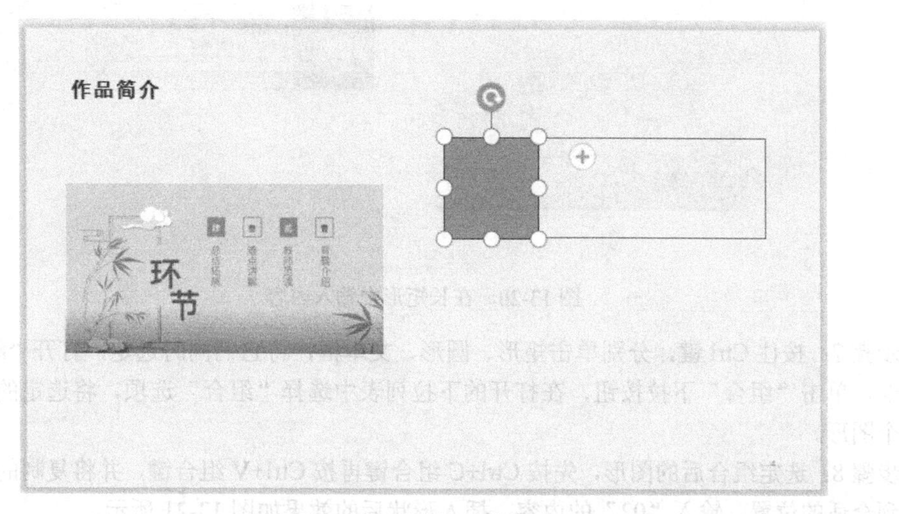

图 13-18　绘制一个短矩形

步骤 4：单击“形状”下拉按钮，在打开的下拉列表中单击“椭圆”按钮，按住 Shift 键，在短矩形上绘制圆形，将其填充为“白色，背景 1，深色 35%”。将形状轮廓设置为“白色，背景 1”，粗细为 2.25 磅。绘制圆形并设置格式的操作过程如图 13-19 所示。

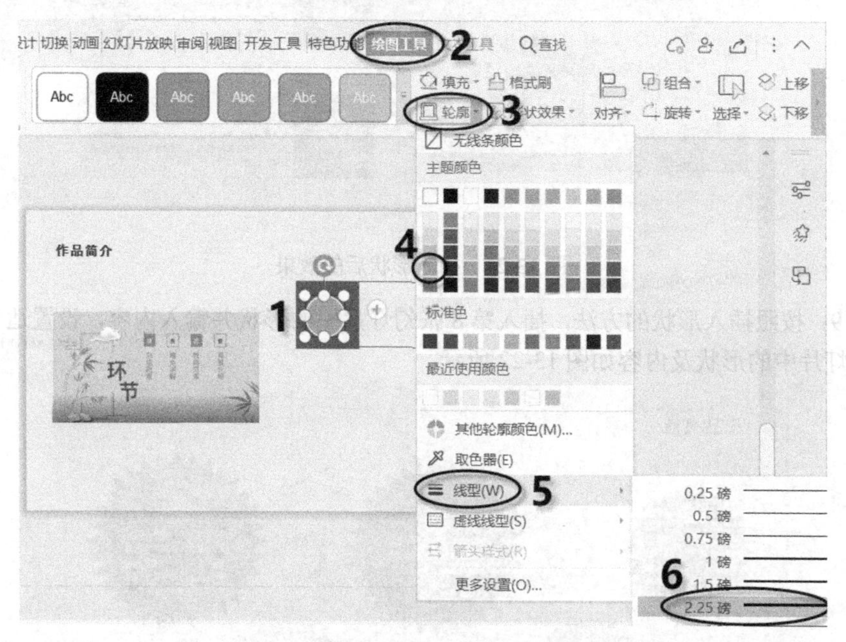

图 13-19　绘制圆形并设置格式的操作过程

步骤 5：在圆形上右击，在弹出的快捷菜单中选择“编辑文字”命令，输入文字“01”并设置适当格式。

步骤 6：在长矩形上插入文本框，输入图 13-20 所示的内容，并设置其格式。

图 13-20　在长矩形中输入内容

步骤 7：按住 Ctrl 键，分别单击矩形、圆形、文本框，将它们同时选定，打开“绘图工具”选项卡，单击“组合”下拉按钮，在打开的下拉列表中选择“组合”选项，将选定的对象组合为一个图形。

步骤 8：选定组合后的图形，先按 Ctrl+C 组合键再按 Ctrl+V 组合键，并将复制的图形向下移动到合适的位置，输入“02”的内容。插入形状后的效果如图 13-21 所示。

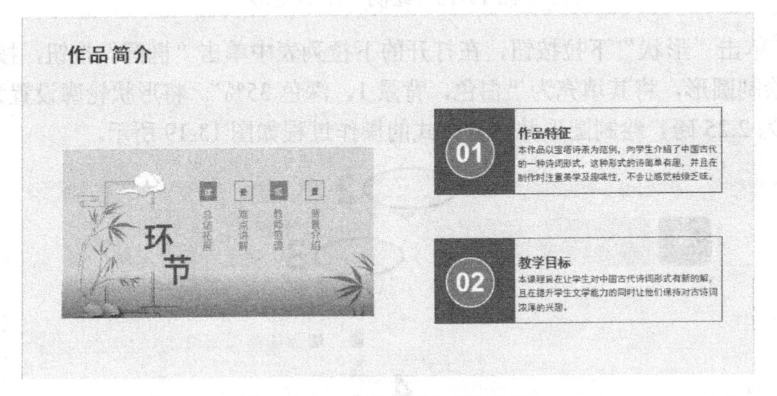

图 13-21　插入形状后的效果

步骤 9：按照插入形状的方法，插入第 8 张幻灯片中的形状并输入内容，设置适当的格式。第 8 张幻灯片中的形状及内容如图 13-22 所示。

图 13-22　第 8 张幻灯片中的形状及内容

步骤 10：利用插入形状、文本框的方法，输入第 3、5、7、9 张幻灯片中的形状及内容，如图 13-23 所示。

图 13-23　第 3、5、7、9 张幻灯片中的形状及内容

13.2.4　插入智能图形

视频课程

步骤 1：选定第 6 张幻灯片，打开“插入”选项卡，单击“智能图形”按钮，弹出“选择智能图形”对话框。选择关系类中的齿轮，单击“插入”按钮，即可插入智能图形，如图 13-24 所示。

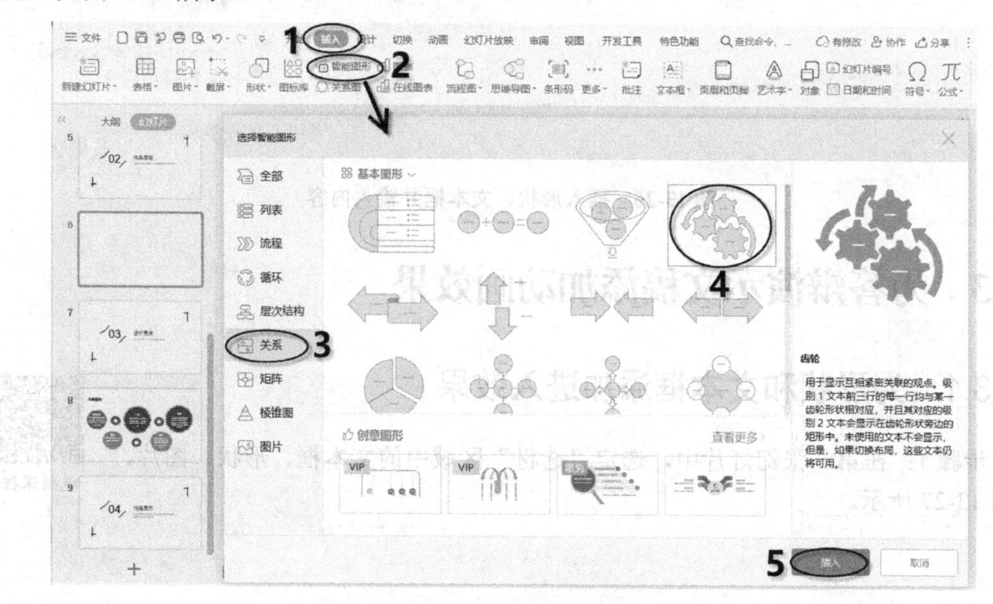

图 13-24　插入智能图形

步骤 2：打开“设计”选项卡，单击“更改颜色”下拉按钮，在打开的下拉列表中单击“彩色”中的第一个按钮。设置智能图形颜色的操作过程如图 13-25 所示。

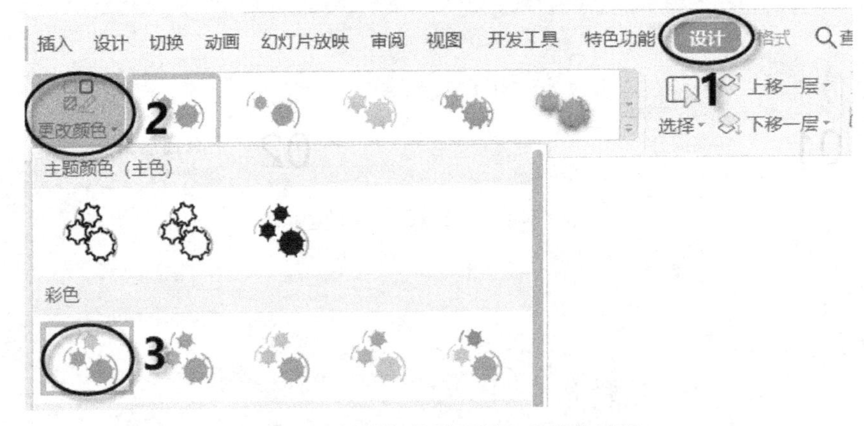

图 13-25　设置智能图形颜色的操作过程

步骤 3：插入形状、文本框，并输入图 13-26 所示的内容。

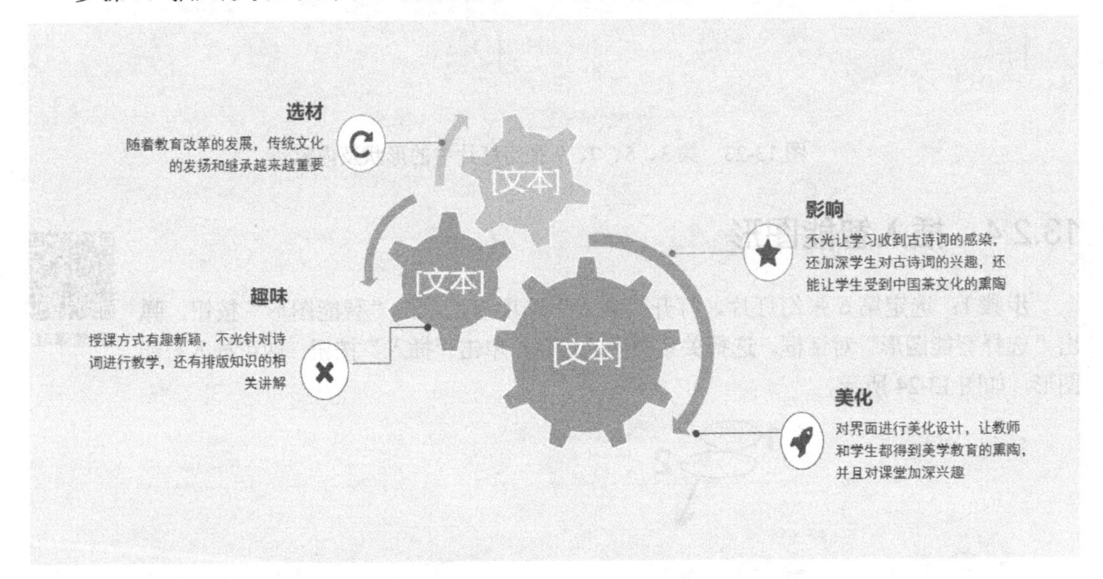

图 13-26　插入形状、文本框并输入内容

13.3　为答辩演示文稿添加动画效果

13.3.1　为形状和文本框添加进入效果

步骤 1：在第 6 张幻灯片中，选定“选材”区域中的文本框、形状、图片，如图 13-27 所示。

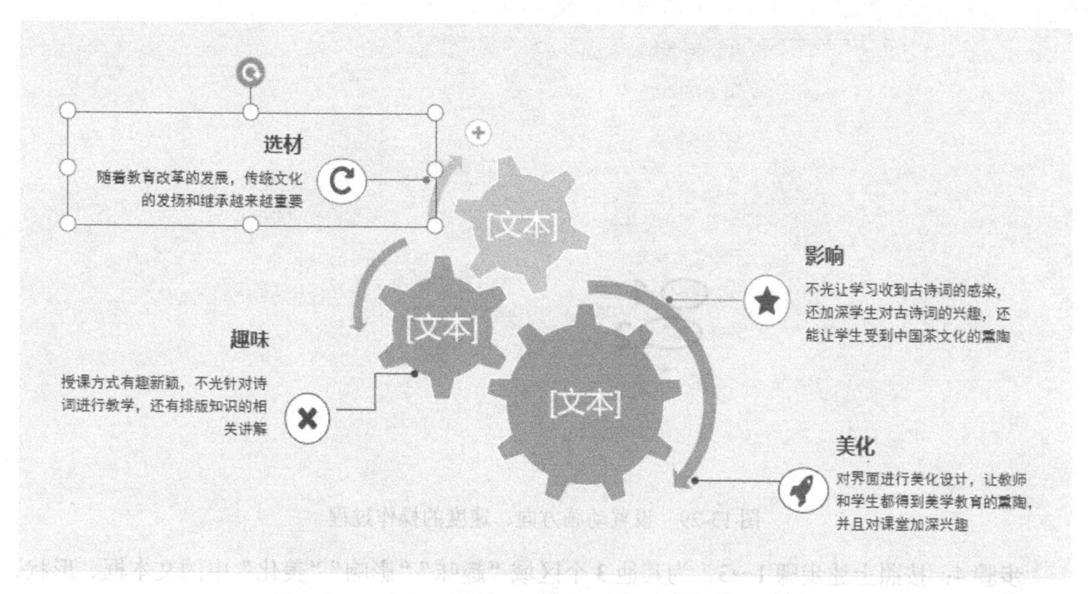

图 13-27　选定“选材”区域中的文本框、形状、图片

步骤 2：打开“动画”选项卡，单击“自定义动画”按钮，打开“自定义动画”任务窗格。单击“添加效果”下拉按钮，在打开的下拉列表框中单击“进入”右侧的“更多选项”按钮，单击“圆形扩展”按钮。为选定的对象添加动画效果如图 13-28 所示。此时选定的文本框、形状、图片的左上方出现 1 ，表明该对象添加了动画效果。

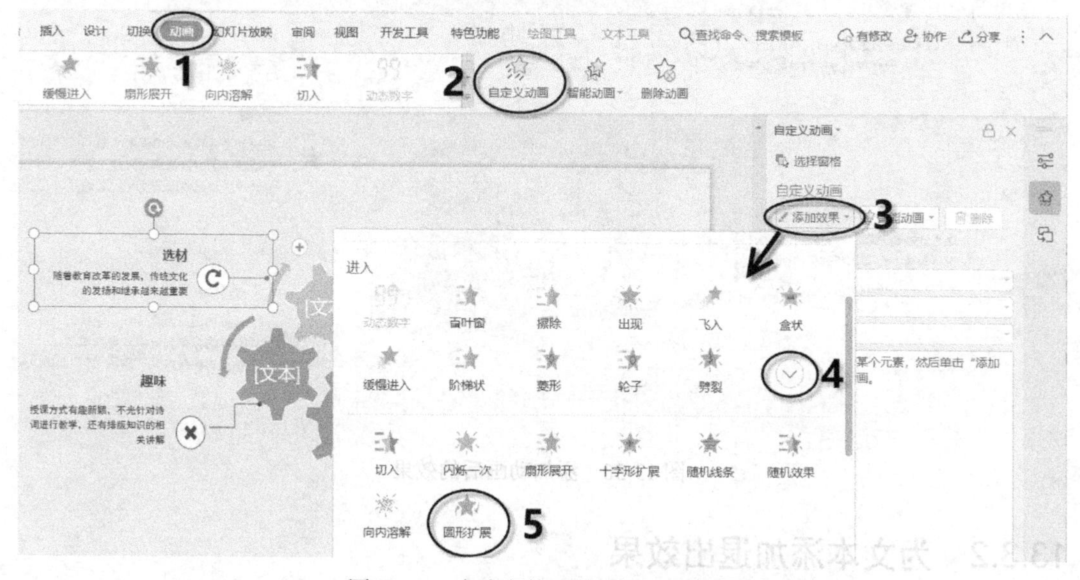

图 13-28　为选定的对象添加动画效果

步骤 3：在“自定义动画”任务窗格中，设置动画开始的方向为“外”，速度为“快速”。设置动画方向、速度的操作过程如图 13-29 所示。

图 13-29　设置动画方向、速度的操作过程

步骤 4：按照上述步骤 1～3，为其他 3 个区域“趣味”“影响”“美化”中的文本框、形状、图片添加“圆形扩展”的动画效果，并设置其开始、方向、速度。添加动画后的效果如图 13-30 所示。

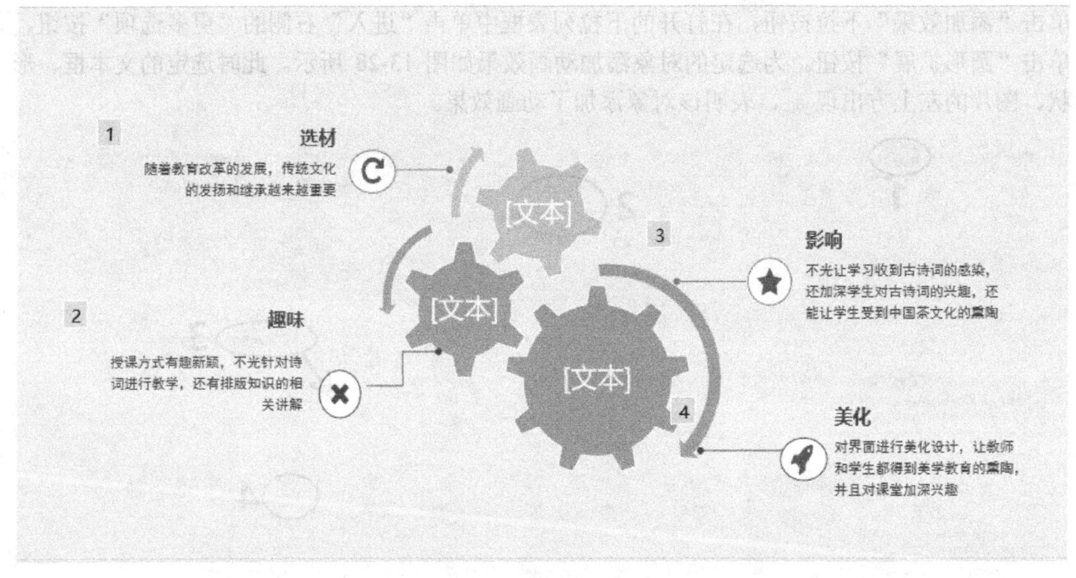

图 13-30　添加动画后的效果

13.3.2　为文本添加退出效果

步骤 1：在第 7 张幻灯片中，按住 Ctrl 键，选定所有文本，如图 13-31 所示。

视频课程

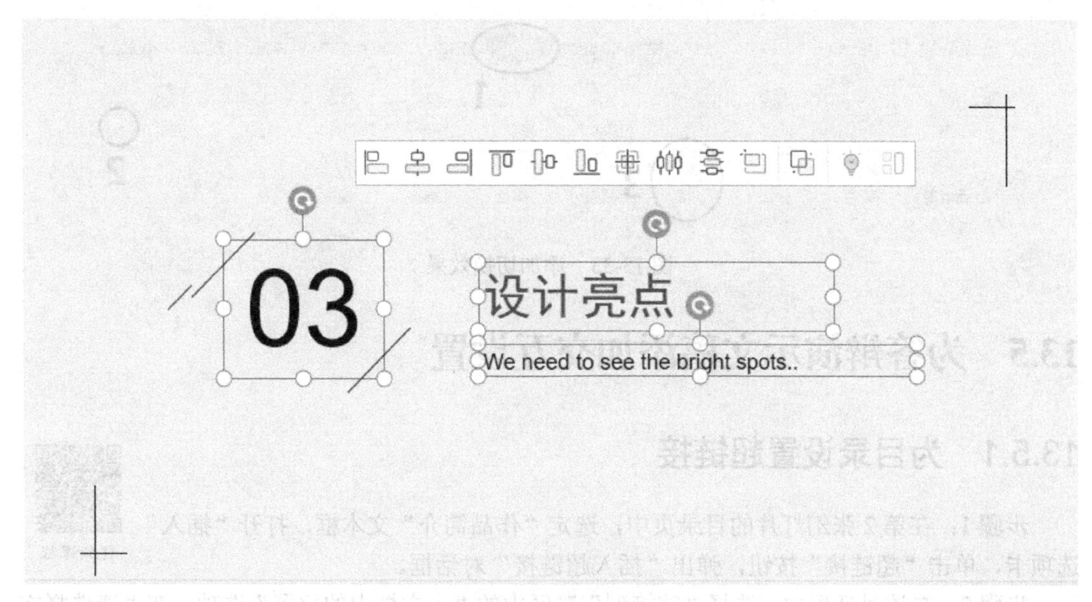

图 13-31　选定所有文本

步骤 2：打开“动画”选项卡，单击“自定义动画”按钮，打开“自定义动画”任务窗格。单击“添加效果”下拉按钮，在打开的下拉列表框中单击“退出”中的“棋盘”按钮。添加退出效果的操作过程如图 13-32 所示。

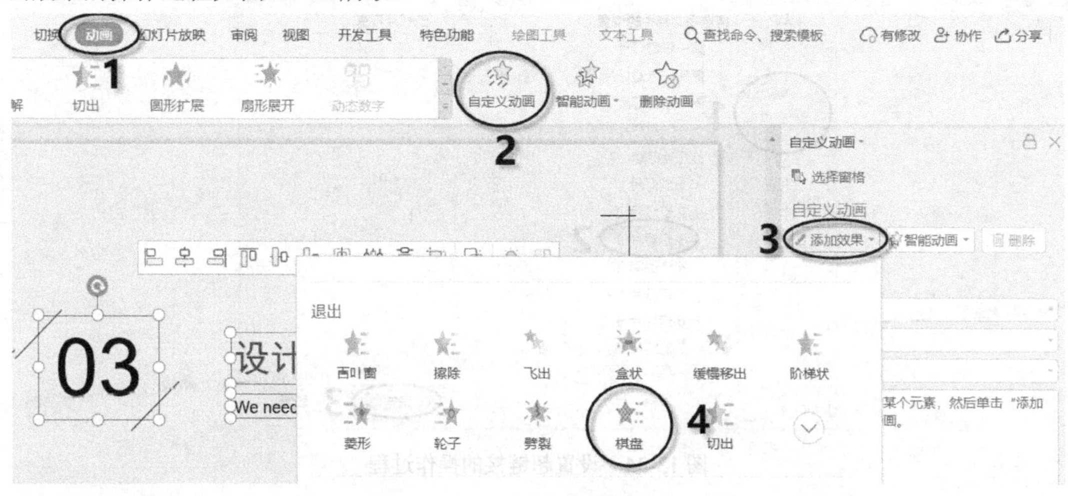

图 13-32　添加退出效果的操作过程

13.4　为答辩演示文稿添加切换效果

视频课程

步骤 1：选定第 8 张幻灯片，打开“切换”选项卡，单击切换方式列表右侧的下拉按钮，在打开的下拉列表中单击“分割”按钮，即可添加切换效果，如图 13-33 所示，该效果被应用到选定的幻灯片。

步骤 2：单击“效果选项”下拉按钮，在打开的下拉列表中选择“左右展开”选项，单击“应用到全部”按钮，将“分割”效果应用到所有幻灯片。

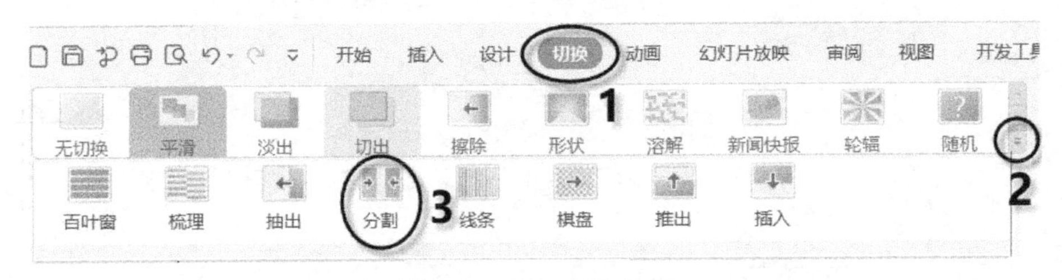

图 13-33　添加切换效果

13.5　为答辩演示文稿添加交互设置

13.5.1　为目录设置超链接

步骤 1：在第 2 张幻灯片的目录页中，选定“作品简介”文本框，打开“插入”选项卡，单击“超链接”按钮，弹出“插入超链接”对话框。

步骤 2：在该对话框中，选择“链接到”选区中的“本文档中的位置”选项，在“请选择文档中的位置”列表框中选择“3．幻灯片 3”选项。设置超链接的操作过程如图 13-34 所示。

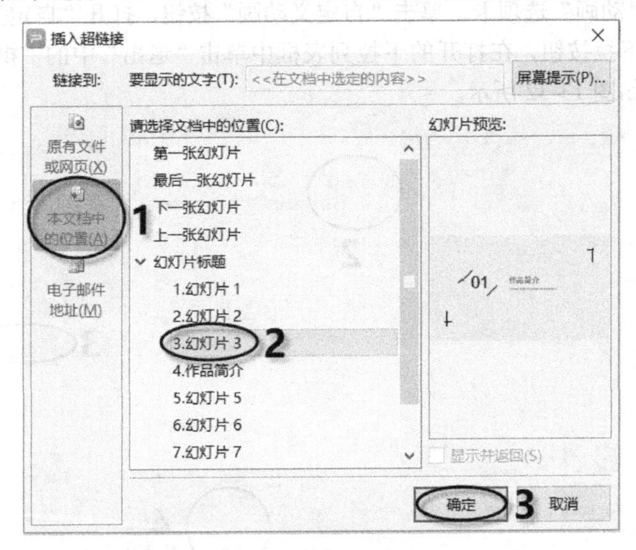

图 13-34　设置超链接的操作过程

步骤 3：按照上述步骤 1～2，分别将目录页中的“作品思路”链接到第 5 张幻灯片、“设计亮点”链接到第 7 张幻灯片、“作品展示”链接到第 9 张幻灯片。

13.5.2　添加返回目录动作按钮

步骤 1：选定第 4 张幻灯片，打开“插入”选项卡，单击“形状”下拉按钮，在打开的下拉列表中单击“动作按钮”中的“后退或前一项”按钮。插入动作按钮的操作过程如图 13-35 所示。

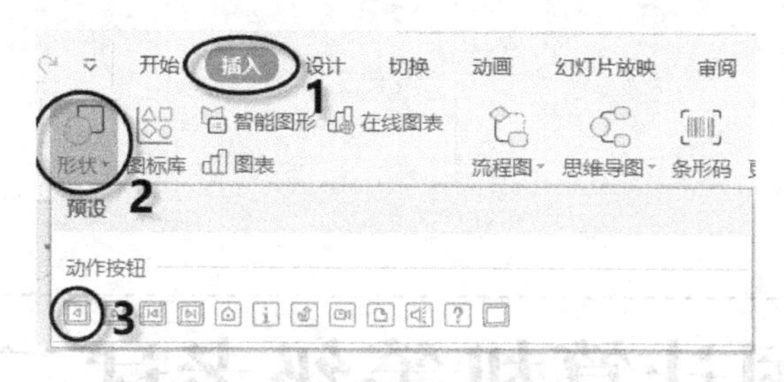

图 13-35　插入动作按钮的操作过程

步骤 2：按住鼠标左键在幻灯片右下角进行拖动绘制动作按钮，绘制结束后释放鼠标左键，弹出“动作设置”对话框。选中“超链接到”单选按钮，打开该单选按钮下方的下拉列表，从中选择“幻灯片”选项，弹出“超链接到幻灯片”对话框。在“幻灯片标题”列表框中选择“2. 幻灯片 2”选项，单击“确定”按钮，返回“动作设置”对话框，单击“确定”按钮。设置动作按钮超链接的操作过程如图 13-36 所示。

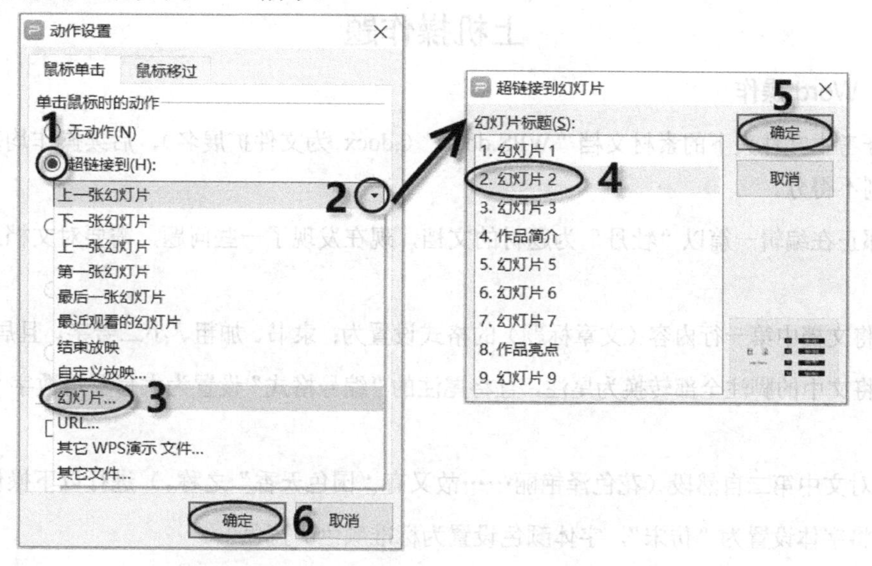

图 13-36　设置动作按钮超链接的操作过程

步骤 3：按照上述步骤 1～2，分别在第 6、8、9 幻灯片中插入“后退或前一项”的动作按钮，并将动作按钮设置返回第 2 张幻灯片的目录页中。

附录

全国计算机等级考试二级 WPS Office 试题及答案

上机操作题

一、Word 操作

打开考生文件夹下的素材文档“WPS.docx”（.docx 为文件扩展名），后续操作均基于此文档，否则不得分。

小邓正在编辑一篇以“牡丹”为题材的文档，现在发现了一些问题，需要对文档进行调整和优化。

1. 将文档中第一行内容（文章标题）的格式设置为：隶书、加粗、小二号字，且居中对齐。

2. 将文中的脚注全部转换为尾注，且将尾注的“编号格式”设置为大写罗马数字“Ⅰ、Ⅱ、Ⅲ、…”。

3. 对文中第二自然段（花色泽艳丽……故又有“国色天香”之称。）进行以下操作。

① 将字体设置为“仿宋”，字体颜色设置为标准颜色“蓝色”。

② 将内容分为栏宽相等的两栏，“栏间距”为 1.5 个字符，且加分隔线。

4. 为文档第 1 页中的红色文本，添加“自定义项目符号”🕮（提示：特殊符号“🕮”包含在符号字体“Wingdings”中）。

5. 为文档设置页眉，具体要求如下。

① 奇数页的页眉为“国色天香”，“对齐方式”为“居中对齐”，且“页眉横线”为单细线。

② 偶数页的页眉为“牡丹”，“对齐方式”为“居中对齐”，且“页眉横线”为单细线。

6. 在页脚插入页码，奇数页与偶数页的页码“对齐方式”均为“居中对齐”，且“样式”都设置为“第 1 页 共 x 页”。

7. 插入“文字水印”，水印内容为“考试专用”、字体为“楷体”、版式为“倾斜”、透明度为 60%，其余参数取默认值。

8. 文档的标题样式需要修改，具体要求如下。

① 将“标题 1”样式设置为“单倍行距”，段前和段后间距都是 3 磅，小三号字，其他参数

取默认值。

② 将“标题 2”样式设置为“单倍行距”，段前和段后间距都是 0 磅，四号字，其他参数取默认值。

③ 将“标题 3”样式设置为“单倍行距”，段前和段后间距都是 0 磅，小四号字，其他参数取默认值。

9. 文中的各级标题已经按表 A-1 的要求，预先应用了对应的标题样式，但现在发现有漏掉设置的情况，具体为“七、繁殖方式”及其下的三个内容“（一）分株和嫁接”、“（二）扦插、播种和压条”和“（三）组织培养”，请将它们按要求设置。

表 A-1　文中的各级标题要求

内容	样式	示例
“一、……”、“二、……”	标题1	一、植物学史
（一）……”、“（二）……”	标题2	（一）株型
“1. ……”、“2. ……”	标题3	1. 历史沿革

10. 在文档最前面（第一行文章标题之前）创建“自定义目录”，将“制表符前导符”设置为实线，“显示级别”设置为 3，其他参数取默认值。

11. 文档中多处出现了方括号中有一位数字或两位数字的内容（如[3]、[15]等），共计 42 处，请将文档中的这类内容全部删除。（提示：使用替换功能实现）

二、Excel 操作

打开考生文件夹下的素材文档“ET.xlsx”（.xlsx 为文件扩展名），后续操作均基于此文档，否则不得分。

某学院学生的试卷评阅工作已结束，现已将 502 名学生的基本信息和他们的各科成绩录入到了名称为“成绩表”的工作表中。这 502 名学生分属于“一班”“二班”……“六班”这 6 个班级，学号是每个学生的唯一标识。

“成绩表”工作表中学生的基本信息包括：学号、姓名、性别和班级；“成绩”包括：高等数学、大学英语、逻辑学、应用文写作和程序设计基础 5 门课。

现需要对学生的成绩进行分析和处理，请按要求实现相应操作。

1. 在“成绩表”工作表中，完成以下计算。

① 计算每个学生的“总分”，将其放入单元格 J2 到 J503 中。

② 计算每个学生的“平均分”，将其放入单元格 K2 到 K503 中，并将 K2:K503 区域的数值格式设置为小数点后保留 2 位。

2. 为了给“按班级打印成绩”做准备，需要完成以下操作。

① 将“成绩表”工作表中现有数据全部复制到“成绩排序”工作表中（从单元格 A1 开始存放），其数据的结构和内容与“成绩表”中数据一致。

② 在“成绩排序”工作表中完成排序操作，具体要求为：将表中数据以“班级”为关键字

排序，且“次序”依次为“一班”“二班”“三班”“四班”“五班”“六班”，即“一班”学生排在表的最前面，“六班”学生排在表的最后面。

3. 在“成绩表”工作表中，汇总分析学生人数，具体要求如下。

利用数据透视表功能，汇总各班级的男女生人数，要求“列”标签为“班级”字段，“行”标签为“性别”字段，且将数据透视表放置在当前工作表的单元格 A505 中。

4. 在“成绩表”工作表中，以班级为单位汇总分析学生们的“逻辑学”课程成绩，具体要求如下。

① 利用数据透视图功能，显示各班级的“逻辑学”平均分，要求“图例”为“班级”字段，相关联的数据透视表位置选择当前工作表的单元格 A512。

② 请通过移动图表操作，将该“数据透视图”与单元格 A512 在左上角取齐，使其覆盖在相关联的数据透视表之上。

说明：默认状态下，“数据透视图”相关联的数据透视表将出现在指定单元格（如 A512），但相应图表则根据操作环境不同而自动出现在工作表较前面位置或者出现在相关联的数据透视表附近。

③ 为数据透视图添加图表标题“逻辑学成绩分析”，其位置位于“图表上方”。

5. 在“成绩表”工作表中，给出每个学生的排位情况，操作要求如下。

首先在单元格 L1 中输入文字“名次”；其次利用函数计算每个学生的“名次”，将其放入单元格 L2 到 L503 中。

说明：学生名次按其“总分”或“平均分”排位给出，对于成绩相同的学生则排位名次相同。相同成绩的存在将影响后续成绩的排位。例如，表中有两个学生的平均分都是“91.4”，则他们的名次就都是“7”，紧排在他们之后的学生的名次为“9”，表中将没有排位为 8 的名次。

6. 为了更好地分析学生的成绩情况，在“成绩表”工作表中继续完成以下操作。

① 首先在单元格 M1 输入文字“综合成绩”；其次按下面给定的标准计算每个学生的“综合成绩”，并将其放入单元格 M2 到 M503 中。

“综合成绩”标准：

“平均分”在 85 分以上（含 85 分）为“优秀”；

“平均分”在 60 分到 85 分之间（含 60 分）为“及格”；

“平均分”在 60 分以下为“不及格”。

② 在单元格 P5 中，利用函数统计“综合成绩”为“优秀”的男生人数。

③ 在单元格 P6 中，利用函数统计“综合成绩”为“优秀”的女生人数。

7. 现在需要筛选出平均分在 80～90 分之间（含 80 分和 90 分），且班级为“二班”的“男生”。请利用自动筛选功能在“成绩表”工作表中实现这一操作。

8. “成绩筛选”工作表中存放的是 502 名学生的原始成绩，现需要一次性筛选出二班和六班“高等数学”成绩在 95 分以上（含 95 分）的所有学生。请利用高级筛选功能在当前表中实现这一操作。

说明：构造条件区域时，要求在工作表的最上面插入 5 个空行，使原先表中“学号”“姓名”“性别”……所在行成为工作表的第 6 行，且条件区域的起始位置为单元格 A1。

9．“成绩汇总”工作表中存放的是 502 名学生的原始成绩，现需要对表中数据进行分类汇总分析，具体要求是按“性别”分类统计男生和女生的“高等数学”“应用文写作”这两门课程的平均分，且最终显示级别为“2”的分级汇总结果。

三、PPT 操作

打开考生文件夹下的素材文档“WPP.pptx”（.pptx 为文件扩展名），后续操作均基于此文档，否则不得分。

李老师为上课准备了演示文稿，内容涉及 10 个成语，第 3～12 页幻灯片（共 10 页）中的每一页都有一个成语，且每个成语都包括：成语本身、读音、出处和释义四个部分。现在发现制作的演示文稿还有一些问题，需要进行修改。

1．为了体现内容的层次感，请将第 3～12 页这 10 页幻灯片中的“读音、出处和释义”三部分文本内容都“降一级”。

2．按以下要求“编辑母版”，完成对“标题和内容”版式的样式修改。

① 将“母版标题样式”设置为标准色“蓝色”，居中对齐，其余参数取默认值。

② 将“母版文本样式”设置为“隶书，32 号字”，其余参数取默认值。

③ 将“第二级”文本样式设置为“楷体，28 号字”，其余参数取默认值。

3．在标题为“成语内容提纲”的幻灯片（第 2 页幻灯片）中，为文本“与植物有关的成语”设置如下动画效果。

① “进入”时为“飞入”效果，且飞入方向为“自右下部”。

② 飞入速度为“中速”。

③ 飞入时的“动画文本”选择“按字母”发送，且将“字母之间延迟”的百分比更改为“50%”。

④ 飞入时伴“打字机”声音效果。

4．为了达到更好的演示效果，需要在讲完所有“与植物有关的成语”后，跳转回标题为“成语内容提纲”的幻灯片，并由此页超链接到“与动物有关的成语”的开始页。

具体要求如下。

① 在标题为“与植物有关的成语（5）”幻灯片的任意位置插入一个“后退或前一项”的动作按钮，将其动作设置为“超链接到”标题为“成语内容提纲”的幻灯片。

② 在标题为“成语内容提纲”的幻灯片中，为文本“与动物有关的成语”设置超链接，超

链接将跳转到标题为“与动物有关的成语（1）”的幻灯片，且将“超链接颜色”设为标准颜色“红色”，“已访问超链接颜色”设为标准颜色“蓝色”，且设为“链接无下画线”。

5. 将所有幻灯片的背景设置为“纹理填充”，且填充纹理为“纸纹 2”。

6. 设置切换方式，使全部幻灯片在放映时均采用“百叶窗”方式切换。

7. 在标题为“学习总结”的幻灯片中，少总结了 2 个成语，按以下要求将它们加入：

① 将“藕断丝连”加入到“与植物有关”组中，放在最下面，与“柳暗花明”等 4 个成语并列，且将其字体设置为“仿宋，32 号”。

② 将“闻鸡起舞”加入到“与动物有关”组中，放在最下面，与“老马识途”等 4 个成语并列，且将其字体设置为“仿宋，32 号”。

试题答案

一、Word 操作

解题步骤如下。

第 1 题

步骤：双击打开考生文件夹下的素材文档“WPS.docx”，选定文章标题，在“开始”选项卡下，设置字体为隶书，字形为加粗，字号为小二，单击“居中”按钮。

第 2 题

步骤：打开“引用”选项卡，单击“脚注和尾注”组右下角的对话框启动按钮，弹出“脚注和尾注”对话框。单击“转换”按钮，在弹出的对话框中选中“脚注全部转换成尾注”单选按钮，单击“确定”按钮，返回“脚注和尾注”对话框。在“位置”选区选中“尾注”单选按钮，打开“编号格式”下拉列表，从中选择大写罗马数字，单击“应用”按钮。

第 3 题

步骤 1：选中第二段文字，打开“开始”选项卡，设置字体为仿宋，字体颜色为蓝色。

步骤 2：打开“页面布局”选项卡，单击“分栏”下拉按钮，在打开的下拉列表中选择“更多分栏”选项，在弹出的对话框中单击“两栏”按钮，勾选“分割线”和“栏宽相等”复选框，间距设置为 1.5 字符，单击“确定”按钮。

第 4 题

步骤：选定红色文本，打开“开始”选项卡，单击“项目符号”下拉按钮，在打开的下拉列表中选择“自定义项目符号”选项，在弹出的对话框中选择任意一种项目符号，单击“自定义”按钮，在弹出的对话框中单击“字符”按钮，字体选择“Wingdings”，单击题面要求的符号(字符代码为 38)，依次单击“插入”和“确定”按钮，

第 5 题

步骤 1：双击第 1 页的页眉处，进入编辑状态。在“页眉和页脚”选项卡中，单击“页眉页

脚选项”按钮，在弹出的对话框中勾选“奇偶页不同”复选框，单击“确定”按钮。

步骤 2：将鼠标光标定位在第 1 页页眉中，单击“页眉横线”下拉按钮，选择单细线。输入文字“国色天香”，此时已经是居中对齐，无须重新设置。

步骤 3：将鼠标光标定位在第 2 页页眉中，取消选中“同前节”，单击“页眉横线”下拉按钮，选择单细线。输入文字“牡丹”，此时已经是居中对齐，无须重新设置。

第 6 题

步骤：将鼠标光标定位在第 1 页的页脚处，单击页脚上方的“插入页码”下拉按钮，样式选择“第 1 页 共 x 页”，位置选择居中，应用范围选择整篇文档，单击“确定”按钮。单击“页眉和页脚”选项卡中的“关闭”按钮。

第 7 题

步骤：打开“插入”选项卡，单击“水印”下拉按钮，在打开的下拉列表框中选择“插入水印”选项，在弹出的对话框中勾选“文字水印”复选框，输入内容：考试专用，设置字体为楷体，版式为倾斜，透明度为 60%，单击“确定”按钮。

第 8 题

步骤 1：打开“开始”选项卡，单击“样式和格式”组右下角的对话框启动按钮，在打开的任务窗格中，右击“标题 1”，打开的下拉列表中选择“修改”。在弹出对话框中单击“格式”下拉按钮，在打开的下拉列表中选择“段落”选项，弹出“段落”对话框。设置行距为单倍行距，段前间距 3 磅，段后间距 3 磅，单击“确定”按钮。再次单击“格式”下拉按钮，在打开的下拉列表中选择“字体”选项，弹出“字体”对话框。设置字号为小三，单击两次“确定”按钮。

步骤 2：按照同样的方法，修改“标题 2”和“标题 3”样式。

第 9 题

步骤 1：将鼠标光标定位在“七、繁殖方式”中，在“样式和格式”任务窗格中，单击“标题 1”。

步骤 2：按照同样的方法，为其他三个内容应用标题 2 样式，关闭“样式和格式”任务窗格。

第 10 题

步骤 1：将鼠标光标定位在文档最前面，打开“引用”选项卡，单击“目录”下拉按钮，在打开的下拉列表中选择“自定义目录”选项，在弹出的对话框中的“制表符前导符”下拉列表中选择实线，显示级别为 3，单击“确定”按钮。

步骤 2：重新设置第 2 页的页眉。

第 11 题

步骤 1：将鼠标光标定位在正文中，打开“开始”选项卡，单击“查找替换”下拉按钮，在打开的下拉列表中选择“替换”选项，在弹出的对话框中，单击“高级搜索”按钮，勾选“使用通配符”复选框，在“查找内容”文本框中输入“\[?\]”，字符均为英文状态，先单击“全部替换”按钮，再单击“确定”按钮。

步骤 2：将查找内容修改为“\[??\]”，先单击“全部替换”按钮，再单击“确定”按钮，最后单击“关闭”按钮。

步骤 3：保存并关闭文档。

二、Excel 操作

解题步骤如下。

第 1 题

步骤 1：打开考生文件夹下的“ET.xlsx”。

步骤 2：在“成绩表”工作表中，在单元格 J2 中输入公式“=SUM(E2:I2)”，按 Enter 键确认，拖动填充柄向下填充。

步骤 3：在单元格 K2 中输入公式“=AVERAGE(E2:I2)”，按 Enter 键确认，拖动填充柄向下填充。

步骤 4：选中 K2:K503 区域，打开“开始”选项卡，单击“字体”组右下角的对话框启动按钮，在弹出对话框的“数字”选项卡中，在“分类”列表框中选择“数值”选项，小数位数设置为 2，单击“确定”按钮。

第 2 题

步骤 1：在“成绩表”工作表中，先按 Ctrl+A 组合键全选，再按 Ctrl+C 组合键复制，打开“成绩排序”工作表，选中单元格 A1，按 Ctrl+V 组合键粘贴。

步骤 2：打开“文件”菜单，选择“选项”→“自定义序列”命令，在弹出的对话框中输入序列：一班，二班，三班，四班，五班，六班，依次单击“添加”和“确定”按钮。

步骤 3：在“成绩排序”工作表中，将鼠标光标定位在任一单元格，打开“开始”选项卡，单击“排序”下拉按钮，在打开的下拉列表中选择“自定义排序”选项。在弹出的对话框中设置主要关键字为“班级”，排序依据为“数值”，次序在自定义序列中选择添加的序列，依次单击两次“确定”按钮。

第 3 题

步骤 1：在“成绩表”工作表的数据区域中，打开“数据”选项卡，单击“数据透视表”按钮，在弹出的对话框中选中“现有工作表”单选按钮，将鼠标光标定位在其下面的文本框中，先单击单元格 A505，再单击“确定”按钮。

步骤 2：将“性别”字段拖到“行”区域中，将“班级”字段拖到“列”区域中，将“姓名”字段拖到“值”区域中。

第 4 题

步骤 1：在“成绩表”工作表的数据区域中，打开“插入”选项卡，单击“数据透视图”按钮，在弹出的对话框中选中“现有工作表”单选按钮，将鼠标光标定位在其下面的文本框中，先单击单元格 A512，再单击“确定”按钮。

步骤 2：将“班级”字段拖到“图例”区域，将“逻辑学”字段拖到“值”区域，右击单元格 B514，在弹出的快捷菜单中选择“值汇总依据”→“平均值”命令。

步骤 3：打开“图表工具”选项卡，单击“添加元素”下拉按钮，在打开的下拉列表中，选择“图表标题”→“图表上方”选项，修改图表标题为“逻辑学成绩分析”。

步骤 4：移动数据透视图，与单元格 A512 在左上角取齐，使其覆盖在相关联的数据透视表之上。

第 5 题

在单元格 L1 中输入文字“名次”，在单元格 L2 中输入公式“=RANK(K2,$K$2:$K$503,0)”，按 Enter 键确认，拖动填充柄向下填充公式。

第 6 题

步骤 1：在单元格 M1 中输入文字“综合成绩”，在单元格 M2 中输入公式“=IF(K2>=85,"优秀",IF(K2>=60,"及格","不及格"))”，按 Enter 键确认，拖动填充柄向下填充公式。

步骤 2：在单元格 P5 中输入公式“=COUNTIFS($C$2:$C$503,LEFT(O5,1),$M$2:$M$503,"优秀")”，按 Enter 键确认，拖动填充柄向下填充到单元格 P6。

第 7 题

单击单元格 A1，打开“数据”选项卡，单击“自动筛选”按钮，在每个列标题名的右侧都出现下拉按钮，单击“性别”右侧的下拉按钮，在打开的下拉列表中只勾选“男”复选框。单击“班级”右侧的下拉按钮，在打开的下拉列表中只勾选“二班”复选框。单击“平均分”右侧的下拉按钮，在打开的下拉列表中单击“数字筛选”按钮，在打开的下拉列表中单击“介于”，在弹出对话框中的“大于或等于”文本框中输入 80，“小于或等于”文本框中输入 90，单击“确定”按钮。

第 8 题

步骤 1：在“成绩筛选”工作表中，选定 1～5 行并右击，在弹出的快捷菜单中选择“插入”命令，行数 5，可插入 5 行。

步骤 2：在 A1:A3 区域依次输入：班级、二班、六班；在 B1:B3 区域依次输入：高等数学、>=95、>=95。

步骤 3：选定单元格 B10，打开“开始”选项卡，单击“筛选”下拉按钮，在打开的下拉列表中选择“高级筛选”选项，在弹出对话框的“条件区域”文本框输入以下内容：成绩筛选!$A$1:$B$3"，单击“确定”按钮。

第 9 小题

步骤 1：在“成绩汇总”工作表中，打开“数据”选项卡，单击“排序”按钮，将弹出对话框中的主要关键字设置为性别，单击“确定”按钮。

步骤 2：打开“数据”选项卡，单击“分类汇总”按钮，在弹出对话框的“分类字段”下拉列表选择“性别”选项，“汇总方式”下拉列表选择“平均值”选项，勾选“高等数学”和“应用文写作”复选框，单击“确定”按钮。

步骤 3：单击左上角的级别 2，保存并关闭文档。

三、PPT 操作

解题步骤如下。

第 1 题

步骤 1：打开考生文件夹下的文档 WPP.pptx，选择第 3 张幻灯片中的“读音、出处和释义”三部分文本内容，按 Tab 键降一级。

步骤 2：按照同样的方法设置其余 9 张幻灯片中的文本级别。

第 2 题

步骤 1：打开“视图”选项卡，单击“幻灯片母版”按钮，在左侧窗格中单击版式“标题和内容”（第 3 张幻灯片），选定标题占位符，打开“开始”或“文本工具”选项卡，设置“颜色”为标准色中的蓝色，对齐方式为居中对齐。选定“内容”占位符，按照同样的方法设置字体为隶书，32 号。

步骤 2：选择“内容”占位符内的文本“第二级”，设置为楷体，28 号字。

步骤 3：单击“幻灯片母版”选项卡中的“关闭”按钮。

第 3 题

步骤：选择第 2 张幻灯片中的文字“与植物有关的成语”，打开“动画”选项卡，设置动画效果为“进入”中的“飞入”，单击“自定义动画”按钮，在右侧打开的任务窗格中，在第 1 个动画上右击，在弹出的快捷菜单中选择“效果选项”命令。在弹出对话框的“效果”选项卡中，设置路径为“自右下部”；打开“声音”下拉列表，从中选择“打字机”选项；打开“动画文本”下拉列表，从中选择“按字母”选项，设置字母之间延迟为 50%。切换到“计时”选项卡，设置速度为“中速”，单击“确定”按钮，关闭任务窗格。

第 4 题

步骤 1：选择第 7 张幻灯片，打开“插入”选项卡，单击“形状”下拉按钮，在打开的下拉列表中单击“动作按钮”中的“后退或前一项”按钮，在幻灯片右下角按住鼠标左键进行拖动绘制形状，弹出“动作设置”对话框。选中“超链接到”单选按钮，在其下方的下拉列表中选择“幻灯片”选项，在弹出的对话框中，选择“2.成语内容提纲”选项，再依次单击“确定”按钮。

步骤 2：选定第 2 张幻灯片中的文字“与动物有关的成语”，打开“插入”选项卡，单击“超链接”下拉按钮，在打开的下拉列表中选择“本文档幻灯片页”选项，在弹出的对话框中选择“本文档中的位置”选项，选择“8.与动物有关的成语（1）”，单击“超链接颜色”按钮，在弹出的对话框中设置超链接颜色为标准色中的红色，已访问超链接颜色为标准色中的蓝色，选中“链接无下画线”单选按钮，单击“应用到当前”按钮，单击“确定”按钮。

第 5 题

步骤 1：打开“视图”选项卡，单击“幻灯片母版”按钮，选择第 1 张幻灯片并右击，在弹出的快捷菜单中选择“设置背景格式”命令，在右侧打开的任务窗格中，选中“图片或纹理填充”单选按钮，打开“纹理填充”下拉列表，从中选择“纸纹 2”，关闭窗格。

步骤 2：单击“幻灯片母版”选项卡中的“关闭”按钮。

第 6 题

步骤：打开“切换”选项卡，设置切换效果为“百叶窗”，单击“应用到全部”按钮。

第 7 题

步骤 1：选择第 13 张幻灯片，选中左侧图形中的文字“落英缤纷”所在的形状，打开“设计”选项卡，单击“添加项目”下拉按钮，在打开的下拉列表中选择“在后面添加项目”选项，输入文字“藕断丝连”，选定新添加的项目形状，在“开始”选项卡设置字体为仿宋，字号为 32。

步骤 2：按照同样的方法设置右侧图形。

步骤 3：保存并关闭文档。